中国国家标准汇编

2008年修订-82

中国标准出版社　编

中国标准出版社
北　京

图书在版编目（CIP）数据

中国国家标准汇编：2008年修订．82/中国标准出版社编．—北京：中国标准出版社，2009
ISBN 978-7-5066-5586-6

Ⅰ．中…　Ⅱ．中…　Ⅲ．国家标准-汇编-中国-2008
Ⅳ．T-652.1

中国版本图书馆CIP数据核字（2009）第198911号

中国标准出版社出版发行
北京复兴门外三里河北街16号
邮政编码:100045
网址 www.spc.net.cn
电话:68523946　68517548
中国标准出版社秦皇岛印刷厂印刷
各地新华书店经销
*
开本 880×1230　1/16　印张 36.25　字数 1 109 千字
2009年12月第一版　2009年12月第一次印刷
*
定价 200.00 元

ISBN 978-7-5066-5586-6

9 787506 655866 >

出 版 说 明

1.《中国国家标准汇编》是一部大型综合性国家标准全集。自1983年起，按国家标准顺序号以精装本、平装本两种装帧形式陆续分册汇编出版。它在一定程度上反映了我国建国以来标准化事业发展的基本情况和主要成就，是各级标准化管理机构，工矿企事业单位，农林牧副渔系统，科研、设计、教学等部门必不可少的工具书。

2.《中国国家标准汇编》收入我国每年正式发布的全部国家标准，分为"制定"卷和"修订"卷两种编辑版本。

"制定"卷收入上年度我国发布的、新制定的国家标准，顺延前年度标准编号分成若干分册，封面和书脊上注明"20××年制定"字样及分册号，分册号一直连续。各分册中的标准是按照标准编号顺序连续排列的，如有标准顺序号缺号的，除特殊情况注明外，暂为空号。

"修订"卷收入上年度我国发布的、被修订的国家标准，视篇幅分设若干分册，但与"制定"卷分册号无关联，仅在封面和书脊上注明"20××年修订-1,-2,-3,……"字样。"修订"卷各分册中的标准，仍按标准编号顺序排列(但不连续)；如有遗漏的，均在当年最后一分册中补齐。需提请读者注意的是，个别非顺延前年度标准编号的新制定的国家标准没有收入在"制定"卷中，而是收入在"修订"卷中。

读者配套购买《中国国家标准汇编》"制定"卷和"修订"卷则可收齐上一年度我国制定和修订的全部国家标准。

3. 由于读者需求的变化，自1996年起，《中国国家标准汇编》仅出版精装本。

4. 2008年制修订国家标准共5946项。本分册为"2008年修订-82"，收入新制修订的国家标准9项。

中国标准出版社

2009年10月

目　　录

ICS 35.110
L 78

中华人民共和国国家标准

GB/T 15629.2—2008/ISO/IEC 8802-2:1998
代替 GB/T 15629.2—1995

信息技术 系统间远程通信和信息交换 局域网和城域网 特定要求 第2部分：逻辑链路控制

Information technology—Telecommunications and information exchange between systems—Local and metropolitan area networks—Specific requirements—Part 2: Logical link control

(ISO/IEC 8802-2:1998,IDT)

2008-07-28 发布　　　　2009-01-01 实施

中华人民共和国国家质量监督检验检疫总局
中国国家标准化管理委员会　发布

前　言

GB/T 15629《信息技术　系统间远程通信和信息交换　局域网和城域网　特定要求》目前已发布的有五个部分:

——第1部分:局域网标准综述;

——第2部分:逻辑链路控制;

——第3部分:带碰撞检测的载波侦听多址访问(CSMA/CD)的访问方法和物理层规范;

——第5部分:令牌环访问方法和物理层规范;

——第11部分:无线LAN媒体访问控制(MAC)和物理层(PHY)规范。

本部分为GB/T 15629的第2部分。本部分等同采用ISO/IEC 8802-2:1998《信息技术　系统间远程通信和信息交换　局域网和城域网　特定要求　第2部分:逻辑链路控制》(英文版)。

本部分代替GB/T 15629.2—1995《信息处理系统　局域网　第2部分:逻辑链路控制》。

本部分与GB/T 15629.2—1995相比,名称变更为《信息技术　系统间远程通信和信息交换　局域网和城域网　特定要求　第2部分:逻辑链路控制》,并增加了共计三章和五个附录,内容如下:

——第8章"LLC类型3规程的描述";

——第9章"LLC RDE规程";

——第10章"LLC子层被管客体";

——两个规范性附录:

1)　附录A"协议实现一致性声明(PICS)形式表";

2)　附录E"客体标识符值的分配";

——三个资料性附录:

1)　附录B"LLC类型3和PROWAY(IEC 60955:1989)之间的关系";

2)　附录C"关于已桥接LAN的LLC流量控制技术";

3)　附录D"子网访问协议支持"。

本部分的附录A和附录E是规范性附录,附录B到附录D为资料性附录。

本部分由全国信息技术标准化技术委员会提出并归口。

本部分起草单位:中国电子技术标准化研究所。

本部分主要起草人:张翠、黄家英、徐冬梅、胡顺、宋戚扬、郭楠、张晖。

本部分于1995年首次发布。

ISO/IEC 前言

ISO(国际标准化组织)和IEC(国际电工委员会)是世界性的标准化专门机构。国家成员体(它们都是ISO或IEC的成员国)通过国际组织建立的各个技术委员会参与制定针对特定技术范围的国际标准。ISO和IEC的各技术委员会在共同感兴趣的领域进行合作。与ISO和IEC有联系的其他官方和非官方国际组织也可参与国际标准的制定工作。

对于信息技术,ISO和IEC建立了一个联合技术委员会,即ISO/IEC JTC1。由该联合技术委员会采纳的国际标准草案将被散发到各个成员国进行表决。一个国际标准的正式公布需要参加探询的成员中75%的多数赞成。

国际标准ISO/IEC 8802-2由联合技术委员会ISO/IEC JTC1信息技术SC6分委员会(系统间远程通信和信息交换)制定。

本第三版标准取消并替代第二版(ISO/IEC 8802-2:1994),是第二版的技术修订本。它也合并了补篇3:1995。

在通用标题《信息技术　系统间远程通信和信息交换　局域网和城域网　特定要求》下,ISO/IEC 8802由下面几部分组成:

——第1部分:局域网标准综述;

——第2部分:逻辑链路控制;

——第3部分:带碰撞检测的载波侦听多址访问(CSMA/CA)的访问方法和物理层规范;

——第4部分:令牌传递总线访问方法和物理层规范;

——第5部分:令牌环访问方法和物理层规范;

——第6部分:分布式排队双总线(DQDB)访问方法和物理层规范;

——第9部分:在媒体访问控制(MAC)和物理层(PHY)上的综合业务(IS)LAN接口;

——第11部分:无线LAN媒体访问控制(MAC)和物理层(PHY)规范;

——第12部分:优先要求访问方法、物理层和中继器规范。

附录A和附录E是ISO/IEC 8802的本部分的标准化部分,附录B到附录D只是用于提供信息。

引 言

本部分是局域网和城域网国家标准的一个部分。本部分与该系列的其他几部分之间的关系如下图所示。

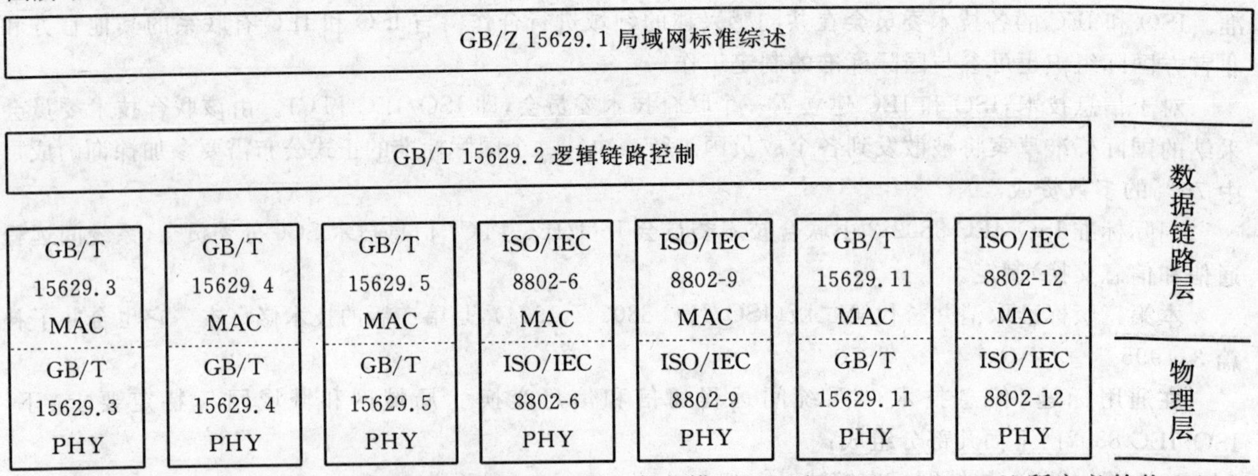

本部分涉及 ISO/IEC 开放系统互连(OSI)基本参考模型(GB/T 9387.1—1998)所定义的物理层和数据链路层。这些访问标准定义了 7 种类型的媒体访问技术和相关物理媒体，每个类型都适合于特定的应用或系统目标。其他类型正在研究过程中。

定义了这些访问技术的标准如下：

a) GB/T 15629.3，利用带碰撞检测的载波侦听多址访问(CSMA/CD)作为访问方法；

b) GB/T 15629.4，利用令牌传递总线作为访问方法；

c) GB/T 15629.5，利用令牌传递环作为访问方法；

d) ISO/IEC 8802-6，利用分布式排队双总线作为访问方法；

e) ISO/IEC 8802-9，为骨干网提供综合业务的统一的访问方法；

f) GB/T 15629.11，利用带碰撞避免的载波侦听多址访问(CSMA/CA)作为访问方法的无线局域网；

g) ISO/IEC 8802-12，利用要求优先权作为访问方法。

GB/Z 15629.1，局域网标准综述，提供 GB/T 15629 的综述。

GB/T 15629.2，逻辑链路控制，和媒体访问标准一起使用，用来为网络层协议提供数据链路层服务。

GB/T 18236.1，媒体访问控制(MAC)服务定义，规定了由所有 GB/T 15629 LAN MAC 所提供的公共 MAC 服务的特征。该服务按照对等服务用户之间传递的原语、原语参数、原语相互关系及有效顺序和相关的服务事件来定义。

ISO/IEC 15802-2，LAN/MAN 管理，定义了与 OSI 管理相兼容的体系结构，以及在执行远程管理的 LAN/MAN 环境下使用的服务和协议元素。

ISO/IEC 10038，媒体访问控制(MAC)网桥，规定了在逻辑链路协议级别以下 IEEE802 LANs 互联的体系结构和协议(待重新编号为 15803-3)。

ISO/IEC 15802-4，系统负荷协议，规定了与在 GB/T 15629 LAN 上加载系统有关的管理的那些方面用的一组服务和协议。

ISO/IEC 15802-5，远程媒体访问控制(MAC)桥接，规定了在逻辑链路控制协议层下，在物理分离的 GB/T 15629 LAN 之间采用非 LAN 的通信技术进行互连的扩展。

信息技术 系统间远程通信和信息交换 局域网和城域网 特定要求 第2部分：逻辑链路控制

1 概述

1.1 范围和目的

GB/T 15629 的本部分的目的是便于局域网(LAN)上计算机和终端互连。本部分与开放系统互连参考模型的其他标准相关。

注：标准所描述的各层与开放系统互连(OSI)参考模型定义的各层的严格关系待研究。

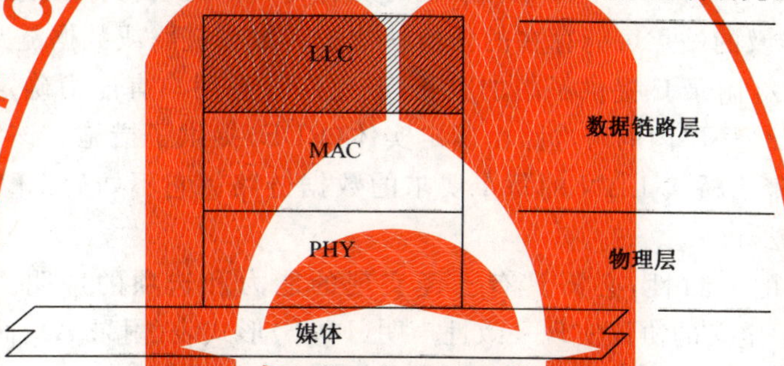

图1 局域网参考模型的关系

本部分描述 GB/T 15629 系列标准局域网协议中逻辑链路控制(LLC)子层的功能特性、协议和服务。LLC 子层构成数据链路层顶部的子层(见图1)，并为 GB/T 15629 系列标准所定义和支持的各种媒体访问方法所共用。几个独立的国家标准分别描述各种媒体访问方法，并指出由媒体访问控制(MAC)子层提供的附加特性与功能，在各种情况下，按照 LAN 体系结构参考模型中的定义来完成数据链路的功能度。

本部分为网络层(层3)、MAC 子层和 LLC 子层管理功能描述了 LLC 子层服务规范。服务规范为网络层提供了各种服务的描述，从网络层的角度来观察，各种服务是 LLC 子层加以下的层及子层提供给网络层的服务。服务规范为 MAC 子层提供了 LLC 子层要求 MAC 子层服务的描述。定义这些服务为的是不依赖于媒体访问方法的形式及媒体本身的性质。服务规范为 LLC 子层的管理功能提供了供给 LLC 子层的管理服务的描述。用原语的形式给出了上述所有服务规范，用抽象的方法表示 LLC 子层和标识的服务功能(网络层、MAC 子层或 LLC 子层管理功能)之间的信息和控制的逻辑交换。它们不规定或限制实体或接口的实现。

本部分提供对等对对等的协议规程的描述。这些协议规程是为了局域网上任何一对数据链路层服务访问点之间信息与控制的传送而定义的。LLC 规程不依赖于特定局域网中所使用的媒体访问方法的类型。

为了满足广泛的可能应用范围，所以包括了两种类型的数据链路控制操作(见第4章)。第一种类型的操作(见第6章)通过最小协议复杂性的数据链路来提供数据链路无连接方式服务。当较高层提供任何必需的恢复和排序服务时，该类型的操作是有用的，使这些服务不需要在数据链路层内进行重复。另外，该类型的操作在不必保证每个数据链路层数据单元都要交付的应用中是有用的。在本部分中用术语“逻辑数据链路”来描述该类型的服务。第二种类型的操作(见第7章)通过与国家标准中提供的现有数据链路控制规程，诸如 HDLC(见 ISO/IEC 13239:1997[1])相类似的数据链路来提供数据链路连接

1) 等同采用此标准的国家标准也在进行修订，暂无国标号。参考信息见1.3。

方式服务。该服务包括对数据链路层数据单元顺序交付的支持以及一组广泛的数据链路差错恢复技术。在本部分中用术语“数据链路连接”来描述第二类型的服务。第三种类型的操作(见第8章)提供了确认无连接方式或数据单元交换服务,它允许一个站发送数据并在同一时刻请求数据的返回。虽然该交换服务是无连接的,但对于该启动站所发送的数据而言,要保证按顺序交付。

本部分标识了四种不同“类别”的LLC操作。Ⅰ类仅提供数据链路无连接方式服务。Ⅱ类提供数据链路连接方式服务加数据链路无连接方式服务。Ⅲ类提供确认无连接方式服务加数据链路无连接方式服务。Ⅳ类提供确认无连接方式服务加数据链路连接方式服务再加数据链路无连接方式服务。可以支持任一类别的操作。

这里所描述的基本协议是用于多站、多访问环境下的对等协议。由于是多站多访问环境,一个站应该有可能涉及以多个对等协议在多个不同的逻辑链路上和/或数据链路连接上与多个不同的站进行数据交换,而这些逻辑链路和/或数据链路的连接是在单个物理媒体上由单个物理层(PHY)来建立的。在数据链路层每个唯一的往返配对应定义一条独立的逻辑数据链路连接或具有独立逻辑参数和变量的逻辑数据链路连接。除非另有说明,本部分所描述的规程将分别地与每条数据链路层逻辑链路或数据链路连接有关,而与所涉及的站点可能存在的任何其他逻辑数据链路或数据链路连接无关。

ISO/IEC 10038:1993附录C提供了附加服务,以允许服务用户有能力确定和使用经由桥接LAN的多路由。本部分为LLC子层内的可选路由确定实体(RDE)提供了措施。该实体保证发现和选择的通路(桥接的路由)用于经由桥接LAN的每个要求的数据链路。它不妨碍LLC服务用户提供其自己的发现和选择路由的方法。

为了评价特定实现的一致性,必需具有已经实现的能力和选项的声明。这样的声明被称作按GB/T 17178.1—1997中定义的协议实现一致性声明(PICS)形式表(附录A),而该PICS形式表符合相关要求并且是按照ISO/IEC 9646-2:1994中给出的相关指南表提供的。

1.2 标准兼容性

在第5章中定义的对等协议规程利用了在ISO/IEC 13239:1997中定义的称为异步平衡方式(ABM)的平衡数据链路控制规程中的某些概念和原理以及命令和响应(在ABM规程提供的基础上定义了GB 11595级别2 LAPB规程)。作为整体来定义的用于数据链路层规程的帧结构,部分在本部分第3章中定义,部分在定义各种媒体访问控制(MAC)规程的那些国家标准中定义。在局域网中,MAC子层地址和LLC子层地址的组合对数据链路层每个服务访问点是唯一的。

注:数据链路层寻址空间划分成独立的MAC和LLC地址字段,这种划分目前还不是任何现有数据链路层国家标准的一部分。

1.3 规范性引用文件

下列文件中的条款通过GB/T 15629的本部分的引用而成本部分的条款。凡是注日期的引用文件,其随后所有的修改单(不包括勘误的内容)或修订版均适用于本部分,然而,鼓励根据本部分达成协议的各方研究是否可使用这些文件的最新版本。凡是不注日期的引用文件,其最新版本适用于本部分。

GB/T 9387.1—1998 信息技术 开放系统互连 基本参考模型 第1部分:基本模型(idt ISO/IEC 7498-1:1994)

GB/T 9387.4—1996 信息技术 开放系统互连 基本参考模型 第4部分:管理框架(idt ISO/IEC 7498-4:1989)

GB/T 16644—1996 信息技术 开放系统互连 公共管理信息服务定义(idt ISO/IEC 9595:1991)

GB/T 16645.1—1996 信息技术 开放系统互连 公共管理信息协议 第1部分:规范(idt ISO/IEC 9596-1:1991)

GB/T 17142—1997 信息技术 开放系统互连 系统管理综述(idt ISO/IEC 10040:1992)

GB/T 17143.1—1997 信息技术 开放系统互连 系统管理 第1部分:客体管理功能(idt ISO/

IEC 10164-1:1993)

GB/T 17143.2—1997 信息技术 开放系统互连 系统管理 第2部分:状态管理功能(idt ISO/IEC 10164-2:1993)

GB/T 17143.3—1997 信息技术 开放系统互连 系统管理 第3部分:表示关系的属性(idt ISO/IEC 10164-3:1993)

GB/T 17143.4—1997 信息技术 开放系统互连 系统管理 第4部分:告警报告功能(idt ISO/IEC 10164-4:1992)

GB/T 17143.5—1997 信息技术 开放系统互连 系统管理 第5部分:事件报告管理功能(idt ISO/IEC 10164-5:1993)

GB/T 17143.6—1997 信息技术 开放系统互连 系统管理 第6部分:日志控制功能(idt ISO/IEC 10164-6:1993)

GB/T 17175.1—1997 信息技术 开放系统互连 管理信息结构 第1部分:管理信息模型(idt ISO/IEC 10165-1:1993)

GB/T 17175.2—1997 信息技术 开放系统互连 管理信息结构 第2部分:管理信息定义(idt ISO/IEC 10165-2:1992)

GB/T 17175.4—1997 信息技术 开放系统互连 管理信息结构 第4部分:被管客体的定义指南(idt ISO/IEC 10165-4:1992)

GB/T 17178.1—1997 信息技术 开放系统互连 一致性测试方法和框架 第1部分:基本概念(idt ISO/IEC 9646-1:1994)

GB/T 17547—1998 信息技术 开放系统互连 数据链路服务定义(idt ISO/IEC 8886:1996)

ISO/IEC 8824:1990 信息技术 开放系统互连 抽象语法记法一(ASN.1)规范

ISO/IEC 9646-2:1994 信息技术 开放系统互连 一致性测试方法和框架 第2部分:抽象测试套规范

ISO/IEC 10038:1993 信息技术 系统间远程通信和信息交换 媒体访问控制(MAC)网桥

ISO/IEC 10165-5:1994 信息技术 开发系统互联 管理信息结构 第5部分:类属管理信息

ISO/IEC TR 10171:1994 信息技术 系统间远程通信和信息交换 利用高级数据链路控制(HDLC)类别规程的标准数据链路层协议表以及标准化的 XID 格式标识符和标识值的专用参数集合的列表

ISO/IEC 10742:1994 信息技术 系统间远程通信和信息交换 与 OSI 数据链路层标准相关的管理信息元素

ISO/IEC 11575:1995 信息技术 系统间远程通信和信息交换 OSI 数据链路服务的协议映射

ISO/IEC 13239:1997 信息技术 系统间远程通信和信息交换 高级数据链路控制(HDLC)规程

IEC 60955:1989 分布式过程控制系统用的类型 C(PROWAYC)过程数据高速公路。

ITU-T 建议 X.25 以包方式操作的并通过专用电路连接到公用数据网络的终端使用的数据终端设备(DTE)之间的接口

1.4 缩略语、术语和定义

1.4.1 缩略语

ABM	异步平衡方式	(Asynchronous Balanced Mode)
ACK	确认	(ACKnowledge)
ADM	异步断开方式	(Asynchronous Disconnected Mode)
ARE	所有路由探测器	(All Routes Explorer)
C	命令	(Command)
C/R	命令/响应	(Command/Response)

DA	目的地址	(Destination Address)
DCE	数据电路终接设备	(Data Circuit-terminating Equipment)
DISC	断开	(DISConnect)
DL	数据链路	(Data Link)
DLE	数据链路实体	(Data Link Entity)
DM	断开方式	(Disconnected Mode)
DSAP	目的服务访问点	(Destination Service Access Point)
DTE	数据终端设备	(Data Terminal Equipment)
F	终结	(Final)
FCS	帧检验序列	(Frame Check Sequence)
FRMR	帧拒绝	(FRaMe Reject)
HDLC	高级数据链路控制	(High-level Data Link Control)
I	信息	(Information)
I	信息传送格式	(Information transfer format)
IEC	国际电工委员会	(International Electrotechnical Commission)
ISO	国际标准化组织	(International Organization for Standardization)
ITU-T	国际电信联盟-电信	(International Telecommunications Union-Telecommunications)
LAN	局域网	(Local Area Network)
LAPB	平衡链路访问规程	(Link Access Procedure, Balanced)
LLC	逻辑链路控制	(Logical Link Control)
LSAP	链路服务访问点	(Link Service Access Point)
LSB	最低有效位	(Least Significant Bit)
LSDU	链路层服务数据单元	(Link layer Service Data Unit)
M	修改功能位	(Modifier function bit)
MAC	媒体访问控制	(Medium Access Control)
MO	被管客体	(Managed Object)
N(R)	接收顺序编号	(Receive sequence Number)
N(S)	发送顺序编号	(Send sequence Number)
NSR	非原路由被选定	(Non Source Routed)
OSI	开放系统互连	(Open Systems Interconnection)
P	探询	(Poll)
PDU	协议数据单元	(Protocol Data Unit)
P/F	探询/终结	(Poll/Final)
PHY	物理层	(PHYsical)
R	响应	(Response)
RCC	路由控制部件	(Route Control Component)
RDC	路由确定部件	(Route Determination Component)
RDE	路由确定实体	(Route Determination Entity)
REJ	拒绝	(Reject)
RIF	路由选择信息字段	(Routing Information Field)
RII	路由选择信息指示器	(Routing Information Indicator)
RNR	接收未准备好	(Receive Not Ready)
RQ	路由查询	(Route Query)

RQC	路由查询命令	(Route Query Command)
RQR	路由查询响应	(Route Query Response)
RR	接收准备好	(Receive Ready)
RS	所选择的路由	(Route Selected)
RSC	路由被选择命令	(Route Selected Command)
S	监控格式	(Supervisory format)
S	监控功能位	(Supervisory function bit)
SA	源地址	(Source Address)
SABME	置扩充的异步平衡方式	(Set Asynchronous Balanced Mode Extended)
SAP	服务访问点	(Service Access Point)
SRF	特定的选定路由的帧	(Specifically Routed Frame)
SRT	源路由选择透明(网桥)	(Source Routing Transparent (bridge))
SSAP	源服务访问点	(Source Service Access Point)
STE	生成树探测器	(Spanning Tree Explorer)
STR	生成树路由	(Spanning Tree Route)
TEST	测试	(Test)
TRR	路由响应定时器	(Timer, Route Response)
TRS	路由选择定时器	(Timer, Route Select)
U	无编号格式	(Unnumbered format)
UA	无编号确认	(Unnumbered Acknowledgment)
UI	无编号信息	(Unnumbered Information)
V(R)	接收状态变量	(Receive state Variable)
V(S)	发送状态变量	(Send state Variable)
XID	交换标识	(Exchange Identification)

在被管客体定义和 GDMD 模板范围内,当参考其他文件时,在文件标识符的标准各种元素中使用下列缩略语。

DMI	GB/T 17175.2—1997
GMI	ISO/IEC 10165-5:1994
DML	ISO/IEC 10742:1994

1.4.2 术语和定义

下列术语和定义适用于 GB/T 15629 的本部分:

1.4.2.1

接受 accept

LLC 对于正确接收到的 PDU 予以接受用作处理时所呈放的状态。

1.4.2.2

地址字段(DSAP 和 SSAP) address fields(DASP and SSAP)

在 LLC PDU 开始的服务访问点地址的有序对,它用来标识指定接收该 PDU 的 LLC 和发送该 PDU 的 LLC。每个地址字段的长度是一个八位位组。

1.4.2.3

所有路由探测器 all routes explorer

ARE

遍历每个通路和通过桥接网络的组合通路的帧。

1.4.2.4

基本状态 basic status

LLC 发送或接收包含信息字段的 PDU 的能力。

1.4.2.5

命令 command

在数据通信时,LLC 发送的由 PDU 控制字段所表示的一条指令。它使被寻址的 LLC 执行特定的数据链路控制功能。

1.4.2.6

命令 PDU command PDU

由 LLC 发送的所有 PDU,这些 PDU 中的 C/R 位均等于"0"。

1.4.2.7

控制字段 control field

C

紧跟在 PDU 的 DSAP 和 SSAP 地址字段后面的那个字段。由 DSAP 地址字段指定的接收目的 LLC 来解释该控制字段的内容:

1) 作为由 SSAP 地址字段指定的源 LLC 发出的命令,以指示执行某种特定功能;或

2) 作为由 SSAP 地址字段指定的源 LLC 发出的响应。

1.4.2.8

数据链路 data link

按照可交换信息特定方式进行操作的两个或两个以上的终端装置与互连通信信道的一种组合体;在这里,术语"终端装置"不包括数据源和数据宿。

1.4.2.9

数据链路层 data link layer

存在于站的层次结构中的控制或处理逻辑的概念上的层,它负责维持数据链路的控制。该数据链路层功能提供了一个在站的较高层逻辑和数据链路之间的接口。这些功能包括地址/控制字段的解释、信道访问和命令/响应的产生、传输及解释。

1.4.2.10

描述符 descriptor

路由选择信息字段的那部分,它指示网络通路的各个段和网络。同时,一序列描述符描述了通过网络的通路。

1.4.2.11

异常状态 exception condition

LLC 收到了不能执行的命令 PDU 时所呈现的状态,这是由于传输差错或内部处理故障造成的。

1.4.2.12

全局(广播)**DSAP 地址 global**(broadcasting)**DASP address**

使用预先规定的 LLC DSAP 地址(全"1")作为广播(各方)地址。它决不是数据链路上单个 LLC 的地址。

1.4.2.13

组(组播)**DSAP 地址 group**(multicast) **DSAP address**

分配给 LLC 集合的目的地址,以便对它们进行集体地寻址。其最低有效位应置成"1"。

1.4.2.14

较高层 higher layer

存在于站的层次结构中的控制或处理逻辑的概念上的层,它处在数据链路层的上面,数据链路层功

能的执行与较高层有关;例如:装置控制、缓冲器分配、LLC 站管理等等。

1.4.2.15

信息字段　information field

出现在 LLC PDU 的末端和控制字段之间的八位位组序列。I 信息字段内容、TEST 和 UI PDU 的内容不在 LLC 子层作解释。

1.4.2.16

无效帧　invalid frame

下列情况之一的 PDU:

1) 不包含整数个八位位组;

2) 不包含至少两个八位位组的地址和一个八位位组的控制字段;或

3) 由物理层或 MAC 子层所标识的其中包含数据比特差错。

1.4.2.17

LLC

数据站的一部分,它支持一条或多条逻辑链路的逻辑链路控制功能。LLC 产生命令 PDU 和响应 PDU 以进行发送,并解释接收的命令 PDU 和响应 PDU。分配给 LLC 的特定职责包括:

1) 启动控制信号交换;

2) 组织数据流量;

3) 解释接收的命令 PDU 并产生合适的响应 PDU;

4) 在 LLC 子层内执行有关的差错控制和差错恢复功能。

1.4.2.18

MAC

数据站的一部分,它支持位于 LLC 子层下面的媒体访问控制功能。MAC 规程包括成帧/解帧数据单元,执行差错检验及获得使用底层的物理媒体的权利。

1.4.2.19

N 层　N-layer

体系结构中的子部分,由同一级(N)的子系统构成。

1.4.2.20

N 用户　N-user

使用 N 层服务的 N+1 实体,并通过下层与另一个 N+1 实体通信。

1.4.2.21

非源路由被选定　non-source routed

NSR

指示帧不使用路由选择信息字段(即,RIF 为空并且 RII 不被设置)。

1.4.2.22

八位位组　octet

由八个邻接的二进制位组成的一个面向位的单位。

1.4.2.23

通路　path

源和目的地之间的桥接路由。

1.4.2.24

对等协议　peer protocol

在同一层中两个实体之间消息交换的顺序,它们利用下面几层的服务实现将数据和/或控制信息成功地从一个位置传送至另一个位置。

1.4.2.25

优先级(用于原语)　priority(use in primitives)

为了运送所要求或所期望的优先级而使用的参数。

1.4.2.26

协议数据单元　protocol data unit

PDU

作为一个单元从MAC子层或向MAC子层交付的邻接的八位位组序列,一个有效的LLC PDU至少为两个八位位组长度,并包含两个地址字段和一个控制字段。一个PDU可以包含或不包含附加的信息字段。

1.4.2.27

协议类型　protocol TYPE

PTYPE

RDE PDU信息字段中的一个字段,它描述PDU的协议功能。

1.4.2.28

远程MAC　remote MAC

RMAC

在数据链路的远程末端并由其唯一48比特地址所规定的MAC部件。

1.4.2.29

远程SAP　remote SAP

RSAP

在数据链路的过程末端并由其LLC地址所规定的SAP。

1.4.2.30

响应　response

在数据通信中,用响应PDU的控制字段所表示的回答。它将源LLC对一个或多个命令PDU,所采取的动作通知被寻址的目的LLC。

1.4.2.31

响应PDU　response PDU

由LLL发送的所有PDU,这些PDU中的C/R位均等于“1”。

1.4.2.32

路由　route

表示为了产生路由选择信息所使用的信息。当将它放入MAC原语时,它或路由选择信息的参数。路由显式地描述通过桥接网络帧所采用的通路。

1.4.2.33

路由查询　route query

RQ

用来探测在开发数据链路的两个站之间的可能通路的RDE PDU。路由查询由命令PDU(RQC)和响应PDU(RQR)组成。

1.4.2.34

所选择的路由　route seleted

RS

用来通知在开发数据链路的两个站之间选择的通路。

1.4.2.35

路由选择信息　routing information

显式地描述通过桥接网络帧所采用路由的数据。路由选择信息的参数被包括在MA.UNITDATA

request 和 MA-UNITDATA indication 原语中。

1.4.2.36

路由选择信息字段　routing information field

RIF

表示源路由选定帧格式的路由选择信息字段。

1.4.2.37

路由选择信息指示符　routing information indicator

RII

帧格式包含路由选择信息字段(RIF)的指示。

1.4.2.38

服务　service

由 N 层向 N 用户提供的能力和特性。

1.4.2.39

服务类别(用于原语)　**service class**(use in primitives)

为了运送所要求或所期望的服务类别而使用的参数。

1.4.2.40

源路由选择　source routing

一个源规定通路的能力,帧将使用该通路来遍历桥接的网络。

1.4.2.41

源路由选择透明　Source Routing Transparetnt

SRT

ISO/IEC 10038:1993 附录 C 所定义的桥接技术,作为对透明桥接规则的扩充,以允许该源站规定通过桥接网络的通路(源路由选择)。

1.4.2.42

生成树探测器　Spanning tree explorer

STE

源路由选定的帧类型,它将遍历遵守透明桥接规则所创建的生成树通路的网络。

1.4.2.43

生成树路由　Spanning tree route

STR

用来表示透明网桥配置的术语,使及每个段落通过确切的一条通路被连接到网络的根。在无路由选择信息(NSR)情况下所发送的帧按照透明桥接的规则来遍历借助生成树通路的网络。以路由选择类型 STE 所发送的帧通过借助生成通路的网络予以转发,而不是利用 SRT 网桥规则予以转发(注意,不支持源路由选择的网桥将不转发 STE 帧)。

1.4.2.44

特定的选定路由的帧　Specifically Routed Frame

SRF

所发送的带有路由信息字段的帧,而该字段描述了该帧通过桥接网络将采用的确切通路。

本部分使用在 GB/T 17178.1—1997 中所定义的下列术语:

——协议实现一致性声明(PICS)形式表。

1.4.3　基本参考模型

本部分使用在 GB/T 9387.1—1998 中定义的下列术语:

——数据链路层；

——开放系统；

——(N)实体；

——(N)协议；

——(N)服务访问点。

1.4.4 管理框架

本部分使用GB/T 9387.4—1996中定义的下列术语：

——被管客体。

1.4.5 系统管理概述

本部分使用了在GB/T 17142—1997中定义的下列术语：

——被管客体类别；

——通知。

1.4.6 公共管理信息服务定义

本部分使用在GB/T 16644—1996中定义的下列术语：

——属性。

1.4.7 信息模型

本部分使用在GB/T 17175.1—1997中定义的下列术语：

——属性类型；

——行为；

——托付；

——可区分名；

——继承；

——名绑定；

——包；

——参考；

——相对可区分名；

——子类；

——超类。

1.4.8 被管客体定义指南

本部分使用在GB/T 17175.4—1997中定义的下列术语：

——被管客体类定义；

——模板；

——参考。

1.5 一致性

1.5.1 静态一致性

1.5.1.1 一般要求

声称与本部分一致的实现应实现下列内容：

a) 在6.9中规定的LLC类型1操作。

1.5.1.2 可选要求

声称与本部分一致的实现应该实现下列选项：

a) LLC类型2操作，LLC类型3操作，或LLC类型2操作和LLC类型3操作。LLC类型2操作在7.9中规定，LLC类型3操作在8.7中规定；或

b) 在附录B中规定的流量控制技术；或

c) 启动在6.9中规定的重复地址检验规程;或

d) 启动在6.7中规定的测试功能;或

e) 在第9章中规定RDE。

1.5.2 动态一致性

对于PICS状态要支持的每个功能,该实现应呈现与下列内容的实现相一致的行为:

a) 对应的数据链路层规程;和

b) 任何发送帧的编码。

它们是在功能方面的PICS形式表项目引用的各章中规定的。

1.5.3 PICS形式表

声称与本部分一致的协议实现的供应者应填写附录A中的PICS形式表副本,包括全面标识供应者及其实现所必需的信息。

2 LLC子层服务规范

2.1 概述

本章包括,在LLC子层与网络层、MAC子层和LLC子层管理功能的逻辑接口处,要求LLC子层提供的服务或由LLC子层要求的服务。

一般,层(或子层)的服务是向邻接的较高层(或子层)中的用户提供的服务能力。为了提供其服务,层(或子层)需要在邻接的较低层(或子层)提供的服务基础上来建立它的功能。图2表示了服务层次结构的这种概念,并示出了两个对应的N用户和它们有关的N层(或子层)对等协议实体的相对关系。

图2 服务原语

通过描述N用户和N层(或子层)之间的信息流量来规定各种服务。该信息流量是由离散的瞬时事件的模型表示,它表征提供的服务。每个事件是由经过与N用户有关的N层(或子层)服务访问点将服务原语从一层(或子层)传递到另一层(或子层)来组成的。服务原语运送在提供特定服务时所需要的信息。这些服务原语是一种抽象概念,它们仅抽象地规定该服务而不规定提供服务的手段。该服务的定义与任何特定接口的实现无关。

通过描述表征每种服务的服务原语和参数来规定各种服务。一种服务可以有一个或多个有关的原语,它们构成与特定服务有关的活动。每个服务原语可以有零个或多个参数,这些参数传递提供服务所需要的信息。

四种类属类型的原语是:

1) REQUEST:请求原语是从N用户传递到N层(或子层),以请求启动服务。

2) INDICATION:指示原语是从N层(或子层)传递到N用户,以指示对N用户有效的N层(或子层)内部事件。该事件可能与远程服务请求在逻辑上有关系,或者可能由N层(或子层)内部事件所引起。

3) RESPONSE:响应原语是从N用户传递到N层(或子层),以完成由指示原语先前所启用的规程。

4) CONFIRM:证实原语是从N层(或子层)传递到N用户,以运送与先前服务请求有关的一个或多个结果。

图3中表示的时序图说明了各种原语类型之间可能的关系。该图还指示了各种原语类型的逻辑关系。在时间上较早出现的原语类型是后继原语类型的逻辑前提,它们在图内用虚线连接。

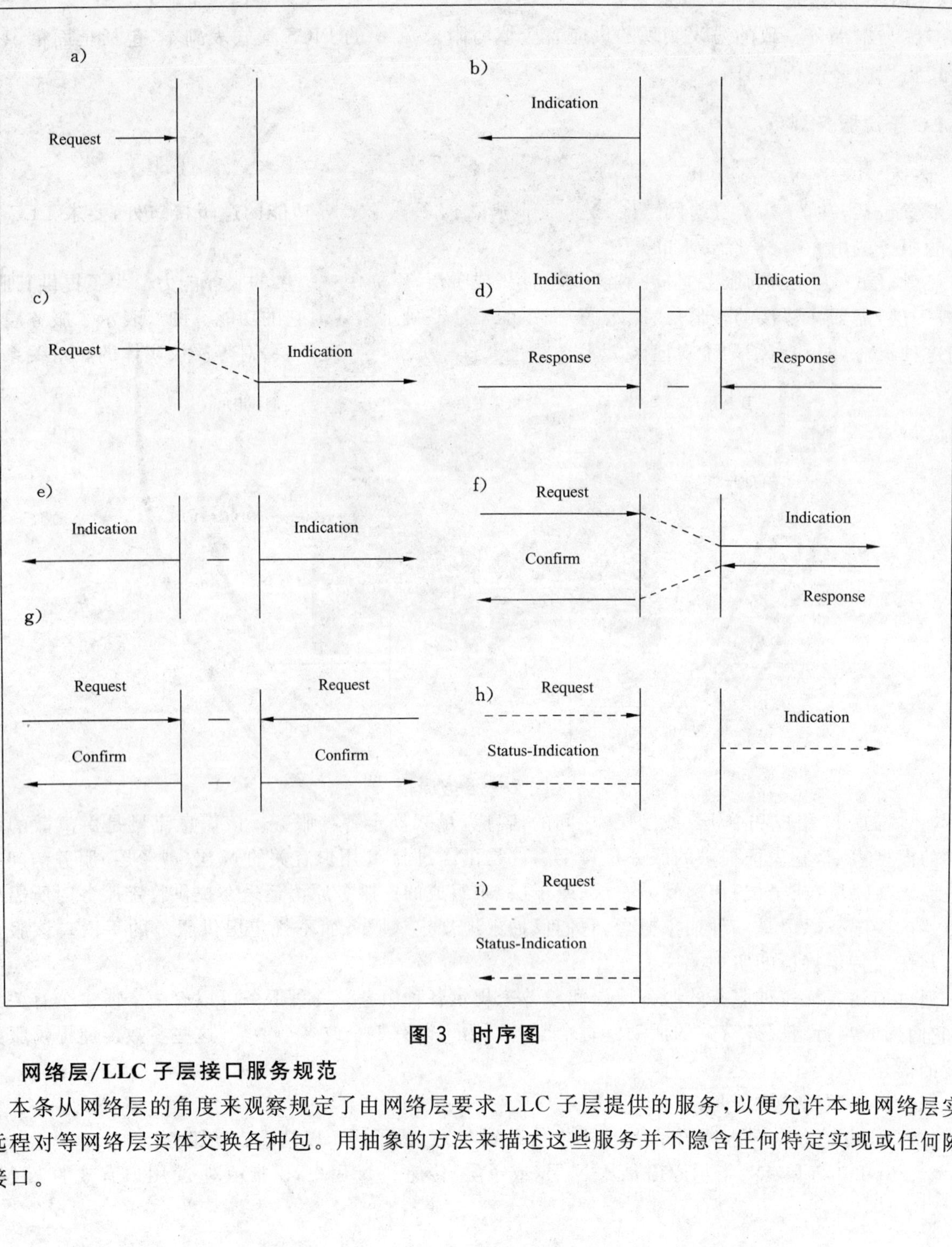

图3 时序图

2.2 网络层/LLC子层接口服务规范

本条从网络层的角度来观察规定了由网络层要求LLC子层提供的服务,以便允许本地网络层实体与远程对等网络层实体交换各种包。用抽象的方法来描述这些服务并不隐含任何特定实现或任何陈述的接口。

提供三种服务形式:不确认无连接方式、连接方式和确认无连接方式。

1) 不确认无连接方式服务:不确认无连接数据传送服务提供的手段,能使网络实体在不建立数据链路级连接的情况下交换链路服务数据单元(LSDU)。这种数据传送可以是点对点,组播或广播方式。

2) 连接方式服务:这组服务提供了建立、使用、复位和终止数据链路层连接的手段。这些连接是LSAP间的点对点连接:

   a) 连接建立服务提供的手段,能使网络实体请求建立数据链路层连接,或者能将建立数据链路层连接通知网络实体。

   b) 面向连接的数据传输服务提供的手段,能使网络实体在数据链路层连接上发送或接收LSDU。该服务还提供了数据链路层排序、流量控制和差错恢复。

   c) 连接复位服务提供的手段,能使已建立的连接返回到初始状态。

   d) 连接终止服务提供的手段,能使网络实体请求终止数据链路层连接,或者能将终止数据链路层连接通知网络实体。

   e) 连接流量控制服务提供了能使与特定连接有关的跨越网络层/数据链路层接口的数据流量进行控制的手段。

3) 确认无连接方式服务:确认无连接方式数据单元交换服务提供的手段,能使网络层实体交换在LLC子层处确认的链路服务数据单元(LSDU),而无需建立数据链路连接。这些服务提供的手段,能使某个站的网络层实体发送数据单元给另一个站,从另一个站请求先前准备的数据单元,或与另一个站交换数据单元。数据单元传送是点对点的。

2.2.1 交互的概述

2.2.1.1 不确认无连接方式服务

2.2.1.1.1 不确认无连接方式数据传送

与不确认无连接方式数据传送有关的原语如下:

——DL-UNITDATA request

——DL-UNITDATA indication

将DL-UNITDATA request原语传递到LLC子层,以请求使用不确认无连接方式规程发送LSDU。从LLC子层传递DL-UNITDATA indication原语,以指示LSDU的到达。

2.2.1.2 连接方式服务

2.2.1.2.1 连接建立

与连接建立有关的服务原语如下:

——DL-CONNECT request

——DL-CONNECT indication

——DL-CONNECT response

——DL-CONNECT confirm

将DL-CONNECT request原语传递到LLC子层,以请求在本地LSAP和远程LSAP之间建立数据链路连接。从LLC子层传递DL-CONNECT indication原语,以指示远程实体请求建立至本地LSAP的连接。将DL-CONNECT response原语传递到LLC子层,以报告接受连接。从LLC子层传递DL-CONNECT confirm原语,以运送与先前DL-CONNECT request原语有关的结果。

2.2.1.2.2 连接方式数据传送

与连接方式数据传送有关的原语是如下:

——DL-DATA request

——DL-DATA indication

传递DL-DATA request原语到LLC子层,以请求使用连接方式规程发送LSDU。从LLC子层传送 DL-DATA indication 原语，以指示 LSDU 的到达。

2.2.1.2.3 连接终止

与连接终止有关的原语如下：

——DL-DISCONNECT request

——DL-DISCONNECT indication

传递 DL-DISCONNECT request 原语到 LLC 子层，以请求立即终止数据链路连接。从 LLC 子层传递 DL-DISCONNECT indication 原语，向网络层指示已经终止连接。

2.2.1.2.4 连接复位

与连接复位有关的原语如下：

——DL-RESET request

——DL-RESET indication

——DL-RESET response

——DL-RESET confirm

传递 DL-RESET request 原语到 LLC 子层，以请求将连接立即复位到初始状态。从 LLC 子层传递 DL-RESET indication 原语，以指示远程实体或本地 LLC 子层试图复位连接。传递 DL-RESET response 原语到 LLC 子层，以报告接受复位状态。从 LLC 子层传递 DL-RESET confirm 原语，以运送与先前 DL-RESET request 原语有关的结果。

2.2.1.2.5 连接流量控制

与连接流量控制有关的原语如下：

——DL-CONNECTION-FLOWCONTROL request

——DL-CONNECTION-FLOWCONTROL indication

传递 DL-CONNECTION-FLOWCONTROL request 原语到 LLC 子层，以控制来自该 LLC 子层的与连接有关的 DL-DATA indication 原语的流量。从 LLC 子层传递 DL-CONNECTION-FLOWCONTROL indication 原语，以控制来自网络层的与连接有关的 DL-DATA request 原语的流量。

2.2.1.3 确认无连接方式服务

2.2.1.3.1 确认无连接方式数据单元传输服务

与确认无连接方式数据单元传输服务有关的原语如下：

——DL-DATA-ACK request

——DL-DATA-ACK indication

——DL-DATA-ACK-STATUS indication

传送 DL-DATA-ACK request 原语到 LLC 子层，以请求使用确认无连接方式数据单元传输规程发送 LSDU 给远程 LLC。从 LLC 子层传送 DL-DATA-ACK indication 原语，以指示命令 PDU 的到达，但该 PDU 仅用于重新同步的情况除外。从 LLC 子层传递 DL-DATA-ACK-STATUS indication 原语，以运送与先前 DL-DATA-ACK request 有关的结果。

2.2.1.3.2 确认无连接方式数据单元交换服务

与确认无连接方式数据单元交换服务有关的原语如下：

——DL-REPLY request

——DL-REPLY indication

——DL-REPLY-STATUS indication

传送 DL-REPLY request 原语到 LLC 子层，以请求使用确认无连接方式数据单元交换规程从远程站返回 LSDU 或在站之间交换 LSDU。从 LLC 子层传送 DL-REPLY-STATUS indication 原语，以运送与先前 DL-REPLY request 原语有关的结果。

2.2.1.3.3 **应答数据单元准备**

与应答数据单元准备有关的原语如下：

——DL-REPLY-UPDATE request

——DL-REPLY-UPDATE-STATUS indication

在由 LLC 要保持 LSDU 以及当由某一别的站的请求这样做时在较迟时刻发出 LSDU 的情况下将 DL-REPLY-UPDATE request 原语传送到 LLC 子层。从 LLC 子层传递 DL-REPLY-UPDATE-STATUS indication 原语，以运送与先前 DL-REPLY-UPDATE request 原语有关的结果。

2.2.2 **详细服务规范**

本条详细地描述与标识服务有联系的原语和参数。注意是用抽象意义来规定这些参数。这些参数规定的信息必须为接收实体可用。至于产生该可用信息的方法，它不限制具体实现。

"source_address"和"destination_address"参数至少要提供 MAC 地址字段(SA 和/或 DA)和 LLC 地址字段(SSAP 和/或 DSAP)间的逻辑拼接，连接方式服务的实现可以使用本地意义的连接标识符来隐含源地址和目的地址参数。"data"参数可以通过实际传递链路服务数据单元、传递指针或传递其他的手段来提供。"priority"参数提供与数据单元传送有关的优先级。"priority"参数通过适当的 LLC/MAC 原语透明地传递到下面的 MAC 子层，见 2.3。"reason"参数提供断开的说明，包括远程实体的请求或 LLC 子层内部的差错。"amount"参数提供关于 LLC 实体所允许传递的数据量信息。

2.2.2.1 **DL-UNITDATA request**

2.2.2.1.1 **功能**

该原语是不确认无连接方式数据传送服务用的服务请求原语。

2.2.2.1.2 **服务原语的语义**

该原语应提供如下参数：

```
DL-UNITDATA request (
                     source_address,
                     destination_address,
                     data,
                     priority
                     )
```

"source_address"和"destination_address"参数规定数据单元传送中所涉及的本地和远程 LSAP。Destination_address 可以规定单地址或组地址。"data"参数规定数据链路层实体传送的链路服务数据单元，"priority"参数规定数据单元传送所要求的优先级。

2.2.2.1.3 **产生条件**

从网络层传递该原语到 LLC 子层，以请求使用不确认无连接方式规程发送 LSDU 给一个或多个远程 LSAP。

2.2.2.1.4 **收后效果**

收到该原语引起 LLC 子层试图使用不确认无连接方式规程来发送 LSDU。

2.2.2.1.5 **附加注释**

该原语与远程 LSAP 的任何连接无关。在图 3 中 c)示出了与获得成功的不确认无连接方式数据单元传递有关原语可能的逻辑顺序。

2.2.2.2 **DL-UNITDATA indication**

2.2.2.2.1 **功能**

该原语是不确认无连接方式数据单元传送服务用的服务指示原语。

2.2.2.2.2 **服务原语的语义**

该原语应提供如下参数：

DL-UNITDATA indication (
source_address,
destination_address,
data,
priority
)

“source_address”和“destination_address”参数分别规定数据单元传送中所涉及的本地和远程LSAP。“source_address”可以是一个本地 LSAP 的地址,或者可以是规定多个 LSAP 的一个组地址,其中包括一个本地 LSAP 地址。“data”参数规定由 LLC 子层实体已经接收的链路服务数据单元。“priority”参数规定单元传送所要求的优先级。

2.2.2.2.3 **产生条件**

从 LLC 子层传递该原语到网络层,以指示来自规定的远程实体的 LSDU 的到达。

2.2.2.2.4 **收后效果**

网络层接收该原语的效果不作规定。

2.2.2.2.5 **附加注释**

该原语与远程 LSAP 内的任何连接无关。在没有差错的情况下,“data”参数的内容在逻辑上是完整的,并相对于有关的 DL-UNITDATA request 原语中的“data”参数来说是不变化的。

2.2.2.3 **DL-CONNECT request**

2.2.2.3.1 **功能**

该原语是连接建立服务用的服务请求原语。

2.2.2.3.2 **服务原语的语义**

该原语应提供如下参数:

DL-CONNECT request (
source_address,
destination_address,
priority,
)

“source_address”和“destination_address”参数规定要连接的本地和远程 LSAP,“priority”参数规定连接所要求的优先级。

2.2.2.3.3 **产生条件**

当网络层实体希望按给定优先级建立与远程 LSAP 的逻辑链路连接时,从网络层传递该原语到LLC 子层。

2.2.2.3.4 **收后效果**

LLC 子层收到该原语引起本地 LLC 实体启动与远程 LLC 实体的逻辑链路连接建立。

2.2.2.3.5 **附加注释**

在图 3 中 f)示出了与获得成功的连接建立有关原语可能的逻辑顺序。

2.2.2.4 **DL-CONNECT indication**

2.2.2.4.1 **功能**

该原语是连接建立服务用的服务指示原语。

2.2.2.4.2 **服务原语的语义**

该原语应提供如下参数:

DL-CONNECT indication (
source_address,

destination_address,
priority
)

"source_address"和"destination_address"参数规定要连接的本地和远程 LSAP。"priority"参数指示连接所要求的优先级。

2.2.2.4.3 **产生条件**

从 LLC 子层传送该原语到网络层,以指示正在请求某一优先级的连接。

2.2.2.4.4 **收后效果**

网络层实体应发出 DL-CONNECT resquest 原语,以接受该连接,或者应发出 DL-DISCONNECT resquest 原语,以拒绝该连接。

2.2.2.4.5 **附加注释**

没有。

2.2.2.5 **DL-CONNECT response**

2.2.2.5.1 **功能**

该原语是连接建立服务用的服务响应原语。

2.2.2.5.2 **服务原语的语义**

该原语应提供如下参数:

DL-CONNECT response (
source_address,
destination_address,
priority
)

"source_address"和"destination_address"参数规定要连接的本地和远程 LSAP。"priority"参数指示连接所提供的优先级。

2.2.2.5.3 **产生条件**

从网络层传递该原语到 LLC 子层,以指示接受请求的连接。

2.2.2.5.4 **收后效果**

LLC 子层收到该原语引起本地 LLC 实体接受与远程 LLC 实体的逻辑链路连接。

2.2.2.5.5 **附加注释**

网络层实体可返回和 DL-CONNECT indication 原语中给出的相同的优先级,或者它可以选一个较低的优先级。返回 DL-CONNECT response 原语之后,网络层实体认为连接已建立。

2.2.2.6 **DL-CONNECT confirm**

2.2.2.6.1 **功能**

该原语是连接建立服务用的服务证实原语。

2.2.2.6.2 **服务原语的语义**

该原语应提供如下参数:

DL-CONNECT confirm (
source_address,
destination_address,
priority
)

"source_address"和"destination_address"参数规定要连接的本地和远程 LSAP。"priority"参数指示连接所提供的优先级。

2.2.2.6.3 产生条件

LLC 子层传送该原语到网络层，以运送与先前 DL-CONNECT request 原语有关的结果。该结果指出连接的尝试是成功的，并规定获得的优先级。

2.2.2.6.4 收后效果

网络层实体可以使用该连接进行数据单元传送。

2.2.2.6.5 附加注释

该原语指示远程网络层实体收到并且接受了该连接尝试。

2.2.2.7 **DL-DATA request**

2.2.2.7.1 功能

该原语是连接方式数据单元传送服务用的服务请求原语。

2.2.2.7.2 服务原语的语义

该原语应提供如下参数：

DL-DATA request (
source_address,
destination_address,
data
)

"source_address"和"destination_address"参数规定连接的本地和远程 LSAP。"data"参数规定LLC 子层实体要传送的链路服务数据单元。

2.2.2.7.3 产生条件

从网络层传递该原语到 LLC 子层，以请求通过现有的连接将 LSDU 传送到远程 LSAP。

2.2.2.7.4 收后效果

LLC 子层收到该原语后引起 LLC 子层使用连接方式规程通过规定的连接来传送 LSDU。

2.2.2.7.5 附加注释

由于对特定连接中的所有 DL-DATA request 来说，优先级必须是一致的，所以 DL-DATA request 原语不包含优先级参数。

在图 3 中 c)示出了与获得成功的连接方式数据单元传送有关的原语可能的逻辑顺序。

2.2.2.8 **DL-DATA indication**

2.2.2.8.1 功能

该原语是连接方式数据单元传送服务用的服务指示原语。

2.2.2.8.2 服务原语的语义

该原语应提供如下参数：

DL-DATA indication (
source_address,
destination_address,
data
)

"source_address"和"destination_address"参数规定连接的本地和远程 LSAP。"data"参数规定LLC 子层实体已经收到的链路服务数据单元。

2.2.2.8.3 产生条件

LLC 子层传递该原语到网络层，以指示在特定连接上来自规定的远程网络层实体的 LSDU 的到达。

2.2.2.8.4 **收后效果**

网络层收到该原语的效果不作规定。

2.2.2.8.5 **附加注释**

在没有差错的情况下，“data”参数的内容在逻辑上是完整的，并且相对于有关 DL-DATA request 原语中的“data”参数来说是不变化的。

2.2.2.9 **DL-DISCONNECT request**

2.2.2.9.1 **功能**

该原语是连接终止服务用的服务请求原语。

2.2.2.9.2 **服务原语的语义**

该原语应提供如下参数：

DL-DISCONNECT request (
source_address,
destination_address
)

“source_address”和“destination_address”参数规定要终止连接的本地和远程 LSAP。

2.2.2.9.3 **产生条件**

当网络层实体希望终止连接时，从网络层传递该原语到 LLC 子层。

2.2.2.9.4 **收后效果**

收到该原语引起 LLC 子层立即终止连接。

2.2.2.9.5 **附加注释**

所有未确认的 LSDU 均被丢弃。连接终止服务是一种夭折性服务。即，对于尚未在较高层得到确认的数据不能保证交付。因此，妥善的断开(即不丢失数据)是较高层协议的职责。

在图 3 中 c)示出了与获得成功的连接终止有关的原语可能的逻辑顺序。

2.2.2.10 **DL-DISCONNECT indication**

2.2.2.10.1 **功能**

该原语是连接终止服务用的服务指示原语。

2.2.2.10.2 **服务原语的语义**

该原语应提供如下参数：

DL-DISCONNECT indication (
source_address,
destination_address,
reason
)

“source_address”和“destination_address”参数规定终止连接的本地和远程 LSAP。“reason”参数规定断开的原因。断开的原因可以包括远程实体的请求，或 LLC 子层内部的差错。

2.2.2.10.3 **产生条件**

从 LLC 子层传递该原语到网络层，以通知网络层连接已经终止。

2.2.2.10.4 **收后效果**

网络层实体不再使用该连接进行数据单元传送。

2.2.2.10.5 **附加注释**

所有未确认的 LSDU 均被丢弃。连接终止服务是一种夭折性服务。即，对于尚未在较高层得到确认的数据不能保证交付。因此，妥善的断开(即不丢失数据)是较高层协议的职责。

2.2.2.11 **DL-RESET request**

2.2.2.11.1 **功能**

该原语是连接复位服务用的服务请求原语。

2.2.2.11.2 **服务原语的语义**

该原语应提供如下参数：

DL-RESET request (
    source_address,
    destination_address
)

"source_address"和"destination_address"参数规定要复位连接的本地和远程 LSAP。

2.2.2.11.3 **产生条件**

从网络层传递该原语到 LLC 子层，以请求连接复位到初始状态。

2.2.2.11.4 **收后效果**

收到该原语引起立即复位连接。

2.2.2.11.5 **附加注释**

所有未确认的 LSDU 均被丢弃。连接复位服务是一种夭折性服务。即，对于尚未在较高层得到确认的数据不能保证交付。因此，妥善的断开(即不丢失数据)是较高层协议的职责。

在图 3 中 f)示出了与获得成功的连接复位有关的原语可能的逻辑顺序。

2.2.2.12 **DL-RESET indication**

2.2.2.12.1 **功能**

该原语是连接复位服务用的服务指示原语。

2.2.2.12.2 **服务原语的语义**

该原语应提供如下参数：

DL-RESET indication (
    source_address,
    destination_address,
    reason
)

"source_address"和"destination_address"参数规定受影响连接的本地和远程 LSAP。"reason"参数规定用复位指示原语的原因。"reason"代码之一指示复位是由远程网络层实体或远程对等 LLC 子层所请求的[分别如图 3 中 f)和 d)所示]。所有其他代码指示本地 LLC 子层已检侧到连接复位的需求[如图 3 中 b)所示]。

2.2.2.12.3 **产生条件**

从 LLC 子层传递该原语到网络层，以指示连接复位已由远程网络层实体或远程对等 LLC 子层所请求，或者指示本地 LLC 子层已决定数据链路连接需要重新初始化[如图 3 中 d)所示]。

2.2.2.12.4 **收后效果**

对于远程复位请求，网络层实体应发出 DL-RESET request。原语以报告接受连接复位，或者应发出 DL-DISCONNECT request 原语，以终止连接。对于本地复位状态指示，网络层实体应发出 DL-RESET request 原语，以重新初始化连接，或者应发出 DL-DISCONNECT request 原语，以终止连接。

2.2.2.12.5 **附加注释**

复位的原因可以包括远程实体的请求，或本地 LLC 子层检测到差错状态。所有未确认的 LSDU 均被丢弃。连接复位服务是一种夭折性服务。即，对于尚未在较高层得到确认的数据不能保证交付。因此，妥善的断开(即不丢失数据)是较高层协议的职责。

2.2.2.13 **DL-RESET response**

2.2.2.13.1 **功能**

该原语是连接复位服务用的服务响应原语。

2.2.2.13.2 **服务原语的语义**

该原语应提供如下参数：

DL-RESET response (
source_address,
destination_address
)

“source_address”和“destination_address”参数规定受影响连接的本地和远程 LSAP。

2.2.2.13.3 **产生条件**

网络层传送该原语到 LLC 子层，以指示接受连接复位。

2.2.2.13.4 **收后效果**

LLC 子层收到该原语引起本地 LLC 子层完成连接复位。

2.2.2.13.5 **附加注释**

所有未确认的 LSDU 均被丢弃。连接复位服务是一种夭折性服务。即，对于尚未在较高层得到确认的数据不能保证交付。因此，妥善的断开(即不丢失数据)是较高层协议的职责。

2.2.2.14 **DL-RESET confirm**

2.2.2.14.1 **功能**

该原语是连接复位服务用的服务证实原语。

2.2.2.14.2 **服务原语的语义**

该原语应提供如下参数：

DL-RESET confirm (
source_address,
destination_address
)

“source_address”和“destination_address”参数规定受影响连接的本地和远程 LSAP。

2.2.2.14.3 **产生条件**

从 LLC 子层传送该原语到网络层，以通知网络层连接复位已经完成。

2.2.2.14.4 **收后效果**

网络层实体可以使用该连接进行数据单元传送。

2.2.2.14.5 **附加注释**

该原语指示远程 LLC 子层实体已确认复位。

2.2.2.15 **DL-CONNECTION-FLOWCONTROL request**

2.2.2.15.1 **功能**

该原语是连接流量控制服务用的服务请求原语。

2.2.2.15.2 **服务原语的语义**

该原语应提供如下参数：

DL-CONNECTION-FLOWCONTROL request (
source_address,
destination_address,
amount
)

“source_address”和“destination_address”参数规定流量控制连接的本地和远程 LSAP。“amount”参数规定允许 LLC 子层实体传递的数据量。

2.2.2.15.3 **产生条件**

从网络层传递该原语到 LLC 子层，以请求对来自 LLC 子层的与连接有关的 DL-DATA indication 原语的流量控制。

2.2.2.15.4 **收后效果**

收到该原语引起 LLC 子层调整可以传递到网络层的数据量。

2.2.2.15.5 **附加注释**

在一条连接上的数据流量控制与其他连接上的流量控制无关。根据每次请求动态地修改允许传递的数据量。如果规定的数据量为零，则停止有关的数据流量。特定的实现可能允许数据量规定为随实现而定的若干特定单元，并可允许数据量规定为“无限”。

在图 3 中 a)示出了与 DL-CONNECTION-FLOWCONTROI request 有关的原语可能的逻辑顺序。

2.2.2.16 **DL-CONNECTION-FLOWCONTROL indication**

2.2.2.16.1 **功能**

该原语是连接流量控制服务用的服务指示原语。

2.2.2.16.2 **服务原语的语义**

该原语应提供如下参数：

DL-CONNECTION-FLOWCONTROL indication (
source_address,
destination_address,
amount
)

“source_address”和“destination_address”参数规定流量控制连接的本地和远程 LSAP。“amount”参数规定允许网络层实体传递的数据量，以避免数据丢失。

2.2.2.16.3 **产生条件**

从 LLC 子层传递该原语到网络层，以请求对来自网络层的与连接有关的 DL-DATA request 原语的流量控制。

2.2.2.16.4 **收后效果**

收到该原语引起网络层调整允许传递又不丢失数据的数据量。

2.2.2.16.5 **附加注释**

在一条连接上的数据流量控制与其他连接上的流量控制无关，根据每次指示动态地修改允许传递的数据量。如果规定的数据量为零，则停止有关的数据流量。特定的实现可能允许数据量规定为随特定实现而定的若干特定单元，并可允许数据量规定为“无限”。

在图 3 中 b)示出了与 DL-CONNECT10N-FLOWCONTROL indication 有关原语可能的逻辑顺序。

2.2.2.17 **DL-DATA-ACK request**

2.2.2.17.1 **功能**

该原语是确认无连接方式数据单元传送服务用的服务请求原语。该原语用来发送带有对另一站确认的数据单元。

2.2.2.17.2 **服务原语的语义**

该原语应提供如下参数：

DL-DATA-ACK request (
source_address
destination_address

data,
priority,
service-class
)

“source_address”和“destination_address”参数规定数据单元传送中所涉及的本地和远程 LSAP。“data”参数规定 LLC 子层实体传送的服务数据单元。“priority”参数规定数据单元传送所要求的优先级。“service-class”参数规定数据单元传送是否要使用媒体访问控制子层中的确认能力。

2.2.2.17.3 产生条件

从网络层传递该原语到 LLC 子层,以请求使用确认无连接方式数据单元传送规程发送 LSDU 给远程 LSAP。

2.2.2.17.4 收后效果

收到该原语引起 LLC 子层试图使用确认无连接方式规程来发送 LSDU。

2.2.2.17.5 附加注释

该原语可以和一个空(具有零长度)数据参数一起被传递,便重新同步远程 LLC。该原语与远程 LSAP 的任何连接无关。在图 3 中 h)示出了与获及成功的确认无连接方式数据单元传送有关的 DL-DATA-ACK 原语可能的顺序。

2.2.2.18 DL-DATA-ACK indication

2.2.2.18.1 功能

该原语是确认无连接方式数据单元传送服务用的服务指示原语。

2.2.2.18.2 服务源于的语义

DL-DATA-ACK indication (
source_address,
destination_address
data,
priority,
service-class
)

“source_address”和“destination_address”参数规定数据单元传送中所涉及的本地和远程 LSAP。“data”参数规定 LLC 子层实体传送的服务数据单元。“priority”参数规定数据单元传送而提供的优先级。“service-class”参数规定数据单元传送是否使用了媒体访问控制子层中的确认能力。

2.2.2.18.3 产生条件

从 LLC 子层传递该原语到网络层,以指示来自远程网络层实体的非空、非重复的 LSDU 的到达。

2.2.2.18.4 收后的效果

网络层收到该原语的效果不作规定。

2.2.2.18.5 附加注释

该原语与远程 LSAP 的任何连接无关。

2.2.2.19 DL-DATA-ACK-STATUS indication

2.2.2.19.1 功能

该原语是确认无连接方式数据单元传送服务用的服务状态指示原语。

2.2.2.19.2 服务原语的语义

该原语应提供如下参数:

DL-DATA-ACK-STATUS indication (
source_address

destination_address
priority,
service-class.
status
)

“source_address”和“destination_address”参数规定数据单元传送中所涉及的本地和远程 LSAP。“priority”参数规定数据单元传送而提供的优先级。“service-class”参数规定数据单元传送是否使用了媒体访问控制子层中的确认能力。“status”参数指示与先前确认无连接方式数据单元请求有关的成功或失败。某一状态代码必须指示与相应请求的完全符合性。另一些代码指示不能符合该请求以及失败的原因。

2.2.2.19.3 **产生条件**

从网络传递该原语到 LLC 子层,以指示与先前确认无连接方式数据单元传送请求有关的成功或失败。

2.2.2.19.4 **收后效果**

网络层收到该原语的效果未作规定。

2.2.2.19.5 **附加注释**

该原语与远程 LSAP 的任何连接无关。对于该原语运送有用的信息来说,可要求足够的显示上下文信息与 DL-DATA-ACK request 原语一起被传递,并且 DL-DATA-ACK-STATUS indication 原语允许网络层使该状态与合适的先前请求有关系。数据单元传送请求的成功指示已经正确发送 LSDU,对于非空 LSDU 的情况,尽 LLC 子层所知(确认被受到),远程 LLC 子层实体已启动 DL-DATA-ACK indication 原语给远程网络层实体。

不成功的状态可以指示在本地或远程站处的各种故障,诸如,无能力传送请求 PDU,或对于从远程 LLC 收到 PDU 不进行响应。

2.2.2.20 **DL-REPLY request**

2.2.2.20.1 **功能**

该原语是确认无连接方式数据单元交换服务用的服务请求原语。该原语可以用来请求先前准备的来自另一站的数据单元,或者用来与另一站交换数据单元。

2.2.2.20.2 **服务原语的语义**

该原语应提供如下参数:

DL-REPLY request (
source_address
destination_address,
data,
priority,
service-class
)

“source_address”和“destination_address”参数规定数据单元交换所涉及的本地和远程 LSAP。“data”参数规定 LLC 子层实体要传送的链路服务数据单元。“priority”参数规定数据交换所要求的优先级。“service-class”参数规定数据单元交换是否使用了媒体访问控制中的确认能力。

2.2.2.20.3 **产生条件**

从网络层传递该原语到 LLC 子层,以请求先前准备的来自另一个 LSAP 的数据单元,或者使用确认无连接方式数据单元交换规程与另一 LSAP 交换数据单元。

2.2.2.20.4 **收后效果**

收到该原语引起 LLC 子层试图使用确认无连接方式数据单元交换规程发送 LSDU。

2.2.2.20.5 附加注释

该原语可以和一种空(具有零长度)数据参数一起被传递,以便仅请求数据(无需发送数据)。对 DL-REPLY request 原语中可以包含非零 LSDU 的数据单元交换功能的支持在类型 3 LLC 中是可选的。该原语与远程 LSAP 的任何连接无关。在图 3 中 h)示出了与获得成功的确认无连接方式数据单元交换有关的 DL-REPLY 原语的可能顺序。

2.2.2.21 **DL-REPLY indication**

2.2.2.21.1 功能

该原语是确认无连接方式数据单元交换服务用的服务指示原语。

2.2.2.21.2 服务原语的语义

该原语应提供如下参数:

DL-REPLY indication (
source_address
destination_address,
data,
priority,
service-class
)

"source_address"和"destination_address"参数规定数据单元交换所涉及的本地和远程 LSAP。"data"参数规定 LLC 子层实体已经接受的链路服务数据单元。"priority"参数规定为数据单元交换所要求的优先级。"service-class"参数规定数据单元交换是否使用了媒体访问控制中的确认能力。

2.2.2.21.3 产生条件

从 LLC 子层传送该原语到网络层,以指示成功请求来自远程网络层实体的 LSDU,或者与远程网络层实体交换 LSDU。

2.2.2.21.4 收后效果

网络层收到该原语的效果不作规定。

2.2.2.21.5 附加注释

该原语与远程 LSAP 的任何连接无关。传送先前准备的 LSDU 给请求站,不破坏 LSDU 的原始副本。后续请求任何站的数据将引起传送相同的 LSDU,直到 DL-REPLY-UPDATE request 原语可用来以新的信息去替换 LSDU 为止。对 DL-REPLY indication 原语可以包含非空 LSDU 的数据单元交换功能的仅在类型 3 LLC 中可选的。

2.2.2.22 **DL-REPLY-STATUS indication**

2.2.2.22.1 功能

该原语是确认无连接方式数据单元交换服务状态指示原语。

2.2.2.22.2 服务原语语义

该原语应提供如下参数:

DL-REPLY-STATUS indication (
source_address,
destination_address,
data,
priority,
service-class,
status
)

“source_address”和“destination_address”参数规定数据单元交换所涉及的本地和远程 LSAP。“data”参数规定 LLC 子层实体已经接收的链路服务数据单元。“priority”参数规定为数据单元交换所要求的优先级。“service-class”参数规定数据单元交换是否使用了媒体访问控制中的确认能力。“status”参数指示出先前确认无连接方式数据单元交换请求的成功或失败。某一状态代码必须指示与相应请求的完全符合性。另一些代码指示不能符合该请求和失败的原因。

2.2.2.22.3 产生条件

从 LLC 子层传递该原语到网络层,以指示与先前确认无连接方式数据单元交换强求的成功或失败。

2.2.2.22.4 收后效果

网络层收到该原语的效果未作规定。

2.2.2.22.5 附加注释

该原语与远程 LSAP 的任何连接无关。对于该原语运送有用的信息来说,可要求足够的隐式上下文与 DL-REPLY request 原语被一起传递,并且 DL-REPLY-STATUS indication 原语允许网络层使该状态与合适的先前请求有关系。数据单元交换请求的成功指示已经正确传送 LSDU,对于非空 LSDU 的情况,尽 LLC 子层所知(确认被收到),远程 LLC 子层已经移动 DL-REPLY indication 原语给远程网络层实体。另外,从远程 LLC 请求 LSDU,则成功指示要求的 LSDU 已成功地被传送。不成功的状态可以指示本地或远程站处的各种失败,诸如,无能力传送请求 PDU,对从远程 LLC 收到的 PDU 不进行响应,或者在远程 LLC 处没有 LSDU 可用。

2.2.2.23 **DL-REPLY-UPDATE request**

2.2.2.23.1 功能

该原语是应答数据单元准备服务用的服务请求原语。

2.2.2.23.2 服务原语语义

该原语应提供如下参数:

DL-REPLY-UPDATE request (
source_address,
data
)

“source_address”参数规定与数据单元准备有关的本地 LSAP。“data”参数规定 LLC 子层要保持的服务数据单元,当请求时,在较迟时刻准备传送。

2.2.2.23.3 产生条件

从网络层传送该原语到 LLC 子层,以请求与本地 LSAP 有关的 LSDU,并由 LLC 所保持。

2.2.2.23.4 收后效果

LLC 子层收到该原语引起 LLC 子层是 LSDU 本地 LSAP 联系起来,并保持将来访问的 LSDU。

2.2.2.23.5 附加注释

一旦 LSDU 已经与本地 LSAP 联系起来,则可以使用确认无连接方式响应 PDU 将该 LSDU 传送给其他站,而该响应 PDU 是如同通常由其他站所请求的那样(不需要来自网络层的附加 DL-REPLY-UPDATE request 原语)。对于规定的 LSAP,来自网络层的后续 DL-REPLY-UPDATE request 原语可用来以新的 LSDU 去替代当前相关的 LSDU。

在图 3 中 i)示出了与获得成功的应答数据单元准备有关的 DL-REPLY-UPDATE 原语的可能顺序。

2.2.2.24 **DL-REPLY-UPDATE indication**

2.2.2.24.1 功能

该原语是应答数据单元准备服务用的服务指示原语。

2.2.2.24.2 服务原语的语义

该原语应提供如下参数:

DL-REPLY-UPDATE-STATUS indication (
source_address,
status
)

"source_address"参数规定与数据单元准备有关的本地 LSAP。"status"参数指示与先前数据单元准备请求的成功或失败。

2.2.2.24.3 产生条件

从 LLC 子层传递该原语到网络层,以指示与先前数据单元准备请求有关的成功或失败。

2.2.2.24.4 收后效果

网络层收到该原语的效果不作规定。

2.2.2.24.5 附加注释

如果状态是成功的,则该原语指示 LLC 子层已经使 LSDU 与本地 LSAP 联系起来。失败状态指示 LSDU 与本地 LSAP 不能联系起来(可能是由于无能力访问共享数据区域引起的)。对于该原语运用有用的信息,可要求足够的隐式上下文可以和 DL-REPLY-UPDATE request 原语一起被传递并且 DL-REPLY-UPDATE-STATUS indication 原语允许网络层使该状态与合适的先前请求有关系。

2.3 LLC 子层/MAC 子层接口服务规范

本条规定了由 LLC 子层要求 MAC 子层提供的服务,以便允许本地 LLC 子层实体与对等 LLC 子层实体交换 LLC 数据单元。用抽象的方法来描述这些服务并不隐含任何特定实现或任何陈述的接口。

注:制定单个单独的服务规范的工作在进行之中,该服务规范是所有 MAC 子层共用的;当该规范可用时,本文件将引用它以代替现行的 MAC 服务文本。

2.3.1 交互的概述

MA-UNITDATA request

MA-UNITDATA indication

MA-UNITDATA-STATUS indication

2.3.2 详细服务规范

2.3.2.1 MA-UNITDATA-request

2.3.2.1.1 功能

该原语定义 MSDU 从本地 LLC 子层至单个对等 LLC 子层实体的传送;或在组地址的情况下至多个对等 LLC 子层实体的传送。

2.3.2.1.2 服务原语的语义

该原语应提供如下参数:

MA-UNITDATA request (
source_address,
destination_address,
routing_information,
data,
priority,
service-class
)

"source_address"参数应规定单 MAC 子层实体地址。"destination_address"参数应规定单或组 MAC 子层实体地址。同时,它们必须包含足够的信息以产生 SA 和 DA 字段,由本地 MAC 子层实体将其添加到帧，还必须包含任何物理层地址信息（例如，宽带应用中的发送频率）。“routing_information”参数规定数据单元交换所要求的路由（一个空值只是源路由选择不被使用），“data”参数规定 MAC 子层实体要发送的 MAC 服务数据单元，它包括第 3 章规定的 DSAP、SSAP、C 和信息（如果有）字段，还包括 MAC 子层实体确定数据，单元长度用的足够信息。“priority”参数规定数据单元传送所要求的优先级。“server-class”参数规定数据单元传送所要求的服务类别。

2.3.2.1.3 产生条件

每当 LLC 子层实体必须将 MSDU 传送到一个对等 LLC 子层实体或多个对等 LLC 子层实体时就产生该原语。这可能是协议的较高层请求的结果，或者可能是 LLC 子层内部产生的 MSDU 请求的结果，如同类型 2 操作所要求的那样。

2.3.2.1.4 收后效果

收到该原语应引起 MAC 子层实体添加所有 MAC 规定的字段，包括 DA、SA 以及只有特定媒体访问方法才有的任何其他字段，并传递该正确格式化的帧到协议的较低层。以便传送到对等 MAC 子层的一个实体或多个实体。

2.3.2.1.5 附加注释

在图 3 中 c)示出了与获得成功的 MAC 服务数据单元传送有关的原语可能的逻辑顺序。

2.3.2.2 MA-UNITDATA indication

2.3.2.2.1 功能

该原语定义 MSDU 从 MAC 子层实体至 LLC 子层实体的传送，或在组地址的情况下至多个实体的传送。在没有差错的情况下，“data”参数的内容在逻辑上是完整的，并且相对于有关 MA-UNITDATA request 原语中的“data”参数来说是不变化的。

2.3.2.2.2 服务原语的语义

该原语应提供如下参数：

MA-UNITDATA indication (
source_address,
destination_address,
routing_information,
data,
reception-status,
service-class
)

“source_address”参数应规定入帧中的 SA 字段所规定的单地址。“destination_address”参数应是入帧中的 DA 字段所规定的单或组地址。“routing_information”参数规定数据单元传送所要求的路由（对于不直接源路由选择的 MAC 子层，该字段将置为“空”）。“data”参数规定由本地 MAC 实体所接收的 MAC 服务数据单元。“reception-status”参数指示入帧成功或失败。“priority”参数规定该单元传送所要求的优先级。“service-class”参数规定数据单元传送要求的服务类别。

2.3.2.2.3 产生条件

从 MAC 子层实体传递 MA-UNITDATA indication 原语到 LLC 子层实体或多个实体，以指示在本 MAC 子层实体处帧到达。仅当在 MAC 子层处到达的帧是有效格式的，无差错接收的，以及其目的地址指明的是本地 MAC 子层实体时才报告。

2.3.2.2.4 收后效果

LLC 子层收到该原语的效果与帧的有效性和内容有关。

2.3.2.2.5 附加注释

如果本地 MAC 子层实体是由 MA-UNITDATA request 原语的“destination_address”参数所指明

的，则该指示原语也将被 MAC 子层实体启用，送到本地 LLC 子层实体。MAC 子层的这种全双工特性是为了使 MAC 子层范围内有唯一的功能度，或者可以是由于较低层的全双工特性所造成的(例如，所有发送到广播地址的帧将启用在包括产生该请求的站的网络中所有站处的 MA-UNITDATA indication 原语)。

2.3.2.3 **MA-UNITDATA-STATUS indication**

2.3.2.3.1 **功能**

该原语具有本地意义，并应向 LLC 子层提供与先前 MA-UNITDATA request 原语有关的状态信息。

2.3.2.3.2 **服务原语的语义**

该原语应提供如下参数：

MA-UNITDATA-STATUS indication (
source_address,
destination_address,
transmission-status,
provided-priority,
provided-service-class
)

"source_address"参数必须是有关的 MA-UNITDATA request 原语中规定的单 MAC 子层实体地址。"destination_address"参数应是有关的 MA-UNITDATA request 原语中规定的单或组 MAC 子层实体地址。"transmission-status"参数用于将状态信息送回到本地请求的 LLC 子层实体。与该原语有关的状态类型与特定的实现以及所使用的 MAC 子层的类型有关(例如，"过量的碰撞"可以是 CSMA/CD MAC 子层实体返回的一种状态)。"priority"参数规定有关数据单元传送所使用的优先级。"provided priority"参数规定为了数据单元传送而提供的优先级。

2.3.2.3.3 **产生条件**

从 MAC 子层实体传递 MA-UNITDATA-STATUS indication 原语到 LLC 子层，以指示为了先前有关的 MA-UNITDATA request 原语而提供的服务类别。

2.3.2.3.4 **收后效果**

LLC 子层收到该原语的效果依赖于 LLC 子层实体所采用的操作类型。

2.3.2.3.5 **附加注释**

假设有足够的可用的信息供给 LLC 子层，以便与适当请求的状态进行联系。

2.4 **LLC 子层/LLC 子层管理功能接口服务规范**

这件事是要进一步不断研究和解决的课题。

3 LLC PDU 的结构

3.1 概述

本章详细地定义了 LLC PDU 结构，以便用于采用面向比特规程的数据通信系统。它定义了 PDU 中各种组成部分的相对位置。它定义了表示数据链路层服务访问点地址(去往或来自网络层实体)的方法。它定义将这些地址划分为单地址和组地址。在第 5 章中规定了控制和信息字段分配的细节。

3.2 LLC PDU 的格式

所有的 LLC PDU 均应与图 4 所示的格式相一致。

DSAP 地址	SSAP 地址	控制	信息
8 比特	8 比特	8 或 16 比特	M*8 比特

其中：

DSAP 地址——目的服务访问点地址字段；

SSAP 地址——源服务访问点地址字段；

控制——控制字段[16 比特格式包含顺序编号，8 比特格式不包含顺序编号(见 5.2)]；

信息——信息字段；

*——乘；

M——等于或大于零的一个整数值(M 的上限值是所使用的媒体访问控制方法的函数)。

图 4　LLC PDU 格式

3.3　LLC PDU 的组成部分

3.3.1　地址字段

每个 LLC PDU 应包含两个地址字段，依次为目的服务访问点(DSAP)地址字段和源服务访问点(SSAP)地址字段。每个地址字段仅包含一个地址。DSAP 地址字段应标识该 LLC 信息字段预期送往的一个或多个服务访问点。SSAP 地址字段应标识启动该 LLC 信息字段的特定服务访问点。

3.3.1.1　地址字段的表示

每个地址字段的表示应如图 5 和图 6 所示。

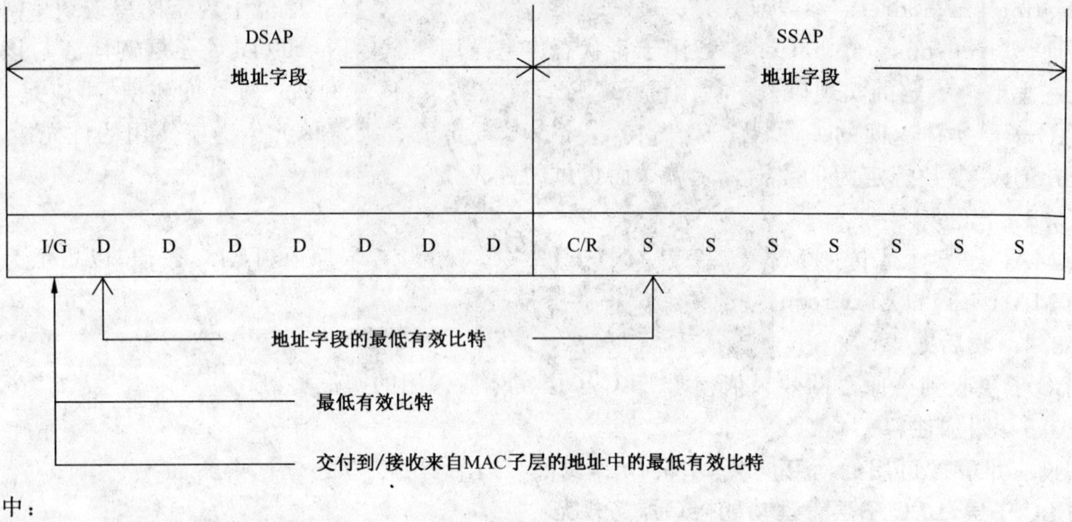

其中：

I/G=0——单地址；　XODDDDDD——DSAP 地址；

I/G=1——组地址；　XOSSSSSS——SSAP 地址；

C/R=0——命令；　X1DDDDDD——留给 ISO 定义；

C/R=1——响应；　X1SSSSSS——留给 ISO 定义。

图 5　DSAP 和 SSAP 地址字段格式

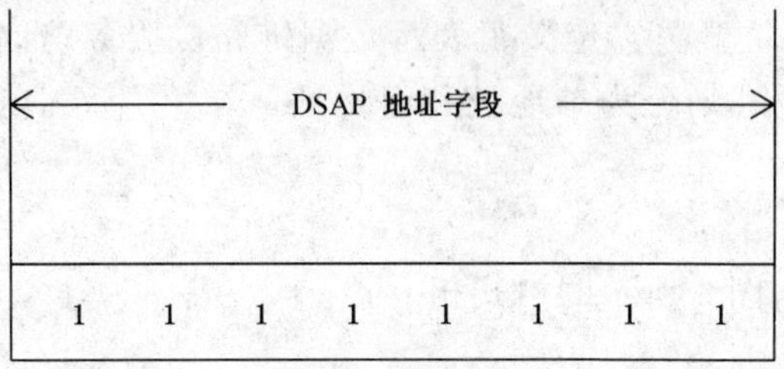

图 6　全局 DSAP 地址字段格式

1) 每个地址字段应含有1个八位位组。

2) 每个地址字段应含有7比特实际地址和1比特，这1比特，在DASP地址字段中用来标识DSAP地址是单地址还是组地址(称作地址类型标志比特)，在SSAP地址字段中用来标识LLC PDU是命令还是响应(称作命令/响应标识符比特)。

3) 地址类型标志比特应位于DSAP地址字段中的最低有效比特的位置。如果该比特为“0”，则应指示该地址是DSAP的单地址。如果该比特为“1”，则应指示该地址是DSAP的组地址。该DSAP的组地址标识由LLC实体为之提供服务的零个、一个或多个或所有服务访问点。

4) 命令/响应标识符比特应位于SSAP地址字段中的最低有效比特的位置。如果该比特为“0”，则应指示LLC PDU是命令。如果该比特为“1”，则应指示LLC PDU是响应。

3.3.1.2 地址的用法

单地址既可用作SSAP地址又可用作DSAP地址；空地址既可用作SSAP地址又可用作DSAP地址；组地址仅可用作DSAP地址。

预先定义DSAP地址字段为全“1”的(即地址类型标志比特置为“1”，以及7个地址比特置为“1”)就是“全局”DSAP地址。该DSAP地址标志了由实际上正在得到下层的MAC服务访问点地址提供服务的所有DSAP组成的一个组。

预先定义DSAP或SSAP地址字段为全“0”的(即地址类型标志比特置为“0”，以及7个地址比特置为“0”)就是“空”地址。该空服务点地址标志的LLC是与下层的MAC服务访问点地址有关的，并且不用来标识达到网络层的任何服务访问点或也不用来标识达到有关层管理功能的任何服务访问点。

地址01000000和11000000分别作为单地址和组地址，以便站的LLC子层管理功能用。LLC地址01100101作为RDE SAP地址。下一个低阶比特置为“1”的其他地址留给ISO定义用。

3.3.2 控制字段

控制字段应由1个或2个八位位组所组成，它应该用来标志命令和响应功能，当需要时，应包含顺序编号。该字段的内容应按第5章中所描述的那样。

3.3.3 信息字段

信息字段应由任何整数个(包括零)八位位组所组成。

3.3.4 无效LLC PDU

无效LLC PDU应定义为至少遇到下列情况之一的LLC PDU：

1) 它不是整数个八位位组长度；

2) 它的长度小于3个八位位组(一个八位位组控制字段)或小于4个八位位组(两个八位位组控制字段)。

无效的LLC PDU不予理睬。

4 LLC规程的类型和类别

4.1 概述

为了在服务访问点之间进行数据通信，LLC定义了三种类型的操作。

1) 类型1操作

用类型1操作时，在LLC之间交换PDU，无需建立数据链路连接，按类型1操作，在LLC子层中不应确认这些PDU，也不应有任何流量控制或差错恢复。

2) 类型2操作

用类型2操作时，在LLC之间交换任何带信息的PDU之前，应先建立数据链路连接。在数据链路连接上的两个类型2的LLC之间的正常通信周期应由下述全过程所组成。包含信息的PDU从源LLC传送到目的LLC，并由相反方向上的PDU所确认。

3) 类型3操作

用类型3操作时,应在LLC实体之间交换PDU,无需建立数据链路连接。在LLC子层中应确认可以承载信息或可以不承载信息的PDU。确认功能应用目的地LLC来完成,以便向源LLC返回在单独PDU中的特定响应,而该独立PDU发送状态信息,并且可以承载用户信息或可以不承载用户信息。

用类型2操作时,在源LLC和目的LLC之间信息量的控制应该利用一种编号方案来实现,该编号方案应在模128范围内循环,并按PDU来计量。每对源/目的LLC应使用独立的编号方案。每个这样的"对"应定义为数据链路层服务访问点之间的一条逻辑点对点数据链路连接,并且要考虑MAC子层中的DA和SAA寻址部分。确认功能应由目的LLC通知源LLC下一个期望的顺序编号来实现。它可以用不包含信息的独立PDU或在包含信息的PDU中的控制字段内来实现。

LLC类型2规程应能适用于平衡数据链路连接。一条平衡数据链路连接应包含两个参与的LLC。为了达到控制目的,每个LLC应负责由它始发传输的数据流量的组织和链路恢复操作。每个LLC都应能发送和接收命令和响应PDU。

对于按类型2操作的LLC之间数据的传送,图7描绘了所采用的数据链路控制功能。每个LLC中的数据源应使用命令PDU来控制另一LLC中的数据宿。信息应从数据源流向数据宿,并且任何确认总是在相反方向上发送。每个LLC站应采用探询型命令PDU来请求来自另一个LLC的特定确认和状态响应。

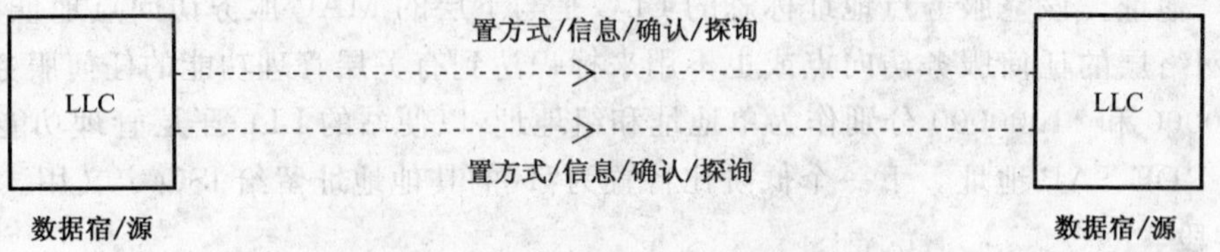

图7 平衡数据链路连接配置

在正常的类型3操作中,每个命令PDU应接收一个确认PDU,并且通过源LLC可以重发一个命令PDU,以便进行恢复,它不将新的PDU以给定优先级的目的地址的给定DA部分从给定SSAP发送到LLC,而是等待确认常有相同地址和优先级的先前PDU。LLC实体将不接收来自网络层的新请求原语,直到收到远程LLC实体已经确认的先前的"请求"原语LSDU为止。这种约束是允许在LLC在传送PDU在重试之后上获得成功的情况下重新开始正常数据传输之前较高层执行恢复操作所必需的。

在类型3操作中连续PDU的交替代码点机制提供了一比特顺序编号功能度,该功能度允许LLC接收命令PDU,以区分开新PDU和先前收到PDU的第2个副本。另外,接收确认PDU的LLC可以确保该确认参考了最后发送的信息PDU。因此承担过量延迟的先前确认不予理睬。

根据媒体访问控制子层所提供的服务,类型3操作规定了不同量的状态信息,该状态信息量是在信息交换时所涉及的站处必须予以维护的。在一般情况下,对于每个SSAP-DA对,每个站必须维护每个优先级,即一个比特顺序编号用于发送,另一个比特顺序编号用于接收。然而,媒体访问控制子层可以保证第1次传输和全部退役的单个PDU出现的周期之间,目的地站将不接收某些其他插入PDU,并且媒体访问控制子层以其在该优先级方位内解FIFO(先进先出)所支持每个优先级的队进行服务,则仅需要一种顺序编号用于接收的PDU。

4.2 LLC的类别(适应性条款)

定义了四类LLC。Ⅰ类LLC仅支持类型1操作,而Ⅱ类LLC应仅支持类型1操作和类型2操作,Ⅲ类LLC应仅支持类型1和类型3操作,以及Ⅳ类LLC应支持类型1,类型2和类型3操作,如图8所示。

LLC 的类别

		Ⅰ	Ⅱ	Ⅲ	Ⅳ
所支持的操作类型	1	X	X	X	X
	2		X		X
	3			X	X

X 指示有效组合

图 8　LLC 的类别

这意味着局域网上的所有 LLC 都应具有共用至少一种操作类型，即操作类型 1。此外，由Ⅱ类 LLC、Ⅲ类 LLC 或Ⅳ类 LLC，对类型 1 操作的支持应完全独立于同一 LLC 中类型 2 或类型 3 操作方式或类型 2 或类型 3 操作方式的变化。如果有必要，Ⅱ类 LLC、Ⅲ类 LLC 或Ⅳ类 LLC 应能够在 PDU 对 PDU 基础上来回地活动在类型 1 操作和类型 2 操作或类型 3 操作中间。

4.2.1　Ⅰ类 LLC

Ⅰ类 LLC 仅支持类型 1 操作。Ⅰ类服务应能适用于单、组、全局和空 DSAP 编址，并适用于不要求数据链路确认和流量控制规程的应用。在Ⅰ类服务中所支持的命令 PDU 和响应 PDU 的集合是：

	命令	响应
类型 1：	UI XID TEST	 XID TEST

4.2.2　Ⅱ类 LLC

Ⅱ类 LLC 应支持类型 1 操作，也应支持类型 2 操作。在Ⅱ类站中，类型 1 规程和类型 2 规程的操作是完全独立的。在Ⅱ类服务中所支持的命令 PDU 和响应 PDU 的集合应是：

	命令	响应
类型 1：	UI	
	XID	XID
	TEST	TEST
类型 2：	I	I
	RR	RR
	RNR	RNR
	REJ	REJ
	SABME	UA
	DISC	DM
		FRMR

4.2.3 Ⅲ类 LLC

Ⅲ类 LLC 应支持类型 1 操作，也应支持类型 2 操作。在Ⅲ类站中，类型 1 规程类型 3 规程的操作是完全独立的。在Ⅲ类服务中所支持的命令 PUD 和响应 PDU 集合应是：

	命令	响应
类型 1	UI	
	XID	XID
	TESE	TEST
类型 3 型	ACO	ACO
	AC1	AC1

4.2.4 Ⅳ类 LLC

Ⅳ类 LLC 应支持类型 1，类型 2 和类型 3 操作。在Ⅳ类站中，类型 1 规程，类型 2 规程和类型 3 规程的操作彼此都是完全独立的。在Ⅳ类 LLC 服务中所支持的命令 PDU 和响应 PUD 的集合应是：

	命令	响应
类型 1	UT	
	XID	XID
	TEST	TEST
类型 2	I	I
	RR	RR
	RNR	RNR
	REJ	REJ
	SABME DISC	UA DM FRMR
类型 3	ACO AC1	ACO AC1

4.3 支持路由确定实体(**RDE**)(适应性条款)

支持 RDE 是可选的。支持 RDE 应完全独立于任何类型(类型 1、类型 2 等等)操作的操作方式或操作方式的变化。支持 RDE 的所有 LLC 应实现与第 9 章相一致的 RDE 部件，并且：

1) 应使用路由队列响应(RQR)表响应路由队列命响应(RQC)。

2) 应排斥不满足规定最小准则的路由。

3) 应默认对于下列内容的声称树路由：

   a) 寻址 MAC 广播地址的 PDU；

   b) 寻址 MAC 组地址的 PDU；

   c) 当无路由满足规定最小准则时的任何其他情况。

5 LLC 规程要素

5.1 概述

本章规定了局域网逻辑链路控制(LLC)规程的诸要素，它用于使用 LLC PDU 结构(见第 3 章)的代码独立的数据通信。

在LLC中根据通过逻辑数据链路(类型1和类型2)和数据链路连接(类型2)收到的命令和有时收到对命令的回答应发生一些动作,依据这些动作明确地来定义这些LLC规程要素。每个规程要素只能由第4章中所定义的三种类型操作(类型1和2或类型3)中的一种来使用。

5.2 控制字段格式

为控制字段(见图9)定义的三种格式应该用来执行编号信息传送、编号监控传送、无编号控制和无编号信息传送的诸功能。编号信息传送和监控传送的功能仅适用于类型2操作。无编号控制和无编号信息传送的功能适用于类型1、类型2或类型3操作,这取决于所选择的特定功能。

LLC PDU 控制字段的比特

	1	2	3	4	5	6	7	8	9	10~16
信息传送命令/响应 (I 格式 PDU)	0	N(S)							P/F	N(R)
监控命令/响应 (S 格式 PDU)	1	0	S	S	X	X	X	X	P/F	N(R)
无编号命令/响应 (I 格式 PDU)	1	1	M	M	P/F	M	M	M		

其中:

N(S)——发送器的发送顺序编号(比特2为低阶比特);

N(R)——发送器的接收顺序编号(比特10为低阶比特);

S——监控功能位;

M——修改功能位;

P/F——探询位P:命令LLC PDU传输;

终结位F:响应LLC PDU传输(1=探询/终结);

X——保留并置为"0"。

图9 LLC PDU控制字段格式

5.2.1 信息传送格式——I

I格式PDU应该用来在类型2操作中执行无编号信息传送。除非另有说明(例如,Ul、TEST、FRMR和XID),I格式PDU应是可包含信息字段的唯一的一种LLC PDU。N(S)、N(R)和P/F的功能应是独立的;即,每个I格式PDU都应有N(S)编号、N(R)顺序编号和P/F位。在接收LLC处应该用N(R)顺序编号来确认或不予确认附加的I格式PDU。P/F位可置为"1"或"0"。

5.2.2 监控格式——S

S格式PDU应该用来在类型2操作中执行数据链路监控功能,诸如确认I格式PDU、请求重传I格式PDU以及请求暂停I格式PDU的传输。N(R)和P/F的功能应是独立的,即,每个S格式PDU都应有N(R)顺序编号和P/F。在接收LLC处应该用N(R)顺序编号来确认或不予确认附加的I格式PDU. P/F位可置为"1"或"0"。

5.2.3 无编号格式——U

U格式PDU应该用来在类型1、类型2或类型3操作中,提供附加数据链路控制功能不排序的信息传送。U格式PDU不应包含顺序编号,但应包括置为"1"或"0"的P/F位。

5.3 控制字段参数

以下几条描述与控制字段格式有关的各种参数。

5.3.1 类型1操作参数

类型1操作中存在的唯一参数是探询/终结(P/F)位。置为"1"的P/F位应该只用于类型1操作的

XID 和 TEST 命令/响应 PDU 功能。置为“1”的探询(P)位用来请求(探询)被寻址 LLC 发来的带有 F 位置为“1”的一个对应的 PDU。置为“1”的终结(F)位仅应该用来指示 LLC 发送的一个响应 PDU 是作为请求(探询)命令 PDU(P 位置“1”)的一个结果。

5.3.2 类型 2 操作参数

以下几条描述类型 2 操作中与控制字段格式有关的各种参数。

5.3.2.1 模数

每个 I PDU 都应该具有在 0 到“模数减 1”之间的数值进行顺序编号(其中,“模数”就是该顺序编号的模数)。对于类型 2 操作控制字段格式,该模数应等于 128。顺序编号应在模数整个范围内循环。

在任何给定的时候,在数据链路连接给定的方向上悬而未决的(即,未予确认的)已顺序编号的 I PDU的最大数目决不应超过该顺序编号的“模数减 1”。在正常操作和/或差错恢复动作期间,这种限制应防止已发送的 I PDU 与顺序编号相联系时的任何二义性。

5.3.2.2 LLC PDU 状态变量和顺序编号

在每条数据链路连接上,LLC 站为它所发送的 I PDU 保持发送状态变量 V(S),为它所接收的 I PDU保持接收状态变量 V(R)。V(S)的操作和 V(R)的操作应是彼此独立的。

5.3.2.2.1 发送状态变量 V(S)

发送状态变量应该指的是一条特定的数据链路连接上的下一个按顺序要发送的 I PDU 的顺序编号。发送状态变量应在 0 至“模数减 1”范围内取值(其中模数等 128,并且编号在模数整个范围内循环)。随着在有关数据链路连接上的每个相关的 I PDU 传送,发送状态变量的值应增加 1,但发送状态变量的值应不超过最后收到大于“模数减 1”的 PDU 的 N(R)。

5.3.2.2.2 发送顺序编号 N(S)

只有 I PDU 应包含 N(S),即被发送 PDU 的发送顺序编号 N(S)。在发送一个 I PDU 之前,N(S)的值应置为等于那条数据链路连接的发送状态变量的值。

5.3.2.2.3 接收状态变量 V(R)

接收状态变量应该指的是在一条特定的数据链路连接上的下一个按顺序要接收的 I PDU 的顺序编号。接收状态变量应在 0 至“模数减 1”范围内取值(其中模数等于 128,并且编号在模数整个范围内循环)。每当接收到无差错的、按顺序的 I PDU,其发送顺序编号 N(S)等于这条数据链路连接上的接收状态变量的值时,与数据链路相关的接收状态变量就应增加 1 。

5.3.2.2.4 接收顺序编号 N(R)

所有的 I 格式 PDU 和 S 格式 PDU 应包含 N(R),即在特定数据链路连接上的下一个接收的I PDU 的期望的顺序编号 N(R)。在发送 I 格式 PDU 或 S 格式 PDU 之前,N(R)的值应置为等于那条数据链路连接上相关接收状态变量的当前值。N(R)应指示发送 N(R)的站已经正确地接收到了规定数据链路连接上编号直到包括[N(R)-1]在内的所有 I PDU。

5.3.2.3 探询/终结(P/F)位

探询(P/F)位应该请求(探寻)用来向被寻址的 LLC 发来的响应。终结(F)位应该用来指示由于请求(探寻)命令而发送的响应 PDU。

探询/终结(P/F)位在类型 2 操作中作为的命令 PDU 和响应 PDU 的功能使用。在命令 PDU 中,P/F 位应称为 P 位,在响应 PDU 中,应称为 F 位。P/F 位的交换提供了不同的命令/响应联系,这种联系在对正常操作和恢复情况期间都是有用的。

5.3.2.3.1 探询位功能

P 位为“1”的命令 PDU 应该用来在某一条数据链路连接上向请求在这条数据链路连接上被寻址的 LLC 发来的 F 位为“1”的响应 PDU 。

在任何特定的 LLC 对之间的数据链路连接的一个给定的方向上,任何给定的时刻只应有一个 P 位为“1”的 PDU 是悬而未决的。在同一条数据链路连接上,LLC 只有已收到了被寻址的 LLC 发来的 F

位为“1”的响应 PDU 之后，才能发送另一个 P 位为“1”的 PDU。如果在系统定义的 P 位定时器超时期内，没有收到有效的响应 PDU，则允许重新发送 P 位为“1”的命令 PDU 以便进行差错恢复。

5.3.2.3.2 终结位功能

F 位为“1”的响应 PDU 应该用来确认收到了 P 位为“1”的命令 PDU 。

收到了 P 位为“1”的命令 PDU 之后，LLC 在适当的数据链路连接上，在最早可能的机会上发送 F 位为“1”的响应 PDU 。

应该允许 LLC 在任何媒体访问机会上以异步为基础发送适当的 F 位为“0”的响应 PDU（无需命令 PDU ）。

5.3.3 类型 3 操作参数

以下几条描述了在类型 3 操作中与控制字段格式有关的各种参数。

5.3.3.1 LLC PDU 状态变量

5.3.3.1.1 发送顺序状态变量 V(SI)

LLC 应该对于发送类型 3 命令 PDU 的远程地址（SA 和 SSAP）和 MAC 优先级的每个唯一的组合能维持一个发送顺序状态变量 V(SI)。该变量应只取值“0”和“1”，并且应置为等于代码点的第 8 个比特，而该代码点的第 8 个比特用于与相关地址和优先级一起收到的确认适用于当前悬而未决的传输，并且允许接收器检测重复的帧。V(SI) 应按 8.5.1 的规定来创建，并且按 8.4.2 的规定来摧毁。

5.3.3.1.2 接收顺序状态变量 V(RI)

LLC 应该对于收到的类型 3 命令 PDU 有关的远程性能地址（SA 和 SSAP）和 MAC 优先级的每个唯一的组合能维持一个接收顺序变量 V(RI)。该变量包含在最后收到的以相关优先级上带有相关地址的类型 3 命令所使用代码点的第 8 个比特的补码。V(RI) 允许 LLC 区分开第一时间收到类型 3 命令 PDU 和收到的 PDU，而这个收到的 PDU 是先前收到 PDU 的重传。V(RI) 应按 8.5.2 的规定来创建，并且接收 8.4.3 的规定来摧毁。

5.3.3.1.3 接收状态的状态变量 V(RB)

LLC 应该对收到的类型 3 命令 PDU 有关的远程地址（SA 和 SSAP）和 MAC 优先级的每一唯一的组合能维持一个接收状态的状态变量 V(RB)。该变量包含对接收信息字段的成功或失败的指示，而该信息字段来自最后收到的以相关优先级带有相关地址的类型 3 命令。V(RB) 保证响应重复命令 PDU，而该重复命令 PDU 包含与响应原始命令 PDU 相同的接收状态代码。

5.3.3.2 探寻/终结(P/F)位

探寻(P)位应该用来请求具有信息字段的一个响应 PDU，而该信息字段包含了 3 状态子字段和 LSDU 子字段两者。终结(F)位应该用来指示由于请求（探寻）命令引起而发送的响应 PDU。

5.3.3.2.1 探寻位功能

P 位置位“0”的命令 PDU 应该在数据链路上用来把 LSDU（链路服务数据单元）从发送 LLC 传递到接收 LLC。P 位置位“0”的命令 PDU 也请求接收 LLC 返回在其信息字段中仅具有状态字段的响应 PDU。P 位置位“1”的命令 PDU 由发送 LLC 用来请求接收 LLC 返回在其信息字段中具有状态子字段和 LSDU 子字段两者的响应 PDU。

5.3.3.2.2 终结位功能

总是发送响应 PDU，而该响应 PDU 的 F 位置为等于对其发送响应的命令 PDU 内的 P 位。

5.4 命令和响应

本条定义命令和有关的响应。5.4.1 和 5.4.2 和 5.4.3 分别包含类型 1 操作、类型 2 操作和类型 3 操作各种控制字段的命令和响应集合（列于下面）的定义。位于 SSAP 字段中低阶比特的 C/R 位用来区分命令和响应。下面对命令和响应的讨论假设 C/R 位已被适当地解码。

信息传送格式命令		信息传送格式响应	
I	信息	I	信息
监控格式命令		监控格式响应	
RR	接收准备好	RR	接收准备好
RNR	接收未准备好	RNR	接收未准备好
REJ	拒绝	REJ	拒绝
无编号格式命令		无编号格式响应	
UI	无编号信息	UA	无编号确认
DISC	断开		
SABME	置扩充的异步平衡方式	DM	断开方式
		FRMR	帧拒绝
XID	交换标识	XID	交换标识
TEST	测试	TEST	测试
AC0	确认的无连接信息，顺序 0	AC0	确认的无连接确认，顺序 0
AC1	确认的无连接信息，顺序 1	AC1	确认的无连接确认，顺序 1

注：为简便起见，在其余的文本中，术语“ACn”系指 AC0 和 AC1 两者。

5.4.1 类型 1 操作命令和响应

类型 1 命令和响应都是 U 格式 PDU。

5.4.1.1 类型 1 操作命令

类型 1 操作的 U 格式 PDU 命令编码列于图 10。

交付到/接收来自MAC子层的控制字段的最低有效比特

1	2	3	4	5	6	7	8	
1	1	0	0	P	0	0	0	UI命令
1	1	1	1	P	1	0	1	XID命令
1	1	0	0	P	1	1	1	TEST命令

图 10 类型 1 操作命令控制字段比特分配

5.4.1.1.1 无编号信息(UI)命令

UI 命令 PDU 应该用来将信息发送给一个或多个 LLC。UI 命令 PDU 的使用不依赖于目的和源 LLC 之间的现存的数据链路连接，并且其使用将不影响与任何数据链路连接有关的 V(S)或 V(R)变量。对于 UI 命令 PDU，LLC 没有对应的响应 PDU。

对收到的 UI 命令 PDU 不予确认也不检查顺序编号。因此，如果在发送命令 PDU 期间，逻辑数据链路出现异常(例如，传输差错或接收器忙状态)，UI PDU 所包含的数据可能丢失。

UI 命令 PDU 应该把单地址、组地址、全局地址或空地址中的任何一个作为目的 DSAP 地址，而把始发者的单地址作为 SSAP 地址。

5.4.1.1.2 交换标识(XID)命令

XID 命令 PDU 应该用来把以每条数据链路连接为基础的所支持的 LLC 服务类型(用于所有 LLC 服务)和接收窗口尺寸运送到目的 LLC，并且用来使目的 LLC 在最早的机会上用 XID 响应 PDU(见

5.4.1.2.1)进行响应。XID 命令 PDU 应该对远程 LLC 所维持的任何方式或顺序编号没有影响。XID 命令 PDU 应该把单地址、组地址、全局地址或空地址中的任何一个作为目的 DSAP 地址,而把始发者的单地址作为 SSAP 地址。

XID 基本格式命令 PDU 的信息字段应由一个 8 bit XID 格式标识符字段加上一个 16 bit 参数字段所组成,如图 11 所示该参数字段的编码用来标识所支持的 LLC 服务和加上 XID 发送器的接收窗口尺寸(RW)。XID 接收器宜将其发送窗口 k 置为小于或等于 XID 发送器的接收窗口的值,以避免过运行 XID 发送器。

注:XID PDU 的其他用法有待进一步研究。特别是利用未请求的 XID 响应 PDU 来通知"存在的新 LLC"的用法,要进行检查。

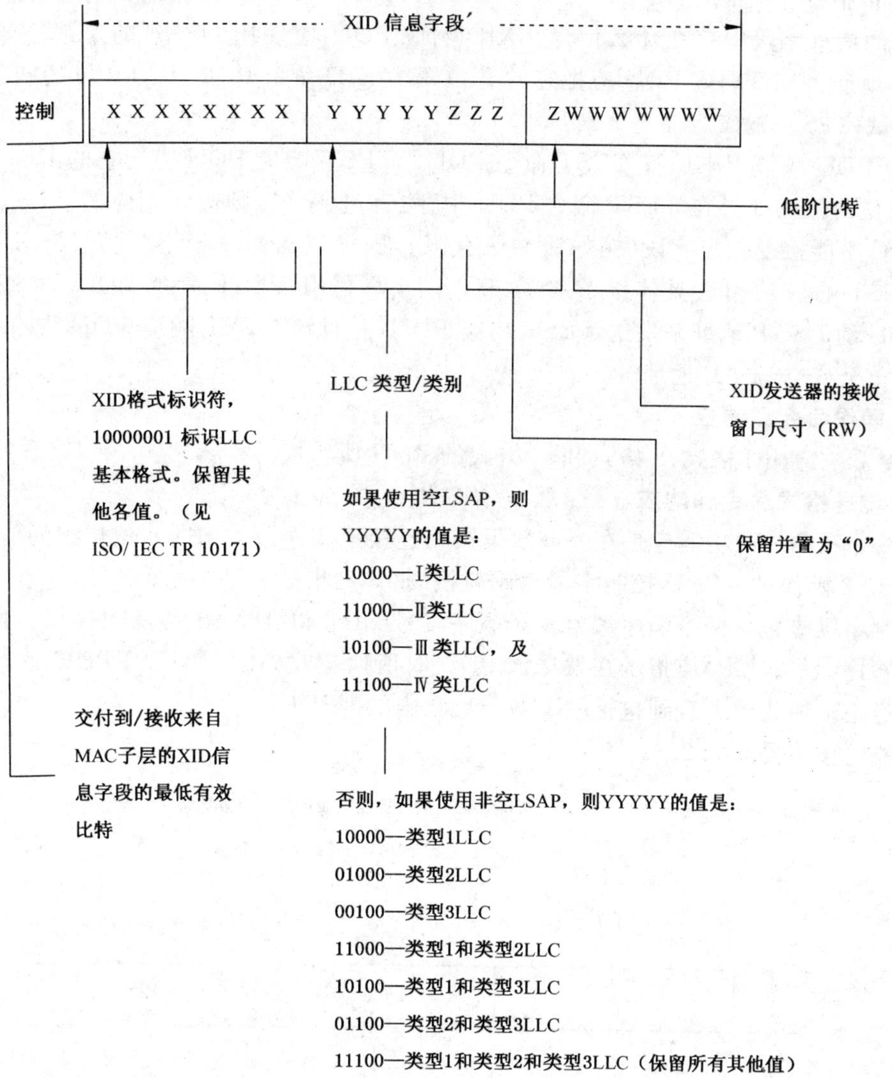

图 11 XID 信息字段基本格式

5.4.1.2 类型 1 操作响应

类型 1 操作 U 格式 PDU 响应的编码列于图 12。

交付到/接收来自MAC子层的控制字段的最低有效比特

1 2 3 4 5 6 7 8

1 1 1 1 F 1 0 1 XID命令

1 1 0 0 F 1 1 1 TEST响应

图 12 类型 1 操作响应控制字段比特分配

5.4.1.2.1 交换标识(XID)响应

XID 响应 PDU 应该用来在最早的机会上回答 XID 命令 PDU。XID 响应 PDU 应标识正在进行响应的 LLC,并应包括一个类似于为 XID 命令 PDU(见 5.4.1.1.2)而定义的信息字段,而不管收到的 XID 命令 PDU 的信息字段中存在什么信息。XID 响应 PDU 应使用 DSAP 的单或空地址,并应使用 SSAP 的单或空地址。XID 响应 PDU 应把它的 F 位置为 XID 命令 PDU 中的 P 位的状态。

5.4.1.2.2 测试(TEST)响应

TEST 响应 PDU 应该用来回答 TEST 命令 PDU。TEST 响应 PDU 应把它的 F 位置为 TEST 命令 PDU 中的 P 位的值。如果在 TEST 命令 PDU 中存在信息字段,则应在相应的 TEST 响应 PDU 中送回。如果 LLC 不能接受信息字段(例如缓冲区有限),则可以送回一个不带信息字段的 TEST 响应 PDU。关于 TEST 响应的用法具体细节参见 6.7。LLC 利用 TEST 命令 PDU 的 SSAP 地址作为 TEST 响应 PDU 的 DSAP 地址来发送 TEST 响应 PDU,并且该 TEST 响应 PDU 带有由 TEST 命令 PDU 所选择的单个或空 SSAP 地址。

5.4.2 类型 2 操作命令和响应

类型 2 命令和响应由 I 格式、S 格式和 U 格式的 PDU 所组成。

5.4.2.1 信息传送格式命令和响应

信息(Ⅰ)命令和响应的功能应是在一条数据链路连接上传送包含面向八位位组的信息字段的顺序编号 PDU。类型 2 操作的 I PDU 控制字段编码应按图 13 列出的。

I PDU 控制字段应包含两个顺序编号发送顺序编号 N(S)和接收顺序编号 N(R)。N(S)应指示与 I PDU 有关的顺序编号;N(R)应指示在发送该 PDU 时所期望收到的下一个 I PDU 的顺序编号,所以它应还指示已经正确地收到了直到包括[N(R)-1]在内的 I PDU。

P/F 位功能的描述见 5.3.2.3。

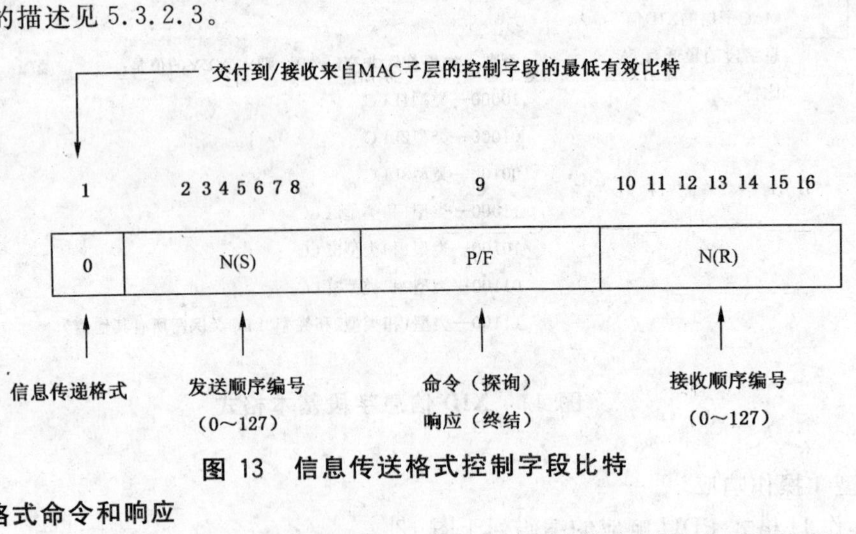

图 13 信息传送格式控制字段比特

5.4.2.2 监控格式命令和响应

监控(S)PDU 应该用来执行编号的监控功能,诸如确认、暂停信息传送或差错恢复。

S 格式的 PDU 应不包含信息字段,因此,在发送器处,发送状态变量不增加 1,在接收器处,接收状态变量也不增加 1。类型 2 操作的 S 格式 PDU 控制字段编码应如图 14 所示。

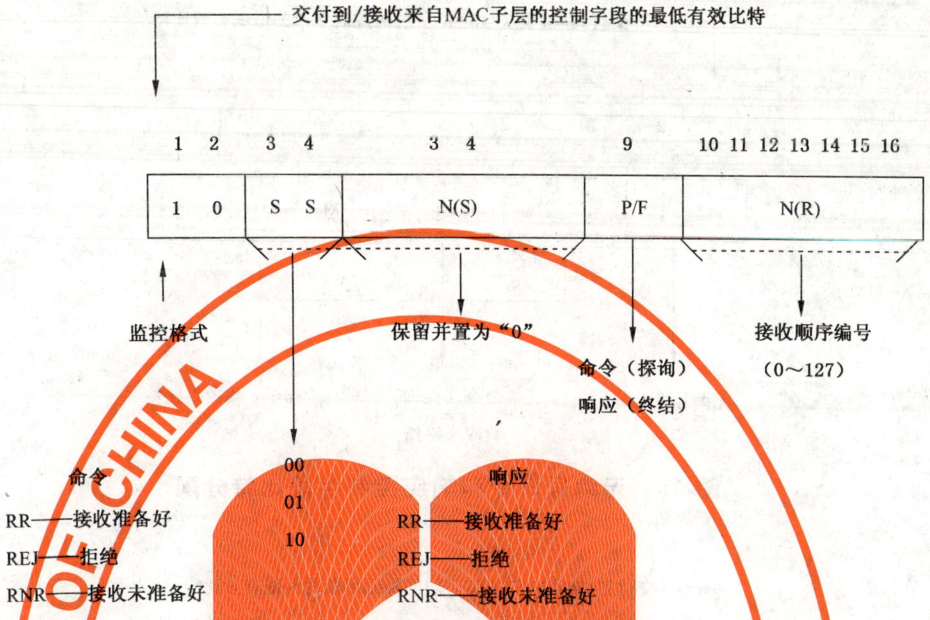

图 14　监控格式控制字段比特

S 格式 PDU 应包含接收顺序编号 N(R)，N(R)应指示在发送时所期望收到的下一个 I PDU 的顺序编号，所以它应还指示已经正确地收到了编号直到包括[N(R)－1]在内的所有接收的 I PDU。

当发送 RR 或 REJ PDU 时，该 RR 或 REJ PDU 应指示把较早通过发送 RNR PDU 来指示的发送 LLC 任何的忙状态清除了。

P/F 位功能的描述见 5.3.2.3。

5.4.2.2.1　接收准备好(RR)命令和响应

LLC 应使用 RR PDU 来指示它已准备好接收 I PDU。应认为编号直到包括[N(R)－1]在内的 I PDU已被确认。

5.4.2.2.2　拒绝(REJ)命令和响应

LLC 应使用 REJ PDU 来请求重发编号从 N(R)开始的 I PDU。应认为编号直到包括[N(R)－1]在内的 I PDU 已被确认。在重发 I PDU 之后，应有可能发送等待初始发送的另外的 I PDU。

在数据链路连接上的每个发送方向，在任何给定的时刻，只能建立一个“发送 REJ”状态。一旦收到一个 I PDU，它的 N(S)等于该 REJ PDU 的 N(R)，该“发送 REJ”状态应被清除。“发送 REJ”状态可以按照 7.5.4 描述的规程来复位。

5.4.2.2.3　接收未准备好(RNR)命令和响应

RNR PDU 应由 LLC 用来指示忙状态(即，暂时无能力接受后续的 I PDU)。应认为编号直到包括[N(R)－1]在内的 I PDU 已被确认。收到的编号为 N(R)或任何后续 I PDU(如果有)应不认为已被确认，这些 PDU 的接受状态应在后续的交换中指出。

5.4.2.3　无编号格式命令和响应

无编号(U)命令和响应在类型 2 操作中用来扩充数据链路连接控制功能的数目。发送 U 格式 PDU 时，数据链路连接上的发送或接收 LLC 的状态变量均不增加 1。U 格式命令/响应 PDU 控制字段的编码如图 15 所示。

P/F 位功能的描述见 5.3.2.3。类型 2 操作的 U 格式命令和响应编码列于图 16 中。

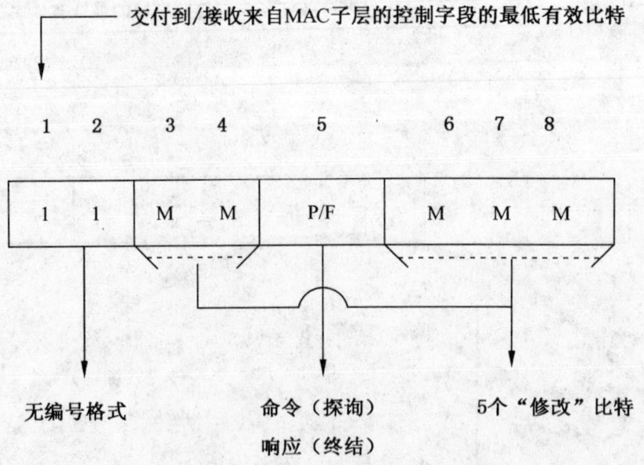

图 15　无编号命令和响应控制字段比特分配

交付到/接收来自MAC子层的控制字段的最低有效比特

1	2	3	4	5	6	7	8	
1	1	1	1	P	1	1	0	SABME命令
1	1	0	0	P	0	1	0	DISC命令
1	1	0	0	F	1	1	0	UA命令
1	1	1	1	F	0	0	0	DM响应
1	1	1	0	F	0	0	1	FRMR响应

图 16　无编号命令和响应控制字段比特分配

5.4.2.3.1　置扩充的异步平衡方式(SABME)命令

SABME 命令 PDU 应该用来建立至目的 LLC 的异步平衡方式的数据链路连接。SABME 命令 PDU 中应不允许有信息字段。目的 LLC 应该，按照不管网络层是传递 DL-CONNECT response 原语还是传递 DL-DICONNECT request 原语到该 LLC 子层，在最早的机会上在这条数据链路连接上发送 UA 响应 PDU 或 DM 响应 PUD 来证实它收到 SABME 命令 PDU。一旦接受了该 SABME 命令 PDU，目的 LLC 的发送和接收状态变量均应置为“0”。如果起始的 LLC 正确地收到了 UA 响应 PDU，则它也应呈现异步平衡方式，并且将其相应的发送和接收状态变量置为“0”。

当执行该命令时先前发送的未被确认的 I PDU 仍应维持未予确认。LLC 是否重发未被确认的悬而未决的 I PDU 信息字段的内容应由较高层决定。

5.4.2.3.2　断开(DISC)命令

DISC 命令 PDU 用来终止先前由 SABME 命令 PDU 置成的异步平衡方式。它应该用来通知目的 LLC：源 LLC 正在暂定数据链路连接的操作并且目的 LLC 宜呈现逻辑断开方式。DISC 命令 PDU 中应不允许有信息字段。在执行该命令之前，目的 LLC 应通过在这条数据链路连接上发送 UA 响应 PDU 来证实接受了 DISC 命令 PDU 。

当执行该命令时先前发送的未予确认的 I PDU 仍应维持未子确认。LLC 是否重发未被确认的悬而未决的 I PDU 信息字段的内容应由较高层决定。

5.4.2.3.3 无编号确认(UA)响应

数据连接上的 LLC 使用 UA 响应 PDU 来确认收到并接受 SABME 和 DISC 命令 PDU。在发送 UA 响应 PDU 之前,不应执行这些收到的命令 PDU。UA 响应 PDU 中不允许有信息字段。

5.4.2.3.4 断开方式(DM)响应

DM 响应 PDU 应该用来报告状态,以指示 LLC 处在逻辑上与数据链路断开的状态,这种状态由系统定义为 ADM。DM 响应 PDU 中不允许有信息字段。

5.4.2.3.5 帧拒绝(FRMR)响应

FRMR 响应 PDU 应由异步平衡方式的 LLC 用来报告习惯状态,该习惯状态是由于收到远程 LLC 的 PDU 引起的并且通过重发相同的 PDU 所不能纠正的在下列各状态的情况下应使用 FRMR 响应 PDU:

a) 收到未定义的或不能实现的命令 PDU 或响应 PDU。

b) 收到置有不允许的信息字段的置控 PDU 或无编号 PDU。

c) 收到一个 I PDU,它的信息字段超过了在该数据链路连接期内接收 LLC 所能容纳的已建立的最大信息字段长度。

d) 收到来自远程 LLC 的无效 N(R)[无效 N(R)应定义为一个表示先前已发送并已被确认的 I PDU,或定义为一个表示尚未发送而又不是下一个按顺序等待发送的 I PDU]。

e) 收到来自远程 LLC 的无效 N(S)[无效 N(S)应定义为一个大于或等于上一次发送的 N(R)+RW 的 N(S)认定为指示 7.5.10 中定义的重复 PDU]。

在下列各状态的任一或两者的情况下,可以使用 FRMR 响应 PDU:

——收到未经请求的 F 位置为“1”;

——收到不期望的 UA 响应 PDU。

响应的 LLC 应在最早的机会上发送 FRMR 响应 PDU。

接收到 FRMR 响应的 PDU 的 LLC 应将 DL-RESET 指示原语传递到网络层,它本身有责任通过指令该 LLC 使用 SABME 和 DISC 命令 PDU(当可用时)来启动适当的方式置为或复位的纠正动作,以使在数据链路连接上信息传递的两个方向都初始化。

与该 FRMR 响应一起应送一个信息字段以提供 PDU 拒绝的原因。以使信息字段应包含图 17 所示的字段。

5.4.3 类型 3 操作命令和响应

类型 3 命令和响应为 U 格式的 PDU,它们的编码格式如图 18。

P/F 比特位作用的描述见 5.3.3.2。

5.4.3.1 无连接确认(ACn)命令

在类型 3 操作中,在没有预先数据连接的情况下,ACn 命令 PDU 用来发送信息或请求信息,ACn 命令 PDU 的使用不依赖于目的和源 LLC 之间的数据链接,它的使用也不会影响任何已存在的数据链路的 V(S)和 V(R)变量,ACn 命令 PDU 的接收方应在第一时间发回 ACn 响应 PDU(见 5.4.3.2)。

ACn 命令 PDU 应对远程 LLC 维持的任何类型 2 操作或顺序编号没有影响。ACn 命令应接受单地址、组地址或全向地址作为 DSAP 地址,而将始发者的单地址作为 SSAP 地址。在 ACn 命令 PDU 中的信息字段可以置空(具有零长度)或者可以置非空,如果置非空,则应包含链路服务数据单元。

注:ACn 命令和组地址或全局远程地址一起使用是将来研究的课题,因此,宜小心地完成,以避免可能的协议故障。

5.4.3.2 确认的无连接确认(ACn)响应

在类型 3 操作中,ACn 响应 PDU 应该用来回答 ACn 响应 PDU。应在最早机会上做出响应。ACn 响应 PDU 应总是包含在其信息字段中的状态子字段。信息字段的其余部分可以是空或非空,如果是非空,则应包含如图 19 所示的链路服务数据单元。

交付到/接收来自MAC子层的FRMR字段的最低有效比特

1.........16	17	18...24	25	26...32	33...36	37...40
被拒绝的PDU的控制字段	0	V(S)	C/R	V(R)	WXYZ	VOOO

这些字段的功能如下：

1） 被拒绝的 PDU 的控制字段应是引起数据链路连接上 FRMR 异常状态的接收的 PDU 的控制字段。当被拒绝的是一个 U 格式 PDU 时，则被拒绝的 PDU 的控制字段应放置在比特位置 1～8，比特位置 9～16 置成“0”。

2） V(S)应该是数据链路连接上正在进行拒绝的 LLC 的当前发送状态变量值(比特 18 是低阶比特)。

3） C/R 置为“1”指示引起 FRMR 的 PDU 是一个响应 PDU，C/R 置为“0”指示引起 FRMR 的 PDU 是一个命令 PDU 。

4） V/R 应是该数据链路连接上正在进行拒绝的 LLC 的当前接收状态变量值(比特 26 为低阶比特)。

5） W 置为“1”应指示所收到的并在比特 1～16 内送回的控制字段无效或不能实现。例如，无效 PDU 被定义为：

   a） 收到为定义域不能实现的命令 PDU 或响应 PDU；

   b） 收到带有不允许的监控或无编号 PDU；

   c） 收到未经请求的置为“1”的 F 位；和

   d） 收到不期望的 UA 响应 PDU。

6） X 置为“1”应指示所收到的并在比特 1～16 内送回的控制字段被认为是无效的，因为该 PDU 包含了这种命令或响应所不允许的信息字段。比特 W 也应与比特 X 同时置为“1”。

7） Y 置为“1”应指示收到的信息字段超过了这条数据链路连接上正在进行拒绝的 LLC 所能容纳的已建立最大信息字段长度。

8） Z 置为“1”应指示所收到的并在比特 1～16 内送回的控制字包含了无效的 N(R)。

9） V 置为“1”应指示所收到的并在比特 1～16 内送回的控制字段包含了无效的 N(R)。比特 W 也应与比特 V 同时置为“1”。

图 17　FRMR 信息字段格式

交付到/接收来自MAC子层的控制字段的最低有效比特

1	2	3	4	5	6	7	8	
1	1	1	0	P	1	1	0	AC0命令
1	1	1	0	P	1	1	1	AC1命令
1	1	1	0	F	1	1	0	AC0响应
1	1	1	0	F	1	1	1	AC1响应

图 18　类型 3 操作命令和响应字段比特分析

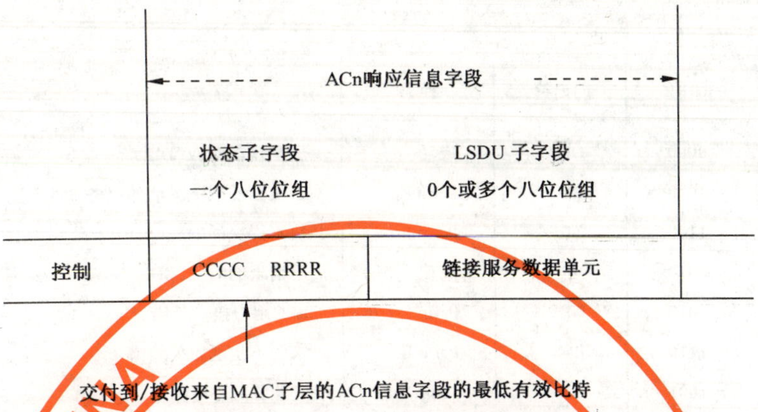

图 19 ACn 响应信息字段格式

在状态子字段的 CCCC 部分中所返回的代码指令在命令 PDU(从启动 LLC 到响应 LLC)中的信息传送的成功或失败。在图 20 中给出了可能的 CCCC 值。

在状态子字段的 RRRR 部分中所返回的代码指示在响应 PDU (从响应 LLC 到启动 LLC)中的信息传送的成功或失败。在图 21 中给出了可能的 RRRR 值。

返回的状态代码分类为“成功”指示成功地执行了请求的动作。“Temp Err(临时差错)”的种类指示在响应 LLC 处的临时并自我纠正的状态防止了请求动作的执行并且重试该请求可能导致成功。“Perm Err(永久差错)”的种类指示编程或硬件差错防止了请求动作的执行,并且重试该请求可能不导致成功。

指示差错状态的 CCCC 状态代码使用如下。“RS”状态代码指示响应的 LLC 或规定的 LSAP 不支持接受命令 PDU 中的数据。注意,对于接收带有 P 位为“1”的命令 PDU 中的 LSDU 来说,该支持是可选的,并且“RS”状态代码宜用来指示选择的数据被发送给非支持的 LLC。“UE”状态代码指示由于在响应的 LLC 及其用户之间的接口处失败引起响应的 LLC 不能将接收到的 ACn 响应 PDU 违反了标准的要求,例如,命令 PDU 和服务类“响应”。“UN”状态代码指示接收在命令 PDU 中的 LSDU 的资源曾临时不可用。在对该差错来说不存在特定标准代码的情况下,“TT”和“IP”状态代码可以由实现者用来分别指示临时或永久差错状态。

交付到/接收来自MAC子层的CCCC子字段的最低有效比特

CCCC	助记符	种类	描述
0000	OK	成功	所接受的命令
1000	RS	Perm Err	不实施的或不激活的服务
1010	UE	Perm Err	LLC用户接口差错
0110	PE	Perm Err	协议差错
1110	IP	Perm Err	临时实现相关差错
1001	UN	Temp Err	资源临时不可用
1111	IT	Temp Err	临时实现相关差错

保留所有其他CCCC代码

图 20 ACn 响应状态子字段 CCCC 值

交付到/接收来自MAC子层的RRRR子字段的最低有效比特

↓

RRRR	助记符	种类	描述
0000	OK	成功	所呈现的响应PDU
1000	RS	Perm Err	不实施的或不激活的服务
1100	NE	Perm Err	决不提交的响应LSDU
0010	NR	成功	不请求的响应LSDU
1010	UE	Perm Err	LLC用户接口差错
1110	IP	Perm Err	永久不实现相关差错
1001	UN	Temp Err	资源临时不可用
1111	IT	Temp Err	临时实现相关差错

保留所有其他RRRR代码

图 21 ACn 响应状态子字段 RRRR 值

指示差错状态的 RRRR 状态代码使用如下。"RS"状态代码指示响应的 LLC 或规定的 DSAP 不支持在响应 PDU 中包括的数据。"NE"状态代码指示响应的 LLC 自从加电以来从来没有收到过使回答 LSDU 与规定的 LSAP 联系起来的 DL-REPLY-UPDATE 原语。"UE"状态代码指示由于在响应的 LLC 及其用户之间的接口处失败引起响应的 LLC 不能获及请求的响应数据。"UN"状态代码指示将请求的 LSDU 包括在响应 PDU 中的资源临时不可用(例如,共享数据区域正在被更新)。在对于该差错来说不存在特定标准代码的情况下,"IT"和"IP"状态代码可以由实现者用来分别指示临时或永久差错状态。

5.4.3.3 类型 3 PDU 功能的汇总

图 22 汇总了按照 P/F 位的状态和存在的非空 LSDU 由 ACn 命令和响应 PDU 所执行的功能。

命令:

P	LSDU	功能
0	空	重新同步
0	非空	发送数据
1	空	请求数据
1	非空	交换数据

响应:

F	LSDU	功能
0	空	确认重新同步或确认受到的数据
0	非空	不允许的
1	空	确认,请求的数据不可用
1	非空	使用请求的数据的确认

图 22 ACn 命令和响应功能度的汇总

6 LLC 类型 1 规程描述

6.1 操作方式

在类型 1 操作中,未定义操作方式。每当 LLC 层在局域网上操作时,使用类型 1 规程的 LLC 子层就应支持整个规程集。

6.2 寻址规程

地址字段应该用来指示 LLC PDU 的源(SSAP)和目的(DASP)。源地址字段(SSAP)中的最低有效比特用来标识 PDU 中所包含的是命令还是响应。应支持单地址、组地址、全局地址和空地址作为目的 DSAP 地址。源地址字段(SSAP)应包含单或空源地址(见 3.3.1.2)。

6.3 P/F 位的使用规程

只应发送 P 位置为"0"的 UI 命令 PDU。如果收到 P 位为"1"的 UI 命令 PDU ,LLC 子层可随意地丢弃它或将它连同标识该 P 位已置为"1"的标志一起传送到较高层。因为 UI PDU 不应作为响应 PDU 来发送,所以有关 F 位用法的规程不适用。

XID 命令 PDU 的 P 位既可置为"0",也可置为"1"。一旦收到 XID 命令 PDU ,接收的 LLC 子层就应送回一个 XID 响应 PDU,它的 F 位的值置为入命令 PDU 中所包含的 P 位的值。

TEST 命令 PDU 的 P 位既可置为"0",也可置为"1"。一旦收到 TEST 命令 PDU,接收的 LLC 子层就应送回一个 TEST 响应 PDU,它的 F 位的值置为入命令 PDU 中所包含的 P 位的值。

6.4 逻辑数据链路建立和断开的规程

类型 1 操作不要求预先建立(设置)任何数据链路连接,所以,也就没有数据链路的断开。一旦服务访问点在 LLC 子层内已经允许工作,也可能根据层管理的请求而允许工作,就可将信息发送到远程 LLC 子层服务访问点,或者接收来自远程 LLC 服务访问点的信息,该远程 LLC 服务访问点也参与类型 1 操作。

6.5 信息传送的规程

6.5.1 发送 UI PDU

通过发送 P 位置为"0"的 UI 命令 PDU 来完成信息传送。禁止发送 P 位置为"1"的 UI PDU 或作为响应的 UI PDU。在任何时候都应可能发送 UI 命令 PDU 。

6.5.2 接收 UI PDU

逻辑数据链路规程对收到的 UI 命令 PDU 不予确认也不检查顺序编号;因此,在发送命令 PDU 期间,如果逻辑数据链路异常出现,就可能丢失 UI PDU。在任何时候,都应可能接收 UI 命令 PDU。然而,接收器的本地状态可能导致接收 LLC 丢弃有效的 UI 命令 PDU。收到 P 位为"1"的 UI 命令 PDU 应随意地被丢弃或将它连同一个标识该 P 位已置为"1"的标志一起传递到较高层。

作为响应 PDU 的 UI PDU 是无效传输,应被接收 LLC 丢弃。

6.6 XID 命令 PDU 和响应 PDU 的用法

对 XID 命令 PDU 的响应是必备的,而 XID 命令 PDU 的始发是可选的。XID 能力应可能用作为某些网络控制功能的一部分,照这样,可以在较高层功能、可访问数据链路层的管理功能或自动起动功能的指导下来发送 XID 命令 PDU。然而,能力更强的 LLC 的实现可能直接地结合 XID 功能的用法,以使协议的用法更有效。某些 XID 能力可能的用法包括:

1) 带有空 DSAP 和空 SSAP 的 XID 命令 PDU 是请求任何站(即,任何 DA)发来一个响应的方法,这样,它表示了一种"你在那儿吗?"的基本测试能力。
2) 带有组 DA 或组 DSAP 地址的 XID 命令 PDU 能用来确定该组成员资格。特别是,带有全局 DA 地址的 XI 命令 PDU 能标识所有活动站。
3) 能进行重复地址检验(见表 1)。
4) 对 ABM 的Ⅱ类 LLC,XID 交换能用来标识该条数据链路连接上每个 LLC 的接收窗口尺寸。

   注:在 ADM 状态中,使用 XID 交换的这种用途不是有效的。
5) 带有空 DSAP 和空 SSAP 的 XID 交换能用来标识每个 LLC 的类。
6) 带有特定 DSAP 和特定 SSAP 的 XID 交换能标识那些服务访问点所支持的服务类型。
7) LLC 能用 XID PDU 中的全局 DA 地址来宣布它的存在。

6.7 TEST命令PDU和响应PDU的用法

TEST功能提供了进行LLC到LLC传输通路环回测试的设施。TEST功能可以由数据链路层内的行政管理或管理实体来启动。成功的整个测试包括:发送一个由行政管理实体或管理实体提供的带有特殊信息的TEST命令PDU给指定的目的LLC地址,以及接收一个完全相同的信息字段作为回复。TEST命令PDU的实现是可选的,但每个LLC必须能以TEST响应PDU来响应收到的TEST命令PDU。信息字段的长度可从0到规定的最大长度内变化,这个长度是该局域网上每个LLC为了正常数据传送必须支持的最大长度。

根据下述解释,也应可能发送更加长的信息字段。如果接收的LLC能成功地接收或返回较长的信息字段,则它就这样做。如果它不能接收整个的信息字段,但MAC能检测到令人满意的FCS,则该LLC应丢弃收到的信息字段部分,并可返回不带信息字段的TEST响应PDU。如果MAC不能正确地计算超长FCS,则LLC应丢弃收到的信息字段部分,并不进行响应。在出现故障的情况下,应由启动TEST功能的操纵实体或管理实体来负责确定任何进一步的动作。

表1 站部件状态转换

当前状态	时　间	动　作	下一个状态
DOWN_STATE	[ENABLE_WITH_DUPLICATE_ADDRESS_CHECK]	SEND_NULL_DSP_XID_C START_ACK_TIMER RETRY_COUNT:=0	DUPLICATE_ADDRESS_CHECK_STATE
	[ENABLE_WITHOUT_DUPLICATE_ADDRESS_CHECK]	REPORT_STATUS (STATION_UP)	UP_STATE
UP_STATE	DISABLE_REQUEST	REPORT_STATUS (STATION_DOWN)	DOWN_STATE
	RECEIVE_BULL_DSAP_XID_C	SEND_XID_R	UP_STATE
	RECEIVE_NULL_DSAP_TEST_C	SEND_TEST_R	UP_STATE
DUPLICATE_ADDRESS_CHECK_STATE (OPTIONAL)	[RECEIVE_NULL_DSAP_XID_R_AND_XID_R_COUNT=0]	XID_R_COUNT:=XID_R_COUNT+1	DUPLICATE_ADDRESS_CHECK_STATE
	[RECEIVE_NULL_DSAP_XID_R_AND_XID_R_COUNT=0]	REPORT_STATUS (DUPLICATE_ADDRESS_FOUND)	DOWN_STATE
	[RECEIVE_NULL_RSAP_XID_C]	SEND_XID_R	DUPLICATE_ADDESS_CHECK_STATE
	[ACK_TIMER_EXPIRED_AND_RETRY_COUNT (MAXIMUM_RETRY]	SEND_NULL_DSAP_XID_C START_ACK_TIMER RETRY_COUNT:=RETRY_COUNT+1	DUPLICATE_ADDESS_CHECK_STATE
	[ACK_TIMER_EXPIRED_AND_RETRY_COUNT=MAXIMUM_RETRY]	REPORT_STATUS (STATION_UP)	UP_STATE
	[DISABLE_REQUEST]	REPORT_STATUS (STATION_UP)	DOWN_STATE

6.8 逻辑数据链路参数的列表

定义了许多逻辑数据链路参数，这些参数的取值范围由用户在建立局域网时以逐个系统为基础加以决定。

类型 1 操作的逻辑数据链路参数如下：

6.8.1 UI PDU 的最大八位位组数

关于 UI PDU 的最大八位位组数的任何限制，参见适当的 MAC 协议规范。LLC 子层不施加限制。然而，为了使所有类型 1 LLC 用户有一个可依赖的值起见，所有 MAC 必须至少能容纳带有信息字段直到并包括 128 个八位位组长度的 UI PDU。

6.8.2 PDU 的最小八位位组数

最小长度有效 PDU 应正好依次包含两个服务访问点地址和一个控制字段。因此，有效 PDU 的最小八位位组数为 3 。

6.9 类型 1 规程的精确描述

如果在第 6 章其余部分文本中发现有与 6.9 文本不一致的地方，应把本条(6.9)看成为定义性描述。

6.9.1 LLC 精确规范

LLC 的操作在逻辑上可分成几个部件。每个部件表示 LLC 实体所执行的一组协议操作的特征并使用协议状态机描述来定义，这些状态机不规定特定的实现技术，而是要描述 LLC 实体的“外部”特征，正如远程站中的 LLC 实体或本地站中的较高层协议所觉察到的。

6.9.1.1 LLC 操作

使用下列三种类型的部件来描述 LLC 操作：

1) 站部件

该部件负责处理影响整个 LLC 实体的事件。站部件处理寻址空 DSAP 地址的 PDU 并处理重复地址检测(如果实现)。对局域网上存在的每个 MAC 服务访问点都应有一个站部件与之对应。

2) 链路服务访问点(SAP)部件

该部件负责处理影响特定操作服务访问点的事件。对 LLC 实体内的每个 SAP 都应有一个 SAP 部件与之对应。

3) 连接部件

该部件负责处理只影响类型 2 规程的特定数据链路连接(见 7.9)的事件。对 LLC 实体所支持的每条数据链路连接都应有一个连接部件与之对应。

4) 类型 3 接收器部件

该部件负责处理从媒体访问控制子层收到的类型 3 命令，在负责将类型 3 响应返回给命令的始发者。在任何给定的站，对于远程地址(SA 和 SSAP)和 MAC 优先级的每个可能的组合，可能有独立的类型 3 接收器部件。然而，在大多数应用中，由于仅对于类型 3 命令在实际上接收的远程地址和优先级组合，才需要部件，所以只有可能的接收器部件的子集存在。

5) 类型 3 发送器部件

该部件在请求网络层时负责发送类型 3 命令，还当从媒体访问控制收到类型 3 命令是负责处理该类型 3 命令。在任何给定的站，对于本地 LSAP、远程地址的 DA 部分和 MAC 优先级的每个可能的组合，可能有独立的类型 3 发送器部件。然而，在大多数应用中，由于仅对于类型 3 命令在实际上发送的远程地址和优先级组合，才需要部件，所以只有可能的发送器部件的子集存在。

6.9.1.2 做出的假设

使用状态机描述来描述每个部件的操作。在这些描述中，假设了下述重要观点：

1） 各部件是分层次地相联系；即，站部件是 SAP 部件的“父母辈”，依次，SAP 部件是连接部件的“父母辈”。见图 23。

2） 每个“父母辈”部件都有一种为其“子女辈”部件进行操作而提供允许工作条件的状态。如果“父母辈”部件脱离这种状态，则“子女辈”部件便禁止工作。

3） 对每个“父母辈”部件，一旦允许工作条件已满足，则允许几个“子女辈”部件同时操作。

4） 每个 MAC 服务访问点有一个也只有一个 LLC 实体与之对应，这个 LLC 实体由各种操作的部件所组成。

5） 在Ⅰ类 LLC 操作中，任何时候，每个 LLC 可有零个或多个相互独立的 SAP 正在服务（即活动的 SAP），它们由 DSAP 地址来区分。SAP 服务应由一个独立的服务访问点部件来提供。

6） 在Ⅱ类 LLC 操作中，每个 SAP 服务也能同时支持零条或多条数据连路连接[每条由 MAC 地址（DA/SA）和 LLC 地址（DSAP/SSAP）的逻辑拼接来指定]。每条数据链路连接由一个独立的连接部件来控制。

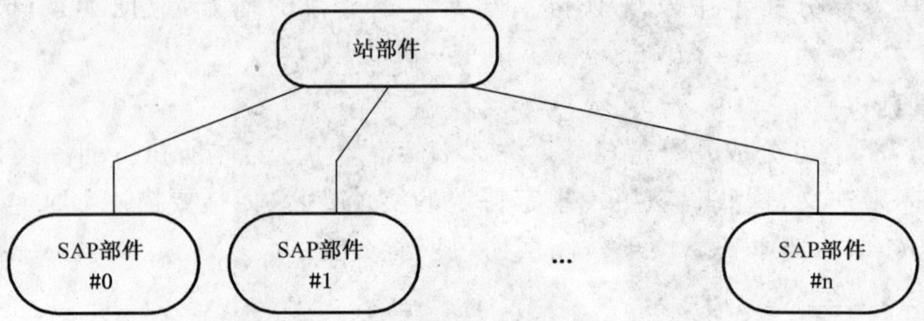

a） Ⅰ类 LLC 部件的关系

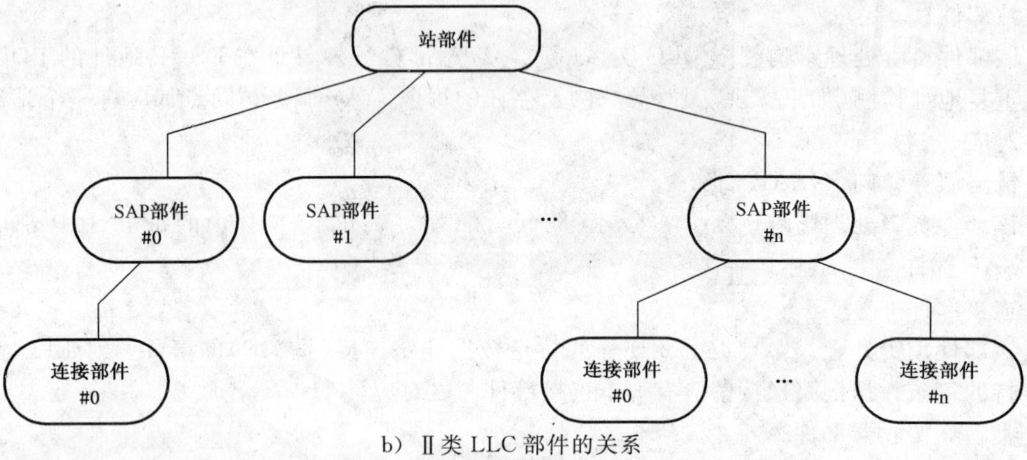

b） Ⅱ类 LLC 部件的关系

图 23 部件的关系

6.9.1.3 部件的各部分

每个部件的描述应包括下述部分：

1） 部件概述：该部分应讨论支持部件操作的总目的。

2） 部件状态转换图：该图应以图形表示部件的状态机概述。

3） 部件状态转换表：该表格应显示状态转换表，包括当前状态、事件、动作及下一个状态的各列。该表将应定义为每个状态以及听引起的部件动作和状态改变的全部有效事件。

4） 部件的事件描述：解释状态转换表中所使用的每个事件。

5） 部件动作描述：解释状态转换表中所使用的每个动作。

6） 部件状态描述：解释状态转换表中所使用的每个状态。

6.9.1.4 状态机操作规则

可应用下述基本的状态机操作规则：

1） 事件应引起状态机中的状态转换，并应伴随着状态改变（可以返回到同一状态）导致执行某些动作。

2） 未列出作为操作部件任何当前状态有效输入的事件不应引起：

a） 动作或状态改变；或

b） （Ⅱ）PDU 传输。

站应执行适用于特定实现的某种差错恢复。

3） 如果入 PD 指向不活动的 DSAP（即，相应的部件不在操作），则认为它是一个例外并且以接收站合适的方式进行处理。

6.9.2 站部件概述

站部件负责处理作为整体指向 LLC 的所有事件（即，影响由该 LLC 所服务的所有 SAP 和连接的事件）。站部件应以 DOWN 状态开始，可任选地检验重复站地址，并可能进入 UP 状态，见图 24 和表 1。LLC 站部件的 UP 状态为了服务访问点（SAP）部件的操作提供了允许工作的状态。

站部件应能接收和响应 XID 和 TEST 命令 PDU。如果在特定实现中由 LLC 执行重复地址检验，则它应能任选地启动 XID 命令 PDU，见表 2。这些 PDU 应使用空 DSAP 地址来指出正在被涉及的站部件。

表 2 站部件选项

描 述	省略的状态	其他要求
无重复地址检验	DUPLICATE_ADDRESS_CHECK_STATE	省略： ENABLE_WITH_DUPLICATE_ADDRESS_CHECK ACK_TIMER_EXPIRED_AND_RETRY_COUNT <MAXIMUM_RETRY ACK_TIMER_EXPIRED_AND_RETRY_COUNT=MAXIMUM_RETRY RECEIVE_NULL_DSAP_XID_R_AND_XID_R_COUNT=1 RECEIVE_NULL_DSAP_XID_R_AND_XID_R_COUNT=0
任选地使用重复地址检验	无	省略： 无
总是执行重复地址检验	无	省略： ENABLE_WITHOUT_DUPLICATE_ADDRESS_CHECK

执行重复地址检验要求站部件准备接收它自己的 XID PDU。MAC 操作的定义提供了同时接收和发送的能力。因为在 XID PDU 中的 DA=SA 能用于复重地址检验，MAC 将识别它自己的地址并把该 PDU 传递到站部件。站部件将以 XID 响应 PDU 对 XID 命令 PDU 进行响应，而不管它是从自身始发的还是从远程 LLC 来的。站部件通过维持对收到的 XID 响应 PDU 计数来提供重复地址检验。如果收到了一个以上的 XID 响应 PDU，那么在 LAN 上至少存在另一个相同的 MAC DA。关于细节见图 24 和表 1。

6.9.2.1 部件状态描述

1） DOWN_STATE：站部件断电、未初始化和/或禁止工作，使它不能在局域网内进行操作。

2） DUPLICATE_ADDRESS_CHECK_STATE：站部件处于检验 LAN 的重地址过程之中。该状态的主要目的在于允许 LLC 站部件验证该站的 MAC 地址在 LAN 上是唯一的。站部件应发送具有同一 MAC DA 和 SA 地址的 XID 命令 PDU，并应等待可能的 XID 响应 PDU，以指出存在具有同一 MAC 链路地址的另外的站。

3） UP_STATE：站部件允许工作、通电和初始化，使它能在局域网内进行操作。LLC 应允许各 SAP 在媒体上交换 LLC PDU。

6.9.2.2 站部件的事件描述

1) ENABLE_WITH_DUPLICAT_ADDRESS_CHECK:站部件用户已启动站设备/已对站设备允许工作,并且在参与数据链路通信之前已请求 LLC 检验 MAC 服务访问点地址的重复性。

2) ENABLE_WITHOUT_DUPLICATE_ADDRESS_CHECK:站部件用户已启动设备/已对站设备允许工作,但不支持/不要求由 LLC 检验重复 MAC 服务访问点地址。

3) ACK_TIMER_EXPIRED_AND_RETRY_COUNT＜MAXIMUM_RETRY:确认定时器已期满,重试计数小于最大重试极限。

4) ACK_TIMER_EXPIRED_AND_RETRY_COUNT＝MAXIMUM_RETRY:确认定时器已期满,重试计数等于最大重试极限。

5) RECEIVE_NULL_DSAP_XID_C:已经收到带空头 DSAP 地址的 XID 命令 PDU。

6) RECEIVE_NULL_DSAP_XID_R_AND_XID_R_COUNT＝0:已经收到带空 DSAP 地址的单(个)XID 响应 PDU。

7) RECEIVE_NULL_DSAP_XID_R_AND_XID_R_COUNT＝1:已经收到带空 DSAP 地址的第二个 XID 响应 PDU。

8) RECEIVE_NULL_DSAP_TEST_C:已经收到带空 DSAP 地址的 TEST 命令 PDU 。

9) DISABLE_REQUEST:站用户已请求使设备禁止工作,使它不能在媒体上进行操作。

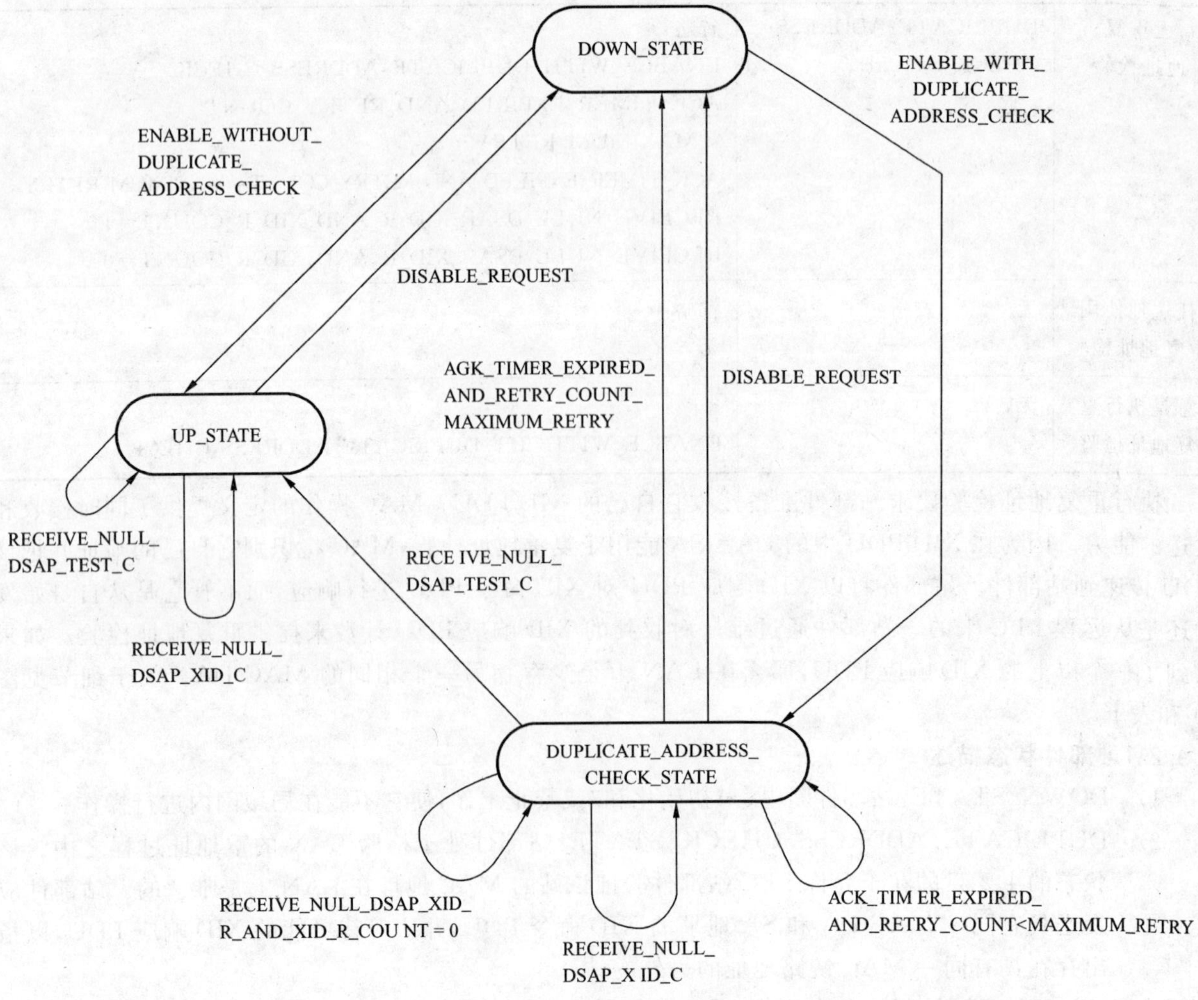

图 24 站部件状态图

6.9.2.3 部件动作描述

1) START_ACK_TIMER:启动确认定时器。这允许 LLC 确定在规定的响应时间内还没有从远程站收到确认。
2) RETRY_COUNT:=0:初始化重试计数器。
3) RETRY_COUNT:=RETRY_COUNT+1:重试计数器加 1。
4) XID_R_COUNT:=0:初始化 XID 响应 PDU 计数器。
5) XID_R_COUNT: =XIL_R_COUNT+1:XID 响应 PDU 计数器加 1。
6) SEND_NULL_DSAP_XID_C:LLC 应发送带空 SSAP 和空 DSAP 地址和带同一 MAC DA 和 SA 地址的 XID 命令 PDU。
7) SEND_XID_R:LLC 应发送使用 XID 命令 PDU 的 SSAP 地址作为响应 PDU 的 DSAP 地址的、并使用空 SSAP 地址的 XID 响应 PDU。
8) SEND_TEST_R:LLC 应发送使用 TEST 命令 PDU 的 SSAP 地址作为响应 PDU 的 DSAP 地址的、并使用带有空 SSAP 地址的 TEST 响应 PDU。
9) REPORT_STATUS:LLC 应能以下列有效原因来报告数据链路状态的状态条件:
   a) STATION_UP:LLC 实体现在是操作的。
   b) STATION_DOWN:LLC 实体现在是不操作的。
   c) DUPLICATE_ADDRESS—FOUND:LLC 实体已经检测到在 LAN 上另一个 LLC 实体带有和它自己相同的 MAC 服务访问点地址。

6.9.3 服务访问点(SAP)部件综述

服务访问点(SAP)部件处理本地站部件内特定 DSAP 地址的所有类型 1 LLC PDU 通信量。本地服务访问点用户能激活和停活站部件内每个单 SAP 部件的操作(见表 3 和图 25)。一旦激活,SAP 部件应处理寻址 DSAP 的类型 1 LLC PDU 以及根据服务访问点用户请求或某些 LLC 协议动作的结果来发送类型 1 LLC PDU。

对Ⅱ类站,SAP 部件的 ACTIVE 状态为类型 2 LLC 连接部件服务提供激活状态(见图 25)。当 SAP 部件是 ACTIVE 时,由用户或远程 LLC 建立数据链路连接的任何尝试应传递到类型 2 LLC 连接部件,而 SAP 部件对它不予理睬(这包括处理类型 2 LLC 连接部件的断开方式)。

6.9.3.1 服务访问点(SAP)部件状态描述

1) INACTIVE_STATE:LLC SAP 部件是未激活的、不起作用的或不运行的。它不接受和/或不发送 PDU。
2) ACTIVE_STATE:LLC SAP 部件是激活的、起作用的或运行的。它接收和发送 PDU 。

6.9.3.2 服务访问点(SAP)部件的事件描述

1) SAP_ACTIVATION_REQUEST:SAP 用户已请求激活特定 LLC SAP 部件并开始在数据逻辑链路上类型 1 操作服务。
2) SAP_DEACTIVATION_REQUEST:SAP 用户已请求停活特定 LLC SAP 部件并不再允许在逻辑数据链路上操作。
3) XID_REQUEST:SAP 用户已请求 LLC SAP 部件发送 XID 命令 PDU 给一个或多个远程 SAP。
4) TEST_REQUEST:SAP 用户已请求 LLC SAP 部件发送 TEST 命令 PDU 给一个或多个远程 SAP。
5) RECEIVE_UI:本地 SAP 部件已收到来自远程 SAP 的 UI PDU。
6) UNITDATA_REQUEST:SAP 用户已请求通过 UI PDU 把数据单元传递到远程 LLC SAP。
7) RECEIVE_XID_C:本地 SAP 部件已收到来自远程 SAP 的 XID 命令 PDU。
8) RECEIVE_XID_R:本地 SAP 部件已收到来自远程 SAP 的 XID 响应 PDU。

9) RECEIVE_TEST_C:本地SAP部件已收到来自远程SAP的TEST命令PDU。

10) RECEIVE_TEST_R:本地SAP部件已收到来自远程SAP的TEST响应PDU。

6.9.3.3 服务访问点(SAP)部件动作描述

1) UNITDATA_INDICATION:LLC SAP部件已收到来自远程SAP的UI PDU。服务数据单元是给SAP用户的。

2) SEND_UI:将UI PDU发送给一个或多个远程SAP,以响应用户发送服务数据单元的请求。

3) SEND_XID_C:LLC SAP部件应发送XID命令PDU给远程SAP,以响应SAP用户标识其他的SAP的请求

4) SEND_XID_R:LLC SAP部件应发送XID响应PDU给远程SAP,以响应收到的XID命令PDU。

5) SEND_TEST_C:LLC SAP部件应发送TEST命令PDU,以响应SAP用户测试远程SAP的请求。

6) SEND_TEST_R:LLC SAP部件应发送TEST响应PDU,以响应远程LLC TEST命令PDU。

7) REPORT_STATUS:LLC SAP部件应能以下列有效原因来报告特定SAP部件的数据链路状态的状态:

   a) SAP_ACTIVE:SAP_ACTIVATION_REQUEST已被成功地处理并且该部件现在是激活的。

   b) SAP_INACTIVE:SAP_DEACTIVATION_REQUEST已被成功地处理并且该部件现在是停活的。

8) XID_INDICATION:LLC SAP部件已收到来自远程SAP的XID响应PDU。将该事件的指示传递到SAP用户,也可以送回XID信息字段。

9) TES_INDICATION:LLC SAP部件已收到来自远程SAP的TEST响应PDU。将该事件的指示传递到SAP用户,也可以返回TEST信息字段。

表3 服务访问点部件状态转换表

当前状态	事　件	动　作	下一个状态
INACTIVE_STATE	SAP_ACTIVATION_REQUEST	REPORT_STATUS (SAP_ACTIVE)	ACTIVE_STATE
ACTIVE_STATE	RECEIVE_UI	UNITDATA_INDICATION	ACTIVE_STATE
	UNITDATA_REQUEST	SEND_UI	ACTIVE_STATE
	XID_REQUEST	SEND_XID_C	ACTIVE_STATE
	RECEIVE_XID_C	SEND_XID_R	ACTIVE_STATE
	RECEIVE_XID_R	XID_INDICATION	ACTIVE_STATE
	TEST_REQUEST	SEND_TEST_C	ACTIVE_STATE
	RECEIVE_TEST_C	SEND_TEST_R	ACTIVE_STATE
	RECEIVE_TEST_R	TEST_INDICATION	ACTIVE_STATE
	SAP_DEACTIVATION_REQUEST	REPORT_STATUS (SAP_INACTIVE)	INACTIVE_STATE

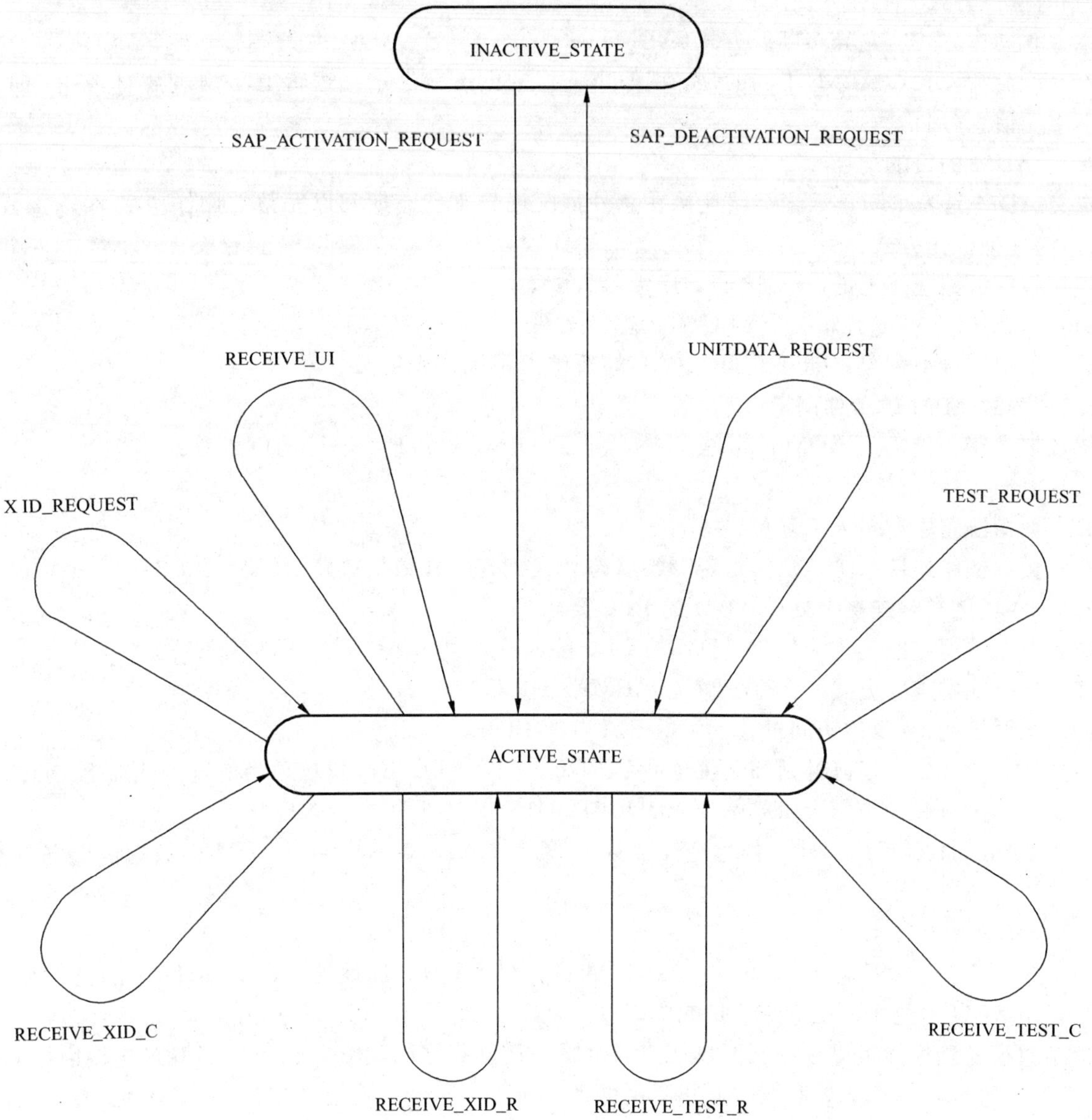

图 25　服务访问点(SAP)部件状态图

7　LLC 类型 2 规程的描述

7.1　方式

在类型 2 操作中,定义了两种操作方式:操作方式和非操作方式。

7.1.1　操作方式

一种操作方式应是异步平衡方式(ABM)。

ABM 是在两个服务访问点之间已经建立数据链路连接的一种平衡操作方式。任一个 LLC 在任何时刻都应能发送命令并无需收到来自另一 LLC 的明确允许就可以启动响应传输。这样的异步传输应包含一个或多个 LLC PDU,并应该用来传送信息字段和/或指示 LLC 的状态变化(例如,所期望的下一个信息 LLC PDU 的编号,从准备好转换成忙状态或由忙状态转换成准备好以及异常状态的出现)。

ABM 由数据链路连接阶段、信息传送阶段、数据链路复位阶段和数据链路断开阶段组成。

在接收 DISC 命令 PDU 的 ABM 中的 LLC 应以无标号确认(UA)响应 PDU 进行响应,条件是它能执行该命令。

7.1.2 非操作方式

一种非操作方式应是异步断开方式(ADM)。

ADM与操作方式(ABM)不同的是,在ADM时,数据链路连接在逻辑上与物理媒体断开,即,不发送或不接受信息(用户数据)。

7.1.2.1 ADM的目的

定义ADM是为了防止数据链路连接在意外情况或异常状态期间以完整的操作方式在物理媒体上出现,因为这种操作方式会引起:

1) 数据链路连接上的LLC之间顺序编号失配;

2) 一个LLC对于另外一个LLC的状态二义性。

数据链路连接呈现异步断开方式(ADM)的条件由系统预先定义。

7.1.2.2 导致ADM的条件例子

使数据链路连接进入ADM的可能条件(除收到DISC命令PDU外)的例子有:

1) 电源接通;

2) 数据链路层逻辑人工复位;

3) 数据链路连接人工地从本地(离线)状态切换到连接在数据链路(在线)的状态。

7.1.2.3 在数据链路连接上处于ADM的LLC要求

应要求在数据链路连接上处于ADM的LLC能监视从其MAC收到的传输,目的是:

1) 接受和响应置方式的命令PDU(SABME,DISC)之一;

2) 当要求时,在媒体访问机会上发送DM响应PDU。

另外,因为LLC在任何时刻都能发送命令PDU,所以,LLC可以发送适当的置方式命令PDU。

处于ADM的LLC收到DISC命令PDU应以DM响应PDU进行响应。

处于ADM的LLC应不建立帧拒绝异常状态(见5.4.2.3.5和7.6)。ADM由数据链路断开阶段组成。

7.2 寻址规程

地址字段应该用来指示PDU的源(SSAP)和目的(DSAP)。源地址字段(SSAP)中的第1比特应该用来标识PDU中包含的是命令还是响应。

单条数据链路连接可以在局域网找任何两个服务访问点之间建立。这条数据链路连接由一对"完整的"数据链路地址来标识,每个地址由隐式物理地址(不包含在帧结构中)、MAC地址(DA/SA)和LLC地址(DSAP/SSAP)的逻辑拼接组成。为了使接收的DSAP正确地标识与入PDU有联系的数据链路连接,接收的DSAP必须能访问远程服务访问点的"完整的"数据链路地址信息。

7.3 P/F位的使用规程

接收P位为"1"的命令PDU(SABME、DISC、RR、RNR 、REJ 或 I)LLC应发送F位为"1"的响应PDU。

由LLC对P位置为"1"的SABME或DISC命令PDU所返回的响应PDU应是F位置为"1"的UA或DM响应PDU。LLC对P位为"1"的I、RR、或REJ命令PDU所返回的响应PDU应是F位置为"1"的I、RR、REJ、RNR、DM或FRMR响应PDU。由LLC对P位置为"1"的RNR命令PDU所送回的响应PDU应是F位置为"1 "的RR、REJ、RNR、DM或FRNR响应PDU。

注:P位与定时器恢复状态由LLC一起使用(见7.5.9)

7.4 数据链路建立和断开的规程

7.4.1 数据链路连接阶段

任一个LLC都可主动初始化数据链路连接。

当LLC希望初始化该链路时,它发送SABME命令PDU并启动确认定时器(见7.8.1)。一旦收到UA响应PDU,LLC就应将其相应的数据链路连接使用的发送和接收状态变量V(S)和V(R)都复位为0,应停止其确认定时器,并应进入信息传送阶段。

当收到DM响应PDU时,始发SABME命令PDU的LLC应停止其确认定时器,不进入信息传送阶段,并且应向较高层报告,以请求适当的动作。

收到SABME或DISC命令PDU时,应遵循的动作的描述见7.4.5。LLC在试图建立连接时所收到的另外的类型2 PDU(命令和响应)均不予理睬。

假如在收到UA或DM响应PDU之前确认定时器期满,则该LLC应重发SABME命令PDU并重启动确认定时器。在重发SABME命令PUD N2次之后,发送的LLC应停止发送SABME命令PDU,并向较高层报告,以启动适当的差错恢复动作。N2值在7.8.2中定义。

当收到SABME命令PDU时,LLC应向网络层传递一个指示,以指示远程LLC正在请求数据链路连接的建立。

此后,如果LLC收到网络层接受连接的通知,它应送回一个UA响应PDU给远程LLC,并对相应的数据链路连接将其发送和接收状态变量V(S)和V(R)都置为0,并进入信息传送阶段。UA响应PDU的返回应优先于在同一数据链路连接上的可能在该LLC处悬而未决的任何另外的响应PDU。如果悬而未决,在该UA响应PDU后面可能有另外的LLC PDU。

如果LLC收到网络层不进入所指示阶段的通知,它应返回DM响应PDU给远程LLC,维持链路断开方式。

7.4.2 信息传送阶段

对SABME命令PDU发送UA响应PDU之后,或对所发送的SABME命令PDU已收到了UA响应PDU之后,LLC应能按照7.5所描述的规程来接收和发送I格式和S格式PDU。

在信息传送阶段中,当收到SABME命令PDU时,LLC应遵循7.6所描述的复位规程。

7.4.3 数据链路断开阶段

在信息传送阶段期间,任一个LLC应能通过发送DISC命令PDU来启动数据链路连接的断开。当LLC希望断开数据链路连接时,它应发送DISC命令PDU并启动确认定时器(见7.8.1)。LLC一旦收到来自远程LLC的UA或DM响应PDU,就应停止其确认定时器并进入断开方式。

如果在收到UA或DM响应PDU之前确认定时器期满,LLC应重发DISC命令PDU并重启动确认定时器。在发送DISC命令PDU N2次之后,发送的LLC应停止发送DISC命令PDU,应进入数据链路断开阶段,并向较高层报告,以启动适当的差错恢复动作。N2值在7.8.2中定义。

当收到DISC命令PDU时,LLC应返回UA响应PDU,并进入数据链路断开阶段。UA响应PDU的返回应优先于在同一数据链路上的可能在该LLC处悬而未决的任何另外的响应PDU。

7.4.4 数据链路已断开阶段

在收到来自远程LLC的DISC命令PDU并返回UA响应PDU之后,或在对所发送的DISC命令PDU已收到UA响应PDU之后,LLC应进入数据链路断开阶段。

在已断开阶段中,LLC应能启动数据链路连接。在已断开阶段中,LLC应对收到的SABME命令PDU按上述7.4.1所述作出反应,并发送DM响应PDU来回答收到的DISC命令PDU。当在断开阶段收到任何另外的P位置为"1"的类型2命令PDU时,LLC应发送F位置为"1"的DM响应PDU。在已断开阶段,LLC对收到的另外的类型2 PDU不予理睬。

7.4.5 无编号置方式命令PDU的争用

LLC中的争用情况应按下述方法解决。如果发送和接收的置方式命令PDU是相同的,每个LLC应在最早的机会上发送UA响应PDU。每个LLC应在收到UA响应PUD之后或在其确认定时器期满之后进入指定的阶段。

如果发送和接收的置方式命令PDU是不同的,每个LLC进入数据链路断开阶段,并应在最早的机会上发出DM响应PDU。

7.5 信息传送规程

在信息传送阶段期间，在数据链路连接的每个方向上传送 I PUD 所应用的规程描述如下。

在下面的描述中，所谓“大 1 的数”是指连续重复的顺序序列而言的，即，对模 128 序列，127 比 126 大 1，0 比 127 大 1。

7.5.1 发送 I PDU

当 LLC 有 I PDU(即，不是已发送的 I PDU，也不是必须按 7.5.5 所述重发的 I PDU)待发送时，它应发送带 N(S)和 N(R)的 I PDU，N(S)等于这条数据链路连接的它的当前发送状态变量 V(S)，N(R)等于这条数据链路连接的它的当前接收状态变量 V(R)。发送该 I PDU 结束之后，LLC 应将其发送状态变量 V(S)加 1。

如果在发送 I PDU 时确认定时器是未运行的，则应启动确认定时器。

如果该数据链路连接的发送状态变量 V(S)等于最后收到的 N(R)的值加上 k (其中 k 是悬而未决的 I PDU 的最大数，见 7.8.4)，则 LLC 在这条数据链路连接上不应发送任何新的 I PDU，但可按 7.5.6 或 7.5.9 所述重发 I PDU。

当本地 LLC 数据链路连接处于忙状态时，如果该数据链路连接上的远程 LLC 本身不是忙状态，LLC 应仍能发送 I PDU。当一条特定数据链路连接上的 LLC 处于 FRMR 异常状态，它应停止在这条数据链路连接上发送 I PDU。

7.5.2 接收 I PDU

当 LLC 数据链路连接不是忙状态时，并收到一个 I PDU，其发送顺序编号等于接收状态变量 V(R)，LLC 接受该 PDU 的信息字段，它的接收状态变量 V(R)加 1，并进行如下动作：

1) 如果有 I PDU 可用来发送，则 LLC 可能按上述 7.5.1 进行动作，并且通过把下一次发送的 I PDU的控制字段的 N(R)置为接收状态变量 V(R)的值来确认收到的 I PDU。LLC 也能通过发送 N(R)等于接收状态变量 V(R)的 RR PDU 来确认收到的 I PDU。
2) 如果 LLC 没有 I PDU 可用来发送，则 LLC 应进行下述动作之一：
    a) 在最早的机会上发送 N(R)等于接收状态变量 V(R)的 RR PDU；
    b) 如果收到的 PDU 不是 P 是位为“1”的命令 PDU，则等待一段时间(它受限于远程确认定时器期满的可能性)，以便或者得到 I PDU 能用于传输，或者积累另外的 I PDU，然后用单个 RR PDU 予以确认，但会受窗口尺寸的限制。
3) 如果因收到 I PDU 而使 LLC 相对于后续的 I PDU 来说都进入忙状态，则 LLC 应发送 N(R)等于接收状态变量 V(R)的 RNR PDU。如有 I PDU 可用来发送，则 LLC 可按上述 7.5.1 送 RNR PDU 之前或之后来发送它们。

当与特定数据链路连接有联系的 LLC 是处于忙状态，并收到按序的 I PDU 时，则 LLC 应能对在这条数据链路连接上收到的任何 I PDU 所包含的信息字段不予理睬(见 7.5.8)。

7.5.3 不正确 PDU 的接收

当 LLC 收 I PDU(见 3.3.5)或带不正确 DSAP 或 SSAP 地址的 PDU 时，应整个地丢弃该 PDU 。

7.5.4 失序 PDU 的接收

当 LLC 收到 I PDU，它的发送顺序编号不是按序的，即，不等于当前接收状态变量 V(R)但在接收窗口内，LLC 应丢弃 I PDU 的信息字段并发送带 N(R)置 V(R)的值的 REJ PDU。然后，LLC 应丢弃所有 I PDU 的信息字段，直到正确地收到期望的 I PDU 为止。当收到期望的 I PDU 时，LLC 可按上述 7.5.2 所述来确认该 PDU。LLC 应使用被丢弃的 I PDU 中的 N(R)和 P 位指示。

在给定的数据链路连接上，在某一时刻，从给定 LLC 到另一个给定的 LLC 只应建立一个“发送 REJ”异常状态。当收到所请求的 I PDU 时，应清除“发送 REJ”状态。当拒绝定时器超时功能期满时，应能复位“发送 REJ”状态。当 LLC 通过拒绝定时器超时觉察到由于求的 I PDU 或 REJ PDU 有差错或丢失而不能收到请求的 I PDU 时，LLC 应能重复 REJ PDU，以便重新建立“发送 REJ”状态(最多可重复 N2)。N2 值在 7.5.2 中定义。

7.5.5 接收确认

当正确地收到 I 格式或 S 格式 PDU(即使在忙状态下,见 7.5.8)时,该接收的 LLC 应认为该 PDU 中所包含的 N(R)是对它在这条数据链路连接上发送的 N (S)直到并包括接收的[N(R)-1] 的所有 I PDU的确认。当 LLC 正确地收到 N(R)比最后收到的 N(R)高(实际上确认了某些 I PDU)的 I 格式或 S 格式 PDU 时,它应复位确认定时器。

如果定时器已被复位,并且在这条数据链路上还有悬而未决的 I PDU 没有被确认,LLC 应重启动确认定时器。然后如果该定时器期满,则 LLC 对未确认的 I PDU 应遵循 7.5.9 中的这些规程。

7.5.6 接收 REJ PDU

当收到 REJ PDU 时,LLC 应把它的发送状态变量置为收到的 REJ PDU 控制字段的 N(R)。LLC 一旦得到相应的 I PDU 就(重新)发送。如在这条数据链路连接上跟在该 REJ PDU 中所指出的那个 I PDU之后已经发送了另外的未确认的 I PDU,则这些 I PDU 应由 LLC 在重发了 REJ PDU 所请求的 I PDU之后来重新发送。

7.5.7 接收 RNR PDU

收到 RNR PDU 的 LLC 应尽早在指定数据链路连接上停止发送 I PDU,并应启动忙状态定时器(如果该定时器尚未运行时)。当忙状态定时器期满,LLC 应遵循 7.5.9 中所描述的规程。在收到 RR 或 REJ PDU 之前,或在收到 F 位是为“1”的 I 响应 PDU 之后,或在完成复位规程之前,在任何情况下,LLC 不应在这条数据链路连接上发送任何另外的 I PDU。

7.5.8 LLC 忙状态

当 LLC 由于内部限制(例如接收缓冲器有限)而使它暂不能接收或不能继续接收 I PDU 时,该 LLC 应在数据链路连接上进入忙状态。当 LLC 进入忙状态时,它应在最早的机会下发送 RNR PDU。在发送 RNR PDU 之前或之后,它应可能在这条数据链路连接上发送正在等待发送的 I PDU。在忙状态期间,LLC 应接受并处理监控 PDU,并且,如果在受影响的数据链路连接上收到 P 位是为“1”的监控或 I 命令 PDU,则 LLC 应送回 F 位为“1”的 RNR 响应 PDU。

为了指示数据链路连接上的忙状态已清除,LLC 应在这条数据链路连接上发送它们的 N(R)均置为当前接收状态变量 N(R)的 F 位是为“1”的 I 响应 PDU(如果 P 是位为“1”是悬而未决的),REJ 响应 PDU 或者 RR 响应 PDU,发送哪一个要根据 LLC 是丢弃还是不丢弃正确地收到的 I PDU 中的信息字段而定。另外,通过发送 SABME 命令 PDU 或 UA 响应 PDU 也可指示数据链路连接上的发送 LLC 的忙状态已清除。

7.5.9 等待确认

LLC 对每条数据链路连接维持内部重传计数变量,当 LLC 收到或发送对 SABME 命令 PDU 的 UA 响应 PDU 时,或者当 LLC 收到 RNR PDU 时或者当 LLC 正确地收到 N(R)大于最后收到的 N(R)(实际上确认了某些悬而来决的 I PDU)的 I 格式或 S 格式 PDU 时,这个计数变量应置为“0”。

如果确认定时器,忙状态定时器或 P 位定时器期满,则这条数据链路连接上的 LLC 应进入定时器恢复状态并对其重传计数变量加 1。

然后 LLC 应启动 P 位定时器发送 P 位是“1”的 S 格式命令 PDU。

当 LLC 收到来自远程 LLC 的 F 位是为“1”的有效 I 格式或 S 格式 PDU 时,应清除这条数据链路连接上的定时器恢复状态。

在定时器恢复状态期间,如果 LLC 正确地收到有效的 F 位是为“1”的 I 格式或 S 格式 PDU,其 N(R)处在收到的最后 N(R)的值至当前状态变量的范围[包括收到的最后 N(R)和现行状态变量]内,则该 LLC 应清除定时器恢复状态,将其发送状态变量置为收到的 N(R),停止 P 位定对器,并重发任何未确认的 PDU。

在定时器恢复状态期间,如果 LLC 正确地收到有效的 P/F 是位为“0”的 I 格式或 S 格式 PDU,其

N(R)处在收到的最后 N(R)的值至当前发送状态变量的范围[包括收到的最后人 N(R)和现行发送状态变量]内，则该 LLC 不应清除定时器恢复状态，但应把收到的 N(R)值看作是对指出的先前发送的 I PDU(见 7.5.5)的确认。

如果定时器恢复状态时 P 位定时器期满，LLC 应对其重传计数变量加 1。如果重传计数变量不等于 N2，LLC 应重发 P 位为“1”的 S 格式 PDU 并重启动其 P 位定时器。

如果重传计数变量等于 N2，LLC 应把 DL-RESET indication 原语传递到网络层，所以只是需要按下面 7.6 的描述进行链路复位。N2 是一个系统参数(见 7.8.2)。

7.5.10 重复 I PDU 的接收

当 LLC 接收其发送顺序编号 N(S)不再接收窗口内的 I PDU 时，如果该 N(S)指示它是先前收到的 I PDU 的一个副本，则可选地把该 PDU 识别为一种重复。在这种情况下，LLC 应丢弃信息字段，但使用重复 PDU 中的 N(R)和 P 位指示。如果 LLC 不识别是一种重复，则该 N(S)是无效的，并且该 PDU 应按 7.7 来处理。

图 26 和图 27 提供了在有效接收窗口、可选重复范围和无效范围之间的关系的图形表示，例如，其中 1)接收窗口(RW)小于 1/2 模(数)值，2)接收窗口等于或大于 1/2 模(数)值。

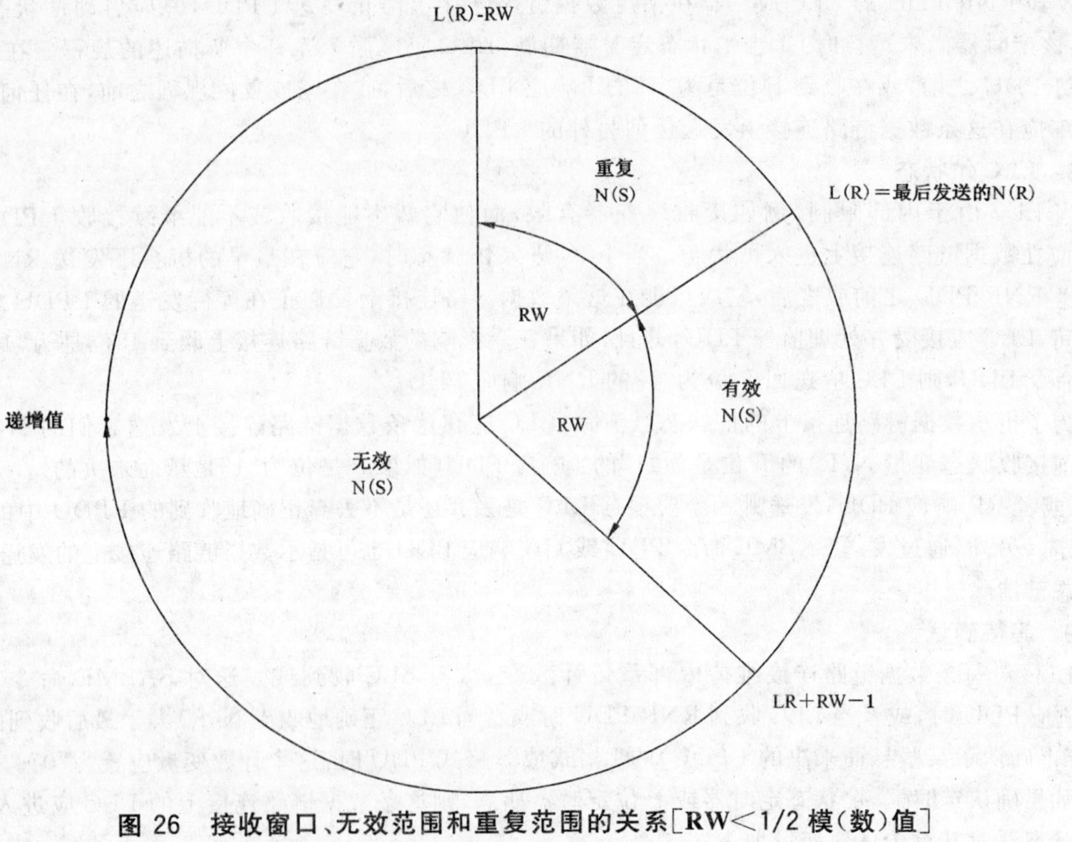

图 26 接收窗口、无效范围和重复范围的关系[RW＜1/2 模(数)值]

如图 26 所描绘的那样，在接收窗口小于 1/2 模(数)值的那些实例中，接收窗口、有效范围和相对于 L(R)的可选重复范围均应被定义如下：

——接收窗口 RW 包含 L(R)至 L(R)＋RW－1(包括 L(R)和 L(R)＋RW－1)的顺序编号；

——无效范围包含 L(R)＋RW 至 L(R)－RW－1(包括 L(R)＋RW 和 L(R)－RW－1)的顺序编号；

——可选重复范围包含 L(R)－RW 至 L(R)－1(包括 L(R)－RW 和 L(R)＋1)的顺序编号。

其中，L(R)等于最后发送的 N(R)值。如果不使用重复特性，则无效范围应包含 L(R)＋RW 至 L(R)－1(包括 L(R)＋RW 和 L(R)－1)的顺序编号。

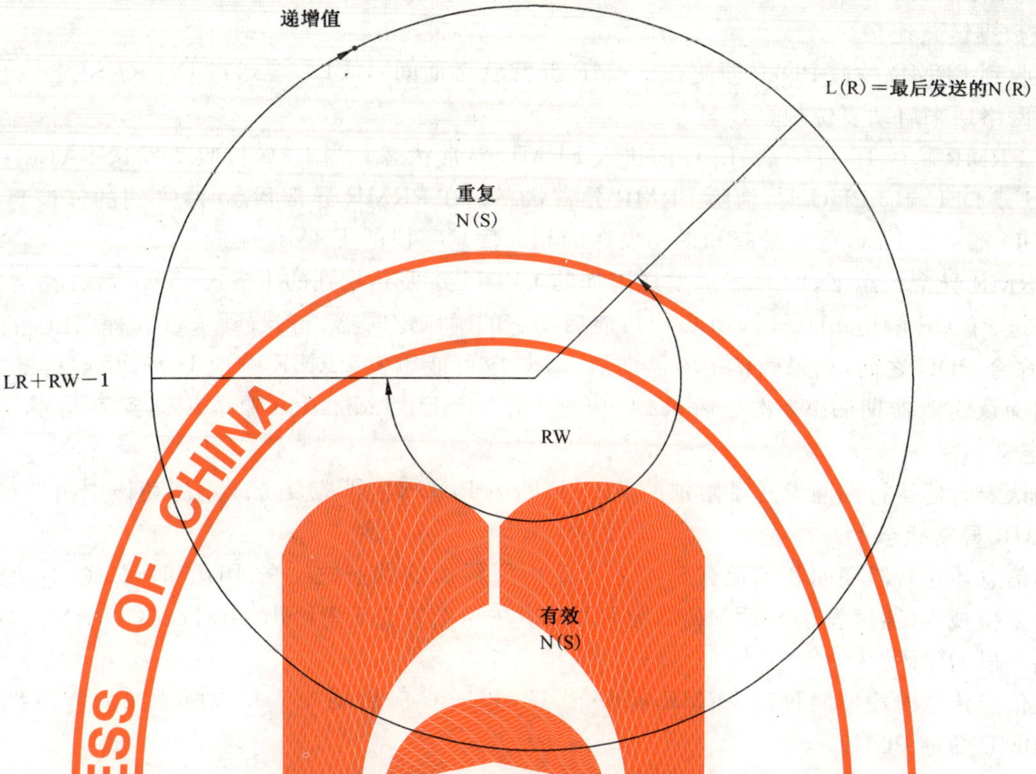

图 27　接收窗口、无效范围和重复范围的关系[RW≥1/2 模(数)值]

如图 27 所描绘的那样，在接收窗口等于或大于 1/2 模(数)值的那些实例中，接收窗口和相对与 L(R)的可选重复范围应被定义如下：

——接收窗口 RW 包含 L(R)至 L(R)+RW−1(包括 L(R)和 L(R)+RW−1)的顺序编号；

——可选重复范围包含 L(R)+RW 至 L(R)−1(包括 L(R)+RW 和 L(R)−1)的顺序编号。

其中，L(R)等于最后发送的 N(R)值。如果不使用重复特性，则可选重复范围变成了无效范围。

7.6　复位规程

复位阶段用来按照下述规程对两个方向上的信息传送进行初始化，复位阶段仅适用于异步平衡方式 ABM。

任一个 LLC 都能通过发送 SABME 命令 PDU 和启动其确认定时器来启动两个方向上的复位。

收到 SABME 命令 PDU 之后，LLC 应在最早的机会上：

1)　返回 UA 响应 PDU，并将其发送和接收状态变量 V(S)和 V(R)复位置为“0”，以便复位数据链路连接；或

2)　如果数据链路连接要被终止，返回 DM 响应 PDU。

UA 或 DM 响应 PDU 的返回应优先于同一数据链路连接上的可能在该 LLC 处悬而未决的任何另外的响应 PDU。如果悬而未决，在该 UA PDU 后面可能后随另外的 LLC PDU。如果启动 LLC 正确地收到了该 UA PDU，它应将其发送和接收状态变量 V(S)和 V(R)复位置为“0”并停止其确认定时器。这还应清除了处于该复位中的任何一个 LLC 可能存在的全部异常状态。这种交换还应指示出于该复位中的任一个 LLC 处可能已存在的任何忙状态已清除。

如果收到了 DM 响应 PDU，LLC 应进入数据链路连接断开阶段，应停止其确认定时器并向较高层报告，以进行适当的动作。在收到 UA 或 DM 响应 PDU 之前，如果确认定时器期满，则应重发 SABME 命令 PDU 并应启动确认定时器。定时器期满 N2 次之后，发送的 LLC 应停止发送该 SABME PDU。向较高层报告，以启动适当的差错恢复动作，并应进入异步断开方式。在 7.8.2 中定义 N2 值。LLC 应丢弃在完成复位规程之前收到的另外的类型 2 PDU(SABME 和 DISC 命令 PDU 除外)。

在7.7中所列出的某些FRMR异常状态下，LLC应可能通过发送FRM响应PDU来请求远程LLC复位数据链路连接。

一旦收到FRMR响应PDU(即使在FRMR异常状态期间)，LLC应通过DL-RESET indication原语传递到网络层来启动复位规程。

发送FRMR响应PDU之后，LLC应进入FRMR异常状态。当LLC接收或发送SABME或DISC命令PDU或DM响应PDU时，清除FRMR异常状态。在PRMR异常状态时，收到的任何另外的类型2命令PDU都应使LLC重发带有和最初发送的相同信息字段的FRMR响应PDU。

在FRMR异常状态下，LLC不应发送附加的I PDU并丢弃收到的I格式PDU和S格式PDU。

在发送FRMR响应PDU时，LLC应可能启动它的确认定时器。在收到来自远程LLC的SABME或DISC命令PDU之前，如果确认定时器期满，LLC应可能重发FRMR响应PDU并重启动其确认定时器。在确认定时器期满N2次之后，LLC应把DL-RESET indication原语传递到网络层。N2值在7.8.2中定义。

在确认定时器运行期间发送了附加的FRMR响应PDU时，不应复位或重启动该定时器。

7.7 FRMR异常状态

当在信息传送阶段期间收到带有5.4.2.3.5中所标识的状态之一的PDU时，LLC应请求如7.6所描述的复位规程(通过发送SABME响应PDU)。在5.4.2.3.5中给出了被发送的FRMR响应PDU中的信息字段的编码。

当在信息传送阶段期间收到FRMR响应PDU时，LLC应启动如7.6中所描述的复位规程(通过发送SABME命令PDU)。

7.8 数据链路连接参数的列表

定义了许多数据链路连接参数，这些参数的取值范围由用户在建立局域网时以逐个系统为基础加以决定。

类型2操作的数据链路连接参数应如下：

7.8.1 定时器功能

在类型2操作中，可能在一条数据链路连接上发生许多独立的事件，每个都可能使用定时功能。这些定时功能在下面定义，如在描述类型2操作的文本中所标识的那样。可理解为这些定时功能可使用许多各自的定时器或使用单个定时器来实现。如果使用单个定时功能，则设计者必需按逐个实例为基础来确定何时复位和重启动定时器以及根据分配给正在进行中的各个动作的优先级何时使定时器继续运行。

定时器功能的周期应考虑到定时器是在启动该定时器的事件(例如，由LLC发送一个PDU)的开始还是结束时被启动，并应考虑MAC子层引入的任何延迟。

规程的正确操作应要求定时功能的值大于类型2 PDU的正常网络操作和送回收到的相应的类型2 PDU作为对启动的类型2 PDU的回答之间的最大时间。

7.8.1.1 确认定时器

确认定时器是一个数据链路连接参数，它应定义一个时间间隔，在此期间，LLC应期望收到对一个或多个悬而未决的I PDU的确认，或期望收到对已发送的无编号命令PDU的所期望的响应PDU。

7.8.1.2 P位定时器

P位定时器是一个数据链路连接参数，它应定义了一个时间间隔，在此期间，LLC应期望收到对已发送的P位是为“1”的类型2命令，以响应所发送的F位是为“1”的类型2命令PDU。

7.8.1.3 拒绝定时器

拒绝定时器是一个数据链路连接参数，它应定义一个时间间隔，在此期间，LLC应期望收到对已发的REJ PDU的回答。

7.8.1.4 忙状态定时器

忙状态定时器是一个数据链路连接参数，它应定义一个时间间隔，在此期间，LLC 应等待另一个 LLC 的忙状态已清除的指示。

7.8.2 传输的最大次数 N2

N2 是数据链路参数，它指示在确认定时器、P 位定时器、拒绝定时器或忙状态定时器期满之后发送 PDU 的最大次数。

7.8.3 I PDU 中八位位组最大数 N1

N1 是数据链路参数，它表示 I PDU 中八位位组的最大数。参照各种 MAC 的描述，以确定对给定的媒体访问方法精确的 N1 的值。LLC 本身对 N1 的值没有什么限制，然而，为了使所有类型 2 LLC 用户有一个可依赖的 N1 值起见，所有 MAC 必须至少能容纳信息字段直到并包括 128 个八位位组长度的 I PDU 。

7.8.4 发送窗口尺寸 k

发送窗口尺寸(k)应是一个决不能超过 127 的数据链路连接参数。它应表示发送的 LLC 可能具有悬而未决的(即未确认)顺序编号的 I PDU 的最大数，k 的值是发送 LLC 状态变量 V(S)能超过最后收到 I PDU 的 N(R)的最大数。

7.8.5 PDU 中八位位组最小数

最小有效数据链路连接 PDU 应恰好依次包含两个地址字段和一个控制字段。因此，有效数据链路连接 PDU 中的八位位组最小数应是 3 或 4，究竟是 3 还是 4，这分别根据该 PDU 是 U 格式 PDU 或 I 格式PDU 或 S 格式 PDU 来决定。

7.8.6 接收窗口尺寸 RW

接收窗口尺寸(RW)应是一个绝不能超过 127 的数据链路连接参数。它应表示本地 LLC 允许远程 LLC 具有悬而未决的未确认顺序编号 I PDU 的最大数。它可在 XID 的信息字段中被发送(见 5.4.1.1.2)并且适用于 XID 发送器。XID 接收器应将其发送窗口(k)置为小于或等于 XID 发送器的接收窗口的值，以避免运行 XID 发送器。

7.9 类型 2 规程的精确描述

7.9.1 概述

如果在第 7 章其余部分文本中发现有与 7.9 不一致的地方，应把本条(7.9)看成为定义性描述。

7.9.2 连接服务部件概述

连接服务部件处理特定数据链路连接(由 DA、DSAP－SA、SSAP 对所指定)的所有 LLC 类型 2 PDU 通信量。一旦被激活，连接服务部件应处理向来自远程服务访问点的本地服务访问点寻址的类型 2 LLC PDU ，并应将类型 2 PDU 发送给远程服务访问点作为服务访问点用户请求的结果或作为某一数据链路协议动作的结果(见图 28 和表 4)。

当服务访问点部件(如 6.9 所描述的)处于激活状态时，与服务访问点有联系的所有连接服务部件都处于 ADM(异步断开方式)状态。当服务访问点部件脱离激活状态时，所有有联系的连接服务部件都要被停活，而不管连接服务部件的当前状态。

下列几点适用于对该状态表的注释：

1) 标志变量，是通过维持影响连接部件的特定条件的状态用来限制状态数。定义的标志有：

   P_FLAG；

   F_FLAG；

   S_FLAG；

   DATA_FLAG；和

   REMOTE_BUSY。

2) 在事件的列表中，列出了形式为 RECEIVE_XXX_YYY 的事件。该解释是指这个事件收到对那个状态未特地列出的任何命令或响应 PDU。

3) 对于状态和事件的某些组合，该表提供了替换动作。在 ACTIONS“动作”和“NEXT STATE（下一状态）”列内用水平虚线将替换性动作隔开。选择替换动作基于：(a)本地状态，(b)层管理动作的结果或(c)实现的决策。若干事件间的替换的次序之间没有相互联系，也不意味着每次发生的事件必须选择同一替换动作。

4) 在动作的列表中，没有隐含次序，除非一个或多个动作以另外的动作所修改的标志值为条件。在这种情况下，在修改标志之前，必须完成测试。

5) 在动作的列表中，指示了格式为 SEND_XXX_RSP(F=1)的动作。应注意，如果某一另外的响应 PDU(F 位置为“0”的)要较早地发送，则允许修改该 PDU，即将其 F 是位为“0”修改为 F 置位为“1”，并且发送新的 F 位置为“0”的 PDU。例如，如果 LLC 对等待传输的 PDU 实现排队管理，则这种情况可能发生。

6) 为简便起见，状态表有四种定时器：ACK_TIMER 用于对各种确认定时。P_TIMER 用与对P/F 周期定时，REJ_TIMER 用于对“发送 REJ”定时以及 BUSY_TIMER 用于对“远程忙”状态定时。应该注意，通过增加适当的标志，可以开发出只需要一个定时器的功能上等效的状态表。

7) 任何 START_TIMER 动作从零(重新)起动特定的定时器，即使该定时器已经正在运行。当定时器达到其极限时，置适当的 TIMER_EXPIRED 状态，并停止该定时器。当连接部件状态机识别出 TIRME_EXPIRED 状态时，则清除它。STOP_TIMER 动作停止正在运行的定时器，或如果定时器已经达到其极限就清除 TIMEREXPIRED 状态。

8) 认为特定状态中未识别的一些事件仍维持未解决，直到任何屏蔽的标志被修改为止或转移到可以识别这些事件的某一状态为止。

注：为了确保对状态表的正确解释，各项目(见 7.9.2.1～7.9.2.3)的描述应对照状态表来阅读。

7.9.2.1 连接部件状态描述

1) ADM：连接部件处于异步断开方式。它能接受来自远程 LLC SSAP 的 SABME PDU，或在服务访问点用户的请求时，能启动传输 SABME PDU 给远程 LLC DSAP，以建立数据链路连接。它也响应 DISC 命令 PDU 或 P 位置为“1”的任何命令 PDU。

2) SETUP：连接部件已经发送 SABME 命令 PDU 给远程 LLC DSAP，并且正在等待回答。

3) NORMAL：在本地 LLC 服务访问点和远程服务访问点之间存在数据链路连接。能执行信息和监控 PDU 的发送和接收。

4) BUSY：在本地 LLC 服务访问点和远程服务访问点之间存在数据链路连接。可以发送I PDU。本地状态很可能使所收到的 I PDU 中的信息字段不被理睬。既可以发送也可以接收监控 PDU。

5) REJECT：在本地 LLC 访问点和远程 LLC 服务访问点之间存在数据链路连接。本地连接部件已经请求远程连接部件重发特定的 I PDU，因为本地连接部件已检测出该 I PDU 是失序的 I PDU。既可以发送也可以接收 I PDU 和监控 PDU。

6) AWAIT：在本地 LLC 服务访问点和远程 LLC 服务访问点之间存在数据链路连接。本地 LLC 正在执行定时器恢复操作，并且已经发送 P 位置为“1”的命令 PDU，同时正在等待来自远程 LLC 的确认。可接收但不可以发送 I PDU。既可发送也可接收监控 PDU。

7) AWAIT_BUSY：在本地 LLC 服务访问点和远程 LLC 服务访问点之间存在数据链路连接。本地 LLC 正在执行定时器恢复操作，并且已经发送 P 位置为“1”的命令 PDU，同时正在等待来自远程 LLC 的确认。不可发送 I PDU。本地状态很可能使所收到的 I PDU 中的信息字段不被理睬。既可发送也可接收监控 PDU。

8) AWAIT_REJECT：在本地 LLC 服务访问点和远程 LLC 服务访问点之间存在数据链路连接。本地连接部件已经请求远程连接部件重发特定的 I PDU ，因为本地连接部件已经检测出该

I PDU 是失序的 I PDU。本地 LLC 进入该状态之前，它正在执行定时器恢复操作，并已经发送 P 位置为“1”的命令 PDU，并且仍在等待来自远程 LLC 的确认。可以接收但不可以发送 I PDU。既可发送也可接收监控 PDU。

9） D_CONN：在服务访问点用户的请求时，本地 LLC 已经发送 DISC PDU 给远程 LLC DSAP 并且正在等待回答。

10） RESET：由于服务访问点用户请求或收到 FRMR 响应 PDU 的结果，本地连接部件已经发送 SABME 命令 PDU 给远程 LLC DSAP，以复位数据链路连接，并且正在等待回答。

11） ERROR：本地连接部件已检测到收到的 PDU 中有差错，并且已经发送 FRMR 响应 PDU。它正在等待来自远程连接部件的回答。

12） CONN：本地连接部件已经收到来自远程 LLC SSAP 的 SABME PDU，并且它正在等待本地用户接受或拒绝该连接。

13） RESET_CHECK：本地连接部件正在等待本地用户接受或拒绝远程复位请求。

14） RESET_WAIT：本地连接部件正在等待本地用户指示 RESET_REQUEST 或 DISCONNECT_REQUEST。

7.9.2.2 连接服务部件的事件描述

在下面事件的列表中，在收到的命令和响应中的 F 位或 P 位的值列为 X。在状态转换表中，使用 0、1 或 X 的值。后者(X)指示在该事件中既可是“0”也可是“1”。

1） CONNECT_REQUEST：用户已经请求与远程 LLC DSAP 建立数据链路连接。

2） CONNECT_RESPONSE：用户已经接受数据链路连接。

3） DATA_REQUEST：用户已经请求发送数据单元给远程 LLC DSAP。

4） DISCONNECT_REQUEST：用户已经请求发送数据单元给远程 LLC DSAP。

5） RESET_REQUEST：用户已经请求复位与远程 LLC DSAP 的数据链路连接。

6） RESET_RESPONSE：用户已经接收复位的数据链路连接。

7） LOCAL_BUSY_DETECTED：本地站忙状态已经结束，不能接受来自远程 LLC SSAP 的 I PDU。

8） LOCAL_BUSY_CLEARED：本地站忙状态已经结束，并且该站可以接受来自远程 LLC SSAP 的 I PDU。

9） RECEIVE_BAD_PDU：远程 SSAP 已经给本地 DSAP 发送了命令或响应 PDU，但它是本地 LLC 不能实现的，或具有本地 LLC 时不允许的信息字段，或是信息字段长度大于本地 LLC 所能容纳的 I PDU。

10） RECEIVE_DISC_CMD(P=X)：远程 SSAP 已经发送 P 位置为“X”的 DISC 命令 PDU 给本地 DSAP。

11） RECEIVE_DM_RSP(F=X)：远程 SSAP 已经发送 F 位置为“X”的 DM 响应 PDU 给本地 DSAP。

12） RECEIVE_FRMR_RSP(F=X)：远程 SSAP 已经发送 F 位置为“X”的 FRMR 响应 PDU 给本地 DSAP。

13） RECEIVE_I_CMD(P=X)：远程 SSAP 已经发送 P 位置为“X”的 I 命令 PDU 给本地 DSAP。其 N(R)和 N(S)字段是有效的 N(S)值是所期望的顺序编号。

14） RECEIVE_I_CMD(P=X)_WITH_UNEXPECTED_N(S)：远程 SSAP 已经发送 P 位置为“X”的 I 命令 PDU 给本地 DSAP。该命令的 N(S)字段不包含所期望的顺序编号，但在窗口尺寸范围内。其 N(R)字段是有效的。

15） RECEIVE_I_CMD(P=X)_WITH_INVALID_N(S)：远程 SSAP 已经发送 P 位置为“X”的 I 命令PDU 给本地 DSAP。该命令的 N(S)字段是无效的。其 N(R)字段是有效的。

16) RECEIVE_DUPLICATE_I_CMD(P=X):远程 SSAP 已经发送 F 位置为“X”的 I 响应 PDU 给本地 DSAP。该命令的 N(S)字段的值不在接收窗口尺寸内。LLC 认定该 PDU 是重复的。N(R)字段是有效的。

17) RECEIVE_I_RSP(F=X):远程 SSAP 已经发送 F 位置为“X”的 I 响应 PDU 给本地 DSAP。N(R)和 N(S)字段都是有效的,并且 N(S)值是所期望的顺序编号。

18) RECEIVE_I_RSP(F=X)_WITH_UNEXPECTED_N(S):远程 SSAP 已经发送 F 位置为“X”的 I 响应 PDU 给本地 DSAP。该响应 N(S)字段不包含所期望的顺序编号,但在窗口尺寸内。N(R)字段是有效的。

19) RECEIVE_I_RSP(F=X)_WITH_INVALID_N(S):远程 SSAP 已经发送 P 位置为“X”的 REJ 命令 PDU 给本地 DSAP。该响应的 N(S)字段是无效的。N(R)字段是有效的。

20) RECEIVE_DUPLICATE_I_RSP(F=X):远程 SSAP 已经发送 F 位置为“X”的 REJ 响应 PDU 给本地 DSAP。该响应的 N(S)值不在接收窗口尺寸内。LLC 认定该 PDU 是重复的。N(R)字段是有效的。

21) RECEIVE_REJ_CMD(P=X):远程 SSAP 已经发送 P 位置为“X”的 REJ 命令 PDU 给本地 DSAP。

22) RECEIVE_REJ_RSP(F=X):远程 SSAP 已经发送 F 位置为“X”的 REJ 响应给本地 DSAP。

23) RECEIVE_RNR_RSP_CMD(P=X):远程 SSAP 已经发送 P 位为“X”的 RNR 命令 PDU 给本地 DSAP。

24) RECEIVE_RNR_RSP(F=X):远程 SSAP 已经发送 F 位置为“X”的 RNR 响应 PDU 给本地 DSAP。

25) RECEIVE_RR_CMD(P=X):远程 SSAP 已经发送 P 位置为“X”的 RR 响应 PDU 给本地 DSAP。

26) RECEIVE_RR_RSP(F=X):远程 SSAP 已经发送 F 位置为“X”的 RR 响应 PDU 给本地 DSAP。

27) RECEIVE_SABME_CMD(P=X):远程 SSAP 已经发送 P 位置为“X”的 SABME 响应 PDU 给本地 DSAP。

28) RECEIVE_UA_RSP(F=X):远程 SSAP 已经发送 F 位为“X”的 UA 响应 PDU 给本地 DSAP。

29) RECEIVE_XXX_CMD(P=X):远程 SSAP 已经发送 P 位置为“X”的类型 2 命令 PDU 给本地 DSAP。该命令是指不是为那个状态而特地列出的任何命令。

30) RECEIVE_XXX_RSP(F=X):远程 SSAP 已经发送 P 位置为“X”的类型 2 响应 PDU 给本地 DSAP。该响应是指不是为那个状态而特地列出的任何响应。

31) RECEIVE_XXX_YYY:远程 SSAP 已经发送类型 2 PDU 给本地 DSAP。该 PDU 是指不是为那个状态而特地列出的任何命令或响应。

32) RECEIVE_ZZZ_CMD(P=X)_WITH_INVAILID_N(R):远程 SSAP 已经发送 P 位置为“X”的 I、RR、RNR 或 REJ 响应给本地 DSAP。该响应的 N(R)字段是无效的。

33) RECEIVE_ZZZ_RSP(F=X)_WITH_INVAILD_N(R):远程 SSAP 已经发送 F 位置为“X”的 I、RR、RNR 或 REJ 响应 PDU 给本地 DSAP。该响应的 N(R)字段是无效的。

34) P_TIMER_EXPIRED:P/F 周期定时器已经期满。

35) ACK_TIMER_EXPIRED:确认定时器已经期满。

36) REJ_TIMER_EXPIRED:“发送的 REJ”定时器已经期满。

37) BUSY_TIMER_EXPIRED:远程忙定时器已经期满。在状态转换表中通过下述条件来限定上述某些事件。仅当条件为真时,才识别该事件。

38） DATA _FLAG=1：当 DATA _FLAG 取值为 1 时，在本地忙期间，丢弃 I PDU 中的数据单元。

39） DATA_FLAG=0：当 DATA_FLAG 取值为 0 时，在本地忙期间，不丢弃 I PDU 中的数据单元。

40） DATA_FLAG=2：当 DATA_FLAG 取值为 2 时，从 REJECT 状态进入 BUSY 状态，并且仍不接收所请求的 I PDU。

41） P_FLAG=1：当已经发送了 P 位置为“1”的命令，并且期望 F 位置为”1”的响应时，P_FLAG 取值为 1。

42） P_FLAG=0：当不期望 F 位置为“1”的响应 PDU 时，P_FLAG 取值为 0。

43） P_FLAG=F：P_FLAG 取值等于收到的响应 PDU 中的 F 位。

44） REMOTE_BUSY=0：当 REMOTE_BUSY 取值为“0”时，按 DATA_REQUEST 文件行动，并且可以发送 I PDU。注意，当 REMOTE_BUSY 取值为“1”时，在状态转换表中不包括 DATA_REQUEST文件。

45） RETRY_COUNT＜N2：重试数小于最大重试数。

46） RETRY_COUNT＞=N2：重试数已经达到允许的最大数。

47） S_FLAG=1：在 SETUP、RESET 和 RESET_WAIT 状态时，S_FLAG 值为 1 指示已经收到 SABME PDU。

48） S_FLAG=0：在 SETUP、RESET 和 RESET_WAIT 状态时，S_FLAG 值为 0 指示还未收到 SABME PDU。

49） INITIATE_P/F_CYCLE：本地 LLC 希望启动 P/F 周期(仅当由于某种原因本地 LLC 不能产生另外的命令，才需要这一点)。

7.9.2.3 连接部件动作描述

在下面描述的动作列表中，在发送的命令和响应中的 F 位或 P 位的值列为 X。在状态转换表中，使用 0、1 或 X 的值。后者(X)标识既可以使用 0，也可以使用 1。

1） CLEAR_REMOTE_BUSY：如果 REMOTE_BUSY 取值为 1，则置 REMOTE_BUSY 为“0”以指示远程 LLC 现在能接受 I PDU，停止 BUSY_TIMER，通过发出 REPORT_STATUS (REMOTE_NOT_BUSY)来通知用户，并且，如果本地 LLC 处于 NORMAL、REJECT 或 BUSY 状态，启动(重新)发送正在等待清除远程忙的任何 I PDU。

2） CONNECT_INDICATION：通知用户远程 LLC SSAP 已经请求连接。

3） CONNECT_CONFIRM：连接服务部件指示远程网络实体已经接受连接。

4） DATA_INDICATION：连接服务部件将收到的 I PDU 传递给用户。

5） DISCONNECT_INDICATION：通知用户远程网络实体已经启动数据链路连接的断开。

6） RESET_INDICATION：通知用户远程网络实体或远程 LLC 部件已经启动数据链路连接的复位，或者通知用户本地 LLC 已经决定重新初始化需要的数据链路连接。有效结果是：

   a） REMOTE——远程网络实体或远程对等实体已经启动数据链路连接的复位。

   b） LOCAL——本地 LLC 已经决定重新初始化需要的数据链路连接。

7） RESET_CONFIRM：连接服务部件指示远程网络实体已经接收复位。

8） REPORT_STATUS：将数据链路连接的状态报告给子层管理功能。允许的状态值是：

   a） FRMR_RECEIVE：本地连接服务部件已经收到 FRMR 响应 PDU。

   b） FRMR_SENT：本地连接服务部件已经收到无效的 PDU，并且已经发送 FRMR 响应 PDU。

   c） REMOTE_BUSY：远程 LLC DSAP 忙。本地连接服务部件不会接受 DATA _REQUSET。

   d） REMOTE_NOT_BUSY：远程 LLC DSAP 不再忙。本地连接服务部件现在会接受 DATA_REQUEST。

9） IF_F=1_CLEAR_REMOTE_BUSY：如果 I PDU 是 F 位置为“1”的响应，为了响应 P 位置为

"0"命令 PDU,则执行 CLEAR_REMOTE_BUSY 动作。

10) IF_DATA_FLAG=2_STOP_REJ_TIMER:如果 DATA_FLAG 取值为 2,指示已经发送 REJ PDU,停止"发送 REJ"定时器。

11) SEND_DISC_CMD(P=X):发送 P 位置为"X"的 DISC 命令 PDU 给远程 LLC DSAP。

12) SEND_DM_RSP(F=X):发送 F 位置为"X"的 DM 响应 PDU 给远程 LLC DSAP。

13) SEND_FRMR_RSP(F=X):发送 F 位置为"X"的 FRMR 响应 PDU 给远程 LLC DSAP。

14) RE_SEND_FRMR_RSP(F=0):发送与较早发送的带相同信息字段的同样的 FRMR 响应 PDU 给远程 LLC DSAP。其 F 位置为"0"。

15) RE_SEND_FRMR_RSP(F=P):发送与较早发送的带相同信息字段的同样的 FRMR 响应 PDU 给远程 LLC DSAP。其 F 位置为收到的命令 PDU 的 P 位。

16) SEND_I_CMD(P=1):发送 P 位置为"1"并带有由用户通过 DATA_REQUEST 提供数据单元的 I 命令 PDU 给远程 LLC DSAP。发送之前,分别把发送状态变量 V(S)和接收状态变量 V(R)的当前值复制到该 I PDU 中的 N(S)和 N(R)字段并且发送状态变量 V(S)加 1(模 128)。

17) RE_SEND_I_CMD(P=1):从该数据链路连接上收到的 PDU 中给出的 N(R)开始启动重发所有未确认的 I PDU。第一个作为 P 位置为"1"的命令来发送。如果队列包含了一个以上的 I PDU,其余部分必须作为 P 位置为"0"的命令或作为 F 位置为"0"的响应来发送。

18) RE_SEND_I_CMD(P=1)_OR_SEND_RR:从该数据链路连接上收到的 PDU 中给出的 N(R)开始启动重发所有未确认的 I PDU。第一个作为 P 位置为"1"的命令来发送。如果队列包含了一个以上的 I PDU,其余部分必须作为 P 位置为"0"的命令或作为 F 位置为"0"的响应来发送。在启动重发 I PDU 之前,允许发送 P 位置为"1"的 RR 命令 PDU 给远程 LLC DSAP。在这种情况下,第一个 I PDU 是作为 P 位置为"0"的命令或作为 F 位置为"0"的响应来发送。如果没有准备好的 I PDU 要发送,则必须发送 P 位置为"1"的 RR 命令 PDU 给远程 LLC DSAP。

19) SEND_I_XXX(X=0):发送 F 位置为"0"的 I 响应 PDU 或 P 位置为"0"的 I 命令 PDU 给远程 LLC DSAP,同时其数据单元由用户通过 DATA_REQUST 来提供。发送之前,分别把发送状态变量 V(S)和接收状态变量 V(R)的当前值复制到该 I PDU 中的 N(S)和 N(R)字段并且发送状态变量 V(S)加 1(模 128)。

20) RE_SEND_I_XXX(X=0):从该数据链路连接上收到的 PDU 中给出的 N(R)开始启动重发所有未确认的 I PDU。它们必须作为 P 位置为"0"的命令或作为 F 位为"0"的响应来发送。

21) RE_SEND_I_XXX(X=0)_OR_SEND_RR:从该数据链路连接上收到的 PDU 中给出的 N(R)开始启动重发所有未确认的 I PDU。它们必须作为 P 位置为"0"的命令或作为 F 位为"0"的响应来发送。在启动重发该 I PDU 之前,允许发送 F 位置为"0"的 RR 响应 PDU 或 P 位为"0"的 RR 命令 PDU 给远程 LLC DSAP。如果没有准备好的 I PDU 要发送,则必须发送 F 位置为"0"的 RR 响应或 P 位置为"0"的 RR 命令 PDU 给远程 LLC DSAP。

22) RE_SEND_I_RSP(F=1):从该数据链路连接上收到的 PDU 中给出的 N(R)开始启动重发所有未确认的 I PDU。第一个作为 F 位置为"1"的响应来发送。如果队列包含了一个以上的I PDU,其余部分必须作为 P 位置为"0"的命令作为 F 位置为"0"的响应来发送。

23) SEND_REJ_CMD(P=1):发送 P 位置为"1"的 REJ 命令 PDU 给远程 LLC DSAP。

24) SEND_REJ_RSP(F=1):发送 F 位置为"1"的 REJ 响应 PDU 给远程 LLC DSAP。

25) SEND_REJ_XXX(X=0):发送 F 位置为"0"的 REJ 响应 PDU 或 P 位置为"0"的 REJ 命令 PDU 给远程 LLC DSAP。

26) SEND_RNR_CMD(P=1):发送 P 位置为"0"的 RNR 命令 PDU 给远程 LLC DSAP。

27) SEND_RNR_RSP(F=1)：发送 F 位置为“1”的 RNR 响应 PDU 给远程 LLC DSAP。

28) SEND_RNR_XXX(X=0)：发送 F 位置为“0”的 RNR 响应 PDU 或 P 位置为“0”的 RNR 命令 PDU 给远程 LLC DSAP。

29) SET_REMOTE_BUSY：如果 REMOTE_BUSY 是“0”，则把 REMOTE_BUSY 置为“1”，以指示远程 LLC 处于忙状态并且不能接受 I PDU，启动 BUSY_TIMER，通过使用 REPORT_STATUS(REMOTE_BUSY)来通知子层管理功能，并停止任何进行中的 I PDU 发送(或重发)。

30) OPTIONAL_SEND_RNR_XXX(X=0)：在远程 LLC 进入忙状态不能接收发来的第一个 RNR 的情况下，允许发送 P 位置为“0”的 RNR 命令 PDU 或 F 位置为“0”的 RNR 响应 PDU 给远程 LLC DSAP。

31) SEND_RR_CMD(P=1)：发送 P 位置为“1”的 RR 命令 PDU 给远程 LLC DSAP。

32) SEND_ACKNOWLEDGE_CMD(P=1)：在所有状态下，允许发送 P 位置为“1”的 RR 命令 PDU 给远程 LLC DSAP，如果没有准备好的 I PDU 要发送，则必须发送 P 位置为“1”的 RR 命令 PDU 给远程 LLC DSAP(可以利用 ACK_TIMER 的时间限定值来延迟这个 RR PDU，以等待产生 I PDU)。然而，如果有准备好的 I PDU 要发送，并将它修改成 P 位置为“1”的命令，则不必发送 RR 命令 PDU。

33) SEND_RR_RSP(F=1)：发送 F 位置为“1”的 RR 响应 PDU 给远程 LLC DSAP。

34) SEND_ACKNOWLEDGE_RSP(F=1)：在所有状态下，允许发送 F 位置为“1”的 RR 响应 PDU 给远程 LLC DSAP。如果没有准备好的 I PDU 要发送，则必须发送 F 位置为“1”的 RR 响应 PDU 给远程 LLC DSAP。然而，如果没有准备好的 I PDU 要发送，并将它修改成 F 位置为“1”的响应，则不必发送 RR 响应 PDU。

35) SEND_RR_XXX(X=0)：发送 F 位置为“0”的 RR 响应 PDU 或 P 位置为“0”的 RR 命令 PDU 给远程 LLC DSAP。

36) SEND_ACKNOWLEDGE_XXX(X=0)：在所有状态下，允许发送 F 位为“0”的 RR 响应 PDU 或 P 位为“0”的 RR 命令 PDU 给远程 LLC DSAP。如果没有准备好的 I PDU 要发送，则必须发送 F 位为“0”的 RR 响应 PDU 或 P 位为“0”的 RR 命令 PDU 给远程 LLC DSAP(可以利用 ACK_TIMER 的时间限定值来延迟这个 RR PDU 以等待产生一个 I PDU)。然而，如果有准备好的 I PDU 要发送，则不必发送该 RR PDU。

37) SEND_SABME_CMD(P=X)：发送 P 位置为“X”的 SABME 命令 PDU 给远程 LLC DSAP。

38) SEND_UA_RSP(F=X)：发送 F 位置为“X”的 UA 响应 PDU 给远程 LLC DSAP。

39) S_FLAG：=0：把 S_FLAG 置为“0”，以指示没有收到来自远程 LLC 的 SABME PDU，而本地连接服务部件处于 RESET、SETUP 或 RESET_WAIT 状态。

40) S_FLAG：=1：把 S_FLAG 置为“1”，以指示已经收到来自远程 LLC 的 SABME PDU，而本地连接服务部件处于 RESET，SETUP 或 RESET_WAIT 状态。

41) START_P_TIMER：从 0 启动 P/F 周期定时器，如果 P_FLAG 是“0”，则把 RETRY_COUNT 初始化到 0，并把 P_FLAG 置为“1”。

42) START_ACK_TIMER：从 0 启动确认定时器。

43) START_REJ_TIMER：从 0 启动“发送 REJ“定时器。

44) START_ACK_TIMER_IF_NOT_RUNNING：如果确认定时器当前不运行，则从 0 启动确认定时器。

45) STOP_ACK_TIMER：停止确认定时器。

46) STOP_P_TIMER：停止 P/F 周期定时器并把 P_FLAG 置为“0”。

47) STOP_REJ_TIMER：停止“发送 REJ”定时器。

48) STOP_ALL_TIMERS:停止 P/F 周期定时器、"发送 REJ"定时器,远程忙定时器和确认定时器。

49) STOP_OTHER_TIMERS:停止 P/F 周期定时器,"发送 REJ"定时器,和远程忙定时器。

50) UPDATE_N(R)_RECEIVED:如果收到的 PDU 中的 N(R)确认了先前收到的一个或多个未确认的 I PDU,则修正 N(R)_RECEIVED 的本地记录,把 RETRY_COUNT 置为 0,并停止确认定时器。如果未确认的 I PDU 仍然存在,如果确认定时器是停止的,则启动它。

注:如果在 UPDATE_N(R)_RECEIVED 时,同时启动某种形式的 SEND_I_PDU,如果确认定时器是停止的,则总是启动它。

51) UPDATA_P_FLAG:如果收到的 PDU 是 F 位置为"1"的响应,则把 P_FLAG 置为"0"并停止 P/F 定时器。

52) DATA_FLAG:=2:把 DATA_FLAG 置为 2,以记录在 REJ PDU 悬而未决的情况下进入 BUSY 状态。

53) DATA_FLAG:=0:把 DATA_FLAG 置为 0,以指示本地忙期间不丢弃收到的 I PDU 中的数据单元。

54) DATA_FLAG:=1:把 DATA_FLAG 置为 1,以指示本地忙期间丢弃收到的 I PDU 中的数据单元。

55) IF_DATA_FLAG=0——THEN DATA_FLAG:=1:如果 DATA_FLAG 已经为 0,指示了没有数据单元被丢弃,则把它置为"1"以指示现在已有数据单元被丢弃。

56) P_FLAG:=0:把 P_FLAG 初始化到"0"。这指示收到的 F 位置为"1"的响应 PDU 不是所期望的。

57) P_FLAG:=P:把 P_FLAG 置为正在发送的命令 PDU 中的 P 位的值。

58) REMOTE_BUSY:=0:把 REMOTE_BUSY 置为 0,以指示远程 LLC 能接受 I PDU。

59) RETRY_COUNT:=0:把 RETRY_COUNT 初始化到 0。

60) RETRY_COUNT:=RETRY_COUNT+1:RETRY_COUNT 增加 1。

61) V(R):=0:把接收状态变量初始化到"0",这是所期望收到的下一个 I PDU 的顺序编号。

62) V(R):=V(R)+1:接收状态变量加 1(模 128)。这是所期望收到的下一个 I PDU 的顺序编号。

63) V(S):=0:把发送状态变量初始化到"0",这是要发送的下一个 I PDU 的顺序编号。

64) V(S):=N(R):把发送状态变量复位为刚收到的 PDU 的 N(S)字段所规定的值。

65) F_FLAG:=P:把 F_FLAG 置为收到的 P 位的值。这是 UA 或 DM PDU 要发送的 F 位的值。

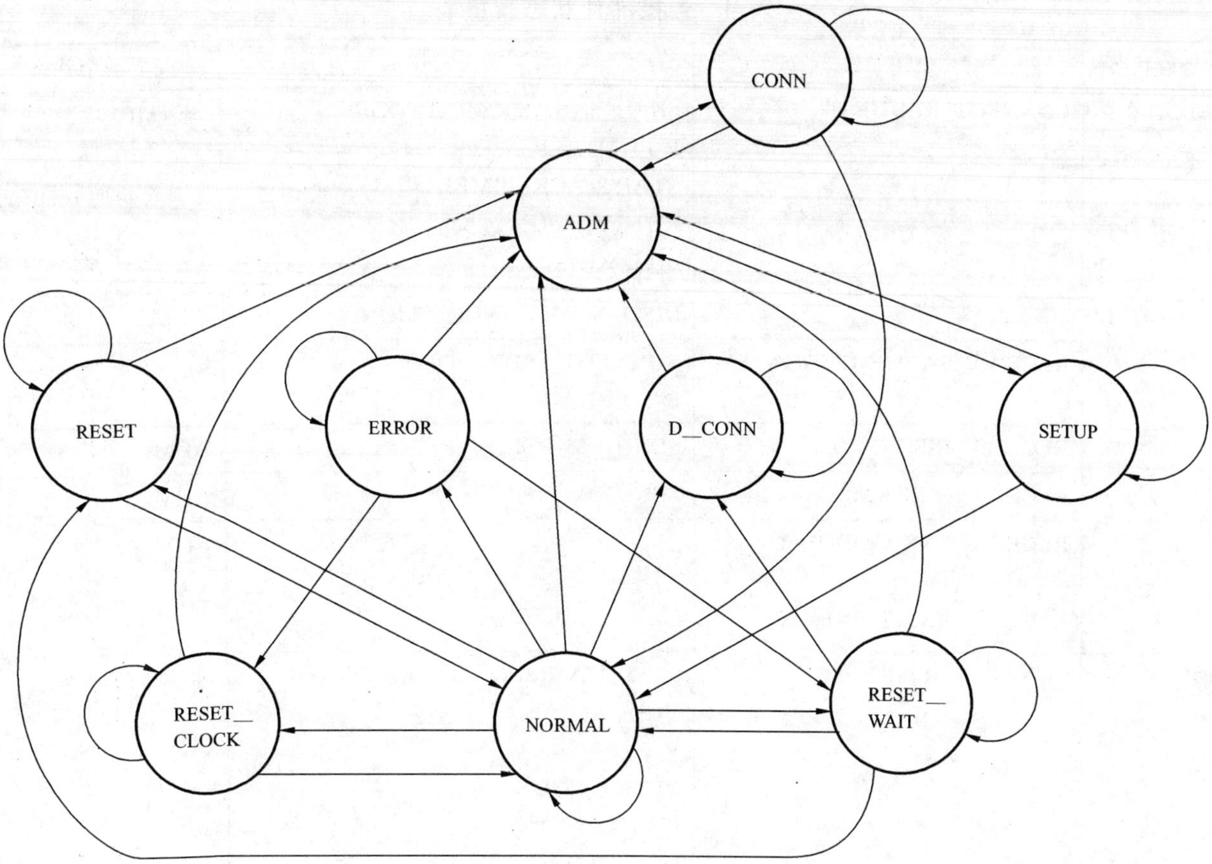

a) 链路建立、断开和复位状态

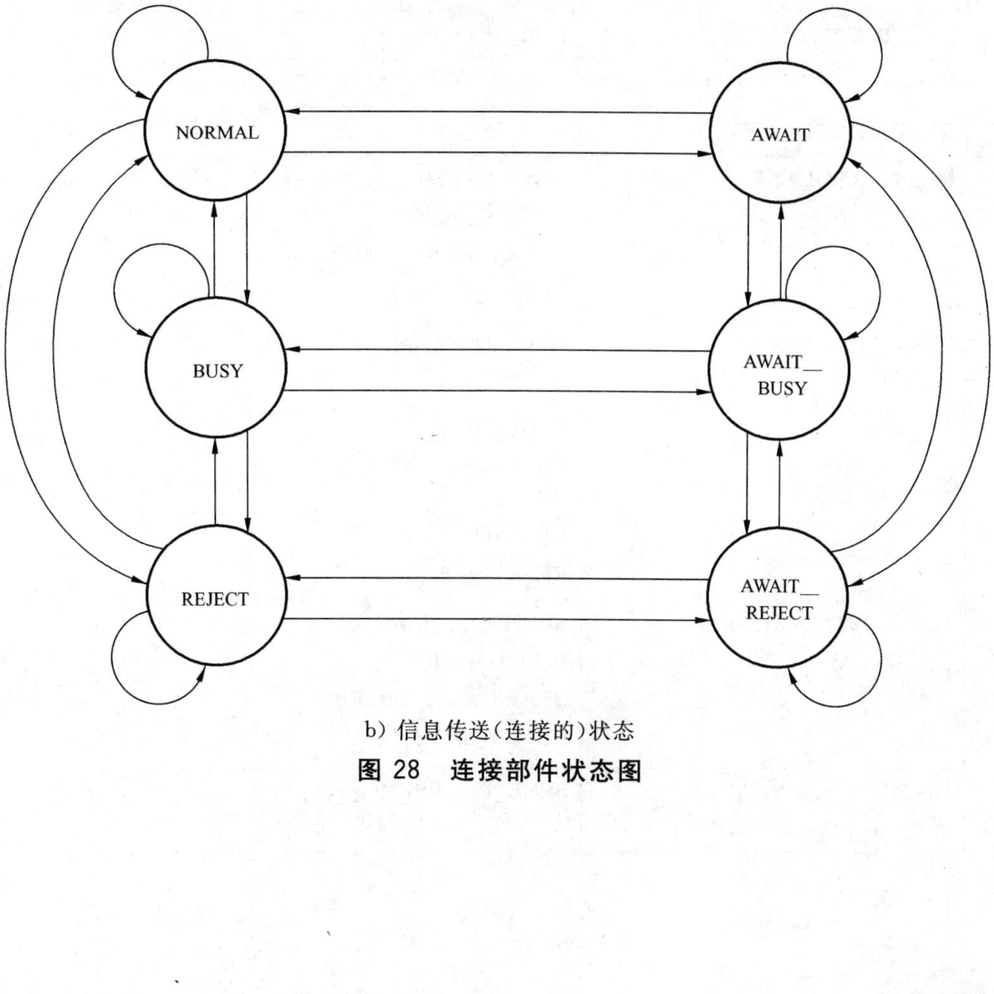

b) 信息传送(连接的)状态

图 28　连接部件状态图

表 4 连接部件状态转换表

当前状态	事　件	动　作	下一个状态
ADM	CONNECT_REQUEST	SEND_SABME_CMD(P=X) P_FLAG:=P START_ACK_TIMER RETRY_COUNT:=0 S_FLAG:=0	SETUP
		DISCONNECT_INDICATION	ADM
	RECEIVE_SABME_CMD(P=X)	CONNECT_INDICATION P_FLAG:=P	CONN
	RECEIVE_DISC_CMD(P=X)	SEND_DM_RSP(F=P)	ADM
	RECEIVE_XXX_CMD(P=1)	SEND_DM_RSP(F=1)	ADM
	RECEIVE_XXX_CMD(P=0) or RECEIVE_XXX_RSP(F=X)		ADM
CONN	CONNECT_RESPONSE	SEND_UA_RSP(F=F_FLAG) V(S):=0 V(R):=0 RETRY_COUNT:=0 P_FLAG:=0 REMOTE_BUSY:=0	NORMAL
	DISCONNECT_REQUEST	SEND_DM_RSP(F=F_FLAG)	ADM
	RECEIVE_SABME_CMD(P=X)	F_FLAG:=P	CONN
	RECEIVE_DM_RSP(F=X)	DISCONNECT_INDICATION	ADM
	RECEIVE_XXX_YYY		CONN
RESET_ WAIT	RESET_REQUEST and S_FLAG=0	SEND_SABME_CMD(P=X) P_FLAG:=P START_ACK_TIMER RETRY_COUNT:=0	RESET
	RESET_REQUEST and S_FLAG=1	SEND_UA_RSP(F=F_FLAG) V(S):=0 V(R):=0 RETRY_COUNT:=0 P_FLAG:=0 REMOTE_BUSY:=0 RESET_CONFIRM	NORMAL
	DISCONNECT_REQUEST and S_FLAG=0	SEND_DISC_CMD(P=X) P_FLAG:=P START_ACK_TIMER RETRY_COUNT:=0	D_CONN
	DISCONNECT_REQUEST and S_FLAG=1	SEND_DM_RSP(F=F_FLAG)	ADM

表 4（续）

当前状态	事　件	动　作	下一个状态
RESET_ WAIT (Con'd.)	RECEIVE_DM_RSP(F=X)	DISCONNECT_INDICATION	ADM
	RECEIVE_SABME_CMD(P=X)	S_FLAG:=1 F_FLAG:=P	RESET_WAIT
	RECEIVE_DISC_CMD(P=X)	SEND_DM_RSP(F=P) DISCONNECT_INDICATION	ADM
	RECEIVE_XXX_YYY		RESET_WAIT
RESET_ CHECK	RESET_RESPONSE	SEND_UA_RSP(F=F_FLAG) V(S):=0 V(R):=0 RETRY_COUNT:=0 P_FLAG:=0 REMOTE_BUSY:=0	NORMAL
	DISCONNECT_REQUEST	SEND_DM_RSP(F=F_FLAG)	ADM
	RECEIVE_DM_RSP(F=X)	DISCONNECT_INDICATION	ADM
	RECEIVE_SABME_CMD(P=X)	F_FLAG:=P	RESET_CHECK
	RECEIVE_DISC_CMD(P=X)	SEND_DM_RSP(F=P) DISCONNECT_INDICATION	ADM
	RECEIVE_XXX_YYY		RESET_CHECK
SETUP	RECEIVE_SABME_CMD(P=X)	SEND_UA_RSP(F=P) V(S):=0 V(R):=0 RETRY_COUNT:=0 S_FLAG:=1	SETUP
	RECEIVE_UA_RSP(F=X) and P_FLAG=F	STOP_ACK_TIMER V(S):=0 V(R):=0 RETRY_COUNT:=0 UPDATE_P_FLAG CONNECT_CONFIRM REMOTE_BUSY:=0	NORMAL
	ACK_TIMER_EXPIRED and S_FLAG=1	P_FLAG:=0 CONNECT_CONFIRM REMOTE_BUSY:=0	NORMAL
	RECEIVE_DISC_CMD(P=X)	SEND_DM_RSP(F=P) DISCONNECT_INDICATION STOP_ACK_TIMER	ADM
	RECEIVE_DM_RSP(F=X)	DISCONNECT_INDICATION STOP_ACK_TIMER	ADM

表 4（续）

当前状态	事　　件	动　　作	下一个状态
SETUP (Con'd.)	RECEIVE_XXX_YYY		SETUP
	ACK_TIMER_EXPIRED and RETRY_COUNT<N2 and S_FLAG=0	SEND_SABME_CMD(P=X) P_FLAG:=P START_ACK_TIMER RETRY_COUNT:=RETRY_COUNT+1	SETUP
	ACK_TIMER_EXPIRED and RETRY_COUNT>=N2 and S_FLAG=0	DISCONNECT_INDICATION	ADM
RESET	RECEIVE_SABME_CMD(P=X)	SEND_UA_RSP(F=P) V(S):=0 V(R):=0 RETRY_COUNT:=0 S_FLAG:=1	RESET
	RECEIVE_UA_RSP(F=X) and P_FLAG=F	STOP_ACK_TIMER V(S):=0 V(R):=0 RETRY_COUNT:=0 UPDATE_P_FLAG RESET_CONFIRM REMOTE_BUSY:=0	NORMAL
	ACK_TIMER_EXPIRED and S_FLAG=1	P_FLAG:=0 RESET_CONFIRM REMOTE_BUSY:=0	NORMAL
	RECEIVE_DISC_CMD(P=X)	SEND_DM_RSP(F=P) DISCONNECT_INDICATION STOP_ACK_TIMER	ADM
	RECEIVE_DM_RSP(F=X)	DISCONNECT_INDICATION STOP_ACK_TIMER	ADM
	RECEIVE_XXX_YYY		RESET
	ACK_TIMER_EXPIRED and RETRY_COUNT <N2 and S_FLAG=0	SEND_SABME_CMD(P=X) P_FLAG:=P START_ACK_TIMER RETRY_COUNT:=RETRY_COUNT+1	RESET
	ACK_TIMER_EXPIRED and RETRY_COUNT >=N2 and S_FLAG=0	DISCONNECT_INDICATION	ADM
D_CONN	RECEIVE_SABME_CMD(P=X)	SEND_DM_RSP(F=P) STOP_ACK_TIMER	ADM
	RECEIVE_UA_RSP(F=X) and P_FLAG=F	STOP_ACK_TIMER	ADM
	RECEIVE_DISC_CMD(P=X)	SEND_UA_RSP(F=P)	D_CONN
	RECEIVE_DM_RSP(F=X)	STOP_ACK_TIMER	ADM

表 4（续）

当前状态	事　件	动　作	下一个状态
D_CONN	RECEIVE_XXX_YYY		D_CONN
	ACK_TIMER_EXPIRED and RETRY_COUNT <N2	SEND_DISC_CMD(P=X) P_FLAG:=P START_ACK_TIMER RETRY_COUNT:=RETRY_COUNT+1	D_CONN
	ACK_TIMER_EXPIRED and RETRY_COUNT>=N2		ADM
ERROR	RECEIVE_SABME_CMD(P=X)	RESET_INDICATION(REMOTE) STOP_ACK_TIMER F_FLAG:=P	RESET_CHECK
	RECEIVE_DISC_CMD(P=X)	SEND_UA_RSP(F=P) DISCONNECT_INDICATION STOP_ACK_TIMER	ADM
	RECEIVE_DM_RSP(F=X)	DISCONNECT_INDICATION STOP_ACK_TIMER	ADM
	RECEIVE_FRMR_RSP(F=X)	RESET_INDICATION(LOCAL) STOP_ACK_TIMER REPORT_STATUS (FRMR_RECEIVED) S_FLAG:=0	RESET_WAIT
	RECEIVE_XXX_CMD(P=X)	RE_SEND_FRMR_RSP(F=P) START_ACK_TIMER	ERROR
	RECEIVE_XXX_RSP(F=X)		ERROR
	ACK_TIMER_EXPIRED and RETRY_COUNT<N2	RE_SEND_FRMR_RSP(F=0) START_ACK_TIMER RETRY_COUNT:=RETRY_COUNT+1	ERROR
	ACK_TIMER_EXPIRED and RETRY_COUNT>=N2	S_FLAG:=0 RESET_INDICATION(LOCAL)	RESET_WAIT
NORMAL or BUSY or REJECT or AWAIT or AWAIT_ BUSY or AWAIT_ REJECT	DISCONNECT_REQUEST	SEND_DISC_CMD(P=X) P_FLAG:=P START_ACK_TIMER STOP_OTHER_TIMERS RETRY_COUNT:=0	D_CONN
	RESET_REQUEST	SEND_SABME_CMD(P=X) P_FLAG:=P START_ACK_TIMER STOP_OTHER_TIMERS RETRY_COUNT:=0 S_FLAG:=0	RESET
	RECEIVE_SABME_CMD(P=X)	RESET_INDICATION(REMOTE) F_FLAG:=P STOP_ALL_TIMERS	RESET_CHECK

表 4（续）

当前状态	事　件	动　作	下一个状态
NORMAL or BUSY or REJECT or AWAIT or AWAIT_ BUSY or AWAIT_ REJECT	RECEIVE_DISC_CMD(P=X)	SEND_UA_RSP(F=P) DISCONNECT_ INDICATION STOP_ALL_TIMERS	ADM
	RECEIVE_FRMR_RSP(F=X)	STOP_ALL_TIMERS RESET_INDICATION(LOCAL) REPORT_STATUS(FRMR_RECEIVED) S_FLAG:=0	RESET_WAIT
	RECEIVE_DM_RSP(F=X)	DISCONNECT_INDICATION STOP_ALL_TIMERS	ADM
	RECEIVE_ZZZ_CMD(P=X)_ WITH_INVALID_N(R) or RECEIVE_I_CMD(P=X)_ WITH_INVALID_N(S)	SEND_FRMR_RSP(F=P) REPORT_STATUS(FRMR_SENT) START_ACK_TIMER STOP_OTHER_TIMERS RETRY_COUNT:=0	ERROR
	RECEIVE_ZZZ_RSP(F=X)_ WITH_INVALID_N(R) or RECEIVE_I_RSP(F=X)_ WITH_INVALID_N(S) or RECEIVE_BAD_PDU	SEND_FRMR_RSP(F=0) REPORT_STATUS(FRMR_SENT) START_ACK_TIMER STOP_OTHER_TIMERS RETRY_COUNT:=0	ERROR
	RECEIVE_UA_RSP(F=X)	SEND_FRMR_RSP(F=0) REPORT_STATUS(FRMR_SENT) START_ACK_TIMER STOP_OTHER_TIMERS RETRY_COUNT:=0	ERROR 保留在当前状态
NORMAL or BUSY or REJECT or AWAIT or AWAIT_ BUSY or AWAIT_ REJECT (con'd.)	RECEIVE_XXX_RSP(F=1)_ AND_P_FLAG=0	SEND_FRMR_RSP(F=0) REPORT_STATUS(FRMR_SENT) START_ACK_TIMER STOP_OTHER_TIMERS RETRY_COUNT:=0	ERROR Remain in current state
	P_TIMER_EXPIRED and RETRY_COUNT>=N2 or ACK_TIMER_EXPIRED and RETRY_COUNT>=N2 or REJ_TIMER_EXPIRED and RETRY_COUNT>=N2 or BUSY_TIMER_EXPIRED and RETRY_COUNT>=N2	STOP_ALL_TIMERS RESET_INDICATION(LOCAL) S_FLAG:=0	RESET_WAIT

表 4（续）

当前状态	事　件	动　作	下一个状态
NORMAL	DATA_REQUEST and REMOTE_BUSY=0 and P_FLAG=0	SEND_I_CMD(P=1) START_P_TIMER START_ACK_TIMER_ IF_NOT_RUNNING	NORMAL
		SEND_I_XXX(X=0) START_ACK_ TIMER_ IF_NOT_RUNNING	NORMAL
	DATA_REQUEST and REMOTE_BUSY=0 and P_FLAG=1	SEND_I_XXX(X=0) START_ACK_TIMER_ IF_NOT_RUNNING	NORMAL
	LOCAL_BUSY_DETECTED and P_FLAG=0	SEND_RNR_CMD(P=1) START_P_TIMER DATA_FLAG:=0	BUSY
		SEND_RNR_XXX(X=0) DATA_FLAG:=0	BUSY
	LOCAL_BUSY_DETECTED and P_FLAG=1	SEND_RNR_XXX(X=0) DATA_FLAG:=0	BUSY
NORMAL (con'd.)	RECEIVE_I_CMD(P=0)_ WITH_UNEXPECTED_N(S) and P_FLAG=0 or RECEIVE_I_RSP(F=0)_ WITH_UNEXPECTED_N(S) and P_FLAG=0 or RECEIVE_I_RSP(F=1)_ WITH_UNEXPECTED_N(S) and P_FLAG=1	SEND_REJ_XXX(X=0) UPDATE_N(R)_RECEIVED UPDATE_P_FLAG START_REJ_TIMER IF_F=1_CLEAR_REMOTE_BUSY	REJECT
		SEND_REJ_CMD(P=1) UPDATE_N(R)_RECEIVED START_P_TIMER START_REJ_TIMER IF_F=1_CLEAR_REMOTE_BUSY	REJECT
	RECEIVE_I_CMD(P=0)_ WITH_UNEXPECTED_N(S) and P_FLAG=1 or RECEIVE_I_RSP(F=0)_ WITH_UNEXPECTED_N(S) and P_FLAG=1	SEND_REJ_XXX(X=0) UPDATE_N(R)_RECEIVED START_REJ_TIMER	REJECT
	RECEIVE_I_CMD(P=1)_ WITH_UNEXPECTED_N(S)	SEND_REJ_RSP(F=1) UPDATE_N(R)_RECEIVED START_REJ_TIMER	REJECT
	RECEIVE_I_RSP(F=X) and P_FLAG=F or RECEIVE_I_CMD(P=0) and P_FLAG=0	V(R):=V(R)+1 DATA_INDICATION SEND_ACKNOWLEDGE_CMD(P=1) START_P_TIMER UPDATE_N(R)_RECEIVED IF_F=1_CLEAR_REMOTE_BUSY	NORMAL

表 4（续）

当前状态	事 件	动 作	下一个状态
NORMAL (con'd.)		V(R):=V(R)+1 DATA_INDICATION UPDATE_P_FLAG SEND_ACKNOWLEDGE_XXX(X=0) UPDATE_N(R)_RECEIVED IF_F=1_CLEAR_REMOTE_BUSY	NORMAL
	RECEIVE_I_RSP(F=0) and P_FLAG=1 or RECEIVE_I_CMD(P=0) and P_FLAG=1	V(R):=V(R)+1 DATA_INDICATION SEND_ACKNOWLEDGE_XXX(X=0) UPDATE_N(R)_RECEIVED	NORMAL
	RECEIVE_I_CMD(P=1)	V(R):=V(R)+1 DATA_INDICATION SEND_ACKNOWLEDGE_RSP(F=1) UPDATE_N(R)_RECEIVED	NORMAL
	RECEIVE_DUPLICATE_ I_CMD(P=1)	SEND_ACKNOWLEDGE_RSP(F=1) UPDATE_N(R)_RECEIVED	NORMAL
	RECEIVE_DUPLICATE_ I_CMD(P=0) or RECEIVE_DUPLICATE_ I_RSP(F=X)	UPDATE_N(R)_RECEIVED UPDATE_P_FLAG IF_F=1_CLEAR_REMOTE_BUSY	NORMAL
	RECEIVE_RR_CMD(P=0) or RECEIVE_RR_RSP(F=0) or RECEIVE_RR_RSP(F=1) and P_FLAG=1	UPDATE_P_FLAG UPDATE_N(R)_RECEIVED CLEAR_REMOTE_BUSY	NORMAL
	RECEIVE_RR_CMD(P=1)	SEND_ACKNOWLEDGE_RSP(F=1) UPDATE_N(R)_RECEIVED CLEAR_REMOTE_BUSY	NORMAL
	RECEIVE_RNR_CMD(P=0) or RECEIVE_RNR_RSP(F=0) or RECEIVE_RNR_RSP(F=1) and P_FLAG=1	UPDATE_P_FLAG UPDATE_N(R)_RECEIVED SET_REMOTE_BUSY	NORMAL
	RECEIVE_RNR_CMD(P=1)	SEND_RR_RSP(F=1) UPDATE_N(R)_RECEIVED SET_REMOTE_BUSY	NORMAL

表 4（续）

当前状态	事　件	动　作	下一个状态
NORMAL (con'd.)	RECEIVE_REJ_CMD(P=0) and P_FLAG=0 or RECEIVE_REJ_RSP(F=X) and P_FLAG=F	V(S):=N(R) UPDATE_N(R)_RECEIVED UPDATE_P_FLAG RE_SEND_I_XXX(X=0) CLEAR_REMOTE_BUSY	NORMAL
		V(S):=N(R) UPDATE_N(R)_RECEIVED START_P_TIMER RE_SEND_I_CMD(P=1) CLEAR_REMOTE_BUSY	NORMAL
	RECEIVE_REJ_CMD(P=0) and P_FLAG=1 or RECEIVE_REJ_RSP(F=0) and P_FLAG=1	V(S):=N(R) UPDATE_N(R)_RECEIVED RE_SEND_I_XXX(X=0) CLEAR_REMOTE_BUSY	NORMAL
	RECEIVE_REJ_CMD(P=1)	V(S):=N(R) UPDATE_N(R)_RECEIVED RE_SEND_I_RSP(F=1) CLEAR_REMOTE_BUSY	NORMAL
	INITIATE_P/F_CYCLE and P_FLAG=0	SEND_RR_CMD(P=1) START_P_TIMER	NORMAL
	P_TIMER_EXPIRED and_RETRY_COUNT<N2	P_FLAG:=0	NORMAL
		SEND_RR_CMD(P=1) START_P_TIMER RETRY_COUNT:=RETRY_COUNT+1	AWAIT
	ACK_TIMER_EXPIRED and P_FLAG=0 and RETRY_COUNT <N2 or BUSY_TIMER_EXPIRED and P_FLAG=0 and RETRY_COUNT <N2	SEND_RR_CMD(P=1) START_P_TIMER RETRY_COUNT:=RETRY_COUNT+1	AWAIT
BUSY	DATA_REQUEST and REMOTE_BUSY=0 and P_FLAG=0	SEND_I_CMD(P=1) START_P_TIMER START_ACK_TIMER_ IF_NOT_RUNNING	BUSY
		SEND_I_XXX(X=0) START_ACK_TIMER_ IF_NOT_RUNNING	BUSY

表 4(续)

当前状态	事 件	动 作	下一个状态
BUSY	DATA_REQUEST and REMOTE_BUSY=0 and P_FLAG=1	SEND_I_XXX(X=0) START_ACK_TIMER_ IF_NOT_RUNNING	BUSY
	LOCAL_BUSY_CLEARED and DATA_FLAG=1 and P_FLAG=0	SEND_REJ_CMD(P=1) START_REJ_TIMER START_P_TIMER	REJECT
		SEND_REJ_XXX(X=0) START_REJ_TIMER	REJECT
	LOCAL_BUSY_CLEARED and DATA_FLAG=1 and P_FLAG=1	SEND_REJ_XXX(X=0) START_REJ_TIMER	REJECT
	LOCAL_BUSY_CLEARED and DATA_FLAG=0 and P_FLAG=0	SEND_RR_CMD(P=1) START_P_TIMER	NORMAL
		SEND_RR_XXX(X=0)	NORMAL
	LOCAL_BUSY_CLEARED and DATA_FLAG=0 and P_FLAG=1	SEND_RR_XXX(X=0)	NORMAL
BUSY (con'd.)	LOCAL_BUSY_CLEARED and DATA_FLAG=2 and P_FLAG=0	SEND_RR_CMD(P=1) START_P_TIMER	REJECT
		SEND_RR_XXX(X=0)	REJECT
	LOCAL_BUSY_CLEARED and DATA_FLAG=2 and P_FLAG=1	SEND_RR_XXX(X=0)	REJECT
	RECEIVE _I_RSP(F=X)_ WITH_UNEXPECTED_N(S) and P_FLAG=F or RECEIVE_I_CMD(P=0)_ WITH_UNEXPECTED_N(S) and P_FLAG=0	OPTIONAL_SEND_RNR_XXX(X=0) UPDATE_P_FLAG UPDATE_N(R)_RECEIVED IF_DATA_FLAG=0_THEN_ DATA_FLAG:=1 IF_F=1_CLEAR_REMOTE_BUSY	BUSY
		SEND_RNR_CMD(P=1) START_P_TIMER UPDATE_N(R)_RECEIVED IF_DATA_FLAG=0_THEN_ DATA_FLAG:=1 IF_F=1_CLEAR_REMOTE_BUSY	BUSY

表 4（续）

当前状态	事　件	动　作	下一个状态
BUSY (con'd.)	RECEIVE_I_RSP(F=0)_ WITH_UNEXPECTED_N(S) and P_FLAG=1 or RECEIVE_I_CMD(P=0)_ WITH_UNEXPECTED_N(S) and P_FLAG=1	OPTIONAL_SEND_RNR_XXX(X=0) UPDATE_N(R)_RECEIVED IF_DATA_FLAG=0_THEN_ DATA_FLAG:=1	BUSY
	RECEIVE_I_CMD(P=1)_ WITH_UNEXPECTED_N(S)	SEND_RNR_RSP(F=1) UPDATE_N(R)_RECEIVED IF_DATA_FLAG=0_THEN_ DATA_FLAG:=1	BUSY
	RECEIVE_I_CMD(P=1)	SEND_RNR_RSP(F=1) UPDATE_N(R)_RECEIVED IF_DATA_FLAG=2_ STOP_REJ_TIMER DATA_FLAG:=1	BUSY
		V(R):=V(R)+1 DATA_INDICATION SEND_RNR_RSP(F=1) UPDATE_N(R)_RECEIVED IF_DATA_FLAG=2_ STOP_REJ_TIMER DATA_FLAG:=0	BUSY
	RECEIVE_I_RSP(F=X) and P_FLAG=F or RECEIVED_I_CMD(P=0) and P_FLAG=0	OPTIONAL_SEND_RNR_XXX(X=0) UPDATE_P_FLAG UPDATE_N(R)_RECEIVED IF_DATA _FLAG=2_STOP_REJ_TIMER DATA_FLAG:=1 IF_F=1_CLEAR_REMOTE_BUSY	BUSY
		SEND_RNR_CMD(P=1) START_P_TIMER UPDATE_N(R)_RECEIVED IF_DATA_FLAG=2_STOP_REJ_TIM- ER DATA_FLAG:=1 IF_F=1_CLEAR_REMOTE_BUSY	BUSY
		V(R):=V(R)+1 DATA_INDICATION SEND_RNR_CMD(P=1) START_P_TIMER UPDATE_N(R)_RECEIVED IF_DATA _FLAG=2_STOP_REJ_TIMER DATA_FLAG:=0 IF_F=1_CLEAR_REMOTE_BUS	BUSY

表 4（续）

当前状态	事　　件	动　　作	下一个状态
BUSY （con'd.）		V(R)：=V(R)+1 DATA_INDICATION UPDATE_P_FLAG OPTIONAL_SEND_RNR_XXX(X=0) UPDATE_N(R)_RECEIVED IF_DATA_FLAG=2_STOP_REJ_TIMER DATA_FLAG：=0 IF_F=1_CLEAR_REMOTE_BUSY	BUSY
	RECEIVE_I_RSP(F=0) and P_FLAG=1 or RECEIVE_I_CMD(P=0) and P_FLAG=1	OPTIONAL_SEND_RNR_XXX(X=0) UPDATE_N(R)_RECEIVED IF_DATA_FLAG=2_ STOP_REJ_TIMER DATA_FLAG：=1	BUSY
		V(R)：=V(R)+1 DATA_INDICATION OPTIONAL_SEND_RNR_XXX(X=0) UPDATE_N(R)_RECEIVED IF_DATA_FLAG=2_STOP_REJ_TIM- ER DATA_FLAG：=0	BUSY
	RECEIVE_DUPLICATE_ I_CMD(P=1)	SEND_RNR_RSP(F=1) UPDATE_N(R)_RECEIVED	BUSY
	RECEIVE_DUPLICATE_ I_CMD(P=0) or RECEIVE_DUPLICATE_ I_RSP(F=X)	UPDATE_N(R)_RECEIVED UPDATE_P_FLAG IF_F=1_CLEAR_REMOTE_BUSY	BUSY
	RECEIVE_RR_CMD(P=0) or RECEIVE_RR_RSP(F=0) or RECEIVE_RR_RSP(F=1) and P_FLAG=1	UPDATE_P_FLAG UPDATE_N(R)_RECEIVED CLEAR_REMOTE_BUSY	BUSY
	RECEIVE_RR_CMD(P=1)	SEND_RNR_RSP(F=1) UPDATE_N(R)_RECEIVED CLEAR_REMOTE_BUSY	BUSY
	RECEIVE_RNR_CMD(P=0) or RECEIVE_RNR_RSP(F=0) or RECEIVE_RNR_RSP(F=1) and P_FLAG=1	UPDATE_P_FLAG UPDATE_N(R)_RECEIVED SET_REMOTE_BUSY	BUSY

表 4（续）

当前状态	事　件	动　作	下一个状态
BUSY (con'd.)	RECEIVE_RNR_CMD(P=1)	SEND_RNR_RSP(F=1) UPDATE_N(R)_RECEIVED SET_REMOTE_BUSY	BUSY
	RECEIVE_REJ_CMD(P=0) and P_FLAG=0 or RECEIVE_REJ_RSP(F=X) and P_FLAG=F	V(S):=N(R) UPDATE_N(R)_RECEIVED UPDATE_P_FLAG RE_SEND_I_XXX(X=0) CLEAR_REMOTE_BUSY	BUSY
		V(S):=N(R) UPDATE_N(R)_RECEIVED RE_SEND_I_CMD(P=1) CLEAR_REMOTE_BUSY	BUSY
	RECEIVE_REJ_CMD(P=0) and P_FLAG=1 or RECEIVE_REJ_RSP(F=0) and P_FLAG=1	V(S):=N(R) UPDATE_N(R)_RECEIVED RE_SEND_I_XXX(X=0) CLEAR_REMOTE_BUSY	BUSY
	RECEIVE_REJ_CMD(P=1)	V(S):=N(R) UPDATE_N(R)_RECEIVED SEND_RNR_RSP(F=1) RE_SEND_I_XXX(X=0) CLEAR_REMOTE_BUSY	BUSY
	INITIATE_P/F_CYCLE and P_FLAG=0	SEND_RNR_CMD(P=1) START_P_TIMER	BUSY
	P_TIMER_EXPIRED and RETRY_COUNT<N2	P_FLAG:=0	BUSY
		SEND_RNR_CMD(P=1) START_P_TIMER RETRY_COUNT:=RETRY_COUNT+1	AWAIT_BUSY
	ACK_TIMER_EXPIRED and P_FLAG=0 and RETRY_COUNT <N2 or BUSY_TIMER_EXPIRED and P_FLAG=0 and RETRY_COUNT <N2	SEND_RNR_CMD(P=1) START_P_TIMER RETRY_COUNT:=RETRY_COUNT+1	AWAIT_BUSY
	REJ_TIMER_EXPIRED and P_FLAG=0 and RETRY_COUNT <N2	DATA_FLAG:=1	BUSY
		SEND_RNR_CMD(P=1) START_P_TIMER RETRY_COUNT:=RETRY_COUNT+1 DATA_FLAG:=1	AWAIT_BUSY

表 4（续）

当前状态	事 件	动 作	下一个状态
BUSY (con'd.)	REJ_TIMER_EXPIRED and P_FLAG=1 and RETRY_COUNT <N2	DATA_FLAG:=1	BUSY
REJECT	DATA_REQUEST and REMOTE_BUSY=0 and P_FLAG=0	SEND_I_CMD(P=1) START_P_TIMER START_ACK_TIMER_IF_NOT_RUNNING	REJECT
		SEND_I_XXX(X=0) START_ACK_TIMER_IF_NOT_RUNNING	REJECT
	DATA_REQUEST and REMOTE_BUSY=0 and P_FLAG=1	SEND_I_XXX(X=0) START_ACK_TIMER_IF_NOT_RUNNING	REJECT
	LOCAL_BUSY_DETECTED and P_FLAG=0	SEND_RNR_CMD(P=1) START_P_TIMER DATA_FLAG:=2	BUSY
		SEND_RNR_XXX(X=0) DATA_FLAG:=2	BUSY
	LOCAL_BUSY_DETECTED and P_FLAG=1	SEND_RNR_XXX(X=0) DATA_FLAG:=2	BUSY
REJECT (con'd.)	RECEIVE_I_CMD(P=0)_WITH_UNEXPECTED_N(S) or RECEIVE_I_RSP(F=0)_WITH_UNEXPECTED_N(S) or RECEIVE_I_RSP(F=1)_WITH_UNEXPECTED_N(S) and P_FLAG=1	UPDATE_N(R)_RECEIVED UPDATE_P_FLAG IF_F=1_CLEAR_REMOTE_BUSY	REJECT
	RECEIVE_I_CMD(P=1)_WITH_UNEXPECTED_N(S)	SEND_RR_RSP(F=1) UPDATE_N(R)_RECEIVED	REJECT
	RECEIVE_I_RSP(F=X) and P_FLAG=F or RECEIVE_I_CMD(P=0) and P_FLAG=0	V(R):=V(R)+1 DATA_INDICATION SEND_ACKNOWLEDGE_CMD(P=1) START_P_TIMER UPDATE_N(R)_RECEIVED IF_F=1_CLEAR_REMOTE_BUSY STOP_REJ_TIMER	NORMAL

表 4（续）

当前状态	事　　件	动　　作	下一个状态
REJECT (con'd.)		V(R):=V(R)+1 DATA_INDICATION UPDATE_P_FLAG SEND_ACKNOWLEDGE_XXX(X=0) UPDATE_N(R)_RECEIVED IF_F=1_CLEAR_REMOTE_BUSY STOP_REJ_TIMER	NORMAL
	RECEIVE_I_RSP(F=0) and P_FLAG=1 or RECEIVE_I_CMD(P=0) and P_FLAG=1	V(R):=V(R)+1 DATA_INDICATION SEND_ACKNOWLEDGE_XXX(X_0) UPDATE_N(R)_RECEIVED STOP_REJ_TIMER	NORMAL
	RECEIVE_I_CMD(P=1)	V(R):=V(R)+1 DATA_INDICATION SEND_ACKNOWLEDGE_RSP(F=1) UPDATE_N(R)_RECEIVED STOP_REJ_TIMER	NORMAL
	RECEIVE_DUPLICATE_ I_CMD(P=1)	SEND_ACKNOWLEDGE_RSP(F=1) UPDATE_N(R)_RECEIVED	REJECT
	RECEIVE_DUPLICATE_ I_CMD(P=0) or RECEIVE_DUPLICATE_ I_RSP(F=X)	UPDATE_N(R)_RECEIVED UPDATE_P_FLAG IF_F=1_CLEAR_REMOTE_BUSY	REJECT
	RECEIVE_RR_CMD(P=0) or RECEIVE_RR_RSP(F=0) or RECEIVE_RR_RSP(F=1) and P_FLAG=1	UPDATE_P_FLAG UPDATE_N(R)_RECEIVED CLEAR_REMOTE_BUSY	REJECT
	RECEIVE_RR_CMD(P=1)	SEND_ACKNOWLEDGE_RSP(F=1) UPDATE_N(R)_RECEIVED CLEAR_REMOTE_BUSY	REJECT
	RECEIVE_RNR_CMD(P=0) or RECEIVE_RNR_RSP(F=0) or RECEIVE_RNR_RSP(F=1) and P_FLAG=1	UPDATE_P_FLAG UPDATE_N(R)_RECEIVED SET_REMOTE_BUSY	REJECT
	RECEIVE_RNR_CMD(P=1)	SEND_RR_RSP(F=1) UPDATE_N(R)_RECEIVED SET_REMOTE_BUSY	REJECT

表 4（续）

当前状态	事　件	动　作	下一个状态
REJECT (con'd.)	RECEIVE_REJ_CMD(P=0) and P_FLAG=0 or RECEIVE_REJ_RSP(F=X) and P_FLAG=F	V(S):=N(R) UPDATE_N(R)_RECEIVED UPDATE_P_FLAG RE_SEND_I_XXX(X=0) CLEAR_REMOTE_BUSY	REJECT
		V(S):=N(R) UPDATE_N(R)_RECEIVED RE_SEND_I_CMD(P=1) START_P_TIMER CLEAR_REMOTE_BUSY	REJECT
	RECEIVE_REJ_CMD(P=0) and P_FLAG=1 or RECEIVE_REJ_RSP(F=0) and P_FLAG=1	V(S):=N(R) UPDATE_N(R)_RECEIVED RE_SEND_I_XXX(X=0) CLEAR_REMOTE_BUSY	REJECT
	RECEIVE_REJ_CMD(P=1)	V(S):=N(R) UPDATE_N(R)_RECEIVED RE_SEND_I_RSP(F=1) CLEAR_REMOTE_BUSY	REJECT
	INITIATE_P/F_CYCLE and P_FLAG=0	SEND_RR_CMD(P=1) START_P_TIMER	REJECT
	REJ_TIMER_EXPIRED and P_FLAG=0 and RETRY_COUNT <N2	SEND_REJ_CMD(P=1) START_P_TIMER START_REJ_TIMER RETRY_COUNT:=RETRY_COUNT+1	REJECT
			NORMAL
	P_TIMER_EXPIRED and RETRY_COUNT <N2	P_FLAG:=0	REJECT
		SEND_RR_CMD(P=1) START_P_TIMER START_REJ_TIMER RETRY_COUNT:=RETRY_COUNT+1	AWAIT_REJECT
	ACK_TIMER_EXPIRED and P_FLAG=0 and RETRY_COUNT <N2 or BUSY_TIMER_EXPIRED and P_FLAG=0 and RETRY_COUNT <N2	SEND_RR_CMD(P=1) START_P_TIMER START_REJ_TIMER RETRY_COUNT:=RETRY_COUNT+1	AWAIT_REJECT

表 4（续）

当前状态	事　件	动　作	下一个状态
AWAIT	LOCAL_BUSY_DETECTED	SEND_RNR_XXX(X=0) DATA_FLAG:=0	AWAIT_BUSY
	RECEIVE_I_RSP(F=1)_ WITH_UNEXPECTED_N(S)	SEND_REJ_XXX_(X=0) UPDATE_N(R)_RECEIVED V(S):=N(R) STOP_P_TIMER RE_SEND_I_XXX(X=0) START_REJ_TIMER CLEAR_REMOTE_BUSY	REJECT
		SEND_REJ_CMD(P=1) UPDATE_N(R)_RECEIVED V(S):=N(R) RE_SEND_I_XXX(X=0) START_P_TIMER START_REJ_TIMER CLEAR_REMOTE_BUSY	REJECT
	RECEIVE_I_CMD(P=0)_ WITH_UNEXPECTED_N(S) or RECEIVE_I_RSP(F=0)_ WITH_UNEXPECTED_N(S)	SEND_REJ_XXX(X=0) UPDATE_N(R)_RECEIVED START_REJ_TIMER	AWAIT_REJECT
	RECEIVE_I_CMD(P=1)_ WITH_UNEXPECTED_N(S)	SEND_REJ_RSP(F=1) UPDATE_N(R)_RECEIVED START_REJ_TIMER	AWAIT_REJECT
AWAIT (con'd.)	RECEIVE_I_RSP(F=1)	V(R):=V(R)+1 DATA_INDICATION UPDATE_N(R)_RECEIVED V(S):=N(R) RE_SEND_I_CMD(P=1)_OR_SEND_RR START_P_TIMER CLEAR_REMOTE_BUSY	NORMAL
		V(R):=V(R)+1 DATA_INDICATION STOP_P_TIMER UPDATE_N(R)_RECEIVED V(S):=N(R) RE_SEND_I_XXX(X=0)_OR_SEND_RR CLEAR_REMOTE_BUSY	NORMAL
	RECEIVE_I_RSP(F=0) or RECEIVE_I_CMD(P=0)	V(R):=V(R)+1 DATA_INDICATION SEND_RR_XXX(X=0) UPDATE_N(R)_RECEIVED	AWAIT

表 4（续）

当前状态	事　件	动　作	下一个状态
AWAIT (con'd.)	RECEIVE_I_CMD(P=1)	V(R):=V(R)+1 DATA_INDICATION SEND_RR_RSP(F=1) UPDATE_N(R)_RECEIVED	AWAIT
	RECEIVE_DUPLICATE_ I_CMD(P=1)	SEND_RR_RSP(F=1) UPDATE_N(R)_RECEIVED	AWAIT
	RECEIVE_DUPLICATE_ I_CMD(P=0) or RECEIVE_DUPLICATE_ I_RSP(F=X)	UPDATE_N(R)_RECEIVED UPDATE_P_FLAG IF_F=1_CLEAR_REMOTE_BUSY	AWAIT
	RECEIVE_RR_RSP(F=1) or RECEIVE_REJ_RSP(F=1)	UPDATE_N(R)_RECEIVED V(S):=N(R) STOP_P_TIMER RE_SEND_I_XXX(X=0) CLEAR_REMOTE_BUSY	NORMAL
		UPDATE_N(R)_RECEIVED V(S):=N(R) RE_SEND_I_CMD(P=1) START_P_TIMER CLEAR_REMOTE_BUSY	NORMAL
	RECEIVE_RR_CMD(P=0) or RECEIVE_RR_RSP(F=0) or RECEIVE_REJ_CMD(P=0) or RECEIVE_REJ_RSP(F=0)	UPDATE_N(R)_RECEIVED CLEAR_REMOTE_BUSY	AWAIT
	RECEIVE_RR_CMD(P=1) or RECEIVE_REJ_CMD(P=1)	SEND_RR_RSP(F=1) UPDATE_N(R)_RECEIVED CLEAR_REMOTE_BUSY	AWAIT
	RECEIVE_RNR_RSP(F=1)	UPDATE_N(R)_RECEIVED V(S):=N(R) STOP_P_TIMER SET_REMOTE_BUSY	NORMAL
	RECEIVE_RNR_CMD(P=0) or RECEIVE_RNR_RSP(F=0)	UPDATE_N(R)_RECEIVED SET_REMOTE_BUSY	AWAIT
	RECEIVE_RNR_CMD(P=1)	SEND_RR_RSP(F=1) UPDATE_N(R)_RECEIVED SET_REMOTE_BUSY	AWAIT

表 4（续）

当前状态	事　件	动　作	下一个状态
AWAIT (con'd.)	P_TIMER_EXPIRED and RETRY_COUNT <N2	SEND_RR_CMD(P=1) START_P_TIMER RETRY_COUNT:=RETRY_COUNT+1	AWAIT
AWAIT_ BUSY	LOCAL_BUSY_CLEARED and DATA_FLAG=1	SEND_REJ_XXX(X=0) START_REJ_TIMER	AWAIT_REJECT
	LOCAL_BUSY_CLEARED and DATA_FLAG=0	SEND_RR_XXX(X=0)	AWAIT
	LOCAL_BUSY_CLEARED and DATA_FLAG=2	SEND_RR_XXX(X=0)	AWAIT_REJECT
	RECEIVE_I_RSP(F=1)_ WITH_UNEXPECTED_N(S)	OPTIONAL_SEND_RNR_XXX(X=0) UPDATE_N(R)_RECEIVED V(S):=N(R) STOP_P_TIMER DATA_FLAG:=1 CLEAR_REMOTE_BUSY RE_SEND_I_XXX(X=0)	BUSY
		SEND_RNR_CMD(P=1) UPDATE_N(R)_RECEIVED V(S):=N(R) START_P_TIMER DATA_FLAG:=1 CLEAR_REMOTE_BUSY RE_SEND_I_XXX(X=0)	BUSY
	RECEIVE_I_CMD(P=0)_ WITH_UNEXPECTED_N(S) or RECEIVE_I_RSP(F=0)_ WITH_UNEXPECTED_N(S)	OPTIONAL_SEND_RNR_XXX(X=0) UPDATE_N(R)_RECEIVED DATA_FLAG:=1	AWAIT_BUSY
	RECEIVE_I_CMD(P=1)_ WITH_UNEXPECTED_N(S)	SEND_RNR_RSP(F=1) UPDATE_N(R)_RECEIVED DATA_FLAG:=1	AWAIT_BUSY
AWAIT_ BUSY (con'd.)	RECEIVE_I_RSP(F=1)	OPTIONAL_SEND_RNR_XXX(X=0) UPDATE_N(R)_RECEIVED V(S):=N(R) DATA_FLAG:=1 STOP_P_TIMER CLEAR_REMOTE_BUSY RE_SEND_I_XXX(X=0)	BUSY

表 4（续）

当前状态	事　件	动　作	下一个状态
AWAIT_ BUSY (con'd.)	RECEIVE_I_RSP(F=1)	SEND_RNR_CMD(P=1) V(R):=V(R)+1 DATA_INDICATION START_P_TIMER UPDATE_N(R)_RECEIVED V(S):=N(R) DATA_FLAG:=0 CLEAR_REMOTE_BUSY RE_SEND_I_XXX(X=0)	BUSY
		OPTIONAL_SEND_RNR_XXX(X=0) V(R):=V(R)+1 DATA_INDICATION STOP_P_TIMER UPDATE_N(R)_RECEIVED V(S):=N(R) DATA_FLAG:=0 CLEAR_REMOTE_BUSY RE_SEND_I_XXX(X=0)	BUSY
	RECEIVE_I_RSP(F=0) or RECEIVE_I_CMD(P=0)	OPTIONAL_SEND_RNR_XXX(X=0) UPDATE_N(R)_RECEIVED DATA_FLAG:=1	AWAIT_BUSY
		OPTIONAL_SEND_RNR_XXX(X=0) V(R):=V(R)+1 DATA_INDICATION UPDATE_N(R)_RECEIVED DATA_FLAG:=0	AWAIT_BUSY
	RECEIVE_I_CMD(P=1)	SEND_RNR_RSP(F=1) UPDATE_N(R)_RECEIVED DATA_FLAG:=1	AWAIT_BUSY
		SEND_RNR_RSP(F=1) V(R):=V(R)+1 DATA_INDICATION UPDATE_N(R)_RECEIVED DATA_FLAG:=0	AWAIT_BUSY
	RECEIVE_DUPLICATE_ I_CMD(P=1)	SEND_RNR_RSP(F=1) UPDATE_N(R)_RECEIVED	AWAIT_BUSY
	RECEIVE_DUPLICATE_ I_CMD(P=0) or RECEIVE_DUPLICATE_ I_RSP(F=X)	UPDATE_N(R)_RECEIVED UPDATE_P_FLAG IF_F=1_CLEAR_REMOTE_BUSY	AWAIT_BUSY

表 4（续）

当前状态	事　　件	动　　作	下一个状态
AWAIT_ BUSY (con'd.)	RECEIVE_RR_RSP(F=1) or RECEIVE_REJ_RSP(F—1)	UPDATE_N(R)_RECEIVED V(S):=N(R) STOP_P_TIMER RE_SEND_I_XXX(X=0) CLEAR_REMOTE_BUSY	BUSY
		UPDATE_N(R)_RECEIVED V(S):=N(R) RE_SEND_I_CMD(P=1) START_P_TIMER CLEAR_REMOTE_BUSY	BUSY
	RECEIVE_RR_CMD(P=0) or RECEIVE_RR_RSP(F=0) or RECEIVE_REJ_CMD(P=0) or RECEIVE_REJ_RSP(F=0)	UPDATE_N(R)_RECEIVED CLEAR_REMOTE_BUSY	AWAIT_BUSY
	RECEIVE_RR_CMD(P=1) or RECEIVE_REJ_CMD(P=1)	SEND_RNR_RSP(F=1) UPDATE_N(R)_RECEIVED CLEAR_REMOTE_BUSY	AWAIT_BUSY
	RECEIVE_RNR_RSP(F=1)	UPDATE_N(R)_RECEIVED V(S):=N(R) STOP_P_TIMER SET_REMOTE_BUSY	BUSY
	RECEIVE_RNR_CMD(P=0) or RECEIVE_RNR_RSP(F=0)	UPDATE_N(R)_RECEIVED SET_REMOTE_BUSY	AWAIT_BUSY
	RECEIVE_RNR_CMD(P=1)	SEND_RNR_RSP(F=1) UPDATE_N(R)_RECEIVED SET_REMOTE_BUSY	AWAIT_BUSY
	P_TIMER_EXPIRED and RETRY_COUNT <N2	SEND_RNR_CMD(P=1) START_P_TIMER RETRY_COUNT:=RETRY_ COUNT+1	AWAIT_BUSY
AWAIT_ REJECT (con'd.)	LOCAL_BUSY_DETECTED	SEND_RNR_XXX(X=0) DATA_FLAG:=2	AWAIT_BUSY
	RECEIVE_I_CMD(P=0)_ WITH_UNEXPECTED_N(S) or RECEIVE_I_RSP(F=0)_ WITH_UNEXPECTED_N(S)	UPDATE_N(R)_RECEIVED	AWAIT_REJECT

表 4(续)

当前状态	事　件	动　作	下一个状态
AWAIT_ REJECT (con'd.)	RECEIVE_I_CMD(P=1)_ WITH_UNEXPECTED_N(S)	SEND_RR_RSP(F=1) UPDATE_N(R)_RECEIVED	AWAIT_REJECT
	RECEIVE_I_RSP(F=1)	V(R):=V(R)+1 DATA_INDICATION UPDATE_N(R)_RECEIVED V(S):=N(R) RE_SEND_I_CMD(P=1)_OR_SEND_RR START_P_TIMER STOP_REJ_TIMER CLEAR_REMOTE_BUSY	NORMAL
		V(R):=V(R)+1 DATA_INDICATION STOP_P_TIMER STOP_REJ_TIMER UPDATE_N(R)_RECEIVED V(S):=N(R) RE_SEND_I_XXX(X=0)_OR_SEND_RR CLEAR_REMOTE_BUSY	NORMAL
	RECEIVE_I_RSP(F=0) or RECEIVE_I_CMD(P=0)	V(R):=V(R)+1 DATA_INDICATION SEND_RR_XXX(X=0) STOP_REJ_TIMER UPDATE_N(R)_RECEIVED	AWAIT
	RECEIVE_I_CMD(P=1)	V(R):=V(R)+1 DATA_INDICATION SEND_RR_RSP(F=1) STOP_REJ_TIMER UPDATE_N(R)_RECEIVED	AWAIT
	RECEIVE_DUPLICATE_ I_CMD(P=1)	SEND_RR_RSP(F=1) UPDATE_N(R)_RECEIVED	AWAIT_REJECT
	RECEIVE_DUPLICATE_ I_CMD(P=0) or RECEIVE_DUPLICATE_ I_RSP(F=X)	UPDATE_N(R)_RECEIVED UPDATE_P_FLAG IF_F=1_CLEAR_REMOTE_BUSY	AWAIT_REJECT
	RECEIVE_RR_RSP(F=1) or RECEIVE_REJ_RSP(F=1) or RECEIVE_I_RSP(F=1)_ WITH_UNEXPECTED_N(S)	UPDATE_N(R)_RECEIVED V(S):=N(R) STOP_P_TIMER RE_SEND_I_XXX(X=0) CLEAR_REMOTE_BUSY	REJECT

表 4（续）

当前状态	事　件	动　作	下一个状态
AWAIT_ REJECT (con'd.)	RECEIVE_RR_RSP(F=1) or RECEIVE_REJ_RSP(F=1) or RECEIVE_I_RSP(F=1)_ WITH_UNEXPECTED_N(S)	UPDATE_N(R)_RECEIVED V(S):=N(R) RE_SEND_I_CMD(P=1) START_P_TIMER CLEAR_REMOTE_BUSY	REJECT
	RECEIVE_RR_CMD(P=0) or RECEIVE_RR_RSP(F=0) or RECEIVE_REJ_CMD(P=0) or RECEIVE_REJ_RSP(F=0)	UPDATE_N(R)_RECEIVED CLEAR_REMOTE_BUSY	AWAIT_REJECT
	RECEIVE_RR_CMD(P=1) or RECEIVE_REJ_CMD(P=1)	SEND_RR_RSP(F=1) UPDATE_N(R)_RECEIVED CLEAR_REMOTE_BUSY	AWAIT_REJECT
	RECEIVE_RNR_RSP(F=1)	UPDATE_N(R)_RECEIVED V(S):=N(R) STOP_P_TIMER SET_REMOTE_BUSY	REJECT
	RECEIVE_RNR_CMD(P=0) or RECEIVE_RNR_RSP(F=0)	UPDATE_N(R)_RECEIVED SET_REMOTE_BUSY	AWAIT_REJECT
	RECEIVE_RNR_CMD(P=1)	SEND_RR_RSP(F=1) UPDATE_N(R)_RECEIVED SET_REMOTE_BUSY	AWAIT_REJECT
	P_TIMER_EXPIRED and RETRY_COUNT<N2	SEND_REJ_CMD(P=1) START_P_TIMER RETRY_COUNT:=RETRY_COUNT+1	AWAIT_REJECT

8　LLC 类型 3 规程的描述

8.1　操作方法

在类型 3 操作中，不定义任何操作方式。使用类型 3 规程的 LLC 应支持为类型 3 操作而配置的所有 LSAP 用的整个规程集合。

8.2　寻址规程

地址字段应该用来指示 LLC PDU 的源（SSAP）和目的（DSAP）。在源地址字段（SSAP）中的第 1 个比特应该用来标识在 PDU 中是包含了命令还是包含了响应。由于发送必须维持关于接收服务访问点的临时状态信息，所以要存在隐含的配对发送和接收服务访问点。这种配对由隐式物理地址（在帧结构中不包括）、MAC 地址（DA/SA）和 LLC 地址（DSAP/SSAP）的逻辑拼接所组成。

8.3 P/F 位的使用规程

如果 ACn 命令 PDU 不请求远程 LLC 返回在其确认中的 LSDU，则 LLC 应将该命令中的 P 位置为“0”。因此，当数据仅从发送站被传送到接收站时，或当该命令只为重新同步不被传送时，则 P 位置为“0”。如果 ACn 命令 PDU 请求远程 LLC 返回在其确认中的 LSDU，则 LLC 应将该命令中的 P 位置为“1”。P 位置为“1”允许数据在两个方向上被传送；然而，如果要求数据仅从响应 LLC 传送到发送 LLC，则空信息字段可以放置在该命令 PDU 中。当发送 ACn 响应 PDU 时，则 LLC 置 F 位等于在收到的 ACn 命令 PDU 中 P 位，并且仅当 F 位为“1”时，才包括非空 LSDU 子字段。

8.4 链路建立和断开的规程

类型 3 操作不包含数据链路建立的正式规程因此无数据链路断开。一旦服务访问点在 LLC 内已经激活，大概通过层管理的请求，信息可以被发送给也参与类型 3 操作的远程 LLC 服务访问点，或可以从该 LLC 服务访问点接收。

然而，存在一个可选的机制，借此，用户能确保在远程 LLC 内的一个比特接收顺序状态变量 V(RI)与本地 LLC 处的发送顺序状态变量 V(SI)同步。重新同步规程是逻辑链路建立的模拟。还存在一个可选的规程，借此，LLC 能处置用于发送和接收的状态信息。这个处置规程是链路断开的模拟，并且它克服了保持与在过去任何时刻已经传播的所有地址对有关的状态信息的问题。

8.4.1 顺序编号重新同步

在任何时刻，网络层能将带有空 LSDU 的 DL-DATA-ACK request 原语传递给 LLC。LLC 将使用正常确认无连接方式数据单元交换服务规程来发送 ACn 命令 PDU，但由于 LSDU 是空的，所以无指示被传送给远程网络层，而不考虑远程 LLC 确定的命令 PDU 是重复的还是非重复的。在任何情况下，在这个规程完成时，在远程 LLC 处的 V(RI)状态变量将正确地与本地 LLC 处的 V(SI)状态变量同步。建议，如果由于本地站正在断电/通电或正在复位所引起可能已经破坏了本地状态信息，则网络层执行这个重新同步规程。

8.4.2 发送顺序状态变量 V(SI)的毁坏

为了避免无限期地维护状态信息，可以破坏 V(SI)状态变量。任何给定的发送顺序状态变量在被创建或最后更新之后和该变量能被破坏之前的最小时间周期由逻辑链路参数 T3(见 8.6.6)给出。

注：T3 的周期可以做成无限大，使 V(SI)状态变量的毁坏决不在任何给定站处出现(在复位时除外)。

8.4.3 接收顺序状态变量 V(RI)和接收状态的状态变量 V(RB)的毁坏

在与给定变量相关的接收变量生存期定时器期满时，V(RI)和 V(RB)接收状态变量应被破坏(被证明不存在)。接收变量生存期定时器在由逻辑链路参数 T2(见 8.6.5)所给出的周期内运行。另外，如果引起状态变量完整性出现的事件是上述事件(诸如，站正在复位或断电/通电)，则 V(RI)和 V(RB)状态状态变量应被破坏(假定的是，如果 LLC 复位、较高通信层也复位或至少知道 LLC 复位)。

注：T2 的周期可以做成无限大，使 V(RI)状态变量的毁坏决不在任何给定的站处出现(在复位时除外)；然而，如果 T2 是无限大，T3 也必须做成无限大，因为 T3 必须大于 T2(见 8.6.6)。因此，如果 V(RI)状态变量无限期地被保持，则 V(SI)状态变量也必须无限期地被保持。

8.5 信息传送规程

8.5.1 发送 ACn 命令 PDU

从启动站到响应站的信息传送应通过发送 AC0 或 AC1 命令来完成。如果发送 LLC 当前未等待来自同一本地服务访问点、同一远程 MAC 地址和相同 MAC 优先级的 LLC 的 AC0 或 AC1 响应 PDU，则应有可能以给定的优先级在任何时刻将选择的命令 PDU 发送给任何接收 LLC。

在传送来自网络层的 DL-DATA-ACK request 原语时，LLC 应发送包含规定的 LSDU 的 ACn 命令 PDU，同时该 ACn 命令 PDU 内的 P 位置为“0”。在传送来自网络层的 DL-REPLY request 原语时，LLC 应发送包含规定的 LSDU 的 ACn 命令 PDU，同时该 ACn 命令 PDU 内的 P 位置为“1”。

每当新的(不是重发的)ACn 命令 PDU 待发送并且存在与远程地址的给定 DA 部分、本地地址

(SSAP)和优先级相关的发送顺序状态变量 V(SI)时,V(SI)的值应该用来选择 PDU 的控制字段代码点。如果 V(SI)是 0,则使用代码点 AC0,如果 V(SI)是 1,则使用代码点 AC1。如果要求的 V(SI)状态变量早已不存在,它应以值为 0 来创建,并且使用 AC0 代码点。由网络层所请求的服务类别应该被传送给媒体访问控制子层。如果支持,服务类别可以请求来自媒体访问控制子层的确认服务。

当发送 LLC 发送命令 PDU 时,它应启动该传输用的确认定时器,并使内部传输计数变量递增 1,在定时器期满之前,如果未收到 ACn 响应 PDU,则发送 LLC 应重发 ACn 命令 PDU,使内部传输计数变量递增 1,并且复位和重启动确认定时器。如果 ACn 响应 PDU 仍未被收到,则该响应规程应进行重复,直到找到内部传输计数变量的值等于 8.6.1 描述的逻辑链路参数 T4 的值为止,并且在那时不成功的状态应报告给网络层。应该对发送和接收 LLC 之间的每个类型 3 信息交换而加以维持内部传输计数。确认定时器和内部传输计数都应不影响与其他接收 LLC 的类型 3 信息交换。类型 3 信息交换应不影响任何类型 1 或类型 3 操作。

8.5.2 接收 ACn 命令 PDU

8.5.2.1 一般情况

本条覆盖了为一般媒体访问控制子层(MAC)能力而要求的操作。(关于应用于某一特定情况的可允许的简化见 8.5.2.2。)

LLC 在收到 AC0 或 AC1 命令 PDU 时,应检验与 PDU 的源地址(SA 和 SSAP)和 MAC 优先级相关的 V(SI)接收状态变量的存在。如果 V(RI)存在,则对它与收到的 PDU 的代码点的比特 8("0"表示 AC0,或"1"表示 AC1)进行比较。如果该比较表示相等,或如果 V(RI)变量不存在,则收到的 PDU 被认为是非重复的。然而;如果该比较表示不相等,则收到的 PDU 被认为是大多数当前收到的 ACn 命令 PDU 的重复。

8.5.2.1.1 非重复 ACn 命令 PDU

对于非重复 PDU 的情况,如果其 P 位是"0"并且收到的 PDU 中的 LSDU 是非空并且被成功地收到,则应该用 DL-DATA-ACK indication 原语将该 LSDU 传递给网络层。如果其 P 位是"1"并且能访问合适的回答 LSDU,则 DL-REPLY indication 原语应被传递给网络层,而不管 LSDU 是否是空;然而,如果 LSDU 不是空,并且被成功地收到,则应该用该指示原语来传递该 LSDU。如果其 P 位是"1",并且收到的在 PDU 中的 LSDU 是非空并且被成功地收到,但是不能访问合适的回答 LSDU,则应该用 DL-DATA-ACK indication 原语将收到的 LSDU 传递给网络层。

与收到的命令 PDU 的地址和优先级相关的状态变量 V(RI)应置为等于收到的 PDU 中的代码点比特 8 的补码。与收到的命令 PDU 的地址和优先级相等的状态变量 V(RB)应置为在收到的 PDU 中的 LSDU(如果为非空)的接收的成功或失败(如果 V(RI)和 V(RB)变量早已不存在,则应创建它们)。与该 V(RI)和 V(RB)相关的接收变量生存期计时器应被启动(或复位,如果它早已运行,则重启动)。

LLC 应通过将 ACn 响应 PDU 发送给该命令 PDU 的始发者来确认收到非重复 ACn 命令 PDU,而该 ACn 响应 PDU 具有其控制字段代码点的比特 8 置为与规定的地址对和优先级相关的 V(RI)状态变量的(新)值。如果在收到的命令 PDU 中的 P 位是"0",则应发送 F 位置为"0"的响应 PDU,并且它只有在信息字段中的状态子字段(LSDU 子字段是空的)。如果在命令 PDU 中的 P 位是"1",则应发送 F 位置为"1"的响应 PDU。如果存在可用的并与命令 PDU 所规定的 DSAP 相关的 LSDU,则在响应 PDU 中的信息字段应包含该 LSDU 子字段以及状态子字段中的那个 LSDU。

8.5.2.1.2 重复 ACnmingling PDU

LLC 规程在收到重复 ACn 命令 PDU 时,与非重复 PDU 的那些规程相同,但下列情况除外。V(RI)和V(RB)以及相关定时器不受收到重复命令 PDU 的影响。DL-DATA-ACK indication 原语不被发出,而与命令 PDU 中的 P 位无关。如果在命令 PDU 中收到 LSDU,则丢弃它。以和非重复情况相同的方式来发送 ACn 响应 PDU,但按照先前所存储的合适 V(RB)状态变量中的接收变量来设置状态子字段的 CCCC 部分(见图 19)的状态代码除外,而是被设置为表示收到当前 LSDU 的成功或失败。

8.5.2.2 特定情况的简化

媒体访问控制子层的能力允许在接收 ACn 命令结束时简化 LLC 状态信息，而维持协议实体的对等对对等交互的兼容性。这个能力是，MAC 保证在单个 ACn 命令的第 1 次传输和所有重试出现的周期期间，目的地站将决不接收某个其他插入的 ACn PDU，并且始发站处 MAC 以它的按该优先级范围内的 FIFO(先进先出)次序所支持每个优先级的队列进行服务。

相关的简化只需要一个 V(RI)状态变量和一个 V(RB)状态变量(与远程地址和优先权的每个组合的一个相对的)。V(RI)必须置为等于最近先前收到的 ACn 命令 PDU 的代码点比特 8 的补码。V(RB)必须置为反射收到同一 PDU 的 LSDU 的成功或失败。然而，要求将最近收到的 ACn 命令 PDU 的远程地址(SSAP 和 SA)和优先级也作为状态信息加以保留。每当规定 V(RI)更新时，远程地址和优先权状态信息也必须更新。每当规定了比较 PDU 代码点的比特 8 与 V(RI)时，该比较以及 PDU 的远程地址和优先级与对应状态信息的比较一起执行。当且仅当 V(RI)是代码点的比特 8 的补码并且该 PDU 的远程地址和优先级与对应状态信息相一致时，ACn 命令 PDU 被确定为重复的。

8.5.3 发送 ACn 响应 PDU

仅当收到 AC1 或 AC0 命令 PDU 时，才发送 AC0 或 AC1 响应 PDU，并且发送到相关命令 PDU 的始发者(SSAP 和 SA)(注意，该响应 PDU 中的代码点的比特 8 与相关命令 PDU 中的代码点的比特 8 相反)。在响应 PDU 中状态子字段应指示不管资源是否可用来成功地接收在相关命令 PDU 中的信息字段，并且，在 F 位等于"1"的情况下，则指示不管 LSDU 是否可用于响应 PDU 的返回。如果底层媒体访问控制子层支持"带响应的请求(request with response)"，则为了响应 PDU 而由 LLC 要求媒体访问控制子层提供的服务类别应由相关 ACn 命令 PDU 的服务类别按下列方式来确定。

随 ACn 命令收到的服务类别	随 ACn 响应发送的服务类别
无响应的请求	无响应的请求
带响应的请求	响应
响应	(协议差错)

注：在资源不可用时，本部分不规定在什么子层处完成缓冲。然而，为了说明起见，如果入 PDU 的缓冲由媒体访问控制子层来完成，则在 MA-UNITDATA indication 原语中的"reception-status"参数可以用来通知 LLC 在收到的 PDU 中的缓冲问题。不考虑在何处完成缓冲，如果正常缓冲区不可用，则一个小的应急缓冲区可能用来保持来自如 PDU 的头部信息，其长度足以允许 LLC 构建其响应 PDU。

8.5.4 接收确认

8.5.4.1 一般情况

本条覆盖了为一般媒体访问控制(MAC)子层能力而要求的操作(对用于某一特定情况的可允许的简化见 8.5.4.2)。

在发送 AC0 或 AC1 命令 PDU 给某一远程 LLC 之后，发送 LLC 应期望分别接收以该命令 PDU 曾发送的 LLC 中的 AC0 或 AC0 响应 PDU 形式表示的确认。在收到这样的响应 PDU 时，发送 LLC 应比较在那个 PDU 中的代码点的比特 8 与发送顺序状态变量 V(SI)的当前值，而该发送顺序状态变量 V(SI)与 PDU 的远程地址的 SA 部分、本地址的 DSAP 和 MAC 优先级相关。

如果该比较表示不相等，则认为该响应是有效的，并且 LLC 应停止与收到确认的传输相关的确认定时器，并且将内部传输计数复位到"0"。然后 V(SI)状态变量被补码。另外，对于有效响应，LLC 应传递 DL_DATA_ACK_STATUS indication 原语或 DL_REPLY_STATUS indication 原语给网络层，依赖于哪个请求原语正在被证实。在响应数据被请求并在 ACn 响应 PDU 中被成功地返回的情况下，应将那个 LSDU 传递给网络层。LLC 应将状态传递给网络层，依赖于在响应 PDU 中的状态子字段。

如果该比较标识相等，则认为 ACn 响应 PDU 是无效的。LLC 应对无效响应 PDU 不采取动作，并且应继续期望接收有效 ACn 响应 PDU。确认定时器应不受收到无效响应 PDU 的影响。

8.5.4.2 特定情况简化

特定情况是，MAC 能使收到的 ACn 响应 PDU 与合适的先前发送的 Can 相关联。这个特定情况允许通过消除 LLC 检验收到响应 PDU 的有效性的需要来简化针对接收 ACn 响应的 LLC 规程。因此，LLC 不需要比较该 PDU 代码点的比特 8 与发送顺序状态变量 V(SI)的当前值。而是，总是认为该确认是有效的，并且总是执行有效确认的规程。

8.6 逻辑链路参数列表

定义了许多逻辑链路参数，这些参数的取值范围由用户在建立局域网时以逐个系统为基础加以确定。

类型 3 操作的逻辑链路参数如下：

8.6.1 传输的最大次数 N4

N4 是逻辑链路参数，它指示 LLC 试图完成成功信息变换所发送的 ACn 命令 PDU 的最大次数。通常，N4 置成足够大，大到足以克服由于链路差错状态所引起的 PDU 丢失。如果媒体访问控制子层具有它自己的重传能力，则 N4 的值可以置为“1”，使得 LLC 自身不重新排队 PDU 送给媒体访问控制子层。

8.6.2 ACn 命令 PDU 中八位位组最大数 N3

N3 是逻辑链路参数，它标识 ACn 命令 PDU 中八位位组的最大数。参照各种 MAC 的描述，以确定对给定的媒体访问控制方法的精确的 N3 值。LLC 对 N3 的值没有什么限制。

8.6.3 PDU 中八位位组最小数

最小长度的有效 ACn 命令 PDU 应恰好依次包含两个地址字段和一个控制字段。因此，有效 ACn 命令 PDU 中八位位组的最小数应为 3。最小长度的有效 ACn 响应 PDU 应恰好依次包含两个地址字段、一个控制字段和一个状态子字段。因此，有效 ACn 响应 PDU 中八位位组的最小数应为 4。

8.6.4 确认时间 T1

确认时间是逻辑链路参数，它确定确认定时器的周期，然而，应定义时间间隔，在该间隔期间，LLC 应期望接收来自特定 LLC 的 ACn 响应 PDU，而该 LLC 正在等待来自该特定 LLC 的响应 LDU。确认时间应考虑到 MAC 子层和该定时器是否在 LLC 发送 ACn 命令 PDU 开始或结束时被启动所引入的任何延迟。规程的正确操作应要求确认时间大于在发送 ACn 命令 PDU 和接收响应 ACn 响应 PDU 之间的正常时间。

如果媒体访问控制子层执行它自己的重传，如果逻辑链路参数 N4 置为“1”，以防止 LLC 重新排队 PDU，则确认时间 T1 可以置为无限大，制作确认定时器就不必要了。

8.6.5 接收生存期变量 T2

这个时间值是逻辑链路参数，它确定所有接收变量生存期定时器的周期。T2 按照安全(safty)裕量应大于在单个 PDU 的第 1 次传输和所有重试可能出现的期间的最大可能周期，诸如，为了媒体访问控制子层把收到的 PDU 传递给 LLC 而要求的 LLC 响应时间、定时器解析和时间的变化。

如果收到的状态变量的毁坏不是所要求的，则时间 T2 的值可以置为无限大。在这种情况下，接收变量生存期定时器不需要实现。

8.6.6 发送生存期变量 T3

时间值是逻辑链路参数，它确定发送顺序状态变量的最小生存期。T3 按照安全裕量必须大于：1) ACn 命令发往站处的逻辑链路变量 T2，2) ACn 命令-响应对的生存期必须考虑到在本地和远程站处命令和响应 PDU 的处理时间、排队延迟和传输时间之和。

如果发送状态变量的毁坏不是所要求的，则时间 T3 的值可以置为无限大。注意，如果接收变量生存期参数 T2 在 ACn 命令发往的远程站处置为无限大，则 T3 参数必须在本地站处置为无限大。

8.7 类型 3 规程的精确描述

如果在第 8 章其余部分文本中发现有与 8.7 不一致的地方，应把本条(8.7)看成为定义性描述。

8.7.1 类型3接收器部件(见表5)

8.7.1.1 类型3接收器部件概述

类型3接收器部件负责接收来自远程站的ACn命令和返回合适的ACn响应。对于与收到的类型3命令PDU相关的远程地址(SA和SSAP)和MAC优先级的每个唯一组合都有一个类型3接收器部件,并且该部件具有唯一的一个状态。所有状态信息都被包含在状态变量中(这个模型比多状态模型更为适宜,因为类型3操作都是面向事务处理的,也就是说,每个命令-响应对在实质上都是独立的)。为了处理单个事务在响应LLC处的需要的所有操作都是以一个时间间隔来完成。

当检验重复命令PDU和检验先前的接收状态时,每个接收器部件使用它自己的V(RI)状态变量和V(RB)状态变量。另外,对于每个接收器部件都有一个接收生存期定时器。

8.7.1.2 类型3接收器部件状态描述

1) 准备好:这是唯一状态。LLC能接收和确认类型3PDU。

8.7.1.3 类型3接收器部件功能描述

下列功能返回值用于限定在动作中所使用的事件和提供在动作中所使用的值。

1) RECEIVE STATUS():返回对收到命令PDU中的信息字段的处理的成功或失败的指示(然而,假定该LLC头部已经成功地收到了,任何时候把MA-UNITDATA indication原语传递给LLC)。

可能的返回值是:

——OK:成功处理的信息字段。

——UN:资源暂时不可用于信息字段。

——RS:不实现或不激活信息的接收。

——UE:硬件故障妨碍去往用户的信息传送。

——IT:暂时与实现相关的差错。

——IP:永久与实现相关的差错。

2) ACCESS():返回不管与在接收命令PDU中规定的DSAP相关的LSDU是否可用于包括在响应PDU的指示。可能的返回值是:

——OK:LSDU存在,并且能快速地访问它,足以将它包括在响应PDU中。

——UN:资源暂时不可用于访问LSDU。

——RS:不实现或不激活LSDU的返回。

——NE:响应LSDU决不被用户来提交(因为加电)。

——UE:硬件故障妨碍来自用户的信息传递。

——IT:暂时与实现相关的差错。

——IP:永久与实现相关的差错。

8.7.1.4 类型3接收器部件文件描述

1) REPLY_UPDATE_REQUEST:网络层已经传递DL_REPLY_RUDATE request原语给LLC。

2) RECEIVE_ACn_CDM(SQC,P,INFO):媒体访问控制子层已经给LLC传递包含AC0或AC1命令PDU的MA_UNITDATA indication原语,其中,命令顺序比特SQC(代码点的比特8)对于AC0命令而言是“0”,或对于AC1命令而言是“1”。对于这个值,下列参数值存在:

——SQC=V(RI):命令顺序比特是等于该接收部件的V(RI)状态变量,或者该状态变量不存在。

——SQC<>V(RI):那些存在该接收部件的V(RI)状态变量,并且命令顺序比特不等于那个状态变量。

——P=0:在该命令PDU中的P位置“0”。

——P=1:在该命令 PDU 中的 P 位置“1”。

——INFO=NULL:该命令 PDU 中的信息字段为空(为零长度)。

——INFO<>NULL:在该命令 PDU 中的信息字段不为空。

3) RCV_LIFE_TIMER_EXPIRED:该接收部件的接收变量生存期定时器已期满。

在状态转换表中,由下列条件来限定某些条件。仅当条件为“真”时,才识别该条件。

1) RECEIVE_STATUS()=OK:在收到的命令 PDU 中的信息字段被成功地接收,并且能被传送给网络层。

2) RECEIVE_STATUS()<>OK:在收到的命令 PDU 中的信息不被成功地接收,或不能被传送给网络层。

3) ACCESS()=OK:与 LSAP 相关的响应 LSDU 存在,并且能快速地访问它,足以将它包括在响应 PDU 中。

4) ACCESS()<>OK:与 LSAP 相关的响应 LSDU 不存在,或 LSDU 不存在,但不能快速地访问它,不足以将它包括在响应 PDU 中。

8.7.1.5 类型3接收器部件动作描述

1) SAVE:=GIVEN_LSDU:在相关 DL-REPLY-UPDATE request 原语中给出的 LSDU 保持成准备妥当,为了传输将其放置在抽象位置 SAVE 中。所使用的 SAVE 位置是与在该原语中给出的 LSDU 相关的,并且新的 LSDU 替换了先前适用于该 LSAP 的任何 LSDU。

2) SEND_ACn_RSP(SQR,F,C,R,LSDU):传送包含 AC0 或 AC1 响应 PDU 的 MA_UNITDATA request 原语给媒体访问控制子层。对于这个动作,下列参数值存在。

——SQR=1-SQC:响应顺序比特(代码点的比特 8)置为来自收到的命令的顺序比特的补码。

——F=0:该响应的 F 位置为“0”。

——F=1:该响应的 F 位置为“1”。

——C=OK:状态子字段的 CCCC 部分(见图 19)置为“OK”代码(成功接收)。

——C=RECEIVE_STATUS():状态子字段的 CCCC 部分置为被 RECEIVE_STATUS 功能所返回的值。

——C=V(RB):状态子字段的 CCCC 部分置为与收到的命令 PDU 的原地址和优先级相关的 V(RB)状态变量。

——R=NR:状态子字段的 RRRR 部分置为“NR”代码(不请求响应数据)。

——R=OK:状态子字段的 RRRR 部分置为“OK”代码(包括了响应数据)。

——R=ACCESS():状态子字段的 RRRR 部分置为由 ACCESS 功能所返回的值。

——LSDU=SAVE:该响应的 LSDU 子字段包含在该 LSAP 的 SAVE 为之内保持准备妥当的 LSDU。

3) DATA_ACK_INDICATION:传送 DL-DATA-ACK indication 原语给网络层,而该原语包含了等于来自相关接收命令 PDU 的信息字段的 LSDU。

4) REPLY_INDICATION(LSDU):传递 DL-REPLY indication 原语给网络层。对于这个动作,下列参数存在。

——LSDU=INFO:传递等于来自相关接收命令 PDU 的信息字段的 LSDU 给网络层(这个字段可以置空)。

——LSDU=NULL:传递空 LSDU 给网络层。

5) REPLY_UPDATE_STATUS_INDICATION:传递 DL-REPLY-UPDATE-STATUS indication 原语给网络层。

6) START_RCV_LIFE_TIMER:启动该接收器部件的接收状态生存期定时器(如果该定时器早

已运行，则复位并重启动它）。

7） V(RI)：=1－SQC：该接收器部件的V(RI)状态变量置为在收到的命令PDU中的顺序比特(代码点的比特8)的补码。

8） V(RB)：=OK：该接收器部件的V(RB)状态变量置为“OK”代码(成功接收)。

9） V(RB)：=RECEIVE_STATUS()：该接收器部件的V(RB)状态变量置为被RECEIVE_STATUS功能所返回的值。

10） DESTORY_V(RI)：破坏(说明不存在)该接收器部件的V(RI)和V(RB)状态变量。

表5 类型3接收器部件状态转换表

当前状态	事件	动作	下一状态
READY	REPLY_UPDATE_REQUEST	SAVE：=GIVEN_LSDU REPLY_UPDATE_STATUS_ INDICATION	READY
	RECEIVE_ACn_CMD(SQC=V(RI)， P=0，INFO<>NULL) and RECEIVE_STATUS()=OK	SEND_ACn_RSP(SQR=1－SQC，F=0， C=OK，R=NR，LSDU=NULL) DATA_ACK_INDICATION V(RI)：=1－SQC V(RB)：=OK START_RCV_LIFE_TIMER	READY
	RECEIVE_ACn_CMD(SQC=V(RI)， P=0，INFO=NULL) and RECEIVE_STATUS()=OK	SEND_ACn_RSP(SQR=1－SQC，F=0， C=OK，R=NR，LSDU=NULL) V(RI)：=1－SQC V(RB)：=OK START_RCV_LIFE_TIMER	READY
	RECEIVE_ACn_CMD(SQC=V(RI)， P=0) and RECEIVE_STATUS()<>OK	SEND_ACn_RSP(SQR=1－SQC，F=0， C=RECEIVE_STATUS()，R=NR， LSDU=NULL) V(RI)：=1－SQC V(RB)：=RECEIVE_STATUS() START_RCV_LIFE_TIMER	READY
	RECEIVE_ACn_CMD(SQC=V(RI)， P=1) and RECEIVE_STATUS()=OK and ACCESS()=OK	SEND_ACn_RSP(SQR=1－SQC，F=1， C=OK，R=OK，LSDU=SAVE) REPLY_INDICATION(LSDU=INF0) V(RI)：=1－SQC V(RB)：=OK START_RCV_LIFE_TIMER	READY
	RECEIVE_ACn_CMD(SQC=V(RI)， P=1) and RECEIVE_STATUS()<>OK and ACCESS()=OK	SEND_ACn_RSP(SQR=1－SQC，F=1， C=RECEIVE STATUS()，R=OK， LSDU=SAVE) REPLY_INDICATION(LSDU=NULL) V(RI)：=1－SQC V(RB)：=RECEIVE_STATUS() START_RCV_LIFE_TIMER	READY

表 5（续）

当前状态	事件	动作	下一状态
READY	RECEIVE_ACn_CMD(SQC=V(RI), P=1, INFO<>NULL) and RECEIVE_STATUS()=OK and ACCESS()<>OK	SEND_ACn_RSP(SQR=1−SQC, F=1, C=OK, R=ACCESS(), LSDU=NULL) DATA_ACK_INDICATION V(RI):=1−SQC V(RB):=OK START_RCV_LIFE_TIMER	READY
	RECEIVE_ACn_CMD(SQC=V(RI), P=1, INFO=NULL) and RECEIVE_STATUS()=OK and ACCESS()<>OK	SEND_ACn_RSP(SQR=1−SQC, F=1, C=OK, R=ACCESS(), LSDU=NULL) V(RI):=1−SQC V(RB):=OK START_RCV_LIFE_TIMER	READY
READY (Con'd)	RECEIVE_ACn_CMD(SQC=V(RI), P=1) and RECEIVE_STATUS()<>OK and ACCESS()<>OK	SEND_ACn_RSP(SQR=1−SQC, F=1, C=RECEIVE_STATUS(), R=ACCESS(), LSDU=NULL) V(RI):=1−SQC V(RB):=RECEIVE_STATUS() START_RCV_LIFE_TIMER	READY
	RECEIVE_ACn_CMD(SQC<>V(RI), P=0)	SEND_ACn_RSP(SQR=1−SQC, F=0, C=V(RB), R=NR, LSDU=NULL)	READY
	RECEIVE_ACn_CMD(SQC<>V(RI), P=1) and ACCESS()=OK	SEND_ACn_RSP(SQR=1−SQC, F=1, C=V(RB), R=OK, LSDU=SAVE) REPLY_INDICATION(LSDU=NULL)	READY
	RECEIVE_ACn_CMD(SQC<>V(RI), P=1) and ACCESS()<>OK	SEND_ACn_RSP(SQR=1−SQC, F=1, C=V(RB), R=ACCESS(), LSDU=NULL)	READY
	RCV_LIFE_TIMER_EXPIRED	DESTROY_V(RI)	READY

8.7.2 类型3发送器部件(见表6)

8.7.2.1 类型3发送器部件概述

类型3发送器部件负责把ACn命令PDU发送给远程LLC。发送器也接收响应PDU，如果未收到响应，则重发命令PDU。类型3协议允许一个悬而未决的(仍未明确认的)命令PDU用于远程地址的SSAP、DA部分和MAC优先级的每个组合。为了建模该约束，对于这些情况的每个情况，都存在独立的类型3发送器部件。当为新传输选择代码点时，以及当检验有效响应代码点时，每个发送器部件使用它自己的V(SI)状态变量。

每个发送器部件具有三个状态。在IDLE状态中，它能处理来自网络层的请求原语，以便发送新的命令PDU。在WAIT_A和WAIT_R状态中，发送器部件只能接收来自远程LLC的响应，或超时的重传。当期望的响应是无数据的确认时，则使用WAIT_A状态，当期望的响应是承载数据的确认时，则使用WAIT_R状态。

假定通过LLC和MAC子层之间的接口所传递的隐式上下文信息允许LLC使MA-UNITDATA-STATUS indication原语与合适的先前MA-UNITDATA-STATUS indication原语与合适的先前MA

_UNITDATA_request 原语有联系。只有与通过给定的发送器部件所发出的最近的 MA_UNITDATA _request 原语相关的 MA-UNITDATA-STATUS indication 原语进行动作。从该 MAC 收到的任何其他信息均不予理睬。

8.7.2.2 类型 3 发送器部件状态描述

1) IDLE:在该状态中,LLC 能执行来自网络层的请求,以发送类型 3 命令 PDU。

2) WAIT_A:在该状态中,LLC 等待先前发送的类型 3 命令 PDU 的确认,而该命令 PDU 是被 DL-DATA-ACK request 原语所调用的。

3) WAIT_R:在该状态中,LLC 等待先前发送的类型 3 命令 PDU 的确认,而该命令 PDU 是被 DL-REPLY request 原语所调用的。

8.7.2.3 类型 3 发送器部件文件描述

1) DATA_ACK_REQUEST:网络层已经传送 DL-DATA-ACK request 原语给 LLC。

2) REPLY_REQUEST:网络层已经传递 DL-DATA-ACK request 原语给 LLC。

3) RECEIVE_ACn_RSP(SQR,R,LSDU):MAC 子层已经传递包含 AC0 或 AC1 响应 PDU 的 MA-UNITDATA indication 原语给 LLC,其中,对于 AC0 响应,响应顺序比特 SQR(代码点的比特 8)是“0”,或者对于 AC1 响应,该 SQR 是“1”。对于该文件,下列参数存在:

——SQR=V(SI):响应顺序比特等于该发送器部件的 V(SI)状态变量。

——SQR<>V(SI):响应顺序比特不等于该发送器部件的 V(SI)状态变量。

——R=OK:收到的响应 PDU 中的状态子字段的 RRRR 部分(见图 19)表示了“OK”状态(指示包括了 LSDU)。

——R<>OK:收到的响应 PDU 中的状态子字段的 RRRR 部分标识了不是“OK”的状态(指示未包括 LSDU)。

——LSDU<>NULL:在该响应 PDU 中的 LSDU 子字段不是空的。

4) MA_UNITDATA_STATUS:MAC 子层已经传递 MA-UNITDATA-STATUS indication 原语给 LLC,LLC 向 MAC 证实该发送器部件所传递的最近的 MA_UNITDATA_request 原语的状态。

5) ACK_TIMER_EXPIRED:与该发送器部件相关的的确认定时器(即,特定地址对和优先级用的定时器)已期满。

6) TX_LIFE_TIMER_EXPIRED:该发送器部件的发生变量生存期定时器已期满。

7) 在状态转换表中,由下列条件来限定某些文件。仅当条件为“真”时,才识别该文件。

8) RETRY_COUNT<T4:该发送器部件的重试计数值小于逻辑链路参数 T4。

9) RETRY_COUNT>=T4:该发送器部件的重试计数值大于或等于逻辑链路参数 T4。

10) TRANSMISSION_STATUS=BAD:在相关 MA-UNITDATA-STATUS indication 原语中所传递的“transmission-status”参数表示传输是不成功的。

8.7.2.4 类型 3 发送器部件描述

1) SEND_ACn_CMD(SQC,P):传递包含 AC0 或 AC1 的 MA_UNITDATA_request 原语到 MAC 子层。对于该动作,下列参数存在:

——SQC+V(SI):置命令顺序比特(代码点的比特 8)等于该原语发送器部件的 V(SI)状态变量。如果 V(SI)状态变量不存在,则用值为“0“来创建它;否则使用当前值。

——P=0:该响应的 P 位置为“0”。

——P=1:该响应的 P 位置为“1”。

2) RE_SEND_OLD_CMD:传递包含该发送器部件最近所发送的 ACn 命令 PDU 的 MA_UNITDATA_request 原语给 MAC 子层。

3) START_ACK_TIMER:启动该发送器部件的确认定时器(即,特定地址对和优先级的定时器)。

4） CANCEL_ACK_TIMER:取消该发送器部件的确认定时器。

5） START_TX_LIFE_TIMER:启动该发送器部件的发送变量生存期定时器(如果该定时器早已运行,则复位和重启动它)。

6） CANCEL_TX_LIFE_TIMER:取消负责发送变量生存期的发送变量生存期定时器。

7） DATA_ACK_STATUS_INDICATION(STATUS):传递 DL-DATA-ACK-STATUS indication 原语给网络层。对于该动作,下列参数存在:

——STATUS=TRANSMISSION_STATUS:传递给网络层的"status"参数按照传递给 LLC 的并在相关 MA-UNITDATA-STATUS indication 原语中的"transmission-status"参数来设置。

——STATUS=UNSUCCESSFUL:"status"参数置为指示接收确认的失败。

——STATUS=STATUS_SUNFIELD:"status"参数按照在收到的响应 PDU 中所返回的状态来设置。

8） REPLY_STATUS_INDICATION(STATUS,LSDU):传递 DL-REPLY-STATUS indication 原语给网络层。对于该动作,下列参数存在:

——STATUS=TRANSMISSION_STATUS:传递给网络层的"status"参数按照传递给 LLC 的并在相关 MA-UNITDATA-STATUS indication 原语中的"transmission-status"参数来设置。

——STATUS=UNSUCCESSFUL:"status"参数置为指示接收确认的失败。

——STATUS=STATUS_SUBFIELD:"status"参数按在收到的响应 PDU 中所返回的状态来设置。

——STATUS=PE:"status"参数置为 PE 状态(PE——协议差错)。

——LSDU=NULL:"DATA"参数是空的。

——LSDU=GIVEN_LSDU:"DATA"参数包含在相关 MA-UNITDATA indication 原语中给出的 LSDU。

9） V(SI):=1-V(SI):对该发送器部件的 V(SI)状态变量的补码。

10） RETRY_COUNT:=0:将该发送器部件的重试计数器置为"0"。

11） RETRY_COUNT:=RETRY_COUNT+1:对该发送器部件的重试计数器加 1。

12） REPORT_STATUS(ILLEGAL_LSDU):向层管理报告收到的是类型 3 协议违规的 LSDU。

13） DESTORY_V(SI):破坏(说明不存在)该发送器部件的 V(SI)状态变量。

表 6　类型 3 发送器部件状态转换表

当前状态	事　　件	动　　作	下一状态
IDLE	MA_UNITDATA_STATUS or RECEIVE_ACn_RSP		IDLE
	DATA_ACK_REQUEST	CANCEL_TX_LIFE_TIMER SEND_ACn_CMD(SQC=V(SI),P=0) START_ACK_TIMER RETRY_COUNT:=RETRY_COUNT+1	WAIT_A
	REPLY_REQUEST	CANCEL_TX_LIFE_TIMER SEND_ACn_CMD(SQC=V(SI),P=1) START_ACK_TIMER RETRY_COUNT:=RETRY_COUNT+1	WAIT_R

表 6（续）

当前状态	事　件	动　作	下一状态
IDLE	TX_LIFE_TIMER_EXPIRED	DESTROY_V(SI)	(IDLE) (见注)
WAIT_A	RECEIVE_ACn_RSP(SQR<>V(SI), LSDU=NULL)	DATA_ACK_STATUS_INDICATION(STATUS=STATUS_SUBFIELD) CANCEL_ACK_TIMER RETRY_COUNT:=0 V(SI):=1−V(SI) START_TX_LIFE_TIMER	IDLE
	RECEIVE_ACn_RSP(SQR<>V(SI), LSDU<>NULL)	DATA_ACK_STATUS_INDICATION(STATUS=PE) CANCEL_ACK_TIMER RETRY_COUNT:=0 V(SI):=1−V(SI) REPORT_STATUS(ILLEGAL_LSDU) START_TX_LIFE_TIMER	IDLE
	RECEIVE_ACn_RSP(SQR=V(SI)) or MA_UNITDATA_STATUS and TRANSMISSION_STATUS=GOOD		WAIT_A
	MA_UNITDATA_STATUS and TRANSMISSION_STATUS=BAD	DATA_ACK_STATUS_INDICATION(STATUS=TRANSMISSION_STATUS) CANCEL_ACK_TIMER RETRY_COUNT:=0 START_TX_LIFE_TIMER	IDLE
	ACK_TIMER_EXPIRED and RETRY_COUNT<N4	RE_SEND_OLD_CMD START_ACK_TIMER RETRY_COUNT:=RETRY_COUNT+1	WAIT_A
	ACK_TIMER_EXPIRED and RETRY_COUNT>=N4	DATA_ACK_STATUS_INDICATION(STATUS=UNSUCCESSFUL) RETRY_COUNT:=0 START_TX_LIFE_TIMER	IDLE
WAIT_R	RECEIVE_ACn_RSP(SQR<>V(SI), R=OK)	REPLY_STATUS_INDICATION(STATUS=STATUS_SUBFIELD, LSDU=GIVEN_LSDU) CANCEL_ACK_TIMER RETRY_COUNT:=0 V(SI):=1−V(SI) START_TX_LIFE_TIMER	IDLE

表 6（续）

当前状态	事　件	动　作	下一状态
WAIT_R	RECEIVE_ACn_RSP(SQR<>V(SI), R<>OK)	REPLY_STATUS_INDICATION(STATUS=STATUS_SUBFIELD, LSDU=NULL) CANCEL_ACK_TIMER RETRY_COUNT:=0 V(SI):=1−V(SI) START_TX_LIFE_TIMER	IDLE
	RECEIVE_ACn_RSP(SQR=V(SI)) or MA_UNITDATA_STATUS and TRANSMISSION_STATUS=GOOD		WAIT_R
	MA_UNITDATA_STATUS and TRANSMISSION_STATUS=BAD	REPLY_STATUS_INDICATION(STATUS=TRANSMISSION_STATUS, LSDU=NULL) CANCEL_ACK_TIMER RETRY_COUNT:=0 START_TX_LIFE_TIMER	IDLE
	ACK_TIMER_EXPIRED and RETRY_COUNT<N4	RE_SEND_OLD_CMD START_ACK_TIMER RETRY_COUNT:=RETRY_COUNT+1	WAIT_R
	ACK_TIMER_EXPIRED and RETRY_COUNT>=N4	REPLY_STATUS_INDICATION(STATUS=UNSUCCESSFUL, LSDU=NULL) RETRY_COUNT:=0 START_TX_LIFE_TIMER	IDLE
注：当传输变量生命周期定时器期满(TX_LIFE_TIMER_EXPIRED)时，下一状态不是必需的，因为传输成分不存在。			

9　LLC RDE 规程

9.1　RDE 概述

9.1.1　源路由选择和路由确定的概述

源路由选择透明(SRT)网桥把多网络段连接成单个桥接网络。SRT 网桥允许源(点)通过桥接网络来规定帧将采用的通路(桥接路由)，而该桥网络是通过规定用帧的路由选择信息字段表示的特定若干段而桥接起来的。路由确定实体(RDE)使用该 MAC 服务来发现路由，并且使用发现的路由来传送数据。SRT 网桥允许通过桥接网络的四种类型的路由选择供每个帧用。各分类是指特别路由的帧(SRF)、生成树探试器(STE)帧、非源路由(NSR)的帧和所有路由探试器(ARE)帧。

SRF 采用在路由选择字段中规定的路由，并且仅出现在那些规定的段上。STE 帧通过网络在生成树通路上转发，但是利用 SRT 网桥的规则进行转发(注意，支持源路由选择的网桥将不转发 STE 帧)。NSR 帧按照透明网桥的规则在生成树通路经过网络。NSR 帧通过桥接网络转发，使得帧的副本通过每个唯一通路加以发送。STE 和 ARE 都将路由构建在帧的路由选择字段内，使得接收站知道所采用的特定通路。

9.1.2 **RDE 系统结构**

LLC 使用 MAC 服务在站之间来传送数据 MAC 服务的一部分包括了规定 SRT 网桥使用的路由选择字段的能力，以便通过桥接网络来确定通信量的路由。系统结构见图 29。

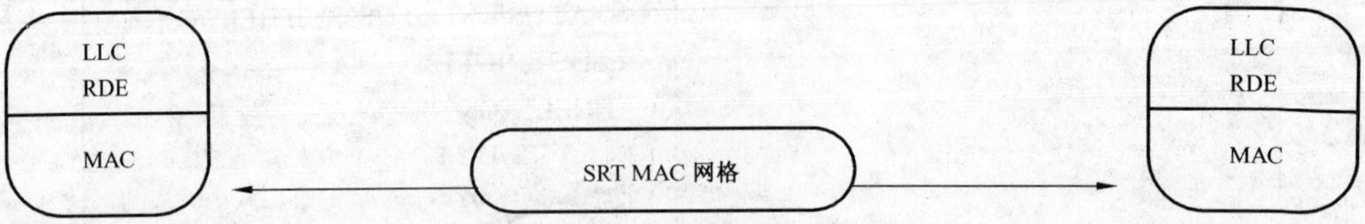

图 29 系统结构

9.2 **支持 LLC 服务**

9.2.1 **为 LLC 服务**

RDE 功能(与其他 LLC 功能一起)确定通过桥接 LAN 的通路选择。由 LLC 发送的每个 PDU 都配备有路由选择字段，而该路由选择字段通过桥接网络来选择 PDU 将采用的特定路由。

9.2.2 **预约 LLC 服务**

RDE 不影响其他 LLC 功能的操作。当 PDU 由 LLC 实体来发送时，RDE 将供应路由选择信息。RDE 不依赖于其他功能的状态，并且其他功能不了解存在的 RDE。

9.2.3 **服务质量**

9.2.3.1 **服务可用性**

当不知道特定通路时，RDE 使用生成树通路作为默认。如果不提供 RDE，生成树通路就是可能使用的同一通路。

9.2.3.2 **帧丢失**

RD 减少帧丢失。当生成树重新配置时，透明桥接被中断，而网桥学习新的通信量模式。在这些周期期间，源路由选择网桥继续转发 SRF。

9.2.3.3 **帧失序**

当先前的 PDU 正在使用较慢的路由时，RDE 为避免在较快的路由上发送 PDU 提供了保持策略。

9.2.3.4 **帧重复**

ARE 路由选择仅用于路由发现。PDU 使用特定路由或生成树来发送。

9.2.3.5 **通路等待时间**

RDE 要求所有路由不超过系统管理规定的最大等待时间。

9.2.3.6 **最大服务数据单元长度**

当利用源路由选择时，最大 PDU 长度利用最大 30 个八位位组来递减。使用源路由发现提供了最大 PDU 长度的值。针对若干路由能力可以选择出若干路由，并且这若干路由将拒绝不满足系统管理规定的最小能力的那个路由。

9.2.3.7 **吞吐量**

使用源路由选择允许资源共享，因此，增加了网络利用率。

9.2.4 **在 LLC 内的内部子层服务**

9.2.4.1 **对其他 LLC 功能的服务**

RDE 提供了 LLC 操作和 MAC 子层之间的服务接口。对于每个发送 PDU 的动作，RDE 将提供路由选择信息字段，并且产生 MA-UNITDATA request 原语送给 MAC 子层。对于来自 MAC 子层的 MA-UNITDATA indication 原语，RDE 将抽取路由选择信息，并且转发 PDU 给 LLC 子层，以便进一步处理(见图 30)。

9.2.4.2 **在 RDE 部件之间的服务**

为 RDE 定义了两个部件——路由控制部件(RCC)和路由确定部件(RDC)。RCC 在 LLC 和 MAC

之间传递协议数据单元(PDU),剥离来自入 PDU 的路由选择信息,并且把路由路选信息(当可用时)加到出 PDU 中。RDC 通过与伙伴 RDC 交换路由发现 PDU 来维护特定数据链路的路由选择信息。

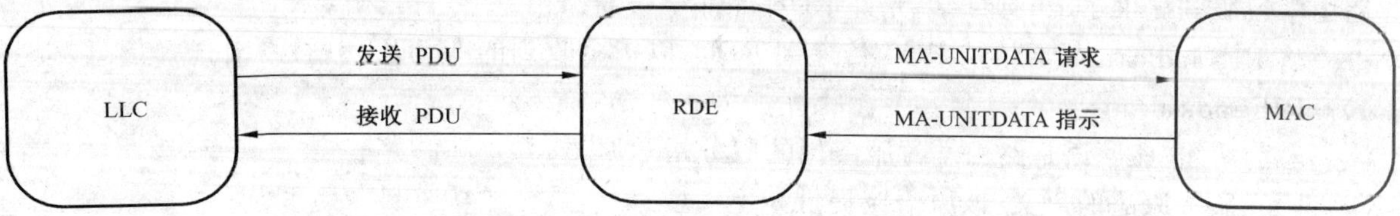

图 30 RDC 服务接口

在 RDC 和 RCC 之间定义了 4 种服务——路由选择信息服务、路由学习服务、RDE PDU 传送服务和路由复位服务。这些服务及其相应的服务原语和参数在下列各条中定义。

9.2.4.2.1 路由选择信息服务

路由选择信息服务提供了下列原语以便在 RDE 之间允许传送路由信息:

——GET_ROUTE request

——GET_ROUTE confirm

将 GET_ROUTE request 从 RCC 传送到 RDC,以请求规定的本地和远程 LSAP 用的路由选择信息。

在所请求的路由选择信息的情况下,GET_ROUTE confirm 原语从 RDC 传递到 RCC。这些服务原语的详细规范在下面给出。

1) GET_ROUTE request

a) 功能:该原语是路由选择信息用的服务请求原语。

b) 服务原语的语义:该原语应提供如下参数:

```
GET_ROUTE request(
                    source_address,
                    destination_address
                    )
```

"source_address"和"destination_address"参数规定了正在请求的路由选择信息的本地和远程 LSAP。

c) 产生条件:RCC 接收请求,以发送帧。

d) 收后效果:RDC 返回路由选择信息。如果路由选择不是可用的,则 RDC 返回值为空,以指示宜使用生成树通路来发送 PDU。

2) GET_ROUTE confirm

a) 功能:该原语是路由信息服务用的服务证实原语。

b) 服务原语的语义:该原语应提供如下参数:

```
GET_ROUTE confirm(
                    source_address,
                    destination_address,
                    routing_information
                    )
```

"source_address"和"destination_address"参数规定了正在被请求的路由选择信息的本地和远程 LSAP。"routing_information"参数包含用来创建 MA_UNITDATA_request 原语的"routing_information"参数的信息。

c) 产生条件:RDC 接收用于路由选择信息的请求。

d) 收后效果:RCC 将“routing_information”参数加到 MA_UNITDATD_request 原语中。

9.2.4.2.2 **路由学习服务**

路由学习服务提供了下列原语以允许 RDE 部件学习新路由:

——将 RIF indication 原语从 RCC 传递到 RDC,以指示收到的 MSDU 中的路由选择信息。

1) RIF indication

a) 功能:该原语是路由学习服务用的服务指示原语。

b) 服务原语的语义:该原语应提供如下参数:

RIF indication(
source_address,
destination_address,
routing_information
)

“source_address”和“destination_address”参数规定了正在被请求的路由选择信息的本地和远程 LSAP。“routing_information”参数包含来自收到的 MA_UNITDATA indication 原语中的“routing_information”参数的信息。空值指示 NSR。

c) 产生条件:RCC 接收带有单地址作为目的地 MAC 地址的 PDU。

d) 收后效果:RDC 获及由收到 PDU 所提供的路由选择信息。

9.2.4.2.3 **RDE PDU 传送服务**

RDE PDU 传送服务为允许在 RDE 部件之间传送 RDE PDU 提供了下列原语:

——RDE_PDU request

——RDE_PDU indication

将 RDE_PDU request 原语从 RDC 传送到 RCC,以请求所产生的 RDE PDU。将 RDE_PDU indication 原语从 RCC 传送到 RDC,以指示已经收到的 RDE PDU。这些服务原语的详细规范在下面给出。

1) RDE_PDU request

a) 功能:该原语是 RDE PDU 传送服务用的服务请求原语。

b) 服务原语的语义:该原语应提供如下参数:

RDE_PDU request(
source_address,
destination_address,
rde_pdu_type,
routing_information
)

“source_address”和“destination_address”参数规定了正在被请求的路由选择信息的本地和远程 LSAP。“rde_pdu_type”参数将指示路由查询命令(RQC)或路由选择(RS)的 PDU。“routing_information”参数包含用来创建 MA_UNITDATA request 原语的“routing_information”参数的信息。

c) 产生条件:RDC 启动或完成路由发现过程。

d) 收后效果:RCC 将创建和发送请求的 PDU。

2) RDE_PDU indication

a) 功能:该原语是 RDE PDU 传送服务用的服务指示语言。

b) 服务原语的语义:该原语应提供如下参数:

RDE_PDU indication(
source_address,
destination_address,
rde_pdu_type,
routing_information
)

"source_address"和"destination_address"参数规定了正在被请求的路由选择信息的本地和远程 LSAP。"rde_pdu_type"参数将指示 RQC、路由查询响应(RQR)或 RS PDU。"routing_information"参数包含收到的路由选择信息。

c) 产生条件:RCC 接收寻址 RDE LLC 地址的 MA_UNITDATA indication 原语。

d) 收后效果:RDC 使用用于它的路由选择的信息。

9.2.4.2.4 路由复位服务

路由复位服务为允许复位路由选择信息提供了下列原语:

——RESET_ROUTE request

将 RESET_ROUTE request 原语从 RCC 传送到 RDC,以请求刷新路由选择信息和启动路由选择过程。

该服务原语的详细规范在下面给出。

1) RESET_ROUTE request

a) 功能:该原语是路由复位用的服务请求原语。

b) 服务原语的语义:该原语应提供如下参数:

RESET_ROUTE request(
source_address,
destination_address,
)

"source_address"和"destination_address"参数规定了正在被请求的路由选择信息的本地和远程 LSAP。

c) 产生条件:RCC 观察到指示路由不再有效的选择条件/事件。

d) 收后效果:RDC 将刷新路由选择信息并启动路由发现过程。

9.3 操作原则

9.3.1 路由控制操作

RCC 通过截取 LLC 发送请求和产生 GET_ROUTE 原语来为特定 RDC 提供路由选择信息。如果"routing_information"参数要用于 MA-UNITDATA request 原语中,则 RDC 用 GET_ROUTE confirm 原语进行响应。当收到 PDU 时,RCC 抽象路由选择信息,转发该 PDU 给 LLC 处理,并且把路由指示给合适的 RDC。

在收到 RDE_PDU 原语时,RCC 将产生 RDE PDU,将其发送给远程站的 RCC。当收到来自远程站的 RDE PDU 时,经由 RDE_PDU indication 原语将它指示给合适的 RDC。寻址 RDE LLC 地址的 PDU 不被转给 LLC 处理。

9.3.2 站体系结构

RDE 是在 LLC 子层内的服务实体。其功能是确定每条要求的数据链路用的路由选择信息,以及为从 LLC 发送的每个 PDU 提供这个信息。要求 RDE 将这个路由选择信息添加到任何发送的 PDU 中,并且从收到的 PDU 中移去任何路由选择信息。另外,当要求时,RDE 将为给定的数据链路重新建立新的路由选择信息(见图 31)。

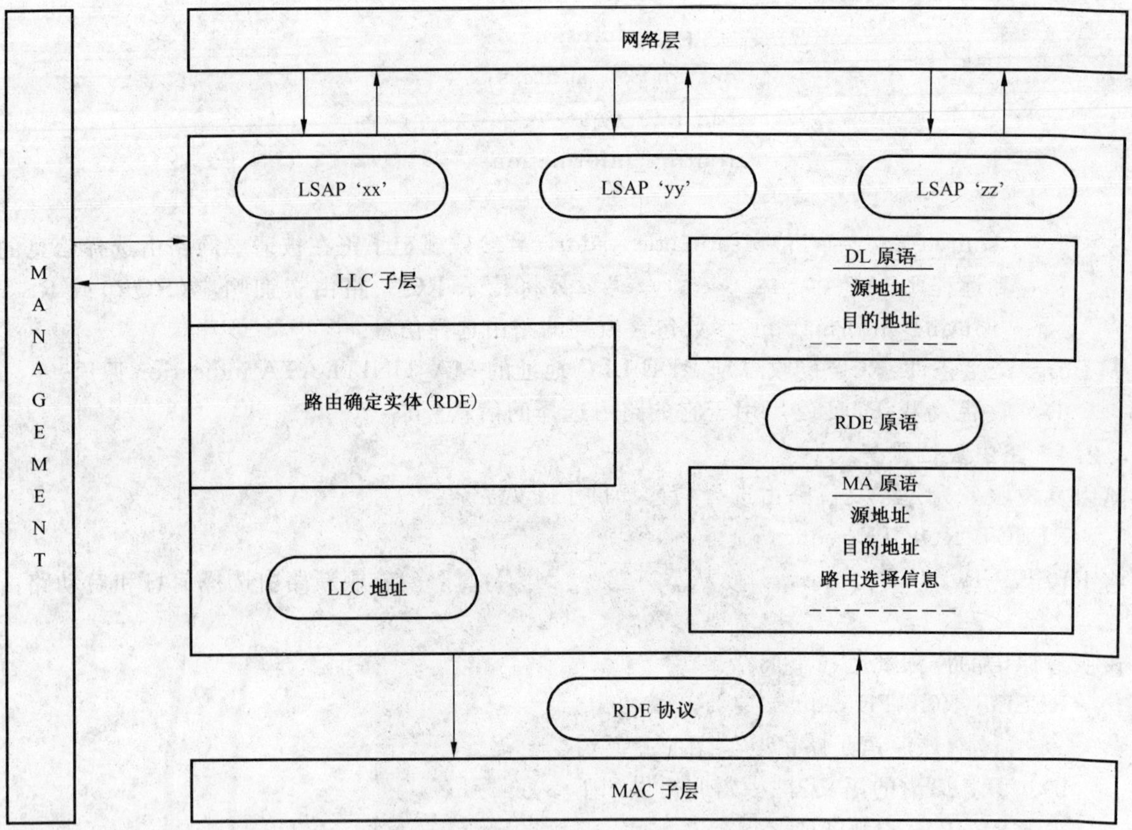

图 31　站体系结构

9.3.3　操作模型

RDE 由单个 RCC 和支持 RDE 的每条数据链路所组成。RCC 将处理 LLC 正在发送和收到的 PDU,并且调用合适的 RDC 服务,以确定和应用每条数据链路的路由(见图 32)。

9.3.4　PDU 发送

当执行 LLC 发送动作时,RCC 将截获该发送请求,并且确定该 PDU 是否使用生成树通路或特定路由来发送。如果需要特定路由,则 RCC 将调用 GET_ROUTE request 原语送给 RDC。该 RDC 将用 GET_ROUTE confirm 原语进行响应,以便规定路由。然后,该 RCC 将调用 MA_UNITDATA_request原语来发送该 PDU。

9.3.5　PDU 接收

当 MA-UNITDATA indication 原语出现时,RCC 将移去路由选择信息,并且把收到的 PDU 转发给 LLC,以便正常处理。如果以特定路由收到了 PDU,则将该路由指示给合适的 RDC。

9.3.6　学习过程

当特定数据链路不知道路由时,RDC 将通过请求 RCC 来启动路由发现过程,以发送 RQC PDU 给远程站。对于收到的每个 RQT PDU,RCC 通知合适的 RDC。RDC 将根据系统所提示的准则来选择通路。RDC 将请求 RCC 把选择的发送 RS PDU 的路由通知远程站。选择的路由将用于把所有的后续 PDU 传输给该数据链路。

要求每个站用 RQR PDU 来响应 RQC PDU。站也可以学习和使用其对等体(远程站)所选择的路由,它或者来自 RS PDU,或者来自实际使用的收到 PDU 时的路由。

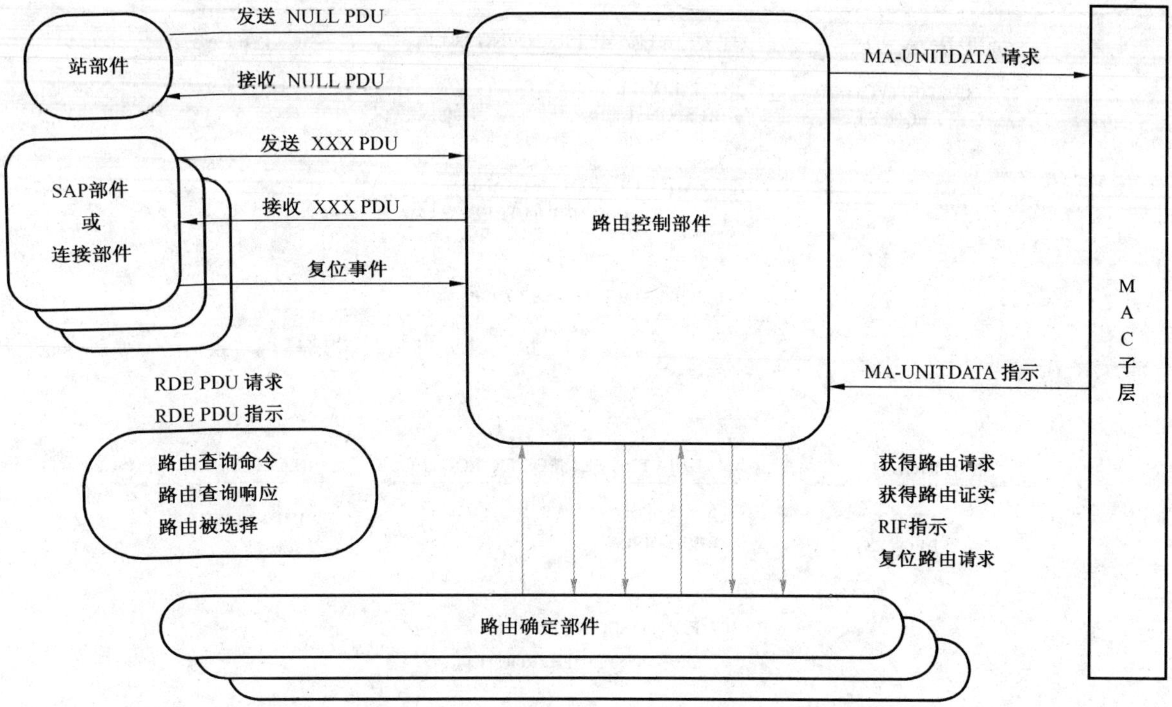

图 32　操作模型

9.3.7　协议

9.3.7.1　**RDE 的 LSAP 值**

RDE 已经分配到它自己的 LLC 地址，该地址可以用于执行地址确定的目的。RDE PDU 使用 RDE LLC 地址发送到远程站的 RDE LLC 地址。

9.3.7.2　**RDE PDU**

RDE 使用 3 中 PDU，它被编码为无编号(UI)帧。

1) ROUTE_QUERY_COMMAND：将该 PDU 从始发路由发现正在被执行并请求该目标发送 ROUTE_QUERY_RESPONE PDU 通知该目标。在生成树路由（NSR 或 STE）上发送 ROUTE_QUERY_COMMAND PDU。

2) ROUTE_QUERY_RESPONE：将该 PDU 从目标发送到始发路由发现的站。使用 ARE 路由类型来返回该响应。对于通过桥接 LAN 的每个唯一通路，由始发站返回一个响应。

3) ROUTE_SELECTED：将该 PDU 从始发路由发现的站发送到使用所选择通路的目标站，以通知目标已经选择了路由。

9.3.7.3　采样协议流程

图 33 示出了在路由发现期间的典型流。(1)站 A 的 LLC 发送数据帧，由于未确定路由，所以通过生成树来发送它，站 A 发送路由查询 PDU(3)，以发现最佳路由。站 B 用 RQR(4)发送的所有路由来响应 RQC(3)。当站 A 选择了该路由时，它发送 RS PDU(6)给站 B，并且对数据帧(7)使用那个路由。站 B 对其发送给站 A 的所有数据帧使用由站 A 所选择的路由。

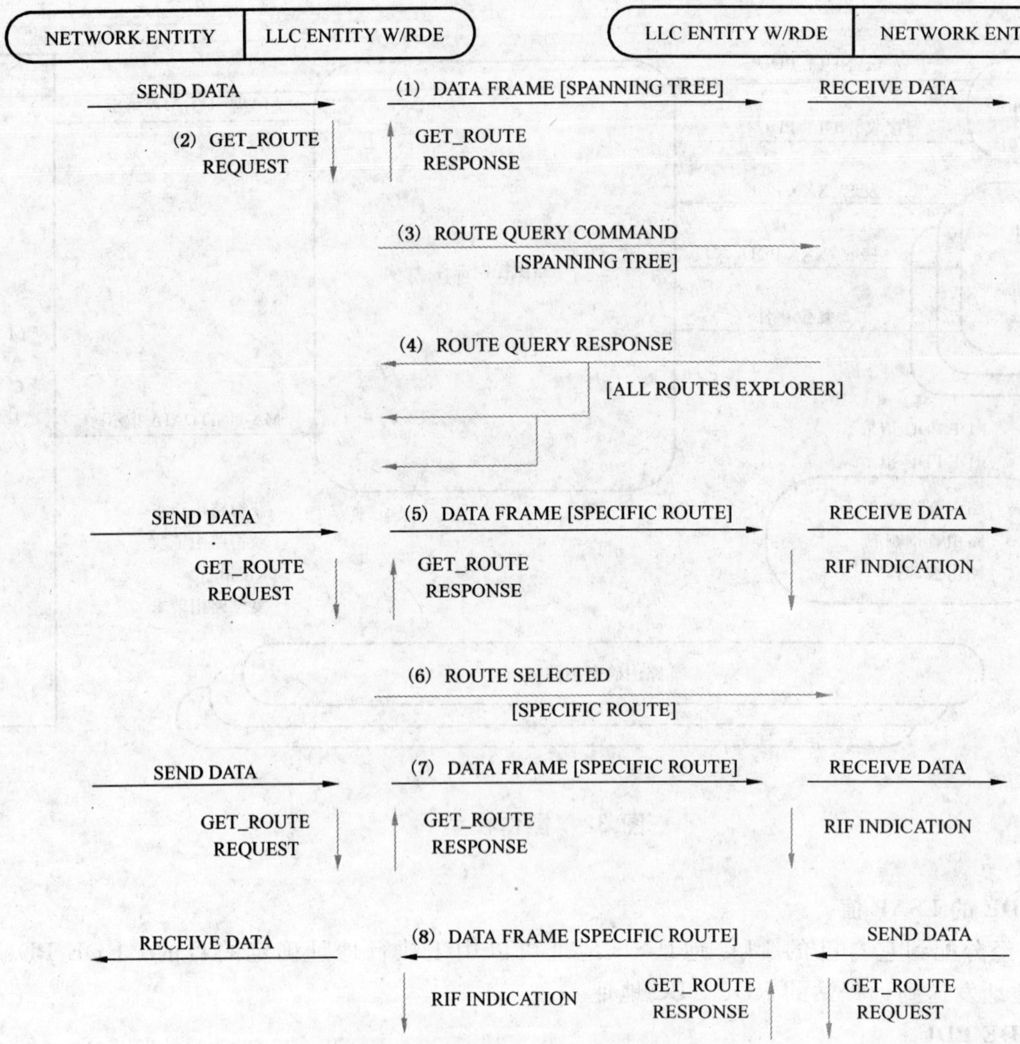

图 33 采样数据流程

9.4 编码 RDE PDU

用于路由发现的 PDU 应是 LLC 类型 1 数据帧(DSAP＝RDE LLC 地址,I/G＝0,SSAP＝RDE LLC 地址,C/R＝0,CONTROL＝11000000),其信息字段编码为图 34 所示,并且描述于下面。

	RDE_Ver	PType	Target-MAC	ORIG_MAC	Target-SAP	ORIG-SAP	Options
八位位组数	1	1	6	6	1	1	n

图 34 RDE PDU 信息字段格式

RDE_Ver 指示 RDE 协议的版本。对这个版本,RDE_Ver 的值应是 1(编码为 10000000),用于所发送的所有 RDE PDU 类型。对后续 RDE 协议版本的接纳是进一步研究的主题。

PType 指示 RDE PDU 类型。PType 应具有下列编码:

值	PDU 类型
10000000	路由查询命令(RQC)
01000000	路由查询响应(RQR)
11000000 Lsb | ____ | msb	路由选择的命令(RSC)

收到带有任何其他 PType 值的 RDU PDU 应不予理睬。

Rarget_MAC 是指目标站的 MAC 地址(第 1 个字节的 lsb 就是 MAC I/G 位)。

ORIG_MAC 是指与始发请求的站相关的 MAC 地址(第 1 个字节的 lsb 就是 MAC I/G 位)。如果 MAC I/G 位不是“0”,对该 PDU 不理睬。

Target_SAP 是指目标 SAP 的 LLC 地址。LSB 是 I/G 位。ORIG_SAP 是指与始发请求的 RDC 相关的 LLC 地址。LSB 是 I/G 位。

Options 保留供选项字段用,并且利用下面图示的 Tag-Lvength-Value 编码。

	Tag	Length	Value
八位位组个数	2	2	n

注：寻址 RDE LLC 地址的任何 PDU 应被丢弃,如果

1) 它不是 UI PDU。
2) ORIG_MAC 不是单地址。
3) PType 不能被识别。

另外,如果 SSAP 不是 RDE LLC 地址,则寻址 RDE LLC 地址的任何 PDU 也可以被丢弃。

9.4.1 路由查询命令(RQC)

RQC 作为 NSR PDU 或 STE PDU 来发送。选择 NSR 或 STE 以来与 STR_INDICATOR 设置(见 9.6.1.1)。允许使用 SRF 来验证路由选择通路,但不由本部分规定。RDE PDU 信息字段的值在后面的条中规定。

9.4.2 路由查询响应(RQR)

RQR 常常做 ARE PDU 来发送。ARE 响应将用于 RQC 发送的 NSR 或 STE PDU。RDE 字段的值在下列几条中规定。

当收到 RQC PDU 时,通过交换 MAC 头部的 destination_address 和 source_adress(MAC_UNITDATA request 原语)来产生 RQR PDU,信息字段的内容被修改如下:

1) RDE_Ver 字段置为“1”。
2) PType 字段置为 RQR。
3) 所返回的 OPTIONs 字段只反映本地 RDE 所支持的选项。

9.4.3 路由选择的命令(RSC)

RSC 作为 SRF PDU 来发送。RDE 字段的值在下列条中规定。

9.5 编码路由选择信息(RIF)

RIF 长度不同,可达 30 个八位位组。当不使用源路由选择时,把 RIF 读或置空并且不包含信息。MAC 源地址的 I/G 位被定义为路由选择信息指示符(RII)。当 RIF 是空时,这个位置为“0”。当 RIG 不是空时,RII 置为“1”。关于 RIF 的格式和编码的进一步细节见 ISO/IEC 10038:1993 的附录 C。

9.6 RDE 路由控制过程

9.6.1 路由控制操作参数

9.6.1.1 STR_INDICATOR

STR_INDICATOR 是站策略参数,它定义应如何使用生成树。STR_INDICATOR 应假设 NSR 或 STE 的值。当 STR_INDICATOR 置为值 NSR 时,STR 所指示的路由应被解释为 RIF 为空。当 STR_

INDICATOR 置为值 STE 时,STR 所指示的路由应具有下列参数(RTYPE=STE,D=0,LF=111111,LTH=2)。

9.6.1.2 **AGING_ENABLED(LOCAL_LSAP)**

"AGING_ENABLED"参数是每个本地 LSAP 的标志,它指示不管老代功能是被赋予能(为真)还是被失去能力(为假)。

9.6.2 **路由确定参数**

由 RDC 使用路由确定参数。对于 LLC 所支持的每个单 LLC 地址(LOCAL_LSAP),存在一组路由确定参数,并且该参数是由 LOCAL_LSAP 值来指明的。

9.6.2.1 **RDE_ENABLED(LOCAL_LSAP)**

当 RDE 策略标志置为"真"时,它允许路由确定操作用于特定 SAP。

9.6.2.2 **REPALCE(LOCAL_LSAP)**

当 RDE 策略标志置为"真"时,它允许 RDC 不断地将路由更新到由其对等体所使用的一个路由(如果该路由满足路由准则)。当置为"假"时,它禁止自动更新路由,而选择可接受的路由。

9.6.2.3 **HOLD(LOCAL_LSAP)**

当 RDE 策略标志置为"真"时,它要求新路由不被使用(被延迟),直到使用旧路由的所有 PDU 已有时间退出系统为止。该标志由 RDC 使用。

9.6.2.4 **MAX_RD(LOCAL_LSAP)**

一个 RDE 参数,它限制可能被包含在有效路由中的路由描述符的个数,因此,限制了可以使用的网桥个数。该参数由 RDC 使用。

9.6.2.5 **MIM_PDU_SIZE(LOCAL_LSAP)**

一个 RDE 参数,它建立了有效路由必须支持的八位位组数的下限。该参数由 RDC 使用。

9.6.2.6 **MAX_RESP_TIME(LOCAL_LSAP)**

一个 RDE 参数,它建立了路由查询过程的最大往返响应时间。该参数由 RDC 使用。

9.6.2.7 **RESET_ON_TEST(LOCAL_LSAP)**

当对 RDE 参数赋予能力时,它指示 SEND_TEST_C 事件引起规定 SAP 的 RESET_ROUTE request 原语动作。

9.6.3 **路由控制规程的精确描述**

9.6.3.1 **精确规范**

RDE 的操作在逻辑上分成两个部件。每个部件表征由 RDE 所执行的一组协议操作,并且使用协议状态机描述来定义。这些状态机不规定特定实现技术,而是,它们预期描述在远程站内的 LLC 实体所发觉的 LLC 实体的"外部"特征。

路由确定操作使用下列部件来描述:

1) 路由控制部件(RCC):RCC 执行两个基本功能。第 1 个功能是为 LLC 操作所产生的 MA_UNITDATA request 原语提供路由选择信息。对于该功能来说,它是 RDC 的服务用户。第 2 个功能是为路由发现提供所使用的基于帧的协议。对该功能来说,它是 RDC 的服务提供者。一个 RCC 应存在于每个 LLC。

2) RDE 路由确定部件(RDC):RDC 负责处理影响特定数据链路的路由的文件。对于 LLC 所支持的每个数据链路,都应存在一个 RDC。

9.6.3.2 **RCC 概述**

RCC 为 LLC 实体发送的 PDU 提供路由选择信息,并且派生寻址 LLC 实体的 PDU 的路由选择信息。PDU 分类成下列三组：

1） 向 NULL LLC 地址寻址的或从 NULL LLC 地发送的那些 PDU，

2） 向 RDE LLC 地址寻址的或从 RDE LLC 地址发送的那些 PDU，

3） 所有其他 PDU。

RCC 不同地处理每一组。

——由空 SAP 所产生的 PDU 应在生成树通路上发送。从空 SAP 所发送的任何响应 PDU 应使用该命令所使用的同一通路。

——来自/去往 RDE LLC 地址的所有 PDU 始发/终止在 RCC 内。RCC 负责处理 RQ 和 RS PDU。RDE SAP 对 RDE LLC 实体来说是内部 SAP，并且处理向 RDE LLC 地址寻址的所有 PDU。当 RDC 请求时，RCC 应产生向指明远程站的 RDE SAP 寻址的 RQC PDU 和 RS PDU。当 RCC 接收了 RQR PDU 或 RS PDU 时，它将其接受指示给合适的 RDC。当 RCC 接收了 RQC 时，它不仅将其接受指示给合适的 RDC，而且它还用 RQR PDU 对请求站进行响应。

——RCC 为如下的所有其 PDU 提供路由。发送给广播 MAC 地址或组 MAC 地址的 PDU 应使用生成树通路。另外办法，RCC 请求来自合适 RDC 的路由。当收到 PDU 时，RCC 将收到的路由指示给合适的 RDC。每个 RDC 利用它服务的本地 LLC 地址和它提供路由的远程 LSAP 地址两者来指明。本地 LLC 参数应利用 LOCAL_LSAP 来指明。远程 LSAP 地应利用远程 MAC 地址（RMAC）和远程 LLC 地址（RSAP）的组合来指明。因此，特定 RDC 通过规定 source_address 和 destination_address 来指明。

9.6.3.3 远程控制事件/动作规范

当站是操作的时，RCC 被赋予能力。对于 RCC 只有一种状态（操作的），并且事件出现时，转换指示要争取的动作。状态转换被规定为接收动作、发送动作和复位动作。接收动作在表 7 中示出。

9.6.3.4 远程控制接收时间/动作规范

接收动作的状态机在表 7 中示出。

9.6.3.4.1 远程控制接收文件/动作规范

1） CTL＝TEST-C：控制字段规定了 TEST 命令 PDU。

2） CTL＝XID-C：控制字段规定了 XID 命令 PDU。

3） CTL<>（UI，XID，TEST）：控制字段既不是 UI，也不是 XID，也不是 TEST。

4） DSLP＝NULL：收到的 PDU 的 DSAP 地址字段＝“00000000”。

5） DSLP＝RDE：收到的 PDU 的 DSAP 地址字段＝“01100101”。

6） DSLP＝YYY：DSAP 地址字段不是空地址，并且不是 RDE 地址。

7） MA_UNITDATA_INDICATION：MAC 指示已经收到 LLC PDU。

8） PTYPE＝RQC：RDE PDU 是 RQC。

9） PTYPE＝RQR：RDE PDU 是 RQR。

10） PTYPE＝RS：RDE PDU 是 RSC。

11） RIF＝NULL：不使用 routing_information 参数来发送 PDU。

12） RIF<>NULL：使用 routing_information 参数来发送 PDU。

13） RTYPE<>SRF：收到的 RIF 的 RTYPE 不是 SRF。

14） RTYPE＝ARE：收到的 RIF 的 RTYPE 是 ARE。

15） RTYPE＝SRF：收到的 RIF 的 RTYPE 是 SRF。

16） RTYPE＝STE：收到的 RIF 的 RTYPE 是 STE。

17） SA_I/G＝1：MAC 源地址是由 I/G 位正置为“1”所规定的组地址。

表 7 路由控制接收动作

	事 件	动 作
1	MA_UNIDATA_INDICATION & DSAP=NULL & RIF=NULL	RECEIVE_XXX_PDU SAVE_ROUTE(SA,SSAP)=NULL
2	MA_UNITDATA_INDICATION & DSAP=NULL & RIF <>NULL	RECEIVE_XXX_PDU SAVE_ROUTE(SA,SSAP)=REVERSE
3	MA_UNITDATA_INDICATION & DSAP=YYY & DA_I/G=0 & RIF=NULL	RECEIVE_XXX_PDU
4	MA_UNITDATA_INDICATION & DSAP=YYY & DA_I/G=0 & RIF<>NULL & RTYPE=SRF	RECEIVE_XXX_PDU RIF_INDICATION
5	MA_UNIDATA_INDICATION & DSAP=YYY & DA_I/G=0 & RIF<>NULL & RTYPEE<>SRF	RECEIVE_XXX_PDU
6	MA_UNITDATA_INDICATION & DSAP=YYY & DA_I/G=1	RECEIVE_XXX_PDU
7	MA_UNITDATA_INDICATION & DSAP=RDE & PTYPE=RS	RDE_PDU_INDICATION
8	MA_UNITDATA_INDICATION & DSAP=RDE & PTYPE=RQC & RIF=NULL	SEND_RQR; RIF=ARE RDE_PDU_INDICATION
9	MA_UNITDATA_INDICATION & DSAP=RDE & RTYPE=RQC & RIF<>NULL & RTYPE=STE	SEND_RQR; RIF=ARE RDE_PDU_INDICATION
10	MA_UNITDATA_INDICATION & DSAP=RDE & PTYPE=RQC & RIF<>NULL & RTYPE=ARE	SEND_RQR; RIF=REVERSE RDE_PDU_INDICATION
11	MA_UNITDATA_INDICATION & DSAP=RDE & PTYPE=RQC & RIF<>NULL & RYPE=SRF	SEND_RQR; RIF=REVERSE RDE_PDU_INDICATION
12	MA_UNITDATA_INDICATION & DSAP=RDE & PTYPE=RQR	RDE_PDU_INDICATION
13	MA_UNITDATA_INDICATION & DSAP=RDE & (SA_I/G=1 or CTL<>(UI,XID,TEST)	INC_RDE_PROT_ERROR
14	MA_UNITDATA_INDICATION & DSAP=RDE & CTL=XID_C & RIF=NULL	SEND_XID_R; RIF=NULL
15	MA_UNITDATA_INDICATION & DSAP=RDE & CTL=XID_C & RIF<>NULL	SEND_XID_R; RIF=REVERSE
16	MA_UNITDATA_INDICATION & DSAP=RDE & CTL=TEST_C & RIF=NULL	SEND_TEST_R; RIF=NULL
17	MA_UNITDATA_INDICATION & DSAP=RDE & CTL=TEST_C & RIF<>NULL	SEND_TEST_R; RIF=REVERSE

9.6.3.4.2 **路由控制接收动作规范**

1) INC_RDE_PORT_ERROR:如果实现,应递增无效 RDE PDU 计数器。

2) RDE_PADU_INDICATOR:RCC 应将收到的 RDE PDU 指示给"source_address"和"destination_address"参数所指明的 RDC。如果 TARGET_SAP 是全局地址,则将向 RMAC/RSAP 所指明的所有 RDC 作出该指示。如果 TARGET_SAP 是组地址,则应向 RMAC/RSAP 所指的所有组成员作出该指示。

3) RECEIVE_XXX_PAU:PDU 应利用本部分规定的 LLC 规程来处理。

4) RIF_ARE:RCC 应在如下所有通路上发 RDE PDU。RIF 应包含 RTYPE=ARE,LTH=2,

D=0,LF=111111 参数(LF 字段可以置为表示站的最大能力的值)。

5) RIF=REVERSE:RCC 应在如下反向通路上发送 RDE PDU。RIF 应是来自收到的带有 RTYPE=SRF 和方向(D)位反向的 PDU 的 RIF。

6) RIF_INDICATOR:RCC 应把收到的 RIF 指示给合适的 RDC。RDC 是利用“source_adress”和“destination_address”参数来指明的。

7) SAVE_ROUTE(SA,SSAP)=NULL:RCC 应存储收到的 RIF,以便供该 SA=收到的 PDU 的 SSAP 所规定的 LSAP 地址应用,并供响应 PDU 使用。保存的 ROUTE 是空的,以指示 NSR。

8) SAVE_ROUTE(SA,SSAP)=REVERSE:RCC 应存储收到的 RIF,以便供该 SA:收到 PDU 的 SSAP 所规定的 LSAP 地址引用,并供响应 PDU 使用。保存的 ROUTE 应是收到的带有 PTYPE 置为 SRF 和方向(D)位反向的 RIF。

9) SEND_RO_R:RCC 应创建带有下列参数的 RDE UI PDU。DA=收到 PDU 的 SA,PROTOCOL_ID=0,RDE_Ver=1,PTYPE=RQR,ORIG_MAC=收到 PDU 的 ORIG_MAC,ORIG_SAP=收到 PDU 的 ORIG_MAC,TARGET_MAC=该站的 MAC 地址,TARGET_SAP=收到 PDU 的 TARGET_SAP,并且 OPTIONS 字段仅反映本地 RDE 所支持的那些选项。

10) SEND_TEST_R:RCC 应创建 TEST 响应 PDU,以便使用 TEST 命令 PDU 的 SSAP 地址作为响应 PDU 的 DSAP 地址,并以便使用 RDE LLC 地址。

11) SEND_XID_R:RCC 应创建 XID 响应 PDU,以便使用命令 PDU 的 SSAP 地址作为响应 PDU 的 DSAP 地址,并以便使用 RDE LLC 地址。

9.6.3.5 路由控制发送文件/动作规范

发送动作的状态机在表 8 中示出。

表 8 路由控制发送动作

	事件	动作
1	SEND_NULL_XXX_C & STR_INDICATOR=NSR	MA_UNITDATA_REQUEST; RIF=NULL INC_ST_PDU_COUNT
2	SEND_NULL_XXX_C & STR_INDICATOR=STE	MA_UNITDATA_REQUEST; RIF=STE INC_ST_PDU_COUNT
3	SEND_NULL_XXX_R & SAVED_ROUTE (DA,DSAP)=<>NULL	MA_UNITDATA_REQUEST; RIF=NULL
4	SEND_NULL_XXX_R & SAVED_ROUTE (DA,DSAP_<>NULL	MA_UNITDATA_REQUEST; RIF= SAVED_ROUTE(DA,DSAP) INC_SRF_PDU_COUNT
5	SEND_YYY_PDU & DA_I/G=1 & STR_INDICATOR=NSR	MA_UNITDATA_REQUEST; RIF=NULL
6	SEND_YYY_PDU & DA_I/G=1 & STR_INDICATOR=STE	MA_UNITDATA_REQUEST; RIF=STE
7	SEND_YYY_PDU & DA_I/G=0	GET_ROUTE_REQUEST
8	GET_ROUTE_CONFIRM & ROUTE=NULL & STR_INDICATOR=NSR	MA_UNITDATA_REQUEST; RIF=NULL INC_ST_PDU_COUNT
9	GET_ROUTE_CONFIRM & ROUTE=NULL & STR_INDICATOR=STE	MA_UNITDATA_REQUEST; RIF=STE INC_ST_PDU_COUNT
10	GET_ROUTE_CONFIRM & ROUTE<>NULL	MA_UNITDATA_REQUEST; RIF=ROUTE INC_SRF_PDU_COUNT
11	RDE_PDU_REQUEST & PTYPE=RQC & STR_INDICATOR=NSR	MA_UNITDATA_REQUEST; PDU=RQC RIF=NULL

表 8（续）

	事　件	动　作
12	RDE_PDU_REQUEST & PTYPE=RQC & STR_INDICATOR=STE	MA_UNITDATA_REQUEST；PDU=RQC RIF=STE
13	RDE_PDU_REQUEST & PTYPE=RS	MA_UNITDATA_REQUEST；PDU=RS RIF=SRF

9.6.3.5.1　路由控制发送文件规范

1）DA_I/G=0：MAC 目的地址是 I/G 为“0”规定的单地址。

2）DA_I/G=1：MAC 目的地址是 I/G 为“1”规定的组地址。

3）GET_ROUTE_CONFIRM：RDC 已经响应 GET_ROUTE_REQUEST 原语并返回路由。

4）PTYPE=RQC：RDE_PDU_REQUEST 原语是对于 RQC PDU 的。

5）PTYPE=RS：RDE_PDU_REQUEST 原语是对于 RS PDU 的。

6）RDE_PSU_REQUEST：RDC 已经请求将 RDE_PDU 发送给其对等体。

7）ROUTE<>NULL：GET_ROUTE_CONFIRM 原语已经提供不是空的路由(即，SRF)。

8）ROUTE=NULL：GET_ROUTE_CONFIRM 原语已经提供是空的路由。

9）SEND_NULL_XXX_C：LLC 实体正在发送来自空 SAP(SSAP=00000000)的命令 PDU。

10）SEND_NULL_XXX_R：LLC 实体正在发送来自空 SAP(SSAP=10000000)的响应 PDU。

11）SEND_YYY_PDU：LLC 实体正在发送来自 SAP 的任何 PDU，而该 SAP 的 LLC 地址不是空地址(SSAP=SSSSSSSA，其中 SSSSSSS 不是 0000000)。

12）STR_INDICATOR=NSR：站的生成树路由指示符要求在不使用原路由选择(RIF=NULL)的生成树路由上发送 PDU。

13）STR_INDICATOR=STE：站的生成树路由指示符要求在使用 STE RIF 的生成树路由上发送 PDU。

9.6.3.5.2　路由控制发送动作规范

1）GET_ROUTE_REQUEST：RCC 应发出 GET_ROUTE 请求原语给“source_address”和“destination_address”参数所指明的 RDC。应为悬而未决的 GET_ROUTE 响应原语保持 PDU。

2）INC_SRF_PDU_COUNT：如果实现，递增 SRF 计数器。

3）INC_ST_PDU_COUNT：如果实现，递增选生成树路由的 PDU 计数器。

4）MA_UNITDATA_REQUEST：RCC 应产生 MA_UNITDATA_request 原语给带有指示 RIF 的 MAC。

5）PDU=RQC：RCC 应产生带有下列参数的 RDE UI PDU：PROTOCOL_ID=0，RDE_Ver=1，TARGET_MAC=RMAC，ORIG_MAC=MA，SSAP=DSAP=RDE LLC 地址，PTYPE=RQC，ORIG_SAP=LOCAL_LSAP，TARGET_SAP=RSAP.

6）PDU=RS：RCC 应产生带有下列参数的 RDE UI PDU：PROTOCOL_ID=0，RDE_Ver=1，TARGET_MAC=RMAC，ORIG_MAC=MA，SSAP=DSAP=RDE LLC 地址，PTYPE=RQC，ORIG_SAP=LOCAL_LSAP，TARGET_SAP=RSAP。RIF 应是 RDC 所规定的 SRF。

7）RIF=NULL：MA-UNITDATA request 原语的 RIF 是空的，以指示 NSR。

8）RIF=ROUTE：MA-UNITDATA request 原语，RCC 应使用 GET_ROUTE response 原语所提供的 RIF。注意，如果选择了保持策略，对于特定的 RDC，多 PDU 可以是悬而未决的。带有为 GET_ROUTE_response 原语而保持的 SSAP=LOCAL_LSAP，DA=RMAC 和 DSAP=RSAP的所有等待 PDU 应被发送。

9）RIF=SAVED_ROUTE(DA，DSAP)：RCC 应使用为 LSAP 地址而保存的路由，而该 LSAP

地址是通过 DA:在 MA-UNITDATD request 原语中要发送的 PDU 的 DSAP 来规定的。

10) RIF=SRF:MA-UNITDATA request 原语的 RIF 应是 RDC 所规定的 SRF。

11) RIF=STE:MA-UNITDATA request 原语的 RIF 应是 STE。RIF 应包含 RTYPE=STE, LTH=2,D=0,LF=11111 参数(LF 字段可以置为表示站的最大能力的值)。

9.6.3.6 路由控制复位文件/动作规范

复位动作的状态机在表 9 中示出。

表 9 路由控制复位动作

	事 件	动 作
1	DL-RESET_REQUEST	RESET_ROUTE_REQUEST
2	SEND_TEST_C & RESET_ON_TEST_ENABLED	RESET_ROUTE_REQUEST

9.6.3.6.1 路由控制复位文件规范

1) DL-RESET_REQUEST:网络层实体正在请求 LLC 复位规定的数据链路连接。

2) RESET_ON_TEST_ENABLED:"RESET_ON_TEST"参数被赋予能力(置为"真")。

3) SEND_TEST_C:LLC 实体(SAP 部件)正在发送 TEST 命令 PDU 给远程 SAP。该功能受"RESET_ON_TEST"参数值所控制。

9.6.3.6.2 路由控制复位动作规范

1) RESET_ROUTE_REQUEST:发出复位信号给合适的 RDC。

9.7 路由确定部件(RDC)

RDC 负责处理影响选择特定数据两路路由的文件。对于 LLC 所支持的每条数据链路都应存在一个 RDC。

9.7.1 路由确定操作参数

每个 RDC 利用它服务的本地 LLC 地址和它提供路由的远程 LLC 地址两者来指明。LSAP 地址利用 MAC 地址和 LLC 地址的组合来指明。本地 LLC 参数应利用站 MAC 地址和本地 LLC 地址组合的 LOCAL_LSAP 来指明。远程 LSAP 地址应利用远程 MAC 地址(RMAC)和远程 LLC 地址(RSAP)的组合来指明。

RDC 操作受为每个本地 SAP 而建立的某些 RDE 策略所控制。这些参数是:

——REPLACE:一个 RDE 策略标志,当置为"真"时,它使 RCC 能不断地将路由更新成其对等体所使用的一个路由,条件是该路由满足路由准则。当置为"假"时,它使路由不能自动更新,而选择了可接受的路由。

——HOLD:一个 RDE 策略标志,当置为"真"时,它要求不使用新的路由,直到使用旧路由的所有 PDU 已有时间退出系统为止。

另外,为最小路由准则而建立了某些参数。这些参数是:

——MAX_RESP_TIME:一个必备的 RDE 参数,它建立了路由查询过程的最大往返响应时间。

——MAX_RD:一个可选的 RDE 参数,它建立了有效路由可以包含的路由描述符的最大数。

——MIN_PDU_SIZE:一个可选的 RDE 参数,它建立了路由必须支持的最小 PDU 长度。

9.7.2 路由确定规程的精确描述

9.7.2.1 精确规范

RDCD 的操作在逻辑分成两个状态机。每个状态机表征由 RDC 所执行的一组协议操作,并且使用协议状态机描述来定义。这些状态机不规定特定实现技术;而是,它们预期描述在远程站内的 LLC 实体所发觉的 LLC 实体的"外部"特征。

使用下列状态机来描述路由确定操作:

1) 路由选择状态机:该状态机负责路由发现过程和选择合适的路由。

2） 路由管理状态机：该状态机负责为服务提供选择的路由。该状态机对 GET_ROUTE request 原语提供响应。该状态机的主要目的是实施保持策略。

9.7.3 路由选择状态机

9.7.3.1 路由选择状态机概述

路由选择状态机为数据链路提供路由发现。它负责产生 RQC 和使用 RQR 来选择本地 LSAP 所产生的 PDU 使用的路由。状态转换在表 10 中示出。

表 10 路由选择状态机

状态	事 件	动 作	下一状态
RESET	GET_ROUTE_REQUEST	START_SELECTION：RESET_TRS； RDE_PDU_REQUEST(RQC)	QUERY
	RIF_INDICATION & RIF>=CRITERIA & REPLACE_POLICY	ROUTE=REVERSE；RESET_TRS； NEW_ROUTE_INDICATION	NEW
	RDE_PDU_INDICATION=RS & RIF>=CRITERIA	ROUTE=REVERSE；RESET_TRS； NEW_ROUTE_ INDICATION	NEW
	RDE_PDU_INDICATION=RQC	RESET_TRS	WAIT
QUERY	TRS_EXPIRES	ROUTE=NULL	ROUTE
	SELECTION_COMPLETE	ROUTE=SELECTION；RESET_TRS； RDE_PDU_REQUEST (RS)； NEW_ROUTE_INDICATION	NEW
	RIF_INIDICATION & RIF>=CRITERIA & REPLACE_POLICY	ROUTE=REVERSE；RESET_TRS； NEW_ROUTE_INDICATION	NEW
	RDE_PDU_INDICATION=RS & RIF>= CRITERIA & REPLACE_POLICY	ROUTE=REVERSE；RESET_TRS； NEW_ROUTE_INDICATION	NEW
WAIT	TRS_EXPIRES	START_SELECTION；RESET_TRS； RDE_PDU_REQUEST(RQC)	QUERY
	RDE_PDU_INDICATION=RS & RIF<CRITERIA	START_SELECTION；RESET_TRS； RDE_PDU_REQUEST (RQC)	QUERY
	RIF_INDICATION & RIF>=CRITERIA & REPLACE_POLICY	ROUTE=REVERSE；RESET_TRS； NEW_ROUTE_INDICATION	NEW
	RDE_PDU_INDICATION=RS & RIF>=CRITERIA	ROUTE=REVERSE；RESET_TRS； NEW_ROUTE_INDICATION	NEW
NEW	TRS_EXPIRES		ROUTE
ROUTE	RESET_ROUTE_REQUEST	START SELECTION；RESET TRS； ROUTE=NULL； RDE_PDU_REQUEST (RQC)； NEW_ROUTE_INDICATION	QUERY
	RIF_INDICATION & RIF<>ROUTE & REPLACE_POLICY & RIF>=CRITERIA	ROUTE=REVERSE；RESET_TRS； NEW_ROUTE_INDICATION	NEW
	RDE_PDU_INDICATION=RS & RIF>=CRITERIA & REPLACE_POLICY & RIF<>ROUTE	ROUTE=REVERSE；RESET_TRS； NEW_ROUTE_INDICATION	NEW

表 10（续）

状态	事　件	动　作	下一状态
ROUTE	RDE_PDU_INDICATION =RQC	RESET_TRS; ROUTE=NULL NEW_ROUTE_INDICATION	WAIT
ANY	FLUSH_ROUTE	ROUTE=NULL; NEW_ROUTE_INDICATION	RESET

9.7.3.1.1　**操作方式**

存在两种操作方式，它们受 REPLACE 策略所控制。当 REPLACE 策略标志置为“假”时，选择第 1 种方式。在该方式中，一旦路由选定，它仍然维持有效，直到发出复位命令给 RDC，或对等体调用路由发现规程为止。

当 REPLACE 策略标志置为“真”时，选择另一方式。在该方式中，状态机学习和选择其对等体所使用的路由（如果该路由满足要求的准则）。

9.7.3.1.2　**路由发现的规程**

当必须确定路由时，RDC 将发送 RQC PDU 给远程站（其对等体），并对选择功能赋予能力。远程站使用 RQR PDU 来响应 RQC，以便使用 ARE 路由类型。对于站之间的每个唯一通路，始发站使用 RIF 所指示的路由来接收 RQR PDU。选择功能最合适的响应。

9.7.3.1.3　**路由选择的规程**

1）　路由复位阶段：当站初始化时以及每当管理刷新路由时，就进入这个阶段。已经未选择任何路由（ROUTE=NULL），并且只要数据链路不处于活动使用中，RDC 就停留在这个阶段。当指示数据链路在使用中的文件出现时，就退出这个阶段。这个阶段利用复位状态来提供。

2）　查询路由阶段：当需要路由并且不知道时，就进入这个阶段。进入这个阶段启动路由发现过程。这个阶段利用查询状态来提供。

3）　等待路由阶段：当对等体已启动路由发现过程并且该站正在等待使用这个结果时，就进入这个阶段。这个阶段利用查询状态来提供。

4）　新路由阶段：这个阶段指示新路由最近已获及，并且路由发现或替代被禁止。当新路由已被选择时，就进入这个阶段。在这个阶段期间，禁止进一步的动作，直到已经覆盖该系统为止。这样做防止了在站之间彼此引起重新启动发现过程的阶段性问题。这个阶段利用新状态来提供。

5）　源路由阶段：一旦路由已经被选定并且已经过了足够的时间，为了允许系统稳定下来，就进入这个阶段。这个阶段利用路由状态来提供。

9.7.3.1.4　**路由复位的规程**

该状态机可以通过发出刷新命令的管理动作来复位，在此种情况下，该状态机丢弃当前路由，进入复位状态并等待可要求待选择的路由文件。RCC 能发出将引起当前路由被丢弃的复位命令，并且重新启动路由发现过程。

9.7.3.1.5　**路由选择元素**

1）　定时器功能：路由选择定时器（TRS）用来限制 RDE 仍然维持在路由选择过程的某个阶段的时间。复位定时动作引起定时器值被复位到“0”并且定时器被启动。当定时器达到管理所规定的值时，该定时器被看作期满，并且将其指示给状态机。这个定时器的主要目的是限制在判定状态下 RDE 仍然维持的时间。TRS 期满值标识（宜等于或大于）最大往返等待时间。

2）　选择功能：实际的路由选择功能不予规定，因此，允许实现规定它自己的实际选择准则。对于选择功能，而另一些偏向于桥接网络的最大好处。

当 RQC 被发送并且在响应基础上它执行其逻辑时，则激活选择功能。该功能的输出是路由选择功能完成而选定的路由和指示。

3) 老化功能:老化功能是一种机制,该机制用来从源路由变速缓存中检测和删除时失效的路由。

9.7.3.2 路由选择状态规范

路由选择状态图在图 35 中示出。

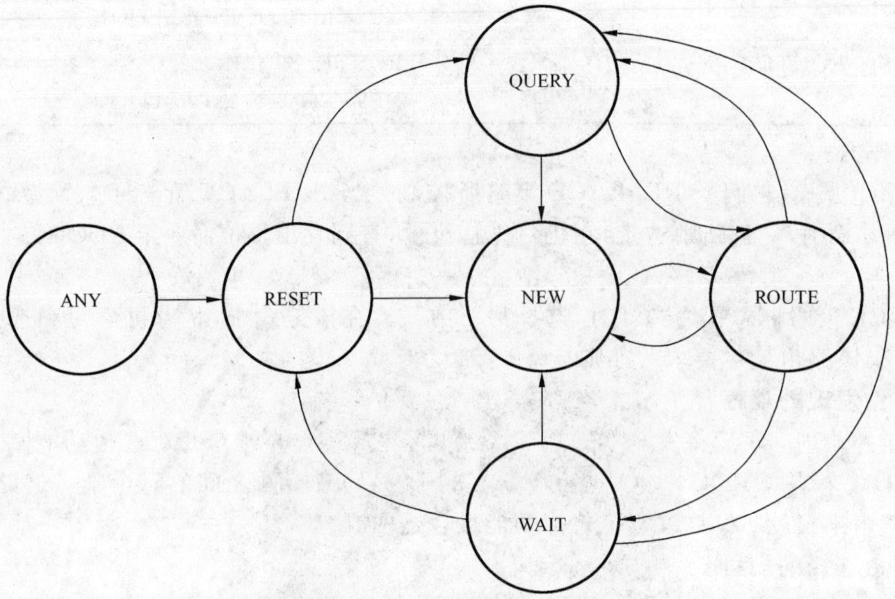

图 35 路由选择状态图

1) ANY:动作不依赖于当前状态。
2) NEW:新路由已经被确定并且路由发现过程被禁止,直到路由已经老化为了允许系统覆盖新路由为止。
3) QUERY:该 RDC 已经启动路由发现过程,并且等待提供路由的路由选择功能。
4) RESET:路由选择处于 RESET 状态中。在这个状态下,状态机是不活动的。ROUTE 置为"NULL",定时器 TRS 被失去能力。RDC 将等待活动,它指示该数据链路所需要的路由。
5) ROUTE:路由已经被选择并且将被使用,直到存在需要新路由的指示为止。
6) WAIT:对等体处于路由发现的过程中,并且该 RDC 正在等待该对等体选择路由。

9.7.3.3 路由选择文件/条件规范

1) FLUSH_ROUTE:丢弃当前路由的系统管理的信号。这不引起 RDE 发现新路由。
2) GET_ROUTE_REQUEST:正在发送 PDU 的并要求该数据链路的路由选择信息的 RCC 的请求。
3) RDE_PDU_INDICATION=RQC:指示对于该数据链路收到 RQC PDU 的信号。
4) RDE_PDU_INDICATion=RS:指示对于该数据链路收到 RS PDU 的信号。
5) REPLACE_POLICY:这个本地 LSAP 的替换策略置为"真"。
6) RESET_ROUTE_REQUEST:丢弃当前路由并发现另一路由的 RCC 的信号。
7) RIF>=CRITERIA:收到的 PDU 的 RIF 满足可接收路由的准则。
8) RIF_INDICATION:收到该数据链路的 RIF 的指示。
9) RIF<>ROUTE:作为最小值,RIF 必须是不同的,但除当前路由处。LTH 字段不能大于 MAX_RDX2+2,并且 RIF LF 若干位不能指示小于 MIN_PDU_SIZE 的信息字段。
10) SELECTION_COMPLETE:指示路由选择功能已经选择了路由的信号。
11) TRS_EXPIRES:定时器 TRS 已期满。

9.7.3.4 路由选择动作规范

1) NEW_ROUTE_INDICATION:对路由已经改变以及如果 HOLD 策略实现时才要求路由的

路由管理状态机的指示。

2) RDE_PDU_REQUEST(RQC):RDC 应产生一个请求送给 RCC,以发送 RQC PDU 给远程 RDE。
3) RDE_PDU_REQUEST(RS):RDC 应产生一个请求送给 RCC,以发送 RS PDU 给远程 RDE。
4) RESET_TRS:定时器 TRS 应复位成它的配置值。
5) ROUTE=NULL:特定的路由不可用,并且要使用的 ROUTE 是生成树通路。
6) ROUTE=REVERSE:RDC 应存储收到的 RIF 作为如下的 ROUTE。保存的 ROUTE 应是带有 RTYPE 置为 SRF 和方向(D)比特反向的收到 RIF。
7) ROUTE=SELECTION:要用于后续 PDU 的路由将是路由选择功能的路由输出。
8) START_SELECTION:RDC 应产生一个信号送给查询命令发往的选择功能,并且选择功能应选择基于其响应的路由。

9.7.4 路由管理状态机

9.7.4.1 路由管理状态机概述

路由管理状态机为 GET_ROUTE request 原语提供响应,因此,为 RCC 提供路由。该状态机负责实施 HOLD 策略,因此,确保变更路由将不引起帧失序。状态转换在表 11 中示出。

表 11 路由管理状态机

状态	事件	动作	下一状态
EMPTY	GET_ROUTE_REQUEST	GET_ROUTE_CONFIRM; RESET_TRR	IN-USE
IN_USE	NEW_ROUTE_INDICATION & HOLD_POLICY		NEW
	GET_ROUTE_REQUEST	GET_ROUTE_CONFIRM; REST_TR	
	TRR_EXPIRES		EMPTY
NEW	GET_ROUTE_REQUEST		HOLD
	TRR_EXPIRES		EMPTY
HOLD	TRR_EXPIRES	GET_ROUTE_CONFIRM; RESET_TRR	IN-USE

9.7.4.1.1 操作方式

存在两种有效操作方式。在正常操作期间,GET_ROUTE request 原语直接地为返回路由提供服务。当 HOLD 策略处于有效并且路由已经变更时,将进行所有附加请求,直到路由定时器期满为止。

9.7.4.1.2 发送 PDU 的规程

RCC 将发出 GET_ROUTE request 原语送给合适的 RDC,并且保持悬而未决的 GET_ROUTE request 原语的 PDU。RDC 将按照路由管理状态机来处理该请求,以返回选择的路由。然后,RCC 将产生 MA-UNITDATA request 原语送给规定 RCC 所返回路由的 MAC。

9.7.4.1.3 路由确定的规程

路由确定的规程如下:

1) System empty phase:在这个阶段,当前没有任何 PDU 处在系统内;
2) Route in-use phase:PDU 已经在当前路上被发送,但该路由不曾有时间穿过该系统;
3) New route pending phase:新路由已经选择了,而且还有 PDU 使用不曾有时间穿过该系统的先前路由;
4) Holding phase:当使用先前路由的 PDU 正在穿过该系统时,PDU 正在等待新路由。

9.7.4.1.4 **路由管理元素**

1） Timer Function：路由响应定时器（TRR）用来定时该系统中的 PDU。当发送 PDU 时，TRR 复位为“0”并被启动。当它达到其门限时，认为它已期满。TRR 宜拥有等于或大于最大单项等待时间的期满值。该定时器的主要用途是，在新路由可以使用之前，在使用某一路由之后，为了定 RDE 等等的时间。状态机允许实现单个定时器（当 TRR＝TRS 时）。TRR 应拥不小于 1/2 TRS 期满值和不大于 TRS 期满值。

9.7.4.2 **路由确定状态**

路由管理状态图在图 36 中示出。

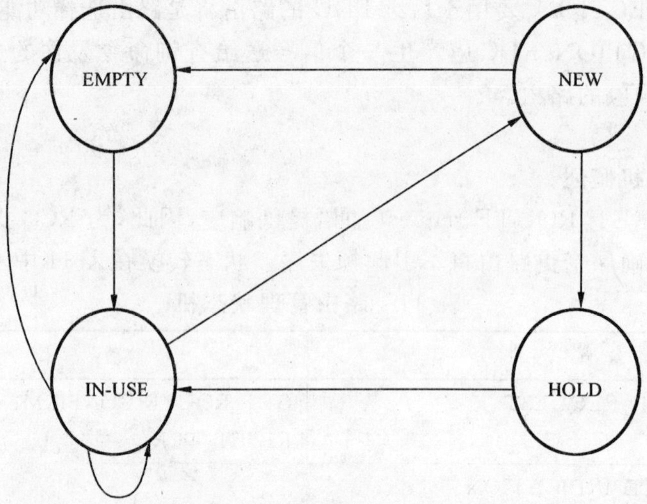

图 36 路由管理状态图

具体描述如下：

1） EMPTY：存在初始状态，并且在所有发送的 PDU 曾有时间穿过该系统（即，该系统是空的）之后就进入该状态。将直接进行对路由的任何请求服务。路由定时器将被启动，并且向在使用中状态作出转换；

2） HOLD：这就是当路由处于使用中，新通路已被选择，HOLD 策略处于有效中，以及另一 PDU 需要发时进入的这个状态；

3） IN-USE：这就是当路由正在被使用时进入的这个状态。将直接地为路由而进行任何请求服务并且路由定时器复位。当路由定时器期满时，则反向作出向空状态的转换。如果新路被选择并且 HOLD 策略处于有效中，则作出向新状态的转换；

4） NEW：这就是如果当路由处于使用中，新路由已经被选择，并且 HOLD 策略处于有效时进入的这个状态。

9.7.4.3 **路由确定文件/条件规范**

1） GET_ROUTE_REQUEST：RCC 已发出 GET_ROUTE request 原语送给该部件。

2） HOLD_POLICY：本地 LSAP 用的 HOLD 策略被赋予能力。

3） NEW_ROUTE_INDICATION：新路由已经被选择。

4） TRR_EXPIRES：路由定时器（TRR）已期满。

9.7.4.4 **路由确定动作**

1） GET_ROUTE_CONFIRM：RDC 应对提供正确 ROUTE 的 RCC 产生 GET_ROUTE 原始确认。RCC 使用此响应来发送所有持有的数据帧。

2） RESET TRR：应从 0 重启动路由定时器。

10 LLC 子层被管客体

LLC 子层由几个不同的被管客体所组成。这些被管客体的定义基于被嵌入在系列标准 ISO/IEC 10165-1:1993 和 ISO/IEC 10165-4:1992 的管理信息结构中的模型化和记法表述概念。

LLC 子层的管理借助于几个被管客体来完成,如图 37 所示。

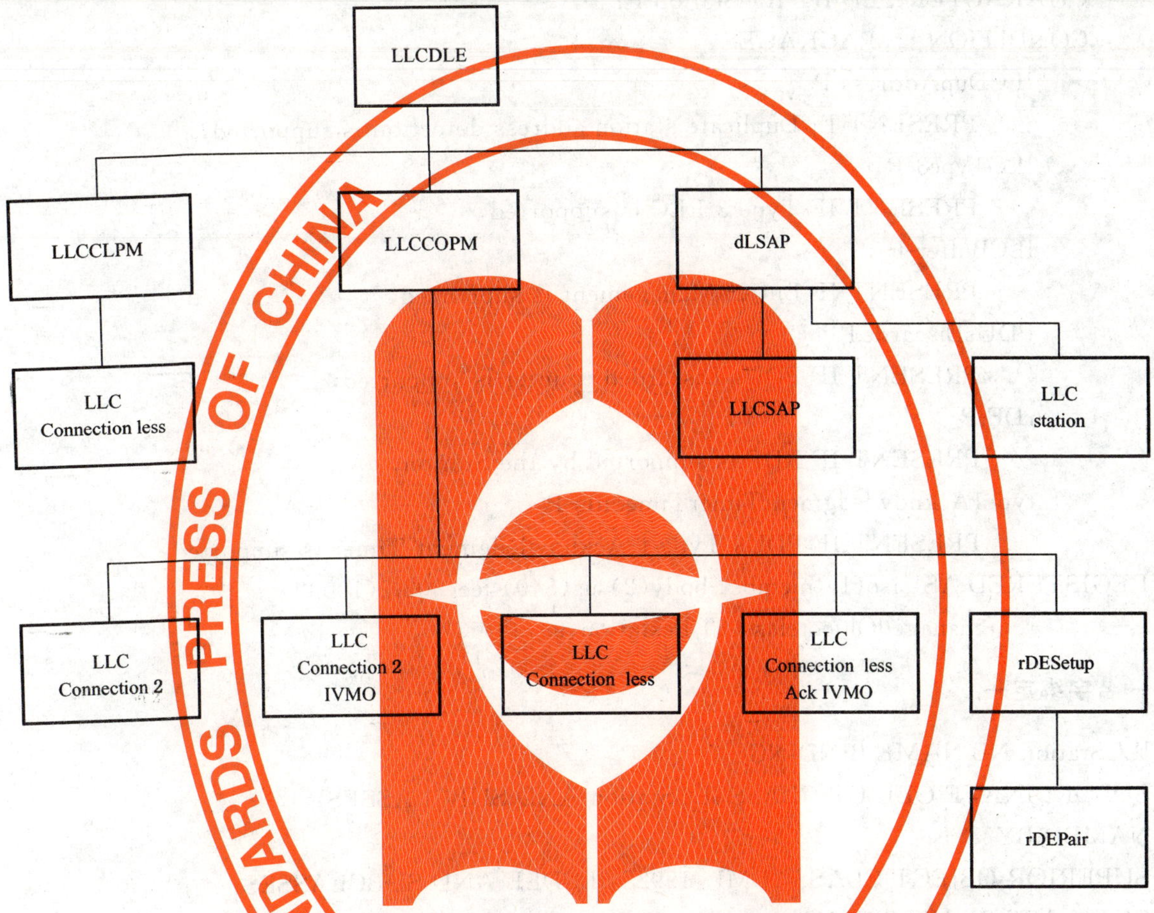

图 37 逻辑链路控制包容的层次结构

1) LLCStation 被管客体:包含每个站存在的管理属性、动作和通知,诸如,活动的连接等。

2) LLCASP 被管客体:包含每个 LCSAP 存在的管理属性、动作和通知。

3) LLLCConnectionless 被管客体:包含用于无连接(类型 1)LLC 环境的所有原理、动作和通知。对于站范围内的每个 LSAP 都存在这个 MO 的独立实例。

4) LLCConneciont2 被管客体:包含用于连接(类型 2)环境的所有原理、动作和通知。

5) LLCConnection2 IVMO 被管客体:可以用来对 LLCConnection2 MOs 的原理提供初始值。LLCConnection2 IVMO 的不同实例可以包含不同的初始值。

6) LLCConnectionless Ack 被管客体:包含用于确认无连接、(类型 3)环境的所有原理、动作和通知。

7) LLCConnectionless Ack IVMO 被管客体:包含用来对 LLCConnectionless Ack MO 的原理提供初始值。LLCConnectionless Ack IVMO 的不同实例可以包含不同的初始值。

8) rDESetup 被管客体:包含为设置而要求的所有属性,条件是 lLCSAP 的一个实例支持 RDE。

9) rDEPair 被管客体:对于所提供的任何类型的 LLC 服务所使用的每个 RDE 对都存在。这个被管客体包含本地 MAC 地址和本地 SAP 以及远程 MAC 地址和远程 SAP,加上计数器。

10.1 LLCStation 被管客体

这个被管客体负责处理影响整个 LLC 实体的事件。对于在局域网上呈现的每个 MAC 服务访问点都应存在一个 LLC Station 被管客体。形式描述如下：

```
lLCStation MANAGED OBJECT CLASS
     DERIVED FROM "DML"：dLSAP；
     CHARACTERIZED BY lLCStation-P；
     CONDITIONAL PACKAGES
          lLCDupAddress-P
               PRESENT IF Duplicate station address detection is supported，
          lLCType3-P
               PRESENT IF Type 3 LLC is supported，
          lLCBuffer-P
               PRESENT IF Buffer Management is supported，
          PDUsDiscarded-P
               PRESENT IF PDUs Discarded counter is supported，
          rDE-P
               PRESENT IF RDE is supported by the Station，
          type1AcknowledgmentTimerTimeouts-P
               PRESENT IF PDUs Type 1 Acknowledgment Timer is supported；
REGISTERED AS {iso(1) member-body(2) us(840) ieee802-2(10032)
               managedObjectclass(3) llcstation(9)}；
```

—名字绑定—

```
lLCStation-NB NAME BINDING
SUBORDINATE OBJECT CLASS lLCStation AND SUBCLASSES；
NAMED BY
SUPERIOR OBJECT CLASS "DMI :1992":lLCDLE AND SUBCLASSES；
WITH ATTRIBUTE lLCName ；
REGISTERED AS {iso(1) member-body(2) us(840) ieee802-2(10032) nameBinding(6)
llcstationnb(10)}；
```

—包—

```
lLCStation-P PACKAGE
     BEHAVIOUR
          lLCStation-B BEHAVIOUR
               DEFINED AS
                    ! lLCStation 包包含了对整个 LLC 站来说都是公共的所有属性和动作的定义，
                    不考虑哪些 LLC 操作被支持。! ；；
     ATTRIBUTES
          lLCName GET，
               maximumLSAPsConfigured GET，
               numberOfActiveLSAPs GET，
               supportedServicesTypes GET，
```

```
        status GET;
    ACTIONS
        reinitialize-AC;
REGISTERED AS {iso(1) member-body(2) us(840) ieee802-2(10032) package(4)
        llcstationp(33)};

lLCDupAddress-P PACKAGE
    BEHAVIOUR
        lLCDupAddress-B BEHAVIOUR
            DEFINED AS
                !这是 LLCStationComponent 客体的条件部分，如果 LLC 客体支持重复
                站地址检测(见 6.9.2.1)，则它存在。!;;
    ATTRIBUTES
        type1AcknowledgeTimeoutValue GET-REPLACE,
        type1MaximumRetryCount GET-REPLACE;
REGISTERED AS {iso(1) member-body(2) us(840) ieee802-2(10032) package(4)
        llcdupaddress(2)};

lLCType3-P PACKAGE
    BEHAVIOUR
        lLCType3-B BEHAVIOUR
            DEFINED AS
                !这是 LLCStationComponent 客体的条件部分，如果 LLC 客体支持 LLC
                类型 3 服务，则它存在!;;
    ATTRIBUTES
        maximumPDUN3 GET-REPLACE,
        maximumRetransmissions4 GET-REPLACE,
        receiveVariableLifetime GET-REPLACE,
        transmitVariableLifetime GET-REPLACE,
        type3AcknowledgeTimeoutValue GET-REPLACE,
        type3Retransmissions GET;
    NOTIFICATIONS
        lLCStationEvent-N;
REGISTERED AS {iso(1) member-body(2) us(840) ieee802-2(10032) package(4)
        llctype3(3)};

lLCBuffer-P PACKAGE
    BEHAVIOUR
        lLCBuffer-B BEHAVIOUR
            DEFINED AS
                !该包对该站提供了可用的缓冲空间总量，即该站在使用中的缓冲空间量
                和平均空间量。!;;
    ATTRIBUTES
```

```
        avgBufferUseSize GET-REPLACE,
        bufferProblems GET,
        bufferSize GET-REPLACE,
        maxBufferUseSize GET-REPLACE;
    NOTIFICATIONS
        lLCStationEvent-N;
REGISTERED AS {iso(1) member-body(2) us(840) ieee802-2(10032) package(4)
        llcbuffer(4)};

PDUsDiscarded-P PACKAGE
    BEHAVIOUR
        PDUsDiscarded-B BEHAVIOUR
            DEFINED AS
                ! 如果该实现支持对丢弃的无效 PDU 数进行计数,如果该实现还支持对由于
                不活动 DSAP 的规范引起的丢弃的 PDU 的数进行计数,则提供这个包。!;;
    ATTRIBUTES
        inactiveLSAP GET,
        PDUsDiscarded GET;
    NOTIFICATIONS
        lLCStationEvent-N;
REGISTERED AS {iso(1) member-body(2) us(840) ieee802-2(10032) package(4)
        PDUsdiscarded(5)};

rDE-P PACKAGE
    BEHAVIOUR
        rDE-P-B BEHAVIOUR
            DEFINED AS
                ! 如果该站支持 RDE,则在该站级别处呈现两个属性。!;;
    ATTRIBUTES
        sTRIndicator GET-REPLACE,
        versionNumber GET;
REGISTERED AS {iso(1) member-body(2) us(840) ieee802-2(10032) package(4)
        rdep(6)};

type1AcknowledgmentTimerTimeouts-P PACKAGE
    BEHAVIOUR
        bType1AcknowledgmentTimerTimeouts BEHAVIOUR
            DEFINED AS
                ! 如果该实现支持确认定时器属性,则提供这个包。!;;
    ATTRIBUTES
        type1AcknowledgmentTimerTimeouts GET-REPLACE;
REGISTERED AS {iso(1) member-body(2) us(840) ieee802-2(10032) package(4)
        type1acknowledgmenttimertimeouts(7)};
```

—属性—

```
avgBufferUseSize ATTRIBUTE
    WITH ATTRIBUTE SYNTAX
        LLCDefinitions. AvgBufferUseSize;
    MATCHES FOR EQUALITY;
    BEHAVIOUR
        avgBufferUseSize-B BEHAVIOUR
            DEFINED AS
                ! 规定该站的 LLC 在使用中的以相同时间的缓冲空间平均量(以八位位组记)。!;;
REGISTERED AS {iso(1) member-body(2) us(840) ieee802-2(10032) attribute(7)
        avgbufferusesize(0)};

bufferProblems ATTRIBUTE
    WITH ATTRIBUTE SYNTAX
        LLCDefinitions. EventCounter;
    MATCHES FOR EQUALITY;
    BEHAVIOUR
        bufferProblems-B BEHAVIOUR
            DEFINED AS
                ! 该计数器提供了由于缓冲器限制引起而丢弃的 PDU 计数。!;;
REGISTERED AS {iso(1) member-body(2) us(840) ieee802-2(10032) attribute(7)
        bufferproblems(1)};

bufferSize ATTRIBUTE
    WITH ATTRIBUTE SYNTAX
        LLCDefinitions. BufferSize;
    MATCHES FOR EQUALITY;
    BEHAVIOUR
        bufferSize-B BEHAVIOUR
            DEFINED AS ! 由 LLC 使用的缓冲空间计数(以八位位组计)。!;;
REGISTERED AS {iso(1) member-body(2) us(840) ieee802-2(10032) attribute(7)
        buffersize(2)};

inactiveLSAP ATTRIBUTE
    WITH ATTRIBUTE SYNTAX
        LLCDefinitions. Counter;
    MATCHES FOR EQUALITY;
    BEHAVIOUR
        inactiveLSAP-B BEHAVIOUR
            DEFINED AS
                ! 它计数由于不活动 DSAP 的规范引起而丢失的 PDU 数。!;;
```

```
REGISTERED AS {iso(1) member-body(2) us(840) ieee802-2(10032) attribute(7)
        inactivelsap(3)};

lLCName ATTRIBUTE
    WITH ATTRIBUTE SYNTAX lLCDefinitions. LLCName;
    MATCHES FOR EQUALITY;
    BEHAVIOUR
        lLCName-B BEHAVIOUR
            DEFINED AS
                ! 该属性用来命名 lLCStation 被管客体的实例。!;;
REGISTERED AS {iso(1) member-body(2) us(840) ieee802-2(10032) attribute(7)
        llcname(4)};

maxBufferUseSize ATTRIBUTE
    WITH ATTRIBUTE SYNTAX
        LLCDefinitions. MaxBufferUseSize;
    MATCHES FOR EQUALITY;
    BEHAVIOUR
        maxBufferUseSize-B BEHAVIOUR
            DEFINED AS
                ! 规定 LLC 在使用中的以相同时间的缓冲空间的最大量(以八位位组记)。!;;
REGISTERED AS {iso(1) member-body(2) us(840) ieee802-2(10032) attribute(7)
        maxbufferusesize(5)};

maximumLSAPsConfigured ATTRIBUTE
    WITH ATTRIBUTE SYNTAX
        LLCDefinitions. MaximumLSAPsConfigured;
    MATCHES FOR EQUALITY;
    BEHAVIOUR
        maximumLSAPsConfigured-B BEHAVIOUR
            DEFINED AS
                ! 能按时地随时支持 LSAP 最大数。!;;
REGISTERED AS {iso(1) member-body(2) us(840) ieee802-2(10032) attribute(7)
        maximumLSAPsconfigured(6)};

maximumPDUN3 ATTRIBUTE
    WITH ATTRIBUTE SYNTAX
        LLCDefinitions. MaximumPDUN3;
    MATCHES FOR EQUALITY;
    BEHAVIOUR
        maximumPDUN3-B BEHAVIOUR
            DEFINED AS ! 类型 3 指令 PDU 的最大大小!;;
REGISTERED AS {iso(1) member-body(2) us(840) ieee802-2(10032) attribute(7)
```

```
        maximumpdun3(7)};

maximumRetransmissions4 ATTRIBUTE
    WITH ATTRIBUTE SYNTAX
        LLCDefinitions. MaximumRetransmissions4;
    MATCHES FOR EQUALITY;
    BEHAVIOUR
        maximumRetransmissions4-B BEHAVIOUR
            DEFINED AS
                !由于防止收到确认的差错条件引起的类型3重传数。!;;
REGISTERED AS {iso(1) member-body(2) us(840) ieee802-2(10032) attribute(7)
        maximumretransmissions4(8)};

numberOfActiveLSAPs ATTRIBUTE
    WITH ATTRIBUTE SYNTAX
        LLCDefinitions. NumberofActiveLSAPs;
    MATCHES FOR EQUALITY;
    BEHAVIOUR
        numberOfActiveLSAPs-B BEHAVIOUR
            DEFINED AS
                !站当前支持的活动LSAP数。!;;
REGISTERED AS {iso(1) member-body(2) us(840) ieee802-2(10032) attribute(7)
        numberofactiveLSAPs(9)};

PDUsDiscarded ATTRIBUTE
    WITH ATTRIBUTE SYNTAX
        LLCDefinitions. EventCounter;
    MATCHES FOR EQUALITY;
    BEHAVIOUR
        PDUsDiscarded-B BEHAVIOUR
            DEFINED AS
                !提供被丢弃的无效PDU总计数。丢弃的(无效)PDU应被定义为至少满足下
                列条件之一的一种PDU:
                1)  像这样的PDU,它由PHY或MAC子层来标识;
                2)  在长度上它不是八位位组的整数个;
                3)  在其正确次序上,它不包含2个正确格式化字段,一个控制字段和可选的信
                    息字段;
                4)  其长度小于3个八位位组(1个八位位组控制字段)或4个八位位组(2个八
                    位位组控制字段)。!;;
REGISTERED AS {iso(1) member-body(2) us(840) ieee802-2(10032) attribute(7)
        PDUsdiscarded(10)};

receiveVariableLifetime ATTRIBUTE
```

```
    WITH ATTRIBUTE SYNTAX
        LLCDefinitions.ReceiveVariableLifetime;
    MATCHES FOR EQUALITY;
    BEHAVIOUR
        receiveVariableLifetime-B BEHAVIOUR
            DEFINED AS
                ! 维持类型 3 LLC 接收状态变量的时间量!;;
REGISTERED AS {iso(1) member-body(2) us(840) ieee802-2(10032) attribute(7)
        receivevariablelifetime(12)};

status ATTRIBUTE
    WITH ATTRIBUTE SYNTAX
        LLCDefinitions.Status;
    MATCHES FOR EQUALITY;
    BEHAVIOUR
        status-B BEHAVIOUR
            DEFINED AS
                ! 该属性允许管理者确定 lLCStation 实体处于什么状态(UP,DOWN,等)。!;;
REGISTERED AS {iso(1) member-body(2) us(840) ieee802-2(10032) attribute(7)
        status(13)};

strIndicator ATTRIBUTE
    WITH ATTRIBUTE SYNTAX
        LLCDefinitions.STRIndicator;
    MATCHES FOR EQUALITY;
    BEHAVIOUR
        sTRIndicator-B BEHAVIOUR
            DEFINED AS
                ! 指示 NSR 或 STE 路由选择是否经过生成树的值!;;
REGISTERED AS {iso(1) member-body(2) us(840) ieee802-2(10032) attribute(7)
        strindicator(14)};

supportedServicesTypes ATTRIBUTE
    WITH ATTRIBUTE SYNTAX
        LLCDefinitions.SupportedServicesTypes;
    MATCHES FOR EQUALITY;
    BEHAVIOUR
        supportedServicesTypes-B BEHAVIOUR
            DEFINED AS
                ! 所支持的类型或服务类型(即,类型 1、类型 2、类型 3)!;;
REGISTERED AS {iso(1) member-body(2) us(840) ieee802-2(10032) attribute(7)
        supportedservicestypes(15)};
```

```
transmitVariableLifetime ATTRIBUTE
    WITH ATTRIBUTE SYNTAX
        LLCDefinitions. TransmitVariableLifetime;
    MATCHES FOR EQUALITY;
    BEHAVIOUR
        transmitVariableLifetime-B BEHAVIOUR
            DEFINED AS
                ! 维持类型 3 LLC 发送状态变量的时间!;;
REGISTERED AS {iso(1) member-body(2) us(840) ieee802-2(10032) attribute(7)
        transmitvariablelifetime(16)};

type1AcknowledgeTimeoutValue ATTRIBUTE
    WITH ATTRIBUTE SYNTAX
        LLCDefinitions. AcknowledgeTimeoutValue;
    MATCHES FOR EQUALITY;
    BEHAVIOUR
        type1AcknowledgeTimeoutValue-B BEHAVIOUR
            DEFINED AS
                ! 测得的 ACK 定时器的超时值(以毫秒计)(见 6.9.2.2 和 6.9.2.3)。!;;
REGISTERED AS {iso(1) member-body(2) us(840) ieee802-2(10032) attribute(7)
        type1AcknowledgeTimeoutValue(17)};

type1AcknowledgmentTimerTimeouts ATTRIBUTE
    WITH ATTRIBUTE SYNTAX
        LLCDefinitions. EventCounter;
    MATCHES FOR EQUALITY;
    BEHAVIOUR
        type1AcknowledgmentTimerTimeouts-B BEHAVIOUR
            DEFINED AS
                ! 规定 ACK 定时器已期满的次数(见 6.9.2.2 和 6.9.2.3)。!;;
REGISTERED AS {iso(1) member-body(2) us(840) ieee802-2(10032) attribute(7)
        type1acknowledgmenttimertimeouts(18)};

type1MaximumRetryCount ATTRIBUTE
    WITH ATTRIBUTE SYNTAX
        LLCDefinitions. MaximumRetryCount;
    MATCHES FOR EQUALITY;
    BEHAVIOUR
        type1MaximumRetryCount-B BEHAVIOUR
            DEFINED AS
                ! 在复制地址检查期间重试的最大数。!;;
REGISTERED AS {iso(1) member-body(2) us(840) ieee802-2(10032) attribute(7)
        type1maximumretrycount(19)};
```

```
type3AcknowledgeTimeoutValue ATTRIBUTE
    WITH ATTRIBUTE SYNTAX
        LLCDefinitions. Type3AcknowledgeTimeoutValue;
    MATCHES FOR EQUALITY;
    BEHAVIOUR
        type3AcknowledgeTimeoutValue-B BEHAVIOUR
            DEFINED AS
                ! 规定 LLC 期望接收对确认无连接请求的响应的时间间隔。!;;
REGISTERED AS {iso(1) member-body(2) us(840) ieee802-2(10032)
        attribute(7)type3acknowledgetimeoutvalue(20)};

type3Retransmissions ATTRIBUTE
    WITH ATTRIBUTE SYNTAX
        LLCDefinitions. EventCounter;
    MATCHES FOR EQUALITY;
    BEHAVIOUR
        type3Retransmissions-B BEHAVIOUR
            DEFINED AS
                ! 提供类型 3LLC 服务所重发(至少一次)的 PDU 数的计数。!;;
REGISTERED AS {iso(1) member-body(2) us(840) ieee802-2(10032) attribute(7)
        type3retransmissions(21)};

versionNumber ATTRIBUTE
    WITH ATTRIBUTE SYNTAX
        LLCDefinitions. VersionNumber;
    MATCHES FOR EQUALITY;
    BEHAVIOUR
        versionNumber-B BEHAVIOUR
            DEFINED AS
                ! 这个站所实现的 sap RED 协议版本。该值为"1"将用来表示这个当前
                版本。!;;
REGISTERED AS {iso(1) member-body(2) us(840) ieee802-2(10032) attribute(7)
        versionnumber(22)};
```

—动作—

```
reinitialize-AC ACTION
    BEHAVIOUR
    reinitialize-B BEHAVIOUR
        DEFINED AS
            ! 这个证实动作使整个 LLC 子层要复位到它的初始配置!;;
    MODE CONFIRMED;
    WITH INFORMATION SYNTAX LLCDefinitions. ReinitializeData;
```

```
    WITH REPLY SYNTAX LLCDefinitions. ReinitializeResponse;
REGISTERED AS {iso(1) member-body(2) us(840) ieee802-2(10032) action(9)
        reinitialize(0)};
```

—通知—

```
lLCStationEvent-N NOTIFICATION
    BEHAVIOUR
        lLCStationEvent-B BEHAVIOUR
            DEFINED AS
                ! 对于丢弃的 PDU,缓冲区问题或类型 3 重传,发送这个通知。!;;
    WITH INFORMATION SYNTAX LLCDefinitions. LLCStationEvent;
REGISTERED AS {iso(1) member-body(2) us(840) ieee802-2(10032) notification(10)
        llcstationevent(0) };
```

10.2 LLCSAP 被管客体

这个被管客体包含与 LLC SAP 相关的原理,而这些原理是与任何特定类型的操作无关的。形式描述如下:

```
lLLSAP MANAGED OBJECT CLASS
    DERIVED FROM "DML":dLSAP;
    CHARACTERIZED BY lLCSAP-P;
REGISTERED AS {iso(1) member-body(2) us(840) ieee802-2(10032)
        managedObjectclass(3) llcsap(1)};
```

—名字绑定—

```
lLCSAP-NB NAME BINDING
    SUBORDINATE OBJECT CLASS lLCSAP AND SUBCLASSES;
    NAMED BY
    SUPERIOR OBJECT CLASS "DMI:1992";lLCDLE AND SUBCLASSES;
    WITH ATTRIBUTE lLCSAPName;
REGISTERED AS {iso(1) member-body(2) us(840) ieee802-2(10032) nameBinding(6)
        llcsapnb(1)};
```

—包—

```
lLCSAP-P PACKAGE
    BEHAVIOUR
        lLCSAP-B BEHAVIOUR
            DEFINED AS
                ! lLCSAP 包包含了与 LLC SAP 相关的所有属性和动作的定义,而属性和动作
                与所支持的 LLC 操作类型无关。!;;
    ATTRIBUTES
        lLCSAPName GET,
        lLCAddress GET,
        rDE GET;
REGISTERED AS {iso(1) member-body(2) us(840) ieee802-2(10032) package(4)
```

```
        llcsapp(1)};

—属性—

lLCSAPName ATTRIBUTE
    WITH ATTRIBUTE SYNTAX
        LLCDefinitions.LLCSAPName;
    MATCHES FOR EQUALITY;
    BEHAVIOUR
        lLCSAPName-B BEHAVIOUR
            DEFINED AS！用来命令 lLCSAP 被管客体的实例！;;
REGISTERED AS {iso(1) member-body(2) us(840) ieee802-2(10032) attribute(7)
        llcsapname(110)};

lLCAddress ATTRIBUTE
    WITH ATTRIBUTE SYNTAX
        LLCDefinitions.LSAP;
    MATCHES FOR EQUALITY;
    BEHAVIOUR
        lLCAddress-B BEHAVIOUR
            DEFINED AS！标识该 LSAP 的单 LLC 地址！;;
REGISTERED AS {iso(1) member-body(2) us(840) ieee802-2(10032) attribute(7)
        llcaddress(111)};

rDE ATTRIBUTE
    WITH ATTRIBUTE SYNTAX
        LLCDefinitions.RDE;
    MATCHES FOR EQUALITY;
    BEHAVIOUR
        rDE-B BEHAVIOUR
            DEFINED AS
                ！如果将其置为“1”,意指该 SAP 所支持的 RDE 的布尔值。！;;
REGISTERED AS {iso(1) member-body(2) us(840) ieee802-2(10032) attribute(7)
        rde(11)};
```

10.3 LLC 无连接被管客体

这个被管客体包含与 LLC 无连接环境相关的那些原理、动作和文件通知。形式描述如下：

```
lLCConnectionless MANAGED OBJECT CLASS
    DERIVED FROM "DML":lLCCLPM;
    CHARACTERIZED BY lLCConnectionless-P;
REGISTERED AS {iso(1) member-body(2) us(840) ieee802-2(10032)
        managedObjectclass(3) llcconnectionless(2)};

—名字绑定—

lLCConnectionless-NB NAME BINDING
```

```
    SUBORDINATE OBJECT CLASS
        lLCConnectionless AND SUBCLASSES;
    NAMED BY
    SUPERIOR OBJECT CLASS "DML": lLCCLPM AND SUBCLASSES;
    WITH ATTRIBUTE lLCClessName;
    CREATE;
    DELETE;
REGISTERED AS {iso(1) member-body(2) us(840) ieee802-2(10032) nameBinding(6)
        llcconnectionlessnb(2)};
```

—包—

```
lLCConnectionless-P PACKAGE
    BEHAVIOUR
        lLCConnectionless-B BEHAVIOUR
            DEFINED AS
            ! 这个被管客体负责处理与 LLC 无连接服务相关的属性、动作和通知。!;;
    ATTRIBUTES
        lLCClessName GET,
        maximumLLCInformationFieldSize GET,
        tESTReceivedABBResponse GET,
        tESTReceivedCommand GET,
        tESTReceivedResponse GET,
        tESTSentABBResponse GET,
        tESTSentCommand GET,
        tESTSentResponse GET,
        uIReceived GET,
        uISent GET,
        xIDReceivedCommand GET,
        xIDReceivedResponse GET,
        xIDSentCommand GET,
        xIDSentResponse GET;
    ACTIONS
        tESTSendCommand-AC,
        xIDSendCommand-AC;
REGISTERED AS {iso(1) member-body(2) us(840) ieee802-2(10032) package(4)
        llcsapcomponent(8)};
```

—属性—

```
lLCClessName ATTRIBUTE
    WITH ATTRIBUTE SYNTAX
        LLCDefinitions. LLCClessName;
    MATCHES FOR EQUALITY;
    BEHAVIOUR
```

```
        lLCClessName-B BEHAVIOUR
            DEFINED AS
                ！提供与这个客体类别相关的较高级别的实体名字。!;;
REGISTERED AS {iso(1) member-body(2) us(840) ieee802-2(10032) attribute(7)
        llcclessname(23)};

maximumLLCInformationFieldSize ATTRIBUTE
    WITH ATTRIBUTE SYNTAX
        LLCDefinitions. MaximumLLCInformationFieldSize;
    MATCHES FOR EQUALITY;
    BEHAVIOUR
        maximumLLCInformationFieldSize-B BEHAVIOUR
            DEFINED AS ！LSAP将接纳的最大长度SDU!;;
REGISTERED AS {iso(1) member-body(2) us(840) ieee802-2(10032) attribute(7)
        maximumllcinformationfieldsize(24)};

tESTReceivedABBResponse ATTRIBUTE
    WITH ATTRIBUTE SYNTAX
        LLCDefinitions. Counter;
    MATCHES FOR EQUALITY;
    BEHAVIOUR
        tESTReceivedABBResponse-B BEHAVIOUR
            DEFINED AS
                ！在没有由于限制远程站的资源引起的LSDU的情况下，提供这个LSAP所收
                到的TEST响应的计数。!;;
REGISTERED AS {iso(1) member-body(2) us(840) ieee802-2(10032) attribute(7)
        testreceivedabbresponse(25)};

tESTReceivedCommand ATTRIBUTE
    WITH ATTRIBUTE SYNTAX
        LLCDefinitions. Counter;
    MATCHES FOR EQUALITY;
    BEHAVIOUR
        tESTReceivedCommand-B BEHAVIOUR
            DEFINED AS
                ！提供这个LSAP从MAC子层收到的TEST命令的计数。这包括与这个
                LSAP所识别的任何组地址一起收到的命令!;;
REGISTERED AS {iso(1) member-body(2) us(840) ieee802-2(10032) attribute(7)
        testreceivedcommand(26)};

tESTReceivedResponse ATTRIBUTE
    WITH ATTRIBUTE SYNTAX
        LLCDefinitions. Counter;
```

```
    MATCHES FOR EQUALITY;
    BEHAVIOUR
        tESTReceivedResponse-B BEHAVIOUR
            DEFINED AS
                ! 提供这个 LSAP 从 MAC 子层收到的 TEST 响应的计数!;;
REGISTERED AS {iso(1) member-body(2) us(840) ieee802-2(10032) attribute(7)
        testreceivedresponse(27)};

tESTSentABBResponse ATTRIBUTE
    WITH ATTRIBUTE SYNTAX
        LLCDefinitions. Counter;
    MATCHES FOR EQUALITY;
    BEHAVIOUR
        tESTSentABBResponse-B BEHAVIOUR
            DEFINED AS
                ! 在没有由于限制资源引起的 LSDU 数据的情况下,提供交付给 MAC 的
                TEST 响应的计数。!;;
REGISTERED AS {iso(1) member-body(2) us(840) ieee802-2(10032) attribute(7)
        testsentabbresponse(28)};

tESTSentCommand ATTRIBUTE
    WITH ATTRIBUTE SYNTAX
        LLCDefinitions. Counter;
    MATCHES FOR EQUALITY;
    BEHAVIOUR
        tESTSentCommand-B BEHAVIOUR
            DEFINED AS
                ! 提供这个 LSAP 发送给 MAC 子层 TEST 命令的计数。!;;
REGISTERED AS {iso(1) member-body(2) us(840) ieee802-2(10032) attribute(7)
        testsentcommand(29)};

tESTSentResponse ATTRIBUTE
    WITH ATTRIBUTE SYNTAX
        LLCDefinitions. Counter;
    MATCHES FOR EQUALITY;
    BEHAVIOUR
        tESTSentResponse-B BEHAVIOUR
            DEFINED AS
                ! 提供这个 LSAP 发送给 MAC 子层的 TEST 响应的计数。!;;
REGISTERED AS {iso(1) member-body(2) us(840) ieee802-2(10032) attribute(7)
        testsentresponse(30)};

uIReceived ATTRIBUTE
```

```
    WITH ATTRIBUTE SYNTAX
        LLCDefinitions.Counter;
    MATCHES FOR EQUALITY;
    BEHAVIOUR
        uIReceived-B BEHAVIOUR
            DEFINED AS
                ！提供由 LSAP 从 MAC 子层收到的并被传递给该用户层的用户数据 PDU 的
                计数。这包括与该 LSAP 的成员的组地址一起收到的命令。!;;
REGISTERED AS {iso(1) member-body(2) us(840) ieee802-2(10032) attribute(7)
    uireceived(31)};

uISent ATTRIBUTE
    WITH ATTRIBUTE SYNTAX
        LLCDefinitions.Counter;
    MATCHES FOR EQUALITY;
    BEHAVIOUR
        uISent-B BEHAVIOUR
            DEFINED AS
                ！提供由 LSAP 从用户层接收的并被交付给 MAC 子层的用户数据 PDU 的
                计数。!;;
REGISTERED AS {iso(1) member-body(2) us(840) ieee802-2(10032) attribute(7)
    uisent(32)};

xIDReceivedCommand ATTRIBUTE
    WITH ATTRIBUTE SYNTAX
        LLCDefinitions.Counter;
    MATCHES FOR EQUALITY;
    BEHAVIOUR
        xIDReceivedCommand-B BEHAVIOUR
            DEFINED AS
                ！提供这个 LSAP 从 MAC 子层收到的 XID 命令的计数。这包括与这个 LSAP
                所识别的任何组地址一起收到的命令。!;;
REGISTERED AS {iso(1) member-body(2) us(840) ieee802-2(10032) attribute(7)
    xidreceivedcommand(33)};

xIDReceivedResponse ATTRIBUTE
    WITH ATTRIBUTE SYNTAX
        LLCDefinitions.Counter;
    MATCHES FOR EQUALITY;
    BEHAVIOUR
        xIDReceivedResponse-B BEHAVIOUR
            DEFINED AS
                ！提供这个 LSAP 从 MAC 子层收到的 XID 响应的计数。!;;
```

```
REGISTERED AS {iso(1) member-body(2) us(840) ieee802-2(10032) attribute(7)
    xidreceivedresponse(34)};

xIDSentCommand ATTRIBUTE
    WITH ATTRIBUTE SYNTAX
        LLCDefinitions. Counter;
    MATCHES FOR EQUALITY;
    BEHAVIOUR
        xIDSentCommand-B BEHAVIOUR
            DEFINED AS
                ! 提供这个 LSAP 发送给 MAC 子层的 XID 命令的计数。!;;
REGISTERED AS {iso(1) member-body(2) us(840) ieee802-2(10032) attribute(7)
        xidsentcommand(35)};

xIDSentResponse ATTRIBUTE
    WITH ATTRIBUTE SYNTAX
        LLCDefinitions. Counter;
    MATCHES FOR EQUALITY;
    BEHAVIOUR
        xIDSentResponse-B BEHAVIOUR
            DEFINED AS
                ! 提供这个 LSAP 发送给 MAC 子层的 XID 响应的计数。!;;
REGISTERED AS {iso(1) member-body(2) us(840) ieee802-2(10032) attribute(7)
        xidsentresponse(36)};

—动作—

tESTSendCommand-AC ACTION
    BEHAVIOUR
        tESTSendCommand-AC-B BEHAVIOUR
            DEFINED AS
                ! 这个动作引起 LLCSAP 部件发送 TEST 命令 PDU 给规定的远程 LSAP。!;;
    WITH INFORMATION SYNTAX LLCSAP. TESTSendCommand;
REGISTERED AS {iso(1) member-body(2) us(840) ieee802-2(10032) action(9)
        testsendcommand(2)};

xIDSendCommand-AC ACTION
    BEHAVIOUR
        xIDSendCommand-AC-B BEHAVIOUR
            DEFINED AS
                ! 引起 LLCSAP 不见发送 XID 命令 PDU 给规定的远程 LSAP。XID PDU(支
                持 LLC 类型和发送窗口尺寸值)的信息通过 LSAP 和 LSAP 对的当前配置来确
                定。!;;
    WITH INFORMATION SYNTAX LLCDefinitions. XIDSendCommand;
```

REGISTERED AS {iso(1) member-body(2) us(840) ieee802-2(10032) action(9)
    xidsendcommand(3)};

10.4 LLCConnection2 被管客体

这个被管客体包含与 LLC 类型 2(连接)环境相关的那些原理、动作和文件通知。这个被管客体负责处理在其生存期内(即,链路建立的时间范围内,直到连接的文件。对于 LLC 实体所支持的每条数据链路(LLC 类型 2),都应存在一个 LLC 连接被管客体。形式描述如下:

```
lLCConnection2 MANAGED OBJECT CLASS
    DERIVED FROM "DML": lLCCOPM;
    CHARACTERIZED BY lLCConnection2-P;
    CONDITIONAL PACKAGES
        connectionBusy-P
            PRESENT IF the local and remote busy counters are used with LLC Type 2,
        connectionReset-P
            PRESENT IF the local, remote and provider initiated reset counters are used with
                    LLC Type 2,
        connectionRoute-P
            PRESENT IF route known to the LSAP pair object,
        type2FlowControl-P
            PRESENT IF flow control is used with LLC Type 2,
        type2I-P
            PRESENT IF the sent and receive I counters are used with LLC Type 2,
        type2Iack-P
            PRESENT IF the sent and received acknowledgment counters are used with LLC
                    Type 2,
        type2FRMR-P
            PRESENT IF the sent and receive FRMR counters are used with LLC Type 2,
        type2RR-P
            PRESENT IF the sent and receive RR counters are used with LLC Type 2,
        type2RNR-P
            PRESENT IF the sent and receive RNR counters are used with LLC Type 2,
        type2REJ-P
            PRESENT IF the sent and receive REJ counters are used with LLC Type 2,
        type2SABME-P
            PRESENT IF the sent and receive SABME counters are used with LLC Type 2,
        type2UA-P
            PRESENT IF the sent and receive UA counters are used with LLC Type 2,
        type2DISC-P
            PRESENT IF the sent and receive DISC counters are used with LLC Type 2,
        typ2DM-P
            PRESENT IF the sent and receive DM counters are used with LLC Type 2,
        type2PDUs-P
            PRESENT IF using PDUs event notifications with LLC Type 2,
        type2OptTolIPDUs-P
```

```
        PRESENT IF Optional Toleration of Duplicate I PDUs is implemented in LLC Type 2,
    type2Violation-P
        PRESENT IF counting violations with LLC Type 2;
REGISTERED AS {iso(1) member-body(2) us(840) ieee802-2(10032)
    managedObjectclass(3)
        llcconnection2(3)};
```

—名字绑定—

```
lLCConnection2-NB NAME BINDING
    SUBORDINATE OBJECT CLASS lLCConnection2 AND
    SUBCLASSES;
    NAMED BY
    SUPERIOR OBJECT CLASS "DML": lLCCOPM AND SUBCLASSES;
    WITH ATTRIBUTE lLCConnection2Name;
REGISTERED AS {iso(1) member-body(2) us(840) ieee802-2(10032) nameBinding(6)
        llcconnection2nb(3)};
```

—包—

```
lLCConnection2-P PACKAGE
    BEHAVIOUR
        lLCConnection2-B BEHAVIOUR
            DEFINED AS
                !LLC 连接客体负责处理影响特定数据链路连接(对于 LLC 类型连接)的属
                性、动作和通知。对于所支持的每个数据链路连接都应存在一个数据连接。!;;
    ATTRIBUTES
        lLCConnection2Name GET,
        maximumRetransmissions GET-REPLACE,
        receiveWindowSize GET-REPLACE,
        sendWindowSize GET-REPLACE,
        type2AcknowledgeTimeoutValue GET-REPLACE,
        type2BusyStateTimeoutValue GET-REPLACE,
        type2PBitTimeoutValue GET-REPLACE,
        type2RejectTimeoutValue GET-REPLACE,
    ACTIONS
        correlatorExchange-AC,
    NOTIFICATIONS
        communicationAlarm-N,
        lLCConnection2Event-N;
REGISTERED AS {iso(1) member-body(2) us(840) ieee802-2(10032) package(4)
        llconnection2p(9)};

connectionBusy-P PACKAGE
    BEHAVIOUR
```

```
        connectionBusy-B BEHAVIOUR
            DEFINED AS ！包含计数本地或远程忙状态实例的属性。!;;
    ATTRIBUTES
        localBusy GET,
        remoteBusy GET;
REGISTERED AS {iso(1) member-body(2) us(840) ieee802-2(10032) package(4)
        connectionbusy(34)};

connectionReset-P PACKAGE
    BEHAVIOUR
        connectionReset-B BEHAVIOUR
            DEFINED AS
                ！包含服务特定类型实例的属性。!;;
    ATTRIBUTES
        remoteReset GET,
        localReset GET,
        providerReset GET;
REGISTERED AS {iso(1) member-body(2) us(840) ieee802-2(10032) package(4)
        connectionReset(35)};

connectionRoute-P PACKAGE
    BEHAVIOUR
        connectionRoute-B BEHAVIOUR
            DEFINED AS
                ！这是 LLC 连接客体的条件部分。如果使用源路由选择,并且该连接知道其路
                由,就提供它。该条件包包含“LSAP 对”使用的进行通信的源路由的一个属性。
                源路由选择在 ISO/IEC 10038:1993 中描述。!;;
    ATTRIBUTES
        route GET;
REGISTERED AS {iso(1) member-body(2) us(840) ieee802-2(10032) package(4)
        connectionroute(10)};

type2DISC-P PACKAGE
    BEHAVIOUR
        type2DISC-B BEHAVIOUR
            DEFINED AS
                ！规定从 MAC 交付的或收到的 DISC PDU 的计数!;;
    ATTRIBUTES
        type2ReceivedDISC GET,
        type2SentDISC GET;
REGISTERED AS {iso(1) member-body(2) us(840) ieee802-2(10032) package(4)
        type2disc(11)};
```

```
type2DM-P PACKAGE
    BEHAVIOUR
        type2DM-B BEHAVIOUR
            DEFINED AS ! 规定从 MAC 交付的或收到的 DM PDU 的计数。!;;
    ATTRIBUTES
        type2ReceivedDM GET,
        type2SentDM GET;
REGISTERED AS {iso(1) member-body(2) us(840) ieee802-2(10032) package(4)
        type2dm(12)};

type2FlowControl-P PACKAGE
    BEHAVIOUR
        type2FlowControl-B BEHAVIOUR
            DEFINED AS
                ! 这个条件包包含了用来提供流量控制的两个属性。!;;
    ATTRIBUTE
        kStep GET-REPLACE,
        maxSendWindowSize GET-REPLACE;
REGISTERED AS {iso(1) member-body(2) us(840) ieee802-2(10032) package(4)
        type2flowcontrol(13)};

type2FRMR-P PACKAGE
    BEHAVIOUR
        type2FRMR-P-B BEHAVIOUR
            DEFINED AS
                ! 规定交付给 MAC 的 FRMR PDU 的计数以及从 MAC 收到的并且不被丢弃
                的 FRMR PDU 的计数。!;;
    ATTRIBUTES
        type2ReceivedFRMR GET,
        type2SentFRMR GET;
    NOTIFICATIONS
        lLCConnection2Event-N;
REGISTERED AS {iso(1) member-body(2) us(840) ieee802-2(10032) package(4)
        type2frmr(14)};

type2I-P PACKAGE
    BEHAVIOUR
        type2I-B BEHAVIOUR
            DEFINED AS
                ! 该条件包计数收到和发送的 I PDU 的个数(见 7.5.1、7.5.6、7.5.8、7.5.9 和
                7.8.4)。!;;
    ATTRIBUTES
        type2ReceivedIGET,
```

```
        type2SentIGET;
REGISTERED AS {iso(1) member-body(2) us(840) ieee802-2(10032) package(4)
        type2i(15)};

type2Iack-P PACKAGE
    BEHAVIOUR
        type2Iack-B BEHAVIOUR
            DEFINED AS
                ! 包含计数发送的和接收的确认的属性!;;
    ATTRIBUTES
        sentAcks GET,
        receivedAcks GET;
REGISTERED AS {iso(1) member-body(2) us(840) ieee802-2(10032) package(4)
        type2iack(36)};

type2OptTolIPDU-P PACKAGE
    BEHAVIOUR
        type2OptTolIPDU-B BEHAVIOUR
            DEFINED AS
                ! 这个可选的包包含两个属性,一个布尔值,它表示支持可选容忍重复 I PDU
                功能,一个时间计数器,它计数收到的重复 I PDU 数。!;;
    ATTRIBUTES
        optionalTolerationIPDUGET,
        duplicateIPDUReceivedGET;
    NOTIFICATIONS
        lLCConnection2Event-N;
REGISTERED AS {iso(1) member-body(2) us(840) ieee802-2(10032) package (4)
        type2OptTolIPDU (37)};

type2PDU-P PACKAGE
    BEHAVIOUR
        type2PDU-B BEHAVIOUR
            DEFINED AS
                ! 这个条件包包含了计数丢弃的不同类型 PDU 数的属性。!;;
    ATTRIBUTES
        PDUDiscarded1 GET,
        PDUDiscarded2 GET,
        pDURetransmissions GET;
    NOTIFICATIONS
        lLCConnetion2Event-N;
REGISTERED AS {iso(1) member-body(2) us(840) ieee802-2(10032) package(4)
        type2PDU(16)};
```

```
type2REJ-P PACKAGE
   BEHAVIOUR
      type2REJ-B BEHAVIOUR
         DEFINED AS
            ! 这个条件包包含了计数发送的和收到的 REJ PDU 的属性(见 7.5.9)。!;;
   ATTRIBUTES
      type2ReceivedREJ GET,
      type2SentREJ GET;
REGISTERED AS {iso(1) member-body(2) us(840) ieee802-2(10032) package(4)
      type2rej(17)};

type2RNR-P PACKAGE
   BEHAVIOUR
      type2RNR-B BEHAVIOUR
         DEFINED AS
            ! 这个条件包包含了规定从 MAC 交付的或收到的 RNR PDU 计数的属性。!;;
   ATTRIBUTES
      type2ReceivedRNR GET,
      type2SentRNR GET;
REGISTERED AS {iso(1) member-body(2) us(840) ieee802-2(10032) package(4)
      type2rnr(18)};

type2RR-P PACKAGE
   BEHAVIOUR
      type2RR-B BEHAVIOUR
         DEFINED AS
            ! 规定从 MAC 交付的或收到的 RR PDU 计数。!;;
   ATTRIBUTES
      type2ReceivedRR GET,
      type2SentRR GET;
REGISTERED AS {iso(1) member-body(2) us(840) ieee802-2(10032) package(4)
      type2rr(19)};

type2SABME-P PACKAGE
   BEHAVIOUR
      type2SABME-B BEHAVIOUR
         DEFINED AS
            ! 这个条件包包含了规定交付的或收到的 SABME PDU 计数的属性!;;
   ATTRIBUTES
      type2ReceivedSABME GET,
      type2SentSABME GET;
REGISTERED AS {iso(1) member-body(2) us(840) ieee802-2(10032) package(4)
      type2sabme(20)};
```

```
type2UA-P PACKAGE
    BEHAVIOUR
        type2UA-B BEHAVIOUR
            DEFINED AS
                ! 规定从 MAC 交付的或收到的 UA PDU 计数的属性!;;
    ATTRIBUTES
        type2ReceivedUA GET,
        type2SentUA GET;
REGISTERED AS {iso(1) member-body(2) us(840) ieee802-2(10032) package(4)
        type2ua(21)};

type2Violation-P PACKAGE
    BEHAVIOUR
        type2Violation-P-B BEHAVIOUR
            DEFINED AS
                ! 这个条件包对类型 2 违规提供属性和通知。!;;
    ATTRIBUTES
        type2Violation GET;
    NOTIFICATIONS
        lLCConnetion2Event-N;
REGISTERED AS {iso(1) member-body(2) us(840) ieee802-2(10032) package(4)
        type2violation(22)};
```

—属性—

```
dupIPDUReceived ATTRIBUTE
    WITH ATTRIBUTE SYNTAX
        Definitions. EventCounter;
    MATCHES FOR EQUALITY;
    BEHAVIOUR
        dupIPDUsReceived-B BEHAVIOUR
            DEFINED AS
                ! 对这个连接提供收到的重复 I PDU 数的计数。!;;
REGISTERED AS {iso(1) member-body(2) us(840) ieee802-2(10032) attribute(7)
        dupIPDUsReceived(120)};

kStep ATTRIBUTE
    WITH ATTRIBUTE SYNTAX
        LLCDefinitions. KStep;
    MATCHES FOR EQUALITY;
    BEHAVIOUR
        kStep-B BEHAVIOUR
```

```
                DEFINED AS ! 流量控制参数的值!;;
REGISTERED AS {iso(1) member-body(2) us(840) ieee802-2(10032) attribute(7)
        kstep(38)};

lLCConnection2Name ATTRIBUTE
    WITH ATTRIBUTE SYNTAX
        LLCDefinitions. LLCConnectionName;
    MATCHES FOR EQUALITY;
    BEHAVIOUR
        lLCConnection2Name-B BEHAVIOUR
            DEFINED AS
            ! localLSAP 和 remoteLSAP 以及本地和远程 MACAddress!;;
REGISTERED AS {iso(1) member-body(2) us(840) ieee802-2(10032) attribute(7)
        llcconnectionname2(37)};

localBusy ATTRIBUTE
    WITH ATTRIBUTE SYNTAX
        LLCDefinitions. Counter;
    MATCHES FOR EQUALITY;
    BEHAVIOUR
        localBusy-B BEHAVIOUR
            DEFINED AS ! 计数进入忙状态的事件数!;;
REGISTERED AS {iso(1) member-body(2) us(840) ieee802-2(10032) attribute(7)
        localBusy(112)};

localReset ATTRIBUTE
    WITH ATTRIBUTE SYNTAX
        LLCDefinitions. Counter;
    MATCHES FOR EQUALITY;
    BEHAVIOUR
        localReset-B BEHAVIOUR
            DEFINED AS
            ! 当处于连接的状态时,计数用户请求复位的实例!;;
REGISTERED AS {iso(1) member-body(2) us(840) ieee802-2(10032) attribute(7)
        localReset(113)};

maximumRetransmissions ATTRIBUTE
    WITH ATTRIBUTE SYNTAX
        LLCDefinitions. MaximumRetransmissions;
    MATCHES FOR EQUALITY;
    BEHAVIOUR
        maximumRetransmissions-B BEHAVIOUR
            DEFINED AS
```

```
                ！为了实现成功的 PDU 传送，LLC 类型 2 宜尝试的次数！;;
REGISTERED AS {iso(1) member-body(2) us(840) ieee802-2(10032) attribute(7)
        maximumretransmissions(39)};

maxSendWindowSize ATTRIBUTE
    WITH ATTRIBUTE SYNTAX
        LLCDefinitions.MaxSendWindowSize;
    MATCHES FOR EQUALITY;
    BEHAVIOUR
        maxSendWindowSize-B BEHAVIOUR
            DEFINED AS ！发送窗口的最大大小！;;
REGISTERED AS {iso(1) member-body(2) us(840) ieee802-2(10032) attribute(7)
        maxSendWindowSize(40)};

optionalTolerationIPDUs ATTRIBUTE
    WITH ATTRIBUTE SYNTAX
        Definitions.OptTolIPDU;
    MATCHES FOR EQUALITY;
    BEHAVIOUR
        optionalTolerationIPDUs-B BEHAVIOUR
            DEFINED AS
                ！只是容忍的重复 I PDU 是否接通或断开。！;;
REGISTERED AS {iso(1) member-body(2) us(840) ieee802-2(10032) attribute(7)
        optionalTolerationIPDUs(119)};

PDUsDiscarded1 ATTRIBUTE
    WITH ATTRIBUTE SYNTAX
        LLCDefinitions.EventCounter;
    MATCHES FOR EQUALITY;
    BEHAVIOUR
        PDUsDiscarded1-B BEHAVIOUR
            DEFINED AS
                ！规定由于这个连接的不足够资源引起丢弃的 PDU 计数。！;;
REGISTERED AS {iso(1) member-body(2) us(840) ieee802-2(10032) attribute(7)
        PDUdiscarded1(41)};

PDUsDiscarded2 ATTRIBUTE
    WITH ATTRIBUTE SYNTAX
        LLCDefinitions.EventCounter;
    MATCHES FOR EQUALITY;
    BEHAVIOUR
        PDUsDiscarded2-B BEHAVIOUR
            DEFINED AS
```

```
            ！规定由于这个连接的不期望的或无效的顺序编号引起丢弃的 I PDU
            计数。！；；
REGISTERED AS {iso(1) member-body(2) us(840) ieee802-2(10032) attribute(7)
    PDUsdiscarded2(42)}；

pDURetransmissions ATTRIBUTE
  WITH ATTRIBUTE SYNTAX
    LLCDefinitions. EventCounter；
  MATCHES FOR EQUALITY；
  BEHAVIOUR
    pDURetransmissions-B BEHAVIOUR
      DEFINED AS
        ！规定这个连接的类型 2LLC 服务重发 PDU 的次数的计数。！；；
REGISTERED AS {iso(1) member-body(2) us(840) ieee802-2(10032) attribute(7)
    pduretransmissions(43)}；

providerReset ATTRIBUTE
  WITH ATTRIBUTE SYNTAX
    LLCDefinitions. Counter；
  MATCHES FOR EQUALITY；
  BEHAVIOUR
    providerReset-B BEHAVIOUR
      DEFINED AS
        ！计数由于发送的 FRMR、收到的 FRMR 或重试用完引起的提供者启动复位
        的实例。！；；
REGISTERED AS {iso(1) member-body(2) us(840) ieee802-2(10032) attribute(7)
    providerReset(114)}；

receivedAcks ATTRIBUTE
  WITH ATTRIBUTE SYNTAX
    LLCDefinitions. EventCounter；
  MATCHES FOR EQUALITY；
  BEHAVIOUR
    receivedAcks-B BEHAVIOUR
      DEFINED AS ！计数连接伙伴方所确认的 I PDU！；；
REGISTERED AS {iso(1) member-body(2) us(840) ieee802-2(10032) attribute(7)
    receivedacks(115)}；

receiveWindowSize ATTRIBUTE
  WITH ATTRIBUTE SYNTAX
    LLCDefinitions. ReceiveWindowSize；
  MATCHES FOR EQUALITY；
  BEHAVIOUR
```

```
        receiveWindowSize-B BEHAVIOUR
            DEFINED AS ! 接收窗口的值!;;
REGISTERED AS {iso(1) member-body(2) us(840) ieee802-2(10032) attribute(7)
        receivewindowsize(44)};

remoteBusy ATTRIBUTE
    WITH ATTRIBUTE SYNTAX
        LLCDefinitions.Counter;
    MATCHES FOR EQUALITY;
    BEHAVIOUR
        remoteBusy-B BEHAVIOUR
            DEFINED AS
                ! 计数当早已不设置远程忙状态时收到的 RNR PDU!;;
REGISTERED AS {iso(1) member-body(2) us(840) ieee802-2(10032) attribute(7)
        remoteBusy(116)};

remoteReset ATTRIBUTE
    WITH ATTRIBUTE SYNTAX
        LLCDefinitions.Counter;
    MATCHES FOR EQUALITY;
    BEHAVIOUR
        remoteReset-B BEHAVIOUR
            DEFINED AS
                ! 计数(在连接状态下收到的 SABME PDU 的)伙伴方启动复位的实例!;;
REGISTERED AS {iso(1) member-body(2) us(840) ieee802-2(10032) attribute(7)
        remoteReset(117)};

route ATTRIBUTE
    WITH ATTRIBUTE SYNTAX
        LLCDefinitions.Route;
    MATCHES FOR EQUALITY;
    BEHAVIOUR
        route-B BEHAVIOUR
            DEFINED AS
                ! 这是 LSAP 对的客体的条件部分。如果使用源路由选择,并且 LSAP 对知道
                其路由,则提供它。这个属性由 LSAP 对用来进行通信。源路由选择在 ISO/
                IEC 10038:1993 中描述。!;;
REGISTERED AS {iso(1) member-body(2) us(840) ieee802-2(10032) attribute(7)
        route(45)};

sendWindowSize ATTRIBUTE
    WITH ATTRIBUTE SYNTAX
        LLCDefinitions.SendWindowSize;
```

```
    MATCHES FOR EQUALITY;
    BEHAVIOUR
        sendWindowSize-B BEHAVIOUR
            DEFINED AS ! 发送窗口的值!;;
REGISTERED AS {iso(1) member-body(2) us(840) ieee802-2(10032) attribute(7)
        sendwindowsize(46)};

sentAcks ATTRIBUTE
    WITH ATTRIBUTE SYNTAX
        LLCDefinitions.EventCounter;
    MATCHES FOR EQUALITY;
    BEHAVIOUR
        sentAcks-B BEHAVIOUR
            DEFINED AS ! 计数对于收到的 I PDU 所发送的确认!;;
REGISTERED AS {iso(1) member-body(2) us(840) ieee802-2(10032) attribute(7)
        sentAcks(118)};

type2AcknowledgeTimeoutValue ATTRIBUTE
    WITH ATTRIBUTE SYNTAX
        LLCDefinitions.AcknowledgeTimeoutValue;
    MATCHES FOR EQUALITY;
    BEHAVIOUR
        type2AcknowledgeTimeoutValue-B BEHAVIOUR
            DEFINED AS
                ! 这个属性定义了时间间隔,在这个时间间隔期间,LLC 应期望收到一个或多
                个未解决的 I PDU 的一个确认,或者收到所发送的未编号命令 PDU 的一个期
                望的响应 PDU。这个时间值是以毫秒测得的(见 7.4.1、7.4.3、7.4.5,7.5、
                7.5.5、7.5.9、7.6、7.8.1.1、7.9.2、7.9.2.2 和 7.9.2.3)。!;;
REGISTERED AS {iso(1) member-body(2) us(840) ieee802-2(10032) attribute(7)
        type2acknowledgetimeoutvalue(47)};

type2BusyStateTimeoutValue ATTRIBUTE
    WITH ATTRIBUTE SYNTAX
        LLCDefinitions.BusyStateTimeoutValue;
    MATCHES FOR EQUALITY;
    BEHAVIOUR
        type2BusyStateTimeoutValue-B BEHAVIOUR
            DEFINED AS
                ! 这个属性定义时间间隔,在这个时间间隔期间,LLC 应等待容忍另一 LLC 处
                忙状态的指示。这个时间值是以毫秒测得的(见 7.5.7、7.5.9、7.8.1.4、7.9.2、
                7.9.2.2 和 7.9.2.3)。!;;
REGISTERED AS {iso(1) member-body(2) us(840) ieee802-2(10032) attribute(7)
        type2busystatetimeoutvalue(48)};
```

```
type2PBitTimeoutValue ATTRIBUTE
    WITH ATTRIBUTE SYNTAX
        LLCDefinitions.PBitTimeoutValue;
    MATCHES FOR EQUALITY;
    BEHAVIOUR
        type2PBitTimeoutValue-B BEHAVIOUR
            DEFINED AS
                !P位定时器定义了时间间隔，在这个时间间隔期间，LLC应期望收到F位置
                为"1"的PDD，以响应P位置为"1"的发送类型2命令PDU。这个时间值是以毫
                秒测得的。(见7.5.9、7.8.1.2、7.9.2、7.9.2.2和7.9.2.3)。!;;
REGISTERED AS {iso(1) member-body(2) us(840) ieee802-2(10032) attribute(7)
        type2pbittimeoutvalue(49)};

type2ReceivedDISC ATTRIBUTE
    WITH ATTRIBUTE SYNTAX
        LLCDefinitions.Counter;
    MATCHES FOR EQUALITY;
    BEHAVIOUR
        type2ReceivedDISC-B BEHAVIOUR
            DEFINED AS
                !规定从MAC收到的并且不丢弃的DISC PDU的计数。!;;
REGISTERED AS {iso(1) member-body(2) us(840) ieee802-2(10032) attribute(7)
        type2receiveddisc(50)};

type2ReceivedDM ATTRIBUTE
    WITH ATTRIBUTE SYNTAX
        LLCDefinitions.Counter;
    MATCHES FOR EQUALITY;
    BEHAVIOUR
        type2ReceivedDM-B BEHAVIOUR
            DEFINED AS
                !规定从MAC收到的并且不丢弃的DM PDU的计数。!;;
REGISTERED AS {iso(1) member-body(2) us(840) ieee802-2(10032) attribute(7)
        type2receiveddm(51)};

type2ReceivedFRMR ATTRIBUTE
    WITH ATTRIBUTE SYNTAX
        LLCDefinitions.Counter;
    MATCHES FOR EQUALITY;
    BEHAVIOUR
        type2ReceivedFRMR-B BEHAVIOUR
            DEFINED AS
```

```
                ! 规定从 MAC 收到的并且不丢弃的 FRMR PDU 的计数。!;;
REGISTERED AS {iso(1) member-body(2) us(840) ieee802-2(10032) attribute(7)
        type2receivedfrmr(52)};

type2ReceivedI ATTRIBUTE
    WITH ATTRIBUTE SYNTAX
        LLCDefinitions. Counter;
    MATCHES FOR EQUALITY;
    BEHAVIOUR
        type2ReceivedI-B BEHAVIOUR
            DEFINED AS
                ! 规定从 MAC 收到的并且传递给 LLC 用户的 I PDU 的计数。!;;
REGISTERED AS {iso(1) member-body(2) us(840) ieee802-2(10032) attribute(7)
        type2receivedI(53)};

type2ReceivedREJ ATTRIBUTE
    WITH ATTRIBUTE SYNTAX
        LLCDefinitions. Counter;
    MATCHES FOR EQUALITY;
    BEHAVIOUR
        type2ReceivedREJ-B BEHAVIOUR
            DEFINED AS
                ! 规定从 MAC 收到的并且不丢弃的 REJ PDU 的计数。!;;
REGISTERED AS {iso(1) member-body(2) us(840) ieee802-2(10032) attribute(7)
        type2receivedrej(54)};

type2ReceivedRNR ATTRIBUTE
    WITH ATTRIBUTE SYNTAX
        LLCDefinitions. Counter;
    MATCHES FOR EQUALITY;
    BEHAVIOUR
        type2ReceivedRNR-B BEHAVIOUR
            DEFINED AS
                ! 规定从 MAC 收到的并且不丢弃的 RNR PDU 的计数。!;;
REGISTERED AS {iso(1) member-body(2) us(840) ieee802-2(10032) attribute(7)
        type2receivedrnr(55)};

type2ReceivedRR ATTRIBUTE
    WITH ATTRIBUTE SYNTAX
        LLCDefinitions. Counter;
    MATCHES FOR EQUALITY;
    BEHAVIOUR
        type2ReceivedRR-B BEHAVIOUR
```

```
            DEFINED AS
                ! 规定从 MAC 收到的并且不丢弃的 RR PDU 的计数！;;
REGISTERED AS {iso(1) member-body(2) us(840) ieee802-2(10032) attribute(7)
        type2receivedrr(56)};

type2ReceivedSABME ATTRIBUTE
    WITH ATTRIBUTE SYNTAX
        LLCDefinitions.Counter;
    MATCHES FOR EQUALITY;
    BEHAVIOUR
        type2ReceivedSABME-B BEHAVIOUR
            DEFINED AS
                ! 规定从 MAC 收到的并且不丢弃的 SABME PDU 的计数！;;
REGISTERED AS {iso(1) member-body(2) us(840) ieee802-2(10032) attribute(7)
        type2receivedsabme(57)};
type2ReceivedUA ATTRIBUTE
    WITH ATTRIBUTE SYNTAX
        LLCDefinitions.Counter;
    MATCHES FOR EQUALITY;
    BEHAVIOUR
        type2ReceivedUA-B BEHAVIOUR
            DEFINED AS
                ! 规定从 MAC 收到的并且不丢弃的 UA PDU 的计数。!;;
REGISTERED AS {iso(1) member-body(2) us(840) ieee802-2(10032) attribute(7)
        type2receivedua(58)};

type2RejectTimeoutValue ATTRIBUTE
    WITH ATTRIBUTE SYNTAX
        LLCDefinitions.RejectTimeoutValue;
    MATCHES FOR EQUALITY;
    BEHAVIOUR
        type2RejectTimeoutValue-B BEHAVIOUR
            DEFINED AS
                ! 拒收定时器定义了时间间隔，在这个时间间隔期间，LLC 应期望收到发送的
                REJ PDU 的一个应答。这个时间值是以毫秒测得的（见 7.5.4、7.8.1.3、
                7.9.2、7.9.2.2 和 7.9.2.3）。!;;
REGISTERED AS {iso(1) member-body(2) us(840) ieee802-2(10032) attribute(7)
        type2rejecttimeoutvalue(59)};

type2SentDISC ATTRIBUTE
    WITH ATTRIBUTE SYNTAX LLCDefinitions.Counter;
    MATCHES FOR EQUALITY;
```

```
BEHAVIOUR
        type2SentDISC-B BEHAVIOUR
                DEFINED AS ！规定交付给 MAC 的 DISC PDU 的计数。!;;
REGISTERED AS {iso(1) member-body(2) us(840) ieee802-2(10032) attribute(7)
        type2sentdisc(60)};

type2SentDM ATTRIBUTE
    WITH ATTRIBUTE SYNTAX
        LLCDefinitions. Counter;
    MATCHES FOR EQUALITY;
    BEHAVIOUR
        type2SentDM-B BEHAVIOUR
                DEFINED AS ！规定交付给 MAC 的 DM PDU 的计数。!;;
REGISTERED AS {iso(1) member-body(2) us(840) ieee802-2(10032) attribute(7)
        type2sentdm(61)};

type2SentFRMR ATTRIBUTE
    WITH ATTRIBUTE SYNTAX
        LLCDefinitions. Counter;
    MATCHES FOR EQUALITY;
    BEHAVIOUR
        type2SentFRMR-B BEHAVIOUR
                DEFINED AS ！规定交付给 MAC 的 FRMR PDU 的计数!;;
REGISTERED AS {iso(1) member-body(2) us(840) ieee802-2(10032) attribute(7)
        type2sentfrmr(62)};

type2SentI ATTRIBUTE
    WITH ATTRIBUTE SYNTAX
        LLCDefinitions. Counter;
    MATCHES FOR EQUALITY;
    BEHAVIOUR
        type2SentI-B BEHAVIOUR
                DEFINED AS ！规定交付给 MAC 的 I PDU 的计数!;;
REGISTERED AS {iso(1) member-body(2) us(840) ieee802-2(10032) attribute(7)
        type2sentI(63)};

type2SentREJ ATTRIBUTE
    WITH ATTRIBUTE SYNTAX
        LLCDefinitions. Counter;
    MATCHES FOR EQUALITY;
    BEHAVIOUR
        type2SentREJ-B BEHAVIOUR
                DEFINED AS ！规定交付给 MAC 的 REJ PDU 的计数!;;
```

```
REGISTERED AS {iso(1) member-body(2) us(840) ieee802-2(10032) attribute(7)
        type2sentrej(64)};

type2SentRNR ATTRIBUTE
    WITH ATTRIBUTE SYNTAX
        LLCDefinitions. Counter;
    MATCHES FOR EQUALITY;
    BEHAVIOUR
        type2SentRNR-B BEHAVIOUR
            DEFINED AS ！规定交付给 MAC 的 RNR PDU 的计数！;;
REGISTERED AS {iso(1) member-body(2) us(840) ieee802-2(10032) attribute(7)
        type2sentrnr(65)};

type2SentRR ATTRIBUTE
    WITH ATTRIBUTE SYNTAX
        LLCDefinitions. Counter;
    MATCHES FOR EQUALITY;
    BEHAVIOUR
        type2SentRR-B BEHAVIOUR
            DEFINED AS ！规定交付给 MAC 的 RR PDU 的计数！;;
REGISTERED AS {iso(1) member-body(2) us(840) ieee802-2(10032) attribute(7)
        type2sentrr(66)};

type2SentSABME ATTRIBUTE
    WITH ATTRIBUTE SYNTAX
        LLCDefinitions. Counter;
    MATCHES FOR EQUALITY;
    BEHAVIOUR
        type2SentSABME-B BEHAVIOUR
            DEFINED AS ！规定交付给 MAC 的 SABME PDU 的计数！;;
REGISTERED AS {iso(1) member-body(2) us(840) ieee802-2(10032) attribute(7)
        type2sentsabme(67)};

type2SentUA ATTRIBUTE
    WITH ATTRIBUTE SYNTAX
        LLCDefinitions. Counter;
    MATCHES FOR EQUALITY;
    BEHAVIOUR
        type2SentUA-B BEHAVIOUR
            DEFINED AS ！规定交付给 MAC 的 UA PDU 的计数！;;
REGISTERED AS {iso(1) member-body(2) us(840) ieee802-2(10032) attribute(7)
        type2sentua(68)};
```

```
type2Violation ATTRIBUTE
    WITH ATTRIBUTE SYNTAX
        LLCDefinitions. EventCounter;
    MATCHES FOR EQUALITY;
    BEHAVIOUR
        type2Violation-B BEHAVIOUR
            DEFINED AS
                ! 提供这个连接所检测到的协议违规数的计数。协议违规包括下列违规：
                1） 导致 LLC 实体发送 FRMR 帧的那些违规
                2） 导致数据链路复位由接收 LLC 实体自身所启动的动作！；；
REGISTERED AS {iso(1) member-body(2) us(840) ieee802-2(10032) attribute(7)
        type2violation(69)};
```

—动作—

```
correlatorExchange-AC ACTION
    BEHAVIOUR
        correlatorExchange-B BEHAVIOUR
            DEFINED AS
                ! 当链路连接的两端都报告与同一问题相关的差错时，使用该动作。在这些事
                件中报告相关器，使得管理过程能认为这些差错与同一故障相关。本部分描述
                了使用 CMIP 协议动词证实动作的功能，以便利于在链路连接的两端之间交换
                相关器。在链路连接建立（当 LSAP 已初始进入链路开放状态）结束时，管理者
                将发送一个证实的相关器交换动作给相邻链路站的管理者。一旦产生了该相关
                器，将它返回给启动管理者。将在与链路连接相关的事件中发送相关器。如果
                响应未收到，在该事件中不发送相关器。如果链路连接的两端的 MAC 地址相
                同，则启动该连接的链路站（发送 SABME）宜启动相关器交换动作。！；；
    MODE CONFIRMED;
    WITH INFORMATION SYNTAX LLCDefinitions. CorrelatorData;
    WITH REPLY SYNTAX LLCDefinitions. CorrelatorRspData;
REGISTERED AS {iso(1) member-body(2) us(840) ieee802-2(10032) action(9)
        correlatorexchange(4)};
```

—通知—

```
communicationAlarm-N NOTIFICATION
    BEHAVIOUR
        communicationAlarm-B BEHAVIOUR
            DEFINED AS
                ! 在 ISO 标准-报警报告功能中进行定义！；；
REGISTERED AS {iso(1) member-body(2) us(840) ieee802-2(10032) notification(10)
        communicationalarm(1)};

lLCConnection2Event-N NOTIFICATION
    BEHAVIOUR
```

lLCConnection2Event-B BEHAVIOUR
DEFINED AS
! 对于下列条件，将发送这个事件：
DupIPDUs 被收到
PDU 被丢弃 1
PDU 被丢弃 2
PDU 重传
类型 2 违规
类型 2 确认超时值
类型 2 拒绝超时值
Type2 忙状态
超时值类型 2
P 位超时值
重传！;;
WITH INFORMATION SYNTAX LLCDefinitions. LLCConnection2Event;
REGISTERED AS {iso(1) member-body(2) us(840) ieee802-2(10032) notification(10)
llcconnection2event(2)};

10.5 LLCConnection2IVMO 被管客体

LLLCConnection2IVMO 可以用来为 lLCConnection2 MO 的原理提供初始值。lLCConnection2IVMO 不同实例可以包含不同的初始值。

lLCConnection2IVMO MANAGED OBJECT CLASS
DERIVED FROM "DMI : 1992":top;
CHARACTERIZED BY
lLCConnection2-P,
lLCConnection2IVMO-P;
CONDITIONAL PACKAGES
connectionRoute-P
PRESENT IF route known to LSAP Pair object,
type2FlowControl-P
PRESENT IF flow control is supported,
type2I-P
PRESENT IF the sent and receive I counters are supported,
type2FRMR-P
PRESENT IF the sent and receive FRMR counters are supported,
type2RR-P
PRESENT IF the sent and receive RR counters are supported,
type2RNR-P
PRESENT IF the sent and receive RR counters are supported,
type2REJ-P
PRESENT IF the sent and receive REJ counters are supported,
type2SABME-P
PRESENT IF the sent and receive SABME counters are supported,
type2UA-P

```
        PRESENT IF the sent and receive UA counters are supported,
    type2DISC-P
        PRESENT IF the sent and receive DISC counters are supported,
    type2DM-P
        PRESENT IF the sent and receive DM counters are supported,
    type2PDUs-P
        PRESENT IF using PDUs event notification,
    type2OptTolIPDUs-P
        PRESENT IF counting received I PDUs recognized as duplicates is supported,
type2Violation-P
        PRESENT IF counting violations;
REGISTERED AS { iso(1) member-body(2) us(840) ieee802-2(10032)
        managedObjectClass(3) llcconnection2ivmo(4)};
```

—名字绑定—

```
lLCConnection2IVMOB-NB NAME BINDING
SUBORDINATE OBJECT CLASS
    lLCConnection2IVMO AND SUBCLASSES;
NAMED BY SUPERIOR OBJECT CLASS
    lLCConnection2 AND SUBCLASSES;
WITH ATTRIBUTE lLCConnection2IVMOName;
REGISTERED AS {iso(1) member-body(2) us(840) ieee802-2(10032) namebinding(6)
        llcconnection2ivmonb(4)};
```

—包—

```
lLCConnection2IVMO-P PACKAGE
    ATTRIBUTES
        lLCConnection2IVMOName GET;
REGISTERED AS { iso(1) member-body(2) us(840) ieee802-2(10032) package(4)
        llcconnection2ivmop(23)};
```

—属性—

```
lLCConnection2IVMOName ATTRIBUTE
    WITH ATTRIBUTE SYNTAX
        LLCDefinitions. GraphicString;
    MATCHES FOR EQUALITY;
    BEHAVIOUR
        lLCConnection2IVMOName-B
            DEFINED AS ! 命名 lLCConnection2IVMO 被管客体的属性!;;
REGISTERED AS {iso(1) member-body(2) us(840) ieee802-2(10032) attribute(7)
        llcconnection2ivmoname(70)};
```

10.6 LLCConnectionlessAck 被管客体

本条包含与 LLC 类型 3(无连接确认)环境相关的那些原理、动作和文件通知。形式描述如下:

```
lLCConnectionlessAck MANAGED OBJECT CLASS
    DERIVED FROM "DML": lLCCOPM;
    CHARACTERIZED BY
        lLCConnectionlessAck-P;
    CONDITIONAL PACKAGES
        type3Retransmissions-P
            PRESENT IF the Retransmissions counter is used with LLC Type 3,
        type3NoResponse-P
            PRESENT IF the NoResponse counter is used with LLC Type 3,
        type3Command-P
            PRESENT IF the sent and receive command counters are used with LLC Type 3,
        type3Response-P
            PRESENT IF the sent and receive command counters are used with LLC Type 3,
        type3Violation-P
            PRESENT IF violation detect counter is used with LLC Type 3;
REGISTERED AS {iso(1) member-body(2) us(840) ieee802-2(10032)
    managedObjectclass(3) llcconnectionlessack(5)};
```

—名字绑定—

```
lLCConnectionlessAck-NB NAME BINDING
SUBORDINATE OBJECT CLASS lLCConnectionlessAck AND SUBCLASSES;
NAMED BY
SUPERIOR OBJECT CLASS "DML": lLCCOPM AND SUBCLASSES;
WITH ATTRIBUTE lLCConnectionlessAckName;
REGISTERED AS {iso(1) member-body(2) us(840) ieee802-2(10032) nameBinding(6)
    llcconnectionlessacknb(5)};
```

—包—

```
lLCConnectionlessAck-P PACKAGE
    BEHAVIOUR
        lLCConnectionlessAck-B BEHAVIOUR
            DEFINED AS
                ! LLC 无连接 ACK 客体负责处理影响特定数据链路连接(对于 LLC 类型 3 连
                接)的属性、动作和通知。对于所支持的每条数据链路连接,都应存在一条数据
                连接。!;;
    ATTRIBUTES
        lLCConnectionlessAckName GET,
        maximumLLCInformationFieldSize GET,
        maximumRetransmissions GET-REPLACE,
        tESTReceivedABBResponse GET,
        tESTReceivedCommand GET,
```

```
        tESTReceivedResponse GET,
        tESTSentABBResponse GET,
        tESTSentCommand GET,
        tESTSentResponse GET,
        type3ReceiveResources GET,
        uIReceived GET,
        uISent GET,
        xIDReceivedCommand GET,
        xIDReceivedResponse GET,
        xIDSentCommand GET,
        xIDSentResponse GET;
    ACTIONS
        tESTSentCommand-AC,
        xIDSentCommand-AC;
    NOTIFICATIONS
        communicationAlarm-N,
        lLCConnection2Event-N;
REGISTERED AS {iso(1) member-body(2) us(840) ieee802-2(10032) package(4)
        llcconnectionlessackp(24)};

type3Command-P PACKAGE
    BEHAVIOUR
        type3Command-P-B BEHAVIOUR
            DEFINED AS
                ! 这个条件包包含了属性(计数器),它计数收到带有所设置的命令状态字段的
                响应。!;;
    ATTRIBUTES
        type3CommandIP GET,
        type3CommandIT GET,
        type3CommandOK GET,
        type3CommandPE GET,
        type3CommandRS GET,
        type3CommandUE GET,
        type3CommandUN GET,
        type3ReceivedACCommand GET,
        type3SentACCommand GET;
REGISTERED AS {iso(1) member-body(2) us(840) ieee802-2(10032) package(4)
        type3command(25)};

type3NoResponse-P PACKAGE
    BEHAVIOUR
        type3NoResponse-P-B BEHAVIOUR
            DEFINED AS
```

```
                    ! 提供在用完重传计数器 Retransmission4 之后,获得来自与 LSAPPairCompo-
                    nent 相关的目的地的响应的失败计数。当该计数器更新时,则转发该事件通
                    知。! ;
    ATTRIBUTES
        type3NoResponse GET;
    NOTIFICATIONS
        lLCClessACKEvent-N;
REGISTERED AS {iso(1) member-body(2) us(840) ieee802-2(10032) package(4)
        type3noresponse(26)};

type3Response-P PACKAGE
    BEHAVIOUR
        type3Response-P-B BEHAVIOUR
            DEFINED AS
                ! 这个条件包包含了属性(计数器),它计数收到带有所设的响应状态字段的
                响应。!;;
    ATTRIBUTES
        type3ResponseIP GET,
        type3ResponseIT GET,
        type3ResponseNE GET,
        type3ResponseNR GET,
        type3ResponseOK GET,
        type3ResponseRS GET,
        type3ResponseUE GET,
        type3ResponseUN GET;
REGISTERED AS {iso(1) member-body(2) us(840) ieee802-2(10032) package(4)
        type3response(27)};

type3Retransmissions-P PACKAGE
    BEHAVIOUR
        type3Retransmissions-P-B BEHAVIOUR
            DEFINED AS
                ! 提供已发现与该 LSAP 对相关的目的地的重传的计数! ;;
    ATTRIBUTES
        type3Retransmissions GET;
    NOTIFICATIONS
        lLCClessACKEvent-N;
REGISTERED AS {iso(1) member-body(2) us(840) ieee802-2(10032) package(4)
        type3retransmissions(28)};

type3Violation-P PACKAGE
    BEHAVIOUR
        type3Violation-P-B BEHAVIOUR
```

```
            DEFINED AS
                ！提供该连接所检测到的协议违规数的计数！;;
    ATTRIBUTES
        type3Violation GET;
    NOTIFICATIONS
        lLCClessACKEvent-N;
REGISTERED AS {iso(1) member-body(2) us(840) ieee802-2(10032) package(4)
        type3violation(29)};
```

—属性—

```
lLCConnectionlessAckName ATTRIBUTE
    WITH ATTRIBUTE SYNTAX
        LLCDefinitions.LLCConnectionlessAckName;
    MATCHES FOR EQUALITY;
    BEHAVIOUR
        lLCConnectionlessAckName-B BEHAVIOUR
            DEFINED AS
                ！localLSAP 和 remoteLSAPId 以及本地和远程 MAC 地址。！;;
REGISTERED AS {iso(1) member-body(2) us(840) ieee802-2(10032) attribute(7)
        llcconnectionlessackname2(71)};

type3CommandIP ATTRIBUTE
    WITH ATTRIBUTE SYNTAX
        LLCDefinitions.Counter;
    MATCHES FOR EQUALITY;
    BEHAVIOUR
        type3CommandIP-B BEHAVIOUR
            DEFINED AS
                ！提供收到带有命令状态字段的响应的计数，而该字段为只是在 5.4.3.2 中定
                义的“与永久实现相关的差错”。！;;
REGISTERED AS {iso(1) member-body(2) us(840) ieee802-2(10032) attribute(7)
        type3commandip(72)};

type3CommandIT ATTRIBUTE
    WITH ATTRIBUTE SYNTAX
        LLCDefinitions.Counter;
    MATCHES FOR EQUALITY;
    BEHAVIOUR
        type3CommandIT-B BEHAVIOUR
            DEFINED AS
                ！提供收到带有命令状态字段的响应的计数，而该字段是为指示在 5.4.3.2 中
                定义的“与临时实现相关的差错”。！;;
REGISTERED AS {iso(1) member-body(2) us(840) ieee802-2(10032) attribute(7)
```

```
        type3commandit(73)};

type3CommandOK ATTRIBUTE
    WITH ATTRIBUTE SYNTAX
        LLCDefinitions. Counter;
    MATCHES FOR EQUALITY;
    BEHAVIOUR
        type3CommandOK-B BEHAVIOUR
            DEFINED AS
                ! 提供收到带有命令状态字段的响应的计数，而该字段置为指示在 5.4.3.2 中
                定义的“接受的命令”。! ;;
REGISTERED AS {iso(1) member-body(2) us(840) ieee802-2(10032) attribute(7)
        type3commandok(74)};

type3CommandPE ATTRIBUTE
    WITH ATTRIBUTE SYNTAX
        LLCDefinitions. Counter;
    MATCHES FOR EQUALITY;
    BEHAVIOUR
        type3CommandPE-B BEHAVIOUR
            DEFINED AS
                ! 提供收到带有命令状态字段的响应的计数，而该字段置为指示在 5.4.3.2 中
                定义的“协议差错”。!;;
REGISTERED AS {iso(1) member-body(2) us(840) ieee802-2(10032) attribute(7)
        type3commandpe(75)};

type3CommandRS ATTRIBUTE
    WITH ATTRIBUTE SYNTAX
        LLCDefinitions. Counter;
    MATCHES FOR EQUALITY;
    BEHAVIOUR
        type3CommandRS-B BEHAVIOUR
            DEFINED AS
                ! 提供收到带有命令状态字段的响应的计数，而该字段置为指示在 5.4.3.2 中
                定义的“不实现的或不激活的服务”。! ;;
REGISTERED AS {iso(1) member-body(2) us(840) ieee802-2(10032) attribute(7)
        type3commandrs(76)};

type3CommandUE ATTRIBUTE
    WITH ATTRIBUTE SYNTAX
        LLCDefinitions. Counter;
    MATCHES FOR EQUALITY;
    BEHAVIOUR
```

```
        type3CommandUE-B BEHAVIOUR
            DEFINED AS
                ！提供收到带有命令状态字段的响应的计数，而该字段置为指示在 5.4.3.2 中
                定义的“LLC 用户接口差错”。！；；
REGISTERED AS {iso(1) member-body(2) us(840) ieee802-2(10032) attribute(7)
        type3commandue(77)}；

type3CommandUN ATTRIBUTE
    WITH ATTRIBUTE SYNTAX
        LLCDefinitions. Counter；
    MATCHES FOR EQUALITY；
    BEHAVIOUR
        type3CommandUN-B BEHAVIOUR
            DEFINED AS
                ！提供收到带有命令状态字段的响应的计数，而该字段置为指示在 5.4.3.2 中
                定义的“资源临时不可用”。！；；
REGISTERED AS {iso(1) member-body(2) us(840) ieee802-2(10032) attribute(7)
        type3commandun(78)}；

type3NoResponse ATTRIBUTE
    WITH ATTRIBUTE SYNTAX
        LLCDefinitions. EventCounter；
    MATCHES FOR EQUALITY；
    BEHAVIOUR
        type3NoResponse-B BEHAVIOUR
            DEFINED AS
                ！提供在用完重试计数器 MaximumRetransmissions4 之后获得来自与该 LSAP
                对相关的目的地的响应的失败计数。！；；
REGISTERED AS {iso(1) member-body(2) us(840) ieee802-2(10032) attribute(7)
        type3noresponse(79)}；

type3ReceiveResources ATTRIBUTE
    WITH ATTRIBUTE SYNTAX
        LLCDefinitions. Type3ReceiveResources；
    MATCHES FOR EQUALITY；
    BEHAVIOUR
        type3ReceiveResources-B BEHAVIOUR
            DEFINED AS
                ！使 LSAP 实体允许或禁止资源用于接收类型 3 命令 PDU 的数据字段，而该
                类型 3 命令 PDU 是发送给该 LSAP 的。当不允许时，如果收到含有数据的类
                型 3PDU 则在响应 PDU 的 CCCC 字段中返回 UN 状态代码。！；；
REGISTERED AS {iso(1) member-body(2) us(840) ieee802-2(10032) attribute(7)
        type3receiveresources(80)}；
```

```
type3ReceivedACCommand ATTRIBUTE
    WITH ATTRIBUTE SYNTAX
        LLCDefinitions. Counter;
    MATCHES FOR EQUALITY;
    BEHAVIOUR
        type3ReceivedACCommand-B BEHAVIOUR
            DEFINED AS
                !提供从连接(LSAP对)的其他LSAP收到的AC命令PDU的计数。!;;
REGISTERED AS {iso(1) member-body(2) us(840) ieee802-2(10032) attribute(7)
        type3receivedaccommand(81)};

type3SentACCommand ATTRIBUTE
    WITH ATTRIBUTE SYNTAX
        LLCDefinitions. Counter;
    MATCHES FOR EQUALITY;
    BEHAVIOUR
        type3SentACCommand-B BEHAVIOUR
            DEFINED AS
                !提供发送给连接(LSAP对)的其他LSAP的AC命令PDU的计数。!;;
REGISTERED AS {iso(1) member-body(2) us(840) ieee802-2(10032) attribute(7)
        type3sentaccommand(82)};

type3ResponseIP ATTRIBUTE
    WITH ATTRIBUTE SYNTAX
        LLCDefinitions. Counter;
    MATCHES FOR EQUALITY;
    BEHAVIOUR
        type3ResponseIP-B BEHAVIOUR
            DEFINED AS
                !提供收到带有响应状态字段的响应的计数,而该字段置为指示在5.4.3.2中
                定义的"与永久实现相关的差错"。!;;
REGISTERED AS {iso(1) member-body(2) us(840) ieee802-2(10032) attribute(7)
        type3responseip(83)};

type3ResponseIT ATTRIBUTE
    WITH ATTRIBUTE SYNTAX
        LLCDefinitions. Counter;
    MATCHES FOR EQUALITY;
    BEHAVIOUR
        type3ResponseIT-B BEHAVIOUR
            DEFINED AS
                !提供收到带有响应状态字段的响应的计数,而该字段置为指示在5.4.3.2中
```

```
            定义的"与临时实现相关的差错"。! ;;
REGISTERED AS {iso(1) member-body(2) us(840) ieee802-2(10032) attribute(7)
      type3responseit(84)};

type3ResponseNE ATTRIBUTE
   WITH ATTRIBUTE SYNTAX
      LLCDefinitions.Counter;
   MATCHES FOR EQUALITY;
   BEHAVIOUR
      type3ResponseNE-B BEHAVIOUR
         DEFINED AS
            ! 提供收到带有响应状态字段的响应的计数,而该字段置为指示在 5.4.3.2 中
            定义的"响应 LSDU 绝不被提交"。! ;;
REGISTERED AS {iso(1) member-body(2) us(840) ieee802-2(10032) attribute(7)
      type3responsene(85)};

type3ResponseNR ATTRIBUTE
   WITH ATTRIBUTE SYNTAX
      LLCDefinitions.Counter;
   MATCHES FOR EQUALITY;
   BEHAVIOUR
      type3ResponseNR-B BEHAVIOUR
         DEFINED AS
            ! 提供收到带有响应状态字段的响应的计数,而该字段置为指示在 5.4.3.2 中
            定义的"响应 LSDU 不被请求"。! ;;
REGISTERED AS {iso(1) member-body(2) us(840) ieee802-2(10032) attribute(7)
      type3responsenr(86)};

type3ResponseOK ATTRIBUTE
   WITH ATTRIBUTE SYNTAX
      LLCDefinitions.Counter;
   MATCHES FOR EQUALITY;
   BEHAVIOUR
      type3ResponseOK-B BEHAVIOUR
         DEFINED AS
            ! 提供收到带有响应状态字段的响应的计数,而该字段置为指示在 5.4.3.2 中
            定义的"响应 LSDU 被提供"。! ;;
REGISTERED AS {iso(1) member-body(2) us(840) ieee802-2(10032) attribute(7)
      type3responseok(87)};

type3ResponseRS ATTRIBUTE
   WITH ATTRIBUTE SYNTAX
      LLCDefinitions.Counter;
```

```
    MATCHES FOR EQUALITY;
    BEHAVIOUR
        type3ResponseRS-B BEHAVIOUR
            DEFINED AS
                ! 提供收到带有响应状态字段的响应的计数，而该字段置为指示在 5.4.3.2 中
                定义的“不实现的或不激活的服务”。! ;;
REGISTERED AS {iso(1) member-body(2) us(840) ieee802-2(10032) attribute(7)
        type3responsers(88)};

type3ResponseUE ATTRIBUTE
    WITH ATTRIBUTE SYNTAX
        LLCDefinitions.Counter;
    MATCHES FOR EQUALITY;
    BEHAVIOUR
        type3ResponseUE-B BEHAVIOUR
            DEFINED AS
                ! 提供收到带有响应状态字段的响应的计数，而该字段置为指示在 5.4.3.2 中
                定义的“LLC 用户接口差错”。! ;;
REGISTERED AS {iso(1) member-body(2) us(840) ieee802-2(10032) attribute(7)
        type3responseue(89)};

type3ResponseUN ATTRIBUTE
    WITH ATTRIBUTE SYNTAX
        LLCDefinitions.Counter;
    MATCHES FOR EQUALITY;
    BEHAVIOUR
        type3ResponseUN-B BEHAVIOUR
            DEFINED AS
                ! 提供收到带有响应状态字段的响应的计数，而该字段置为指示在 5.4.3.2 中
                定义的“资源临时不可用”。! ;;
REGISTERED AS {iso(1) member-body(2) us(840) ieee802-2(10032) attribute(7)
        type3responseun(90)};

type3Retransmissions ATTRIBUTE
    WITH ATTRIBUTE SYNTAX
        LLCDefinitions.EventCounter;
    MATCHES FOR EQUALITY;
    BEHAVIOUR
        type3Retransmissions-B BEHAVIOUR
            DEFINED AS
                ! 提供已发现与该 LSAP 对相关的目的地的重传的计数。! ;;
REGISTERED AS {iso(1) member-body(2) us(840) ieee802-2(10032) attribute(7)
        type3retransmissions(91)};
```

```
type3Violation ATTRIBUTE
    WITH ATTRIBUTE SYNTAX
        LLCDefinitions.EventCounter;
    MATCHES FOR EQUALITY;
    BEHAVIOUR
        type3Violation-B BEHAVIOUR
            DEFINED AS
                ! 提供该连接所检测到的协议违规数的计数。!;;
REGISTERED AS {iso(1) member-body(2) us(840) ieee802-2(10032) attribute(7)
        type3violation(92)};
```

—通知—

```
lLCClessACKEvent-N NOTIFICATION
    BEHAVIOUR
        lLCClessACKEvent-B BEHAVIOUR
            DEFINED AS
                ! 对于下列条件,将发送这个事件:
                重传
                无响应
                类型 3 违规! ;;
    WITH INFORMATION SYNTAX LLCDefinitions.LLCConnection2Event;
REGISTERED AS {iso(1) member-body(2) us(840) ieee802-2(10032) notification(10)
        llcclessackevent(3)};
```

10.7 LLCConnectionlessAck IVMO 被管客体

LLCConnectionlessAckIVMO 可以用来对 lLCConnectionlessAck MO 提供初始值。lLCConnectionlessAckIVMO 的不同实例可以包含不同初始值。

```
lLCConnectionlessAckIVMO MANAGED OBJECT CLASS
    DERIVED FROM "DMI : 1992":top;
    CHARACTERIZED BY
        lLCConnectionlessAck-P,
        lLCConnectionlessAckIVMO-P;
    CONDITIONAL PACKAGES
        type3Retransmissions-P
            PRESENT IF the retransmissions counter is supported,
        type3NoResponse-P
            PRESENT IF the NoResponse counter is supported,
        type3Command-P
            PRESENT IF the sent and receive command counters are supported,
        type3Response-P
            PRESENT IF the sent and receive responses counters are supported,
```

```
        type3Violation-P
                PRESENT IF violation detection counter is supported;
REGISTERED AS {iso(1) member-body(2) us(840) ieee802-2(10032)
        managedObjectClass(3) llcconnectionlessAckIVMO(6)};
```

—名字绑定—

```
lLCConnectionlessAckIVMO-NB NAME BINDING
SUBORDINATE OBJECT CLASS
    lLCConnectionlessAckIVMO AND SUBCLASSES;
NAMED BY SUPERIOR OBJECT CLASS
    lLCConnectionlessAck AND SUBCLASSES;
    WITH ATTRIBUTE lLCConnectionlessAckIVMOName;
REGISTERED AS {iso(1) member-body(2) us(840) ieee802-2(10032) namebinding(6)
        llconnectionlessackivmonb(6)};
```

—包—

```
lLCConnectionlessAckIVMO-P PACKAGE
    ATTRIBUTES
        lLCConnectionlessAckIVMOName GET ;
REGISTERED AS {iso(1) member-body(2) us(840) ieee802-2(10032) package(4)
        llconnectionlessackivmo(30)};
```

—属性—

```
lLCConnectionlessAckIVMOName ATTRIBUTE
    WITH ATTRIBUTE SYNTAX LLCDefinitions. GraphicString;
    MATCHES FOR EQUALITY ;
    BEHAVIOUR
        lLCConnectionlessAckIVMOName-B BEHAVIOUR
            DEFINED AS
                ! 命名 LLCConnectionlessAckIVMO 被管客体的属性。!;;
REGISTERED AS {iso(1) member-body(2) us(840) ieee802-2(10032) attribute(7)
        llconnectionlessackivmoname(93)};
```

10.8 RDE 建立被管客体

如果 ILCSAP 客体的实例允许 RDE,则 rDE 建立被管理实例是用具体例子说明的。

```
rDESetup MANAGED OBJECT CLASS
    DERIVED FROM "DMI : 1992":top;
    CHARACTERIZED BY
        rDESetup-P;
            BEHAVIOUR
                rDESetup-B BEHAVIOUR
                    DEFINED AS
```

```
                    ! 如果 lLCSAP 客体的实例允许 RDE,则 rDESetup 被管客体实例是
                    用具体例说明的。!;;
REGISTERED AS {iso(1) member-body(2) us(840) ieee802-2(10032)
      managedObjectClass(3) rdesetup(7)};
```

—名字绑定—

```
rDESetup-NB NAME BINDING
SUBORDINATE OBJECT CLASS
   rDESetup AND SUBCLASSES;
NAMED BY SUPERIOR OBJECT CLASS
   lLCSAP AND SUBCLASSES;
   WITH ATTRIBUTE rDESetupName;
REGISTERED AS {iso(1) member-body(2) us(840) ieee802-2(10032) namebinding(6)
      rdesetupnb(7)};
```

—包—

```
rDESetup-P PACKAGE
   ATTRIBUTES
      agingEnabled GET-REPLACE,
      agingValue GET-REPLACE,
      enableType2Reset GET-REPLACE,
      maximumRouteDescriptors GET-REPLACE,
      maximumResponseTime GET-REPLACE,
      minimumPDUsize GET-REPLACE,
      rDEHold GET-REPLACE,
      rDEReplace GET-REPLACE,
      rDESetupName GET,
      resetOnTestEnabled GET-REPLACE;
REGISTERED AS {iso(1) member-body(2) us(840) ieee802-2(10032) package(4)
      rdesetupp(31)};
```

—属性—

```
agingEnabled ATTRIBUTE
   WITH ATTRIBUTE SYNTAX LLCDefinitions. AgingEnabled;
   MATCHES FOR EQUALITY;
      BEHAVIOUR
         agingEnabled-B BEHAVIOUR
            DEFINED AS
               ! 当布尔值为真时,表示策略的布尔值允许管理者老化路由。!;;
REGISTERED AS {iso(1) member-body(2) us(840) ieee802-2(10032) attribute(7)
      agingEnabled(94)};

agingValue ATTRIBUTE
```

```
    WITH ATTRIBUTE SYNTAX LLCDefinitions.AgingValue;
    MATCHES FOR EQUALITY;
        BEHAVIOUR
            agingValue-B BEHAVIOUR
                DEFINED AS
                    ! 用来确定在规定的时间周期内由于不活动所引起的路由是否被刷新
                    的值。!;;
REGISTERED AS {iso(1) member-body(2) us(840) ieee802-2(10032) attribute(7)
        agingValue(95)};

maximumRouteDescriptors ATTRIBUTE
    WITH ATTRIBUTE SYNTAX LLCDefinitions.MaximumRouteDescriptors;
    MATCHES FOR EQUALITY;
        BEHAVIOUR
            maximumRouteDescriptors-B BEHAVIOUR
                DEFINED AS
                    ! 可接受的路由可以包含的路由描述符的最大数。!;;
REGISTERED AS {iso(1) member-body(2) us(840) ieee802-2(10032) attribute(7)
        maximumRouteDescriptors(96)};

maximumResponseTime ATTRIBUTE
    WITH ATTRIBUTE SYNTAX LLCDefinitions.MaximumResponseTime;
    MATCHES FOR EQUALITY;
        BEHAVIOUR
            maximumResponseTime-B BEHAVIOUR
                DEFINED AS
                    ! 用来限制允许路由发现的最大往返响应时间和后续 PDU 可以仍然保持
                    在系统内的最大时间的定时器值!;;
REGISTERED AS {iso(1) member-body(2) us(840) ieee802-2(10032) attribute(7)
        maximumResponseTime(97)};

minimumPDUsize ATTRIBUTE
    WITH ATTRIBUTE SYNTAX LLCDefinitions.MinimumPDUsize;
    MATCHES FOR EQUALITY;
        BEHAVIOUR
            minimumPDUsize-B BEHAVIOUR
                DEFINED AS
                    ! 可接受的路由所必须支持的八位位组的最小数,该路由是路由选择信息
                    字段的 LF 位所指示的。!;;
REGISTERED AS {iso(1) member-body(2) us(840) ieee802-2(10032) attribute(7)
        minimumPDUsize(98)};

rdeHold ATTRIBUTE
```

```
    WITH ATTRIBUTE SYNTAX LLCDefinitions.RDEHold;
    MATCHES FOR EQUALITY;
        BEHAVIOUR
            rDEHold-B BEHAVIOUR
                DEFINED AS
                    ! 当布尔值为真时,表示策略的布尔值要求,当改变路由时,RDE 阻止发
                    送 PDU。!;;
REGISTERED AS {iso(1) member-body(2) us(840) ieee802-2(10032) attribute(7)
        rdehold(99)};

rdeReplace ATTRIBUTE
    WITH ATTRIBUTE SYNTAX LLCDefinitions.RDEReplace;
    MATCHES FOR EQUALITY;
        BEHAVIOUR
            rDEReplace-B BEHAVIOUR
                DEFINED AS
                    ! 当布尔值为真时,表示策略的布尔值允许 RED 使用由远程站选择的
                    路由。!;;
REGISTERED AS {iso(1) member-body(2) us(840) ieee802-2(10032) attribute(7)
        rdereplace(100)};

rDESetupName ATTRIBUTE
    WITH ATTRIBUTE SYNTAX LLCDefinitions.GraphicString;
    MATCHES FOR EQUALITY;
        BEHAVIOUR
            rDESetupName-B BEHAVIOUR
                DEFINED AS ! 命名 rDESetup 被管客体的属性。!;;
REGISTERED AS {iso(1) member-body(2) us(840) ieee802-2(10032) attribute(7)
        rdesetupname(101)};

resetOnTestEnabled ATTRIBUTE
    WITH ATTRIBUTE SYNTAX LLCDefinitions.ResetOnTestEnabled;
    MATCHES FOR EQUALITY;
        BEHAVIOUR
            resetOnTestEnabled-B BEHAVIOUR
                DEFINED AS
                    ! 这个属性是布尔值。如果属性等于真值,然后,如果收到了测试帧,则复
                    位源路由!;;
REGISTERED AS {iso(1) member-body(2) us(840) ieee802-2(10032) attribute(7)
        resetOnTestEnabled(102)};
```

10.9 RDE 对的被管客体

对于提供的任何类型 LLC 服务所使用的每个 RDE 对都将存在这个被管客体的实例。这个被管客

体包含的 MAC 地址和本地 SAP 以及原层 MAC 地址和远程 SAP 加上各计数器。

```
rDEPair MANAGED OBJECT CLASS
    DERIVED FROM "DMI :1992":top;
    CHARACTERIZED BY
        rDEPair-P;
            BEHAVIOUR
                rDEPair-B BEHAVIOUR
                    DEFINED AS
                        ! 对于提供任何类型 LLC 服务所使用的每个 RDE 对都将存在这个被
                        管客体的实例。这个被管客体包含本地 MAC 地址和本地 SAP 以及
                        远程 MAC 地址和远程 SAP 加上各计数器。!;;
REGISTERED AS {iso(1) member-body(2) us(840) ieee802-2(10032)
        managedObjectClass(3) rdepair(8)};
```

—名字绑定—

```
rDEPair-NB NAME BINDING
SUBORDINATE OBJECT CLASS
    rDEPair AND SUBCLASSES;
NAMED BY SUPERIOR OBJECT CLASS
    rDESetup AND SUBCLASSES;
    WITH ATTRIBUTE rDEpair;
REGISTERED AS {iso(1) member-body(2) us(840) ieee802-2(10032) namebinding(6)
    rdepairnb(8)};
```

—包—

```
rDEPair-P PACKAGE
    ATTRIBUTES
        rDEPairName GET-REPLACE,
        discardCounter GET-REPLACE,
        nSRPDUCounter GET-REPLACE,
        nSRSelectedCounter GET-REPLACE,
        rIF GET-REPLACE,
        sRFPDUCounter GET-REPLACE,
        queryCounter GET-REPLACE;
    ACTIONS
        resetRoute,
        readCounters;
REGISTERED AS {iso(1) member-body(2) us(840) ieee802-2(10032) package(4)
        rdepairp(32)};
```

—属性—

```
rDEPairName ATTRIBUTE
```

```
    WITH ATTRIBUTE SYNTAX LLCDefinitions. RDEPairId;
    MATCHES FOR EQUALITY ;
        BEHAVIOUR
            rDEPair-A-B BEHAVIOUR
                DEFINED AS
                    ! 本地 LSAP 和远程 LSAPID 以及本地和远程的 MAC 地址。!;;
REGISTERED AS {iso(1) member-body(2) us(840) ieee802-2(10032) attribute(7)
        rdepaira(103)};

discardCounter ATTRIBUTE
    WITH ATTRIBUTE SYNTAX LLCDefinitions. Counter;
    MATCHES FOR EQUALITY ;
        BEHAVIOUR
            discardCounter-B BEHAVIOUR
                DEFINED AS
                    ! 表示已作出新选择的次数的值。!;;
REGISTERED AS {iso(1) member-body(2) us(840) ieee802-2(10032) attribute(7)
        discardcounter(104)};

nSRPDUCounter ATTRIBUTE
    WITH ATTRIBUTE SYNTAX LLCDefinitions. Counter2;
    MATCHES FOR EQUALITY ;
        BEHAVIOUR
            nSRPDUCounter-B BEHAVIOUR
                DEFINED AS
                    ! 表示不使用路由选择字段时帧数的值。!;;
REGISTERED AS {iso(1) member-body(2) us(840) ieee802-2(10032) attribute(7)
        nsrpducounter(105)};

nSRSelectedCounter ATTRIBUTE
    WITH ATTRIBUTE SYNTAX LLCDefinitions. Counter;
    MATCHES FOR EQUALITY ;
        BEHAVIOUR
            nSRSelectedCounter-B BEHAVIOUR
                DEFINED AS
                    ! 表示可接受的 SRF 路由存在的导致选择 NSR 通路的次数的值。!;;
REGISTERED AS {iso(1) member-body(2) us(840) ieee802-2(10032) attribute(7)
        nsrselectedcounter(106)};

rIF ATTRIBUTE
    WITH ATTRIBUTE SYNTAX LLCDefinitions. RIF;
    MATCHES FOR EQUALITY ;
        BEHAVIOUR
```

```
            rIF-B BEHAVIOUR
                DEFINED AS
                    ！路由选择信息字段在长度上变化高达 30 个八位位组。当源路由选择不
                    使用时，把 RIF 看成是空的并且不包含任何信息。MAC 源地址的第一个
                    比特被定义为路由选择信息指示符(RII)。当 RIF 是空时，则 RII 置为“0”。
                    当 RIF 不是空时，则 RII 置为“1”。前两个八位位组是路由选择控制字段
                    (RC)，并且 RIF 的其余部分包含了路由选择描述符(RD)。每个 RD 的长
                    度是两个八位位组。因此，在一个 RIF 中最多可以存在 14 个 DR。!；；
REGISTERED AS {iso(1) member-body(2) us(840) ieee802-2(10032) attribute(7) rif(107)}；

sRFPDUCounter ATTRIBUTE
    WITH ATTRIBUTE SYNTAX LLCDefinitions. Counter2；
    MATCHES FOR EQUALITY；
        BEHAVIOUR
            sRFPDUCounter-B BEHAVIOUR
                DEFINED AS
                    ！表示使用路由选择字段时帧个数的值。!；；
REGISTERED AS {iso(1) member-body(2) us(840) ieee802-2(10032) attribute(7)
        sRFPDUcounter(108)}；

queryCounter ATTRIBUTE
    WITH ATTRIBUTE SYNTAX LLCDefinitions. Counter；
    MATCHES FOR EQUALITY；
        BEHAVIOUR
            queryCounter-B BEHAVIOUR
                DEFINED AS
                    ！表示生成的路由查询命令个数的值!；；
REGISTERED AS {iso(1) member-body(2) us(840) ieee802-2(10032) attribute(7)
        querycounter(109)}；
```

—动作—

```
readCounters-AC ACTION
    BEHAVIOUR
        readCounters-B BEHAVIOUR
            DEFINED AS
                ！当管理请求关于 RDE 计数器的信息时，就发送这个动作。!；；
REGISTERED AS {iso(1) member-body(2) us(840) ieee802-2(10032) action(9)
        readcounters(5)}；

flushRoute-AC ACTION
    BEHAVIOUR
        flushRoute-B BEHAVIOUR
            DEFINED AS
```

```
        ! 当管理请求 RDE 对刷新其路由时,就发送这个动作。这并不使 RED 发现新
        路由。!;;
REGISTERED AS {iso(1) member-body(2) us(840) ieee802-2(10032) action(9)
        flushroute(6)};
```

10.10 资源类型 ID 被管客体

这是对资源类型 ID 被管客体的名字绑定,而该资源类型 ID 被管客体是在 IEEE std 802.1F-1993 中定义的,而且并入在 ISO/IEC 10742:1994 中。

```
resourceTypeId-NB NAME BINDING
SUBORDINATE OBJECT CLASS
    resourceTypeId AND SUBCLASSES;
NAMED BY SUPERIOR OBJECT CLASS
    IEEE802-1.oResourceTypeId AND SUBCLASSES
WITH ATTRIBUTE lLCName;
REGISTERED AS {iso(1) member-body(2) us(840) ieee802-2(10032) nameBinding(6)
        resourcetypeid(9)};
```

10.11 一致性

10.11.1 与本部分相关的一致性要求

声称作为一个被管理实现的并与本部分一致的某个实现应:

1) 支持按照 ISO/IEC 10742:1994 的 LLC 数据链路实体被管客体(ILCDLE)。

2) 对于每个支持的 MO 来说,至少支持在本部分中定义的一个名字绑定,对于名字绑定,该 MO 是下级。

10.11.2 协议特定的一致性要求

10.11.2.1 无连接方式 LLC

声称与 ISO/IEC 8802-2 无连接方式 LLC 的管理操作一致的并作为一个被管理实现的某个实现应:

1) 按照上述定义,与 ISO/IEC 10742 和 ISO/IEC 8802-2 一致,

2) 2)支持 dlSAP MO、rEDSetup MO 和从 ILCCOPM MO 派生的至少一个类别。

10.12 ASN.1 LLCDefinitions

```
IEEE802-2-LLCDefinitions {iso(1) member-body(2) us(840) ieee802-2(10032)
        llcdefinitions(1) version1(0)}

DEFINITIONS ::= BEGIN

IMPORTS
    MACAddress, ResourceInfo, ManufacturerOUI, ManufacturerName,
    ManufacturerProductName, ManufacturerProductVersion
FROM IEEE802CommonDefinitions {iso(1) member-body(2) us(840)
        ieee802-1F(10011) asn1Module(2) commondefinitions(0) version1(0)}
;—导入结束
```

```
AcknowledgeTimeoutValue ::= INTEGER

AgingEnabled ::= BOOLEAN

AgingValue ::= INTEGER

AvgBufferUseSize ::= INTEGER

BufferSize ::= INTEGER

BusyStateTimeoutValue::= INTEGER

CorrelatorData ::= LSAPPairName

CorrelatorRspData ::= OCTET STRING

Counter ::= SEQUENCE {
    counterInitTime [0] TimeStamp,
    counterValue [1] CounterN }

CounterN ::= INTEGER—按约定范围0～+2(**N)-1,注意ASN.1编码整数类型作为一个
                    有符号的数

Counter2 ::= INTEGER—64 bit counter

EnabledType2Reset ::= BOOLEAN

EventCounter ::= SEQUENCE {
    thresholdValue [0] IMPLICIT CounterN,
    resetValue [1] IMPLICIT CounterN,
    thresholdInitTime [2] TimeStamp,
    counterValue [3] IMPLICIT CounterN,
    counterInitTime [4] TimeStamp }

FlushRIF ::= LSAPPairID

KStep ::= INTEGER

LLCClessName ::= GraphicString

LLCConnectionlessAckName ::= GraphicString
```

```
LLCConnectionName ::= GraphicString

LLCConnection2Event ::= CHOICE {
    PDUsDiscarded1 [1] CounterN,
    PDUsDiscarded2 [2] CounterN,
    pduRetransmissions [3] CounterN,
    acknowledgeTimeout [4] AcknowledgeTimeoutValue,
    busyStateTimeout [5] BusyStateTimeoutValue,
    rejectTimeout [6] RejectTimeoutValue,
    pBitTimeout [7] PBitTimeoutValue,
    type2Violation [8] CounterN,
    retransmissions [10] CounterN }

LLCClessACKEvent ::= CHOICE {
    type3Violation [0] CounterN,
    retransmissions [1] CounterN,
    noResponse [2] CounterN }

LLCName ::= GraphicString

LLCSAPName ::= GraphicString

LLCServices ::= BIT STRING {
    type1 (0),
    type2 (1),
    type3Initiate (2),
    type3ReceiveData (3),
    type3ReturnData (4) }

LLCStationEvent ::= CHOICE {
    PDUsDiscarded [0] CounterN,
    bufferProblems [1] NULL }

LocalTime ::= SEQUENCE {
    numberOfStationRestarts [0] IMPLICIT INTEGER,
    timeSinceLastRestart [1] IMPLICIT CounterN }—N=15

LSAP ::= OCTET STRING

LSAPId ::= INTEGER—0~127

LSAPPairID ::= SEQUENCE {
    localLSAP [0] IMPLICIT LSAP,
```

```
    localAddress [1] IMPLICIT MACAddress,
    remoteLSAP [2] IMPLICIT LSAP,
    remoteAddress [3] IMPLICIT MACAddress }

LSAPPairName ::= SEQUENCE {
    lsapId [0] LSAPId,—远程 LSAPId
    mACAddr [1] MACAddress }—远程 MAC 地址

— MACAddress ::= OCTET STRING 最小长度 6 个八位位组

MACPriority ::= INTEGER—0~7

MACServiceClass ::= INTEGER {
    requestWithNoResponse(0),
    requestWithResponse(1),
    response(2) }

MaxBufferUseSize ::= INTEGER

MaximumLLCInformationFieldSize ::= INTEGER

MaximumLSAPsConfigured ::= INTEGER

MaxSendWindowSize ::= INTEGER

MaximumPDUN3 ::= INTEGER

MaximumRetransmissions ::= INTEGER

MaximumRetryCount ::= INTEGER

MaximumRouteDescriptors ::= INTEGER

MaximumResponseTime ::= INTEGER

MinimumPDUsize ::= INTEGER

NumberOfActiveLSAPs ::= INTEGER
    OptTolIPDU ::= BOOLEAN

PBitTimeoutValue ::= INTEGER

RDEEnabled ::= BOOLEAN
```

```
RDEHold ::= BOOLEAN

RDEReplace ::= BOOLEAN

ReadCounters ::= SEQUENCE {
    discardCounter [0] IMPLICIT CounterN,
    nsrPDUCounter [1] IMPLICIT Counter2,
    rsrSelectCounter [2] IMPLICIT CounterN,
    srfPDUCounter [3] IMPLICIT Counter2,
    queryCounter [4] IMPLICIT CounterN }
ReceiveVariableLifetime ::= INTEGER

ReceiveWindowSize ::= INTEGER

ReinitializeData ::= NULL

ReinitializeResponse ::= NULL

RejectTimeoutValue ::= INTEGER

ResetOnTestEnabled ::= BOOLEAN

RIF ::= SEQUENCE {
    routingControl [0] RoutingControl,
    routingDescriptors [1] SET OF RoutingDescriptors }

Route ::= SEQUENCE {
    routingControl [0] IMPLICIT RoutingControl,
    routingDescriptors [1] IMPLICIT RoutingDescriptors }

RoutingControl ::= OCTET STRING(SIZE(2))

RoutingDescriptors ::= OCTET STRING(SIZE(2))

SAPDATA ::= LLCServices

SendWindowSize ::= INTEGER

Status ::= INTEGER {
    up (0),
    down (1),
    other (2) }
```

```
STRIndicator ::= BIT STRING {
    nsr (0),
    ste (1) }

SupportedServicesTypes ::= LLCServices

TESTSentCommand ::= TESTType

TESTType ::= SEQUENCE {
    sourceLSAP [0] IMPLICIT LSAPId,
    sourceMAC [1] IMPLICIT MACAddress OPTIONAL,
    —何时发送测试,由 MAC 确定
    destinationLSAP [2] IMPLICIT LSAPId,
    destinationMAC [3] IMPLICIT MACAddress,
    priority [4] IMPLICIT MACPriority OPTIONAL,
    serviceClass [5] IMPLICIT MACServiceClass OPTIONAL,
    information [6] IMPLICIT OCTET STRING }

TimeStamp ::= CHOICE {
    generalTime [0] GeneralizedTime,
    utcTime [1] UTCTime,
    localTime [2] LocalTime }

TransmitVariableLifetime ::= INTEGER
Type3AcknowledgeTimeoutValue ::= INTEGER
Type3ReceiveResources ::= BOOLEAN
UserData ::= ANY
XIDSentCommand ::= XIDType
XIDType ::= SEQUENCE {
    sourceLSAP [0] IMPLICIT LSAPId,
    sourceMAC [1] IMPLICIT MACAddress OPTIONAL,
    —何时发送测试,由 MAC 确定
    destinationLSAP [2] IMPLICIT LSAPId,
    destinationMAC [3] IMPLICIT MACAddress,
    priority [4] IMPLICIT MACPriority OPTIONAL,
    serviceClass [5] IMPLICIT MACServiceClass OPTIONAL,
    typesSupported [6] IMPLICIT LLCServices OPTIONAL,
    sendWindowSize [7] IMPLICIT SendWindowSize OPTIONAL }
VersionNumber ::= INTEGER
END
```

附 录 A[2)]
（规范性附录）
协议实现一致性声明(PICS)形式表

A.1 引言

声称与本部分一致的协议实现的供应者应填写下列协议实现一致性声明(PICS)形式表。

已填写的PICS形式表就是对该实现的PICS。PICS是对已实现协议的能力和选项的声明。PICS可以有多种用途，包括：

- 由协议实现者，用作检查清单，以便通过监督来减少与本部分不一致的风险；
- 由实现的供应者和获得者或潜在的获得者，用作实现能力的详细指示，说明了它与标准PICS形式表所提供的公共理解基础的相对关系；
- 由实现的用户或潜在的用户，用作初始检查与另一个实现进行互工作的可能性的基础(注意，尽管互工作从来未能保证，但对互工作的故障往往能以不兼容PICS中预测出来)；
- 由协议测试者，用作选择合适的测试的基础，根据这些测试来对这些实现一致性的声称进行评价。

A.2 缩略语和特殊符号

A.2.1 状态符号

M	必备的字段/功能
O	可选的字段/功能
O.<n>	可选的字段/功能，但要求支持至少一组由相同的数字<n>所标记的选项
X	禁止的
<pred>:	条件项目符号，包括谓词标识(见A.3.4)，适用于特定项目
<pred>::	条件项目符号，包括谓词标识(见A.3.4)，适用于表或一组表
<item>	条件符号，状态依赖于对<item>标出的支持(见A.3.4)

A.2.2 一般缩略语

N/A	不适用
PICS	协议实现一致性声明

A.2.3 项目引用

下列是在PICS形式表中所使用的项目引用列表：

主要能力：

CLS	所支持的LLC类别
RDE	路由确定实体

LLC类型1：

MIS	其他协议特征
TES	测试PDU
TSR	接收的测试PDU中的参数

2) 关于PICS形式表的版权释放：本部分的用户可以自由地再产生本附录中的PICS形式表，使得能将它用于预期的目的，并且可以进一步出版已填写的PICS。

TST	发送的测试 PDU 中的参数
UI	UI PDU
UIR	接收的 UI PDU 中的参数
UIT	发送的 UI PDU 中的参数
XDR	接收的 XID PDU 中的参数
XDT	发送的 XID PDU 中的参数
XID	XID PDU

LLC 类型 2：

DIC	DISC PDU
DMR	DM PDU
FRR	FRMR PDU
IC	I_CMD PDU
IP	I PDU
IR	I_RSP PDU
MIS	其他协议特征
PPA	协议参数
PPR	接收的 PDU 中的参数
PPT	发送的 PDU 中的参数
PRS	协议规程
RJC	REJ_CMD PDU
RJR	REJ_RSP PDU
RNC	RNR_CMD PDU
RNR	RNR_RSP PDU
RRC	RR_CMD PDU
RRR	RR_RSP PDU
SAC	SABME PDU
UAR	UA PDU

LLC 类型 3：

AnC	ACn 命令 PDU
A0C	AC0_CMD PDU
A0P	接收的 AC0_ PDU 中的参数
A0R	AC0_RSP PDU
A0T	发送的 AC0_ PDU 中的参数
A1C	AC1_CMD PDU
A1P	接收的 AC1 PDU 中的参数
A1R	AC1_RSP PDU
A1T	发送的 PDU 中的参数
MIS	其他协议特征
PPA	协议参数
PRS	协议规程

路由确定实体(RDE)：

AGEE	老化允许的指示符
AGEF	老化功能

F	发送的 RDE PDU 中的参数
HLD	路由确定参数——保持
IRPE	无效 RDE 帧计数器
ISRP	特别地定路由的帧计数器
IST	生成树定路由的帧计数器
MNPD	路由选择参数——最小 PDU 长度
MXRD	路由选择参数——路由描述符的最大数
MXRT	路由选择参数——最大响应时间
RASM	路由管理
RCR	路由控制接收规范
RCS	路由控制发送规范
RDEE	路由确定参数——所允许的 RDE
RDEP	在接收时丢弃 PDU
ROT	在测试时复位
RPL	路由确定参数——替换
RQC	ROUTE_QUERY_COMMAND PDU
RQR	ROUTE_QUERY_RESPONSE PDU
RRST	路由复位规程
RS	ROUTE_SELECTED PDU
RSSM	路由选择
STR	生成树路由参数
TRR	路由响应定时器
TRS	路由选择定时器

A.3 填写 PICS 形式表须知

A.3.1 PICS 形式表的通用结构

PICS 形式表的第 1 部分，即实现标识和协议概要，是按照指出的充分标识供应者和实现两者所必需的信息来填写。

PICS 形式表的主要部分是一张固定格式的调查表，它被分成若干条，每条包含许多独立的项目。对调查表各项目的答案在最右边一列中提供，它或者是简单地标出一个答案以指示一个受约束的选择（通常用“是”、“否”或“不适合”），或者录入一个值或值的集合或范围。

注：对于某些项目，可以使用从一组可能的答案中选择一种或多种。在上述情况下，要标记处所有相关选择。

每个项目通过项目引用被标识在第 1 列中。第 2 列包含要答复的问题。第 3 列包含在本部分正文中规定该项目的一个或多个引用材料。其余各列记录了该项目的状态，即，不管支持是必备的、可选的还是有条件的，并且为各答复提供了空格，也见 A.3.4。

供应者也可以提供或被要求提供进一步的信息，这些信息被分类为附加信息或异常信息。当提供时，为了交叉引用，每类进一步的信息在标记 A<i>或 X<i>的项目的子条中分别提供，其中，<i>是该项目的元二义性标识（例如，简单地是一个数字）。对其格式或标识没有其他约束。

一张已填好的 PICS 形式表，包括附加信息和异常信息，是对该实现的协议实现一致性声明（PICS）。

注：当某一实现能用一种以上的方法进行配置时，单个 PICS 就能描述全部这样的配置。然而，如果这样做有利于更容易和更清晰地表示所指信息，则供应者就对提供的一个以上的 PICS 具有选择其中一个 PICS 的机会，而每个 PICS 都覆盖了该实现的配置能力的某个子集。

A.3.2 附加信息

附加信息的项目允许供应者提供进一步的信息，预期辅助解释该PICS。不预期或不期望它供应大量的信息，在没有任何这样的信息的情况下，也可以认为PICS是完整的。附加信息的一些举例可能是若干方法的一种概括，用这些方法(单个)实现能被建立起来，以便在各种环境下和配置下进行操作，或者，也许是以特定应用的要求为基础上排除某些特征的简短原理阐述，尽管这些可选的特征在本部分协议的实现中是公共存在的。

在调查表中跟在任何答复之后可以录入附加信息项目的引用，并且可以被包括异常信息的项目中。

A.3.3 异常信息

供应者希望用于指出的要求相矛盾的方法(在任何条件已施加之后)来答复带有必备的或禁止的状态的项目，这或许是一种偶然发生的情况。在支持列中对此找不到预先印好的答复，而是，供应者把遗漏的答复与对异常信息项目的X＜i＞引用一起写入支持列，并且应提供异常信息项目本身的合适原理。

用这种方法时，要求的异常信息项目的一个实现与本部分不一致。

注：对上述情况的一个可能的理由量，在本部分中已经报告了某个缺陷，期望对其进行校正来更改该实现未满足的要求。

A.3.4 条件状态

A.3.4.1 条件项目

PICS形式表包含了许多有条件的项目。这些项目是指适用的状态(必备的，可选的或禁止的)依赖于某些其他项目是否被支持或依赖于是否支持其他项目的值的若干项目。

在许多情况下，该项目是否完全适用在这个方法中是有条件的，以及当该项目适用时状态也是有条件的。

若一组项目受相同的适用性条件的支配，则在该组的开头时就出现了围绕条件的一个独立的初步问题，如果选择了“不适用”答复，则用一个指令来跳过在调查表中的一个后面的点。否则在，该状态列中就利用或多个有条件的符号(在独立的行上)来指示各个有条件的项目。

有条件的符号形式为“＜pred＞：＜s＞”，其中，“＜pred＞”是在下面A.3.2中描述的谓词，“＜s＞”是状态符号M.O.O＜n＞或X之一。

如果在条件项目的任意一行内该谓词的值为“真”(A.3.4.2)，则条件项目适用，并且其状态是跟在谓词之后的状态符号所指出的那个状态；答复列是用通常的方法来标记。如果谓词的值为“假”，则在相关的行内要标记不适用(N/A)答案。在多行条件项目中的一行宜加以标记：至多一行要求不是N/A的一个答案。

有条件的符号形式为“＜pred＞：：”，其中“＜pred＞”，是在下面A.3.4.2中描述的谓词，并且可以在一条或一字条内的表或一组表之前。如果谓词的值为“真”，应在表或一组表内标记出答案。否则，应跳过表或一组表。

A.3.4.2 谓词

谓词是下列之一：

a) 用于在PICS形式表中一个项目的一个项目引用：如果该项目标记为被支持，则谓词的值为“真”，否则，则为“假”；

b) 用于在PICS形式表中别处定义的一个谓词的一个谓词名称(通常在主要能力部分或包含条件项目部分结束处)：见下面A.3.4.2.1；

c) 逻辑“非”符号“Ȼ”被加在项目引用或谓词名称的前头：如果利用略去“Ȼ”符号所形成的谓词的值为“假”，则谓词的值为“真”，反之亦然。

A.3.4.2.1 谓词名称的定义

谓词名称的定义是下列之一：

a) 一个项引用，它按 A.3.4.2a)进行评价出来；

b) 一个关系式，它包含带有其操作数中一个操作数的比较操作符（=，>，等等），而这一个操作数正式采用数字值作为项目答案的一个项目的项目引用；当由在支持列所录入的值所取代的各个项目引用来作为支持到所涉及项目的答案时，如果关系式保持住，则该谓词为“真”；或

c) 如同 a)和 b)，一个布尔表达式，它是通过使用布尔操作符“AND”、“OR”、“NOT”及圆括号的组合简单谓词以通常方法构成的，当简单谓词按上述解释时，如果布尔表达评价为“真”，则这样的谓词值“真”。

凡某个项目的 reference 在谓词或谓词定义中被使用时，在该项目的列中打一个星号来表示。

A.3.5 对要求的标识

在 PICS 形式表中的信息不替代或增加在本部分正文中的一致性要求。

A.4 标识

A.4.1 实现标识

供应者	
查询关于 PICS 的联系点	
实现名称和版本	
为完整标识所需的其他信息，例如，机器和/或操作系统的名称和版本，系统名称	

注 1：对于所有实现，只要求前三个项目。在满足了完整标识时可合适地填写出其他信息。

注 2：对于术语名称和版本宜合适地对应于供应者的术语（例如，类型、系列、模型，等等）进行解释。

A.4.2 协议概要，GB/T 15629.2—2008

协议标准的标识	GB/T 15629.2—2008
对已经填写的这个 PICS 的补篇和勘误表的标识，补篇和勘误表已作为这个 PICS 的一部分	GB/T 15629.2—2008 补篇： 勘误表： 补篇： 勘误表：
是否已请求了异常项目（见 A.3.3）？ 是□ 否□ （答复“是”意味着该实现与 GB/T 15629.2—2008 不一致	

声明的日期 dd/mm/yy

A.5 主要能力

项 目	协议特征	引用条号	状 态	支 持
* CLS1a	支持类别Ⅰ LLC？	4.2	0.1	是□ 否□
* CLS1b	支持 LLC 类型 1 规程？	4.2	CLS1a：M	N/A□ 是□
* CLS2a	支持类别Ⅱ LLC？	4.2	0.1	是□ 否□
* CLS2b	支持 LLC 类型 1 和类型 2 规程？	4.2	CLS2a：M	N/A□ 是□
* CLS3a	支持类别Ⅲ LLC？	4.2	0.1	是□ 否□
* CLS3b	支持 LLC 类型 1 和类型 3 规程？	4.2	CLS3a：M	N/A□ 是□
* CLS4a	支持类别Ⅳ LLC？	4.2	0.1	是□ 否□
* CLS4b	支持 LLC 类型 1、类型 2 和类型 3 规程？	4.2	CLS4a：M	N/A□ 是□
* RDE	支持路由确定？	9	0	是□ 否□

A.6 LLC 类型 1——不确认的无连接方式

CLS1a 或 CLS2a 或 CLS3a 或 CLS4a:

如果上述谓词评价为“真”,则要填写 A.6 中的所有表。

A.6.1 LLC 类型 1——支持的 PDU 类型

项目	协议特征/支持的 PDU 类型	引用条号	状态	支持
UI/1	在发送时所支持的 UI_CMD	6.1,6.5.1	M	是□
UI/2	在接受时所支持的 UI_CMD	6.1,6.5.2	M	是□
* XID/3	在发送时所支持的 XID_CMD	6.6	O	是□ 否□
XID/4	在接受时所支持的 XID_CMD	6.6	M	是□
XID/5	在发送时所支持的 XID_RSP	6.6	M	是□
XID/6	在接受时所支持的 XID_RSP	6.6	XID/3:M	N/A□ 是□
* TES/7	在发送时所支持的 TEST_CMD	6.7	O	是□ 否□
TES/8	在接受时所支持的 TEST_CMD	6.7	M	是□
TES/9	在发送时所支持的 TEST_RSP	6.7	M	是□
TES/10	在接受时所支持的 TEST_RSP	6.7	TES/7:M	N/A□ 是□

A.6.2 LLC 类型 1——在发送时支持的 PDU 的参数

项目	协议特征/在发送时支持的参数	引用条号	状态	支持
UIT/11	UI_CMD—DSAP address	6.2	M	是□
UIT/12	UI_CMD—SSAP address	6.2	M	是□
UIT/13	UI_CMD—P_bit = 0	6.3	M	是□
UIT/14	UI_CMD—Information	3.3	O	是□ 否□
XDT/15	XID_CMD—DSAP address	6.2, 6.6	XID/3:M	N/A□ 是□
XDT/16	XID_CMD—SSAP address	6.2, 6.6	XID/3:M	N/A□ 是□
XDT/17	XID_CMD—P_bit = 1	6.3	XID/3:0.2	N/A□ 是□ 否□
XDT/18	XID_CMD—P_bit = 0	6.3	XID/3:0.2	N/A□ 是□ 否□
XDT/19	XID_CMD—Information	5.4.1.1.2, .6	XID/3:M	N/A□ 是□
XDT/20	XID_RSP—DSAP address	6.2, 6.6	M	是□
XDT/21	XID_RSP—SSAP address	6.2, 6.6	M	是□
XDT/22	XID_RSP—F_bit = P_bit	6.3	M	是□
XDT/23	XID_RSP—Information	5.4.1.2.1,6.6	M	是□
TST/24	TEST_CMD—DSAP address	6.2	TES/7:M	N/A□ 是□
TST/25	TEST_CMD—SSAP address	6.2	TES/7:M	N/A□ 是□
TST/26	TEST_CMD—P_bit = 1	6.3	TES/7:0.3	N/A□ 是□ 否□
TST/27	TEST_CMD—P_bit = 0	6.3	TES/7:0.3	N/A□ 是□ 否□
* TST/28	TEST_CMD—Information	5.4.1.1.3,6.7	TES/7:0	N/A□ 是□ 否□
TST/29	TEST_RSP—DSAP address	6.2	M	是□
TST/30	TEST_RSP—SSAP address	6.2	M	是□
TST/31	TEST_RSP—F_bit = P_bit	6.3	M	是□
TST/32	TEST_RSP—Information	5.4.1.2.2,6.7	M	是□

A.6.3 LLC 类型 1——在接收时支持的 PDU 的参数

项　目	协议特征/在接受时支持的参数	引用条号	状　态	支　持
UIR/33	UI_CMD—DSAP address	6.2	M	是□
UIR/34	UI_CMD—SSAP address	6.2	M	是□
UIR/35	UI_CMD　P bit ＝ 0	6.3	M	是□
UIR/36	UI_CMD—Information	3.3	O	是□　否□
XDR/37	XID_CMD—DSAP address	6.2，6.6	M	是□
XDR/38	XID_CMD—SSAP address	6.2，6.6	M	是□
XDR/39	XID_CMD—P-bit ＝ 1	6.3	M	是□
XDR/40	XID_CMD—P-bit ＝ 0	6.3	M	是□
XDR/41	XID_CMD—Information	5.4.1.1.2,6.6	M	是□
XDR/42	XID_RSP—DSAP address	6.2，6.6	M	是□
XDR/43	XID_RSP—SSAP address	6.2，6.6	M	是□
XDR/44	XID_RSP—F-bit ＝ P-bit	6.3	M	是□
XDR/45	XID_RSP—Information	5.4.1.2.1,6.6	M	是□
TSR/46	TEST_CMD—DSAP address	6.2	M	是□
TSR/47	TEST_CMD—SSAP address	6.2	M	是□
TSR/48	TEST_CMD—P-bit ＝ 1	6.3	M	是□
TSR/49	TEST_CMD—P-bit ＝ 0	6.3	M	是□
TSR/50	TEST_CMD—Information	5.4.1.1.3,6.7	M	是□
TSR/51	TEST_RSP—DSAP address	6.2	M	是□
TSR/52	TEST_RSP—SSAP address	6.2	M	是□
TSR/53	TEST_RSP—F-bit＝ P-bit	6.3	M	是□
TSR/54	TEST_RSP—Information	5.4.1.2.2,6.7	TST/28:M	N/A□　是□

A.6.4 LLC 类型 1——其他

项　目	协议特征/其他	引用条号	状　态	支　持
MIS/55	所有发送的 PDU 包含整个 8 位位组吗？	3.3	M	是□
	所有发送的 PDU 是从 MAC 子层收到的，它们被看作无效并不予理睬吗？			
MIS/56	——包含非整数八位位组的长度	3.3.4	M	是□
MIS/57	——具有小于 3 个八位位组的长度	3.3.4	M	是□
	下列地址中哪个地址在 UI PUDs 的 DSAP 地址字段中被支持？			
MIS/58	——单地址	5.4.1.1.1	0.4	是□　否□
MIS/59	——组地址	5.4.1.1.1	0.4	是□　否□
MIS/60	——全局地址	5.4.1.1.1	0.4	是□　否□
MIS/61	——空地址	5.4.1.1.1	0.4	
MIS/62	在 UI PDU 的 SSAP 地址字段中的地址是始发者的单地址吗？	5.4.1.1.1	M	是□

表(续)

项目	协议特征/其他	引用条号	状态	支持
MIS/63	所有UI PDU都作为UI_CMD PDU来发送吗?	6.5.1	M	是□
MIS/64	所有UI PDU都以P位=0来发送吗?	6.5.1	M	是□
MIS/65	收到的UI-RSP PDU是否是被丢的帧?	6.5.2	M	是□
	下列地址中哪个地址在XID_CMD PDU的DSAP地址字段中被支持?			
MIS/66	——单地址	5.4.1.1.2	XID/3:0.5	N/A□ 是□ 否□
MIS/67	——组地址	5.4.1.1.2	XID/3:0.5	N/A□ 是□ 否□
MIS/68	——全局地址	5.4.1.1.2	XID/3:0.5	N/A□ 是□ 否□
MIS/69	——空地址	5.4.1.1.2	XID/3:0.5	N/A□ 是□ 否□
	下列地址中哪个地址在XID_RSP PDU的SSAP地址字段中被支持?			
MIS/70	——单地址	5.4.1.1.2	XID/3:0.6	N/A□ 是□ 否□
MIS/71	——空地址	5.4.1.1.2	XID/3:0.6	N/A□ 是□ 否□
	下列地址中哪个地址在XID_RSP PDU的DSAP地址字段中被支持?			
MIS/72	——单地址	5.4.1.2.1	M	是□
MIS/73	——空地址	5.4.1.2.1	M	是□
	下列地址中哪个地址在XID_RSP PDU的SSAP地址字段中被支持?			
MIS/74	——单地址	5.4.1.2.1	M	是□
MIS/75	——空地址	5.4.1.2.1	M	是□
	下列地址中哪个地址在TEST_CMD PDU的DSAP地址字段中被支持?			
MIS/76	——单地址	5.4.1.1.3	TES/7:0.7	N/A□ 是□ 否□
MIS/77	——组地址	5.4.1.1.3	TES/7:0.7	N/A□ 是□ 否□
MIS/78	——全局地址	5.4.1.1.3	TES/7:0.7	N/A□ 是□ 否□
MIS/79	——空地址	5.4.1.1.3	TES/7:0.7	N/A□ 是□ 否□
	下列地址中哪个地址在TEST_CMD PDU的SSAP地址字段中被支持?			
MIS/80	——单地址	5.4.1.1.3	TES/7:0.8	N/A□ 是□ 否□
MIS/81	——空地址	5.4.1.1.3	TES/7:0.8	N/A□ 是□ 否□
	下列地址中哪个地址在TEST_RSP PDU的DSAP地址字段中被支持?			
MIS/82	——单地址	5.4.1.2.2	M	是□
MIS/83	——空地址	5.4.1.2.2	M	是□
	下列地址中哪个地址在TEST_RSP PDU的SSAP地址字段中被支持?			
MIS/84	——单地址	5.4.1.2.2	M	是□
MIS/85	——空地址	5.4.1.2.2	M	是□

表（续）

项　目	协议特征/其他	引用条号	状　态	支　持
＊MIS/86	是否支持重复地址检测？	6.9.2	O	是□　否□
MIS/87	——是否支持 ACK-TIMER 功能？	6.9.2	MIS/86:M	是□
MIS/88	——ACK_TIMER 范围(秒)			最小值＝ 最大值＝
MIS/89	——是否支持 RETRY_COUNTER 功能？	6.9.2	MIS/86:M	是□
MIS/90	——RETRY_COUNTER 范围(秒)			最小值＝ 最大值＝
MIS/91	——是否支持 XID_R_COUNTER 功能？	6.9.2	MIS/86:M	是□

A.7　LLC 类型 2 操作——连接方式

CLS2a 或 CLS4a:：

如果上述谓词评价为“真”，则要填写 A.7 中的所有表。

A.7.1　LLC 类型 2——支持的 PDU 类型

项　目	协议特征/其他	引用条号	状　态	支　持
＊IP/92a	1 在发送时支持的 I PDU	7.4.2	O	是□　否□
＊IC/92b	2 在接收时支持的 I_CDM	表 4	IP/92a:O	N/A□　是□　否□
IC/93	3 在发送时支持的 I_CMD	表 4	M	是□
IR/94	4 在接收时支持的 I_RSP	表 4	IP/92a:M	N/A□　是□
IR/95	5 在发送时支持的 I_RSP	表 4	M	是□
RRC/96	6 在发送时支持的 RR_CMD	表 4	M	是□
RRC/97	7 在接收时支持的 RR_CMD	表 4	M	是□
RRR/98	8 在发送时支持的 RR_RSP	表 4	M	是□
RRR/99	9 在接收时支持的 RR_RSP	表 4	M	是□
RNC/100	10 在发送时支持的 RNR_CMD	表 4	M	是□
RNC/101	11 在接收时支持的 RNR_CMD	表 4	M	是□
RNR/102	12 在发送时支持的 RNR_RSP	表 4	M	是□
RNR/103	13 在接收时支持的 RNR_RSP	表 4	M	是□　否□
＊RJC/104	14 在发送时支持的 REJ_CMD	表 4	O	是□
RJC/105	15 在接收时支持的 REJ_CMD	表 4	M	是□
RJR/106	16 在发送时支持的 REJ_RSP	表 4	M	是□
RJR/107	17 在接收时支持的 REJ_RSP	表 4	M	是□
SAC/108	18 在发送时支持的 SABME_CMD	表 4	M	是□
SAC/109	19 在接收时支持的 SABME_CMD	表 4	M	是□
DIC/110	20 在发送时支持的 DISC_CMD	表 4	M	是□
DIC/111	21 在接收时支持的 DISC_CMD	表 4	M	是□
UAR/112	22 在发送时支持的 UA_RSP	表 4	M	是□
UAR/113	23 在接收时支持的 UA_RSP	表 4	M	是□
DMR/114	24 在发送时支持的 DM_RSP	表 4	M	是□
DMR/115	25 在接收时支持的 DM_RSP	表 4	M	是□
FRR/116	26 在发送时支持的 FRMR_RSP	表 4	M	是□
FRR/117	27 在接收时支持的 FRMR_RSP	表 4	M	是□

A.7.2　LLC 类型 2——在发送时支持的 PDU 的参数

项　目	协议特征/在发送时支持的参数	引用条号	状　态	支　持
	下列 PDU 包含了在给出的引用条款中规定的 DSAP 地址、SSAP 地址和控制字段吗?			
PPT/118a	——I_CMD	3.2,3.3,5.4	IC/92b:M	N/A□　是□
PPT/118b	——I_RSP	3.2,3.3,5.4	IP/92a:M	N/A□　是□
PPT/119	——REJ_CMD	3.2,3.3,5.4	RJC/104:M	N/A□　是□
PPT/120	——RR_CMD, RR_RSP, RNR_CMD, RNR_RSP, REJ_RSP, SABME_CMD, DISC_CMD, UA_RSP, DM_RSP, FRMR_RSP	3.2,3.3,5.4	M	是□
	下列 PDU 包含了信息字段吗?			
PPT/121	——I_CMD, I_RSP, FRMR_RSP	3.2,3.3,5.4	M	是□
	下列 PDU 包含了信息字段吗?			
PPT/122	——REJ_CMD, RR_CMD, RR_RSP, RNR_CMD, RNR_RSP, REJ_RSP, SABME_CMD, DISC_CMD, UA_RSP, DM_RSP	3.2,5.4	X	否□

A.7.3　LLC 类型 2——在接收时支持的 PDU 的参数

项　目	协议特征/在接收时支持的参数	引用条号	状　态	支　持
	收到的 DSAP、SSAP 和控制字段支持下列 PDU 吗?			
PPR/123	——I_CMD, I_RSP, RR_CMD, RR_RSP, RNR_CMD, RNR_RSP, REJ_CMD, REJ_RSP, SABME_CMD, DISC_CMD, UA_RSP, DM_RSP, FRMR_RSP	3.2,3.3,5.4	M	是□
	收到的信息字段支持下列 PDU 吗?			
PPR/124	——I_CMD, I_RSP, FRMR_RSP 注:对收到常有信息字段的 PDU 的响应,但不允许该响应具有在帧拒绝规程中所覆盖的信息字段。	3.2,3.3,5.4	M	是□

A.7.4　LLC 类型 2——支持的规程

项　目	协议特征/支持的规程	引用条号	状态	支　持
	支持连接建立			
PRS/125	——作为启动者	7.4.1,7.4.5	O	是□　否□
PRS/126	——作为响应者	7.4.1,7.4.5	M	是□
	支持连接释放			
PRS/127	——作为启动者(始发释放)	7.4.3,7.4.4,7.4.5	O	是□　否□
PRS/128	——作为启动者(拒绝连接建立)	7.4.3,7.4.4,7.4.5	M	是□
PRS/129	——作为响应者	7.4.3,7.4.4,7.4.5	M	是□

表(续)

项　目	协议特征/支持的规程	引用条号	状态	支　持
	支持数据传送			
PRS/130	——作为始发者	7.4.2,7.5	O	是□　否□
PRS/131	——作为响应者	7.4.2,7.5	M	是□
PRS/132	在收到 RNR PDU 时支持远程忙规程吗?	7.5.7	M	是□
PRS/133	在收到 REJ PDU 时支持重传规程吗?	7.5.6	M	是□
PRS/134	在收到带有不期望的 N(S)的 I PDU 时支持拒绝规程吗?	7.4.2,7.5	M	是□
PRS/135	支持本地忙规程吗?	7.5.8	M	是□
PRS/136	支持帧拒绝规程吗?	5.4.2.3.5	M	是□
	支持复位规程吗?			
PRS/137	——作为启动者	7.5,7.6,7.7	M	是□
PRS/138	——作为响应者	7.5,7.6,7.7	M	是□
* PRS/139	支持 LLC 流量控制规程吗?	附录 B	O	是□　否□

A.7.5 LLC 类型 2——其他

项　目	协议特征/其他	引用条号	状态	支　持
MIS/140	所有发送的 PDU 是否包含了整数个八位位组?	3.3	M	是□
	如果下列 PDU 是从 MAC 子层收到的,它们被看作无效并不予理睬吗?			
MIS/141	——包含非整数个八位位组	3.3.4	M	是□
MIS/142	——具有小于 3 个八位数组的长度(在 1 个八位位组控制字段的情况下)	3.3.4	M	是□
MIS/143	——具有小于 4 个八位位组的长度(在 2 个八位位组控制字段的情况下)	3.3.4	M	是□
MIS/143a	识别并丢弃重复 I PDU 吗?	7.5.10	O	是□　否□

A.7.6 LLC 类型 2——协议参数

项　目	协议特征/协议参数	引用条号	状态	支持/值
PPA/144 PPA/145	是否实现 ACK_TIMER 功能? ——ACK_TIMER 范围	7.8.1.1	M	是□ 最小值= 最大值=
PPA/146 PPA/147	是否实现 P_TIMER 功能 ——P_TIMER 范围	7.8.1.2	M	是□ 最小值= 最大值=
PPA/148 PPA/149	是否实现 REJ_TIMER 功能 ——REJ_TIMER 范围	7.8.1.3	M	是□ 最小值= 最大值=
PPA/150 PPA/151	是否实现 BUSY_TIMER 功能 ——BUSY_TIMER 范围	7.8.1.4	M	是□ 最小值= 最大值=

表（续）

项 目	协议特征/协议参数	引用条号	状 态	支持/值
PPA/152 PPA/153	是否实现 N2(发送的最大数)功能 ——发送数	7.8.2	M	是□ 最小值＝ 最大值＝
PPA/154 PPA/155	是否实现 k(发送窗口尺寸)功能？ ——k 最大值	7.8.4	M	是□ 值＝
PPA/156 PPA/157a	是否实现 LLC 流量控制功能？ ——k 步范围	附录 B	PRS/139:M	N/A□ 是□ 最小值＝ 最大值＝
PPA/157b PPA/157c	是否实现 RW(接受窗口尺寸)功能？ ——RW 的最大值	7.8.6	M	是□ 值＝

A.8 LLC 类型 3 操作——确认的无连接方式

CLS3a 或 CLS4a::

如果上述谓词评价为“真”，则要填写 A.8 中的所有表。

A.8.1 LLC 类型 3——支持的 PDU 类型

项 目	协议特征/支持的 PDU 类型	引用条号	状态	支持
* AnC/158a	是否发送 ACn 命令？	8.5.1	O	是□ 否□
A0C/158b	在发送时支持的 ACO_CMD	8.5.1	AnC/158a:M	N/A□ 是□
A0C/159	在接受时支持的 ACO_CMD	8.5.2	M	是□
A0R/160	在发送时支持的 ACO_RSP	8.5.3	M	是□
A0R/161	在接受时支持的 ACO_RSP	8.5.4	AnC/158a:M	N/A□ 是□
A1C/162	在发送时支持的 AC1_CMD	8.5.1	AnC/158a:M	N/A□ 是□
A1C/163	在接收时支持的 AC1_CMD	8.5.2	M	是□
A1R/164	在发送时支持的 AC1_RSP	8.5.3	M	是□
A1R/165	在接收时支持的 AC1_RSP	8.5.4	AnC/158a:M	N/A□ 是□

A.8.2 LLC 类型 3——在发送时支持的 PDU 的参数

项 目	协议特征/在发送时支持的参数	引用条号	状 态	支 持
A0T/166	AC0_CMD—DSAP address	8.2	AnC/158a:M	N/A□ 是□
A0T/167	AC0_CMD—SSAP address	8.2	AnC/158a:M	N/A□ 是□
	AC0_CMD—			
A0T/168	——P-bit=1 和非空信息字段	8.3	AnC/158a:0.9	N/A□ 是□ 否□
A0T/169	——P-bit ＝ 1 和空信息字段	8.3	AnC/158a:0.9	N/A□ 是□ 否□
	AC0_CMD—			
A0T/170	——P-bit ＝ 0 和非空信息字段	8.3	nC/158a:0.9	N/A□ 是□ 否□
A0T/171	——P-bit ＝ 0 和空信息字段	8.3	AnC/158a:0.9	N/A□ 是□ 否□

表（续）

项　目	协议特征/在发送时支持的参数	引用条号	状　态	支　持
A1T/172	AC1_CMD—DSAP address	8.2	AnC/158a:M	N/A□　是□
A1T/173	AC1_CMD—SSAP address	8.2	AnC/158a:M	N/A□　是□
	AC1_CMD—			
A1T/174	——P-bit ＝ 1 和非空信息字段	8.3	AnC/158a:0.10	N/A□　是□　否□
A1T/175	——P-bit ＝ 1 和空信息字段	8.3	AnC/158a:0.10	N/A□　是□　否□
	AC1_CMD—			
A1T/176	——P-bit ＝ 0 和非空信息字段	8.3	AnC/158a:0.10	N/A□　是□　否□
A1T/177	——P-bit ＝ 0 和空信息字段	8.3	AnC/158a:0.10	N/A□　是□　否□
A0T/178	AC0_RSP—DSAP address	8.2	M	是□
A0T/179	AC0_RSP—SSAP address	8.2	M	是□
	AC0_RSP—F-bit ＝ P-bit (＝ 1)			
A0T/180	——带有状态子字段和非空 LSDU 子字段	8.3	O	是□　否□
A0T/181	——带有状态子字段和空 LSDU 子字段	8.3	M	是□
	AC0_RSP—F-bit ＝ P-bit (＝ 0)			
A0T/182	——带有状态子字段和非空 LSDU 子字段	8.3	X	否□
A0T/183	——带有状态子字段和空 LSDU 子字段	8.3	M	是□
A1T/184	AC1_RSP—DSAP address	8.2	M	是□
A1T/185	AC1_RSP—SSAP address	8.2	M	是□
	AC1_RSP—F-bit ＝ P-bit (＝ 1)			
A1T/186	——带有状态子字段和非空 LSDU 子字段	8.3	O	是□　否□
A1T/187	——带有状态子字段和空 LSDU 子字段	8.3	M	是□
	AC1_RSP—F-bit ＝ P-bit (＝ 0)			
A1T/188	——带有状态子字段和非空 LSDU 子字段	8.3	X	否□
A1T/189	——带有状态子字段和空 LSDU 子字段	8.3	M	是□

A.8.3　LLC 类型 3——在接收时支持的 PDU 的参数

项　目	协议特征/在发送时支持的参数	引用条号	状　态	支　持
A0P/190	AC0_CMD—DSAP address	8.1，8.2	M	是□
A0P/191	AC0_CMD—SSAP address	8.1，8.2	M	是□
	AC0_CMD—			
A0P/192	——P-bit ＝ 1 和非空信息字段	8.1，8.3	M	是□
A0P/193	——P-bit ＝ 1 和空信息字段	8.1，8.3	M	是□
	AC0_CMD—			
A0P/194	——P-bit ＝ 0 和非空信息字段	8.1，8.3	M	是□
A0P/195	——P-bit ＝ 0 和空信息字段	8.1，8.3	M	是□
A1P/196	AC1_CMD—DSAP address	8.1，8.2	M	是□
A1P/197	AC1_CMD—SSAP address	8.1，8.2	M	是□
	AC1_CMD—			
A1P/198	——P-bit ＝ 1 和非空信息字段	8.1，8.3	M	是□
A1P/199	——P-bit ＝ 1 和空信息字段	8.1，8.3	M	是□
	AC1_CMD—			
A1P/200	——P-bit ＝ 0 和非空信息字段	8.1，8.3	M	是□
A1P/201	——P-bit ＝ 0 和空信息字段	8.1，8.3	M	是□

表（续）

项目	协议特征/在发送时支持的参数	引用条号	状态	支持
A0P/202	AC0_RSP—DSAP address	8.1，8.2	M	是□
A0P/203	AC0_RSP—SSAP address	8.1，8.2	M	是□
	AC0_RSP—F-bit = P-bit (= 1)	8.1，8.3		
A0P/204	——带有状态子字段和非空 LSDU 子字段	8.1，8.3	M	是□
A0P/205	——带有状态子字段和空 LSDU 子字段	8.1，8.3，8.7.2	M	是□
	AC0_RSP—F-bit = P-bit (= 0)	8.1，8.3		
A0P/206	——带有状态子字段和非空 LSDU 子字段		M	是□
A0P/207	——带有状态子字段和空 LSDU 子字段		M	是□
A1P/208	AC1_RSP—DSAP address	8.1，8.2	M	是□
A1P/209	AC1_RSP—SSAP address	8.1，8.2	M	是□
	AC1_RSP—F-bit = P-bit (= 1)			
A1P/210	——带有状态子字段和非空 LSDU 子字段	8.1，8.3	M	是□
A1P/211	——带有状态子字段和空 LSDU 子字段	8.1，8.3	M	是□
	AC1_RSP—F-bit = P-bit (= 0)			
A1P/212	——带有状态子字段和非空 LSDU 子字段	8.1，8.3，8.7.2	M	是□
A1P/213	——带有状态子字段和空 LSDU 子字段	8.1，8.3	M	是□

A.8.4 LLC 类型 3——支持的规程

项目	协议特征/支持的规程	引用条号	状态	支持
PRS/214	是否支持顺序编号重同步的规程？	8.4，8.4.1	AnC/158a:0	N/A□ 是□ 否□
PRS/215a	是否支持发送顺序状态变量被毁坏的规程？	8.4，8.4.2	AnC/158a:0	N/A□ 是□ 否□
PRS/215b	是否支持接受顺序状态变量 V(RI)和接受状态的状态变量被毁坏的规程？	8.4，8.4.3	0	是□ 否□
	是否支持信息传送的规程？			
PRS/216	——对一般 MAC 能力情况	8.5，8.5.1，8.5.2.1，8.5.3，8.5.4.1	0.11	是□ 否□
PRS/217	——对于某些特定 MAC 能力情况	8.5，8.5.1，8.5.2.2，8.5.3，8.5.4.2	0.11	是□ 否□

A.8.5 LLC 类型 3——其他

项目	协议特征/其他	引用条号	状态	支持
MIS/218	所有发送的 PDU 都包含整数个八位位组吗？	3.3	M	是□
	如果下列 PDU 是从 MAC 子层收到的，它们被看作无效并不予理睬吗？			
MIS/219	——包含非整数个八位位组	3.3.4	M	是□
MIS/220	——具有小于 3 个八位位组的长度	3.3.4	M	是□
	注：收到带有控制字段的比特 8 等于 V(SI)的 AC0_RSP 或 AC1_RSP 被包括在项目 PRS/216 和 PRS/217 中。			

表(续)

项目	协议特征/其他	引用条号	状态	支持
	下列地址中哪个地址在 AC0_CMD 和 AC1_CMD PDU 的 DSAP 地址字段中被支持?			
MIS/221	——单地址	5.4.3.1	0.12	是□ 否□
MIS/222	——组地址	5.4.3.1	0.12	是□ 否□
MIS/223	——全局地址	5.4.3.1	0.12	是□ 否□
MIS/224	在 AC0_CMD 和 AC1_CMD PDU 的 SSAP 地址字段中的地址是始发者单地址吗?	5.4.3.1	M	是□
MIS/225	在 AC0_RSP 和 AC1_RSP PDU 的 DSAP 地址字段中的地址是对应于 AC0-CDM 或 AC1-CDM 始发者的单地址吗?	5.4.3.2	M	是□
	在 AC0_RSP 和 AC1_RSP PDU 的 SSAP 地址字段中的地址是下列内容吗?			
MIS/226	——AC0_RSP 或 AC1_RSP 发送器的单地址	5.4.3.2	M	是□

A.8.6 LLC 类型 3——协议参数

项目	协议特征/协议参数	引用条号	状态	支持/值
PPA/227	是否实现传输的 N4(传输的最大数)功能?	8.6.1	M	是□
* PPA/228	——传输的最大数			值=
PPA/229	实现 T1(ACK_TIMER)功能吗?	8.6.4	If PPA/228 > 1:M	N/A□ 是□
PPA/230	——ACK_TIMER 范围			最小值= 最大值=
PPA/231	实现 T2(RCV_LIFE_TIMER)功能吗?	8.6.5	M	是□
PPA/232	——RCV_LIFE_TIMER 范围			最小值= 最大值=
PPA/233	实现 T3(TX_LIFE_TIMER)功能吗?	8.6.6	M	是□
PPA/234	——TX_LIFE_TIMER 范围			最小值= 最大值=

A.9 路由确定实体

RDE::

如果上述谓词评价为"真",则要填写 A.9 中的所有表。

A.9.1 一般特性

项目	协议特征/支持 RDE PDU 类型	引用条号	状态	支持
RQC/1	在发送时支持的 ROUTE_QUERY_COMMAND	9.3.7.2,9.4.1	M	是□
RQC/2	在接收时支持的 ROUTE_QUERY_COMMAND	9.3.7.2,9.4.1	M	是□
RQR/3	在发送时支持的 ROUTE_QUERY_RESPONSE	9.3.7.2,9.4.2	M	是□
RQR/4	在接收时支持的 ROUTE_QUERY_RESPONSE	9.3.7.2,9.4.2	M	是□
RS/5	在发送时支持的 ROUTE_SELECTED	9.3.7.2,9.4.3	M	是□
RS/6	在接受时支持的 ROUTE_SELECTED	9.3.7.2,9.4.3	M	是□

A.9.2 RDE PDU 格式

项 目	协议特征/RDE PDU 格式	引用条号	状 态	支 持
	所有发送 RDE PDU 的信息字段包含了在引用条款中规定的下列字段吗?			
F/7	——RDE_Ver	9.4		是□
F/8	——PType	9.4	M	是□
F/9	——Target_MAC	9.4	M	是□
F/10	——ORIG_MAC	9.4	M	是□
F/11	——Target_SAP	9.4	M	是□
F/12	——ORIG_SAP	9.4	M	是□
F/13	——选项	9.4	O	是□ 否□

A.9.3 支持路由控制规程

项 目	协议特征/支持路由控制规程	引用条号	状 态	支 持
	路由控制发送事件/动作规范	9.6.3.5		
RCS/14a	——ROUTE_QUERY_COMMAND		M	
RCS/14b	——OUTE_QUERY_RESPONSE		M	是□
RCS/14c	——ROUTE_SELECTED		M	是□
RCS/15	按照在引用条款中规定的要求来发送所有 RDE PDU 吗?	表 8, 9.6.3.5.1, 9.6.3.5.2	M	是□ 是□
	路由控制接收了时间/动作规范	9.6.3.4		
RCR/16a	——ROUTE_QUERY_COMMAND		M	是□
RCR/16b	——OUTE_QUERY_RESPONSE		M	是□
RCR/16c	——ROUTE_SELECTED		M	是□
RCR/17	按照在引用条款中的要求来接收所有 RDE PDU 吗?	表 7, 9.6.3.4.1, 9.6.3.4.2	M	是□
	如果收到下列 PDU(即向 RDE LLC 地址寻址的 PDU),它们是否被丢弃?	9.4		
RDEP/18a	——它不是 UI PDU		M	是□
RDEP/18b	——SSAP 不是 RDE LLC 地址		O	是□
RDEP/18c	——ORIG_MAC 不是单地址		M	是□
RDEP/18d	——PType 未被识别出来		M	是□
	路由控制复位事件/动作规范	9.6.3.6		
*RRST/19	支持路由复位规程吗?	9.6.3.6		是□ 否□
RRST/20	按照在引用条款中规定的要求发生 RDE 复位动作吗?	表 9, 9.6.3.6.1, 9.6.3.6.2	O RRST/19:M	N/A□ 是□

A.9.4 支持路由确定规程

项 目	协议特征/支持路由确定规程	引用条号	状 态	支 持
	路由选择状态机	9.7.3		
* RSSM/21	是否支持 REPLACE 策略?	9.7.3.3，9.7.1	O	是□ 否□
	是否按引用条款的规定来识别出下列状态中的每个状态?			
RSSM/22a	——初始阶段(复位状态)	9.7.3.1，9.7.3.2	M	是□
RSSM/22b	——查询阶段	9.7.3.1，9.7.3.2	M	是□
RSSM/22c	——等价阶段	9.7.3.1，9.7.3.2	M	N/A□ 是□
RSSM/22d	——新路由阶段	9.7.3.1，9.7.3.2	RSSM/21:M	是□
RSSM/22e	——被动阶段(路由阶段)	9.7.3.1，9.7.3.2	M	是□
RSSM/23	所有状态转换都是引用条款规定的要求所控制吗?	表 10，9.7.3.3	M	是□
	路由确定状态机	9.7.4		
* RASM/24	是否支持 HOLD 策略?	9.7.4.3，9.7.1	O	是□ 否□
	是否按引用条款的规定来识别出下列状态中的每个状态?			
RASM/25a	——系统空阶段	9.7.4.1.3	RASM/24:M	N/A□ 是□
RASM/25b	——路由在使用阶段	9.7.4.1.3	RASM/24:M	N/A□ 是□
RASM/25c	——新路由悬而未决阶段	9.7.4.1.3	RASM/24:M	N/A□ 是□
RASM/25d	——保持阶段	9.7.4.1.3	RASM/24:M	N/A□ 是□
RASM/26	所有状态转换都受引用条款规定的要求所控制吗?	表 11，9.7.4.2，9.7.4.3	RASM/24:M	N/A□ 是□

A.9.5 参数和参数值

项 目	协议特征/参数和参数值	引用条号	状 态	支 持
	路由控制操作参数	9.6.1		是□
STR/27	是否支持 STR_INDICATOR?	9.6.1.1	M	默认值＝
	——默认值(NSR 或 STE)			是□
AGEE/28	是否支持 AGING_ENABLED 指示符?	9.6.1.2	M	
	路由确定参数	9.6.2		是□
	是否在每个 SAP 基础上来支持下列			默认值＝
	RDE 等略标志?			是□
RDEE/29a	RDE_ENABLED	9.6.2.1	M	默认值＝
RDEE/29b	——默认值(允许的值:真或假)			是□
RPL/30a	REPLACE	9.6.2.2	M	默认值＝
RPL/30b	——默认值(允许的值:真或假)			是□ 否□
HLD/31a	HOLD	9.6.2.3	M	默认值＝
HLD/31b	——默认值(允许的值:真或假)			最小值＝
	是否支持下列路由选择参数?			最大值＝
MXRD/31a	MAX_RD	9.6.2.4，9.7.1	O	是□ 否□
MXRD/31b	——默认值			默认值＝
MXRD/31c	——最小～最大范围(20～30)			最小值＝
MNPD/32a	MIN_PDU_SIZE	9.6.2.5，9.7.1	O	最大值＝
MNPD/32b	——默认值(八位位组)			是□
MNPD/32c	——最小～最大范围(八位位组)((516)			默认值＝

表（续）

项　目	协议特征/参数和参数值	引用条号	状　态	支　　持
MXRT/33a MXRT/33b MXRT/33c MXRT/33d	MAX_RESP_TIME ——默认值(秒) ——最小～最大范围(秒) ——颗粒度(秒)	9.6.2.6，9.7.1	M	最小值＝ 最大值＝ 值＝
ROT/34a ROT/34b	是否支持 RESET_ON_TEST 参数？ ——默认值	9.6.2.7	O	是□　否□ 默认值＝
TRS/35a TRS/35b TRS/35c TRS/35d	是否支持路由选择定时器(TRS)？ ——默认值(秒) ——最小～最大范围(秒)(≧最大往返等待时间) ——颗粒度(秒)	9.7.3.1	M	是□ 默认值＝ 最小值＝ 最大值＝ 值＝
AGEF/36a AGEF/36b AGEF/36c AGEF/36d	是否支持老化功能？ ——默认值(秒) ——最小～最大范围(秒) ——颗粒度(秒)	9.7.3.1	O	是□　否□ 默认值＝ 最小值＝ 最大值＝ 值＝
TRR/37a TRR/37b TRR/37c TRR/37d	是否支持路由选择定时器(TRR)？ ——默认值(秒) ——最小～最大范围(秒)(TRS/2～TRS) ——颗粒度(秒)	9.7.4.1.4	M	是□ 默认值＝ 最小值＝ 最大值＝ 值＝
IRPE/38a IRPE/38b IRPE/38c	是否支持路无效 RDE 帧计数器？ ——默认值 ——最小～最大范围	9.6.3.4.2	O	是□　否□ 默认值＝ 最小值＝ 最大值＝ 值＝
ISRF/39a ISRF/39b ISRF/39c	是否支持专门定路由的帧计数器？ ——默认值 ——最小～最大范围	9.6.3.5.2	O	是□　否□ 默认值＝ 最小值＝ 最大值＝ 值＝
IST/40a IST/40b IST/40c	是否支持生成树定路由的帧计数器？ ——默认值 ——最小～最大范围	9.6.3.5.2	O	是□　否□ 默认值＝ 最小值＝ 最大值＝ 值＝

附　录　B
（资料性附录）
LLC 类型 3 和 PRDWAY(IEC 60955:1989)之间的关系

B.1　PROWAY/(变速公路)所施加的条件

为了保证业界的各应用的可接收的访问时间,PROWAY 国际标准(IEC 60955:1989)对数据链路层施加了特定的条件。下列内容就是影响 LLC 类型 3 操作的那些条件:

a)　媒体访问控制字层是对使用立即确认的 ISO/IEC 8802-4 给予支持。

b)　请求数据使用 DL-REPLY 服务。因此,ACn 命令 PDU 将总是包含 P 位置"1"时的空信息字段。

c)　将"Request-with-Respose"的 MAC 服务类别用于所有类型 3 命令 PDU。

d)　LLC 只有一次试图发送每个类型 3 命令 PDU(逻辑链路参数 N4 置为"1")。

e)　类型 3 确认定时器被消除(逻辑链路参数置为"无限大")。

f)　类型 3 发送变量生存期定时器被消除(逻辑链路参数 T3 置为"无限大")。

B.2　PROWAY 的状态信息简化

PROWAY 国际标准 MAC 子层的操作施加了独特的条件。这些条件允许为类型 3 服务的 LLC 所需要的状态信息简化。这些简化在 8.5.2.2 和 8.5.4.2 中详述。

B.3　PROWAY 服务与 LLC 服务的映射

在 PROWAY 国际标准中给出的服务原语映射到类型 1 和类型 3 LLC 的那些原语如表 B.1 所示。

表 B.1　PROWAY 服务原语与 LLC 的映射

PROWAY	LLC
L_DATA. request	DL-DATA request
L_DATA. confirm	(未提供)
L_DATA_ACK. request	DL-DATA-ACK request
L_DATA_ACK. indicate	DL-DATA-ACK indication
L_DATA_ACK. confirm	DL-DATA-ACK-STATUS indication
L_REPLY. request	DL-REPLY request
L_REPLY. indicate	DL-REPLY indication
L_REPLY. confirm	DL-REPLY-STATUS indication
L_REPLY_UPDATE. request	DL-REPLY-UPDATE request
L_REPLY_UPDATE. confirm	DL-REPLY-UPDATE-STATUS indication
MA_DATA. request	MA-UNITDATA-request
MA_DATA. indicate	MA-UNITDATA indication
MA_DATA. confirm	MA-UNITDATA-STATUS indication

某些参数不同,在表 B.2 中示出。

表 B.2　PROWAY 服务原语参数与 LLC 的映射

PROWAY	LLC
SSAP	SSAP portion of source_address
DSAP	DSAP portion of destination_address
local_address	SA portion of source_address
remote_address	DA portion of destination_address
L_sdu	data
service_class	service_class
L_Status	status

B.4　PROWAY L-pdu-type 字段与 LLC 控制字段的映射

对于 PROWAY 所支持的每个 PDU，PROWAY L-pdu-type 字段等与对应于 PDU 的 LLC 控制字段的值。然而，在两个标准中用来描述这些字段的符号表示法方面存在下列差别：

a)　LLC 独立地规定 P/F，而 PROWAY 包括代码点中的 P/F 位（在 UI PDU 的情况下，PROWAY 假定 P/F 位为“0”）；

b)　对于类型 3 操作，PROWAY 独立地规定顺序位，而 LLC 包括了代码点中的顺序位。

表 B.3 示出了 PROWAY L-pdu-type 字段的符号表法与 LLC 控制字段的符号表示法的映射

表 B.3　PROWAY L-pdu-type 字段和 LLC 控制字段的关系

PROWAY and LLC 字段编码	PROWAY		LLC	
	PDU Type	S bit	PDU Type	P/F bit
11000000	SDN		UI	0
11100110	SDA，SDAR	0	AC0	0
11100111	SDA，SDAR	1	AC1	0
11101110	RDR，RDRR	0	AC0	1
11101111	RDR，RDRR	1	AC1	1

B.5　简化的类型 3 接收器部件的状态表

PROWAY 所设置的条件（见 B.1）允许类型 LLC 接收器部件状态通过消除不能出现的状态转换和动作来进行简化。这些已缩减的状态可以被表示为等价于 PROWAY 远程状态机的那些状态表。状态、事件和动作描述就是本 LLC 标准主体中的那些状态、事件和动作描述的子集。但除 REPLY indication 原语动作外，它没有 LSDU 参数，因为 LSDU 总量为空。

表 B.4　简化的类型 3 接收器部件状态转换表

当前状态	事　件	动　作	下一个状态
READY	REPLY_UPDATE_REQUEST	SAVE：＝GIVEN_LSDU REPLY_UPDATE_STATUS_INDICATION	READY
	RECEIVE_ACn_CMD(SQC＝V(RI)， P＝0，INFO<>NULL) and RECEIVE_STATUS()＝OK	SEND_ACn_RSP(SQR＝1－SQC，F＝0， C＝OK，R＝NR，LSDU＝NULL) DATA_ACK_INDICATION V(RI)：＝1－SQC V(RB)：＝OK	READY

表 B.4（续）

当前状态	事　件	动　作	下一个状态
READY	RECEIVE_ACn_CMD(SQC=V(RI), P=0, INFO=NULL) and RECEIVE_STATUS()=OK	SEND_ACn_RSP(SQR=1−SQC, F=0, C=OK, R=NR, LSDU=NULL) V(RI):=1−SQC V(RB):=OK	READY
	RECEIVE_ACn_CMD(SQC=V(RI), P=0) and RECEIVE_STATUS()<>OK	SEND_ACn_RSP(SQR=1−SQC, F=0, C=RECEIVE_STATUS(), R=NR, LSDU=NULL) V(RI):=1−SQC V(RB):=RECEIVE_STATUS()	READY
	RECEIVE_ACn_CMD(P=1) and ACCESS()=OK	SEND_ACn_RSP(SQR=1−SQC, F=1, C=OK, R=OK, LSDU=SAVE) REPLY_INDICATION V(RI):=1−SQC V(RB):=OK	READY
	RECEIVE_ACn_CMD(P= and ACCESS()<>OK	SEND_ACn_RSP(SQR=1−SQC, F=1, C=OK, R=ACCESS(), LSDU=NULL) V(RI):=1−SQC V(RB):=OK	READY
	RECEIVE_ACn_CMD(SQC<>V(RI), P=0)	SEND_ACn_RSP(SQR=1−SQC, F=0, C=V(RB), R=NR, LSDU=NULL)	READY

B.6 简化的类型 3 发送器部件状态表

PROWAY 所设置的条件(见 B.1)允许类型 3LLC 发送器部件状态表通过消除不能出现的状态装换和动作表进行简化。这些缩减的状态表可以被表示为等价于 PROWAY 本地状态机的那些状态表。状态、事件和动作描述就是本 LLC 标准主体中的那些状态、事件和动作描述的子集。

表 B.5 简化的类型 3 发送器部件状态转化表

当前状态	事　件	动　作	下一个状态
IDLE	MA_UNITDATA_STATUS or RECEIVE_ACn_RSP		IDLE
	DATA_ACK_REQUEST	SEND_ACn_CMD(SQC=V(SI), P=0)	WAIT_A
	REPLY_REQUEST	SEND_ACn_CMD(SQC=V(SI), P=1)	WAIT_R
WAIT_A	RECEIVE_ACn_RSP(LSDU=NULL)	DATA_ACK_STATUS_INDICATION(STATUS=STATUS_SUBFIELD) V(SI):=1−V(SI)	IDLE
	RECEIVE_ACn_RSP (LSDU <> NULL)	DATA_ACK_STATUS_INDICATION(STATUS=PE) V(SI):=1−V(SI) REPORT_STATUS(ILLEGAL_LSDU)	IDLE

表 B.5（续）

当前状态	事　件	动　作	下一个状态
WAIT_A	MA_UNITDATA_STATUS and TRANSMISSION_STATUS＝GOOD		WAIT_A
	MA_UNITDATA_STATUS and TRANSMISSION_STATUS＝BAD	DATA_ACK_STATUS_INDICATION(STATUS＝TRANSMISSION_ STATUS)	IDLE
WAIT_R	RECEIVE_ACn_RSP(R＝OK)	REPLY_STATUS_INDICATION(STATUS＝STATUS_SUBFIELD， LSDU＝GIVEN_LSDU) V(SI)：＝1－V(SI)	IDLE
	RECEIVE_ACn_RSP(R<>OK)	REPLY_STATUS_INDICATION(STATUS＝STATUS_SUBFIELD， LSDU＝NULL) V(SI)：＝1－V(SI)	IDLE
	MA_UNITDATA_STATUS and TRANSMISSION_STATUS＝GOOD		WAIT_R
	MA_UNITDATA_STATUS and TRANSMISSION_STATUS＝BAD	REPLY_STATUS_INDICATION(STATUS＝TRANSMISSION_ STATUS，LSDU＝NULL)	IDLE

附 录 C
（资料性附录）
关于已桥接的 LAN 的 LLC 流量控制技术

C.1 概述

本附录描述操作动态窗口流量控制的技术，当检测到或推测到拥塞时，以便通过 LLC 实体来控制提供给网络的帧。在已桥接的 LAN 中它是最有效的。该技术是从拥塞中恢复的一种技术，在已桥接的 LAN 中并不能阻止拥塞。它不是对正确网络规模的替代物。

该方法使用本部分早已允许的发送窗来控制利用连接方式服务的两个 LLC 之间的流量。在逻辑链路连接的一个方向上的拥塞处理与另一方向上的拥塞无关。该技术并不涉及使用网桥的通信，而是依赖于 LLC 所实现的简单算法。不影响 MAC 协议。

在本附录中所描述的所有动作适用于在拥塞方向上的站发送。接收器不参与，除通过正常 LLC 规程外，它不要求知道发送器的参与。在数据链路层和网络层之间的服务接口也不受影响。

C.2 定义

C.2.1
k

在任何给定时刻在使用中的发送窗口尺寸。

C.2.2
kmax

最大窗口尺寸，它是发送窗口 k 可以拥有的最大值。

C.2.3
kstep

按顺序地发送已成功收到的或确认的先前不确认的 I 格式 PDU 数，以便递增 k。

C.3 发送窗口

当拥塞第 1 次被检测到时，并且当拥塞递减时，动态窗口算法由修改发送器的发送窗口组成。如果发送器总是使用 k 为 1 的发送窗口尺寸，该算法不必被调用。如果发送器使用较大的发送窗口尺寸，则在拥塞不存在时，发送器使用发送器窗口尺寸 k 等于最大可能的值 kmax。因此，在任何时刻，发送器可以具有与未解决的或未确认的同样多的 kmax 帧。kmax 的值置为等于 XID 发送器的接收窗口，并 k 被初始化为 kmax。

C.4 检测拥塞

拥塞通过丢失的 I 格式 PDU 来指示（假定丢失的帧是因为随机比特差错小引起的）。丢失的 I PDU是通过发送器用两个方法之一来检测到：

a） 发送接收 REJ PDU，该 REJ PDU 指示接收器检测到丢失的 I PDU；或

b） 事件的下列顺序出现：

1） 发送器的确认定时器期满；

2） 发送器发送该比特置为“1”的 RR 命令 PDU；和

3） 当 P 位置为“1”的帧被发送时，发送器 I 格式或 S 格式响应 PDU，其中 F 位置为“1”，但其中 N(R)的值不等于发送器发状态变量具有的值。

C.5 算法的操作

当拥塞通过上述两个事件之一来指示时，动态窗口算法被调用。在调用时，发送器将其发送窗口尺寸置为“1”。因此，在每个I PDU传输之后，发送器等待一个确认。

此后，当kstep某一数的先前不确认的I PDU已被成功发送和确认时，则k递增1。较大的kstep值对流量控制的影响也较大。

当成功地发送I PDU时，k将逐渐地递增，直到它达到其最大值kmax为止。此时，算法终止。如果另一个I PDU被丢失，在k达到kmax之前或之后，算法返回到其开始点，即把k复位为“1”。

附 录 D
（资料性附录）
子网访问协议支持

本附录对 LLC RDE 支持子网访问协议(SNAP)寻址提供了优选的规程

D.1 概括

本附录描述了推荐在 LLC RDE 实现中使用的特性和选项，以确保优化支持 SNAP 寻址。

D.2 LLC RDE 实现

支持 SNAP 寻址的 LLC RDE 实现将具有下列特性：

a) 为所有 RED 原语而定义的"source_address"和"destination_address"参数将规定正在请求/指示的路由选择信息的 LSAP 对或者 SNAP 对。LSAP 地址通过 MAC 地址，LLC 地址和 SNAP 地址的组合来指明。

b) SANP 协议标识符(PID)在 RED PDU 的可选字段中规定，并将其编码如下：

标签	长度	值
0001	0005	xxxxxxxxxx

其中，XX XX XX XX XX 表示 5 个八位组 SANP PID。对于有关 PID 的更多信息及其表示见[B1][3]，5.3 表。

c) RCC 将响应所有有效 RDE PDU，而该有效 RDE PDU 利用返回 RQR RDE PDU 来规定 RQC 的 PTYPE。仅当在调用 RQC 时提供了 SNAP 选项时，RQR PDU 选项字段才反映 SANP 选项。

d) 当收到不带 SNAP 选项的 RQR PDU 时，在该 PDU 中所包含的路由选择信息将适合于与收到的 RQR 中的源 MAC 地址相关的所有 SNAP 数据链路。当收到包含 SNAP 选项的 RQR PDU 时，在该 PDU 中所包含的路由选择信息将适合于在 RQR 中指示的 MAC，SAP 和 SNAP 地所指明的 SNAP 数据链路。

D.3 参数文献

[B1]IEEE stel 802-1990，IEEE 局域网和城域网标准：概述和体系结构(ANSI)[4]。

3) 对应于 D.3 的参考文献的那个编号的字母 B 在括号内的 D.2 编号之前(指时间上)。

4) IEEE 出版物可以电气电子工程师学会得到，地点是：445HoesLane，P.O.Box1331，Piscatway，NJ08855-1331，USA。

附 录 E
（规范性附录）
分配客体标识符值

E.1 引言

本附录包含了(GB/T 15629 的本部分及之前的版本)已经分配的所有客体标识符值的汇总。

每个表示出了与信息客体的特定类别相关的分配。表的标题标识了信息客体的类别,并且示出了分配给表中的各项目的客体标识符值的不变部分。在分配表中标识符值和注册为 GDMO 模板结构的标识符值之间存在差异的情况下,该模板值优先。

标记为 Arc(弧)的列示出了分配给在不变部分之后的 arc,它填写分配的客体标识符。标记为 purpose(意义)的列示出了信息客体的文本描述,并且,在当前分配的情况下,它还包含了对本部分中信息客体定义的定位的引用。标记为 status(状态)的列示出了使用下列约定分配的值的状态:

R——保留的。客体标识符值保留供本部分将来使用。

C——当前的。客体标识符号值已经分配给在本部分的当前版中定义的信息客体。

D——反对的。客体标识符值已经分配给在本部分的先前版本中定义的信息客体,但现在反对使用它。

E.2 分配表

标准特定扩充的分配 客体标识值的不变部分= {iso(1) member-body(2) us(840) ieee802-2(10032) standardSpecificExtensions(0)}		
ARC(弧)	PURPOSE(意义)	STATUS(状态)
None allocated	N/A	N/A

ASN.1 模块标识符的分配 客体标识符值的不变部分= {iso(1) member-body(2) us(840) ieee802-2(10032) asn1Module(2)}		
ARC(弧)	PURPOSE(意义)	STATUS(状态)
None allocated	N/A	N/A

被管客体类别标识符的分配 客体标识符值的不变部分= {iso(1) member-body(2) us(840) ieee802-2(10032) managedObjectClass(3)}		
ARC(弧)	PURPOSE(意义)	STATUS(状态)
llcsap(1)	单个 LLC SAP	C
llcconnectionless(2)	LLC SAP 处的类型 1 操作	C
llcconnection2(3)	类型 2 连接	C
llcconnection2ivmo(4)	类型 2 连接初始值	C
llcconnectionlessack(5)	类型 3 操作	C
llcconnectionlessAckIVMO(6)	类型 3 操作初始值	C

表（续）

被管客体类别标识符的分配 客体标识符值的不变部分＝ {iso(1) member-body(2) us(840) ieee802-2(10032) managedObjectClass(3)}		
ARC(弧)	PURPOSE(意义)	STATUS(状态)
rdesetup(7)	RDE 操作参数	C
rdepair(8)	RDE 传播的 LSHP 对	C
llcstation(9)	整个站	C

包标识符的分配 客体标识符值的不变部分＝ {iso(1) member-body(2) us(840) ieee802-2(10032) packages(4)}		
ARC(弧)	PURPOSE(意义)	STATUS(状态)
llcsapp(1)	与 LLC SAP 类型无关的特性	C
llcdupaddress(2)	重复地址检测选项	C
llctype3(3)	类型 3 操作	C
llcbuffer(4)	缓冲区管理	C
PDUdiscarded(5)	PDU 丢弃的计数和原因	C
rdep(6)	RDE 的配置和版本	C
typelacknowledgementtimertimeouts(7)	ACK 定时器期满	C
llcsapcomponent(8)	无连接(类型 1 操作)	C
llcconnection2p(9)	面向连接的(类型 2)操作	C
connectionroute(10)	连接路由选择	C
type2disc(11)	DISC PDU 计数	C
type2dm(12)	DM PDU 计数	C
type2flowcontrol(13)	流量控制参数	C
type2frmr(14)	FRMR PDU 计数	C
type2i(15)	I PDU 计数	C
type2PDU(16)	类型 2PDU 丢弃和重传	C
type2rej(17)	REJ PDU 计数	C
type2rnr(18)	RNR PDU 计数	C
type2rr(19)	RR PDU 计数	C
type2sabme(20)	SABME PDU PDU 计数	C
type2ua(21)	UA PDU 计数	C
type2violation(22)	类型 2 事件通知	C
llcconnection2ivmop(23)	类型 2 操作的初始值	C
llcconnectionlessackp(24)	确认无连接(类型 3)操作	C
type3command(25)	类型 3 命令和状态	C

表（续）

包标识符的分配
客体标识符值的不变部分＝
{iso(1) member-body(2) us(840) ieee802-2(10032) packages(4)}

ARC(弧)	PURPOSE(意义)	STATUS(状态)
type3noresponse(26)	类型 3 交付失败	C
type3response(27)	类型 3 响应和状态	C
type3retransmissions(28)	类型 3 重传	C
type3violation(29)	类型 3 协议违规	C
llcconnectionlessackivmo(30)	类型 3 操作的初始值	C
rdesetupp(31)	RDE 参数设置	C
rdepairp(32)	LSAP 对的 RDE 服务	C
llcstationp(33)	与站类型无关的特征	C
connectionbusy(34)	类型 2 连接忙状态	C
connectionReset(35)	类型 2 连接复位	C
type2iack(36)	类型 2 连接确认	C
type2OptTolIPDU(37)	容忍重复 I PDU 选项	C

参数标识符的分配
客体标识符值的不变部分＝
{iso(1) member-body(2) us(840) ieee802-2(10032) parameter(5)}

ARC(弧)	PURPOSE(意义)	STATUS(状态)
None allocated	N/A	N/A

名字绑定标识符的分配
客体标识符值的不变部分＝
{iso(1) member-body(2) us(840) ieee802-2(10032) nameBinding(6)}

ARC(弧)	PURPOSE(意义)	STATUS(状态)
llcsapnb(1)	LLC SAP 的绑定	C
llcconnectionlessnb(2)	类型 1 操作的绑定	C
llcconnection2nb(3)	类型 2 连接的绑定	C
llcconnection2ivmonb(4)	类型 2 初始值的绑定	C
llcconnectionlessacknb(5)	类型 3 操作的绑定	C
llcconnectionlessackivmonb(6)	类型 3 初始值的绑定	C
rdesetupnb(7)	RDE 操作参数的绑定	C
rdepairnb(8)	RDE 支持的 LSAP 对的绑定	C
resourcetypeid(9)	资源类型 ID 被管客体的绑定	C
llcstationnb(10)	站的绑定	C

表（续）

属性标识符的分配 客体标识符值的不变部分＝ {iso(1) member-body(2) us(840) ieee802-2(10032) attribute(7)}		
ARC(弧)	PURPOSE(意义)	STATUS(状态)
avgbufferusesize(0)	使用中的平均缓冲区空间	C
bufferproblems(1)	由于缓冲区欠老化引起丢弃的 PDU	C
buffersize(2)	缓冲区空间可用	C
inactivelsap(3)	由于不活动的 DSAP 引起丢弃的 PDU	C
llcname(4)	LLC 站被管客体的名字	C
maxbufferusesize(5)	最大缓冲区空间在使用中	C
maximumLSAPconfigured(6)	最大并发支持的 LSAP	C
maximumpdun3(7)	类型 3 命令的最大长度	C
maximumretransmissions4(8)	类型 3 重传极限值	C
numberofactiveLSAP(9)	LLC ASPs 当前活动	C
PDUdiscarded(10)	丢弃的无效 PDU	C
rde(11)	RDE 用于 LSAP 处	C
receivevariablelifetime(12)	类型 3 接受状态变量持续期	C
status(13)	站状态	C
strindicator(14)	RDE 所使用的生成树路由选择	C
supportedservicestypes(15)	支持的 LLC 操作类型	C
transmitvariablelifetime(16)	类型 3 发送状态变量持续期	C
type1AcknowledgeTimeoutValue(17)	ACK 定时器周期	C
type1acknowledgementtimertimeouts (18)	ACK 定时器期满	C
type1maximumretrycount(19)	重复地址检验重试极限	C
type3acknowledgetimeoutvalue(20)	类型 3 确认定时器周期	C
type3retransmissions(21)	类型 3 重传	C
versionnumber(22)	RDE 协议版本	C
llcclessname(23)	LLC 无连接被管客体的名字	C
maximumllcinformationfieldsize(24)	最大 SDU 长度	C
testreceivedabbresponse(25)	收到的截断 TEST 响应	C
testreceivedcommand(26)	收到的 TEST 命令	C
testreceivedresponse(27)	收到的 TEST 响应	C
testsentabbresponse(28)	发送的截短 TEST 响应	C
testsentcommand(29)	发送的 TEST 命令	C
testsentresponse(30)	发送的 TEST 响应	C
uireceived(31)	收到的 UI PDU 并传递给用户	C
uisent(32)	发送的 UI PDU	C

表（续）

属性标识符的分配 客体标识符值的不变部分＝ {iso(1) member-body(2) us(840) ieee802-2(10032) attribute(7)}		
ARC(弧)	PURPOSE(意义)	STATUS(状态)
xidreceivedcommand(33)	收到的 XID 命令	C
xidreceivedresponse(34)	收到的 XID 响应	C
xidsentcommand(35)	发送的 XID 命令	C
xidsentresponse(36)	发送的 XID 响应	C
llcconnectionname2(37)	LLC 连接 2 被管客体的名字	C
kstep(38)	流量控制参数	C
maximumretransmissions(39)	连接的最大重传	C
maxSendWindowSize(40)	连接最大发送窗口尺寸	C
PDUdiscarded1(41)	由于连接资源老化引起丢弃的 PDU	C
PDUdiscarded2(42)	由于不正确的顺序编号引起丢弃的 PDU	C
pduretransmissions(43)	连接的 PDU 重传	C
receivewindowsize(44)	连接接受窗口尺寸	C
route(45)	用于连接的路由	C
sendwindowsize(46)	连接当前发送窗口尺寸	C
type2acknowledgetimeoutvalue(47)	连接确认定时器周期	C
type2busystatetimeoutvalue(48)	连接忙时定时器周期	C
type2pbittimeoutvalue(49)	连接 P 位定时器周期	C
type2receiveddisc(50)	收到的 DISC PDU	C
type2receiveddm(51)	收到的 DM PDU	C
type2receivedfrmr(52)	收到的 FRMR PDU	C
type2receivedI(53)	收到的 I PDU	C
type2receivedrej(54)	收到的 REJ PDU	C
type2receivedrnr(55)	收到的 RNR PDU	C
type2receivedrr(56)	收到的 RR PDU	C
type2receivedsabme(57)	收到的 SABME PDU	C
type2recevedua(58)	收到的 UA PDU	C
type2rejecttimeoutvalue(59)	连接拒绝定时器周期	C
type2sentdisc(60)	发送的 DISC PDU	C
type2sentdm(61)	发送的 DM PDU	C
type2sentfrmr(62)	发送的 FRMR PDU	C
type2sentI(63)	发送的 PDU	C
type2sentrej(64)	发送的 REJ PDU	C

表（续）

属性标识符的分配 客体标识符值的不变部分＝ {iso(1) member-body(2) us(840) ieee802-2(10032) attribute(7)}		
ARC(弧)	PURPOSE(意义)	STATUS(状态)
type2sentrnr(65)	发送的 RNR PDU	C
type2sentrr(66)	发送的 RR PDU	C
type2sentsabme(67)	发送的 SABME PDU	C
type2sentua(68)	发送的 UA PDU	C
type2violation(69)	连接协议违规	C
llcconnection2ivmoname(70)	LLC 连接 2IVMO 被管客体的名字	C
llcconnectionlessackname2(71)	LLC 无连接 ACK 被管客体的名字	C
type3commandip(72)	类型 3 命令状态 IP	C
type3comandit(73)	类型 3 命令状态 IT	C
type3commandok(74)	类型 3 命令状态 OK	C
type3commandpe(75)	类型 3 命令状态 PE	C
type3commandrs(76)	类型 3 命令状态 RS	C
type3commandue(77)	类型 3 命令状态 UE	C
type3commandun(78)	类型 3 命令状态 UN	C
type3noresponse(79)	类型 3 不能获得响应	C
type3receiveresources(80)	允许或禁止收到类型 3 数据	C
type3receivedaccommand(81)	收到类型 3 命令	C
type3sentaccommand(82)	发送类型 3 命令	C
type3responseip(83)	类型 3 响应状态 IP	C
type3responseit(84)	类型 3 响应状态 IT	C
type3responsene(85)	类型 3 响应状态 NE	C
type3responsenr(86)	类型 3 响应状态 NR	C
type3responseok(87)	类型 3 响应状态 OK	C
type3responsers(88)	类型 3 响应状态 RS	C
type3responseue(89)	类型 3 响应状态 UE	C
type3responseun(90)	类型 3 响应状态 UN	C
type3retransmissions(91)	类型重传	C
type3violation(92)	类型协议违规	C
llcconnectionlessackivmoname(93)	LLC 无连接 ACKIVMO 被管客体的名字	C
agingEnabled(94)	允许的路由老化	C
agingValue(95)	路由老化极限值	C
maximumRouteDescriptors(96)	路由长度极限值	C

表（续）

属性标识符的分配 客体标识符值的不变部分＝ {iso(1) member-body(2) us(840) ieee802-2(10032) attribute(7)}		
ARC(弧)	PURPOSE(意义)	STATUS(状态)
maximumResponseTime(97)	RDE 响应时间极限值	C
minimumPDUize(98)	要求源路由所支持的 PDU 长度	C
rdehold(99)	在路由选择期间 RDE PDU 保持的策略	C
rdereplace(100)	允许远程路由重新选择的 RDE 策略	C
rdesetupname(101)	rDESetup 被管客体的名称	C
resetOnTestEnabled(102)	在收到 TEST 时 RDE 重新路由选择	C
rdepaira(103)	LSAP 对的 RDE 标识	C
discardcounter(104)	路由变更	C
nsrpducounter(105)	定非源路由的 PDU	C
nsrselectedcounter(106)	不使用可接受的源路由	C
rif(107)	路由选择信息字段	C
sRFPDUcounter(108)	定源路由的 PDU	C
querycounter(109)	生成的路由查询命令	C
llcsapname(110)	LLC SAP 被管客体的名称	C
llcaddress(111)	LSAP 的单 LLC 地址	C
localBusy(112)	连接本地忙状态	C
localReset(113)	由本地用户进行连接复位	C
providerReset(114)	由于差错引起的连接复位	C
receivedacks(115)	发送的和确认的 I PDU	C
remoteBusy(116)	连接远程忙状态	C
remoteReset(117)	由伙伴方进行的连接复位	C
sentAcks(118)	收到的和确认的 I PDU	C
optionalTolerationIPDU(119)	容忍 I PDU 使用	C
dupIPDUReceived(120)	收到的重复 I PDU	C

属性组标识符的分配 客体标识符值的不变部分＝ {iso(1) member-body(2) us(840) ieee802-2(10032) attributeGroup(8)}		
ARC(弧)	PURPOSE(意义)	STATUS(状态)
None allocated	N/A	N/A

表（续）

动作类型的的分配
客体标识符值的不变部分=
{iso(1) member-body(2) us(840) ieee802-2(10032) action(9)}

ARC(弧)	PURPOSE(意义)	STATUS(状态)
reinitialize(0)	重新初始化 LLC 子层	C
testsendcommand(2)	发送 TEST	C
xidsendcommand(3)	发送 XID	C
correlatorexchange(4)	建立连接事件的相关器	C
readcounters(5)	读 RDE 计数器	C
flushroute(6)	删除 RDE 维护的路由	C

通知类型的的分配
客体标识符值的不变部分=
{iso(1) member-body(2) us(840) ieee802-2(10032) notification(10)}

ARC(弧)	PURPOSE(意义)	STATUS(状态)
llcstationevent(0)	站事件	C
communicationalarm(1)	连接报警报告	C
llcconnection2event(2)	连接事件	C
llcclessackevent(3)	类型 3 操作状态	C

ICS 13.220.20
C 81

中华人民共和国国家标准

GB 15631—2008
代替 GB 15631—1995

特种火灾探测器

Special type fire detectors

2008-09-01 发布 2009-05-01 实施

中华人民共和国国家质量监督检验检疫总局
中国国家标准化管理委员会 发布

前言

本标准的第4、5、6、7章内容为强制性，其余为推荐性。

本标准代替GB 15631—1995《点型红外火焰探测器性能要求及试验方法》，与GB 15631—1995相比较主要变化如下：

——本标准在技术要求方面增加了吸气式感烟火灾探测器、图像型火灾探测器、点型一氧化碳火灾探测器的要求；

——本标准采用了最新版本的电磁兼容要求，选择了适当的严酷等级，便于与国际接轨。

本标准的附录A、附录B为规范性附录。

本标准由中华人民共和国公安部提出。

本标准由全国消防标准化技术委员会第六分技术委员会归口。

本标准负责起草单位：公安部沈阳消防研究所。

本标准参加起草单位：安徽省消防局、西安博康电子有限公司、深圳市赋安安全系统有限公司、科大立安安全技术有限责任公司。

本标准主要起草人：丁宏军、屈励、窦保东、郭春雷、袁宏永、张颖琮、张学军、费春祥、王文青、宋立巍、梅志斌、李海涛、李宁宁、孙爽、李瑞、邓丽红。

本标准所代替标准的历次版本发布情况为：

——GB 15631—1995。

特种火灾探测器

1 范围

本标准规定了特种火灾探测器(以下简称探测器)的分类、技术要求、试验方法、检验规则、标志和使用说明书。

本标准适用于一般工业与民用建筑中安装使用的特种火灾探测器。其他环境中安装使用的具有特殊要求的特种火灾探测器,除特殊要求由有关标准另行规定外,亦应执行本标准。

2 规范性引用文件

下列文件中的条款通过本标准的引用而成为本标准的条款。凡是注日期的引用文件,其随后所有的修改单(不包括勘误的内容)或修订版均不适用于本标准,然而,鼓励根据本标准达成协议的各方研究是否可使用这些文件的最新版本。凡是不注日期的引用文件,其最新版本适用于本标准。

GB 4706.1—1998 家用和类似用途电器的安全 第一部分:通用要求(eqv IEC 335-1:1991)

GB 4715 点型感烟火灾探测器

GB 9969.1 工业产品使用说明书 总则

GB 12978 消防电子产品检验规则

GB 16838 消防电子产品环境试验方法及严酷等级

3 分类

3.1 特种火灾探测器按探测原理可分为:

a) 点型红外火焰探测器;

b) 吸气式感烟火灾探测器;

c) 图像型火灾探测器;

d) 点型一氧化碳火灾探测器。

3.2 点型一氧化碳火灾探测器按使用方式可分为:

a) 独立式;

b) 系统式。

3.3 吸气式感烟火灾探测器按其响应阈值范围可分为:

a) 普通型;

b) 灵敏型;

c) 高灵敏型。

3.4 吸气式感烟火灾探测器按其功能构成方式可分为:

a) 探测型;

b) 探测报警型。

3.5 吸气式感烟火灾探测器按其采样方式可分为:

a) 管路采样式;

b) 点型采样式。

4 技术要求

4.1 通用要求

4.1.1 报警确认灯

探测器应具有红色报警确认灯。当被监视区域火灾参数符合报警条件时，探测器报警确认灯应点亮，并保持至被复位。通过报警确认灯显示探测器其他工作状态时，被显示状态应与火灾报警状态有明显区别。可拆卸探测器的报警确认灯可安装在探头或其底座上。确认灯点亮时在其正前方 6 m 处，照度不超过 500 lx 的环境条件下，应清晰可见。

4.1.2 辅助设备连接

探测器连接其他辅助设备(例如远程确认灯，控制继电器等)时，与辅助设备间连接线的开路和短路不应影响探测器的正常工作。

4.1.3 出厂设置

除非使用特殊手段(如专用工具或密码)或破坏封条，否则探测器的出厂设置不应被改变。

4.1.4 响应性能现场设置

探测器的响应性能如果可在探测器或在与其相连的控制和指示设备上进行现场设置，则应满足以下要求：

a) 当制造商声明所有设置均满足本标准的要求时，探测器在任意设置的条件下均应满足本标准的要求，且对于现场设置应只能通过专用工具、密码或探头与底座的分离等手段实现；

b) 当制造商声明某一设置不满足本标准的要求时，该设置应只能通过专用工具、密码手段实现，且应在探测器上或有关文件中明确标明该项设置不能满足本标准的要求。

4.1.5 防止外界物体侵入性能

探测器应能防止直径为(1.3±0.05)mm 的球形物体侵入探测室。

4.1.6 使用说明书

探测器应有相应的中文说明书。说明书的内容应满足 GB 9969.1 要求，并与产品性能一致。

4.1.7 气候环境试验

4.1.7.1 运行试验

探测器应能耐受表 1 所规定气候环境条件下的各项试验。试验期间及试验后应满足下列要求。

a) 试验期间，探测器不应发出火灾报警信号或故障信号；

b) 试验后，探测器应能正常工作；点型红外火焰探测器的响应阈值与其在一致性试验中的响应阈值相比较，最大响应阈值与最小响应阈值之比应不大于 1.3；吸气式感烟火灾探测器和点型一氧化碳火灾探测器的响应阈值与其在一致性试验中的响应阈值相比较，最大响应阈值与最小响应阈值之比应不大于 1.6；图像型火灾探测器的响应阈值应满足 4.4.1 要求。

表 1 运行试验的气候环境条件要求

试验名称	试验参数	试验条件	工作状态
高温(运行)试验	温度/℃	55±2	正常监视状态
	持续时间/h	2	
低温(运行)试验	温度/℃	−10±3	正常监视状态
	持续时间/h	2	
恒定湿热(运行)试验	温度/℃	40±2	正常监视状态
	相对湿度/%	93±3	
	持续时间/d	4	

4.1.7.2 耐久试验

探测器应能耐受表2所规定的气候环境条件下的各项试验，试验后应满足下列要求。

a) 试验后恢复到正常监视状态时，探测器不应发出火灾报警信号或故障信号；

b) 试验后，探测器应能正常工作；点型红外火焰探测器的响应阈值与其在一致性试验中的响应阈值相比较，最大响应阈值与最小响应阈值之比应不大于1.3；吸气式感烟火灾探测器和点型一氧化碳火灾探测器的响应阈值与其在一致性试验中的响应阈值相比较，最大响应阈值与最小响应阈值之比应不大于1.6；图像型火灾探测器的响应阈值应满足4.4.1要求。

表2 耐久试验的气候环境条件要求

试验名称	试验参数	试验条件	工作状态
恒定湿热（耐久）试验	温度/℃	40±2	不通电状态
	相对湿度/%	93±3	
	持续时间/d	21	
腐蚀试验	温度/℃	25±2	不通电状态
	相对湿度/%	93±3	
	持续时间/d	21	
	SO_2 浓度/10^{-6}	25±5	

4.1.8 机械环境试验

4.1.8.1 运行试验

探测器应能耐受表3所规定的机械环境条件下的各项试验，试验期间及试验后探测器应满足下列要求。

a) 试验期间，探测器不应发出火灾报警信号或故障信号；

b) 试验后，探测器不应有机械损伤和紧固部位松动现象；

c) 试验后，探测器基本性能正常；点型红外火焰探测器的响应阈值与其在一致性试验中的响应阈值相比较，最大响应阈值与最小响应阈值之比应不大于1.3；吸气式感烟火灾探测器和点型一氧化碳火灾探测器的响应阈值与其在一致性试验中的响应阈值相比较，最大响应阈值与最小响应阈值之比应不大于1.6；图像型火灾探测器的响应阈值应满足4.4.1要求。

表3 运行试验的机械环境条件要求

试验名称	试验参数	试验条件	工作状态
振动试验（正弦）（运行）	频率范围/Hz	10～150～10	正常监视状态
	加速度/(m/s^2)	9.8	
	扫频速率/(oct/min)	1	
	轴线数	3	
	每个轴线扫频次数	20	
冲击试验	峰值加速度/(m/s^2)	$(100-20m)\times10$（质量 $m\leqslant4.75$ kg 时）	正常监视状态
		0（质量 $m>4.75$ kg 时）	
	脉冲时间/ms	6	
	冲击方向	6	
碰撞试验	锤头速度/(m/s)	1.5±0.125	正常监视状态
	碰撞动能/J	1.9±0.1	
	碰撞次数	1	

4.1.8.2 耐久试验

探测器应能耐受表4所规定的机械环境条件下的各项试验，试验后应满足下列要求。

a) 试验后恢复到正常监视状态时，探测器不应发出火灾报警信号或故障信号；

b) 试验后，探测器应能正常工作；点型红外火焰探测器的响应阈值与其在一致性试验中的响应阈值相比较，最大响应阈值与最小响应阈值之比应不大于1.3；吸气式感烟火灾探测器和点型一氧化碳火灾探测器的响应阈值与其在一致性试验中的响应阈值相比较，最大响应阈值与最小响应阈值之比应不大于1.6；图像型火灾探测器的响应阈值应满足4.4.1要求。

表4 耐久试验的机械环境条件要求

试验名称	试验参数	试验条件	工作状态
振动试验（正弦）（耐久）	频率范围/Hz	10～150～10	不通电状态
	加速度/(m/s^2)	10	
	扫频速率/(oct/min)	1	
	轴线数	3	
	每个轴线扫频次数	20	

4.1.9 电磁兼容试验

探测器应能耐受表5所规定的电磁兼容性试验，试验期间及试验后应满足下列要求。

a) 试验期间，探测器不应发出火灾报警信号或故障信号；

b) 试验后，探测器应能正常工作；点型红外火焰探测器的响应阈值与其在一致性试验中的响应阈值相比较，最大响应阈值与最小响应阈值之比应不大于1.3；吸气式感烟火灾探测器和点型一氧化碳火灾探测器的响应阈值与其在一致性试验中的响应阈值相比较，最大响应阈值与最小响应阈值之比应不大于1.6；图像型火灾探测器的响应阈值应满足4.4.1要求。

表5 电磁兼容性试验条件要求

试验名称	试验参数	试验条件	工作状态
射频电磁场辐射抗扰度试验	场强/(V/m)	10	正常监视状态
	频率范围/MHz	80～1 000	
	调制幅度	80%(1 Hz，正弦)	
	扫频速率/(10 oct/s)	$\leqslant 1.5\times10^{-3}$	
射频场感应的传导骚扰抗扰度试验	电压/dBμV	140	正常监视状态
	频率范围/MHz	0.15～100	
	调制幅度	80%(1 Hz，正弦)	
	扫频速率/(10 oct/s)	$\leqslant 1.5\times10^{-3}$	
静电放电抗扰度试验	放电电压/kV	空气放电(外壳为绝缘体试样)8	正常监视状态
		接触放电(外壳为导体试样和耦合板)6	
	每点放电次数	10	
	放电极性	正、负	
	时间间隔/s	$\geqslant 1$	

表 5（续）

试验名称	试验参数	试验条件	工作状态
电快速瞬变脉冲群抗扰度试验	电压峰值/kV	1×(1±0.1)	正常监视状态
	重复频率/kHz	5×(1±0.2)	
	极性	正、负	
	时间	每次 1 min	
浪涌(冲击)抗扰度试验	浪涌冲击电压/kV	线一地 1×(1±0.1)	正常监视状态
	极性	正、负	
	试验次数	5	

4.2 点型红外火焰探测器

4.2.1 响应阈值分布的一致性

在正常环境条件下，测量每只探测器的响应阈值，其最大响应阈值与最小响应阈值的比应不大于2.0。

4.2.2 重复性

在正常环境条件下，任意一方位上连续 6 次测量同一只探测器的响应阈值，其最大响应阈值与最小响应阈值的比应不大于 1.3。

4.2.3 方位

使探测器的轴线与光轴的夹角分别为 0°、15°、30°、45°，各测量一次响应阈值，探测器的视锥角应不小于 45°，其最大响应阈值与最小响应阈值的比应不大于 2.0。

4.2.4 通电

探测器应能在正常监视状态下连续运行 7 d。试验期间，试样不应发出火灾报警信号或故障信号。试验后，其响应阈值与该探测器在一致性试验中的响应阈值相比较，最大响应阈值与最小响应阈值之比应不大于 1.3。

4.2.5 电源参数波动

探测器的供电电压为额定工作电压的－15％和＋10％，测量探测器的响应阈值，与一致性试验中的响应阈值相比较，其最大响应阈值与最小响应阈值的比应不大于 1.6。

4.2.6 环境光线干扰

探测器在以下环境光线作用期间，不应发出火灾报警信号或故障信号。环境光线干扰结束后，在白炽灯和荧光灯同时点亮的条件下测量探测器响应阈值，其响应阈值与该探测器在一致性试验中的响应阈值相比较，最大响应阈值与最小响应阈值之比应不大于 1.6。试验后，试样响应阈值比 S_{max} ∶ S_{min} 应不大于 1.3。

a) 用两只 25 W 的白炽灯(色温为 2 850 K±100 K)，亮 1 s 熄 1 s，共 20 次。

b) 用一只直径 308 mm、30 W 的环形荧光灯，亮 1 s 熄 1 s，共 20 次。

c) 用上述白炽灯和荧光灯，亮 2 h。

4.2.7 火灾灵敏度

在表 6 规定的试验火灾条件下，探测器应在 30 s 内发出火灾报警信号。发出火灾报警信号时试样与试验火中心距离为 25 m 时为Ⅰ级灵敏度，17 m 时为Ⅱ级灵敏度，12 m 时为Ⅲ级灵敏度。

表6 火灾灵敏度试验火条件要求

试验火名称	试验火条件	
正庚烷火	燃料	正庚烷(分析纯级),加3%(体积分数)甲苯
	质量	650 g
	布置	将燃料放置于用2 mm厚钢板制成、底面尺寸为33 cm×33 cm、高为5 cm的容器中
	点火方式	火焰或电火花
乙醇明火	燃料	工业乙醇(乙醇含量90%以上,含少量甲醇)
	质量	2 000 g
	布置	将燃料放置于用2 mm厚钢板制成、底面尺寸为33 cm×33 cm、高为5 cm的容器中
	点火方式	火焰或电火花

4.3 吸气式感烟火灾探测器

4.3.1 管路采样式吸气感烟火灾探测器主要部件性能

4.3.1.1 指示灯

4.3.1.1.1 探测器上应有黄色故障指示灯。当探测器发生故障信号时,该指示灯应点亮,并保持至故障排除。该指示灯点亮时,在其正前方3 m处,周围环境光照度在5 lx～500 lx的条件下,应清晰可见。

4.3.1.1.2 探测器上应有绿色电源指示灯。当探测器接通电源时,该指示灯应点亮,并保持。该指示灯点亮时,在其正前方3m处,周围环境光照度在5 lx～500 lx的条件下,应清晰可见。

4.3.1.1.3 指示灯功能应有标注,使用文字标注时应有中文。

4.3.1.2 字母(符)-数字显示器

当探测器有字母(符)-数字显示器时,该显示器处于显示状态时,在其正前方0.8 m处,环境光照度为5 lx～500 lx条件下应可读。

4.3.1.3 熔断器

用于电源线路的熔断器或其他过流保护器件,其额定电流值一般应不大于探测器最大工作电流的2倍。当最大工作电流大于6 A时,熔断器电流值可取其1.5倍。在靠近熔断器或其他过流保护器件处应清楚地标注其参数值。

4.3.1.4 接线端子

每一接线端子上都应清晰、牢固地标注上其编号或符号,相应用途应在有关文件中说明。

4.3.1.5 开关和按键

探测器的开关和按键应在其上或靠近的位置至少用中文清楚地标注出其功能。

4.3.1.6 吸气管路

吸气管路应坚固耐用,并应涂成红色或沿管路涂有不小于2 mm宽的红色标记,并在其两端1 m内标有探测器吸气管路字样,字高不超过5 mm。吸气管路上的吸气孔的直径不小于2 mm。

4.3.1.7 音响器件

探测报警型吸气式感烟火灾探测器应设指示火灾报警和故障的音响器件。在正常工作条件下,音响器件在其正前方1 m处的声压级(A计权)应大于65 dB,小于115 dB。在85%额定工作电压条件应能工作。

4.3.2 基本性能

4.3.2.1 故障报警功能

探测器吸气管路破漏和堵塞时,导致探测器吸气流量大于正常吸气流量的150%或小于正常吸气流量的50%时,应在100 s内发出故障信号。

4.3.2.2 火灾报警功能

探测器在任一采样孔获取的火灾烟参数符合报警条件时,应在120 s内发出火灾报警信号。

4.3.2.3 探测报警型探测器特殊性能

4.3.2.3.1 火灾报警功能

探测器应能发出火灾报警声、光信号，指示火灾发生部位，记录火灾报警时间(探测器时钟的日计时误差不应超过 30 s)，并予以保持，直至复位；报警声信号应能手动消除。对于有多路火灾报警功能的探测器，当有新的火灾发生时，应能再次发出火灾报警声、光信号。火灾报警信号应优先于故障报警信号。

4.3.2.3.2 故障报警功能

探测器与其连接的部件间发生故障时，应能在 100 s 内发出与火灾报警信号有明显区别的故障声、光信号，故障光信号应保持至故障排除。探测器的声信号应能手动消除，当有新的故障信号时声信号发生时应能再启动。探测器应能显示下述故障的类型：

a) 主电源断电或欠压；

b) 给备用电源充电的充电器与备用电源之间连接线断线、短路；

c) 备用电源与其负载之间连接线断线、短路或由备用电源单独供电时其电压不足以保障探测器正常工作。

4.3.2.3.3 电源功能

a) 交流供电

探测器采用交流供电时，在 110% 和 85% 额定工作电压条件下，应能正常工作，并具有主、备电源转换功能。当主电源断电时，应能自动转换到备用电源；当主电源恢复时，应能自动转换到主电源；应有主、备电源的工作状态指示，主电源应有过流保护措施。主、备电源的转换不应使探测器发出火灾报警信号。

b) 备用电源

备用电源在放电至终止电压条件下，充电 24 h，其容量应能保证探测器在正常监视状态下工作 8 h 后，在报警状态条件下工作 30 min。

4.3.2.3.4 自检

探测器应具有手动检查其面板所有指示灯、显示器的功能。在执行自检期间，受其控制的输出接点均不应动作。探测器自检时间超过 1 min 或其不能自动停止自检功能时，探测器的自检功能应不影响非自检部位和探测器本身的火灾报警功能。

4.3.2.3.5 复位

探测器的复位应仅能通过专用工具、密码等手段实现。

4.3.2.3.6 开、关电源

开、关探测器的电源应仅能通过专用工具、密码等手段实现。

4.3.3 响应阈值

4.3.3.1 探测器的响应阈值应符合表 7 的要求。

表 7 响应阈值要求

探测器类型	响应阈值 m(用减光率表示)
高灵敏	$m \leqslant 0.8$ %obs/m
灵敏	0.8%obs/m $< m \leqslant 2$ %obs/m
普通	$m > 2$%obs/m

当探测器的响应阈值在表 1 中两个及两个以上区间可调时，应有响应阈值所在区间指示，并满足相应要求。

4.3.3.2 探测器的响应阈值的测量方法应按下述方法进行：

4.3.3.2.1 试验的正常监视状态

若在试验方法中要求探测器在正常监视状态下工作时，应将试样与制造商提供的控制和指示设备连接;在有关条文中没有特殊要求时,应保证探测器的工作电压为额定工作电压,并在试验期间保持工作电压稳定。

注:探测器的检测报告应注明试验期间探测器配接的控制和指示设备的型号、制造商等内容。

4.3.3.2.2 探测器安装

管路采样式探测器应按制造商规定的最大管路长度的正常安装方式安装,如果说明书给出多种安装方式,试验中应采用对探测器工作最不利的安装方式,在最不利采样孔测量响应阈值。点型采样式探测器应按制造商规定的正常安装方式安装。如果说明书给出多种安装方式,试验中应采用对探测器工作最不利的安装方式。

4.3.3.3 对具有可调响应阈值的探测器,应按制造商规定的可调阈值级别上分别进行测量。

4.3.4 重复性

在试样正常工作位置的任意一个采样孔上连续测量 6 次响应阈值。其最大响应阈值与最小响应阈值的比应不大于 1.6。

4.3.5 响应阈值分布的一致性

在正常环境条件下,测量每只探测器的响应阈值,其最大响应阈值与响应阈值的平均值的比应不大于 1.33,响应阈值的平均值与最小响应阈值的比应不大于 1.5。

4.3.6 电源参数波动

探测器的供电电压为额定工作电压的 −15% 和 +10%,测量探测器的响应阈值,与一致性试验中的响应阈值相比较,其最大响应阈值与最小响应阈值的比应不大于 1.6。

4.3.7 绝缘性能

探测器有绝缘要求的外部带电端子与机壳间的绝缘电阻值应不小于 20 MΩ;试样的电源输入端与机壳间的绝缘电阻值应不小于 50 MΩ。

4.3.8 泄漏电流

探测器在 1.06 倍额定电压工作时,泄漏电流应不超过 0.5 mA。

4.3.9 电源瞬变

使探测器主电源按"通电(9 s)~断电(1 s)"的固定程序连续通断 500 次,探测器在试验期间应保持正常监视状态;试验后,探测器基本性能正常;其响应阈值与该探测器在一致性试验中的响应阈值相比较,最大响应阈值与最小响应阈值之比应不大于 1.6。

4.3.10 电压跌落

使探测器主电压下滑 60%,持续 20 ms,重复进行 10 次;再将使主电压下滑 100%,持续 10 ms,重复进行 10 次。探测器在试验期间应保持正常监视状态;试验后,探测器基本性能正常;其响应阈值与该探测器在一致性试验中的响应阈值相比较,最大响应阈值与最小响应阈值之比应不大于 1.6。

4.3.11 火灾灵敏度

按 GB 4715 要求将 2 只试样按最不利方式安装在燃烧试验室的顶棚表面上,其余探测管路安装在燃烧试验室外侧,按要求使试样处于正常监视状态。应依据制造商的说明书对试样进行安装和调试,对具有可调响应阈值的试样,应将其阈值设在最大极限值上。

探测器在每种试验火结束前均应发出火灾报警信号。

4.4 图像型火灾探测器

4.4.1 响应阈值

4.4.1.1 试样在一级防火和二级防火监测状态下可发现的最小火焰尺寸、定位精度,应符合表 8 的要求。

4.4.1.2 从发生火灾到发出火灾报警信号的响应时间应不大于 20 s。

表 8 一级、二级防火监测参数表

距离 D/m	镜头/mm	视场角		燃烧盘尺寸/m×m		定位精度/m	
		水平 α	垂直 β	一级防火	二级防火	ΔX	ΔY
5	4	64°	50°	0.020×0.020	0.060×0.060	±0.100	±0.147
	6	42°	32°	0.020×0.020	0.040×0.040	±0.100	±0.142
	8	32°	24°	0.020×0.020	0.030×0.030	±0.100	±0.142
	12	22°	17°	0.020×0.020	0.020×0.020	±0.100	±0.142
25	4	64°	50°	0.090×0.090	0.400×0.400	±0.488	±0.806
	6	42°	32°	0.060×0.060	0.250×0.250	±0.300	±0.754
	8	32°	24°	0.040×0.040	0.150×0.150	±0.225	±0.727
	12	22°	17°	0.030×0.030	0.090×0.090	±0.153	±0.723
50	6	42°	32°	0.150×0.150	0.550×0.550	±0.600	±1.931
	8	32°	24°	0.090×0.090	0.400×0.400	±0.450	±1.643
	12	22°	17°	0.060×0.060	0.250×0.250	±0.306	±1.494
100	12	22°	17°	0.150×0.150	0.600×0.600	±0.612	±3.360

4.4.2 重复性

连续 3 次测量同一只探测器的响应阈值，通电 7 d 后再连续 3 次测量同一只探测器的响应阈值，通电期间，探测器不应发出火灾报警信号或故障信号，其响应阈值应满足 4.4.1 要求。

4.4.3 电源参数波动

探测器的供电电压为额定工作电压的−15%和+10%，测量探测器的响应阈值，其响应阈值应满足 4.4.1 要求。

4.4.4 环境光线干扰

探测器在以下环境光线作用期间，不应发出火灾报警信号或故障信号；试验后，探测器响应阈值应满足 4.4.1 要求。

a) 用两只 25 W 的白炽灯(色温为 2 850 K±100 K)，亮 1 s 熄 1 s，共 20 次。

b) 用一只直径 308 mm、30 W 的环形荧光灯，亮 1 s 熄 1 s，共 20 次。

c) 用上述白炽灯和荧光灯，亮 2 h。

4.5 点型一氧化碳火灾探测器

4.5.1 固定响应阈值的测量

4.5.1.1 探测器的响应阈值应在表 9 规定的范围内选择。

4.5.1.2 探测器响应阈值的测量应在气体检验装置中进行，气体检验装置应符合附录 A 的规定，并满足方位、电压波动、气流、高温等试验的要求。检验装置安装的气体传感器应符合附录 B 的规定。

4.5.1.3 探测器按 5.1.2 要求安装在气体检验装置中。在有关条文中没有特殊要求时，探测器的方位应为最不利方位，探测器周围的气流应为(0.2±0.04)m/s，气流温度应为(23±5)℃。

4.5.1.4 气体的浓度用体积比的百万分之几表示(以下称 μL/L)。

4.5.1.5 试验前，气体试验装置和探测器内部一氧化碳的浓度应低于 5 μL/L。在有关条文中没有特殊要求时，探测器应在正常监视状态下稳定工作 15 min。

4.5.1.6 按(5 μL/L)/min 的速率将气体检验装置中一氧化碳浓度增加至 15 μL/L，保持 10 min。探测器不应发出火灾报警或故障信号。

4.5.1.7 继续按(5 μL/L)/min 的速率向气体检验装置中加入一氧化碳，直至探测器发出火灾报警信号或一氧化碳的浓度达到 100 μL/L。记录探测器发出报警信号时的一氧化碳浓度值。这一浓度值即为探测器的响应阈值(S)。

4.5.1.8 探测器响应阈值(S)应符合表 9 的规定。应能通过探测器或其连接的控制和指示设备查询探测器的设定的响应阈值(S_0)。

表 9 固定响应阈值

响应阈值	设定的响应阈值(S_0)	最小响应阈值	最大响应阈值
μL/L	26～45	0.7 S_0	1.5 S_0

4.5.2 可调响应阈值的测量

4.5.2.1 探测器的响应阈值应在表 10 规定 S_0 的范围内连续可调。

4.5.2.2 将探测器分别调整为最大和最小设定响应阈值，按 4.5.1.1～4.5.1.7 进行响应阈值试验。

4.5.2.3 探测器响应阈值(S)应符合表 10 的规定。应能通过探测器或其连接的控制和指示设备查询探测器的设定的响应阈值。

4.5.2.4 除试验要求有特殊规定外，探测器的响应阈值可在规定的任一设定值上进行试验。

表 10 可调响应阈值

响应阈值	设定的响应阈值(S_0)	最小响应阈值	最大响应阈值
μL/L	23～66	0.7 S_0	1.5 S_0

4.5.3 独立式探测器的基本性能

4.5.3.1 当被监视区域发生火灾，其参数达到报警条件时，探测器应发出声、光火灾报警信号。

4.5.3.2 在距探测器 3 m 远处，火灾报警信号声压级应大于 60 dB(A 计权)。

4.5.3.3 探测器应具有自检功能，自检时探测器应发出声、光火灾报警信号。

4.5.3.4 具有多个指示灯的探测器，指示灯应以颜色标识。火警指示灯应为红色，故障指示灯应为黄色，采用交流电源供电的探测器，应具有交流电源工作指示灯，交流电源工作指示灯应为绿色。

4.5.3.5 探测器的电源应满足如下要求：

4.5.3.5.1 对内部电池供电的探测器和外部电池供电的探测器，电池的容量应能保证探测器正常工作不少于 6 个月；在电池不能使探测器处于报警状态前，应发出与火灾报警声信号有明显区别的声音故障信号；声音故障信号至少在 7 d 连续每分钟至少提示一次，在此之后，探测器应能发出火灾报警信号，火灾报警信号应至少持续 4 min。

4.5.3.5.2 对外部电源供电且配有内部备用电池的探测器，当外部电源不能正常工作时，应自动切换至备用电池供电，备用电池应能保证探测器处于正常监视状态至少 72 h，在电池将不能使探测器处于报警状态前，应发出与火灾声报警信号有明显区别的声音故障信号。

4.5.3.5.3 探测器电源极性反接不应造成探测器损坏。

4.5.4 气体干扰

探测器在表 11 规定的浓度的气体中保持暴露 1h。试验期间，探测器不应发出火灾报警信号或故障信号。

表 11 干扰气体浓度

气体种类	浓度值/(μL/L)
甲烷	500
丁烷	300
庚烷	500
乙酸乙酯	200
异丙醇	200
二氧化碳	1 000

4.5.5 重复性

在探测器正常工作位置的任意一方位上连续 6 次测量同一只探测器的响应阈值，其最大响应阈值与最小响应阈值的比应不大于 1.6，最小响应阈值不应小于响应阈值设定值的 0.8 倍。

4.5.6 方位

使探测器按同一方向绕其垂直轴线旋转45°,共旋转8次,各测量一次响应阈值,其最大响应阈值与最小响应阈值的比应不大于1.6,最小响应阈值不应小于响应阈值设定值的0.8倍。最大响应阈值和最小响应阈值对应的方位在以后的试验中分别称为"最不利"和"最有利"方位。

4.5.7 响应阈值分布的一致性

分别测量每只探测器的响应阈值,其最大响应阈值与响应阈值的平均值的比应不大于1.33,响应阈值的平均值与最小响应阈值的比应不大于1.5。最小响应阈值不应小于响应阈值设定值的0.7倍,最大响应阈值不应大于响应阈值设定值的1.5倍。

4.5.8 长期稳定性

使探测器处于正常监视状态,保持3个月。试验期间,探测器不应发出故障信号。试验后,其响应阈值与该探测器在一致性试验中的响应阈值相比较,最大响应阈值与最小响应阈值之比应不大于1.6。

4.5.9 高浓度淹没

探测器在以(5 μL/L)/min的速率增加至浓度为500 μL/L的一氧化碳气体中保持2h后,在正常大气条件下恢复4h,试验后,其响应阈值与该探测器在一致性试验中的响应阈值相比较,最大响应阈值与最小响应阈值之比应不大于1.6。

4.5.10 一氧化碳响应敏感度

探测器在一氧化碳浓度为70 μL/L,其他干扰气体浓度分别为表12给定浓度的环境下保持1 h。试验期间,试样应保持火灾报警信号。

表12 气体浓度

气体种类	气体浓度/(μL/L)
氢气	20
一氧化氮	10

4.5.11 电源参数波动

探测器的供电电压为额定工作电压的−15%和+10%,测量探测器的响应阈值,与一致性试验中的响应阈值相比较,其最大响应阈值与最小响应阈值的比应不大于1.6,最小响应阈值不应小于响应阈值设定值的0.8倍。

4.5.12 气流

探测器在周围气流速度为(0.2±0.04)m/s和(1.0±0.2)m/s条件下,分别测量"最不利"和"最有利"方位上的响应阈值,分别用$S_{(0.2)\max}$[1]、$S_{(0.2)\min}$和$S_{(1.0)\max}$[2]和$S_{(1.0)\min}$表示。

探测器响应阈值应满足:$0.625 \leqslant (S_{(0.2)\max}+S_{(0.2)\min})/(S_{(1.0)\max}+S_{(1.0)\min}) \leqslant 1.6$。

5 试验方法

5.1 总则

5.1.1 试验的大气条件

除在有关条文另有说明外,则各项试验均在下述大气条件下进行:

——温度:15 ℃~35 ℃;

——湿度:25%RH~75%RH;

——大气压力:86 kPa~106 kPa。

5.1.2 试验的正常监视状态

若在试验方法中要求探测器(以下简称试样)在正常监视状态下工作时,应将试样与制造商提供的控制和指示设备连接;在有关条文中没有特殊要求时,应保证探测器的工作电压为额定工作电压,并在

1) 下标0.2表示气流速度为(0.2±0.04)m/s。

2) 下标1.0表示气流速度为(1.0±0.2)m/s。

试验期间保持工作电压稳定。

注：探测器的检测报告应注明试验期间探测器配接的控制和指示设备的型号、制造商等内容。

5.1.3 容差

除在有关条文另有说明外，各项试验数据的容差均为±5%；环境条件参数偏差应符合 GB 16838 要求。

5.1.4 试验前检查

5.1.4.1 试样在试验前进行外观检查，应符合下述要求：

a) 表面无腐蚀、涂覆层脱落和起泡现象，无明显划伤、裂痕、毛刺等机械损伤；

b) 紧固部位无松动。

5.1.4.2 试样在试验前应按 4.1.1～4.1.6 要求对试样进行检查，符合要求后方可进行试验。

5.1.5 试验样品（以下称试样）

5.1.5.1 点型红外火焰探测器

10 套探测器，并在试验前予以编号。

5.1.5.2 吸气式感烟火灾探测器

4 只探测器（由探测器的所有部分组成，包括需要配接的控制和指示设备），并在试验前予以编号。

5.1.5.3 图像型火灾探测器

4 套探测器，并在试验前予以编号。

5.1.5.4 点型一氧化碳火灾探测器

16 套探测器，并在试验前予以编号。

5.1.6 探测器的安装

探测器应按制造商规定的正常安装方式安装。如果说明书给出多种安装方式，试验中应采用对探测器工作最不利的安装方式。

5.1.7 试验程序

按表 13 规定的程序进行试验。

表 13 试验程序

序号	条目	试验项目	点型红外火焰探测器	吸气式感烟火灾探测器	图像型火灾探测器	点型一氧化碳火灾探测器
1	5.2～5.5	探测器基本性能试验	1～10	1～4	1～4	1～16
2	5.6	高温（运行）试验	2	3[a]	1	4
3	5.7	低温（运行）试验	3	4	2	5
4	5.8	恒定湿热（运行）试验	4	1	3	6
5	5.9	恒定湿热（耐久）试验	5	2	4	7
6	5.10	腐蚀试验	6	1[a]	1	8
7	5.11	振动（正弦）（运行）试验	7	2	2	9
8	5.12	冲击试验	8	2	3	10
9	5.13	碰撞试验	9	2	4	11
10	5.14	振动（正弦）（耐久）试验	10	2	2	11
11	5.15	射频电磁场辐射抗扰度试验	2	1	3	12
12	5.16	射频场感应的传导骚扰抗扰度试验	3	1	4	13
13	5.17	静电放电抗扰度试验	4	1	2	14
14	5.18	电快速瞬变脉冲群抗扰度试验	5	1	3	15
15	5.19	浪涌（冲击）抗扰度试验	6	1	4	16
16	5.20	火灾灵敏度试验	7～10	3～4	—	

[a] 适用于点型采样式。

5.2 点型红外火焰探测器基本性能试验

5.2.1 响应阈值测量

5.2.1.1 目的

测量探测器的响应阈值。

5.2.1.2 设备

红外火焰探测器检测装置是一台专用设备，它由光学轨道、红外光源、减光片、快门、调制器、试样支架和其他有关部件组成(如图1所示)。该设备应满足5.2.1、5.2.3～5.2.7的试验要求。

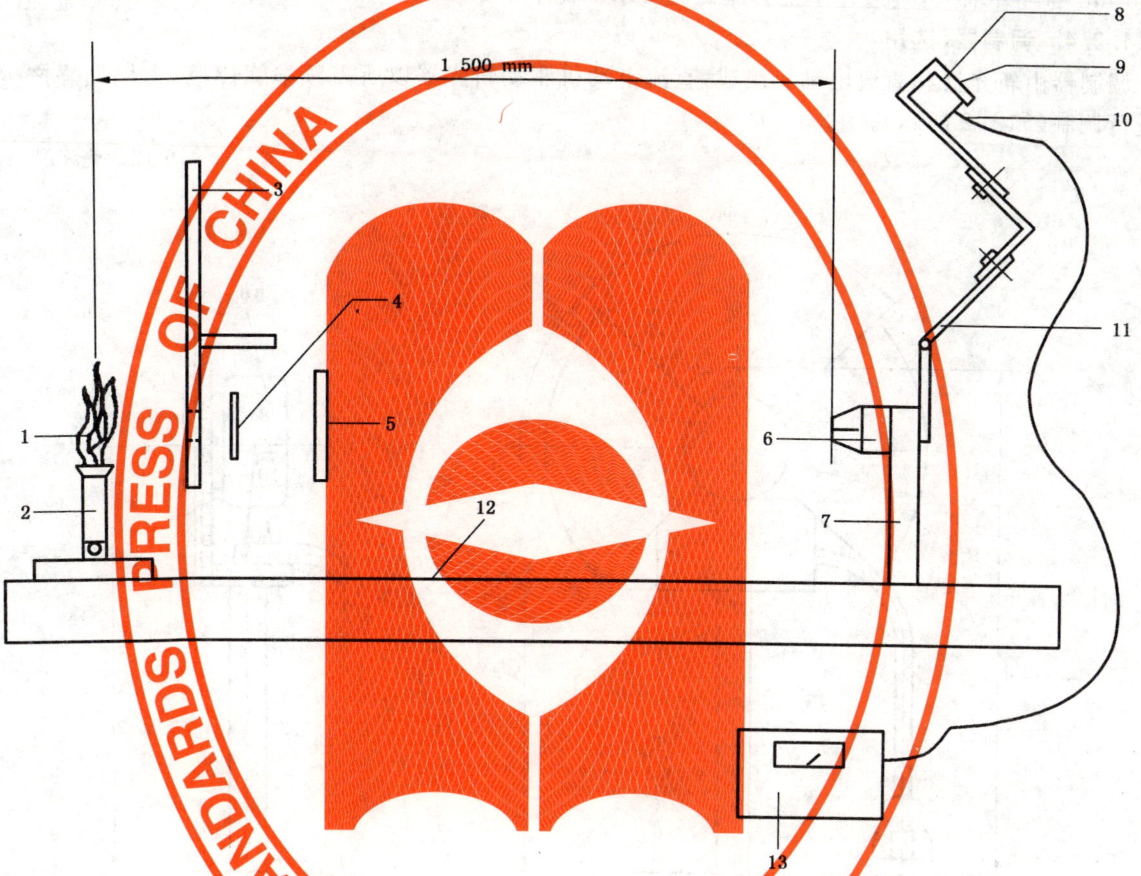

1——火焰；
2——甲烷气燃烧炉；
3——调制器；
4——减光片；
5——快门；
6——试样；
7——试样支架；
8——传感器接收面；
9——红外滤光片；
10——传感器；
11——可调机构；
12——光学轨道；
13——辐射计。

图1 红外火焰试样检测装置结构图

5.2.1.2.1 光学轨道

主要技术参数：

——长度：2 m；

——平直度：小于 0.04 mm。

5.2.1.2.2 **红外光源**

红外光源采用纯度不低于 99.9%的甲烷燃烧产生的火焰。在试验过程中，光源辐射能的变化量不应大于±5%。

5.2.1.2.3 **减光片**

减光片起衰减红外辐射作用，本检测装置中采用中性红外减光片，可通过波长大于 850 nm、小于 1 050 nm 的红外辐射，其透过率视具体试验要求而定。

5.2.1.2.4 **调制器(选用)**

调制器由斩光器和直流电动机组成，直流电动机驱动斩光器以所需频率旋转，对火焰燃烧产生的辐射进行调制(如图 2 所示)。

单位为毫米

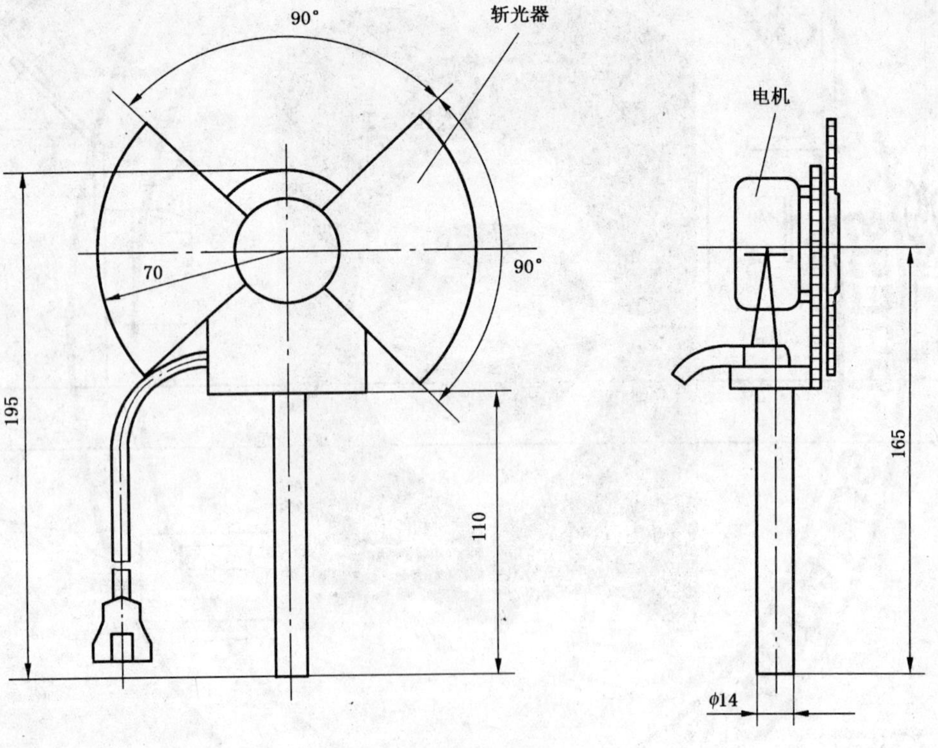

图 2 调制器结构图

5.2.1.2.5 **安装支架**

安装支架可以安装不同型号的试样并能沿光学轨道滑动。支架的高度可调，同时能以光学轨道轴心的垂线为轴心旋转。支架本身应进行黑化处理，表面不应发生反射。

5.2.1.3 **方法**

5.2.1.3.1 **安装试样**

将试样安装在试验装置的支架上，使其与光源处于同一水平线上，能最大限度的接受红外光源的辐射，接通控制或指示设备，使其处于正常监视状态并保持稳定。

用辐射计在距光源 1 500 mm 处测量光源的辐射能。

将试样的支架移到距光源 1 500 mm 处。

5.2.1.3.2 **测量试样响应点 *D* 值**

沿着光学轨道反复移动试样的安装支架，确定试样在 30 s 内可靠响应且距光源距离最大时的位置，即试样响应点。测量该点与光源的距离，即试样响应点 D 值。

根据光学原理，试样响应点与光源之间的距离 D 的平方与光源对试样传感面辐射的有效功率 S 成反比关系，即：

$$S = K/D^2 (K \text{ 为变换常数})$$

对于随机响应特性的试样，必须先反复测量其响应阈值至少 6 次，直至下一次的响应阈值的变化不超出前几次测量的响应阈值平均值的 10%。

对于有闪烁频率要求的试样，必须将调制器调在厂方给定的闪烁频率上(包括 0)。

5.2.1.3.3 **计算响应阈值比**

比较两次测量的响应阈值，大者为 S_{max}，小者为 S_{min}，分别对应 D_{max} 和 D_{min}，响应阈值比 $S_{max}:S_{min} = D_{max}^2:D_{min}^2$。

5.2.2 **一致性试验**

5.2.2.1 **目的**

检验探测器的响应阈值分布的一致性。

5.2.2.2 **方法**

按 5.2.1.3 规定方法，分别测量 10 只试样响应点 D 值，其中最大值为 D_{max}，最小值为 D_{min}，计算响应阈值比 $S_{max}:S_{min}$。

5.2.2.3 **要求**

探测器应满足 4.2.1 规定。

5.2.2.4 **设备**

红外火焰试样检测装置。

5.2.3 **重复性试验**

5.2.3.1 **目的**

检验探测器连续工作的稳定性。

5.2.3.2 **方法**

按 5.2.5.3 规定方法，在试样正常工作的任意一方位上连续测量 6 次响应点 D 值，其中最大值为 D_{max}，最小值为 D_{min}，计算响应阈值比 $S_{max}:S_{min}$。

5.2.3.3 **要求**

探测器应满足 4.2.2 规定。

5.2.3.4 **试验设备**

红外火焰试样检测装置。

5.2.4 **方位试验**

5.2.4.1 **目的**

确定探测器视锥角，检验试样在视锥角内不同角度的响应性能。

5.2.4.2 **方法**

按 5.2.1.3 规定方法测量试样响应点 D 值。每测量一次后，将试样转动一个角度，使试样的轴线与光轴的夹角分别为 0°、15°、30°、45°。其中最大值为 D_{max}，最小值为 D_{min}，计算响应阈值比 $S_{max}:S_{min}$。

5.2.4.3 **要求**

探测器应满足 4.2.3 规定。

5.2.4.4 **设备**

红外火焰试样检测装置。

5.2.5 **通电试验**

5.2.5.1 **目的**

检验探测器在正常大气条件下工作的稳定性。

5.2.5.2　方法

使试样在正常监视状态下连续运行 7 d。试验后，按 5.2.1.3 规定方法测量试样响应点 D 值，与该试样在一致性试验中的响应点 D 值相比较，大者为 D_{max}，小者为 D_{min}，计算响应阈值比 $S_{max}:S_{min}$。

5.2.5.3　要求

探测器应满足 4.2.4 规定。

5.2.5.4　试验设备

红外火焰试样检测装置。

5.2.6　电源参数波动试验

5.2.6.1　目的

检验探测器对电源参数变化的适应性。

5.2.6.2　方法

分别使试样工作电压比额定电压降低 15% 和升高 10%，按 5.2.1.3 规定方法测量响应点 D 值。与该试样在一致性试验中的响应点 D 值相比较，三者中最大值为 D_{max}，最小值为 D_{min}，计算响应阈值比 $S_{max}:S_{min}$。

5.2.6.3　要求

探测器应满足 4.2.5 规定。

5.2.6.4　设备

红外火焰试样检测装置。

5.2.7　环境光线干扰试验

5.2.7.1　目的

检验探测器在环境光线作用下性能的稳定性。

5.2.7.2　方法

5.2.7.2.1　安装试样

将环境光线干扰模拟装置放置在紫外火焰试样检测装置光源与试样之间（如图 3 所示），使其与试样的距离为 500 mm。

单位为毫米

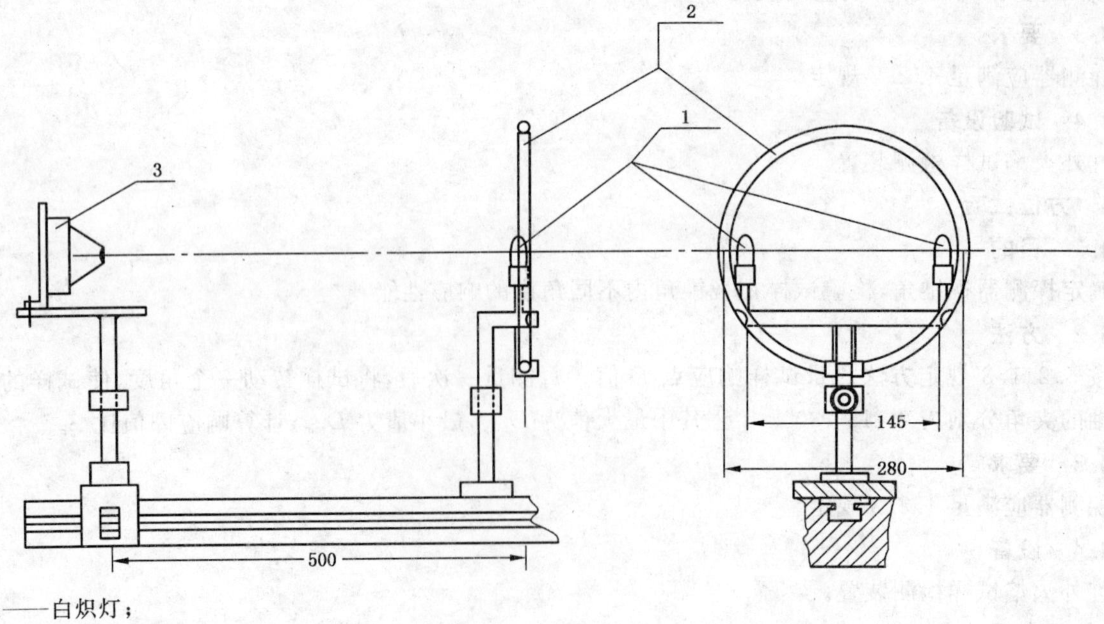

1——白炽灯；
2——环形荧光灯；
3——试样。

图 3　环境光线干扰模拟装置结构图

5.2.7.2.2 **试验步骤**

a) 所有灯不亮。

b) 用两只 25 W 的白炽灯(色温为 2 850 K±100 K),亮 1 s 熄 1 s,共 20 次。

c) 用一只直径 308 mm、30 W 的环形荧光灯,亮 1 s 熄 1 s,共 20 次。

d) 用上述白炽灯和荧光灯,亮 2 h。按 5.2.1.3 规定方法测量响应点 D 值。

e) 所有灯不亮。

f) 按 5.2.1.3 规定方法测量响应点 D 值。

5.2.7.2.3 **计算响应阈值比**

按 5.2.1.3 规定方法测量试样响应点 D 值,与该试样在一致性试验中的 D 值相比较,大者为 D_{max},小者为 D_{min} 值,计算响应阈值比 $S_{max}:S_{min}$。

5.2.7.3 **要求**

探测器应满足 4.2.6 规定。

5.2.7.4 **试验设备**

红外火焰试样检测装置、环境光线干扰模拟装置。

5.3 吸气式感烟火灾探测器基本性能试验

5.3.1 主要部件性能试验

5.3.1.1 **目的**

检查探测器主要部件的性能。

5.3.1.2 **方法**

5.3.1.2.1 检查并记录试样指示灯、显示器的颜色标识、可见程度及功能标注等情况。

5.3.1.2.2 检查并记录试样熔断器的参数标注情况及其实际容量值。

5.3.1.2.3 检查并记录试样各开关和按键功能标注情况。

5.3.1.2.4 检查并记录试样接线端子标注情况。

5.3.1.2.5 检查并记录试样吸气管路标记情况。

5.3.1.2.6 使试样处于火灾报警状态,测量并记录试样声报警信号的声压级,然后使电源电压降至85%额定电压,观察并记录试样声报警信号情况。

5.3.1.3 **要求**

探测器应满足 4.3.1 规定。

5.3.2 基本性能试验

5.3.2.1 **目的**

检查探测器的基本性能。

5.3.2.2 **方法**

5.3.2.2.1 使试样在任一采样孔获取的烟参数样本达到报警时的浓度,观察并记录试样显示变化、火灾报警情况和时间间隔。

5.3.2.2.2 分别使试样吸气管路的器吸气流量大于正常吸气流量的 150% 和小于正常吸气流量的 50%,观察并记录试样故障声、光信号、故障时间间隔。

5.3.2.2.3 在试样正前方 1 m 处,分别测量火灾报警声信号和故障声信号的声压级(A 计权)。

5.3.2.2.4 使试样发出火灾报警信号,测量试样发出火灾报警信号的时间间隔,观察并记录试样发出火灾报警声、光信号情况及计时情况。手动消除火灾报警声信号,有多路火灾报警功能的探测器的另一路发出火灾报警信号,检查试样消音功能和再次火灾报警功能。

5.3.2.2.5 按 4.3.2.3.2 的要求,对试样各项故障功能进行测试,观察并记录试样故障声、光信号、故障时间间隔和类型区分情况。手动消除故障声信号,并使另一部件发出故障信号,检查试样消音功能和故障声信号再启动功能。

5.3.2.2.6 使试样先处于故障状态，再处于火灾报警状态，观察并记录试样报警优先情况。

5.3.2.2.7 在试样处于正常监视状态下，切断试样的主电源，使试样由备用电源供电，再恢复主电源，检查并记录试样主、备电源的转换、状态的指示情况及其主电源过流保护情况。

5.3.2.2.8 将试样的备用电源放电至终止电压，再对其进行 24 h 充电。关闭试样主电源，8 h 后，在使试样处于火灾报警状态 30 min，分别观察并记录试样的状态。

5.3.2.2.9 手动操作试样自检机构，观察并记录试样火灾报警声、光信号及输出接点动作情况；对于自检时间超过 1 min 或不能自动停止自检功能的试样，在自检期间，使任一非自检部位处于火灾报警状态，观察并记录试样火灾报警情况。

5.3.2.2.10 观察并记录试样复位操作情况。

5.3.2.2.11 观察并记录试样的开、关电源情况。

5.3.2.3 要求

试样的基本性能应能满足 4.3.2 的要求。

5.3.3 重复性试验

5.3.3.1 目的

检验单只探测器多次报警时响应阈值的一致性。

5.3.3.2 方法

5.3.3.2.1 按要求，在试样正常工作位置的任意一个采样孔上连续测量 6 次响应阈值。

5.3.3.2.2 6 个响应阈值中的最大值用 m_{max} 表示，最小值用 m_{min} 表示。

5.3.3.3 要求

探测器应满足 4.3.4 规定。

5.3.3.4 设备

响应阈值的检验装置测量范围在 0.01%obs/m～20%obs/m，测量误差小于±5%。

5.3.4 一致性试验

5.3.4.1 目的

检验探测器响应阈值的一致性。

5.3.4.2 方法

5.3.4.2.1 按 5.1.2 和 5.1.6 要求，依次测量 4 只试样的响应阈值。

5.3.4.2.2 计算出 4 只试样响应阈值的平均值，用 m_{rep} 表示。

5.3.4.2.3 4 只试样中，最大响应阈值用 m_{max} 表示，最小响应阈值用 m_{min} 表示。

5.3.4.3 要求

探测器应满足 4.3.5 规定。

5.3.4.4 设备

响应阈值的检验装置测量范围在 0.01%obs/m～20%obs/m，测量误差小于±5%。

5.3.5 电源参数波动试验

5.3.5.1 目的

检验探测器在电源参数波动条件下响应阈值的稳定性。

5.3.5.2 方法

5.3.5.2.1 探测型的探测器

按制造商规定的供电参数上、下限值（如未规定，则上、下限参数分别为额定参数 110% 和 85%）给试样供电，分别测量响应阈值。与该试样在一致性试验中的响应阈值相比较，三者中最大响应阈值用 m_{max} 表示，最小响应阈值用 m_{min} 表示。

5.3.5.2.2 探测报警型的探测器

调节试验装置，使试样的输入电压分别为 187 V(50 Hz)、242 V(50 Hz)或按制造厂规定的额定工作电压上、下限值测量响应阈值，分别测量响应阈值。与该试样在一致性试验中的响应阈值相比较，三者中最大响应阈值用 m_{max} 表示，最小响应阈值用 m_{min} 表示。

5.3.5.3 **要求**

探测器应满足 4.3.6 规定。

5.3.5.4 **设备**

响应阈值的检验装置测量范围在 0.01%obs/m～20%obs/m，测量误差小于±5%。

5.3.6 **绝缘电阻试验**

5.3.6.1 **目的**

检验探测器的绝缘性能。

5.3.6.2 **方法**

分别对试样的下述部分施加 500 V±50 V 直流电压，持续 60 s±5 s 后，测量其绝缘电阻值。

a) 有绝缘要求的外部带电端子与机壳之间；

b) 电源插头(或电源接线端子)与机壳之间(电源开关置于接通位置，但电源插头不接入电网)。

5.3.6.3 **要求**

探测器应满足 4.3.7 规定。

5.3.6.4 **试验设备**

绝缘电阻试验设备要满足下列技术要求：

——试验电压：直流 500 V±50 V(地端为金属板)；

——测量范围：0 MΩ～500 MΩ；最小分度：0.1 MΩ；记时：60 s±5 s。

5.3.7 **泄漏电流试验**

5.3.7.1 **目的**

检验探测器的抗泄漏电流能力。

5.3.7.2 **方法**

将试样处于正常监视状态，调节主电供电电压为试样额定电压的 1.06 倍，测量并记录其总泄漏电流值。

5.3.7.3 **要求**

探测器应满足 4.3.8 规定。

5.3.7.4 **试验设备**

符合 GB 4706.1—1998 附录 G 中规定的测量泄漏电流的电路。

5.3.8 **电源瞬变试验**

5.3.8.1 **目的**

检验探测器抗电源瞬变干扰的能力。

5.3.8.2 **方法**

5.3.8.2.1 按正常监视状态要求，将试样与等效负载连接，连接试样到电源瞬变试验装置上，使其处于正常监视状态。

5.3.8.2.2 开启试验装置，使试样主电源按"通电(9 s)～断电(1 s)"的固定程序连续通断 500 次，试验期间，观察并记录试样的工作状态；试验后，按 5.2 进行功能试验。

5.3.8.2.3 按要求测量响应阈值。将测得的响应阈值与该试样在一致性试验中的响应阈值相比较，其中大的响应阈值用 m_{max} 表示，小的响应阈值用 m_{min} 表示。

5.3.8.3 **要求**

探测器应满足 4.3.9 规定。

5.3.8.4 **试验设备**

能产生满足 5.3.8.2 的要求试验条件的电源装置。

5.3.9 电压暂降、短时中断和电压变化的抗扰度试验

5.3.9.1 目的

检验探测器在电压暂降、短时中断和电压变化(如主配电网络上,由于负载切换和保护元件的动作等)情况下的抗干扰能力。

5.3.9.2 方法

5.3.9.2.1 按正常监视状态要求,将试样与等效负载连接,连接试样到主电压下滑和中断试验装置上,使其处于正常监视状态。

5.3.9.2.2 使主电压下滑 60%,持续 20 ms,重复进行 10 次;再将使主电压下滑 100%,持续 10 ms,重复进行 10 次。试验期间,观察并记录试样的工作状态;试验后,按 5.3.2 进行功能试验。

5.3.9.2.3 按要求测量响应阈值。将测得的响应阈值与该试样在一致性试验中的响应阈值相比较,其中大的响应阈值用 m_{max} 表示,小的响应阈值用 m_{min} 表示。

5.3.9.3 要求

探测器应满足 4.3.2 规定。

5.3.9.4 试验设备

试验设备应满足 GB 16838 的相关规定。

5.4 图像型火灾探测器基本性能试验

5.4.1 响应阈值试验

5.4.1.1 目的

检查探测器对规定试验火的响应时间和定位精度。

5.4.1.2 方法

5.4.1.2.1 采用一套试样和四套不同焦距的镜头(4 mm,6 mm,8 mm 和 12 mm)进行试验。

5.4.1.2.2 使用 4 mm 焦距的镜头,将试样与配套的控制和指示设备连接,使系统处于监视状态。

5.4.1.2.3 在距离试样前端 25 m 处放置试验燃烧盘,试验燃烧盘处于摄像机视场内;点燃燃烧液,待火焰高度稳定后,进行一级防火操作;观察并记录声、光报警情况、报警响应时间和火灾坐标值。

5.4.1.2.4 在距离试样前端 25 m 处放置试验燃烧盘,试验燃烧盘处于摄像机视场内;点燃燃烧液,待火焰高度稳定后,进行二级防火操作;观察并记录声、光报警情况、报警响应时间和火灾坐标值。

5.4.1.2.5 使用不同焦距的镜头(6 mm、8 mm 、12 mm),并查取表 8 中对应的燃烧盘尺寸,重复 5.4.1.2.2～5.4.1.2.4 的试验过程。

5.4.1.2.6 定位精度

$$|\Delta X| = |x_1 - x_2|, \quad |\Delta Y| = |y_1 - y_2|$$

式中,(x_1, y_1)为燃烧盘中心坐标,(x_2, y_2)为报警时控制主机显示的火灾坐标值。

5.4.1.3 要求

探测器的响应阈值应满足 4.4.1 规定。

5.4.1.4 试验设备

试验设备如图 4 所示,由试验燃烧盘、计时器、标尺、安装支架等设备组成:

a) 试验火焰

试验火焰采用煤油与汽油混和液的燃烧火焰,混和比为(10:1)。

b) 试验燃烧盘

试验燃烧盘的尺寸见表 8;燃烧盘的深度大于 0.02 m。

c) 安装高度

试样的安装高度为 4 m;同时应保证试样能以上下 90°和左右 180°的角度转动。

d) 试验场所

试验场所是一个长度不小于 25 m、宽度不小于 5 m、高度不小于 6 m 的空间,如图 4 所示。

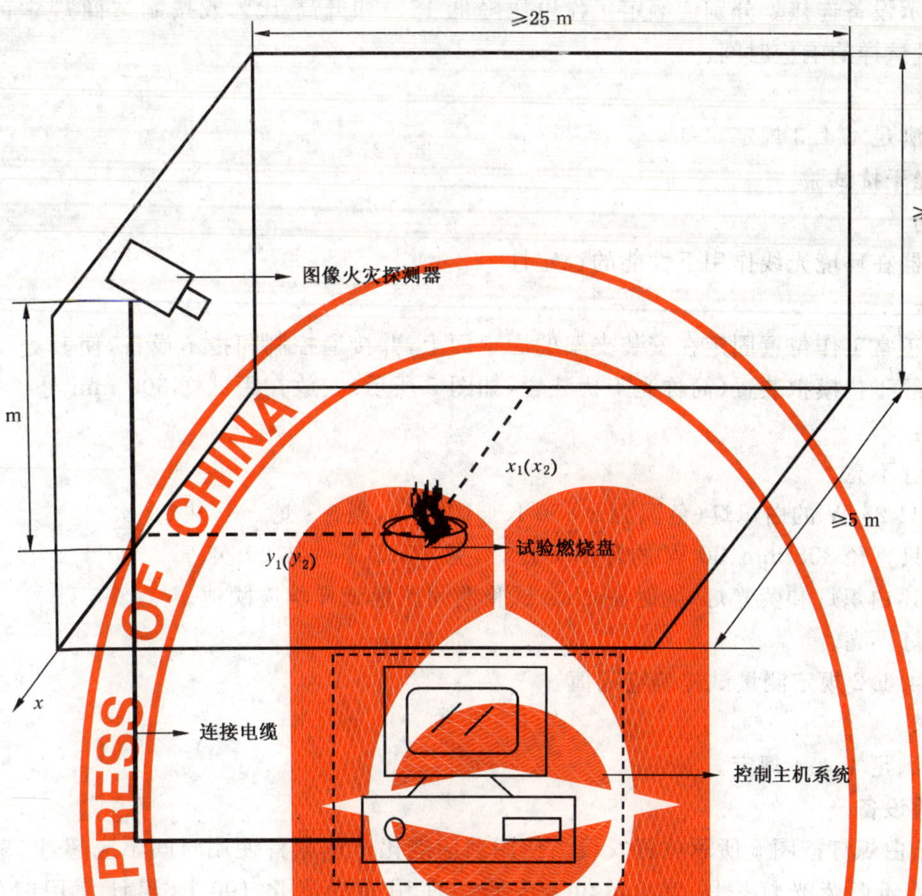

图 4 试验设备和场所示意图

5.4.2 重复性试验

5.4.2.1 目的

检验探测器连续工作的稳定性。

5.4.2.2 方法

5.4.2.2.1 将试样与配套的控制和指示设备连接。

5.4.2.2.2 按 5.4.1.2 规定测量 3 次响应时间，两次测量的时间间隔不应小于 10 min，但不大于 1 h。最后一次测量后，保持试样状态不变。

5.4.2.2.3 将试样不间断通电 7 d，然后按 5.4.1.2 规定测量 3 次响应时间，两次测量的时间间隔不应小于 10 min，但不大于 1 h。

5.4.2.3 要求

探测器应满足 4.4.2 规定。

5.4.3 电源参数波动试验

5.4.3.1 目的

检验探测器对电源参数变化的适应性。

5.4.3.2 试验方法

5.4.3.2.1 供电电源为直流恒压的试样

将试样与配套的控制和指示设备连接。分别使额定工作电压降低 15% 和升高 10% 或按制造商规定的额定工作电压上、下限按 5.4.1.2 规定测量试样的响应时间。

5.4.3.2.2 供电电源为脉动电压的试样

将试样通过长度为 1 000 m，截面积为 1.0 mm^2 的铜质双绞导线（或按照制造商提供的条件）与配套的控制和指示设备连接。分别使额定工作电压降低15%和升高10%或按制造商规定的额定工作电压上、下限测量试样的响应时间。

5.4.3.3 要求

探测器应满足4.4.3规定。

5.4.4 环境光干扰试验

5.4.4.1 目的

检验探测器在环境光线作用下性能的稳定性。

5.4.4.2 方法

将试样按正常工作位置固定在安装支架的固定面上，并接通控制和指示设备，使其处于正常监视状态。将环境光线干扰模拟装置(简称光干扰装置，如图5所示)安放在距试样500 mm处。

试验步骤：

a) 所有灯不亮。

b) 用两只25 W的白炽灯(色温为2 850 K±100 K)，亮1 s熄1 s，共20次。

c) 用一只直径308 mm、30 W的环形荧光灯，亮1 s熄1 s，共20次。

d) 用上述白炽灯和荧光灯，同时亮2h。试验期间测量试样响应阈值。

e) 所有灯不亮。

f) 按5.4.1.2规定测量试样响应阈值。

5.4.4.3 要求

探测器应满足4.4.4规定。

5.4.4.4 试验设备

a) 25 W白炽灯按图5所示位置安设。使用前应老化1 h，累计使用时间不应超过750 h。

b) 30 W环形荧光灯按图5所示位置安设。使用前应老化100 h，累计使用时间不应超过2 000 h。

单位为毫米

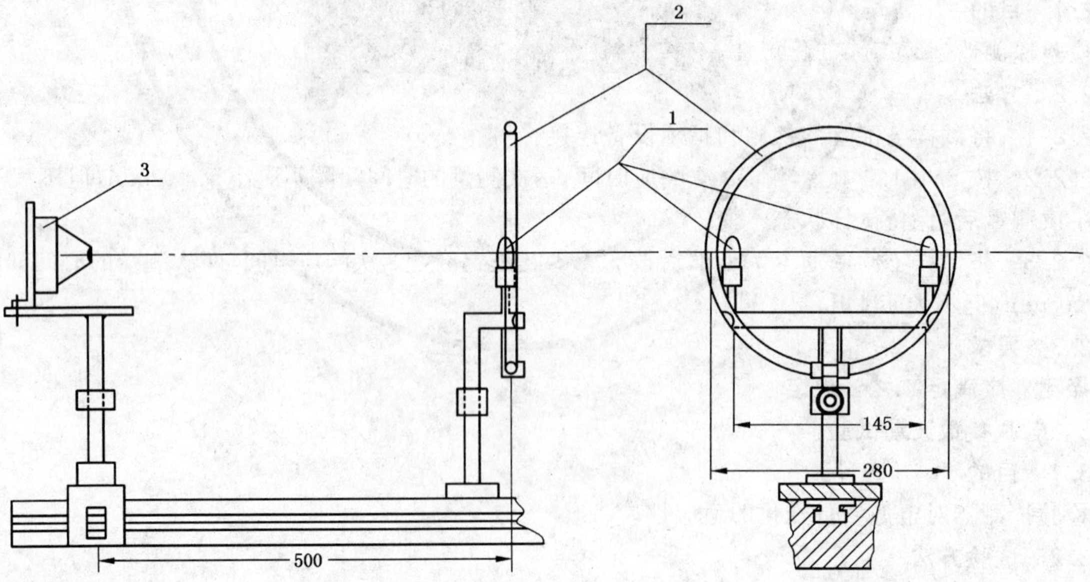

1——白炽灯；

2——环形荧光灯；

3——试样。

图5 环境光干扰试验装置结构图

5.5 点型一氧化碳火灾探测器基本性能试验

5.5.1 独立式探测器的基本性能试验

5.5.1.1 目的

检查独立式探测器的基本性能。

5.5.1.2 方法

5.5.1.2.1 使试样处于火灾报警状态，观察并记录试样声、光报警信号情况。

5.5.1.2.2 在试样正前方 1 m 处，测量声报警信号的声压级(A 计权)。

5.5.1.2.3 操作试样自检，观察并记录试样声、光报警信号情况。

5.5.1.2.4 检查并记录试样指示灯的颜色标识情况。

5.5.1.2.5 对非内部电池供电的报警器，将其外部供电电源线的极性反接，除非报警器发出故障或火灾报警信号，这种状态要保持 2 h。如果报警器使用时是互联式，那么，他们之间的连接线也必须进行反接。

5.5.1.2.6 对于电池供电的报警器(包括备用电池)，如报警器的结构允许，将电池与报警器上的电池连接端子之间互相反接，除非报警器发出故障或火灾报警信号，这种状态要保持 2 h。

5.5.1.2.7 电池供电的报警器(包括备用电池)，以故障电压供电，观察报警器是否发出故障信号。

5.5.1.2.8 进行上述操作后，重新连接报警器供电电源，并且按 5.5.1.2.1～5.5.1.2.6 的要求检查试样的基本功能。

5.5.1.3 要求

探测器应满足 4.5.3 规定。

5.5.2 气体干扰试验

5.5.2.1 目的

检验探测器暴露在特定浓度的非一氧化碳气体中的防误报能力。

5.5.2.2 方法

5.5.2.2.1 按 4.5.1.2～4.5.1.3 要求，使试样处于正常监视状态稳定工作至少 15 min。如果试样响应阈值可调，应将试样的响应阈值设定为最小。

5.5.2.2.2 按表 11 规定，将试样暴露在规定浓度的气体中保持 1 h。

5.5.2.3 要求

探测器应满足 4.5.4 规定。

5.5.3 重复性试验

5.5.3.1 目的

检验单只探测器多次报警时响应阈值的一致性。

5.5.3.2 方法

5.5.3.2.1 按 4.5.1 或 4.5.2 要求，在试样正常工作位置的任意一个方位上连续 6 次测量试样的响应阈值。

5.5.3.2.2 6 个响应阈值中的最大值用 S_{max} 表示，最小值用 S_{min} 表示。

5.5.3.3 要求

探测器应满足 4.5.5 规定。

5.5.4 方位试验

5.5.4.1 目的

检验探测器在不同方位上的进气性能，并确定探测器响应的"最有利"和"最不利"方位。

5.5.4.2 方法

5.5.4.2.1 按 4.5.1 或 4.5.2 要求测量响应阈值。每测完 1 次，试样应按同一方向绕其垂直轴线旋转 45°，共测量 8 次。

5.5.4.2.2 记录试样最大响应阈值和最小响应阈值对应的方位。在以后的试验中，这两个方位分别称为“最不利”和“最有利”方位。

5.5.4.3 最大响应阈值用 S_{max} 表示，最小响应阈值用 S_{min} 表示。

5.5.4.4 要求

探测器应满足 4.5.6 规定。

5.5.5 一致性试验

5.5.5.1 目的

检验多只探测器响应阈值的一致性。

5.5.5.2 方法

5.5.5.2.1 按 4.5.1 或 4.5.2 要求，依次测量 16 只试样的响应阈值。

5.5.5.2.2 计算出 16 只试样响应阈值的平均值，用 S_{rep} 表示。

5.5.5.2.3 16 只试样中，最大响应阈值用 S_{max} 表示，最小响应阈值用 S_{min} 表示。

5.5.5.3 要求

探测器应满足 4.5.7 规定。

5.5.6 长期稳定性

5.5.6.1 目的

检验探测器在正常大气条件下长期运行的稳定性。

5.5.6.2 方法

5.5.6.2.1 在 5.1.1 规定的大气条件下，按 5.1.2 要求使试样处于正常监视状态，保持 3 个月。

5.5.6.2.2 按 4.5.1 或 4.5.2 要求，测量试样的响应阈值，并与该试样在一致性试验中的响应阈值相比较，其中大的响应阈值用 S_{max} 表示，小的响应阈值用 S_{min} 表示。

5.5.6.3 要求

探测器应满足 4.5.8 规定。

5.5.7 高浓度淹没试验

5.5.7.1 目的

检验探测器在高浓度一氧化碳气体工作的适应性。

5.5.7.2 方法

5.5.7.2.1 试样按 5.1.2 要求安装在气体检验装置中。

5.5.7.2.2 试验前，气体试验装置和试样内部一氧化碳的浓度应低于 5 μL/L。使试样在正常监视状态下稳定工作至少 15 min。

5.5.7.2.3 按(5 μL/L)/min 的速率将气体检验装置中一氧化碳浓度增加至 500 μL/L，保持 2 h。

5.5.7.2.4 将试样在正常大气条件下恢复 4 h 后，按 4.5.1 或 4.5.2 要求，测量试样的响应阈值，并与该试样在一致性试验中的响应阈值相比较，其中大的响应阈值用 S_{max} 表示，小的响应阈值用 S_{min} 表示。

5.5.7.3 要求

探测器应满足 4.5.9 规定。

5.5.8 一氧化碳响应敏感度试验

5.5.8.1 目的

检验探测器在一氧化碳气体与其他气体共存时的响应敏感度。

5.5.8.2 方法

5.5.8.2.1 试样按 5.1.2 要求安装在气体检验装置中。

5.5.8.2.2 试验前，气体试验装置和试样内部一氧化碳的浓度应低于 5 μL/L。使试样在正常监视状态下稳定工作至少 15 min。

5.5.8.2.3 将气体检验装置中一氧化碳浓度增至 70 μL/L，其他干扰气体浓度分别按表 10 给定的浓度，保持 1 h。

5.5.8.3 要求

探测器应满足 4.5.10 规定。

5.5.9 电源参数波动试验

5.5.9.1 目的

检验探测器在电源参数波动条件下响应阈值的稳定性。

5.5.9.2 方法

5.5.9.2.1 供电电源为恒压的探测器

控制制造商规定的供电参数上、下限值(如未规定,则上、下限参数分别为额定参数110%和85%)给试样供电,按4.5.1或4.5.2要求分别测量响应阈值。与该试样在一致性试验中的响应阈值相比较,三者中最大响应阈值用S_{max}表示,最小响应阈值用S_{min}表示。

5.5.9.2.2 供电电源为脉动电压的探测器

将试样通过长度为1 000 m,截面积为1.0 mm^2的铜质双绞导线(或按照制造商提供的条件)与配套的控制和指示设备连接,使其处于正常监视状态。调节试验装置,使控制和指示设备的输入电压分别为187 V(50 Hz)、242 V(50 Hz),按4.5.1或4.5.2要求分别测量试样响应阈值。与该试样在一致性试验中的响应阈值相比较,三者中最大响应阈值用S_{max}表示,最小响应阈值用S_{min}表示。

5.5.9.3 要求

探测器应满足4.5.11规定。

5.5.10 气流试验

5.5.10.1 目的

检验探测器抗气流干扰的能力和在气流干扰条件下响应阈值的稳定性。

5.5.10.2 试验方法

在试样周围气流速度为(0.2±0.04)m/s条件下,按4.5.1或4.5.2要求,分别在试样的"最不利"和"最有利"方位上测量响应阈值,并分别用$S_{(0.2)max}$[3]和$S_{(0.2)min}$表示。在试样周围气流速度为(1.0±0.2)m/s条件下,重做上述试验,响应阈值分别用$S_{(1.0)max}$[4]和$S_{(1.0)min}$表示。

5.5.10.3 要求

探测器应满足4.5.12规定。

5.6 高温(运行)试验

5.6.1 目的

检验探测器在高温条件下使用的适应性。

5.6.2 方法

5.6.2.1 将试样及其底座放在高温试验箱中,接通控制和指示设备,使其处于正常监视状态。

5.6.2.2 在温度23 ℃±5 ℃的条件下,以不大于0.5 ℃/min的升温速率,将温度升至55 ℃±2 ℃,在此条件下保持2 h。试验期间,观察并记录试样的工作状态。

5.6.2.3 试验后,取出试样,在正常大气条件下放置1 h。然后按相应的5.2.1.3、4.3.3.2、5.4.1.2、4.5.1、4.5.2规定方法测量响应阈值。

5.6.3 要求

探测器应满足4.1.7.1规定。

5.6.4 试验设备

试验设备应符合GB 16838的有关规定。

5.7 低温(运行)试验

5.7.1 目的

检验探测器在低温条件下使用的适应性。

---

3) 下标0.2表示气流速度为(0.2±0.04)m/s。

4) 下标1.0表示气流速度为(1.0±0.2)m/s。

5.7.2 方法

5.7.2.1 将试样及其底座放在低温试验箱中，接通控制和指示设备，使其处于正常监视状态。

5.7.2.2 在温度15 ℃～20 ℃、相对湿度不大于70%的条件下保持1 h，然后以不大于0.5 ℃/min的降温速率，将温度降至－10 ℃±3 ℃，在此条件下保持2h(试样不应有结冰现象)。试验期间，观察并记录试样的工作状态。

5.7.2.3 试验后，取出试样，在正常大气条件下放置1 h。然后按相应的5.2.1.3、4.3.3.2、5.4.1.2、4.5.1、4.5.2规定方法测量响应阈值。

5.7.3 要求

探测器应满足4.1.7.1规定。

5.7.4 试验设备

试验设备应符合GB 16838的有关规定。

5.8 恒定湿热(运行)试验

5.8.1 目的

检验探测器在高湿度环境中使用的适应性。

5.8.2 方法

5.8.2.1 将试样及其底座放在湿热试验箱中，接通控制和指示设备，使其处于正常监视状态。

5.8.2.2 调节湿热试验箱，使试样在温度为40 ℃±2 ℃、相对湿度为93%±3%的条件下持续4 d。试验期间，观察并记录试样的工作状态。

5.8.2.3 试验后，取出试样，在正常大气条件下放置1 h。然后按相应的5.2.1.3、4.3.3.2、5.4.1.2、4.5.1、4.5.2规定方法测量响应阈值。

5.8.3 要求

探测器应满足4.1.7.1规定。

5.8.4 试验设备

试验设备应符合GB 16838的有关规定。

5.9 恒定湿热(耐久)试验

5.9.1 目的

检验探测器耐受高湿度环境的能力。

5.9.2 方法

5.9.2.1 将试样及其底座放在湿热试验箱中。

5.9.2.2 调节湿热试验箱，使试样在温度为40 ℃±2 ℃、相对湿度为93%±3%的条件下持续21 d。

5.9.2.3 试验后，取出试样，在正常大气条件下放置1 h。然后按相应的5.2.1.3、4.3.3.2、5.4.1.2、4.5.1、4.5.2规定方法测量响应阈值。

5.9.3 要求

探测器应满足4.1.7.2规定。

5.9.4 试验设备

试验设备应符合GB 16838的有关规定。

5.10 腐蚀试验

5.10.1 目的

检验探测器抗腐蚀的能力。

5.10.2 方法

5.10.2.1 将试样及其底座放入腐蚀试验箱中。

5.10.2.2 对试样施加下述严酷等级的试验：

a) 温度：25 ℃±2 ℃；

b) 相对湿度：90%～96%；

c) SO_2 浓度：$(25+5)\times10^{-6}$（体积比）；

d) 试验周期：21 d。

5.10.2.3 试验后，取出试样，在正常大气条件下放置 16 h。然后按相应的 5.2.1.3、4.3.3.2、5.4.1.2、4.5.1、4.5.2 规定方法测量响应阈值。

5.10.3 要求

探测器应满足 4.1.7.2 规定。

5.10.4 试验设备

试验设备应符合 GB 16838 的有关规定。

5.11 振动（正弦）（运行）试验

5.11.1 目的

检验探测器长时间承受振动影响的能力。

5.11.2 方法

5.11.2.1 将试样及其底座固定在振动试验台上，接通控制和指示设备，使其处于正常监视状态。

5.11.2.2 依次在三个互相垂直的轴线上，在 10 Hz～150 Hz 的频率循环范围内，以 5 m/s^2 的加速度幅值，1 倍频程每分的扫频速率，各进行 1 次扫频循环。

5.11.2.3 振动结束后，按相应的 5.2.1.3、4.3.3.2、5.4.1.2、4.5.1、4.5.2 规定方法测量响应阈值。

5.11.3 要求

探测器应满足 4.1.8.1 规定。

5.11.4 试验设备

试验设备应符合 GB 16838 的规定。

5.12 冲击试验

5.12.1 目的

检验探测器对非经常性机械冲击的抗干扰性。

5.12.2 试验方法

5.12.2.1 将试样及其底座固定在冲击试验台上，接通控制和指示设备，使其处于正常监视状态。

5.12.2.2 对质量为 m(kg) 的试样，当 $m\leqslant4.75$ 时，峰值加速度为 $(100-20m)\times10$ m/s^2；当 $m>4.75$ 时，峰值加速度为 0，脉冲时间为 6 ms。启动冲击试验台，对试样的 6 个方向进行冲击。

5.12.2.3 试验后，按相应的 5.2.1.3、4.3.3.2、5.4.1.2、4.5.1、4.5.2 规定方法测量响应阈值。

5.12.3 要求

探测器应满足 4.1.8.1 规定。

5.12.4 试验设备

试验设备应符合 GB 16838 的规定。

5.13 碰撞试验

5.13.1 目的

检验管路采样式探测器表面部件在经受碰撞时的可靠性和其他类型探测器承受机械碰撞的适应性。

5.13.2 试验方法

5.13.2.1 对于管路采样式探测器按要求使其处于正常监视状态，对试样表面上的每个易损部件（如指示灯、显示器等）施加 3 次能量为 0.5 J±0.04 J 的碰撞。在进行试验时应小心进行，以确保上一组（3 次）碰撞的结果不对后续各组碰撞的结果产生影响，在认为可能产生影响时，应不考虑发现的缺陷，取一新的试样，在同一位置重新进行碰撞试验。试验期间，观察并记录试样的工作状态。

5.13.2.2 对于其他类型探测器按要求将试样及其底座按正常的工作位置固定在碰撞试验台的水平安

装板上，接通控制和指示设备，使其处于正常监视状态。试样在试验前应至少通电 15 min。

调整碰撞试验设备，使锤头碰撞面的中心能够从水平方向碰撞试样，并对准使试样最易遭受破坏的部位。然后以 1.5 m/s±0.125 m/s 的锤头速度、1.9 J±0.1 J 的碰撞动能碰撞试样 1 次。试验期间，观察并记录试样的工作状态。

5.13.2.3 试验后，按相应的 5.2.1.3、4.3.3.2、5.4.1.2、4.5.1、4.5.2 规定方法测量响应阈值。

5.13.3 要求

探测器应满足 4.1.8.1 规定。

5.13.4 试验设备

管路采样式吸气式感烟火灾探测器碰撞试验设备应符合国家标准 GB 16838 的相关规定。

其他类型探测器试验装置(如图 6 所示)主体是一个摆锤机构，摆锤的锤头由硬质铝合金 $AlCu_4SiMg$(经固溶、时效处理)制成，外形为具有一个斜的碰撞面的六面体。锤头的摆杆固定在带球轴承的钢轮毂上，球轴承装在硬钢架的固定钢轴上。硬钢架的结构应保证在未安装试样时能够使摆锤自由旋转。

单位为毫米

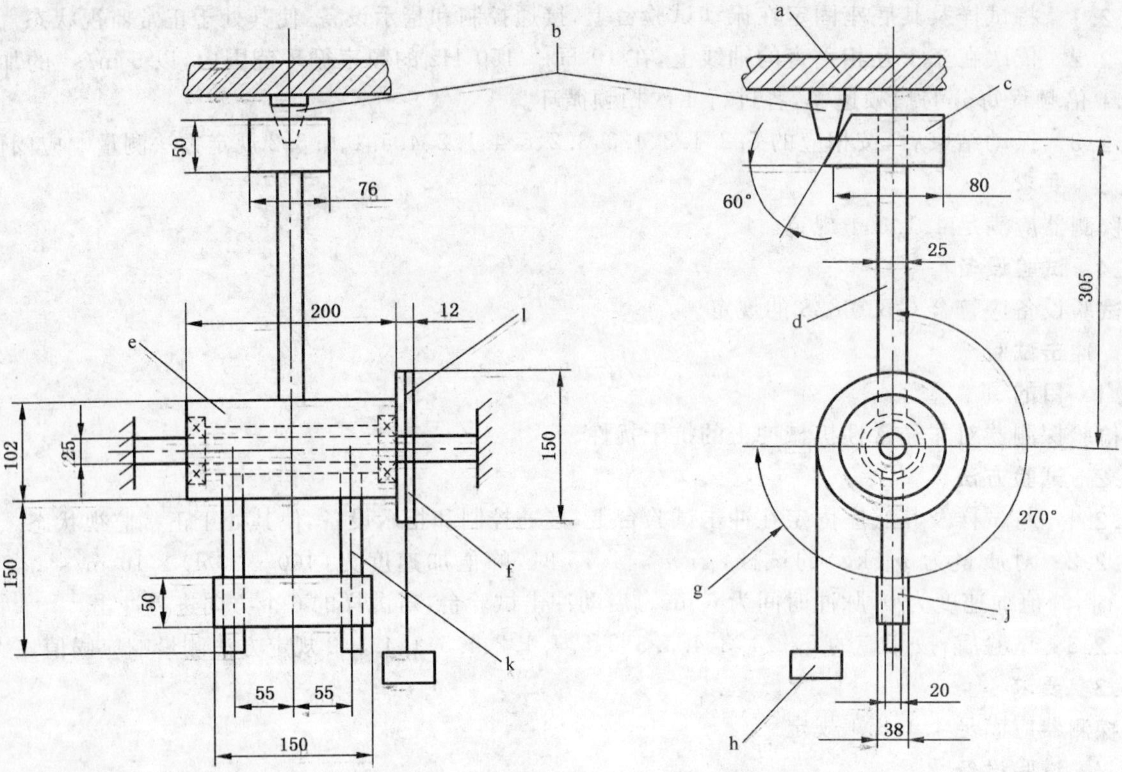

a——安装板；
b——试样；
c——锤头；
d——摆杆；
e——钢轮毂；
f——球轴承；
g——转动 270°；
h——工作重锤；
j——配重块；
k——配重臂；
l——滑轮。

图 6 碰撞试验装置结构图

锤头的外形尺寸为长 94 mm、宽 76 mm、高 50 mm，质量约为 0.79 kg。锤头的斜切面与纵轴之间的夹角为60°±1°。锤头的摆杆外径为25 mm±0.1mm,壁厚为1.6 mm±0.1 mm。

锤头的纵轴距旋转轴线的径向距离为305 mm,锤头的摆杆轴线要保证与旋转轴线垂直。外径为102 mm,长为200 mm的钢轮毂同心组装在直径为25 mm的钢轴上。钢轴直径的精度取决于所用轴承尺寸公差。

在钢轮毂与摆杆相对的方向上装有两个外径为20 mm、长为185 mm的钢质配重臂,其伸出长度为150 mm。在两个配重臂上装一个位置可调的配重块,以便使锤头与配重臂平衡。在钢轮毂的一端上装一个厚12 mm、直径为150 mm的铝合金滑轮,在滑轮上缠绕一条缆绳,缆绳的一端固定在滑轮上,另一端系上工作重锤,工作重锤的质量约为0.55 kg。

安装试样的水平安装板由钢架支撑,安装板可以上下调整,以便使锤头的碰撞面中心从水平方向碰撞试样。

在使用试验设备时,首先要按图6调整试样和安装板的位置。调好后,把安装板固定在钢架上,然后摘下工作重锤,通过调整配重块平衡摆锤机构。调整平衡后,把摆杆拉到水平位置上,系上工作重锤,当摆锤机构释放时,工作重锤使锤头旋转270°碰撞试样。

5.14 振动(正弦)(耐久)试验

5.14.1 目的

检验探测器长时间承受振动影响的能力。

5.14.2 方法

5.14.2.1 将试样及其底座固定在振动试验台上。

5.14.2.2 依次在三个互相垂直的轴线上,在10 Hz～150 Hz的频率循环范围内,以10 m/s^2的加速度幅值,1倍频程每分的扫频速率,各进行20次扫频循环。

5.14.2.3 试验后,按相应的5.2.1.3、4.3.3.2、5.4.1.2、4.5.1、4.5.2规定方法测量响应阈值。

5.14.3 要求

探测器应满足4.1.8.2规定。

5.14.4 试验设备

试验设备应符合GB 16838的规定。

5.15 射频电磁场辐射抗扰度试验

5.15.1 目的

检验探测器在射频电磁场辐射环境下工作的适应性。

5.15.2 方法

5.15.2.1 将试样安放在不导电支座上,接通电源,使试样处于正常监视状态15 min。

5.15.2.2 按GB 16838中的要求,对试样施加表5所示条件的电磁干扰。

5.15.2.3 干扰期间,观察并记录试样工作状态。

5.15.2.4 干扰环境结束后,按相应的5.2.1.3、4.3.3.2、5.4.1.2、4.5.1、4.5.2规定方法测量响应阈值。

5.15.3 要求

探测器应满足4.1.9规定。

5.15.4 试验设备

试验设备应满足GB 16838的有关要求。

5.16 射频场感应的传导骚扰抗扰度试验

5.16.1 目的

检验探测器在来自射频发射机产生的电磁骚扰环境下工作的适应性。

5.16.2 方法

5.16.2.1 将试样安放在绝缘台上,接通电源,使试样处于正常监视状态,保持15 min。

5.16.2.2 按 GB 16838 中的要求，对试样施加表 5 所示条件的电磁干扰。

5.16.2.3 干扰期间，观察并记录试样工作状态。

5.16.2.4 干扰结束后，按相应的 5.2.1.3、4.3.3.2、5.4.1.2、4.5.1、4.5.2 规定方法测量响应阈值。

5.16.3 要求

探测器应满足 4.1.9 规定。

5.16.4 试验设备

试验设备应满足 GB 16838 的规定。

5.17 静电放电抗扰度试验

5.17.1 目的

检验探测器对带静电人员、物体造成的静电放电的适应性。

5.17.2 方法

5.17.2.1 将试样放在距接地参考平面 0.8 m 的支架上。接通电源，使试样处于正常监视状态，保持 15 min。

5.17.2.2 对绝缘体外壳的试样，实施空气放电；对导体外壳的试样，实施接触放电。

5.17.2.3 按 GB 16838 中的要求，对试样施加表 5 所示条件的电磁干扰。

5.17.2.4 干扰期间，观察并记录试样的工作状态。

5.17.2.5 干扰结束后，按相应的 5.2.1.3、4.3.3.2、5.4.1.2、4.5.1、4.5.2 规定方法测量响应阈值。

5.17.3 要求

探测器应满足 4.1.9 规定。

5.17.4 试验设备

试验设备应满足 GB 16838 的规定。

5.18 电快速瞬变脉冲群抗扰度试验

5.18.1 目的

检验探测器抗电快速瞬变脉冲群干扰的能力。

5.18.2 方法

5.18.2.1 将试样安放在绝缘台上，接通电源，使试样处于正常监视状态，保持 15 min。

5.18.2.2 按 GB 16838 中的要求，对试样施加表 5 所示条件的电磁干扰。

5.18.2.3 干扰期间，观察并记录试样工作状态。

5.18.2.4 干扰结束后，按相应的 5.2.1.3、4.3.3.2、5.4.1.2、4.5.1、4.5.2 规定方法测量响应阈值。

5.18.3 要求

探测器应满足 4.1.9 规定。

5.18.4 试验设备

试验设备应满足 GB 16838 的有关要求。

5.19 浪涌（冲击）抗扰度试验

5.19.1 目的

检验探测器对附近闪电或供电系统的电源切换及低电压网络、包括大容性负载切换等产生的电压瞬变（电浪涌）干扰的适应性。

5.19.2 方法

5.19.2.1 将试样安放在绝缘台上，接通电源，使试样处于正常监视状态，保持 15 min。

5.19.2.2 按 GB 16838 中的要求，对试样施加表 5 所示条件的电磁干扰。

5.19.2.3 干扰期间，观察并记录试样工作状态。

5.19.2.4 干扰结束后，按相应的 5.2.1.3、4.3.3.2、5.4.1.2、4.5.1、4.5.2 规定方法测量响应阈值。

5.19.3 要求

探测器应满足 4.1.9 规定。

5.19.4 试验设备

试验设备应满足 GB 16838 的有关要求。

5.20 火灾灵敏度试验

5.20.1 目的

检验探测器在试验火条件下的响应性能。

5.20.2 方法

5.20.2.1 点型红外火焰探测器

5.20.2.1.1 将 4 只试样平行固定在 1.5 m±0.1 m 的高处并与试验火隔离，接通控制和指示设备，使其处于正常监视状态。

点燃试验火，经过一段时间辐射稳定后，除去隔离物并开始计时。

试验中试样与试验火中心的距离分别为 12 m、17 m 和 25 m。

5.20.2.1.2 正庚烷火

a) 燃料：正庚烷(分析纯级)，加体积分数为 3%的甲苯；
b) 质量：650 g；
c) 布置：将燃料放置于用 2 mm 厚钢板制成、底面尺寸为 33 cm×33 cm、高为 5 cm 的容器中；
d) 点火方式：火焰或电火花。

5.20.2.1.3 乙醇明火：

a) 燃料：工业乙醇(乙醇含量 90%以上，含少量甲醇)；
b) 质量：2 000 g；
c) 布置：将燃料放置于用 2 mm 厚钢板制成、底面尺寸为 33 cm×33 cm、高为 5 cm 的容器中；
d) 点火方式：火焰或电火花。

5.20.2.2 吸气式感烟火灾探测器

5.20.2.2.1 按 GB 4715 要求，将 2 只试样按最不利方式安装在燃烧试验室的顶棚表面上，按要求使试样处于正常监视状态。对具有可调响应阈值的试样，应将其阈值设在最大极限值上。

5.20.2.2.2 按 GB 4715 要求，在试验前，使试样处于洁净空气中，并使试样稳定工作 30 min。

5.20.2.2.3 按 GB 4715 要求对每种试验火进行点火。点火后，试验人员应立即离开试验室，并要注意防止空气流动影响试验火。所有门、窗或其他开口均应关闭。试验期间应随时测量 ΔT、m、y 等火灾参数。

5.20.3 要求

点型红外火焰探测器应满足 4.2.7 规定；吸气式感烟火灾探测器应满足 4.3.11 规定。

6 检验规则

6.1 产品出厂检验

6.1.1 点型红外火焰探测器产品出厂检验

企业在产品出厂前应对探测器进行下述试验项目的检验：

a) 一致性试验；
b) 方位试验；
c) 重复性试验；
d) 低温(运行)试验。

制造商应规定抽样方法、检验和判定规则。

6.1.2 吸气式感烟火灾探测器产品出厂检验

企业在产品出厂前应对探测器进行下述试验项目的检验：

a) 探测报警型探测器的功能试验；

b) 重复性试验；

c) 一致性试验；

d) 绝缘电阻试验；

e) 泄漏电流试验。

制造商应规定抽样方法、检验和判定规则。

6.1.3 图像型火灾探测器产品出厂检验

企业在产品出厂前应对探测器进行下述试验项目的检验：

a) 响应阈值试验；

b) 重复性试验；

c) 高温试验；

d) 环境光线干扰试验。

制造商应规定抽样方法、检验和判定规则。

6.1.4 点型一氧化碳火灾探测器产品出厂检验

企业在产品出厂前应对探测器进行下述试验项目的检验：

a) 一致性试验；

b) 重复性试验；

c) 碰撞试验；

d) 低温(运行)试验；

e) 恒定湿热(运行)试验；

f) 电源参数波动试验。

制造商应规定抽样方法、检验和判定规则。

6.2 型式检验

6.2.1 型式检验项目为本标准第5章规定的试验项目。检验样品在出厂检验合格的产品中抽取。

6.2.2 有下列情况之一时，应进行型式检验：

a) 新产品或老产品转厂生产时的试制定型鉴定；

b) 正式生产后，产品的结构、主要部件或元器件、生产工艺等有较大的改变，可能影响产品性能或正式投产满4年；

c) 产品停产一年以上，恢复生产；

d) 出厂检验结果与上次型式检验结果差异较大；

e) 发生重大质量事故。

6.2.3 检验结果按GB 12978中规定的型式检验结果判定方法进行判定。

7 标志

7.1 总则

7.1.1 产品标志应在探测器安装维护过程中清晰可见。

7.1.2 产品标志不应贴在螺丝或其他易被拆卸的部件上。

7.2 标志

7.2.1 点型红外火焰探测器产品标志

7.2.1.1 每只探测器均应清晰地标注下列信息：

a) 产品名称；

b) 执行标准；

c) 制造商名称或商标；

d) 型号；

e) 接线柱标注；

f) 制造日期、产品编号、产地和探测器内软件版本号；

g) 产品主要技术参数(包括试样响应的火焰辐射光谱范围、试样的灵敏度)。

7.2.1.2 对于可拆卸探测器，探头上的标志内容应包括上述a)、b)、c)、d)、f)、g)的内容，底座的标志内容应至少包括d)和e)的内容。

7.2.1.3 产品标志信息中如使用不常用符号或缩写时，应在探测器使用说明书中说明。

7.2.2 吸气式感烟火灾探测器产品标志

每只探测器应有清晰、耐久的产品标志，产品标志应包括以下内容：

a) 制造商名称、地址；

b) 产品名称；

c) 产品型号；

d) 产品主要技术参数；

e) 制造日期及产品编号；

f) 执行标准。

7.2.3 图像型火灾探测器产品标志

7.2.3.1 每只探测器均应清晰地标注下列信息：

a) 产品名称、型号；

b) 制造商名称、地址；

c) 执行标准；

d) 接线柱的标注；

e) 制造日期及产品编号和试样内软件的版本号；

f) 产品主要技术参数(包括最小火焰尺寸、定位精度、视场角)。

7.2.3.2 对于可拆卸探测器，探头上的标志内容应包括上述a)、b)、c)、e)和f)的内容，底座的标志内容应至少包括d)的内容。

7.2.3.3 产品标志中有不常用的符号和缩写时，应在与探测器相关的说明书中详细说明。

7.2.4 点型一氧化碳火灾探测器产品标志

7.2.4.1 每只探测器均应清晰地标注下列信息：

a) 产品名称；

b) 型号；

c) 制造商名称或商标；

d) 执行标准；

e) 接线柱标注；

f) 制造日期、产品编号、产地和探测器内软件版本号。

对于可拆卸探测器，探头上的标志应包括上述a)、b)、c)、d)和f)，底座上的标志应至少包括b)和e)。

7.2.4.2 产品标志信息中使用不常用符号或缩写时，应在与探测器一起提供的使用说明书中说明。

7.3 质量检验标志

每只探测器均应有质量检验合格标志。

附 录 A
（规范性附录）
气体检验装置

A.1 试验设备

A.1.1 测量区、试验仪器及探测器的布置见图 A.1。

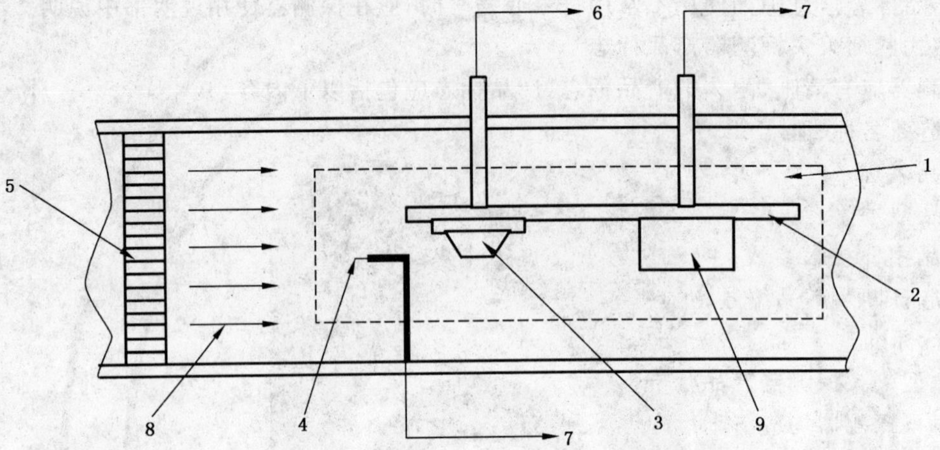

1——测量工作区；
2——测量平台；
3——探测器；
4——温度传感器；
5——整流栅；
6——控制和指示设备连接处；
7——气体检验装置控制指示设备连接处；
8——气流；
9——气体传感器。

图 A.1 探测器、试验仪器布置图

A.1.2 气体检验装置应能保证测量工作区内的气流速度满足试验要求。

A.1.3 气体检验装置应能以不大于 1 ℃/min 的升温速率将测量工作区内的温度升到 55 ℃±2 ℃。

附 录 B
（规范性附录）
气体传感器

B.1.1 气体检验装置测量用传感器应能测量氧气、一氧化碳、甲烷、丁烷、庚烷、乙酸乙脂、异丙醇、二氧化碳、氢气、一氧化氮等气体的浓度。

B.1.2 传感器的测量精度至少应为 5 μL/L。

ICS 13.260
F 20

GB

中华人民共和国国家标准

GB/T 15632—2008
代替 GB 15632—1995

带电作业用提线工具通用技术条件

General specifications of wire holding tools for live working

2008-12-30 发布　　　　2010-02-01 实施

中华人民共和国国家质量监督检验检疫总局
中国国家标准化管理委员会　发布

前　言

本标准代替 GB 15623—1995《带电作业用提线工具通用技术条件》。

本标准与 GB 15623—1995 相比主要有以下几个方面的修改：

a)　产品规格增加

原标准中提线工具的规格只能适应标称截面≤400 mm^2 的导线，而随着我国电力工业的发展，大截面导线使用更加广泛，因此本次修订标准增加了 LGJ-500、LGJ-630、LGJ-720 这三种大截面导线所使用的提线工具的规格。

b)　适用电压等级范围扩大

原标准中提线工具的规格只适用于 110 kV～500 kV 电压等级，由于我国直流±500 kV 和交流 750 kV 电压等级的出现，本次修订标准增加了直流±500 kV 和交流 750 kV 电压等级的提线工具绝缘部件的电气性能指标等内容。

本标准的附录 A 为规范性附录。

本标准由中国电力企业联合会提出。

本标准由全国带电作业标准化技术委员会(SAC/TC 36)归口。

本标准主要起草单位：国网武汉高压研究院、福建省电力公司漳州电业局。

本标准主要起草人：易辉、孙铁群、刘松喜、胡毅、张丽华、余正兴。

本标准于 1995 年首次发布，本次为第一次修订。

带电作业用提线工具通用技术条件

1 范围

本标准规定了带电作业提线工具的分类、技术要求、试验方法、检验规则和标志等。

本标准适用于交流 110 kV～750 kV 和直流±500 kV 线路带电更换直线绝缘子串的提线工具。

2 规范性引用文件

下列文件中的条款通过本标准的引用而成为本标准的条款。凡是注日期的引用文件，其随后所有的修改单(不包括勘误的内容)或修订版均不适用于本标准，然而，鼓励根据本标准达成协议的各方研究是否可使用这些文件的最新版本。凡是不注日期的引用文件，其最新版本适用于本标准。

GB/T 2900.55　电工术语　带电作业(GB/T 2900.55—2002,eqv IEC 60050-651:1999)

GB/T 3077　合金结构钢

GB/T 3191　铝及铝合金挤压棒材

GB/T 12361　钢质模锻件通用技术条件

GB 13398　带电作业用空心绝缘管、泡沫填充绝缘管和实心绝缘棒(GB 13398—2008,IEC 60885:1985,MOD)

GB/T 14286　带电作业工具设备术语(GB/T 14286—2008,IEC 60743:2001,MOD)

GB/T 16927.1　高电压试验技术　第一部分:一般试验要求(GB/T 16927.1—1997,eqv IEC 60060-1:1989)

GB/T 18037　带电作业工具基本技术要求与设计导则

DL/T 876　带电作业绝缘配合导则

DL/T 878　带电作业用绝缘工具试验导则

DL/T 976　带电作业工具、装置和设备预防性试验规程

YB 3207　锻件通用技术条件

YB 3212　热处理件通用技术条件

3 术语和定义

GB/T 2900.55 以及 GB/T 14286 确定的以及下列术语和定义适用于本标准。

3.1

提线工具　wire holding tools

用来取代直线绝缘子串所承受导线的机械负荷和电气绝缘强度，进行提吊导线作业的工具。其两端具有金属挂具，并有长度调整机构，中间为绝缘部件。

3.2

收紧装置　tighten up device

在架空电力线路上进行提升(或放松)导线作业时，能调节提线工具连接长度的装置。一般为螺纹式结构。

4 分类

提线工具可根据其绝缘部件绝缘材料的种类分为四类，分别选择绝缘管、绝缘棒、绝缘板材以及绝缘绳索这四类材料，其与端部金属挂具相应的连接亦应采用与绝缘材料外形相适应的方式。

5 技术要求

5.1 一般要求

5.1.1 用于制造带电作业用提线工具的原材料应预先检验。

5.1.1.1 提线工具端部的金属附件应选用 Q235 钢材或超过其性能的材料，如果选用 LC4 铝合金材料，则应符合 GB/T 3191 的规定。

5.1.1.2 提线工具中绝缘部件，板类制件要符合 GB/T 18037 的规定；管、棒类制件要符合 GB 13398 的规定，宜选用泡沫填充圆形绝缘管。

5.1.1.3 收紧装置应采用优质合金结构钢制成的模锻件，锻件材料应符合 GB/T 3077 的要求，锻件应符合 GB/T 12361 的要求。收紧装置与绝缘件的连接应具有防扭结构。

5.1.2 提线工具两端的金属附件，应作镀铬等表面防腐处理（铝合金材料制件应做表面阳极化处理）。绝缘层压类材料制件成件后，加工表面应进行绝缘处理，即各接口内孔接缝处，应采用高强度绝缘粘接胶填实，表面再涂以绝缘漆。

5.1.3 提线工具的部件加工成形后，各加工表面应规则平整，各部位外形应倒圆弧，不得有尖锐棱角。金属部件表面粗糙度应小于 6.3 ▽，绝缘部件应达到 GB/T 18037 中的外观要求。

5.2 提线工具电气性能指标

电气性能指标应按 DL/T 876、DL/T 878 的要求，符合表 1、表 2 的规定。

表 1 110 kV～220 kV 电压等级提线工具的电气性能

额定电压/kV	试验长度/mm	工频耐受电压	
		电压值/kV	时间/min
110	1 000	250	1
220	1 800	450	1

表 2 330 kV～750 kV 电压等级提线工具的电气性能

额定电压/kV	试验长度/mm	5 min 工频耐受电压值/kV	5 min 直流耐受电压值/kV	操作冲击耐受电压值/kV
330	2 800	420	—	950
500	3 700	640	—	1 175
750	4 700	860	—	1 425
±500	3 200	—	622	1 050

5.3 提线工具机械性能指标

提线工具的机械性能指标应按 GB/T 18037 的要求，符合表 3 的规定。

表 3 提线工具的机械性能

提线工具的规格（级别）	额定抗拉负荷/kN	静抗拉负荷/kN	动抗拉负荷/kN	破坏负荷不小于/kN
5.0 kN	5.0	12.5	7.5	15.0
10.0 kN	10.0	25.0	15.0	30.0
15.0 kN	15.0	37.5	22.5	45.0
20.0 kN	20.0	50.0	30.0	60.0

表 3（续）

提线工具的规格（级别）	额定抗拉负荷/kN	静抗拉负荷/kN	动抗拉负荷/kN	破坏负荷不小于/kN
25.0 kN	25.0	62.5	37.5	75.0
30.0 kN	30.0	75.0	45.0	90.0
35.0 kN	35.0	87.5	52.5	105.0
40.0 kN	40.0	100.0	60.0	120.0
45.0 kN	45.0	112.5	67.5	135.0
50.0 kN	50.0	125.0	75.0	150.0
注：线路档距超过 600 m，应核算导线垂直荷载，以选择合适级别的提线工具或特殊设计。				

5.4 提线工具的质量要求

各级别的提线工具分解后的单件质量不宜超过 10 kg。

5.5 提线工具的最小有效绝缘长度

提线工具的最小有效绝缘长度应按照 DL/T 876、DL/T 878 的要求，符合表 4 的规定。

表 4 提线工具的最短有效绝缘长度

电压等级/kV	110	220	330	500	750	±500
最小绝缘长度/mm	1 000	1 800	2 800	3 700	5 000	3 200

5.6 提线工具与导线接触面的形状要求

提线工具与导线的接触表面的弧面形状应符合表 5 的规定。

表 5 提线工具与导线的接触面的结构要求

导线规格/mm^2		150	185～240	300～400	500～720
结构要求	R/mm	140	200	280	360
	r/mm	14	18	22	26
	s/mm	45	50	50	50
	h/mm	3	4	5	6

5.7 导线接触面的橡胶衬垫

提线工具与导线接触面的部位应镶有橡胶材质的衬垫，适用各规格导线的提线工具的橡胶衬垫的厚度应符合表 5 的规定，其形状如图 1 所示。

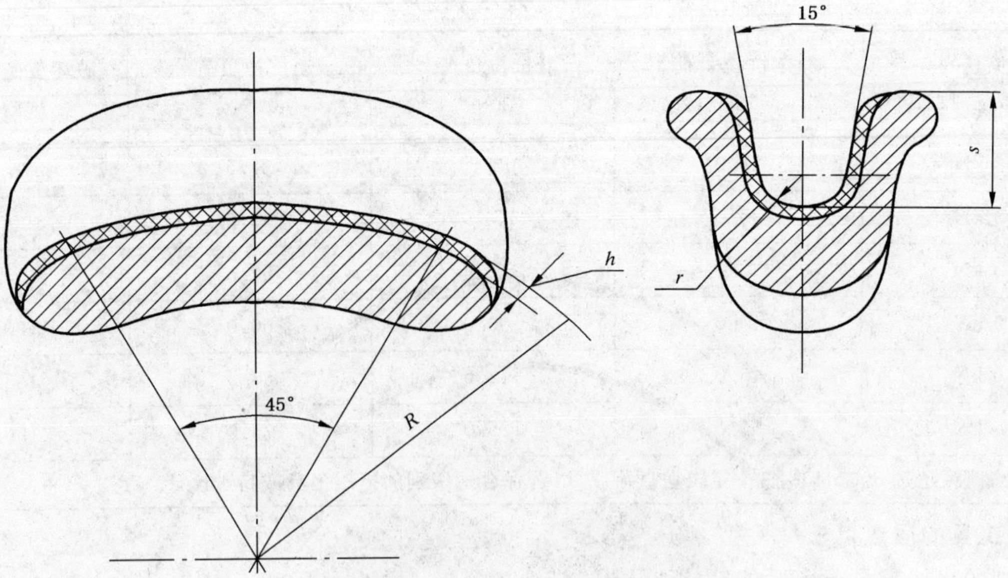

R——槽底纵剖面半径；

r——槽底横剖面半径；

s——槽深；

h——橡胶垫厚度。

图 1 工具与导线接触表面的结构示意图

5.8 提线工具的整体组装

提线工具各部件的装配及整体组装，应严格按照工具设计要求进行，符合 GB/T 18037 的规定。对于 500 kV 及以上的提线工具，为便于运输和贮存，可设计成分段组合的形式，每段的长度一般为 2 m 左右。进行电气及机械试验时，应整体组装后进行。

6 试验方法

6.1 试验的一般条件

6.1.1 部件试样的采取

6.1.1.1 绝缘材料制件的试样采取

每批绝缘材料制件出厂前要有供应厂家的材料检验合格证。其检验日期不得超过 12 个月，若超过时则必须对制件按绝缘材料制品标准重新进行取样试验。其取样方法按有关标准的内容进行。

6.1.1.2 锻件试样的采取

锻件试样的采取按 YB 3207 的内容进行。

6.1.1.3 热处理件抽样或采样方法

同一炉进行热处理的零件允许抽检，抽检的数量按照 YB 3212 的规定。

6.1.1.4 提线工具总成的取样方法

凡装配后的提线工具，以 10 只为一个批量，取样应在一个批量中随机抽取，一次抽取 3 只。

6.1.2 试样的准备

提线工具绝缘材料制件试样的制备按有关标准进行。金属材料以成件状态或加工中留取的试样。

6.2 电气试验

高电压试验按 GB/T 16927.1 的规定进行。

6.2.1 提线工具绝缘部分的工频耐压试验

工频耐受电压值应符合表 1、表 2 的规定，以无击穿、无闪络及发热为合格。

6.2.2 **提线工具绝缘部分的操作冲击耐压试验**

交流 330 kV～750 kV、直流±500 kV 电压等级的提线工具，应进行操作冲击耐压试验 15 次，操作冲击耐压试验电压值应符合表 2 的规定，以无一次击穿、闪络及过热为合格。

6.2.3 **提线工具绝缘部分的直流耐压试验**

±500 kV 直流的提线工具应进行直流耐压试验，直流耐受电压值应符合表 2 的规定，以无击穿、无闪络及发热为合格。

6.3 **机械试验**

6.3.1 **提线工具的机械强度试验**

提线工具的机械强度试验包括：额定抗拉负荷试验、静抗拉负荷试验、动抗拉负荷试验及抗拉破坏负荷试验。试品布置见图 2。

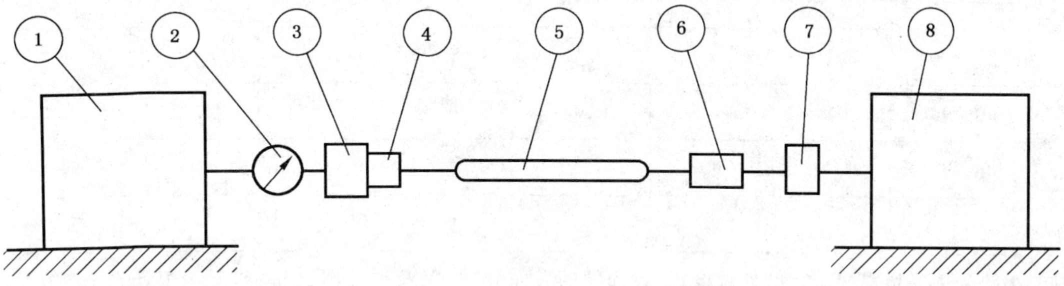

1——拉力试验装置；
2——试验测力仪器；
3——试件下端侧试验用平衡端架；
4——试件下端挂具组；
5——试件中间绝缘部件组；
6——试件长度调整机构；
7——试件上端挂具组；
8——试件上端侧固定装置。

图 2　总成抗拉强度试验时的试件布置示意图

6.3.2 **机械强度试验方法**

6.3.2.1 **额定抗拉负荷试验**

用于各电压等级及各规格的提线工具的加载值见表 3。加载可用拉力机加载，加载速度应均匀缓慢上升（一般采用 1 MPa/s 的应力速度），不允许冲击性加载。试样在额定值下持续 5 min，将此负载退下，卸载后，提线工具各部零件不发生明显变形、裂纹和损伤为合格。

6.3.2.2 **静抗拉负荷试验**

用于各电压等级及各规格的提线工具的加载值见表 3（静抗拉值为额定值的 2.5 倍）。加载可用拉力机加载，加载速度应均匀缓慢上升（一般采用 1 MPa/s 的应力速度），不允许冲击性加载。试样在额定值下持续 5 min，将此负载退下，卸载后，提线工具各部零件不发生永久变形、裂纹和损伤为合格。

6.3.2.3 **动抗拉负荷试验**

用于各电压等级及各规格的提线工具的加载值见表 3。加载可用等量重物或拉力机加载，然后实际操作三次，卸载后，提线工具各部零件不发生永久变形、裂纹和损伤为合格。

6.3.2.4 **破坏抗拉负荷试验**

用于各电压等级及各规格的提线工具的加载值见表 3。加载可用拉力机加载，加载速度应均匀缓慢上升（一般采用 1 MPa/s 的应力速度），不允许冲击性加载。破坏值不小于表 3 所列数值为合格。

7 检验规则

7.1 一般要求

试验包括型式试验、抽样试验、验收试验和例行试验(出厂试验)。

型式试验是对一个或多个产品样本进行的试验,以证明产品符合设计任务书的要求,进行型式试验的试品数量为3个。

抽样试验是对样品进行的试验。抽样数量及合格判别规则见表6。

表6 抽样数量及存在缺陷的判别规则

产品数量	抽样数量	允许存在小缺陷的不合格品数(接受)	拒收存在小缺陷不合格品数
2~15	2	0	1
16~25	3	0	1
26~90	5	0	1
91~500	8	0	1
501~3 200	13	1	2
注:小缺陷主要指提线工具的外观检查、各部件的表面处理,以及尺寸测量超标,但数值还在-2.0%~+3.0%之内。			

验收试验是制造厂向用户证明产品符合其技术条件中的某些条款而进行的一种合同性的试验。验收试验可以包括例行试验和抽样试验的项目,用户也可以与制造厂协商提出一些适用于特殊工作条件产品的补充试验。

例行试验是对每一产品在制造中或制造后所进行的试验,出厂试验即为例行试验,以确定其符合设计标准与否。

7.2 型式试验

有下列情形之一的提线工具产品应进行型式试验。用于型式试验的试品应在制造厂的生产线中抽取3只。

a) 新产品投产或老产品转厂生产的试制定型;

b) 正式生产后,产品结构有较大改动时;

c) 产品停产一年以上恢复生产时;

d) 每五年应进行一次。

型式试验项目见表7,不满足表7中任一项试验项目时,试验为不合格。

7.3 出厂试验

凡提线工具产品出厂,均应按表7所列项目逐只进行出厂试验。

7.4 验收试验

生产厂向用户移交产品,可按表7所列出厂试验项目进行,也可按型式试验项目双方协商选取进行。试验可在生产厂由用户鉴证的情况下进行,也可交由第三方进行。

7.5 预防性试验

提线工具的预防性试验,其试验项目和试验周期按DL/T 976的规定进行。

表 7 提线工具试验项目

序号	依　据	试验项目	型式试验	出厂试验	验收试验
1	5.1.2,5.1.3,5.5	外观及尺寸检查	√	√	√
2	5.2	工频耐受电压试验	√	—	√
3	5.2	操作冲击耐受电压试验	√	—	√
4	5.2	5 min 直流耐受电压试验	√	—	√
5	5.3	额定抗拉负荷试验	√	√	√
6	5.3	静抗拉负荷试验	√	—	—
7	5.3	动抗拉负荷试验	√	—	—
8	5.3	破坏抗拉负荷试验	√	—	—
注:"√"表示必须进行的试验项目,"—"表示不执行。					

8 标志、包装

8.1 标志

8.1.1 提线工具上应有如下标志

a) 符号(双三角形,见附录 A);

b) 制造厂及商标;

c) 型号及出厂编号;

d) 额定负荷及出厂日期;

e) 绝缘部件应标明电压等级。

另外,在提线工具上应有一矩形标志,在矩形标志中标出检验周期和检测日期(见附录 A)。

8.1.2 标志的位置及制造方法

在两端连接金属件的外表面上明显位置以及长度调整机构的壳体平整的外表面处采用压印法或铆贴标志牌。铆贴标志的制造方法,以薄铝板为材料,正面标以标志内容,背面与提线工具所选定的外表面部件胶合。

8.2 包装

8.2.1 出厂产品采用专用包装箱包装,包装箱上应标明制造厂名、产品名称及型号规格、出厂日期。

8.2.2 包装箱内应附有使用说明书、合格证和试验报告。

附　录　A
（规范性附录）
标 志 符 号

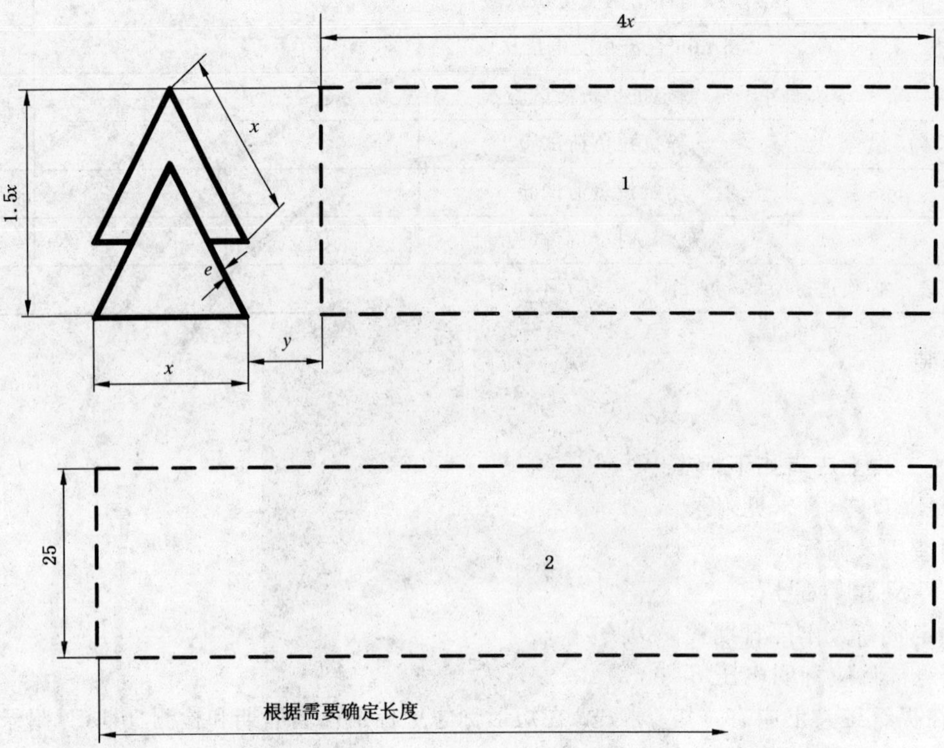

注 1：制造厂名、商标、型号及制造日期等信息在“1”中标明。

注 2：检验周期和检测日期在“2”中标明。

注 3：x 可以是 16,25 或 40，$y=x/2$，单位为 mm。

注 4：e 为线条的宽度，为 2 mm。

图 A.1　标志符号

ICS 35.240.60
A 10

中华人民共和国国家标准

GB/T 15634—2008
代替 GB/T 15634.1—1999,GB/T 15634.2—2001

行政、商业和运输业电子数据交换 段目录

Electronic data interchange for administration, commerce and transport (EDIFACT)—Segment directory

2008-06-18 发布 2008-11-01 实施

中华人民共和国国家质量监督检验检疫总局
中国国家标准化管理委员会 发布

前言

本标准等同采用联合国行政、商业和运输业电子数据交换(UN/EDIFACT)D.06段目录。

本标准代替GB/T 15634.1—1999和GB/T 15634.2—2001。

本标准与GB/T 15634.1—1999和GB/T 15634.2—1999相比,主要变化如下:

——根据UN/EDIFACT的发展和变化以及实际应用的需要,对标准名称和结构作了调整,合并GB/T 15634.1—1999和GB/T 15634.2—2001。

——本标准第1、第2、第3章综合、补充和完善了GB/T 15634.1—1999和GB/T 15634.2—2001的第1、第2、第3章的内容,第4章的内容与UN/EDIFACT D.06B一致。

——段的数量从180个增至231个,其中新增54个段,删除3个段,变更177个段,变更状态均用变更指示符指出。变更针对的是GB/T 15634.1—1999、GB/T 15634.2—2001,而不是(UN/EDIFACT D.06B)。

本标准由中国标准化研究院提出。

本标准由全国电子业务标准化技术委员会归口。

本标准起草单位:中国标准化研究院。

本标准的主要起草人:曹新九、胡涵景、任冠华、马胜男、刘颖。

本标准所替代标准的历次版本发布情况为:

——GB/T 15634.1—1995、GB/T 15634.1—1999;

——GB/T 15634.2—2001。

行政、商业和运输业电子数据交换 段目录

1 范围

本标准规定了行政、商业、运输业电子数据交换(EDIFACT)中使用的用户数据段的标记、名称、功能、结构和索引。

本标准适用于行政、商业、运输业电子数据交换(EDIFACT)中的标准报文的设计。

2 规范性引用文件

下列文件中的条款通过本标准的引用而成为本标准的条款。凡是注日期的引用文件,其随后所有的修改单(不包括勘误的内容)或修订版均不适用于本标准,然而,鼓励根据本标准达成协议的各方研究是否可使用这些文件的最新版本。凡是不注日期的引用文件,其最新版本适用于本标准。

GB/T 14805.1—2007 行政、商业和运输业电子数据交换 应用级语法规则 第1部分:公用的语法规则(ISO 9735-1:2002,IDT)

GB/T 15635—2008 行政、商业和运输业电子数据交换 复合数据元目录

GB/T 17699—2008 行政、商业和运输业电子数据交换 数据元目录

3 段表示的有关说明

3.1 段中的变更指示符

段中的变更指示符指出了段的变化情况,其含义是:

+——新增加

*——结构变更

#——名称变更

|——描述、注和功能变更

3.2 段结构中数据元状态

段结构中数据元状态用M和C表示,其含义是:

C——条件型

M——必备型

3.3 数据元字符类型的定义

数据元字符类型的定义见GB/T 14805.1—2007的附录B。

3.4 段规范中的说明

段规范中位置标识符、标记、名称、状态、最大次数、数据元数值表示的说明详见GB/T 14805.1—2007的附录C 1.1。

4 段目录

4.1 概述

数据元是构成EDIFACT报文的最小单位也称为简单数据元,它等效于一个语句中的一个字或一个词。它由唯一的四位数字标记、数据元名称、数据元描述及表示方式来标识。EDIFACT报文中所使用的全部数据元均收入GB/T 17699—2008中,并有其相应的维护规程,根据EDIFACT报文的需要进

行相应的增加、修改和删除。采用 EDIFACT 用户应首先从 GB/T 17699—2008 中选用数据元来设计所需要的 EDIFACT 报文。由简单数据元组成的复合数据元等效于一个词组。复合数据元由唯一的四位字母数字标记来标识,并收入 GB/T 15635—2008 中。段目录中的段是 EDIFACT 报文中的中间信息单位,它等效于一个句子。它是由预先定义的、功能上相关的数据元集合即复合数据元组成,这些数据元由其在集合中序列位置来定义。每个段都由三个字母段标记标识,并收入本标准中。

4.2 批式电子数据交换段目录

位置标识符	标记	中文名称	英文名称	状态表示
	|ADR	地址	ADDRESS	
	功能:说明一个地址。			
010	C817	地址用法	ADDRESS USAGE	C 1
	3299	地址用途代码	Address purpose code	C an. . 3
	3131	地址类型代码	Address type code	C an. . 3
	3475	地址状态代码	Address status code	C an. . 3
020	C090	地址细目	ADDRESS DETAILS	C 1
	3477	地址格式代码	Address format code	M an. . 3
	3286	地址成分描述	Address component description	M an. . 70
	3286	地址成分描述	Address component description	C an. . 70
	3286	地址成分描述	Address component description	C an. . 70
	3286	地址成分描述	Address component description	C an. . 70
	3286	地址成分描述	Address component description	C an. . 70
030	3164	城市名称	CITY NAME	C 1 an. . 35
040	3251	邮政标识代码	POSTAL IDENTIFICATION CODE	C 1 an. . 17
050	3207	国家(地区)标识符	COUNTRY IDENTIFIER	C 1 an. . 3
060	C819	国家行政区划细目	COUNTRY SUBDIVISION DETAILS	C 5
	3229	国家行政区划标识符	Country subdivision identifier	C an. . 9
	1131	代码表标识代码	Code list identification code	C an. . 17
	3055	代码表负责机构代码	Code list responsible agency code	C an. . 3
	3228	国家行政区划名称	Country subdivision name	C an. . 70
070	C517	地点标识	LOCATION IDENTIFICATION	C 5
	3225	地点标识符	Location identifier	C an. . 35
	1131	代码表标识代码	Code list identification code	C an. . 17
	3055	代码表负责机构代码	Code list responsible agency code	C an. . 3
	3224	地点名称	Location name	C an. . 256

位置标识符	标记	中文名称	英文名称	状态表示
	|AGR	协议标识	AGREEMENT IDENTIFICATION	
	功能:说明协议的细节。			
010	C543	协议类型标识	AGREEMENT TYPE IDENTIFICATION	C1
	7431	协议类型代码限定符	Agreement type code qualifier	M an. . 3
	7433	协议类型描述代码	Agreement type description code	C an. . 3
	1131	代码表标识代码	Code list identification code	C an. . 17
	3055	代码表负责机构代码	Code list responsible agency code	C an. . 3
	7434	协议类型描述	Agreement type description	C an. . 70

020	9419	服务层代码	SERVICE LAYER CODE	C 1 an..3

	|AJT	调整细目	ADJUSTMENT DETAILS	
	功能:标识调整的原因。			
010	4465	调整原因描述代码	ADJUSTMENT REASON DESCRIPTION CODE	M 1 an..3
020	1082	行项标识符	LINE ITEM IDENTIFIER	C 1 an..6

	|ALC	折让或费用	ALLOWANCE OR CHARGE	
	功能:标识折让或费用的详细内容。			
010	5463	折让或费用代码限定符	ALLOWANCE OR CHARGE CODE QUALIFIER	M 1 an..3
020	C552	折让/费用信息	ALLOWANCE/CHARGE INFORMATION	C 1
	1230	折让或费用标识符	Allowance or charge identifier	C an..35
	5189	费用/折让标识代码	Allowance or charge identification code	C an..35
030	4471	结算方式代码	SETTLEMENT MEANS CODE	C 1 an..3
040	1227	计算顺序代码	CALCULATION SEQUENCE CODE	C 1 an..3
050	C214	特殊服务标识	SPECIAL SERVICES IDENTIFICATION	C 1
	7161	特殊服务描述代码	Special service description code	C an..3
	1131	代码表标识代码	Code list identification code	C an..17
	3055	代码表负责机构代码	Code list responsible agency code	C an..3
	7160	特殊服务描述	Special service description	C an..35
	7160	特殊服务描述	Special service description	C an..35

	|ALI	附加信息	ADDITIONAL INFORMATION	
	功能:指示由于原产地、海关特惠、财政或商业因素而适用的特殊条件。			
010	3239	原产地国(地区)标识符	COUNTRY OF ORIGIN IDENTIFIER	C 1an..3
020	9213	税制类型代码	TYPE OF DUTY REGIME CODE	C 1an..3
030	4183	特定条件代码	SPECIAL CONDITIONS CODE	C 1an..3
040	4183	特定条件代码	SPECIAL CONDITIONS CODE	C 1an..3
050	4183	特定条件代码	SPECIAL CONDITIONS CODE	C 1an..3
060	4183	特定条件代码	SPECIAL CONDITIONS CODE	C 1an..3
070	4183	特定条件代码	SPECIAL CONDITIONS CODE	C 1an..3

	+APP	适应性	APPLICABILITY	
	功能:说明适应性的相关信息。			
010	9051	适应性代码限定符	APPLICABILITY CODE QUALIFIER	C 1 an..3
020	C973	适应性类型	APPLICABILITY TYPE	C 1
	9049	适应性类型描述代码	Applicability type description code	C an..3
	1131	代码表标识代码	Code list identification code	C an..17
	3055	代码表负责机构代码	Code list responsible agency code	C an..3
	9048	适应性类型描述	Applicability type description	C an..35

	|APR	附加价格信息	ADDITIONAL PRICE INFORMATION	
	功能:提供与贸易分类、价格乘数和变更原因有关的定价信息。			
010	4043	贸易分类代码	CLASS OF TRADE CODE	C 1an..3
020	C138	价格乘数信息	PRICE MULTIPLIER INFORMATION	C 1
	5394	价格乘数率	Price multiplier rate	M n..12
	5393	价格乘数类型代码限定符	Price multiplier type code qualifier	C an..3
030	C960	变更原因	REASON FOR CHANGE	C 1
	4295	变更原因描述代码	Change reason description code	C an..3
	1131	代码表标识代码	Code list identification code	C an..17
	3055	代码表负责机构代码	Code list responsible agency code	C an..3
	4294	变更原因描述	Change reason description	C an..35

	|ARD	金额关系细目	AMOUNTS RELATIONSHIP DETAILS	
	功能:提供货币金额功能的详细内容。			
010	C549	货币功能	MONETARY FUNCTION	C 1
	5007	货币金额功能描述代码	Monetary amount function description code	M an..3
	1131	代码表标识代码	Code list identification code	C an..17
	3055	代码表负责机构代码	Code list responsible agency code	C an..3

	|ARR	数组信息	ARRAY INFORMATION	
	功能:限制数组中的数据。			

注:复合数据元 C770-数组单元细目-在 ARR 段中出现 9999 次。……。成分数据元 9424-数组单元数据描述-在复合数据元 C770 中出现 100 次。……。

010	C778	位置标识	POSITION IDENTIFICATION	C 1
	7164	层次结构层标识符	Hierarchical structure level identifier	C an..35
	1050	顺序位置标识符	Sequence position identifier	C an..10
020	C770	数组单元细目	ARRAY CELL DETAILS	C 1
	9424	数组单元数据描述	Array cell data description	C an..512

	|ASI	数组结构标识	ARRAY STRUCTURE IDENTIFICATION	
	功能:标识一个数组的结构。			
010	C779	数组结构标识	ARRAY STRUCTURE IDENTIFICATION	M 1
	9428	数组单元结构标识符	Array cell structure identifier	M an..35
	7405	对象标识代码限定符	Object identification code qualifier	C an..3
020	C082	参与方标识细目	PARTY IDENTIFICATION DETAILS	C 1
	3039	参与方标识符	Party identifier	M an..35
	1131	代码表标识代码	Code list identification code	C an..17
	3055	代码表负责机构代码	Code list responsible agency code	C an..3
030	4405	状态描述代码	STATUS DESCRIPTION CODE	C1 an..3
040	4513	维护操作代码	MAINTENANCE OPERATION CODE	C1 an..3

	* |ATT	属性	ATTRIBUTE	
	功能:标识一个特定属性。			
010	9017	属性功能代码限定符	ATTRIBUTE FUNCTION CODE QUALIFIER	M1 an..3
020	C955	属性类型	ATTRIBUTE TYPE	C 1
	9021	属性类型描述代码	Attribute type description code	M an..17
	1131	代码表标识代码	Code list identification code	C an..17
	3055	代码表负责机构代码	Code list responsible agency code	C an..3
	9020	属性类型描述	Attribute type description	C an..70
030	C956	属性细目	ATTRIBUTE DETAILS	C 5
	9019	属性描述代码	Attribute description code	C an..17
	1131	代码表标识代码	Code list identification code	C an..17
	3055	代码表负责机构代码	Code list responsible agency code	C an..3
	9018	属性描述	Attribute description	C an..256

	|AUT	鉴定结果	AUTHENTICATION RESULT	
	功能:说明鉴定程序的应用结果。			
010	9280	验证结果文本	VALIDATION RESULT TEXT	M 1an..35
020	9282	验证密钥标识符	VALIDATION KEY IDENTIFIER	C 1an..35

	+BAS	基础	BASIS	
	功能:基础或开始点的描述。			
010	9045	基础代码限定符	BASIS CODE QUALIFIER	M 1 an..3
020	C974	基础类型	BASIS TYPE	M 1
	9047	基础类型描述代码	Basis type description code	C an..3
	1131	代码表标识代码	Code list identification code	C an..17
	3055	代码表负责机构代码	Code list responsible agency code	C an..3
	9046	基础类型描述	Basis type description	C an..35

	|BGM	报文开始	BEGINNING OF MESSAGE	
	功能:指明报文类型和功能并传输标识号。			
010	C002	单证/报文名称	DOCUMENT/MESSAGE NAME	C 1
	1001	单证名称代码	Document name code	C an..3
	1131	代码表标识代码	Code list identification code	C an..17
	3055	代码表负责机构代码	Code list responsible agency code	C an..3
	1000	单证名称	Document name	C an..35
020	C106	单证/报文标识	DOCUMENT/MESSAGE IDENTIFICATION	C 1
	1004	单证标识符	Document identifier	C an..35
	1056	版本标识符	Version identifier	C an..9
	1060	修订标识符	Revision identifier	C an..6
030	1225	报文功能代码	MESSAGE FUNCTION CODE	C 1an..3

040	4343	应答类型代码	RESPONSE TYPE CODE	C 1an..3

	|BII	结构标识	STRUCTURE IDENTIFICATION	
	功能:此段用于传输标识一个组或项的位置的索引结构。			
010	7429	索引结构代码限定符	INDEXING STRUCTURE CODE QUALIFIER	M1 an..3
020	C045	票据层标识	BILL LEVEL IDENTIFICATION	M1
	7436	第一层标识符	Level one identifier	C an..17
	7438	第二层标识符	Level two identifier	C an..17
	7440	第三层标识符	Level three identifier	C an..17
	7442	第四层标识符	Level four identifier	C an..17
	7444	第五层标识符	Level five identifier	C an..17
	7446	第六层标识符	Level six identifier	C an..17
030	7140	项标识符	ITEM IDENTIFIER	C 1an..35

	|BUS	业务功能	BUSINESS FUNCTION	
	功能:提供与金融报文处理和用途有关的信息。			
010	C521	业务功能	BUSINESS FUNCTION	C 1
	4027	业务功能类型代码限定符	Business function type code qualifier	M an..3
	4025	业务功能代码	Business function code	M an..3
	1131	代码表标识代码	Code list identification code	C an..17
	3055	代码表负责机构代码	Code list responsible agency code	C an..3
	4022	业务描述	Business description	C an..70
020	3279	地理区域代码	GEOGRAPHIC AREA CODE	C1 an..3
030	4487	金融交易类型代码	FINANCIAL TRANSACTION TYPE CODE	C1 an..3
040	C551	银行业务	BANK OPERATION	C1
	4383	银行业务代码	Bank operation code	M an..3
	1131	代码表标识代码	Code list identification code	C an..17
	3055	代码表负责机构代码	Code list responsible agency code	C an..3
050	4463	公司内部付款指示代码	INTRA-COMPANY PAYMENT INDICATOR CODE	C1 an..3

	|CAV	特征值	CHARACTERISTIC VALUE	
	功能:提供特征值。			
010	C889	特征值	CHARACTERISTIC VALUE	M 1
	7111	特征值描述代码	Characteristic value description code	C an..3
	1131	代码表标识代码	Code list identification code	C an..17
	3055	代码表负责机构代码	Code list responsible agency code	C an..3
	7110	特征值描述	Characteristic value description	C an..35
	7110	特征值描述	Characteristic value description	C an..35

	|CCD	保证金细目	CREDIT COVER DETAILS	

功能:请求保证金,回复该请求并说明回复原因。

010	4505	保证金请求类型代码	CREDIT COVER REQUEST TYPE CODE	C1 an..3
020	4507	保证金回复类型代码	CREDIT COVER RESPONSE TYPE CODE	C1 an..3
030	4509	保证金回复原因代码	CREDIT COVER RESPONSE REASON CODE	C1 an..3

	|CCI	特征/分类标识	CHARACTERISTIC/CLASS ID	

功能:标识并描述具体的特征并为其关联后续业务流程。

010	7059	类类型代码	CLASS TYPE CODE	C1 an..3
020	C502	计量细目	MEASUREMENT DETAILS	C 1
	6313	计量属性代码	Measured attribute code	C an..3
	6321	计量意义代码	Measurement significance code	C an..3
	6155	非离散计量名称代码	Non-discrete measurement name code	C an..17
	6154	非离散计量名称	Non-discrete measurement name	C an..70
030	C240	特征描述	CHARACTERISTIC DESCRIPTION	C 1
	7037	特征描述代码	Characteristic description code	M an..17
	1131	代码表标识代码	Code list identification code	C an..17
	3055	代码表负责机构代码	Code list responsible agency code	C an..3
	7036	特征描述	Characteristic description	C an..35
	7036	特征描述	Characteristic description	C an..35
040	4051	特征关系代码	CHARACTERISTIC RELEVANCE CODE	C1 an..3

	|CDI	物理或逻辑状态	PHYSICAL OR LOGICAL STATE	

功能:描述物理或逻辑状态。

010	7001	物理或逻辑状态限定符	PHYSICAL OR LOGICAL STATE QUALIFIER	M 1an..3
020	C564	物理或逻辑状态信息	PHYSICAL OR LOGICAL STATE INFORMATION	M 1
	7007	物理或逻辑状态描述代码	Physical or logical state description code	C an..3
	1131	代码表标识代码	Code list identification code	C an..17
	3055	代码表负责机构代码	Code list responsible agency code	C an..3
	7006	物理或逻辑状态描述	Physical or logical state description	C an..70

	|CDS	代码集标识	CODE SET IDENTIFICATION	

功能:标识代码集并给出其分类和维护操作。

010	C702	代码集标识	CODE SET IDENTIFICATION	M 1
	9150	简单数据元标记标识符	Simple data element tag identifier	C an..4
	1131	代码表标识代码	Code list identification code	C an..17
	3055	代码表负责机构代码	Code list responsible agency code	C an..3
020	1507	指示符分类代码	DESIGNATED CLASS CODE	C1 an..3
030	4513	维护操作代码	MAINTENANCE OPERATION CODE	C1 an..3

	*|CDV	代码值定义	CODE VALUE DEFINITION	
	功能:提供关于代码值的信息。			
010	9426	代码值文本	CODE VALUE TEXT	M 1an..35
020	9434	代码名称	CODE NAME	C 1an..70
030	4513	维护操作代码	MAINTENANCE OPERATION CODE	C 1an..3
040	9453	代码值来源代码	CODE VALUE SOURCE CODE	C 1 an..3
050	7299	需求制定方代码	REQUIREMENT DESIGNATOR CODE	C 1 an..3

	*|CED	计算机环境细目	COMPUTER ENVIRONMENT DETAILS	
	功能:给出属于计算机系统配置必须的所有要素的准确定义,例如硬件、固件、操作系统、通信(增值网、网络类型、协议、格式)和应用软件。			
010	1501	计算机环境细目代码限定符	COMPUTER ENVIRONMENT DETAILS CODE QUALIFIER	M 1 an..3
020	C079	计算机环境标识	COMPUTER ENVIRONMENT IDENTIFICATION	M 1
	1511	计算机环境名称代码	Computer environment name code	C an..3
	1131	代码表标识代码	Code list identification code	C an..17
	3055	代码表负责机构代码	Code list responsible agency code	C an..3
	1510	计算机环境名称	Computer environment name	C an..35
	1056	版本标识符	Version identifier	C an..9
	1058	发布标识符	Release identifier	C an..9
	7402	对象标识符	Object identifier	C an..35
030	9448	文件生成命令名称	FILE GENERATION COMMAND NAME	C 1 an..35

	|CIN	临床信息	CLINICAL INFORMATION	
	功能:描述一项临床信息。			
010	6415	临床信息类型代码限定符	CLINICAL INFORMATION TYPE CODE QUALIFIER	M1 an..3
020	C836	临床信息细目	CLINICAL INFORMATION DETAILS	C 1
	6413	临床信息描述标识符	Clinical information description identifier	C an..17
	1131	代码表标识代码	Code list identification code	C an..17
	3055	代码表负责机构代码	Code list responsible agency code	C an..3
	6412	临床信息描述	Clinical information description	C an..70
030	C837	确定性细目	CERTAINTY DETAILS	C 1
	4049	确定性描述代码	Certainty description code	C an..3
	1131	代码表标识代码	Code list identification code	C an..17
	3055	代码表负责机构代码	Code list responsible agency code	C an..3
	4048	确定性描述	Certainty description	C an..35

	+CLA	条款标识	CLAUSE IDENTIFICATION	
	功能:标识条约、法律文书、合同的条款。			
010	4059	条款代码限定符	CLAUSE CODE QUALIFIER	M 1 an..3

020	C970	条款名称	CLAUSE NAME	C 1
	4069	条款名称代码	Clause name code	C an..17
	1131	代码表标识代码	Code list identification code	C an..17
	3055	代码表负责机构代码	Code list responsible agency code	C an..3
	4068	条款名称	Clause name	C an..70

|CLI　临床干预　CLINICAL INTERVENTION

功能：说明临床干预，如治疗和检查。

010	9441	临床干预类型代码限定符	CLINICAL INTERVENTION TYPE CODE QUALIFIER	M1 an..3
020	C828	临床干预细目	CLINICAL INTERVENTION DETAILS	C 1
	9437	临床干预描述代码	Clinical intervention description code	C an..17
	1131	代码表标识代码	Code list identification code	C an..17
	3055	代码表负责机构代码	Code list responsible agency code	C an..3
	9436	临床干预描述	Clinical intervention description	C an..70

|CMP　复合数据元标识　COMPOSITE DATA ELEMENT IDENTIFICATION

功能：标识复合数据元并给出其分类和维护操作。

010	9146	复合数据元标记标识符	COMPOSITE DATA ELEMENT TAG IDENTIFIER	M 1an..4
020	1507	指示分类代码	DESIGNATED CLASS CODE	C 1an..3
030	4513	维护操作代码	MAINTENANCE OPERATION CODE	C 1an..3

* |CNI　托运信息　CONSIGNMENT INFORMATION

功能：标识一票托运货物。

010	1490	拼装货物项号	CONSOLIDATION ITEM NUMBER	C1 n..5
020	C503	单证/报文细目	DOCUMENT/MESSAGE DETAILS	C1
	1004	单证标识符	Document identifier	C an..35
	1373	单证状态代码	Document status code	C an..3
	1366	单证出处描述	Document source description	C an..70
	3453	语言名称代码	Language name code	C an..3
	1056	版本标识符	Version identifier	C an..9
	1060	修订标识符	Revision identifier	C an..6
030	1312	托运物装载顺序标识符	CONSIGNMENT LOAD SEQUENCE IDENTIFIER	C 1n..4

* |CNT 控制总计　CONTROL TOTAL

功能：提供控制总量。

010	C270	控制	CONTROL	M 1
	6069	控制总数量类型代码限定符	Control total type code qualifier	M an..3
	6066	控制总数量	Control total quantity	M n..18
	6411	计量单位代码	Measurement unit code	C an..8

	|COD	部件细目	COMPONENT DETAILS	
	功能:提供一个物体(如产品、集装箱)部件的细目,如部件类型和构成材料。			
010	C823	单位/部件类型	TYPE OF UNIT/COMPONENT	C 1
	7505	单位/部件类型描述代码	Unit or component type description code	C an..3
	1131	代码表标识代码	Code list identification code	C an..17
	3055	代码表负责机构代码	Code list responsible agency code	C an..3
	7504	单位/部件类型描述	Unit or component type description	C an..35
020	C824	部件材料	COMPONENT MATERIAL	C 1
	7507	部件材料描述代码	Component material description code	C an..3
	1131	代码表标识代码	Code list identification code	C an..17
	3055	代码表负责机构代码	Code list responsible agency code	C an..3
	7506	部件材料描述	Component material description	C an..35

	|COM	通信联系	COMMUNICATION CONTACT	
	功能:标识应与其直接联系的部门或人员的通信号。			
010	C076	通信联系	COMMUNICATION CONTACT	M 3
	3148	通信地址标识符	Communication address identifier	M an..512
	3155	通信工具类型代码	Communication means type code	M an..3

	*|COT	分摊额细目	CONTRIBUTION DETAILS	
	功能:说明有关成员分摊额的细目。			
010	5047	分配额代码限定符	CONTRIBUTION CODE QUALIFIER	M 1an..3
020	C953	分配额类型	CONTRIBUTION TYPE	C 1
	5049	分配额类型描述代码	Contribution type description code	M an..3
	1131	代码表标识代码	Code list identification code	C an..17
	3055	代码表负责机构代码	Code list responsible agency code	C an..3
	5048	分配额类型描述	Contribution type description	C an..35
030	C522	指示	INSTRUCTION	C 1
	4403	指示类型代码限定符	Instruction type code qualifier	M an..3
	4401	指示描述代码	Instruction description code	C an..3
	1131	代码表标识代码	Code list identification code	C an..17
	3055	代码表负责机构代码	Code list responsible agency code	C an..3
	4400	指示描述	Instruction description	C an..35
040	C203	费率/价目等级	RATE/TARIFF CLASS	C 1
	5243	费率/价目等级描述代码	Rate or tariff class description code	M an..9
	1131	代码表标识代码	Code list identification code	C an..17
	3055	代码表负责机构代码	Code list responsible agency code	C an..3
	5242	费率/价目等级描述	Rate or tariff class description	C an..35
	5275	附加费率/价目代码	Supplementary rate or tariff code	C an..6
	1131	代码表标识代码	Code list identification code	C an..17
	3055	代码表负责机构代码	Code list responsible agency code	C an..3
	5275	附加费率/价目代码	Supplementary rate or tariff code	C an..6

	1131	代码表标识代码	Code list identification code	C an..17
	3055	代码表负责机构代码	Code list responsible agency code	C an..3
050	C960	变更原因	REASON FOR CHANGE	C 1
	4295	变更原因描述代码	Change reason description code	C an..3
	1131	代码表标识代码	Code list identification code	C an..17
	3055	代码表负责机构代码	Code list responsible agency code	C an..3
	4294	变更原因描述	Change reason description	C an..35

|CPI 费用付款说明 CHARGE PAYMENT INSTRUCTIONS

功能：标识一项费用。

010	C229	费用类别	CHARGE CATEGORY	C 1
	5237	费用类别代码	Charge category code	M an..3
	1131	代码表标识代码	Code list identification code	C an..17
	3055	代码表负责机构代码	Code list responsible agency code	C an..3
020	C231	支付方式	METHOD OF PAYMENT	C 1
	4215	运费支付方式代码	Transport charges payment method code	M an..3
	1131	代码表标识代码	Code list identification code	C an..17
	3055	代码表负责机构代码	Code list responsible agency code	C an..3
030	4237	付款安排代码	PAYMENT ARRANGEMENT CODE	C1 an..3

|CPS 托运货物包装顺序 CONSIGNMENT PACKING SEQUENCE

功能：标识该票托运货物所表现的实际包装顺序，并可选择标识各层包装之间的层次关系。

010	7164	层次结构层标识符	HIERARCHICAL STRUCTURE LEVEL IDENTIFIER	M 1an..12
020	7166	层次结构父标识符	HIERARCHICAL STRUCTURE PARENT IDENTIFIER	C1 an..12
030	7075	包装等级代码	PACKAGING LEVEL CODE	C1 an..3

|CPT 账户标识 ACCOUNT IDENTIFICATION

功能：提供账户标识信息。

010	4437	账户类型代码限定符	ACCOUNT TYPE CODE QUALIFIER	M 1 an..3
020	C593	账户标识	ACCOUNT IDENTIFICATION	M 1
	1147	账户标识符	Account identifier	M an..35
	1131	代码表标识代码	Code list identification code	C an..17
	3055	代码表负责机构代码	Code list responsible agency code	C an..3
	1148	账户缩略名称	Account abbreviated name	C an..17
	1146	账户名称	Account name	C an..35
	1146	账户名称	Account name	C an..35
	6345	货币标识代码	Currency identification code	C an..3

|CST 货物通关状态 CUSTOMS STATUS OF GOODS

功能：以海关认定的代码、状态和预期用途说明货物。

010	1496	货物项号	GOODS ITEM NUMBER	C 1n..5

020	C246	海关标识代码	CUSTOMS IDENTITY CODES	C1
	7361	海关监管货物标识符	Customs goods identifier	M an..18
	1131	代码表标识代码	Code list identification code	C an..17
	3055	代码表负责机构代码	Code list responsible agency code	C an..3
030	C246	海关标识代码	CUSTOMS IDENTITY CODES	C 1
	7361	海关监管货物标识符	Customs goods identifier	M an..18
	1131	代码表标识代码	Code list identification code	C an..17
	3055	代码表负责机构代码	Code list responsible agency code	C an..3
040	C246	海关标识代码	CUSTOMS IDENTITY CODES	C 1
	7361	海关监管货物标识符	Customs goods identifier	M an..18
	1131	代码表标识代码	Code list identification code	C an..17
	3055	代码表负责机构代码	Code list responsible agency code	C an..3
050	C246	海关标识代码	CUSTOMS IDENTITY CODES	C 1
	7361	海关监管货物标识符	Customs goods identifier	M an..18
	1131	代码表标识代码	Code list identification code	C an..17
	3055	代码表负责机构代码	Code list responsible agency code	C an..3
060	C246	海关标识代码	CUSTOMS IDENTITY CODES	C 1
	7361	海关监管货物标识符	Customs goods identifier	M an..18
	1131	代码表标识代码	Code list identification code	C an..17
	3055	代码表负责机构代码	Code list responsible agency code	C an..3

|CTA 联系信息 CONTACT INFORMATION

功能:标识应直接通信的人员或部门。

010	3139	联系功能代码	CONTACT FUNCTION CODE	C1 an..3
020	C056	联系人细目	CONTACT DETAILS	C 1
	3413	联系人标识符	Contact identifier	C an..17
	3412	联系人名称	Contact name	C an..256

|CUX 货币 CURRENCIES

功能:说明交易中使用的货币及其相关汇率细目。

010	C504	货币细目	CURRENCY DETAILS	C 1
	6347	货币使用代码限定符	Currency usage code qualifier	M an..3
	6345	货币标识代码	Currency identification code	C an..3
	6343	货币类型代码限定符	Currency type code qualifier	C an..3
	6348	通货汇率	Currency rate	C n..4
020	C504	货币细目	CURRENCY DETAILS	C 1
	6347	货币使用代码限定符	Currency usage code qualifier	M an..3
	6345	货币标识代码	Currency identification code	C an..3
	6343	货币类型代码限定符	Currency type code qualifier	C an..3
	6348	通货汇率	Currency rate	C n..4
030	5402	汇率	CURRENCY EXCHANGE RATE	C 1n..12
040	6341	外汇交易市场标识符	EXCHANGE RATE CURRENCY MARKET IDENTIFIER	C 1an..3

|DAM　残损　DAMAGE

功能：说明残损状况及采取的措施。

010	7493	残损细目代码限定符	DAMAGE DETAILS CODE QUALIFIER	M 1an..3
020	C821	残损类型	TYPE OF DAMAGE	C 1
	7501	残损类型描述代码	Damage type description code	C an..3
	1131	代码表标识代码	Code list identification code	C an..17
	3055	代码表负责机构代码	Code list responsible agency code	C an..3
	7500	残损类型描述	Damage type description	C an..35
030	C822	残损部位	DAMAGE AREA	C 1
	7503	残损部位描述代码	Damage area description code	C an..4
	1131	代码表标识代码	Code list identification code	C an..17
	3055	代码表负责机构代码	Code list responsible agency code	C an..3
	7502	残损部位描述	Damage area description	C an..35
040	C825	残损程度	DAMAGE SEVERITY	C 1
	7509	残损程度描述代码	Damage severity description code	C an..3
	1131	代码表标识代码	Code list identification code	C an..17
	3055	代码表负责机构代码	Code list responsible agency code	C an..3
	7508	残损程度描述	Damage severity description	C an..35
050	C826	行为	ACTION	C 1
	1229	行为代码	Action code	C an..3
	1131	代码表标识代码	Code list identification code	C an..17
	3055	代码表负责机构代码	Code list responsible agency code	C an..3
	1228	行为描述	Action description	C an..35

+DFN　定义功能　DEFINITION FUNCTION

功能：说明一个定义功能。

010	9023	定义功能代码	DEFINITION FUNCTION CODE	M 1 an..3
020	9025	定义范围代码	DEFINITION EXTENT CODE	C 1 an..3
030	4519	定义标识符	DEFINITION IDENTIFIER	C 1 an..35

|DGS　危险品　DANGEROUS GOODS

功能：标识危险品。

010	8273	危险品规则代码	DANGEROUS GOODS REGULATIONS CODE	C1 an..3
020	C205	危险品代码	HAZARD CODE	C 1
	8351	危险品标识代码	Hazard identification code	M an..7
	8078	附加危险品分类标识符	Additional hazard classification identifier	C an..7
	8092	危险品代码版本标识符	Hazard code version identifier	C an..10
030	C234	联合国危险品（UNDG）信息	UNDG INFORMATION	C 1
	7124	联合国危险品（UNDG）标识符	UNDG identifier	C n4

	7088	危险品闪点描述	Dangerous goods flashpoint description	C an..8
040	C223	危险品装运闪点	DANGEROUS GOODS SHIPMENT FLASHPOINT	C 1
	7106	装运闪点	Shipment flashpoint degree	C n3
	6411	计量单位代码	Measurement unit code	C an..8
050	8339	包装危险等级代码	PACKAGING DANGER LEVEL CODE	C1 an..3
060	8364	船舶载运危险货物应急措施(EUS)标识符	EMS IDENTIFIER	C 1an..6
070	8410	危险货物事故医疗急救指南标识符(MFAG)	MFAG IDENTIFIER	C1 an..4
080	8126	运输紧急卡标识符	TRANSPORT EMERGENCY CARD IDENTIFIER	C1 an..10
090	C235	危险品标识	HAZARD IDENTIFICATION	C 1
	8158	橙色危险品上位标识符	Orange hazard placard upper part identifier	C an..4
	8186	橙色危险品下位标识符	Orange hazard placard lower part identifier	C an4
100	C236	危险品标签	DANGEROUS GOODS LABEL	C 1
	8246	危险品标记标识符	Dangerous goods marking identifier	C an..4
	8246	危险品标记标识符	Dangerous goods marking identifier	C an..4
	8246	危险品标记标识符	Dangerous goods marking identifier	C an..4
110	8255	包装说明类型代码	PACKING INSTRUCTION TYPE CODE	C1 an..3
120	8179	运输工具描述代码	TRANSPORT MEANS DESCRIPTION CODE	C1 an..8
130	8211	危险品运输许可代码	HAZARDOUS CARGO TRANSPORT AUTHORISATION CODE	C1 an..3

	|DII	目录标识	DIRECTORY IDENTIFICATION	

功能:标识一个目录并给出其发布、状态、管理机构、语言和维护操作信息。

010	1056	版本标识符	VERSION IDENTIFIER	M 1an..9
020	1058	发布标识符	RELEASE IDENTIFIER	M1 an..9
030	9148	目录状态标识符	DIRECTORY STATUS IDENTIFIER	C1 an..3
040	1476	管理机构标识符	CONTROLLING AGENCY IDENTIFIER	C1 an..2
050	3453	语言名称代码	LANGUAGE NAME CODE	C1 an..3
060	4513	维护操作代码	MAINTENANCE OPERATION CODE	C1 an..3

	|DIM	尺码	DIMENSIONS	

功能:说明尺码。

010	6145	尺码类型代码限定符	DIMENSION TYPE CODE QUALIFIER	M1 an..3
020	C211	尺码	DIMENSIONS	M1
	6411	计量单位代码	Measurement unit code	M an..8
	6168	长度	Length measure	C n..15
	6140	宽度	Width measure	C n..15
	6008	高度	Height measure	C n..15

	|DLI	单证行标识	DOCUMENT LINE IDENTIFICATION	
	功能：说明参考单证内指定行的处理方式。			
010	1073	单证行行为代码	DOCUMENT LINE ACTION CODE	M 1an..3
020 *	1082	行项标识符	LINE ITEM IDENTIFIER	M 1an..6

	|DLM	交货限制	DELIVERY LIMITATIONS	
	功能：说明交货的限制。			
010#	4455	延期交货安排类型代码	BACK ORDER ARRANGEMENT TYPE CODE	C 1an..3
020	C522	指示	INSTRUCTION	C 1
	4403	指示类型代码限定符	Instruction type code qualifier	M an..3
	4401	指示描述代码	Instruction description code	C an..3
	1131	代码表标识代码	Code list identification code	C an..17
	3055	代码表负责机构代码	Code list responsible agency code	C an..3
	4400	指示描述	Instruction description	C an..35
030 *	C214	特殊服务标识	SPECIAL SERVICES IDENTIFICATION	C 1
	7161	特殊服务描述代码	Special service description code	M an..3
	1131	代码表标识代码	Code list identification code	C an..17
	3055	代码表负责机构代码	Code list responsible agency code	C an..3
	7160	特殊服务描述	Special service description	C an..35
	7160	特殊服务描述	Special service description	C an..35
040	4457	替换条件代码	SUBSTITUTION CONDITION CODE	C1 an..3

	* |DMS	单证/报文汇总	DOCUMENT/MESSAGE SUMMARY	
	功能：说明有关单证/报文的汇总信息。			
010	C106	单证/报文标识	DOCUMENT/MESSAGE IDENTIFICATION	C 1
	1004	单证标识符	Document identifier	C an..35
	1056	版本标识符	Version identifier	C an..9
	1060	修订标识符	Revision identifier	C an..6
020	C002	单证/报文名称	DOCUMENT/MESSAGE NAME	C 1
	1001	单证名称代码	Document name code	C an..3
	1131	代码表标识代码	Code list identification code	C an..17
	3055	代码表负责机构代码	Code list responsible agency code	C an..3
	1000	单证名称	Document name	C an..35
030	7240	项目总数量	ITEM TOTAL QUANTITY	C1 n..15

	* |DOC	单证/报文细目	DOCUMENT/MESSAGE DETAILS	
	功能：标识单证和直接与其相关的详细内容。			
010	C002	单证/报文名称	DOCUMENT/MESSAGE NAME	M 1
	1001	单证名称代码	Document name code	C an..3
	1131	代码表标识代码	Code list identification code	C an..17

	3055	代码表负责机构代码	Code list responsible agency code	C an..3
	1000	单证名称	Document name	C an..35
020	C503	单证/报文细目	DOCUMENT/MESSAGE DETAILS	C 1
	1004	单证标识符	Document identifier	C an..35
	1373	单证状态代码	Document status code	C an..3
	1366	单证出处描述	Document source description	C an..70
	3453	语言名称代码	Language name code	C an..3
	1056	版本标识符	Version identifier	C an..9
	1060	修订标识符	Revision identifier	C an..6
030	3153	通信媒体类型代码	COMMUNICATION MEDIUM TYPE CODE	C1 an..3
040	1220	所需副本单证的份数	DOCUMENT COPIES REQUIRED QUANTITY	C1 n..2
050	1218	所需正本单证的份数	DOCUMENT ORIGINALS REQUIRED QUANTITY	C1 n..2

	+DRD	数据表达细目	DATA REPRESENTATION DETAILS	
	功能:说明数据表达的细目。			
010	7512	结构成分标识符	STRUCTURE COMPONENT IDENTIFIER	C 1 an..35
020	7515	结构类型代码	STRUCTURE TYPE CODE	C 1 an..3
030	9169	数据表示类型代码	DATA REPRESENTATION TYPE CODE	C 1 an..3
040	6174	尺寸	SIZE MEASURE	C 1 n..15

	|DSG	剂量管理	DOSAGE ADMINISTRATION	
	功能:传输剂量的管理方法。			
010	6085	剂量管理代码限定符	DOSAGE ADMINISTRATION CODE QUALIFIER	M1 an..3
020	C838	剂量细目	DOSAGE DETAILS	C 1
	6083	剂量描述标识符	Dosage description identifier	C an..8
	1131	代码表标识代码	Code list identification code	C an..17
	3055	代码表负责机构代码	Code list responsible agency code	C an..3
	6082	剂量描述	Dosage description	C an..70

	|DSI	数据集标识	DATA SET IDENTIFICATION	
	功能:标识一个数据集。			
010	C782	数据集标识	DATA SET IDENTIFICATION	M 1
	1520	数据集标识符	Data set identifier	M an..35
	7405	对象标识代码限定符	Object identification code qualifier	C an..3
020	C082	参与方标识细目	PARTY IDENTIFICATION DETAILS	C 1
	3039	参与方标识符	Party identifier	M an..35
	1131	代码表标识代码	Code list identification code	C an..17
	3055	代码表负责机构代码	Code list responsible agency code	C an..3

030	4405	状态描述代码	STATUS DESCRIPTION CODE	C an..3
040	C286	顺序信息	SEQUENCE INFORMATION	C 1
	1050	顺序位置标识符	Sequence position identifier	M an..10
	1159	顺序标识符来源代码	Sequence identifier source code	C an..3
	1131	代码表标识代码	Code list identification code	C an..17
	3055	代码表负责机构代码	Code list responsible agency code	C an..3
050	1060	修订标识符	REVISION IDENTIFIER	C an..6

|DTM 日期/时间/期限 DATE/TIME/PERIOD

功能：说明日期和/或时间或期限。

010	C507	日期/时间/期限	DATE/TIME/PERIOD	M 1
	2005	日期/时间/期限功能代码限定符	Date or time or period function code qualifier	M an..3
	2380	日期/时间/期限文本	Date or time or period text	C an..35
	2379	日期/时间/期限格式代码	Date or time or period format code	C an..3

+EDT 编辑细目 EDITING DETAILS

功能：描述一个编辑细目。

010	6178	编辑域长度	EDIT FIELD LENGTH MEASURE	C 1 n..3
020	9026	编辑掩码格式标识符	EDIT MASK FORMAT IDENTIFIER	C 1 an..35
030	9031	编辑掩码表示代码	EDIT MASK REPRESENTATION CODE	C 1 an..3
040	4447	自由文本格式代码	FREE TEXT FORMAT CODE	C 1 an..3

---

* |EFI 外部文件链接标识 EXTERNAL FILE LINK IDENTIFICATION

功能：说明一个非 EDIFACT 外部文件与一个 EDIFACT 报文的链接。

010	C077	文件标识	FILE IDENTIFICATION	M 1
	1508	文件名称	File name	C an..35
	7008	项目描述	Item description	C an..35
020	C099	文件细目	FILE DETAILS	C 1
	1516	文件格式名称	File format name	M an..17
	1056	版本标识符	Version identifier	C an..9
	1503	数据格式描述代码	Data format description code	C an..3
	1502	数据格式描述	Data format description	C an..35
030	1050	顺序位置标识符	SEQUENCE POSITION IDENTIFIER	C an..10
040	9450	文件压缩技术名称	FILE COMPRESSION TECHNIQUE NAME	C 1 an..35

---

* |ELM 简单数据元细目 SIMPLE DATA ELEMENT DETAILS

功能：标识一个简单数据元并给出有关细目。

010	9150	简单数据元标记标识符	SIMPLE DATA ELEMENT TAG IDENTIFIER	M1 an..4
020	9153	简单数据元字符表示代码	SIMPLE DATA ELEMENT CHARACTER REPRESENTATION CODE	C1 an..3

030	9155	长度类型代码	LENGTH TYPE CODE	C1 an..3
040	9156	简单数据元最大长度	SIMPLE DATA ELEMENT MAXIMUM LENGTH MEASURE	C1 n..3
050	9158	简单数据元最小长度	SIMPLE DATA ELEMENT MINIMUM LENGTH MEASURE	C1 n..3
060	9161	代码集指示符代码	CODE SET INDICATOR CODE	C1 an..3
070	1507	指示符分类代码	DESIGNATED CLASS CODE	C1 an..3
080	4513	维护操作代码	MAINTENANCE OPERATION CODE	C1 an..3
090	6432	有效位数	SIGNIFICANT DIGITS QUANTITY	C 1 n..2

---

*|ELU 数据元用法细目　DATA ELEMENT USAGE DETAILS

功能：说明数据元的用法。

010	9162	数据元标记标识符	DATA ELEMENT TAG IDENTIFIER	M1 an..4
020	7299	需求制定方代码	REQUIREMENT DESIGNATOR CODE	C1 an..3
030	1050	顺序位置标识符	SEQUENCE POSITION IDENTIFIER	C1 an..10
040	4513	维护操作代码	MAINTENANCE OPERATION CODE	C1 an..3
050	6176	最大出现次数	OCCURRENCES MAXIMUM NUMBER	C 1 n..7
060	9453	代码值来源代码	CODE VALUE SOURCE CODE	C 1 an..3
070	9285	验证规则代码	VALIDATION CRITERIA CODE	C 1 an..3
080	9175	数据元应用类型代码	DATA ELEMENT USAGE TYPE CODE	C 1 an..3

+ELV 元素值定义　ELEMENT VALUE DEFINITION

功能：定义一个元素的值。

010	9029	值定义代码限定符	VALUE DEFINITION CODE QUALIFIER	M 1 an..3
020	9422	文本值	VALUE TEXT	C 1 an..512
030	7299	需求制定方代码	REQUIREMENT DESIGNATOR CODE	C 1 an..3
040	4513	维护操作代码	MAINTENANCE OPERATION CODE	C 1 an..3

|EMP 雇员细目　EMPLOYMENT DETAILS

功能：说明雇员的详细内容。

010	9003	雇员细目代码限定符	EMPLOYMENT DETAILS CODE QUALIFIER	M1 an..3
020	C948	雇员种类	EMPLOYMENT CATEGORY	C 1
	9005	雇员种类描述代码	Employment category description code	C an..3
	1131	代码表标识代码	Code list identification code	C an..17
	3055	代码表负责机构代码	Code list responsible agency code	C an..3
	9004	雇员种类描述	Employment category description	C an..35
030	C951	职业	OCCUPATION	C 1
	9009	职业描述代码	Occupation description code	C an..3
	1131	代码表标识代码	Code list identification code	C an..17
	3055	代码表负责机构代码	Code list responsible agency code	C an..3
	9008	职业描述	Occupation description	C an..35

	9008	职业描述	Occupation description	C an..35
040	C950	资格分类	QUALIFICATION CLASSIFICATION	C 1
	9007	资格分类描述代码	Qualification classification description code	C an..3
	1131	代码表标识代码	Code list identification code	C an..17
	3055	代码表负责机构代码	Code list responsible agency code	C an..3
	9006	资格分类描述	Qualification classification description	C an..35
	9006	资格分类描述	Qualification classification description	C an..35
050	3494	职称描述	JOB TITLE DESCRIPTION	C1 an..35
060	9035	资格应用领域代码	QUALIFICATION APPLICATION AREA CODE	C1 an..3

	|EQA	附加设备	ATTACHED EQUIPMENT	
	功能:说明附加或相关的设备。			
010	8053	设备类型代码限定符	EQUIPMENT TYPE CODE QUALIFIER	M1 an..3
020	C237	设备标识	EQUIPMENT IDENTIFICATION	C 1
	8260	设备标识符	Equipment identifier	C an..17
	1131	代码表标识代码	Code list identification code	C an..17
	3055	代码表负责机构代码	Code list responsible agency code	C an..3
	3207	国家(地区)标识符	Country identifier	C an..3

	* |EQD	设备细目	EQUIPMENT DETAILS	
	功能:标识一套设备。			
010	8053	设备类型代码限定符	EQUIPMENT TYPE CODE QUALIFIER	M1 an..3
020	C237	设备标识	EQUIPMENT IDENTIFICATION	C 1
	8260	设备标识符	Equipment identifier	C an..17
	1131	代码表标识代码	Code list identification code	C an..17
	3055	代码表负责机构代码	Code list responsible agency code	C an..3
	3207	国家(地区)标识符	Country identifier	C an..3
030	C224	设备规格和类型	EQUIPMENT SIZE AND TYPE	C 1
	8155	设备规格和类型描述代码	Equipment size and type description code	C an..10
	1131	代码表标识代码	Code list identification code	C an..17
	3055	代码表负责机构代码	Code list responsible agency code	C an..3
	8154	设备规格和类型描述	Equipment size and type description	C an..35
040	8077	设备提供方代码	EQUIPMENT SUPPLIER CODE	C an..3
050	8249	设备状况代码	EQUIPMENT STATUS CODE	C an..3
060	8169	满/空指示符代码	FULL OR EMPTY INDICATOR CODE	C an..3
070	4233	标志说明代码	MARKING INSTRUCTIONS CODE	C 1 an..3

	|EQN	单位数	NUMBER OF UNITS	
	功能:说明单位数。			
010	C523	单位数细目	NUMBER OF UNIT DETAILS	M 1
	6350	单位数量	Units quantity	C n..15
	6353	单位类型代码限定符	Unit type code qualifier	C an..3

	|ERC	应用错误信息	APPLICATION ERROR INFORMATION	
	功能:标识报文中应用错误的类型。			
010	C901	应用错误细目	APPLICATION ERROR DETAIL	M 1
	9321	应用错误代码	Application error code	M an..8
	1131	代码表标识代码	Code list identification code	C an..17
	3055	代码表负责机构代码	Code list responsible agency code	C an..3

	|ERP	出错位置细目	ERROR POINT DETAILS	
	功能:标识报文中应用错误位置的段。			
010	C701	出错位置细目	ERROR POINT DETAILS	C 1
	1049	报文节代码	Message section code	C an..3
	1052	报文项标识符	Message item identifier	C an..35
	1054	报文分项标识符	Message sub-item identifier	C n..6
020	+C853	出错段位置细目	ERROR SEGMENT POINT DETAILS	C 1
	9166	段标记标识符	Segment tag identifier	C an..3
	1050	顺序位置标识符	Sequence position identifier	C an..10
	1159	顺序标识符来源代码	Sequence identifier source code	C an..3

	+EVE	事件	EVENT	
	功能:说明事件的细目。			
010	9635	事件细目代码限定符	EVENT DETAILS CODE QUALIFIER	C 1 an..3
020	C004	事件种类	EVENT CATEGORY	C 1
	9637	事件种类描述代码	Event category description code	C an..3
	1131	代码表标识代码	Code list identification code	C an..17
	3055	代码表负责机构代码	Code list responsible agency code	C an..3
	9636	事件种类描述	Event category description	C an..70
030	C030	事件类型	EVENT TYPE	C 1
	9171	事件类型描述代码	Event type description code	C an..3
	1131	代码表标识代码	Code list identification code	C an..17
	3055	代码表负责机构代码	Code list responsible agency code	C an..3
	9170	事件类型描述	Event type description	C an..70
040	C063	事件标识	EVENT IDENTIFICATION	C 5
	9173	事件描述代码	Event description code	C an..35
	1131	代码表标识代码	Code list identification code	C an..17
	3055	代码表负责机构代码	Code list responsible agency code	C an..3
	9172	事件	Event	C an..256
050	1229	行为代码	ACTION CODE	C 1 an..3

	FCA	财务费用的分配	FINANCIAL CHARGES ALLOCATION	
	功能:费用分配的描述。			
010	4471	结算方式代码	SETTLEMENT MEANS CODE	M1 an..3
020	C878	费用/折让账户	CHARGE/ALLOWANCE ACCOUNT	C 1

	3434	分支机构标识符	Institution branch identifier	M an..17
	1131	代码表标识代码	Code list identification code	C an..17
	3055	代码表负责机构代码	Code list responsible agency code	C an..3
	3194	账户持有人标识符	Account holder identifier	C an..35
	6345	货币标识代码	Currency identification code	C an..3

\|FII 金融机构信息 FINANCIAL INSTITUTION INFORMATION

功能：标识账户和相关的金融机构。

010	3035	参与方功能代码限定符	PARTY FUNCTION CODE QUALIFIER	M1 an..3
020	C078	账户持有人标识	ACCOUNT HOLDER IDENTIFICATION	C 1
	3194	账户持有人标识符	Account holder identifier	C an..35
	3192	账户持有人名称	Account holder name	C an..35
	3192	账户持有人名称	Account holder name	C an..35
	6345	货币标识代码	Currency identification code	C an..3
030	C088	机构标识	INSTITUTION IDENTIFICATION	C 1
	3433	机构名称代码	Institution name code	C an..11
	1131	代码表标识代码	Code list identification code	C an..17
	3055	代码表负责机构代码	Code list responsible agency code	C an..3
	3434	分支机构标识符	Institution branch identifier	C an..17
	1131	代码表标识代码	Code list identification code	C an..17
	3055	代码表负责机构代码	Code list responsible agency code	C an..3
	3432	机构名称	Institution name	C an..70
	3436	分支机构地点名称	Institution branch location name	C an..70
040	3207	国家(地区)标识符	COUNTRY IDENTIFIER	C1 an..3

\|FNS 注释集 FOOTNOTE SET

功能：标识一个注释集。

010	C783	注释集标识	FOOTNOTE SET IDENTIFICATION	M 1
	9430	注释集标识符	Footnote set identifier	M an..35
	7405	对象标识代码限定符	Object identification code qualifier	C an..3
020	C082	参与方标识细目	PARTY IDENTIFICATION DETAILS	C 1
	3039	参与方标识符	Party identifier	M an..35
	1131	代码表标识代码	Code list identification code	C an..17
	3055	代码表负责机构代码	Code list responsible agency code	C an..3
030	4405	状态描述代码	STATUS DESCRIPTION CODE	C1 an..3
040	4513	维护操作代码	MAINTENANCE OPERATION CODE	C1 an..3

\|FNT 注释 FOOTNOTE

功能：标识一个注释。

010	C784	注释标识	FOOTNOTE IDENTIFICATION	M 1
	9432	注释标识符	Footnote identifier	M an..35
	7405	对象标识代码限定符	Object identification code qualifier	C an..3
020	C082	参与方标识细目	PARTY IDENTIFICATION DETAILS	C 1

	3039	参与方标识符	Party identifier	M an..35
	1131	代码表标识代码	Code list identification code	C an..17
	3055	代码表负责机构代码	Code list responsible agency code	C an..3
030	4405	状态描述代码	STATUS DESCRIPTION CODE	C1 an..3
040	4513	维护操作代码	MAINTENANCE OPERATION CODE	C1 an..3

+FOR　公式　FORMULA

功能:标识一个公式。

010	9501	公式类型代码限定符	FORMULA TYPE CODE QUALIFIER	M 1 an..3
020	7402	对象标识符	OBJECT IDENTIFIER	C 1 an..35
030	9502	公式名称	FORMULA NAME	C 1 an..35
040	4440	自由文本	FREE TEXT	C 1 an..512
050	C961	公式复杂性	FORMULA COMPLEXITY	C 1
	9505	公式复杂性代码	Formula complexity code	C an..3
	1131	代码表标识代码	Code list identification code	C an..17
	3055	代码表负责机构代码	Code list responsible agency code	C an..3

+FSQ　公式顺序　FORMULA SEQUENCE

功能:规定公式顺序运算中的单步运算。

010	9507	公式顺序代码限定符	FORMULA SEQUENCE CODE QUALIFIER	M 1 an..3
020	9509	公式顺序操作代码	FORMULA SEQUENCE OPERAND CODE	C 1 an..17
030	1050	顺序位置标识符	SEQUENCE POSITION IDENTIFIER	C 1 an..10
040	9510	公式顺序名称	FORMULA SEQUENCE NAME	C 1 an..35
050	4440	自由文本	FREE TEXT	C 1 an..512

*|FTX　自由文本　FREE TEXT

功能:提供自由格式或代码型文本信息。

010	4451	文本主题代码限定符	TEXT SUBJECT CODE QUALIFIER	M1 an..3
020	4453	自由文本功能代码	FREE TEXT FUNCTION CODE	C1 an..3
030	C107	文本参考	TEXT REFERENCE	C 1
	4441	自由文本描述代码	Free text description code	M an..17
	1131	代码表标识代码	Code list identification code	C an..17
	3055	代码表负责机构代码	Code list responsible agency code	C an..3
040	C108	文字文本	TEXT LITERAL	C 1
	4440	自由文本	Free text	M an..512
	4440	自由文本	Free text	C an..512
	4440	自由文本	Free text	C an..512
	4440	自由文本	Free text	C an..512
	4440	自由文本	Free text	C an..512
050	3453	语言名称代码	LANGUAGE NAME CODE	C1 an..3
060	4447	自由文本格式代码	FREE TEXT FORMAT CODE	C 1 an..3

	|GDS	货物性质	NATURE OF CARGO	
	功能：指出货物的一般类别。			
010	C703	货物性质	NATURE OF CARGO	C 1
	7085	货物类型分类代码	Cargo type classification code	M an..3
	1131	代码表标识代码	Code list identification code	C an..17
	3055	代码表负责机构代码	Code list responsible agency code	C an..3

	+GEI	处理信息	PROCESSING INFORMATION	
	功能：标识处理信息。			
010	9649	处理信息代码限定符	PROCESSING INFORMATION CODE QUALIFIER	M 1 an..3
020	C012	处理指示符	PROCESSING INDICATOR	C 1
	7365	处理指示符描述代码	Processing indicator description code	C an..3
	1131	代码表标识代码	Code list identification code	C an..17
	3055	代码表负责机构代码	Code list responsible agency code	C an..3
	7364	处理指示符描述	Processing indicator description	C an..35
030	7187	过程类型描述代码	PROCESS TYPE DESCRIPTION CODE	C 1 an..17

	|GID	货物项明细	GOODS ITEM DETAILS	
	功能：指明单项货物的全部情况。			
010	1496	货物项号	GOODS ITEM NUMBER	C1 n..5
020	C213	件数和包装类型	NUMBER AND TYPE OF PACKAGES	C 1
	7224	包装数量	Package quantity	M n..8
	7065	包装类型描述代码	Package type description code	C an..17
	1131	代码表标识代码	Code list identification code	C an..17
	3055	代码表负责机构代码	Code list responsible agency code	C an..3
	7064	包装类型	Type of packages	C an..35
	7233	与包装相关的描述代码	Packaging related description code	C an..3
030	C213	件数和包装类型	NUMBER AND TYPE OF PACKAGES	C 1
	7224	包装数量	Package quantity	M n..8
	7065	包装类型描述代码	Package type description code	C an..17
	1131	代码表标识代码	Code list identification code	C an..17
	3055	代码表负责机构代码	Code list responsible agency code	C an..3
	7064	包装类型	Type of packages	C an..35
	7233	与包装相关的描述代码	Packaging related description code	C an..3
040	C213	件数和包装类型	NUMBER AND TYPE OF PACKAGES	C 1
	7224	包装数量	Package quantity	M n..8
	7065	包装类型描述代码	Package type description code	C an..17
	1131	代码表标识代码	Code list identification code	C an..17
	3055	代码表负责机构代码	Code list responsible agency code	C an..3
	7064	包装类型	Type of packages	C an..35
	7233	与包装相关的描述代码	Packaging related description code	C an..3

050	C213	件数和包装类型	NUMBER AND TYPE OF PACKAGES	C 1
	7224	包装数量	Package quantity	M n..8
	7065	包装类型描述代码	Package type description code	C an..17
	1131	代码表标识代码	Code list identification code	C an..17
	3055	代码表负责机构代码	Code list responsible agency code	C an..3
	7064	包装类型	Type of packages	C an..35
	7233	与包装相关的描述代码	Packaging related description code	C an..3
060	C213	件数和包装类型	NUMBER AND TYPE OF PACKAGES	C 1
	7224	包装数量	Package quantity	M n..8
	7065	包装类型描述代码	Package type description code	C an..17
	1131	代码表标识代码	Code list identification code	C an..17
	3055	代码表负责机构代码	Code list responsible agency code	C an..3
	7064	包装类型	Type of packages	C an..35
	7233	与包装相关的描述代码	Packaging related description code	C an..3

\|GIN　货物标识号　GOODS IDENTITY NUMBER

功能：给出特定的标识号，可以用单独号码，也可用范围。

010	7405	对象标识代码限定符	OBJECT IDENTIFICATION CODE QUALIFIER	M 1an..3
020	C208	标识号范围	IDENTITY NUMBER RANGE	M 1
	7402	对象标识符	Object identifier	M an..35
	7402	对象标识符	Object identifier	C an..35
030	C208	标识号范围	IDENTITY NUMBER RANGE	M 1
	7402	对象标识符	Object identifier	M an..35
	7402	对象标识符	Object identifier	C an..35
040	C208	标识号范围	IDENTITY NUMBER RANGE	M 1
	7402	对象标识符	Object identifier	M an..35
	7402	对象标识符	Object identifier	C an..35
050	C208	标识号范围	IDENTITY NUMBER RANGE	M 1
	7402	对象标识符	Object identifier	M an..35
	7402	对象标识符	Object identifier	C an..35
060	C208	标识号范围	IDENTITY NUMBER RANGE	M 1
	7402	对象标识符	Object identifier	M an..35
	7402	对象标识符	Object identifier	C an..35

\|GIR　相关标识号　RELATED IDENTIFICATION NUMBERS

功能：说明相关的标识号集合。

010	7297	放置类型代码限定符	SET TYPE CODE QUALIFIER	M 1an..3
020	C206	标识号	IDENTIFICATION NUMBER	M 1
	7402	对象标识符	Object identifier	M an..35
	7405	对象标识代码限定符	Object identification code qualifier	C an..3
	4405	状态描述代码	Status description code	C an..3
030	C206	标识号	IDENTIFICATION NUMBER	C 1

	7402	对象标识符	Object identifier	M an..35
	7405	对象标识代码限定符	Object identification code qualifier	C an..3
	4405	状态描述代码	Status description code	C an..3
040	C206	标识号	IDENTIFICATION NUMBER	C 1
	7402	对象标识符	Object identifier	M an..35
	7405	对象标识代码限定符	Object identification code qualifier	C an..3
	4405	状态描述代码	Status description code	C an..3
050	C206	标识号	IDENTIFICATION NUMBER	C 1
	7402	对象标识符	Object identifier	M an..35
	7405	对象标识代码限定符	Object identification code qualifier	C an..3
	4405	状态描述代码	Status description code	C an..3
060	C206	标识号	IDENTIFICATION NUMBER	C 1
	7402	对象标识符	Object identifier	M an..35
	7405	对象标识代码限定符	Object identification code qualifier	C an..3
	4405	状态描述代码	Status description code	C an..3

|GOR 政府规定 GOVERNMENTAL REQUIREMENTS

功能：指出官方的一项特定措施和/或手续的规定，或指出针对这部分运输具体的合法手续。

010	8323	运输动态代码	TRANSPORT MOVEMENT CODE	C1 an..3
020	C232	政府行为	GOVERNMENT ACTION	C1
	9415	政府机构标识代码	Government agency identification code	C an..3
	9411	政府参与代码	Government involvement code	C an..3
	9417	政府行为代码	Government action code	C an..3
	9353	政府手续代码	Government procedure code	C an..3
030	C232	政府行为	GOVERNMENT ACTION	C1
	9415	政府机构标识代码	Government agency identification code	C an..3
	9411	政府参与代码	Government involvement code	C an..3
	9417	政府行为代码	Government action code	C an..3
	9353	政府手续代码	Government procedure code	C an..3
040	C232	政府行为	GOVERNMENT ACTION	C1
	9415	政府机构标识代码	Government agency identification code	C an..3
	9411	政府参与代码	Government involvement code	C an..3
	9417	政府行为代码	Government action code	C an..3
	9353	政府手续代码	Government procedure code	C an..3
050	C232	政府行为	GOVERNMENT ACTION	C1
	9415	政府机构标识代码	Government agency identification code	C an..3
	9411	政府参与代码	Government involvement code	C an..3
	9417	政府行为代码	Government action code	C an..3
	9353	政府手续代码	Government procedure code	C an..3

+GPO 地理位置 GEOGRAPHICAL POSITION

功能：说明地理位置。

010	6029	地理位置代码限定符	GEOGRAPHICAL POSITION CODE QUALIFIER	M 1 an..3

020	6000	纬度	LATITUDE DEGREE	C 1 an..10
030	6002	经度	LONGITUDE DEGREE	C 1 an..11
040	6096	海拔	ALTITUDE	C 1 n..18

|GRU 段组用法细目 SEGMENT GROUP USAGE DETAILS

功能:说明报文类型结构中段组的用法及其维护操作。

010	9164	组标识符	GROUP IDENTIFIER	M1 an..4
020	7299	需求制定方代码	REQUIREMENT DESIGNATOR CODE	C1 an..3
030	6176	最大出现次数	OCCURRENCES MAXIMUM NUMBER	C1 n..7
040	4513	维护操作代码	MAINTENANCE OPERATION CODE	C1 an..3
050	1050	顺序位置标识符	SEQUENCE POSITION IDENTIFIER	C1 an..10

|HAN 装卸说明 HANDLING INSTRUCTIONS

功能:说明装卸方法,必要时应注明危险品。

010	C524	装卸说明	HANDLING INSTRUCTIONS	C 1
	4079	装卸说明描述代码	Handling instruction description code	C an..3
	1131	代码表标识代码	Code list identification code	C an..17
	3055	代码表负责机构代码	Code list responsible agency code	C an..3
	4078	装卸说明描述	Handling instruction description	C an..512
020	C218	危险物质	HAZARDOUS MATERIAL	C 1
	7419	危险物质种类名称代码	Hazardous material category name code	C an..7
	1131	代码表标识代码	Code list identification code	C an..17
	3055	代码表负责机构代码	Code list responsible agency code	C an..3
	7418	危险物质种类名称	Hazardous material category name	C an..35

* |HYN层次信息 HIERARCHY INFORMATION

功能:标识从指定项到高层或低层项的层次关系,或者标识层次相关数据组合所含的从属关系。

010	7173	层次中对象代码限定符	HIERARCHY OBJECT CODE QUALIFIER	M1 an..3
020	7171	层次结构关系代码	HIERARCHICAL STRUCTURE RELATIONSHIP CODE	M1 an..3
030	1229	行为代码	ACTION CODE	C1 an..3
040	C212	项号标识	ITEM NUMBER IDENTIFICATION	C1
	7140	项标识符	Item identifier	C an..35
	7143	项类型标识代码	Item type identification code	C an..3
	1131	代码表标识代码	Code list identification code	C an..17
	3055	代码表负责机构代码	Code list responsible agency code	C an..3
050	7166	层次结构父标识符	HIERARCHICAL STRUCTURE PARENT IDENTIFIER	C 1 an..35

|ICD 保险责任描述 INSURANCE COVER DESCRIPTION

功能:描述保险责任。

010	C330	保险责任类型	INSURANCE COVER TYPE	M 1
	4497	保险责任类型代码	Insurance cover type code	M an..3
	1131	代码表标识代码	Code list identification code	C an..17
	3055	代码表负责机构代码	Code list responsible agency code	C an..3
020	C331	保险责任细目	INSURANCE COVER DETAILS	M 1
	4495	保险责任描述代码	Insurance cover description code	C an..17
	1131	代码表标识代码	Code list identification code	C an..17
	3055	代码表负责机构代码	Code list responsible agency code	C an..3
	4494	保险责任描述	Insurance cover description	C an..35
	4494	保险责任描述	Insurance cover description	C an..35

|IDE 标识 IDENTITY

功能:标识一个对象。

010	7495	对象类型代码限定符	OBJECT TYPE CODE QUALIFIER	M1 an..3
020	C206	标识号	IDENTIFICATION NUMBER	C 1
	7402	对象标识符	Object identifier	M an..35
	7405	对象标识代码限定符	Object identification code qualifier	C an..3
	4405	状态描述代码	Status description code	C an..3
030	C082	参与方标识细目	PARTY IDENTIFICATION DETAILS	C 1
	3039	参与方标识符	Party identifier	M an..35
	1131	代码表标识代码	Code list identification code	C an..17
	3055	代码表负责机构代码	Code list responsible agency code	C an..3
040	4405	状态描述代码	STATUS DESCRIPTION CODE	C1 an..3
050	1222	配置等级号	CONFIGURATION LEVEL NUMBER	C1 n..2
060	C778	位置标识	POSITION IDENTIFICATION	C 99
	7164	层次结构层标识符	Hierarchical structure level identifier	C an..35
	1050	顺序位置标识符	Sequence position identifier	C an..10
070	C240	特征描述	CHARACTERISTIC DESCRIPTION	C 1
	7037	特征描述代码	Characteristic description code	M an..17
	1131	代码表标识代码	Code list identification code	C an..17
	3055	代码表负责机构代码	Code list responsible agency code	C an..3
	7036	特征描述	Characteristic description	C an..35
	7036	特征描述	Characteristic description	C an..35

+IFD 信息细目 INFORMATION DETAIL

功能:说明信息项的细目。

010	9633	信息细目代码限定符	INFORMATION DETAILS CODE QUALIFIER	C 1 an..3
020	C009	信息种类	INFORMATION CATEGORY	C 1
	9615	信息种类描述代码	Information category description code	C an..3
	1131	代码表标识代码	Code list identification code	C an..17
	3055	代码表负责机构代码	Code list responsible agency code	C an..3
	9614	信息种类描述	Information category description	C an..70

030	C010	信息类型	INFORMATION TYPE	C 1
	4473	信息类型代码	Information type code	C an. . 4
	1131	代码表标识代码	Code list identification code	C an. . 17
	3055	代码表负责机构代码	Code list responsible agency code	C an. . 3
	4472	信息类型	Information type	Can. . 35
040	C011	信息细目	INFORMATION DETAIL	C 5
	9617	信息细目描述代码	Information detail description code	C an. . 17
	1131	代码表标识代码	Code list identification code	C an. . 17
	3055	代码表负责机构代码	Code list responsible agency code	C an. . 3
	9616	信息细目描述	Information detail description	C an. . 256
050	4405	状态描述代码	STATUS DESCRIPTION CODE	C 1 an. . 3

|IHC 个人特征 PERSON CHARACTERISTIC

功能:说明个人的特征,如民族。

010	3289	个人特征代码限定符	PERSON CHARACTERISTIC CODE QUALIFIER	M1 an. . 3
020	C818	继承人特征细目	PERSON INHERITED CHARACTERISTIC DETAILS	C 1
	3311	继承人特征描述代码	Inherited characteristic description code	C an. . 8
	1131	代码表标识代码	Code list identification code	C an. . 17
	3055	代码表负责机构代码	Code list responsible agency code	C an. . 3
	3310	继承人特征描述	Inherited characteristic description	C an. . 70

* |IMD 项目描述 ITEM DESCRIPTION

功能:用行业格式或自由格式描述一个项目。

010	7077	描述格式代码	DESCRIPTION FORMAT CODE	C1 an. . 3
020	7081	项目特征	ITEM CHARACTERISTIC	C1 an. . 3
	7081	项目特征代码	Item characteristic code	C an. . 3
	1131	代码表标识代码	Code list identification code	C an. . 17
	3055	代码表负责机构代码	Code list responsible agency code	C an. . 3
030	C273	项目描述	ITEM DESCRIPTION	C 1
	7009	项目描述代码	Item description code	C an. . 17
	1131	代码表标识代码	Code list identification code	C an. . 17
	3055	代码表负责机构代码	Code list responsible agency code	C an. . 3
	7008	项目描述	Item description	C an. . 256
	7008	项目描述	Item description	C an. . 256
	3453	语言名称代码	Language name code	C an. . 3
040	7383	表面/内层代码	SURFACE OR LAYER CODE	C1 an. . 3

|IND 指标细目 INDEX DETAILS

功能:说明一个指标。

010	C545	指标标识	INDEX IDENTIFICATION	C 1
	5013	指标代码限定符	Index code qualifier	M an. . 3

	5027	指标类型限定符	Index type identifier	C an..17
	1131	代码表标识代码	Code list identification code	C an..17
	3055	代码表负责机构代码	Code list responsible agency code	C an..3
020	C546	指标值	INDEX VALUE	C 1
	5030	指标文本	Index text	M an..35
	5039	指标表示代码	Index representation code	C an..3

	|INP	参与方和指示	PARTIES AND INSTRUCTION	
	功能：说明与指示相关的各方或该指示，或二者都包括。			
010	C849	指示参与方	PARTIES TO INSTRUCTION	C 1
	3301	指示制定方标识符	Enacting party identifier	M an..35
	3285	指示接收方标识符	Instruction receiving party identifier	C an..35
020	C522	指示	INSTRUCTION	C 1
	4403	指示类型代码限定符	Instruction type code qualifier	M an..3
	4401	指示描述代码	Instruction description code	C an..3
	1131	代码表标识代码	Code list identification code	C an..17
	3055	代码表负责机构代码	Code list responsible agency code	C an..3
	4400	指示描述	Instruction description	C an..35
030	C850	指示状态	STATUS OF INSTRUCTION	C 1
	4405	状态描述代码	Status description code	M an..3
	3036	参与方名称	Party name	C an..35
040	1229	行为代码	ACTION CODE	C1 an..3

	|INV	库存管理相关细目	INVENTORY MANAGEMENT RELATED DETAILS	
	功能：提供有关库存管理功能和需要适当处理库存变动及剩余库存的各种信息。			
010	4501	库存动态指示代码	INVENTORY MOVEMENT DIRECTION CODE	C1 an..3
020	7491	库存类型代码	INVENTORY TYPE CODE	C1 an..3
030	4499	库存动态原因代码	INVENTORY MOVEMENT REASON CODE	C1 an..3
040	4503	库存平衡方法代码	INVENTORY BALANCE METHOD CODE	C1 an..3
050	C522	指示	INSTRUCTION	C 1
	4403	指示类型代码限定符	Instruction type code qualifier	M an..3
	4401	指示描述代码	Instruction description code	C an..3
	1131	代码表标识代码	Code list identification code	C an..17
	3055	代码表负责机构代码	Code list responsible agency code	C an..3
	4400	指示描述	Instruction description	C an..35

	|IRQ	请求信息	INFORMATION REQUIRED	
	功能：指示应答报文中请求信息。			
010	C333	请求信息	INFORMATION REQUESTED	M 1
	4511	请求信息描述代码	Requested information description code	C an..3

	1131	代码表标识代码	Code list identification code	C an..17
	3055	代码表负责机构,代码型	Code list responsible agency, coded	C an..3
	4510	请求信息描述	Requested information description	C an..35

|LAN 语言 LANGUAGE

功能:说明一种语言。

010	3455	语言代码限定符	LANGUAGE CODE QUALIFIER	M1 an..3
020	C508	语言细目	LANGUAGE DETAILS	C 1
	3453	语言名称代码	Language name code	C an..3
	3452	语言名称	Language name	C an..35

|LIN 行项 LINE ITEM

功能:标识行项和配置。

010	1082	行项标识符	LINE ITEM IDENTIFIER	C1 an..6
020	1229	行为代码	ACTION CODE	C1 an..3
030	C212	项号标识	ITEM NUMBER IDENTIFICATION	C1
	7140	项标识符	Item identifier	C an..35
	7143	项类型标识代码	Item type identification code	C an..3
	1131	代码表标识代码	Code list identification code	C an..17
	3055	代码表负责机构代码	Code list responsible agency code	C an..3
040	C829	分行信息	SUB-LINE INFORMATION	C 1
	5495	分行指示符代码	Sub-line indicator code	C an..3
	1082	行项标识符	Line item identifier	C an..6
050	1222	配置等级号	CONFIGURATION LEVEL NUMBER	C1 n..2
060	7083	配置操作代码	CONFIGURATION OPERATION CODE	C1 an..3

|LOC 地点/位置标识 PLACE/LOCATION IDENTIFICATION

功能:标识地点或位置和/或相关位置。

010	3227	地点功能代码限定符	LOCATION FUNCTION CODE QUALIFIER	M1 an..3
020	C517	地点标识	LOCATION IDENTIFICATION	C1
	3225	地点标识符	Location identifier	C an..35
	1131	代码表标识代码	Code list identification code	C an..17
	3055	代码表负责机构代码	Code list responsible agency code	C an..3
	3224	地点名称	Location name	C an..256
030	C519	第一相关地点标识	RELATED LOCATION ONE IDENTIFICATION	C 1
	3223	第一相关地点标识符	First related location identifier	C an..35
	1131	代码表标识代码	Code list identification code	C an..17
	3055	代码表负责机构代码	Code list responsible agency code	C an..3
	3222	第一相关地点名称	First related location name	C an..70
040	C553	第二相关地点标识	RELATED LOCATION TWO IDENTIFICATION	C 1

	3233	第二相关地点标识符	Second related location identifier	C an..35
	1131	代码表标识代码	Code list identification code	C an..17
	3055	代码表负责机构代码	Code list responsible agency code	C an..3
	3232	第二相关地点名称	Second related location name	C an..70
050	5479	关系代码	RELATION CODE	C1 an..3

|MEA 计量 MEASUREMENTS

功能：说明包括尺寸公差、重量和数量在内的实际计量。

010	6311	计量目的代码限定符	MEASUREMENT PURPOSE CODE QUALIFIER	M1 an..3
020	C502	计量细目	MEASUREMENT DETAILS	C 1
	6313	计量属性代码	Measured attribute code	C an..3
	6321	计量意义代码	Measurement significance code	C an..3
	6155	非离散计量名称代码	Non-discrete measurement name code	C an..17
	6154	非离散计量名称	Non-discrete measurement name	C an..70
030	C174	值/范围	VALUE/RANGE	C 1
	6411	计量单位代码	Measurement unit code	M an..8
	6314	测量	Measure	C n..18
	6162	最小数量范围	Range minimum quantity	C n..18
	6152	最大数量范围	Range maximum quantity	C n..18
	6432	有效位数	Significant digits quantity	C n..2
040	7383	表面/内层代码	SURFACE OR LAYER CODE	C 1an..3

|MEM 成员细目 MEMBERSHIP DETAILS

功能：说明有关成员的详细内容。

010	7449	成员类型代码限定符	MEMBERSHIP TYPE CODE QUALIFIER	M1 an..3
020	C942	成员种类	MEMBERSHIP CATEGORY	C 1
	7451	成员种类描述代码	Membership category description code	M an..4
	1131	代码表标识代码	Code list identification code	C an..17
	3055	代码表负责机构代码	Code list responsible agency code	C an..3
	7450	成员种类描述	Membership category description	C an..35
030	C944	成员状况	MEMBERSHIP STATUS	C 1
	7453	成员状况描述代码	Membership status description code	C an..3
	1131	代码表标识代码	Code list identification code	C an..17
	3055	代码表负责机构代码	Code list responsible agency code	C an..3
	7452	成员状况描述	Membership status description	C an..35
040	C945	成员等级	MEMBERSHIP LEVEL	C 1
	7455	成员等级代码限定符	Membership level code qualifier	M an..3
	7457	成员等级描述代码	Membership level description code	C an..9
	1131	代码表标识代码	Code list identification code	C an..17
	3055	代码表负责机构代码	Code list responsible agency code	C an..3
	7456	成员等级描述	Membership level description	C an..35

050	C203	费率/价目等级	RATE/TARIFF CLASS	C 1
	5243	费率/价目等级描述代码	Rate or tariff class description code	M an..9
	1131	代码表标识代码	Code list identification code	C an..17
	3055	代码表负责机构代码	Code list responsible agency code	C an..3
	5242	费率/价目等级描述	Rate or tariff class description	C an..35
	5275	附加费率/价目代码	Supplementary rate or tariff code	C an..6
	1131	代码表标识代码	Code list identification code	C an..17
	3055	代码表负责机构代码	Code list responsible agency code	C an..3
	5275	附加费率/价目代码	Supplementary rate or tariff code	C an..6
	1131	代码表标识代码	Code list identification code	C an..17
	3055	代码表负责机构代码	Code list responsible agency code	C an..3
060	C960	变更原因	REASON FOR CHANGE	C 1
	4295	变更原因描述代码	Change reason description code	C an..3
	1131	代码表标识代码	Code list identification code	C an..17
	3055	代码表负责机构代码	Code list responsible agency code	C an..3
	4294	变更原因描述	Change reason description	C an..35

\|MKS 市场/销售渠道信息 MARKET/SALES CHANNEL INFORMATION

功能：说明对市场和/或通过销售渠道和/或最终用途，已经作过或作出产品的销售/服务的预测。

010	7293	行业标识代码限定符	SECTOR AREA IDENTIFICATION CODE QUALIFIER	M1 an..3
020	C332	销售渠道标识	SALES CHANNEL IDENTIFICATION	M 1
	3496	销售渠道标识符	Sales channel identifier	M an..17
	1131	代码表标识代码	Code list identification code	C an..17
	3055	代码表负责机构代码	Code list responsible agency code	C an..3
030	1229	行为代码	ACTION CODE	C1 an..3

\|MOA 货币金额 MONETARY AMOUNT

功能：说明一项货币金额。

010	C516	货币金额	MONETARY AMOUNT	M 1
	5025	货币金额类型代码限定符	Monetary amount type code qualifier	M an..3
	5004	货币金额	Monetary amount	C n..35
	6345	货币标识代码	Currency identification code	C an..3
	6343	货币类型代码限定符	Currency type code qualifier	C an..3
	4405	状态描述代码	Status description code	C an..3

*\|MSG 报文类型标识 MESSAGE TYPE IDENTIFICATION

功能：标识报文类型并给出其分类和维护操作。

010	C709	报文标识符	MESSAGE IDENTIFIER	M 1
	1475	报文类型代码	Message type code	M an..6
	1056	版本标识符	Version identifier	M an..9
	1058	发布标识符	Release identifier	M an..9
	1476	管理机构标识符	Controlling agency identifier	M an..2

	1523	报文实施标识代码	Message implementation identification code	C an..6
	1060	修订标识符	Revision identifier	C an..6
	1373	单证状态代码	Document status code	C an..3
020	1507	指示符分类代码	DESIGNATED CLASS CODE	C1 an..3
030	4513	维护操作代码	MAINTENANCE OPERATION CODE	C1 an..3
040	C941	关系	RELATIONSHIP	C 1
	9143	关系描述代码	Relationship description code	C an..3
	1131	代码表标识代码	Code list identification code	C an..17
	3055	代码表负责机构代码	Code list responsible agency code	C an..3
	9142	关系描述	Relationship description	C an..35

+MTD 维护操作细目 MAINTENANCE OPERATION DETAILS

功能:标识一个维护操作和它的负责方。

010	7495	对象类型代码限定符	OBJECT TYPE CODE QUALIFIER	M1 an..3
020	4513	维护操作代码	MAINTENANCE OPERATION CODE	C 1 an..3
030	3005	维护操作方代码	MAINTENANCE OPERATION OPERATOR CODE	C1 an..3
040	3009	维护操作支付方代码	MAINTENANCE OPERATION PAYER CODE	C 1 an..3

* |NAD 名称和地址 NAME AND ADDRESS

功能:说明名称/地址及其相关功能,可单独使用 C082 和/或非结构化的 C058 或结构化的 C080 至 3207。

010	3035	参与方功能代码限定符	PARTY FUNCTION CODE QUALIFIER	M1 an..3
020	C082	参与方标识细目	PARTY IDENTIFICATION DETAILS	C1
	3039	参与方标识符	Party identifier	M an..35
	1131	代码表标识代码	Code list identification code	C an..17
	3055	代码表负责机构代码	Code list responsible agency code	C an..3
030	C058	名称和地址	NAME AND ADDRESS	C 1
	3124	名称和地址描述	Name and address description	M an..35
	3124	名称和地址描述	Name and address line	C an..35
	3124	名称和地址描述	Name and address line	C an..35
	3124	名称和地址描述	Name and address line	C an..35
	3124	名称和地址描述	Name and address line	C an..35
040	C080	参与方名称	PARTY NAME	C 1
	3036	参与方名称	Party name	M an..35
	3036	参与方名称	Party name	C an..35
	3036	参与方名称	Party name	C an..35
	3036	参与方名称	Party name	C an..35
	3036	参与方名称	Party name	C an..35
	3045	参与方名称格式代码	Party name format code	C an..3
050	C059	街道	STREET	C 1

	3042	街道名称和门牌号码/邮政信箱标识符	Street and number/P. O. Box identifier	M an. . 35
	3042	街道名称和门牌号码/邮政信箱标识符	Street and number/P. O. Box identifier	M an. . 35
	3042	街道名称和门牌号码/邮政信箱标识符	Street and number/P. O. Box identifier	M an. . 35
	3042	街道名称和门牌号码/邮政信箱标识符	Street and number/P. O. Box identifier	M an. . 35
060	3164	城市名称	CITY NAME	C1 an. . 35
070	C819	国家行政区划细目	COUNTRY SUBDIVISION DETAILS	C 1
	3229	国家行政区划标识符	Country subdivision identifier	C an. . 9
	1131	代码表标识代码	Code list identification code	C an. . 17
	3055	代码表负责机构代码	Code list responsible agency code	C an. . 3
	3228	国家行政区划名称	Country subdivision name	C an. . 70
080	3251	邮政标识代码	POSTAL IDENTIFICATION CODE	C1 an. . 17
090	3207	国家(地区)标识符	COUNTRY IDENTIFIER	C1 an. . 3

	|NAT	国籍	NATIONALITY	
	功能:说明国籍。			
010	3493	国籍代码限定符	NATIONALITY CODE QUALIFIER	M1 an. . 3
020	C042	国籍细目	NATIONALITY DETAILS	C 1
	3293	国籍名称代码	Nationality name code	C an. . 3
	1131	代码表标识代码	Code list identification code	C an. . 17
	3055	代码表负责机构代码	Code list responsible agency code	C an. . 3
	3292	国籍名称	Nationality name	C a. . 35

	|PAC	包装	PACKAGE	
	功能:描述包装/实物单位的数量和类型。			
010	7224	包装数量	PACKAGE QUANTITY	C1 n. . 8
020	C531	包装细目	PACKAGING DETAILS	C 1
	7075	包装等级代码	Packaging level code	C an. . 3
	7233	与包装相关的描述代码	Packaging related description code	C an. . 3
	7073	包装条款和条件代码	Packaging terms and conditions code	C an. . 3
030	C202	包装类型	PACKAGE TYPE	C 1
	7065	包装类型描述代码	Package type description code	C an. . 17
	1131	代码表标识代码	Code list identification code	C an. . 17
	3055	代码表负责机构代码	Code list responsible agency code	C an. . 3
	7064	包装类型	Type of packages	C an. . 35
040	C402	包装类型标识	PACKAGE TYPE IDENTIFICATION	C 1
	7077	描述格式代码	Description format code	M an. . 3
	7064	包装类型	Type of packages	M an. . 35
	7143	项类型标识代码	Item type identification code	C an. . 3
050	C532	可退换包装细目	RETURNABLE PACKAGE DETAILS	C 1

	8395	可退换包装运送付款责任代码	Returnable package freight payment responsibility code	C an..3
	8393	可退换包装内装物代码	Returnable package load contents code	C an..3

	|PAI	付款指示	PAYMENT INSTRUCTIONS	
	功能:说明付款的指示。			
010	C534	付款指示细目	PAYMENT INSTRUCTION DETAILS	M 1
	4439	付款条件代码	Payment conditions code	C an..3
	4431	付款担保工具代码	Payment guarantee means code	C an..3
	4461	支付工具代码	Payment means code	C an..3
	1131	代码表标识代码	Code list identification code	C an..17
	3055	代码表负责机构代码	Code list responsible agency code	C an..3
	4435	付款途径代码	Payment channel code	C an..3

	|PAS	护理	ATTENDANCE	
	功能:与个人有关的护理信息。			
010	9443	护理类型代码限定符	ATTENDANCE TYPE CODE QUALIFIER	M1 an..3
020	C839	护理员种类	ATTENDEE CATEGORY	C 1
	7459	护理员种类描述代码	Attendee category description code	C an..3
	1131	代码表标识代码	Code list identification code	C an..17
	3055	代码表负责机构代码	Code list responsible agency code	C an..3
	7458	护理员种类描述	Attendee category description	C an..35
030	C840	护理允许细目	ATTENDANCE ADMISSION DETAILS	C 1
	9445	允许类型描述代码	Admission type description code	C an..3
	1131	代码表标识代码	Code list identification code	C an..17
	3055	代码表负责机构代码	Code list responsible agency code	C an..3
	9444	允许类型描述	Admission type description	C an..35
040	C841	护理解除细目	ATTENDANCE DISCHARGE DETAILS	C 1
	9447	解除类型描述代码	Discharge type description code	C an..3
	1131	代码表标识代码	Code list identification code	C an..17
	3055	代码表负责机构代码	Code list responsible agency code	C an..3
	9446	解除类型描述	Discharge type description	C an..35

	+PCC	保费计算成分细目	PREMIUM CALCULATION COMPONENT DETAILS	
	功能:标识影响成分的保费计算和成分值类别的成分。			
010	C820	保费计算成分	PREMIUM CALCULATION COMPONENT	C 1
	4521	保费计算成分标识符	Premium calculation component identifier	C an..17
	1131	代码表标识代码	Code list identification code	C an..17
	3055	代码表负责机构代码	Code list responsible agency code	C an..3
020	4522	保费计算成分值类别标识符	PREMIUM CALCULATION COMPONENT VALUE CATEGORY IDENTIFIER	C 1 an..35

	*|PCD	百分比细目	PERCENTAGE DETAILS	
	功能：说明百分比的信息。			
010	C501	百分比细目	PERCENTAGE DETAILS	M 1
	5245	百分比类型代码限定符	Percentage type code qualifier	M an..3
	5482	百分比	Percentage	C n..10
	5249	百分比基准标识代码	Percentage basis identification code	C an..3
	1131	代码表标识代码	Code list identification code	C an..17
	3055	代码表负责机构代码	Code list responsible agency code	C an..3
020	4405	状态描述代码	STATUS DESCRIPTION CODE	C 1 an..3

	|PCI	包装标识	PACKAGE IDENTIFICATION	
	功能：说明单件包装或实物单位上的标志和标签。			
010	4233	标志说明代码	MARKING INSTRUCTIONS CODE	C 1an..3
020	C210	标志和标签	MARKS & LABELS	C1
	7102	运输标志描述	Shipping marks description	M an..35
	7102	运输标志描述	Shipping marks description	C an..35
	7102	运输标志描述	Shipping marks description	C an..35
	7102	运输标志描述	Shipping marks description	C an..35
	7102	运输标志描述	Shipping marks description	C an..35
	7102	运输标志描述	Shipping marks description	C an..35
	7102	运输标志描述	Shipping marks description	C an..35
	7102	运输标志描述	Shipping marks description	C an..35
	7102	运输标志描述	Shipping marks description	C an..35
	7102	运输标志描述	Shipping marks description	C an..35
030	8169	满/空指示符代码	FULL OR EMPTY INDICATOR CODE	C1 an..3
040	C827	标志类型	TYPE OF MARKING	C 1
	7511	标志类型代码	Marking type code	M an..3
	1131	代码表标识代码	Code list identification code	C an..17
	3055	代码表负责机构代码	Code list responsible agency code	C an..3

	|PDI	个人统计信息	PERSON DEMOGRAPHIC INFORMATION	
	功能：说明个人统计信息项目。			
010	3499	性别代码	GENDER CODE	C1 an..3
020	C085	婚姻状况细目	MARITAL STATUS DETAILS	C 1
	3479	婚姻状况描述代码	Marital status description code	C an..3
	1131	代码表标识代码	Code list identification code	C an..17
	3055	代码表负责机构代码	Code list responsible agency code	C an..3
	3478	婚姻状况描述	Marital status description	C an..35
030	C101	宗教信仰细目	RELIGION DETAILS	C 1
	3483	宗教信仰名称代码	Religion name code	C an..3
	1131	代码表标识代码	Code list identification code	C an..17
	3055	代码表负责机构代码	Code list responsible agency code	C n..3

	3482	宗教信仰名称	Religion name	C an..35

+PER 期限相关细目 PERIOD RELATED DETAILS

功能:说明期限的关系细目。

010	2023	期限类型代码限定符	PERIOD TYPE CODE QUALIFIER	C 1 an..3
020	C977	期限细目	PERIOD DETAIL	C 1
	2119	期限细目描述代码	Period detail description code	C an..3
	1131	代码表标识代码	Code list identification code	C an..17
	3055	代码表负责机构代码	Code list responsible agency code	C n..3
	2118	期限细目描述	Period detail description	C an..35

* |PGI 产品组信息 PRODUCT GROUP INFORMATION

功能:指明产品所属的组。

010	5379	产品组类型代码	PRODUCT GROUP TYPE CODE	M 1an..3
020	C288	产品组	PRODUCT GROUP	C 1
	5389	产品组名称代码	Product group name code	C an..3
	1131	代码表标识代码	Code list identification code	C an..17
	3055	代码表负责机构代码	Code list responsible agency code	C an..3
	5388	产品组名称	Product group name	C an..35

|PIA 附加产品标识 ADDITIONAL PRODUCT ID

功能:说明附加或补充项目的标识代码。

010	4347	产品标识代码限定符	PRODUCT IDENTIFIER CODE QUALIFIER	M 1 an..3
020	C212	项号标识	ITEM NUMBER IDENTIFICATION	M 1
	7140	项标识符	Item identifier	C an..35
	7143	项类型标识代码	Item type identification code	C an..3
	1131	代码表标识代码	Code list identification code	C an..17
	3055	代码表负责机构代码	Code list responsible agency code	C an..3
030	C212	项号标识	ITEM NUMBER IDENTIFICATION	C 1
	7140	项标识符	Item identifier	C an..35
	7143	项类型标识代码	Item type identification code	C an..3
	1131	代码表标识代码	Code list identification code	C an..17
	3055	代码表负责机构代码	Code list responsible agency code	C an..3
040	C212	项号标识	ITEM NUMBER IDENTIFICATION	C 1
	7140	项标识符	Item identifier	C an..35
	7143	项类型标识代码	Item type identification code	C an..3
	1131	代码表标识代码	Code list identification code	C an..17
	3055	代码表负责机构代码	Code list responsible agency code	C an..3
050	C212	项号标识	ITEM NUMBER IDENTIFICATION	C 1
	7140	项标识符	Item identifier	C an..35
	7143	项类型标识代码	Item type identification code	C an..3
	1131	代码表标识代码	Code list identification code	C an..17

	3055	代码表负责机构代码	Code list responsible agency code	C an..3
060	C212	项号标识	ITEM NUMBER IDENTIFICATION	C 1
	7140	项标识符	Item identifier	C an..35
	7143	项类型标识代码	Item type identification code	C an..3
	1131	代码表标识代码	Code list identification code	C an..17
	3055	代码表负责机构代码	Code list responsible agency code	C an..3

* |PNA 参与方标识 PARTY IDENTIFICATION

功能：说明建立参与方标识的必要信息。

010	3035	参与方功能代码限定符	PARTY FUNCTION CODE QUALIFIER	M1 an..3
020	C206	标识号	IDENTIFICATION NUMBER	C1
	7402	对象标识符	Object identifier	M an..35
	7405	对象标识代码标识符	Object identification code qualifier	C an..3
	4405	状态描述代码	Status description code	C an..3
030	C082	参与方标识细目	PARTY IDENTIFICATION DETAILS	C 1
	3039	参与方标识符	Party identifier	M an..35
	1131	代码表标识代码	Code list identification code	C an..17
	3055	代码表负责机构代码	Code list responsible agency code	C an..3
040	3403	姓名类型代码	NAME TYPE CODE	C1 an..3
050	3397	姓名状态代码	NAME STATUS CODE	C 1 an..3
060	C816	姓名成分细目	NAME COMPONENT DETAILS	C 1
	3405	姓名成分类型代码限定符	Name component type code qualifier	M an..3
	3398	姓名成分描述	Name component description	C an..256
	3401	姓名成分用法代码	Name component usage code	C an..3
	3295	姓名原字母代码	Name original alphabet code	C an..3
070	C816	姓名成分细目	NAME COMPONENT DETAILS	C 1
	3405	姓名成分类型代码限定符	Name component type code qualifier	M an..3
	3398	姓名成分描述	Name component description	C an..256
	3401	姓名成分用法代码	Name component usage code	C an..3
	3295	姓名原字母代码	Name original alphabet code	C an..3
080	C816	姓名成分细目	NAME COMPONENT DETAILS	C 1
	3405	姓名成分类型代码限定符	Name component type code qualifier	M an..3
	3398	姓名成分描述	Name component description	C an..256
	3401	姓名成分用法代码	Name component usage code	C an..3
	3295	姓名原字母代码	Name original alphabet code	C an..3
090	C816	姓名成分细目	NAME COMPONENT DETAILS	C 1
	3405	姓名成分类型代码限定符	Name component type code qualifier	M an..3
	3398	姓名成分描述	Name component description	C an..256
	3401	姓名成分用法代码	Name component usage code	C an..3
	3295	姓名原字母代码	Name original alphabet code	C an..3
100	C816	姓名成分细目	NAME COMPONENT DETAILS	C 1
	3405	姓名成分类型代码限定符	Name component type code qualifier	M an..3
	3398	姓名成分描述	Name component description	C an..256

	3401	姓名成分用法代码	Name component usage code	C an..3
	3295	姓名原字母代码	Name original alphabet code	C an..3
110	1229	行为代码	ACTION CODE	C 1 an..3

	|POC	运输工具停靠目的	PURPOSE OF CONVEYANCE CALL	
	功能:说明运输工具停靠的目的。			
010	C525	运输工具停靠目的	PURPOSE OF CONVEYANCE CALL	M 1
	8025	运输工具停靠目的描述代码	Conveyance call purpose description code	C an..3
	1131	代码表标识代码	Code list identification code	C an..17
	3055	代码表负责机构代码	Code list responsible agency code	C an..3
	8024	运输工具停靠目的描述	Conveyance call purpose description	C an..35

	|PRC	处理标识	PROCESS IDENTIFICATION	
	功能:标识一项处理。			
010	C242	处理类型和描述	PROCESS TYPE AND DESCRIPTION	C 1
	7187	过程类型描述代码	Process type description code	M an..17
	1131	代码表标识代码	Code list identification code	C an..17
	3055	代码表负责机构代码	Code list responsible agency code	C an..3
	7186	过程类型描述	Process type description	C an..35
	7186	过程类型描述	Process type description	C an..35
020	C830	过程标识细目	PROCESS IDENTIFICATION DETAILS	C 1
	7191	过程描述代码	Process description code	C an..17
	1131	代码表标识代码	Code list identification code	C an..17
	3055	代码表负责机构代码	Code list responsible agency code	C an..3
	7190	过程描述	Process description	C an..70

	|PRI	价格细目	PRICE DETAILS	
	功能:说明价格的信息。			
010	C509	价格信息	PRICE INFORMATION	C 1
	5125	价格代码限定符	Price code qualifier	M an..3
	5118	价格	Price amount	C n..15
	5375	价格类型代码	Price type code	C an..3
	5387	价格类型限定符代码	Price type qualifier	C an..3
	5284	单价基准量	Unit price basis quantity	C n..9
	6411	计量单位代码	Measurement unit code	C an..3
020	5213	分行项价格变更操作代码	SUB-LINE ITEM PRICE CHANGE OPERATION CODE	C1 an..3

	+PRV	附加条款细目	PROVISO DETAILS	
	功能:关于单证限制和约束的细目。			
010	4071	附加条款代码限定符	PROVISO CODE QUALIFIER	M1 an..3
020	C971	附加条款类型	PROVISO TYPE	C1
	4073	附加条款类型描述代码	Proviso type description code	C an..3

	1131	代码表标识代码	Code list identification code	C an..17
	3055	代码表负责机构代码	Code list responsible agency code	C an..3
	4072	附加条款类型描述	Proviso type description	C an..35
030	C972	附加条款计算	PROVISO CALCULATION	C 1
	4075	附加条款计算描述代码	Proviso calculation description code	C an..3
	1131	代码表标识代码	Code list identification code	C an..17
	3055	代码表负责机构代码	Code list responsible agency code	C an..3
	4074	附加条款计算描述	Proviso calculation description	C an..35

\|PSD 实物样品描述 PHYSICAL SAMPLE DESCRIPTION

功能:定义与试验有关的离散测量产生的实物样品的参数。

010	4407	样品处理步骤代码	SAMPLE PROCESS STEP CODE	C1 an..3
020	7039	取样方式代码	SAMPLE SELECTION METHOD CODE	C1 an..3
030	C526	频度细目	FREQUENCY DETAILS	C 1
	6071	频度代码限定符	Frequency code qualifier	M an..3
	6072	频率	Frequency value	C n..9
	6411	计量单位代码	Measurement unit code	C an..3
040	7045	样品状态代码	SAMPLE STATE CODE	C1 an..3
050	7047	取样方位代码	SAMPLE DIRECTION CODE	C1 an..3
060	C514	取样位置细目	SAMPLE LOCATION DETAILS	C1
	3237	取样位置描述代码	Sample location description code	C an..3
	3236	取样位置描述	Sample location description	C an..35
070	C514	取样位置细目	SAMPLE LOCATION DETAILS	C 1
	3237	取样位置描述代码	Sample location description code	C an..3
	3236	取样位置描述	Sample location description	C an..35
080	C514	取样位置细目	SAMPLE LOCATION DETAILS	C 1
	3237	取样位置描述代码	Sample location description code	C an..3
	3236	取样位置描述	Sample location description	C an..35

\|PTY 优先级 PRIORITY

功能:该段用于传达优先信息。

010	4035	优先级类型代码限定符	PRIORITY TYPE CODE QUALIFIER	M1 an..3
020	C585	优先级细目	PRIORITY DETAILS	C1
	4037	优先级描述代码	Priority description code	C an..3
	1131	代码表标识代码	Code list identification code	C an..17
	3055	代码表负责机构代码	Code list responsible agency code	C an..3
	4036	优先级描述	Priority description	C an..35

+PYT 付款条款 PAYMENT TERMS

功能:说明付款的条款。

010	4279	付款条款类型代码限定符	PAYMENT TERMS TYPE CODE QUALIFIER	M 1 an..3
020	C019	付款条款	PAYMENT TERMS	C 1

	4277	付款条款描述标识符	Payment terms description identifier	C an..17
	1131	代码表标识代码	Code list identification code	C an..17
	3055	代码表负责机构代码	Code list responsible agency code	C an..3
	4276	付款条款描述	Payment terms description	C an..35
030	2475	事件时间参考代码	EVENT TIME REFERENCE CODE	C 1 an..3
040	2009	条款时间关系代码	TERMS TIME RELATION CODE	C 1 an..3
050	2151	期限类型代码	PERIOD TYPE CODE	C 1 an..3
060	2152	期限数量	PERIOD COUNT QUANTITY	C 1 n..3

	+QRS	问题与应答	QUERY AND RESPONSE	
	功能:以代码格式的问题与应答描述。			
010	7293	行业标识代码限定符	SECTOR AREA IDENTIFICATION CODE QUALIFIER	M 1 an..3
020	C811	问题细目	QUESTION DETAILS	C 1
	4057	问题描述代码	Question description code	C an..3
	1131	代码表标识代码	Code list identification code	C an..17
	3055	代码表负责机构代码	Code list responsible agency code	C an..3
	4056	问题描述	Question description	C an..256
030	C812	应答细目	RESPONSE DETAILS	C 1
	4345	应答描述代码	Response description code	C an..3
	1131	代码表标识代码	Code list identification code	C an..17
	3055	代码表负责机构代码	Code list responsible agency code	C an..3
	4344	应答描述	Response description	C an..256

	|QTY	数量	QUANTITY	
	功能:说明一个相关的数量。			
010	C186	数量细目	QUANTITY DETAILS	M 1
	6063	数量类型代码限定符	Quantity type code qualifier	M an..3
	6060	数量	Quantity	M n..35
	6411	计量单位代码	Measurement unit code	C an..8

	|QUA	资格	QUALIFICATION	
	功能:说明个人的资格。			
010	9037	资格类型代码限定符	QUALIFICATION TYPE CODE QUALIFIER	M 1an..3
020	C950	资格分类	QUALIFICATION CLASSIFICATION	C 1
	9007	资格分类描述代码	Qualification classification description code	C an..3
	1131	代码表标识代码	Code list identification code	C an..17
	3055	代码表负责机构代码	Code list responsible agency code	C an..3
	9006	资格分类描述	Qualification classification description	C an..35
	9006	资格分类描述	Qualification classification description	C an..35

	|QVR	数量变更	QUANTITY VARIANCES	

功能：说明与量变更有关的项的详细内容。

010	C279	数量差值信息	QUANTITY DIFFERENCE INFORMATION	C 1
	6064	数量差异	Variance quantity	M n..15
	6063	数量类型代码限定符	Quantity type code qualifier	C an..3
020	4221	单货不符自然标识代码	DISCREPANCY NATURE IDENTIFICATION CODE	C 1an..3
030	C960	变更原因	REASON FOR CHANGE	C 1
	4295	变更原因描述代码	Change reason description code	C an..3
	1131	代码表标识代码	Code list identification code	C an..17
	3055	代码表负责机构代码	Code list responsible agency code	C an..3
	4294	变更原因描述	Change reason description	C an..35

＊|RCS 需求和条件 REQUIREMENTS AND CONDITIONS

功能：说明行业的需求和条件。

010	7293	行业标识代码限定符	SECTOR AREA IDENTIFICATION CODE QUALIFIER	M1 an..3
020	C550	需求/条件标识	REQUIREMENT/CONDITION IDENTIFICATION	M
	7295	需求/条件描述标识符	Requirement or condition description identifier	M an..17
	1131	代码表标识代码	Code list identification code	C an..17
	3055	代码表负责机构代码	Code list responsible agency code	C an..3
	7294	需求/条件描述	Requirement or condition description	C an..35
030	1229	行为代码	ACTION CODE	C 1an..3
040	3207	国家(地区)标识符	COUNTRY IDENTIFIER	C 1 an..3

|REL 关系 RELATIONSHIP

功能：标识对象之间的关系。

010	9141	关系类型代码限定符	RELATIONSHIP TYPE CODE QUALIFIER	M1 an..3
020	C941	关系	RELATIONSHIP	C 1
	9143	关系描述代码	Relationship description code	C an..3
	1131	代码表标识代码	Code list identification code	C an..17
	3055	代码表负责机构代码	Code list responsible agency code	C an..3
	9142	关系描述	Relationship description	C an..35

RFF 参考 REFERENCE

功能：说明一个参考。

010	C506	参考	REFERENCE	M 1
	1153	参考代码限定符	Reference code qualifier	M an..3
	1154	参考标识符	Reference identifier	C an..70
	1156	单证行标识符	Document line identifier	C an..6

	1056	版本标识符	Version identifier	C an..9
	1060	修订标识符	Revision identifier	C an..6

+RJL　会计分类账标识　ACCOUNTING JOURNAL IDENTIFICATION

功能:标识会计分类账。

010	C595	会计分类账标识	ACCOUNTING JOURNAL IDENTIFICATION	C 1
	1171	会计分类账标识符	Accounting journal identifier	M an..17
	1131	代码表标识代码	Code list identification code	C an..17
	3055	代码表负责机构代码	Code list responsible agency code	C an..3
	1170	会计分类账名称	Accounting journal name	C an..35
020	C596	会计分录类型细目	ACCOUNTING ENTRY TYPE DETAILS	C 1
	4475	会计分录类型名称代码	Accounting entry type name code	M an..17
	1131	代码表标识代码	Code list identification code	C an..17
	3055	代码表负责机构代码	Code list responsible agency code	C an..3
	4474	会计分录类型名称	Accounting entry type name	C an..35

|RNG　范围细目　RANGE DETAILS

功能:标识范围。

010	6167	范围类型代码限定符	RANGE TYPE CODE QUALIFIER	M 1an..3
020	C280	范围	RANGE	C 1
	6411	计量单位代码	Measurement unit code	M an..8
	6162	最小数量范围	Range minimum quantity	C n..18
	6152	最大数量范围	Range maximum quantity	C n..18

+ROD　风险对象类型　RISK OBJECT TYPE

功能:标识风险对象的类型。

010	C851	风险对象类型	RISK OBJECT TYPE	C 1
	7179	风险对象类型标识符	Risk object type identifier	C an..17
	1131	代码表标识代码	Code list identification code	C an..17
	3055	代码表负责机构代码	Code list responsible agency code	C an..3
020	C852	风险对象子类型	RISK OBJECT SUB-TYPE	C 1
	7177	风险对象子类型描述标识符	Risk object sub-type description identifier	C an..17
	1131	代码表标识代码	Code list identification code	C an..17
	3055	代码表负责机构代码	Code list responsible agency code	C an..3
	7176	风险对象子类描述	Risk object sub-type description	C an..70

* |RSL　结果　RESULT

功能:说明离散或非离散结果作为一个值或值的范围。

010	6087	结果值类型代码限定符	RESULT VALUE TYPE CODE QUALIFIER	M1 an..3
020	6077	结果表示代码	RESULT REPRESENTATION CODE	C 1an..3
030	C831	结果细目	RESULT DETAILS	C 1

	6314	测量	Measure	C an..18
	6321	计量意义代码	Measurement significance code	C an..3
	6155	非离散计量名称代码	Non-discrete measurement name code	C an..17
	1131	代码表标识代码	Code list identification code	C an..17
	3055	代码表负责机构代码	Code list responsible agency code	C an..3
	6154	非离散计量名称	Non-discrete measurement name	C an..70
040	C831	结果细目	RESULT DETAILS	C 1
	6314	测量	Measure	C an..18
	6321	计量意义代码	Measurement significance code	C an..3
	6155	非离散计量名称代码	Non-discrete measurement name code	C an..17
	1131	代码表标识代码	Code list identification code	C an..17
	3055	代码表负责机构,代码型	Code list responsible agency, coded	C an..3
	6154	非离散计量名称	Non-discrete measurement name	C an..70
050	C848	计量单位细目	MEASUREMENT UNIT DETAILS	C 1
	6417	计量单位代码	Measurement unit code	C an..8
	1131	代码表标识代码	Code list identification code	C an..17
	3055	代码表负责机构,代码型	Code list responsible agency, coded	C an..3
	6416	计量单位名称	Measurement unit name	C an..35
060	6079	结果状态代码	RESULT NORMALCY CODE	C1 an..3

＊|RTE 费率细目 　RATE DETAILS

功能:说明费率的信息。

010	C128	费率细目	RATE DETAILS	M 1
	5419	费率类型代码限定符	Rate type code qualifier	M an..3
	5420	单价基准费率	Unit price basis rate	M n..15
	5284	单价基准量	Unit price basis quantity	C n..9
	6411	计量单位代码	Measurement unit code	C an..8
020	4405	状态描述代码	STATUS DESCRIPTION CODE	C 1 an..3

|SAL 酬金类型标识 　REMUNERATION TYPE IDENTIFICATION

功能:酬金类型的标识。

010	C049	酬金类型标识	REMUNERATION TYPE IDENTIFICATION	C 1
	5315	酬金类型名称代码	Remuneration type name code	C an..3
	1131	代码表标识代码	Code list identification code	C an..17
	3055	代码表负责机构代码	Code list responsible agency code	C an..3
	5314	酬金类型名称	Remuneration type name	C an..35
	5314	酬金类型名称	Remuneration type name	C an..35

|SCC 计划状况 　SCHEDULING CONDITIONS

功能:说明计划状况。

010	4017	交货计划执行等级代码	DELIVERY PLAN COMMITMENT LEVEL CODE	M1 an..3

020	4493	交货指示代码	DELIVERY INSTRUCTION CODE	C1 an..3
030	C329	方式描述	PATTERN DESCRIPTION	C 1
	2013	频度代码	Frequency code	C an..3
	2015	发送方式代码	Despatch pattern code	C an..3
	2017	发送方式时间代码	Despatch pattern timing code	C an..3

|SCD 结构成分定义 STRUCTURE COMPONENT DEFINITION

功能:说明数据结构(如数组或表)的成分。

010	7497	结构成分功能代码限定符	STRUCTURE COMPONENT FUNCTION CODE QUALIFIER	M1 an..3
020	C786	结构成分标识	STRUCTURE COMPONENT IDENTIFICATION	C1
	7512	结构成分标识符	Structure component identifier	M an..35
	7405	对象标识代码限定符	Object identification code qualifier	C an..3
030	C082	参与方标识细目	PARTY IDENTIFICATION DETAILS	C 1
	3039	参与方标识符	Party identifier	M an..35
	1131	代码表标识代码	Code list identification code	C an..17
	3055	代码表负责机构代码	Code list responsible agency code	C an..3
040	4405	状态描述代码	STATUS DESCRIPTION CODE	C 1an..3
050	1222	配置等级号	CONFIGURATION LEVEL NUMBER	C 1n..2
060	C778	位置标识	POSITION IDENTIFICATION	C 1
	7164	层次结构层标识符	Hierarchical structure level identifier	C an..12
	1050	顺序位置标识符	Sequence position identifier	C an..10
070	C240	产品特征	PRODUCT CHARACTERISTIC	C 1
	7037	特征描述代码	Characteristic description code	M an..17
	1131	代码表标识代码	Code list identification code	C an..17
	3055	代码表负责机构代码	Code list responsible agency code	C an..3
	7036	特征描述	Characteristic description	C an..35
	7036	特征描述	Characteristic description	C an..35

|SEG 段标识 SEGMENT IDENTIFICATION

功能:标识一个段并给出其分类和维护操作。

010	9166	段标记标识符	SEGMENT TAG IDENTIFIER	M1 an..3
020	1507	指示符分类代码	DESIGNATED CLASS CODE	C 1an..3
030	4513	维护操作代码	MAINTENANCE OPERATION CODE	C1 an..3

|SEL 封志号 SEAL NUMBER

功能:说明封志号或封志号范围。

010 *	9308	运输单元封志标识符	TRANSPORT UNIT SEAL IDENTIFIER	C1 an..10
020 *	C215	封志方	SEAL ISSUER	C 1
	9303	封志方名称代码	Sealing party name code	C an..3
	1131	代码表标识代码	Code list identification code	C an..17
	3055	代码表负责机构代码	Code list responsible agency code	C an..3

	9302	封志方名称	Sealing party name	C an..35
030	4517	加封条件代码	SEAL CONDITION CODE	C 1an..3
040	C208	标识号范围	IDENTITY NUMBER RANGE	C 1
	7402	对象标识符	Object identifier	M an..35
	7402	对象标识符	Object identifier	C an..35

	|SEQ	顺序细目	SEQUENCE DETAILS	
	功能:提供关于顺序的明细。			
010	1229	行为代码	ACTION CODE	C 1an..3
020	C286	顺序信息	SEQUENCE INFORMATION	C 1
	1050	顺序位置标识符	Sequence position identifier	M an..10
	1159	顺序标识符来源代码	Sequence identifier source code	C an..3
	1131	代码表标识代码	Code list identification code	C an..17
	3055	代码表负责机构代码	Code list responsible agency code	C an..3

	|SFI	安全信息	SAFETY INFORMATION	
	功能:标识正式的安全信息。			
010	7164	层次结构层标识符	HIERARCHICAL STRUCTURE LEVEL IDENTIFIER	M 1an..35
020	C814	安全节	SAFETY SECTION	C 1
	4046	安全节编号	Safety section number	M n..2
	4044	安全节名称	Safety section name	C an..70
030	C815	附加安全信息	ADDITIONAL SAFETY INFORMATION	C 1
	4039	附加安全信息描述代码	Additional safety information description code	M an..3
	1131	代码表标识代码	Code list identification code	C an..17
	3055	代码表负责机构	Code list responsible agency	C an..3
	4038	附加安全信息描述	Additional safety information description	C an..35
040	4513	维护操作代码	MAINTENANCE OPERATION CODE	C 1an..3

	|SGP	分装货物的放置	SPLIT GOODS PLACEMENT	
	功能:说明货物在设备中的放置情况。			
010	C237	设备标识	EQUIPMENT IDENTIFICATION	M 1
	8260	设备标识符	Equipment identifier	C an..17
	1131	代码表标识代码	Code list identification code	C an..17
	3055	代码表负责机构代码	Code list responsible agency code	C an..3
	3207	国家(地区)标识符	Country identifier	C an..3
020	7224	包装数量	PACKAGE QUANTITY	C1 n..8

	|SGU	段用法细目	SEGMENT USAGE DETAILS	
	功能:说明报文类型结构中段的用法的细目。			
010	9166	段标记标识符	SEGMENT TAG IDENTIFIER	M1 an..3
020	7299	需求制定方代码	REQUIREMENT DESIGNATOR CODE	C1 an..3

030	6176	最大出现次数	OCCURRENCES MAXIMUM NUMBER	C1 n..7
040	7168	层号	LEVEL NUMBER	C1 n1
050	1050	顺序位置标识符	SEQUENCE POSITION IDENTIFIER	C1 an..10
060	1049	报文节代码	MESSAGE SECTION CODE	C 1an..3
070	4513	维护操作代码	MAINTENANCE OPERATION CODE	C 1an..3

|SPR　组织分类细目　ORGANISATION CLASSIFICATION DETAILS

功能:提供与组织活动有关的分类细目。

010	7293	行业标识代码限定符	SECTOR AREA IDENTIFICATION CODE QUALIFIER	M1 an..3
020	3079	组织分类代码	ORGANISATION CLASSIFICATION CODE	C1 an..3
030	C844	组织分类细目	ORGANISATION CLASSIFICATION DETAIL	C1
	3083	组织类别名称代码	Organisational class name code	C an..17
	1131	代码表标识代码	Code list identification code	C an..17
	3055	代码表负责机构代码	Code list responsible agency code	C an..3
	3082	组织类别名称	Organisational class name	C an..70

|SPS　用于汇总统计的取样参数　SAMPLING PARAMETERS FOR SUMMARY STATISTICS

功能:定义与报告汇总统计有关的抽样参数。

010	C526	频度细目	FREQUENCY DETAILS	C 1
	6071	频度代码限定符	Frequency code qualifier	M an..3
	6072	频率	Frequency rate	C n..9
	6411	计量单位代码	Measurement unit code	C an..3
020	6074	置信百分比	CONFIDENCE PERCENT	C 1n..6
030	C512	尺寸细目	SIZE DETAILS	C 1
	6173	尺寸类型代码限定符	Size type code qualifier	C an..3
	6174	尺寸	Size measure	C n..15
040	C512	尺寸细目	SIZE DETAILS	C 1
	6173	尺寸类型代码限定符	Size type code qualifier	C an..3
	6174	尺寸	Size measure	C n..15
050	C512	尺寸量细目	SIZE DETAILS	C 1
	6173	尺寸类型代码限定符	Size type code qualifier	C an..3
	6174	尺寸	Size measure	C n..15
060	C512	尺寸细目	SIZE DETAILS	C 1
	6173	尺寸类型代码限定符	Size type code qualifier	C an..3
	6174	尺寸	Size measure	C n..15
070	C512	尺寸细目	SIZE DETAILS	C 1
	6173	尺寸类型代码限定符	Size type code qualifier	C an..3
	6174	尺寸	Size measure	C n..15

|STA　统计　STATISTICS

功能:传输有关特定采集的测试结果的值的汇总统计。

010	6331	统计类型代码限定符	STATISTIC TYPE CODE QUALIFIER	M 1an..3
020	C527	统计细目	STATISTICAL DETAILS	C1
	6314	测量	Measure	C n..18
	6411	计量单位代码	Measurement unit code	C an..8
	6313	计量属性代码	Measured attribute code	C an..3
	6321	计量意义代码	Measurement significance code	C an..3

|STC 统计概念 STATISTICAL CONCEPT

功能:说明统计概念。

010	C785	统计概念标识	STATISTICAL CONCEPT IDENTIFICATION	M 1
	6434	统计概念标识符	Statistical concept identifier	M an..35
	7405	对象标识代码限定符	Object identification code qualifier	C an..3
020	C082	参与方标识细目	PARTY IDENTIFICATION DETAILS	C 1
	3039	参与方标识符	Party identifier	M an..35
	1131	代码表标识代码	Code list identification code	C an..17
	3055	代码表负责机构代码	Code list responsible agency code	C an..3
030	4405	状态描述代码	STATUS DESCRIPTION CODE	C1 an..3
040	4513	维护操作代码	MAINTENANCE OPERATION CODE	C1 an..3

|STG 阶段 STAGES

功能:提供与过程中阶段种类、阶段数和实际阶段数有关的信息。

010	9421	过程阶段代码限定符	PROCESS STAGE CODE QUALIFIER	M 1an..3
020	6426	过程阶段数量	PROCESS STAGES QUANTITY	C 1n..2
030	6428	过程阶段实际数量	PROCESS STAGES ACTUAL QUANTITY	C1 n..2

|STS 状态 STATUS

功能:说明对象或服务的状态,包括其类别及该状态的原因。

010	C601	状态种类	STATUS CATEGORY	C 1
	9015	状态种类代码	Status category code	M an..3
	1131	代码表标识代码	Code list identification code	C an..17
	3055	代码表负责机构代码	Code list responsible agency code	C an..3
020	C555	状态	STATUS	C 1
	4405	状态描述代码	Status description code	M an..3
	1131	代码表标识代码	Code list identification code	C an..17
	3055	代码表负责机构代码	Code list responsible agency code	C an..3
	4404	状态描述	Status description	C an..35
030	C556	状态原因	STATUS REASON	C 1
	9013	状态原因描述代码	Status reason description code	M an..3
	1131	代码表标识代码	Code list identification code	C an..17
	3055	代码表负责机构代码	Code list responsible agency code	C an..3

	9012	状态原因描述	Status reason description	C an..256
040	C556	状态原因	STATUS REASON	C 1
	9013	状态原因描述代码	Status reason description code	M an..3
	1131	代码表标识代码	Code list identification code	C an..17
	3055	代码表负责机构代码	Code list responsible agency code	C an..3
	9012	状态原因描述	Status reason description	C an..256
050	C556	状态原因	STATUS REASON	C 1
	9013	状态原因描述代码	Status reason description code	M an..3
	1131	代码表标识代码	Code list identification code	C an..17
	3055	代码表负责机构代码	Code list responsible agency code	C an..3
	9012	状态原因描述	Status reason description	C an..256
060	C556	状态原因	STATUS REASON	C 1
	9013	状态原因描述代码	Status reason description code	M an..3
	1131	代码表标识代码	Code list identification code	C an..17
	3055	代码表负责机构代码	Code list responsible agency code	C an..3
	9012	状态原因描述	Status reason description	C an..256
070	C556	状态原因	STATUS REASON	C 1
	9013	状态原因描述代码	Status reason description code	M an..3
	1131	代码表标识代码	Code list identification code	C an..17
	3055	代码表负责机构代码	Code list responsible agency code	C an..3
	9012	状态原因描述	Status reason description	C an..256

* |TAX 关税/税/费细目 DUTY/TAX/FEE DETAILS

功能：说明相关的税/费信息。

010	5283	关税/税/费功能代码限定符	DUTY OR TAX OR FEE FUNCTION CODE QUALIFIE	M1 an..3
020	C241	关税/税/费类型	DUTY/TAX/FEE TYPE	C 1
	5153	关税/税/费类型名称代码	Duty or tax or fee type name code	C an..3
	1131	代码表标识代码	Code list identification code	C an..17
	3055	代码表负责机构代码	Code list responsible agency code	C an..3
	5152	关税/税/费类型名称	Duty or tax or fee type name	C an..35
030	C533	关税/税/费账户细目	DUTY/TAX/FEE ACCOUNT DETAIL	C 1
	5289	关税/税/费账户代码	Duty or tax or fee account code	M an..6
	1131	代码表标识代码	Code list identification code	C an..17
	3055	代码表负责机构代码	Code list responsible agency code	C an..3
040	5286	关税/税/费估价基准量	DUTY OR TAX OR FEE ASSESSMENT BASIS QUANTITY	C1 an..15
050	C243	关税/税/费细目	DUTY/TAX/FEE DETAIL	C 1
	5279	关税/税/费率代码	Duty or tax or fee rate code	C an..7
	1131	代码表标识代码	Code list identification code	C an..17
	3055	代码表负责机构代码	Code list responsible agency code	C an..3
	5278	关税/税/费率	Duty or tax or fee rate	C an..17
	5273	关税/税/费率基准代码	Duty or tax or fee rate basis code	C an..12

	1131	代码表标识代码	Code list identification code	C an..17
	3055	代码表负责机构代码	Code list responsible agency code	C an..3
060	5305	关税/税/费类别类型代码	DUTY OR TAX OR FEE CATEGORY CODE	C 1 an..3
070	3446	参与方税收标识符	PARTY TAX IDENTIFIER	C 1 an..20
080	1227	计算顺序代码	CALCULATION SEQUENCE CODE	C 1 an..3

\|TCC 运费/费率计算 TRANSPORT CHARGE/RATE CALCULATIONS

功能:说明费用。

010	C200	费用	CHARGE	C 1
	8023	运费和其他费用描述标识符	Freight and other charges description identifier	C an..17
	1131	代码表标识代码	Code list identification code	C an..17
	3055	代码表负责机构代码	Code list responsible agency code	C an..3
	8022	运费和其他费用描述	Freight and other charges description	C an..26
	4237	付款安排代码	Payment arrangement code	C an..3
	7140	项标识符	Item identifier	C an..35
020	C203	费率/价目等级	RATE/TARIFF CLASS	C 1
	5243	费率/价目等级描述代码	Rate or tariff class description code	M an..9
	1131	代码表标识代码	Code list identification code	C an..17
	3055	代码表负责机构代码	Code list responsible agency code	C an..3
	5242	费率/价目等级描述	Rate or tariff class description	C an..35
	5275	附加费率/价目代码	Supplementary rate or tariff code	C an..6
	1131	代码表标识代码	Code list identification code	C an..17
	3055	代码表负责机构代码	Code list responsible agency code	C an..3
	5275	附加费率/价目代码	Supplementary rate or tariff code	C an..6
	1131	代码表标识代码	Code list identification code	C an..17
	3055	代码表负责机构代码	Code list responsible agency code	C an..3
030	C528	商品/费率细目	COMMODITY/RATE DETAIL	C 1
	7357	商品标识代码	Commodity identification code	C an..18
	1131	代码表标识代码	Code list identification code	C an..17
	3055	代码表负责机构代码	Code list responsible agency code	C an..3
040	C554	费率/价目等级细目	RATE/TARIFF CLASS DETAIL	C 1
	5243	费率/价目等级描述代码	Rate or tariff class description code	C an..9
	1131	代码表标识代码	Code list identification code	C an..17
	3055	代码表负责机构代码	Code list responsible agency code	C an..3

\|TDT 运输细目 DETAILS OF TRANSPORT

功能:说明有关运输的信息,如运输方式、运输工具、班次编号和运输工具标识。

010	8051	运输阶段代码限定符	TRANSPORT STAGE CODE QUALIFIER	M 1an..3
020	8028	运输工具行程标识符	MEANS OF TRANSPORT JOURNEY IDENTIFIER	C1 an..17

030	C220	运输方式	MODE OF TRANSPORT	C 1
	8067	运输方式名称代码	Transport mode name code	C an..3
	8066	运输方式名称	Transport mode name	C an..17
040	C001	运输工具	TRANSPORT MEANS	C 1
	8179	运输工具描述代码	Transport means description code	C an..8
	1131	代码表标识代码	Code list identification code	C an..17
	3055	代码表负责机构代码	Code list responsible agency code	C an..3
	8178	运输工具描述	Transport means description	C an..17
050	C040	承运人	CARRIER	C 1
	3127	承运人标识符	Carrier identifier	C an..17
	1131	代码表标识代码	Code list identification code	C an..17
	3055	代码表负责机构代码	Code list responsible agency code	C an..3
	3126	承运人名称	Carrier name	C an..35
060	8101	运送方向指示符代码	TRANSIT DIRECTION INDICATOR CODE	C 1an..3
070	C401	额外运输信息	EXCESS TRANSPORTATION INFORMATION	C 1
	8457	额外运输原因代码	Excess transportation reason code	M an..3
	8459	额外运输责任代码	Excess transportation responsibility code	M an..3
	7130	客户装运授权标识符	Customer shipment authorization identifier	C an..17
080	C222	运输标识	TRANSPORT IDENTIFICATION	C 1
	8213	运输工具标识名称标识符	Transport means identification name identifier	C an..9
	1131	代码表标识代码	Code list identification code	C an..17
	3055	代码表负责机构代码	Code list responsible agency code	C an..3
	8212	运输工具标识名称	Transport means identification name	C an..35
	8453	运输工具国籍代码	Transport means nationality code	C an..3
090	8281	运输工具所有权指示符代码	TRANSPORT MEANS OWNERSHIP INDICATOR CODE	C 1 an..3

|TEM 测试方式 TEST METHOD

功能:描述所进行测试的性质。

010	C244	测试方式	TEST METHOD	C 1
	4415	测试方式标识符	Test method identifier	C an..17
	1131	代码表标识代码	Code list identification code	C an..17
	3055	代码表负责机构代码	Code list responsible agency code	C an..3
	4416	测试描述	Test description	C an..70
020	4419	测试执行方式代码	TEST ADMINISTRATION METHOD CODE	C1 an..3
030	3077	测试媒体代码	TEST MEDIUM CODE	C1 an..3
040	6311	计量目的代码限定符	MEASUREMENT PURPOSE CODE QUALIFIER	C1 an..3
050	7188	测试方式修订标识符	TEST METHOD REVISION IDENTIFIE	C1 an..30

060	C515	测试原因	TEST REASON	C1
	4425	测试原因名称代码	Test reason name code	C an..17
	1131	代码表标识代码	Code list identification code	C an..17
	3055	代码表负责机构代码	Code list responsible agency code	C an..3
	4424	测试原因名称	Test reason name	C an..35

|TMD 运输搬移细目 TRANSPORT MOVEMENT DETAILS

功能:说明货项或设备(可以不同于合同条件)可操作的运输搬移的详细内容。

010	C219	搬移类型	MOVEMENT TYPE	C 1
	8335	搬移类型描述代码	Movement type description code	C an..3
	8334	搬移类型描述	Movement type description	C an..35
020	8332	设备计划描述	EQUIPMENT PLAN DESCRIPTION	C1 an..26
030	8341	搬运安排代码	HAULAGE ARRANGEMENTS CODE	C 1an..3

|TMP 温度 TEMPERATURE

功能:说明设定的温度。

010	6245	温度类型代码限定符	TEMPERATURE TYPE CODE QUALIFIER	M1an..3
020	C239	温度设定	TEMPERATURE SETTING	C 1
	6246	温度	Temperature degree	C n..15
	6411	计量单位代码	Measurement unit code	C an..8

|TOD 交货或运输条款 TERMS OF DELIVERY OR TRANSPORT

功能:说明交货或运输条款。

010	4055	交货或运输条款的功能代码	DELIVERY OR TRANSPORT TERMS FUNCTION CODE	C1 an..3
020	4215	运费支付方式代码	TRANSPORT CHARGES PAYMENT METHOD CODE	C1 an..3
030	C100	交货或运输条款	TERMS OF DELIVERY OR TRANSPORT	C 1
	4053	交货或运输条款描述代码	Delivery or transport terms description code	C an..3
	1131	代码表标识代码	Code list identification code	C an..17
	3055	代码表负责机构代码	Code list responsible agency code	C an..3
	4052	交货或运输条款描述	Delivery or transport terms description	C an..70
	4052	交货或运输条款描述	Delivery or transport terms description	C an..70

|TPL 运输位置 TRANSPORT PLACEMENT

功能:说明在所用运输中的货物或设备的放置情况。该段为 TDT 段组的指示段。

010 *	C222	运输标识	TRANSPORT IDENTIFICATION	M 1
	8213	运输工具标识名称标识符	Transport means identification name identifier	C an..35
	1131	代码表标识代码	Code list identification code	C an..17

	3055	代码表负责机构代码	Code list responsible agency code	C an..3
	8212	运输工具标识名称	Transport means identification name	C an..70
	8453	运输工具国籍代码	Transport means nationality code	C an..3

|TRU　技术规则　TECHNICAL RULES

功能：说明技术规则的段。

010	7402	对象标识符	OBJECT IDENTIFIER	M1 an..35
020	1056	版本标识符	VERSION IDENTIFIER	C1 an..9
030	1058	发布标识符	RELEASE IDENTIFIER	C1 an..9
040	7175	规则部分标识符	RULE PART IDENTIFIER	C1 an..7
050	3055	代码表负责机构代码	CODE LIST RESPONSIBLE AGENCY CODE	C1 an..3

TSR　运输服务需求　TRANSPORT SERVICE REQUIREMENTS

功能：说明运输合同和运输条件、服务和优先级的需求。

010	C536	合同和运输条件	CONTRACT AND CARRIAGE CONDITION	C 1
	4065	合同和运输条件代码	Contract and carriage condition code	M an..3
	1131	代码表标识代码	Code list identification code	C an..17
	3055	代码表负责机构代码	Code list responsible agency code	C an..3
020	C233	服务	SERVICE	C 1
	7273	服务需求代码	Service requirement code	M an..3
	1131	代码表标识代码	Code list identification code	C an..17
	3055	代码表负责机构代码	Code list responsible agency code	C an..3
	7273	服务需求代码	Service requirement code	C an..3
	1131	代码表标识代码	Code list identification code	C an..17
	3055	代码表负责机构代码	Code list responsible agency code	C an..3
030	C537	运输优先级	TRANSPORT PRIORITY	C 1
	4219	运输服务优先级代码	Transport service priority code	M an..3
	1131	代码表标识代码	Code list identification code	C an..17
	3055	代码表负责机构代码	Code list responsible agency code	C an..3
040	C703	货物性质	NATURE OF CARGO	C 1
	7085	货物类型分类代码	Cargo type classification code	M an..3
	1131	代码表标识代码	Code list identification code	C an..17
	3055	代码表负责机构代码	Code list responsible agency code	C an..3

|VLI　值表标识　VALUE LIST IDENTIFICATION

功能：标识代码型或非代码型的值表。

010	C780	值表标识	VALUE LIST IDENTIFICATION	M 1
	1518	值表标识符	Value list identifier	M an..35
	7405	对象标识代码限定符	Object identification code qualifier	C n..3
020	C082	参与方标识细目	PARTY IDENTIFICATION DETAILS	C 1
	3039	参与方标识符	Party identifier	M an..35

	1131	代码表标识代码	Code list identification code	C an..17
	3055	代码表负责机构代码	Code list responsible agency code	C an..3
030	4405	状态描述代码	STATUS DESCRIPTION CODE	C1 an..3
040	1514	值表名称	VALUE LIST NAME	C1 an..70
050	1507	指示符分类代码	DESIGNATED CLASS CODE	C 1an..3
060	1505	量值表类型代码	VALUE LIST TYPE CODE	C 1an..3
070	C240	产品特征	PRODUCT CHARACTERISTIC	C 1
	7037	特征描述代码	Characteristic description code	M an..17
	1131	代码表标识代码	Code list identification code	C an..17
	3055	代码表负责机构代码	Code list responsible agency code	C an..3
	7036	特征描述	Characteristic description	C an..35
	7036	特征描述	Characteristic description	C an..35
080	4513	维护操作代码	MAINTENANCE OPERATION CODE	C 1an..3

4.3 交互式电子数据交换段目录

位置标识符	标记	中文名称	英文名称	状态表示
	|AAI	食宿安排信息	ACCOMMODATION ALLOCATION INFORMATION	

功能：说明给预订请求所安排的食宿的参考、类型和特征。

注：作为附加信息的特殊需求描述的成分数据元 4184 在复合数据元中出现 99 次。

010	E997	食宿安排信息	ACCOMMODATION ALLOCATION INFORMATION	M 20
	1154	参考标识符	Reference identifier	M an..70
	9143	关系描述代码	Relationship description code	C an..3
	4187	特殊需求类型代码	Special requirement type code	C an..4
	7111	特征值描述代码	Characteristic value description code	C an..3
	4184	特殊需求描述	Special requirement description	C an..17

	+ADI	健康声明公告信息	HEALTH CARE CLAIM ADJUDICATION INFORMATION	

功能：说明健康声明所有服务的公告信息。

010	E206	对象标识	OBJECT IDENTIFICATION	M 3
	7402	对象标识符	Object identifier	M an..35
	7405	对象标识代码限定符	Object identification code qualifier	Can..3
	4405	状态描述代码	Status description code	C an..3
020	E021	服务	SERVICE	C 3
	7135	产品标识符	Product identifier	M an..35
	1131	代码表标识代码	Code list identification code	C an..17
	9629	程序修改代码	Procedure modification code	C an..3
	9629	程序修改代码	Procedure modification code	C an..3
	9629	程序修改代码	Procedure modification code	C an..3
	9629	程序修改代码	Procedure modification code	C an..3
030	1229	行为代码	ACTION CODE	C 1 an..3
040	E017	货币金额	MONETARY AMOUNT	C 15

	5025	货币金额类型代码限定符	Monetary amount type code qualifier	C an..3
	5004	货币金额	Monetary amount	C n..35
	6345	货币标识代码	Currency identification code	C an..3
	6343	货币类型代码限定符	Currency type code qualifier	C an..3
	4405	状态描述代码	Status description code	C an..3
050	6060	数量	QUANTITY	C 3 an..35
060	E030	调整信息	ADJUSTMENT INFORMATION	C 15
	9619	调整种类代码	Adjustment category code	M an..3
	4465	调整原因描述代码	Adjustment reason description code	M an..3
	5004	货币金额	Monetary amount	C n..35
070	9620	政策限制标识符	POLICY LIMITATION IDENTIFIER	C 4 an..10
080	5389	产品组名称代码	PRODUCT GROUP NAME CODE	C 1 an..25
090	E507	日期/时间/期限	DATE/TIME/PERIOD	C 1
	2005	日期/时间/期限功能代码限定符	Date or time or period function code qualifier	M an..3
	2380	日期/时间/期限文本	Date or time or period text	C an..35
	2379	日期/时间/期限格式代码	Date or time or period format code	C an..3
100	9639	诊断类别代码	DIAGNOSIS CATEGORY CODE	C 1 an..3
110	5482	百分比	PERCENTAGE	C 1 n..10

| ADS 地址 ADDRESS

功能：说明地址。

010	E817	地址用法	ADDRESS USAGE	C 1
	3299	地址用途代码	Address purpose code	C an..3
	3131	地址类型代码	Address type code	C an..3
	3475	地址状态代码	Address status code	C an..3
020	E001	地址细目	ADDRESS DETAILS	C 1
	3477	地址格式代码	Address format code	M an..3
	3286	地址成分描述	Address component description	M an..70
	3286	地址成分描述	Address component description	M an..70
	3286	地址成分描述	Address component description	M an..70
	3286	地址成分描述	Address component description	M an..70
	3286	地址成分描述	Address component description	M an..70
	3286	地址成分描述	Address component description	M an..70
030	3164	城市名称	CITY NAME	C 1 an..35
040	3251	邮政标识代码	POSTAL IDENTIFICATION CODE	C 1 an..17
050	3207	国家(地区)标识符	COUNTRY IDENTIFIER	C 1 an..3
060	E819	国家行政区划细目	COUNTRY SUB-ENTITY DETAILS	C 1
	3229	国家行政区划标识符	Country subdivision identifier	C an..9
	1131	代码表标识代码	Code list identification code	C an..17
	3055	代码表负责机构代码	Code list responsible agency code	C an..3
	3228	国家行政区划名称	Country subdivision name	C an..70
070	E517	地点标识	LOCATION IDENTIFICATION	C 1

	3225	地点标识符	Location identifier	C an..25
	1131	代码表标识代码	Code list identification code	C an..17
	3055	代码表负责机构代码	Code list responsible agency code	C an..3
	3224	地点名称	Location name	C an..256

+ALS 附加地点信息 ADDITIONAL LOCATION INFORMATION

功能:说明地点的类型、实际地点的代码和全称、以及该地的国家(地区)代码。

010	3227	地点功能代码限定符	LOCATION FUNCTION CODE QUALIFIER	M 1 an..3
020	E975	地点	LOCATION	M 99
	3225	地点标识符	Location identifier	C an..35
	3224	地点名称	Location name	C an..256
	3207	国家(地区)标识符	Country identifier	C an..3
	3227	地点功能代码限定符	Location function code qualifier	C an..3
030	6000	纬度	LATITUDE DEGREE	C 1 an..10
040	6002	经度	LONGITUDE DEGREE	C 1 an..11

*|APD 附加运输细目 ADDITIONAL TRANSPORT DETAILS

功能:传送关于运输工具的附加信息。

010	E961	运输细目	TRANSPORT DETAILS	C 1
	8179	运输工具描述代码	Transport means description code	C an..8
	8216	行程站数	Journey stops quantity	C n..3
	2162	行程期间	Journey leg duration quantity	C an..6
	5482	百分比	Percentage	C n..10
	2160	一周中每天的标识符	Days of week set identifier	C an..7
	2380	日期/时间/期限文本	Date or time or period text	C an..35
	8215	运输工具变更指示符代码	Transport means change indicator code	C an..1
	3225	地点标识符	Location identifier	C an..35
	3225	地点标识符	Location identifier	C an..35
	3225	地点标识符	Location identifier	C an..35
020	E962	两端港站信息	TERMINAL INFORMATION	C 2
	3463	通道标识符	Gate identifier	C an..6
	3223	第一相关地点标识符	First related location identifier	C an..35
	3223	第一相关地点标识符	First related location identifier	C an..35
030	E963	距离或时间细目	DISTANCE OR TIME DETAILS	C 1
	6314	测量	Measure	C an..18
	6411	计量单位代码	Measure unit code	C an..8
	2002	时间	Time	C n4
040	E964	旅客时间细目	TRAVELLER TIME DETAILS	C 1
	2002	时间	Time	C n4
	2002	时间	Time	C n4
	2156	登记时间	Check-in time	C an..10
050	E965	特殊旅行设施	SPECIAL TRAVEL FACILITIES	C 10

	9039	设施类型描述代码	Facility type description code	C an..3
	9038	设施类型描述	Facility type description	C an..70
	7133	产品细目类型代码限定符	Product details type code qualifier	C an..3
	7037	特征描述代码	Characteristic description code	C an..17

* | ASD 服务细目　　SERVICE DETAILS

功能：说明与服务有关的日期、时间、位置及附加特征信息。

010	E959	附加服务细目	ADDITIONAL SERVICE DETAILS	M 9
	7161	特殊服务描述代码	Special service description code	M an..3
	2002	时间	Time	C n4
	2002	时间	Time	C n4
	2000	日期	Date	C an..14
	3224	地点名称	Location name	C an..256
	3225	地点标识符	Location identifier	C an..35
	3227	地点功能代码限定符	Location function code qualifier	C an..3
	7037	特征描述代码	Characteristic description code	C an..17
	3223	第一相关地点标识符	First related location identifier	C an..35
	3207	国家(地区)标识符	Country identifier	C an..3
	7160	特殊服务描述	Special service description	C an..35
	7036	特征描述	Characteristic description	C an..35
	1229	行为代码	Action code	C an..3
	3233	第二相关地点标识符	Second related location identifier	C an..35
	3453	语言名称代码	Language name code	C an..3
	6072	频率	Frequency rate	C n..9
	6411	计量单位代码	Measurement unit code	C an..8
	6060	数量	Quantity	C an..35
	3036	参与方名称	Party name	C an..35
020	E013	日期和时间信息	DATE AND TIME INFORMATION	C 99
	2005	日期/时间/期限功能代码限定符	Date or time or period function code qualifier	M an..3
	2380	日期/时间/期限文本	Date or time or period text	M an..35
	2379	日期/时间/期限格式代码	Date or time or period format code	C an..3
	4440	自由文本	Free text	C an..512
030	2160	一周中每天的标识符	OF WEEK SET IDENTIFIER	C 1 an..7

* | ATI 旅游信息　　TOUR INFORMATION

功能：传送有关旅游的信息。

010	E993	旅游细目	TOUR DETAILS	C 1
	7135	产品标识符	Product identifier	C an..35
	3036	参与方名称	Party name	C an..35
	6168	长度	Length measure	C n..15
	8216	行程站数	Journey stops quantity	C n..3
	2160	一周中每天的标识符	Days of week set identifier	C an..7

	6350	单位数量	Units quantity	C n..15
	6060	数量	Quantity	C n..15
020	E994	中途停留信息	STOPOVER INFORMATION	C 99
	3225	地点标识符	Location identifier	C an..35
	6350	单位数量	Units quantity	C n..15

+ATR 属性 ATTRIBUTE

功能:标识一个说明属性。

010	9017	属性功能代码限定符	ATTRIBUTE FUNCTION CODE QUALIFIER	M 1 an..3
020	E003	属性信息	ATTRIBUTE INFORMATION	M1
	9021	属性类型描述代码	Attribute type description code	M an..17
	9018	属性描述	Attribute description	C an..256

+BCD 保险费和保险项目 BENEFIT AND COVERAGE DETAIL

功能:标识和给出关于保险费和保险项目信息的段。

010	5267	服务类型代码	SERVICE TYPE CODE	M 1 an..3
020	7517	保险费和保险项目代码	BENEFIT AND COVERAGE CODE	M 1 an..3
030	3507	保险金受益人组成代码	BENEFIT COVERAGE CONSTITUENTS CODE	C 1 an..3
040	2151	期限类型代码	PERIOD TYPE CODE	C 1 an..3
050	E017	货币金额	MONETARY AMOUNT	C 1
	5025	货币金额类型代码限定符	Monetary amount type code qualifier	C an..3
	5004	货币金额	Monetary amount	C n..35
	6345	货币标识代码	Currency identification code	C an..3
	6343	货币类型代码限定符	Currency type code qualifier	C an..3
	4405	状态描述代码	Status description code	C an..3
060	5482	百分比	PERCENTAGE	C 1 n..10
070	6063	数量类型代码限定符	QUANTITY TYPE CODE QUALIFIER	C 1 an..3
080	6060	数量	QUANTITY	C 1 an..35
090	9607	是或否指示符代码	YES OR NO INDICATOR CODE	C 2 an..3
100	4497	保险责任类型代码	INSURANCE COVER TYPE CODE	C 1 an..3
110	4440	自由文本	FREE TEXT	C 1 an..512

+BLI 账单信息 BILLABLE INFORMATION

功能:给出账单信息。

010	5004	货币金额	MONETARY AMOUNT	C 3 n..35
020	E029	诊断	DIAGNOSIS	C 9
	7135	产品标识符	Product identifier	M an..35
	9623	诊断类型代码	Diagnosis type code	C an..3
	1131	代码表标识代码	Code list identification code	C an..17
030	E507	日期/时间/期限	DATE/TIME/PERIOD	C 9

	2005	日期/时间/期限功能代码限定符	Date or time or period function code qualifier	M an..3
	2380	日期/时间/期限文本	Date or time or period text	C an..35
	2379	日期/时间/期限格式代码	Date or time or period format code	C an..3
040	7402	对象标识符	OBJECT IDENTIFIER	C 5 an..35
050	9607	是或否指示符代码	YES OR NO INDICATOR CODE	C 3 an..3
060	E028	相关原因	RELATED CAUSE	C 9
	9625	相关原因代码	Related cause code	C an..3
	2000	日期	Date	C an..14
	3229	国家行政区划标识符	Country subdivision identifier	C an..9

|CLT 撤销已发信息 CLEAR TERMINATE INFORMATION

功能:说明取消业务交易中先前的全部或部分作用所需的信息。

010	1229	行为代码	ACTION CODE	M 1 an..3
020	1225	报文功能代码	MESSAGE FUNCTION CODE	C 2 an..3
030	4440	自由文本	FREE TEXT	C 1 an..70

* |CMN 佣金信息 COMMISSION INFORMATION

功能:说明有关佣金的信息。

010	E002	佣金细目	COMMISSION DETAILS	M 9
	4439	付款条件代码	Payment conditions code	M an..3
	5004	货币金额	Monetary amount	C n..35
	6345	货币标识代码	Currency identification code	C an..3
	3036	参与方名称	Party name	C an..35
	4440	自由文本	Free text	C an..512
	1229	行为代码	Action code	C an..3

* |CNX 衔接明细 CONNECTION DETAILS

功能:说明衔接地点、指定供应商、相关时间及经过会合地点的顺序。

010	E999	衔接明细	CONNECTION DETAILS	C 9
	3225	地点标识符	Location identifier	C an..35
	3036	参与方名称	Party name	C an..35
	2002	时间	Time	C n4
	2002	时间	Time	C n4
	3224	地点名称	Location name	C an..256
	3227	地点功能代码限定符	Location function code qualifier	C an..3
	3207	国家(地区)标识符	Country identifier	C an..3
	1050	顺序位置标识符	Sequence position identifier	C an..10

+CNY 国家(地区)信息 COUNTRY INFORMATION

功能:说明国家(地区)和相关信息,比如:冬夏日期和时间的转换和相关的时差、货币和语言。

010	3207	国家(地区)标识符	COUNTRY IDENTIFIER	M 1 an..3
020	E013	日期和时间信息	DATE AND TIME INFORMATION	C 2

	2005	日期/时间/期限功能代码限定符	Date or time or period function code qualifier	M an..3
	2380	日期/时间/期限文本	Date or time or period text	M an..35
	2379	日期/时间/期限格式代码	Date or time or period format code	C an..3
	4440	自由文本	Free text	C an..512
030	2031	时间变化量	TIME VARIATION QUANTITY	C 2 n..3
040	6345	货币标识代码	CURRENCY IDENTIFICATION CODE	C 1 an..3
050	3453	语言名称代码	LANGUAGE NAME CODE	C 9 an..3

*|CON 联系人信息 CONTACT INFORMATION

功能:说明联系方的通信号码和名称。

010	E966	联系信息	CONTACT INFORMATION	C 5
	3035	参与方功能代码限定符	Party function code qualifier	M an..3
	3148	通信地址标识符	Communication address identifier	M an..512
	3155	通信工具类型代码	Communication medium type code	C an..3
	3036	参与方名称	Party name	C an..35
	1154	参考标识符	Reference identifier	C an..70

|CRI 消费者参考信息 CONSUMER REFERENCE INFORMATION

功能:说明消费者的参考信息。

010	E967	消费者参考标识	CONSUMER REFERENCE IDENTIFICATION	M 20
	1153	参考代码限定符	Reference code qualifier	M an..3
	1154	参考标识符	Reference identifier	C an..70
	3036	参与方名称	Party name	C an..35
	1145	旅客参考标识符	Traveller reference identifier	C an..35

|CUR 货币 CURRENCIES

功能:说明交易中使用的币种及其汇率的细目。

010	E504	货币细目	CURRENCY DETAILS	C 1
	6347	货币使用代码限定符	Currency usage code qualifier	M an..3
	6345	货币标识代码	Currency identification code	C an..3
	6343	货币类型代码限定符	Currency type code qualifier	C an..3
	6348	通货汇率	Currency rate	C n..4
020	E504	货币细目	CURRENCY DETAILS	C 1
	6347	货币使用代码限定符	Currency usage code qualifier	M an..3
	6345	货币标识代码	Currency identification code	C an..3
	6343	货币类型代码限定符	Currency type code qualifier	C an..3
	6348	通货汇率	Currency rate	C n..4
030	5402	汇率	CURRENCY EXCHANGE RATE	C 1 n..12
040	6341	外汇交易市场标识符	EXCHANGE RATE CURRENCY MARKET IDENTIFIER	C 1an..3

	|DAV	日可获性	DAILY AVAILABILITY	
	功能:说明以日为基准的可获性。			
010	7037	特征描述代码	CHARACTERISTIC DESCRIPTION CODE	M 1 an..17
020	E009	日可获性信息	DAILY AVAILABILITY INFORMATION	M 31
	2000	日期	Date	M an..14
	4510	请求信息描述	Requested information description	C an..35

	|DIS	折扣信息	DISCOUNT INFORMATION	
	功能:说明有关折扣的信息。			
010	E998	折扣信息	DISCOUNT INFORMATION	M 20
	4465	调整原因描述代码	Adjustment reason description code	M an..3
	5482	百分比	Percentage	C n..10
	3036	参与方名称	Party name	C an..35
	6350	单位数量	Number of units	C n..15

	+DNT	牙齿信息	DENTAL INFORMATION	
	功能:给出牙齿和口腔信息的说明。			
010	7402	对象标识符	OBJECT IDENTIFIER	C 1 an..35
020	7383	表面/内层代码	SURFACE OR LAYER CODE	C 5 an..3
030	9647	腔区代码	CAVITY ZONE CODE	C 5 an..3
040	6060	数量	QUANTITY	C 6 an..35
050	4405	状态描述代码	STATUS DESCRIPTION CODE	C 1 an..3

	+DTI	日期和时间信息	DATE AND TIME INFORMATION	
	功能:说明日期和时间及相关的文本和时间参考信息。			
010	E013	日期和时间信息	DATE AND TIME INFORMATION	M 9
	2005	日期/时间/期限功能代码限定符	Date or time or period function code qualifier	M an..3
	2380	日期/时间/期限文本	Date or time or period text	M an..35
	2379	日期/时间/期限格式代码	Date or time or period format code	C an..3
	4440	自由文本	Free text	C an..512
020	E014	时间参考细目	TIME REFERENCE DETAILS	C 99
	1154	参考标识符	Reference identifier	C an..70
	1153	参考代码限定符	Reference code qualifier	C an..3

	|ERI	应用错误信息	APPLICATION ERROR INFORMATION	
	功能:标识报文中应用错误的类型。			
010	E901	应用错误细目	APPLICATION ERROR DETAILS	M 1
	9321	应用错误代码	Application error code	M an..8
	1131	代码表标识代码	Code list identification code	C an..17
	3055	代码表负责机构代码	Code list responsible agency code	C an..3

	+FRM	后续作用	FOLLOW-UP ACTION	
	功能:标识后续可能出现的作用。			
010	7402	对象标识符	OBJECT IDENTIFIER	M 1 an..35
020	9013	状态原因描述代码	STATUS REASON DESCRIPTION CODE	M 7 an..3
030	1229	行为代码	ACTION CODE	C 1 an..3

	+FRQ	频率	FREQUENCY	
	功能:说明应用窗口的时间和频率。			
010	E520	频度	FREQUENCY	M 99
	6072	频率	Frequency rate	M n..9
	6411	计量单位代码	Measurement unit code	C an..8
	2380	日期/时间/期限文本	Date or time or period text	C an..35
	2379	日期/时间/期限格式代码	Date or time or period format code	C an..3

	|FTI	常旅客信息	FREQUENT TRAVELLER INFORMATION	
	功能:说明经常旅行的旅客的信息。			
010	E970	常旅客标识	FREQUENT TRAVELLER IDENTIFICATION	M 9
	3036	参与方名称	Party name	M an..35
	3459	常旅客标识符	Frequent traveller identifier	M an..25
	1145	旅客参考标识符	Traveller reference identifier	C an..35

	|HDI	硬件设备信息	HARDWARE DEVICE INFORMATION	
	功能:说明硬件设备行号、访问级别、设备类型和特征。			
010	3148	通信地址标识符	COMMUNICATION ADDRESS IDENTIFIER	C 1 an..512
020	3413	联系人标识符	CONTACT IDENTIFIER	C 1 an..17
030	1511	计算机环境名称代码	COMPUTER ENVIRONMENT NAME CODE	C 1 an..3
040	E003	属性信息	ATTRIBUTE INFORMATION	C 9
	9021	属性类型描述代码	Attribute type description code	M an..17
	9018	属性描述	Attribute description	C an..256

	+HDR	标题信息	HEADER INFORMATION	
	功能:说明适用于整个报文的标题信息。			
010	4405	状态描述代码	STATUS DESCRIPTION CODE	M 1 an..3
020	E013	日期和时间信息	DATE AND TIME INFORMATION	M 9
	2005	日期/时间/期限功能代码限定符	Date or time or period function code qualifier	M an..3
	2380	日期/时间/期限文本	Date or time or period text	M an..35
	2379	日期/时间/期限格式代码	Date or time or period format code	C an..3
	4440	自由文本	Free text	C an..512

030	1154	参考标识符	REFERENCE IDENTIFIER	C 1 an..70
040	4440	自由文本	FREE TEXT	C 1 an..512
050	7135	产品标识符	PRODUCT IDENTIFIER	C 2 an..35
060	3453	语言名称代码	LANGUAGE NAME CODE	C 1 an..3

+HDS 健康诊断服务和移送 HEALTH DIAGNOSIS SERVICE AND DELIVERY

功能:给出关于利益服务范围说明的段,用来报告必须的诊断、服务或请求提供的程序和移送指示。

010	E029	诊断	DIAGNOSIS	C 1
	7135	产品标识符	Product identifier	M an..35
	9623	诊断类型代码	Diagnosis type code	C an..3
	1131	代码表标识代码	Code list identification code	C an..17
020	E021	服务	SERVICE	C 1
	7135	产品标识符	Product identifier	M an..35
	1131	代码表标识代码	Code list identification code	C an..17
	9629	程序修改代码	Procedure modification code	C an..3
	9629	程序修改代码	Procedure modification code	C an..3
	9629	程序修改代码	Procedure modification code	C an..3
	9629	程序修改代码	Procedure modification code	C an..3
030	E083	交货方式	DELIVERY PATTERN	C 1
	6063	数量类型代码限定符	Quantity type code qualifier	M an..3
	6060	数量	Quantity	C an..35
	6411	计量单位代码	Measurement unit code	C an..8
	6060	数量	Quantity	C an..35
	2151	期限类型代码	Period type code	C an..3
	2152	期限数量	Period count quantity	C n..3
	2015	发送方式代码	Despatch pattern code	C an..3
	2017	发送方式时间代码	Despatch pattern timing code	C an..3

+ICI 保险责任信息 INSURANCE COVER INFORMATION

功能:说明所需的保险类型、险别、限额和免赔额信息。

010	E016	保险责任需求	INSURANCE COVER REQUIREMENT	M 1
	4497	保险责任类型代码	Insurance cover type code	M an..3
	7299	需求制定方代码	Requirement designator code	C an..3
020	E017	货币金额	MONETARY AMOUNT	C 5
	5025	货币金额类型代码限定符	Monetary amount type code qualifier	C an..3
	5004	货币金额	Monetary amount	C n..35
	6345	货币标识代码	Currency identification code	C an..3
	6343	货币类型代码限定符	Currency type code qualifier	C an..3
	4405	状态描述代码	Status description code	C an..3

|IFT 交互式自由文本 INTERACTIVE FREE TEXT

功能:提供自由格式信息。

010	E971	自由文本限定	FREE TEXT QUALIFICATION	C 1
	4451	文本主题代码限定符	Text subject code qualifier	M an..3
	4473	信息类型代码	Information type code	C an..4
	4405	状态描述代码	Status description code	C an..3
	3036	参与方名称	Party name	C an..35
	3453	语言名称代码	Language name code	C an..3
020	4440	自由文本	FREE TEXT	C 99 an..512

+ITC 制度声明 INSTITUTIONAL CLAIM

功能：给出适用于一个制度的服务的声明信息说明。

010	E027	发票类型	INVOICE TYPE	M 1
	9631	发票类型代码	Invoice type code	M an..3
	2013	频率代码	Frequency code	C an..3
020	6060	数量	QUANTITY	M 4 an..35
030	E026	允许	ADMISSION	M 1
	9445	允许类型描述代码	Admission type description code	C an..3
	9627	允许来源代码	Admission source code	C an..3
040	9447	解除类型描述代码	DISCHARGE TYPE DESCRIPTION CODE	M 1 an..3
050	E025	服务信息的基础	BASIS OF SERVICE INFORMATION	C 9
	9641	服务基础代码限定符	Service basis code qualifier	M an..3
	7135	产品标识符	Product identifier	M an..35
	1131	代码表标识代码	Code list identification code	C an..17
	2380	日期/时间/期限文本	Date or time or period text	C an..35
	2379	日期/时间/期限格式代码	Date or time or period format code	C an..3
	5004	货币金额	Monetary amount	C n..35

+ITD 信息类型数据 INFORMATION TYPE DATA

功能：给出数据格式、语言、数据的种类。

010	9601	信息种类代码	INFORMATION CATEGORY CODE	C 1 an..3
020	3453	语言名称代码	LANGUAGE NAME CODE	C 1 an..3
030	4405	状态描述代码	STATUS DESCRIPTION CODE	C 10 an..3
040	1503	数据格式描述代码	DATA FORMAT DESCRIPTION CODE	C 1 an..3

|ITM 项号 ITEM NUMBER

功能：说明项号。

010	E212	项号标识	ITEM NUMBER IDENTIFICATION	M 99
	7140	项标识符	Item identifier	C an..35
	7143	项类型标识代码	Item type identification code	C an..3
	1131	代码表标识代码	Code list identification code	C an..17
	3055	代码表负责机构代码	Code list responsible agency code	C an..3

|LKP 层指示 LEVEL INDICATION

功能：指出层次结构中的层。

010	E778	位置标识	POSITION IDENTIFICATION	M 1
	7164	层级结构层标识符	Hierarchical structure level identifier	C an..35
	1050	顺序位置标识符	Sequence position identifier	C an..10

+LNG 语言 LANGUAGE

功能：说明一种语言。

010	3455	语言代码限定符	LANGUAGE CODE QUALIFIER	M 1 an..3
020	E033	语言细目	LANGUAGE DETAILS	C 1
	3453	语言名称代码	Language name code	C an..3
	3452	语言名称	Language name	C an..35

+MAP 报文应用产品信息 MESSAGE APPLICATION PRODUCT INFORMATION

功能：给出应用报文的供应商、报文功能、影响应用因素的指示。

010	E022	指示信息	INSTRUCTION INFORMATION	C 1
	4401	指示描述代码	Instruction description code	M an..3
	4403	指示类型代码限定符	Instruction type code qualifier	C an..3
020	3036	参与方名称	PARTY NAME	C 1 an..35
030	E031	报文应用产品说明	MESSAGE APPLICATION PRODUCT SPECIFICATION	C 1
	1225	报文功能代码	Message function code	C an..3
	7191	过程描述代码	Process description code	C an..17
	7191	过程描述代码	Process description code	C an..17

+MES 计量 MEASUREMENTS

功能：说明物理计量。

010	E175	计量值和细目	MEASUREMENT VALUE AND DETAILS	M 9
	6314	测量	Measure	M an..18
	6411	计量单位代码	Measurement unit code	C an..8
	6313	计量属性代码	Measured attribute code	C an..3
	6321	计量意义代码	Measurement significance code	C an..3

|MOV 汽车运送指示 CAR DELIVERY INSTRUCTION

功能：说明运送和司机驾驶细目，包括车中乘客数量和乘客所用语言。

010	E995	搬移细目	MOVEMENT DETAILS	C 1
	7273	服务需求代码	Service requirement code	C an..3
	2000	日期	Date	C an..14
	2002	时间	Time	C n4
020	6350	单位量	UNITS QUANTITY	C 1 n..15
030	3453	语言名称代码	LANGUAGE NAME CODE	C 1 an..3

	*|MSD	报文行为细目	MESSAGE ACTION DETAILS	

功能：指定报文及业务功能，并提供追踪机制。

010	E972	报文处理细目	MESSAGE PROCESSING DETAILS	C 1
	4025	业务功能代码	Business function code	C an..3
	1225	报文功能代码	Message function code	C an..3
	3055	代码表负责机构代码	Code list responsible agency code	C an..3
	1225	报文功能代码	Message function code	C an..3
	1225	报文功能代码	Message function code	C an..3
	1225	报文功能代码	Message function code	C an..3
	1225	报文功能代码	Message function code	C an..3
	1225	报文功能代码	Message function code	C an..3
	1225	报文功能代码	Message function code	C an..3
	1225	报文功能代码	Message function code	C an..3
	1225	报文功能代码	Message function code	C an..3
	1225	报文功能代码	Message function code	C an..3
020	4343	应答类型代码	RESPONSE TYPE CODE	C 5 an..3
030	E206	对象标识	OBJECT IDENTIFICATION	C 5
	7402	对象标识符	Object identifier	M an..35
	7405	对象标识代码限定符	Object identification code qualifier	C an..3
	4405	状态描述代码	Status description code	C an..3

	+NAA	名称和地址	NAME AND ADDRESS	

功能：说明名称/地址及其相关功能，可以只用 E082，也可以同时或另行使用非结构化的 E058，或通过 3207 使用结构化的 E080。

010	3035	参与方功能代码标识符	PARTY FUNCTION CODE QUALIFIER	M 1 an..3
020	E082	参与方标识细目	PARTY IDENTIFICATION DETAILS	C 1
	3039	参与方标识符	Party identifier	M an..35
	1131	代码表标识代码	Code list identification code	C an..17
	3055	代码表负责机构代码	Code list responsible agency code	C an..3
030	3124	名称和地址描述	NAME AND ADDRESS DESCRIPTION	C 5 an..35
040	E080	参与方名称	PARTY NAME	C 1
	3036	参与方名称	Party name	M an..35
	3036	参与方名称	Party name	M an..35
	3036	参与方名称	Party name	M an..35
	3036	参与方名称	Party name	M an..35
	3036	参与方名称	Party name	M an..35
	3045	参与方名称格式代码	Party name format code	C an..3
050	3042	街道名称和门牌号码/邮政信箱标识符	STREET AND NUMBER OR POST OFFICE BOX IDENTIFIER	C 1 an..35
060	3164	城市名称	CITY NAME	C 1 an..35
070	3229	国家行政区划标识符	COUNTRY SUBDIVISION IDENTIFIER	C 1 an..9
080	3251	邮政标识代码	POSTAL IDENTIFICATION CODE	C 1 an..17

090	3207	国家(地区)标识符	COUNTRY IDENTIFIER	C 1 an..3

+NME 名称 NAME

功能:标识人或实体的名称。

010	E012	姓名信息	NAME INFORMATION	M 9
	3035	参与方功能代码限定符	Party function code qualifier	M an..3
	3036	参与方名称	Party name	C an..35
	3039	参与方标识符	Party identifier	C an..35
	3397	姓名状态代码	Name status code	C an..3

|NUN 单位数 NUMBER OF UNITS

功能:说明所需的单位数。

010	E523	单位数细目	NUMBER OF UNIT DETAILS	M 9
	6350	单位数量	Units quantity	C n..15
	6353	单位类型代码限定符	Unit type code qualifier	C an..3

*|ODI 始发地和目的地细目 ORIGIN AND DESTINATION DETAILS

功能:传送旅程的始发地和最终的目的地信息(始发地在前)。

010	3225	地点标识符	LOCATION IDENTIFIER	C 2 an..35
020	1050	顺序位置标识符	SEQUENCE POSITION IDENTIFIER	C 2 an..10

+ODS 附加产品细目 ADDITIONAL PRODUCT DETAILS

功能:说明产品附加细目,包括产品数据类型、实际数据、产品数量和产品使用主管方。

010	9605	数据代码限定符	DATA CODE QUALIFIER	M 1 an..3
020	E015	产品数据信息	PRODUCT DATA INFORMATION	M 999
	7009	项描述代码	Item description code	C an..17
	7008	项目描述	Item description	C an..256
	6060	数量	Quantity	C an..35
	5004	货币金额	Monetary amount	C n..35
	2155	费用期限类型代码	Charge period type code	C an..3
	5261	费用单位代码	Charge unit code	C an..3
	6345	货币标识代码	Currency identification code	C an..3
	4473	信息类型代码	Information type code	C an..4
	4440	自由文本	Free text	C an..512

*|ORG 请求发起方细目 ORIGINATOR OF REQUEST DETAILS

功能:提供请求方的细目。

010	E973	交付系统细目	DELIVERING SYSTEM DETAILS	C 1
	3036	参与方名称	Party name	C an..35
	3225	地点标识符	Location identifier	C an..35
	3224	地点名称	Location name	C an..256
020	E974	原发起方标识细目	ORIGINATOR IDENTIFICATION DETAILS	C 1

	3197	代理人标识符	Agent identifier	C an..9
	3465	内部标识符	In-house identifier	C an..9
	3197	代理人标识符	Agent identifier	C an..9
	3036	参与方名称	Party name	C an..35
030	E975	地点	LOCATION	C 1
	3225	地点标识符	Location identifier	C an..35
	3224	地点名称	Location name	C an..256
040	3036	参与方名称	PARTY NAME	C 1 an..35
050	3457	发起方类型代码	ORIGINATOR TYPE CODE	C 1 an..3
060	E976	源发起方细目	ORIGINATOR DETAILS	C 1
	3207	国家(地区)标识符	Country identifier	C an..3
	6345	货币标识代码	Currency identification code	C an..3
	3453	语言名称代码	Language name code	C an..3
080	3503	发起方授权标识	ORIGINATOR'S AUTHORITY IDENTIFICATION	C 1 an..9
070	3503	进入授权标识符	ACCESS AUTHORISATION IDENTIFIER	C 1 an..9

+OTI 其他保险 OTHER INSURANCE

功能：给出付款方、被保险者和付款信息，当保险费由第三方来付款时。

010	E206	对象标识	OBJECT IDENTIFICATION	M 5
	7402	对象标识符	Object identifier	M an..35
	7405	对象标识代码限定符	Object identification code qualifier	C an..3
	4405	状态描述代码	Status description code	C an..3
020	9645	付款方责任等级代码	PAYER RESPONSIBILITY LEVEL CODE	M 1 an..3
030	E507	日期/时间/期限	DATE/TIME/PERIOD	C 2
	2005	日期/时间/期限功能代码限定符	Date or time or period function code qualifier	M an..3
	2380	日期/时间/期限文本	Date or time or period text	C an..35
	2379	日期/时间/期限格式代码	Date or time or period format code	C an..3
040	5267	服务类型代码	SERVICE TYPE CODE	C 10 an..3
050	5004	货币金额	MONETARY AMOUNT	C 4 n..35
060	E030	调整信息	ADJUSTMENT INFORMATION	C 15
	9619	调整种类代码	Adjustment category code	M an..3
	4465	调整原因描述代码	Adjustment reason description code	M an..3
	5004	货币金额	Monetary amount	C n..35
070	4497	保险责任类型代码	INSURANCE COVER TYPE CODE	C 1 an..3
080	9143	关系描述代码	RELATIONSHIP DESCRIPTION CODE	C 1 an..3
090	9607	是或否指示符代码	YES OR NO INDICATOR CODE	C 1 an..3

|PDT 产品信息 PRODUCT INFORMATION

功能：说明与产品有关的细目，如配置、可获性。

010	7133	产品细目类型代码限定符	PRODUCT DETAILS TYPE CODE QUALIFIER	C 1 an..3
020	E996	产品分类细目	PRODUCT CLASS DETAILS	C 26
	7037	特征描述代码	Characteristic description code	C an..17
	4510	请求信息描述	Requested information description	C an..35
	7161	特殊服务描述代码	Special service description code	C an..3
	7009	项目描述代码	Item description code	C an..17
	7009	项目描述代码	Item description code	C an..17
	7009	项目描述代码	Item description code	C an..17

* |PLI　产品地点信息　PRODUCT LOCATION INFORMATION

功能:说明产品地点的信息。

010	E008	地理细目	GEOGRAPHIC DETAILS	M 99
	3227	地点功能代码限定符	Location function code qualifier	M an..3
	3224	地点名称	Location name	M an..256
	5479	关系代码	Relation code	C an..3
	6060	数量	Quantity	C n..35
	6063	数量类型代码限定符	Quantity type code qualifier	C an..3
	2002	时间	Time	C n4
	8179	运输工具描述代码	Transport means description code	C an..8
	8179	运输工具描述代码	Transport means description code	C an..8
	8179	运输工具描述代码	Transport means description code	C an..8
	8179	运输工具描述代码	Transport means description code	C an..8
	8179	运输工具描述代码	Transport means description code	C an..8
	6000	经度	Latitude degree	C an..10
	6002	纬度	Longitude degree	C an..11

|PMT　付款信息　PAYMENT INFORMATION

功能:说明有关付款的信息。

010	E977	付款细目	PAYMENT DETAILS	C 99
	4467	支付方式代码	Payment method code	C an..4
	4469	付款用途代码	Payment purpose code	C an..4
	5267	服务类型代码	Service type code	C an..3
	5004	货币金额	Monetary amount	C n..35
	6345	货币标识代码	Currency identification code	C an..3
	1154	参考标识符	Reference identifier	C an..70
	2000	日期	Date	C an..14
	3225	位置标识符	Location identifier	C an..35
020	E978	信用卡信息	CREDIT CARD INFORMATION	C 99
	3036	参与方名称	Party name	M an..35
	1154	参考标识符	Reference identifier	C an..70
	2000	日期	Date	C an..14
	3449	银行标识符	Bank identifier	C an..17

	1145	旅客参考标识符	Traveller reference identifier	C an..35

	+POP	操作期限	PERIOD OF OPERATION	
	功能:说明操作日的日期或时间期限。			
010	E013	日期和时间信息	DATE AND TIME INFORMATION	M 1
	2005	日期/时间/期限功能代码限定符	Date or time or period function code qualifier	M an..3
	2380	日期/时间/期限文本	Date or time or period text	M an..35
	2379	日期/时间/期限格式代码	Date or time or period format code	C an..3
	4440	自由文本	Free text	C an..512
020	2160	一周中每天的标识符	DAYS OF WEEK SET IDENTIFIER	C 1 an..7
030	4405	状态描述代码	STATUS DESCRIPTION CODE	C 1 an..3

	+POR	地点和/或相关时间信息	LOCATION AND/OR RELATED TIME INFORMATION	
	功能:给出关于地点,相关时间和分地点的信息。			
010	E517	地点标识	LOCATION IDENTIFICATION	M 1
	3225	地点标识符	Location identifier	C an..35
	1131	代码表标识代码	Code list identification code	C an..17
	3055	代码表负责机构代码	Code list responsible agency code	C an..3
	3224	地点名称	Location name	C an..256
020	E362	相关时间信息	RELATED TIME INFORMATION	C 2
	2002	时间	Time	C n4
	2002	时间	Time	C n4
	2116	时差	Time zone difference quantity	C n..4
	2148	日期变化数	Date variation number	C n..5
030	E992	地点	POSITION	C 2
	3223	第一相关地点标识符	First related location identifier	C an..35
	3233	第二相关地点标识符	Second related location identifier	C an..35
040	3227	地点功能代码限定符	LOCATION FUNCTION CODE QUALIFIER	C 1 an..3
050	1050	顺序位置标识符	SEQUENCE POSITION IDENTIFIER	C 1 an..10

	+POS	销售信息要点	POINT OF SALE INFORMATION	
	功能:通过参与方标识或位置标识来说明的销售信息点。			
010	E032	参与方标识	PARTY IDENTIFICATION	C 999
	3039	参与方标识符	Party identifier	C an..35
	3035	参与方功能代码限定符	Party function code qualifier	C an..3
020	E975	地点	LOCATION	C 999
	3225	地点标识符	Location identifier	C an..35
	3224	地点名称	Location name	C an..256
	3207	国家(地区)标识符	Country identifier	C an..3
	3227	地点功能代码限定符	Location function code qualifier	C an..3

	*|PRD	产品标识	PRODUCT IDENTIFICATION	
	功能：标识产品。			
010	E989	产品标识细目	PRODUCT IDENTIFICATION DETAILS	C 9
	7135	产品标识符	Product identifier	C an..35
	7037	特征描述代码	Characteristic description code	C an..17
	7139	产品特征标识代码	Product characteristic identification code	C an..3
	7009	项目描述代码	Item description code	C an..17
	7009	项目描述代码	Item description code	C an..17
	7009	项目描述代码	Item description code	C an..17
	9608	产品名称	Product name	C an..35
020	3036	参与方名称	PARTY NAME	C 6 an..35

	+PRE	价格细目	PRICE DETAILS	
	功能：说明价格信息。			
010	E018	价格信息	PRICE INFORMATION	C 20
	5125	价格代码限定符	Price code qualifier	M an..3
	5118	价格	Price amount	C n..15
	5375	价格类型代码	Price type code	C an..3
020	5213	分行项价格变换操作代码	SUB-LINE ITEM PRICE CHANGE OPERATION CODE	C 1 an..3

	+PRO	升级	PROMOTIONS	
	功能：说明升级细目。			
010	E019	促销细目	PROMOTION DETAILS	M 20
	3036	参与方名称	Party name	M an..35
	9607	是或否指示符代码	Yes or no indicator code	C an..3
	1154	参考标识符	Reference identifier	C an..70
	4440	自由文本	Free text	C an..512
	4440	自由文本	Free text	C an..512
	4440	自由文本	Free text	C an..512
	4440	自由文本	Free text	C an..512
	4440	自由文本	Free text	C an..512

	+PRT	参与方信息	PARTY INFORMATION	
	功能：说明关于参与方标识的标识号和统计信息。			
010	3035	参与方功能代码限定符	PARTY FUNCTION CODE QUALIFIER	M 1 an..3
020	E206	对象标识	OBJECT IDENTIFICATION	C 9
	7402	对象标识符	Object identifier	M an..35
	7405	对象标识代码限定符	Object identification code qualifier	C an..3
	4405	状态描述代码	Status description code	C an..3
030	2000	日期	DATE	C 3 an..14
040	E023	参与方统计信息	PARTY DEMOGRAPHIC INFORMATION	C 1

	9143	关系描述代码	Relationship description code	C an..3
	3499	性别代码	Gender code	C an..3
	9005	雇员类别描述代码	Employment category description code	C an..3
	3479	婚姻状况描述代码	Marital status description code	C an..3
	4405	状态描述代码	Status description code	C an..3
	9607	是或否指示符代码	Yes or no indicator code	C an..3

+PSI 服务信息 SERVICE INFORMATION

功能:提供关于服务的详细信息。

010	7402	对象标识符	OBJECT IDENTIFIER	M 4 an..35
020	E507	日期/时间/期限	DATE/TIME/PERIOD	C 5
	2005	日期/时间/期限功能代码限定符	Date or time or period function code qualifier	M an..3
	2380	日期/时间/期限文本	Date or time or period text	M an..35
	2379	日期/时间/期限格式代码	Date or time or period format code	C an..3
030	E021	服务	SERVICE	C 1
	7135	产品标识符	Product identifier	M an..35
	1131	代码表标识代码	Code list identification code	C an..17
	9629	程序修改代码	Procedure modification code	C an..3
	9629	程序修改代码	Procedure modification code	C an..3
	9629	程序修改代码	Procedure modification code	C an..3
	9629	程序修改代码	Procedure modification code	C an..3
040	6060	数量	QUANTITY	C 2 an..35
050	5004	货币金额	MONETARY AMOUNT	C 5 n..35
060	5030	指标文本	INDEX TEXT	C 4 an..35
070	9039	设施类型描述代码	FACILITY TYPE DESCRIPTION CODE	C 1 an..3
080	5267	服务类型代码	SERVICE TYPE CODE	C 1 an..3
090	4183	特定条件代码	SPECIAL CONDITION CODE	C 9 an..3
100	E024	支持证据	SUPPORTING EVIDENCE	C 1
	9643	支持证据类型代码限定符	Supporting evidence type code qualifier	M an..3
	1154	参考标识符	Reference identifier	M an..70
	3153	通信媒体类型代码	Communication medium type code	C an..3

+QTI 数量 QUANTITY

功能:关于数量的信息。

010	E035	数量细目	QUANTITY DETAILS	M 9
	6063	数量类型代码限定符	Quantity type code qualifier	M an..3
	6060	数量	Quantity	M an..35
	6411	计量单位代码	Measurement unit code	C an..8

* |RCI 预订控制信息 RESERVATION CONTROL INFORMATION

功能:说明一项预定的参考。

010	E979	预订控制标识	RESERVATION CONTROL IDENTIFICATION	C 99
	3036	参与方名称	Party name	C an..35
	9040	预订标识符	Reservation identifier	C an..20
	9043	预订标识符代码限定符	Reservation identifier code qualifier	C an..3
	2000	日期	Date	C an..14
	2164	毫秒时间	Millisecond time	C n9
	1154	参考标识符	Reference identifier	C an..70
	4465	调整原因描述代码	Adjustment reason description code	C an..3

+RFR 参考 REFERENCE

功能:说明一个参考。

010	E506	参考	REFERENCE	M 1
	1153	参考代码限定符	Reference code qualifier	M an..3
	1154	参考标识符	Reference identifier	C an..70
	1156	单证行标识符	Document line identifier	C an..6
	4000	参考版本标识符	Reference version identifier	C an..35
	3036	参与方名称	Party name	C an..35

+RLS 关系 RELATIONSHIP

功能:标识两个对象之间的关系。

010	9141	关系类型代码限定符	RELATIONSHIP TYPE CODE QUALIFIER	M 1 an..3
020	E941	关系	RELATIONSHIP	C 1
	9143	关系描述代码	Relationship description code	C an..3
	1131	代码表标识代码	Code list identification code	C an..17
	3055	代码表负责机构代码	Code list responsible agency code	C an..3
	9142	关系描述	Relationship description	C an..35

|RPI 数量和作用细目 QUANTITY AND ACTION DETAILS

功能:指出所需的、与产品有关的数量和作用。

010	E958	数量和作用细目	QUANTITY AND ACTION DETAILS	M 9
	6060	数量	Quantity	C n..35
	4405	状态描述代码	Status description code	C an..3

|RTC 费率类型 RATE TYPES

功能:说明费率的类型。

010	5263	费率类型标识符	RATE TYPE IDENTIFIER	M 99 an..20

* |RTI 费率细目 RATE DETAILS

功能:标识费率并指出处理方法。

010	E011	费率等级细目	RATE CLASS DETAILS	M 99
	5243	费率/价目等级描述代码	Rate or tariff class description code	M an..9

	7365	处理指示符描述代码	Processing indicator description code	C an..3

	|RUL	规则信息	RULE INFORMATION	

功能：说明规则信息和规则状态。

注：在复合数据元 E005(规则文本)中，成分数据元 4440(自由文本)出现 20 次。

010	E004	规则细目	RULE DETAILS	C 99
	4183	特定条件代码	Special conditions code	M an..3
	6350	单位数量	Units quantity	C n..15
	6353	单位类型代码限定符	Unit type code qualifier	C an..3
	5479	关系代码	Relation code	C an..3
	2160	一周中每天的标识符	Days of week set identifier	C an..7
	5004	货币金额	Monetary amount	C n..35
	5025	货币金额类型代码限定符	Monetary amount type code qualifier	C an..3
	6345	货币标识代码	Currency identification code	C an..3
	4440	自由文本	Free text	C an..512
	4440	自由文本	Free text	C an..512
	4440	自由文本	Free text	C an..512
	4440	自由文本	Free text	C an..512
	4440	自由文本	Free text	C an..512
	4440	自由文本	Free text	C an..512
	4440	自由文本	Free text	C an..512
	4440	自由文本	Free text	C an..512
	4440	自由文本	Free text	C an..512
020	E005	规则文本	RULE TEXT	C 9
	4183	特定条件代码	Special condition code	M an..3
	4473	信息类型代码	Information type code	C an..4
	4440	自由文本	Free text	C an..512
030	E006	规则状态	RULE STATUS	C 9
	4183	特定条件代码	Special conditions code	M an..3
	7365	处理指示符描述代码	Processing indicator description code	C an..3

	|SDT	选择细目	SELECTION DETAILS	

功能：说明选择的详细内容。

010	E010	选择细目信息	SELECTION DETAILS INFORMATION	M 99
	4009	选项代码	Option code	M an..3
	4018	相关信息描述	Related information description	C an..35

	+SER	设施信息	FACILITY INFORMATION	

功能：提供设施信息。随后为运用的期间和天数。

010	E965	特殊旅行设施	SPECIAL TRAVEL FACILITIES	C 99
	9039	设施类型描述代码	Facility type description code	C an..3
	9038	设施类型描述	Facility type description	C an..70
	7133	产品细目类型代码限定符	Product details type code qualifier	C an..3

	7037	特征描述代码	Characteristic description code	C an..17
020	1229	行为代码	ACTION CODE	C 1 an..3
030	6350	单位数量	UNITS QUANTITY	C 1 n..15
040	E013	日期和时间信息	DATE AND TIME INFORMATION	C 99
	2005	日期/时间/期限功能代码限定符	Date or time or period function code qualifier	M an..3
	2380	日期/时间/期限文本	Date or time or period text	M an..35
	2379	日期/时间/期限格式代码	Date or time or period format code	C an..3
	4440	自由文本	Free text	C an..512
050	2160	一周中每天的标识符	DAYS OF WEEK SET IDENTIFIER	C 1 an..7

|SSR 特殊需求细目 SPECIAL REQUIREMENT DETAILS

功能：说明服务的特殊需求、数量、采取的作用和实施要求的地点。

010	E980	特殊需求类型细目	SPECIAL REQUIREMENT TYPE DETAILS	M 1
	4187	特殊需求类型代码	Special requirement type code	M an..4
	4405	状态代码	Status code	C an..3
	6060	数量	Quantity	C n..15
	3036	参与方名称	Party name	C an..35
	7365	处理指示符描述代码	Processing indicator description code	C an..3
	3225	地点标识符	Location identifier	C an..35
	3225	地点标识符	Location identifier	C an..35
020	E981	特殊需求细目	SPECIAL REQUIREMENT DETAILS	C 999
	4184	特殊需求描述	Special requirement description	C an..17
	6411	计量单位代码	Measurement unit code	C an..8
	6060	数量	Quantity	C n..15
	1145	旅客参考标识符	Traveller reference identifier	C an..35
	7111	特征值描述代码	Characteristic value description code	C an..3
	7111	特征值描述代码	Characteristic value description code	C an..3
	7111	特征值描述代码	Characteristic value description code	C an..3
	7111	特征值描述代码	Characteristic value description code	C an..3
	7111	特征值描述代码	Characteristic value description code	C an..3

+TCE 时间和确定性 TIME AND CERTAINTY

功能：说明事件的时间和确定性。

010	2380	日期/时间/期限文本	DATE OR TIME OR PERIOD TEXT	C 1 an..35
020	E946	确定性	CERTAINTY	C 1
	4049	确定性描述代码	Certainty description code	C an..3
	4048	确定性描述	Certainty description	C an..35
	3453	语言名称代码	Language name code	C an..3
	3055	代码表负责机构代码	Code list responsible agency code	C an..3

*|TDI 旅客单证信息 TRAVELLER DOCUMENT INFORMATION

功能：说明与旅客有关的单证信息。

010	E968	单证信息	DOCUMENT INFORMATION	M 1
	1001	单证名称代码	Document name code	M an..3
	1004	单证标识符	Document identifier	M an..35
	7111	特征值描述代码	Characteristic value description code	C an..3
	3225	地点标识符	Location identifier	C an..35
	3207	国家(地区)标识符	Country identifier	C an..3
	3207	国家(地区)标识符	Country identifier	C an..3
	3164	城市名称	City name	C an..35
020	E969	有效日期	VALIDITY DATES	C 1
	2000	日期	Date	M an..14
	2000	日期	Date	C an..14
030	3500	姓	FAMILY NAME	C 1 an..70
040	3460	名字	GIVEN NAME	C 99 an..70

---

*|TFF 价目表信息 TARIFF INFORMATION

功能：说明与服务或产品有关的价目表细目。

010	E982	价目表信息	TARIFF INFORMATION	C 99
	5263	费率类型标识符	Rate type identifier	C an..20
	5004	货币金额	Monetary amount	C n..35
	6345	货币标识代码	Currency identification code	C an..3
	5501	费率计划代码	Rate plan code	C an..3
	5025	货币金额类型代码限定符	Monetary amount type code qualifier	C an..3
	2152	期限数量	Period count quantity	C n..3
	5377	价格变更类型代码	Price change type code	C an..3
	5160	货币总金额	Total monetary amount	C n..20
	2000	日期	Date	C an..14
	2000	日期	Date	C an..14
	4183	特定条件代码	Special conditions code	C an..3
	6060	数量	Quantity	C an..35
	4405	状态描述代码	Status description code	C an..3
020	E983	费率信息	RATE INFORMATION	C 1
	5243	费率/价目等级描述代码	Rate or tariff class description code	C an..9
	6162	最小数量范围	Range minimum quantity	C n..18
	6152	最大数量范围	Range miximum quantity	C n..18
	7365	处理指示符描述代码	Processing indicator description code	C an..3
	6345	货币标识代码	Currency identification code	C an..3
030	E984	相关费用信息	ASSOCIATED CHARGES INFORMATION	C 99
	5261	费用单位代码	Charge unit code	C an..3
	5004	货币金额	Monetary amount	C n..35
	7008	项目描述	Item description	C an..256
	6060	数量	Quantity	C n..15

	2155	费用期限类型代码	Charge period type code	C an..3
	6345	货币标识代码	Currency identification code	C an..3
	3225	位置标识符	Location identifier	C an..35
	4440	自由文本	Free text	C an..512
	4513	维护操作代码	Maintenance operation code	C an..3
	7299	需求制定方代码	Requirement designator code	C an..3
	2018	年龄	Age	C n..3
	5482	百分比	Percentage	C n..10

\|TIF　旅客信息　TRAVELLER INFORMATION

功能：说明旅客和个人信息。

010	E985	旅客姓氏和相关信息	TRAVELLER SURNAME AND RELATED INFORMATION	M 1
	3500	姓	Family name	M an..70
	3035	参与方功能代码限定符	Party function code qualifier	C an..3
	6060	数量	Quantity	C n..35
	4405	状态描述代码	Status description code	C an..3
	3453	语言名称代码	Language name code	C an..3
020	E986	旅客细目	TRAVELLER DETAILS	C 99
	3460	名字	Given name	C an..70
	3035	参与方功能代码限定符	Party function code qualifier	C an..3
	1145	旅客参考标识符	Traveller reference identifier	C an..35
	3504	职务描述	Given name title description	C an..9
	8219	旅客携带婴儿指示符代码	Traveller accompanied by infant indicator code	C an1
	3453	语言名称代码	Language name code	C an..3
	3499	性别代码	Gender code	C an..3
	2018	年龄	Age	C n..3

+TIZ　时区信息　TIME ZONE INFORMATION

功能：给出关于时区的信息。

010	E034	时区	TIME ZONE	M 1
	2029	时区标识符	Time zone identifier	M an..3
	2116	时差	Time zone difference quantity	C n..4

\|TRF　交通限制细目　TRAFFIC RESTRICTION DETAILS

功能：提供交通限制的详细内容。

010	E007	交通限制细目	TRAFFIC RESTRICTION DETAILS	M 5
	8015	交通限制代码	Traffic restriction code	C an..3
	8017	交通限制应用代码	Traffic restriction application code	C an..3
	8035	交通限制类型代码限定符	Traffic restriction type code qualifier	C an..3
	4440	自由文本	Free text	C an..512

＊|TVL 旅行产品信息 TRAVEL PRODUCT INFORMATION

功能：说明与旅行的产品有关的详细内容。

010	E987	产品日期和时间	PRODUCT DATE AND TIME	C 1
	2000	日期	Date	M an..14
	2002	时间	Time	C n4
	2000	日期	Date	C an..14
	2002	时间	Time	C n4
	2148	日期变化数	Date variation number	C n..5
020	E975	地点	LOCATION	C 2
	3225	地点标识符	Location identifier	C an..35
	3224	地点名称	Location name	C an..256
	3207	国家(地区)标识符	Country identifier	C an..3
	3227	地点功能代码限定符	Location function code qualifier	C an..3
030	E988	公司标识	COMPANY IDENTIFICATION	C 1
	3036	参与方名称	Party name	M an..35
	3036	参与方名称	Party name	M an..35
	3036	参与方名称	Party name	M an..35
040	E989	产品标识细目	PRODUCT IDENTIFICATION DETAILS	C 1
	7135	产品标识符	Product identifier	C an..35
	7037	特征描述代码	Characteristic description code	C an..17
	7139	产品特征标识代码	Product characteristic identification code	C an..3
	7009	项目描述代码	Item description code	C an..17
	7009	项目描述代码	Item description code	C an..17
	7009	项目描述代码	Item description code	C an..17
	9608	产品名称	Product name	C an..35
050	E990	顺序号细目	SEQUENCE NUMBER DETAILS	C 1
	1050	顺序位置标识符	Sequence position identifier	M an..10
	1050	顺序位置标识符	Sequence position identifier	M an..10
	1050	顺序位置标识符	Sequence position identifier	M an..10
	1050	顺序位置标识符	Sequence position identifier	M an..10
	1050	顺序位置标识符	Sequence position identifier	M an..10
	1050	顺序位置标识符	Sequence position identifier	M an..10
	1050	顺序位置标识符	Sequence position identifier	M an..10
	1050	顺序位置标识符	Sequence position identifier	M an..10
	1050	顺序位置标识符	Sequence position identifier	M an..10
060	1082	行项标识符	LINE ITEM IDENTIFIER	C 1 an..6
070	7365	处理指示符描述代码	PROCESSING INDICATOR DESCRIPTION CODE	C 1 an..3

＋TXS 税 TAXES

功能：说明税细目。

010	E020	税细目	TAX DETAILS	M 99

	5153	关税/税/费类型名称代码	Duty or tax or fee type name code	M an..3
	5004	货币金额	Monetary amount	C n..35
	5278	关税/税/费率	Duty or tax or fee rate	C an..17

	|VEH	交通工具	VEHICLE	
	功能:传送有关交通工具的信息。			
010	8053	设备类型代码限定符	EQUIPMENT TYPE CODE QUALIFIER	C 1 an..3
020	E991	交通工具信息	VEHICLE INFORMATION	C 1
	8154	设备规格和类型描述	Equipment size and type description	C an..35
	7402	对象标识符	Object identifier	C an..35
030	E211	尺码	DIMENSIONS	C 1
	6411	计量单位代码	Measurement unit code	M an..8
	6168	长度	Length measure	C n..15
	6140	宽度	Width measure	C n..15
	6008	高度	Height measure	C n..15
040	6314	测量	MEASURE	C 1 an..18
050	E992	位置	POSITION	C 1
	3223	第一相关地点标识符	First related location identifier	C an..35
	3233	第二相关地点标识符	Second related location identifier	C an..35
060	1145	旅客参考标识符	TRAVELLER REFERENCE IDENTIFIER	C 1 an..35

5 索引

5.1 批式电子数据交换段目录的索引

标记	中文名称	英文名称
	[A]	
|ADR	地址	Address
|AGR	协议标识	Agreement identification
|AJT	调整细目	Adjustment details
|ALC	折让或费用	Allowance or charge
|ALI	附加信息	Additional information
+APP	适应性	Applicability
|APR	附加价格信息	Additional price information
|ARD	金额关系细目	Amounts Relationship Details
|ARR	数组信息	Array information
|ASI	数组结构标识	Array structure identification
* |ATT	属性	Attribute
|AUT	鉴定结果	Authentication result
	[B]	
+BAS	基础	Basis
|BGM	报文开始	Beginning of message
|BII	结构标识	Structure identification
|BUS	业务功能	Business function

[C]

|CAV	特征值	Characteristic value
|CCD	保证金细目	Credit cover details
|CCI	特征/分类标识	Characteristic/class id
|CDI	物理或逻辑状态	Physical or logical state
|CDS	代码集标识	Code set identification
*|CDV	代码值定义	Code value definition
*|CED	计算机环境细目	Computer environment details
|CIN	临床信息	Clinical information
+CLA	条款标识	Clause identification
|CLI	临床干预	Clinical intervention
|CMP	复合数据元标识	Composite data element identification
*|CNI	托运信息	Consignment information
*|CNT	控制总计	Control total
|COD	部件细目	Component details
|COM	通信联系	Communication contact
*|COT	分摊额细目	Contribution details
|CPI	费用付款说明	Charge payment instructions
|CPS	托运物包装顺序	Consignment packing sequence
|CPT	账户标识	Account identification
|CST	货物通关状态	Customs status of goods
|CTA	联系信息	Contact information
|CUX	货币	Currencies

[D]

|DAM	残损	Damage
+DFN	定义功能	Definition function
|DGS	危险品	Dangerous goods
|DII	目录标识	Directory identification
|DIM	尺码	Dimensions
|DLI	单证行标识	Document line identification
|DLM	交货限制	Delivery limitations
*|DMS	单证/报文汇总	Document/message summary
*|DOC	单证/报文细目	Document/message details
+DRD	数据表达细目	Data representation details
|DSG	剂量管理	Dosage administration
|DSI	数据集标识	Data set identification
|DTM	日期/时间/期限	Date/time/period

[E]

+EDT	编辑细目	EDITING DETAILS
*|EFI	外部文件链接标识	External file link identification
*|ELM	简单数据元细目	Simple data element details
*|ELU	数据元用法细目	Data element usage details
+ELV	元素值定义	Element value definition

|EMP	雇员细目	Employment details
|EQA	附加设备	Attached equipment
* |EQD	设备细目	Equipment details
|EQN	单位数	Number of units
|ERC	应用错误信息	Application error information
|ERP	出错位置细目	Error point details
+EVE	事件	EVENT

[F]

|FCA	财务费用的分配	Financial charges allocation
|FII	金融机构信息	Financial institution information
|FNS	注释集	Footnote set
|FNT	注释	Footnote
+FOR	公式	Formula
+FSQ	公式顺序	Formula sequence
* |FTX	自由文本	Free text

[G]

|GDS	货物性质	Nature of cargo
+GEI	处理信息	Processing information
|GID	货物项明细	Goods item details
|GIN	货物标识号	Goods identity number
|GIR	相关标识号	Related identification numbers
|GOR	政府规定	Governmental requirements
+GPO	地理位置	Geographical position
|GRU	段组用法细目	Segment group usage details

[H]

|HAN	装卸说明	Handling instructions
* |HYN	层次信息	Hierarchy information

[I]

|ICD	保险责任描述	Insurance cover description
|IDE	标识	Identity
+IFD	信息细目	Information detail
|IHC	个人特征	Person characteristic
* |IMD	项目描述	Item description
|IND	指数细目	Index details
|INP	参与方和指示	Parties and instruction
|INV	库存管理相关细目	Inventory management related details
|IRQ	请求信息	Information required

[L]

|LAN	语言	Language
|LIN	行项	Line item
|LOC	地点/位置标识	Place/location identification

[M]

|MEA	计量	Measurements

|MEM	成员细目	Membership details
|MKS	市场/销售渠道信息	Market/sales channel information
|MOA	货币金额	Monetary amount
* |MSG	报文类型标识	Message type identification
+MTD	维护操作细目	Maintenance operation details
	[N]	
* |NAD	名称和地址	Name and address
|NAT	国籍	Nationality
	[P]	
|PAC	包装	Package
|PAI	付款指示	Payment instructions
|PAS	护理	Attendance
+PCC	保费计算成分细目	Premium calculation component details
* |PCD	百分比细目	Percentage details
|PCI	包装标识	Package identification
|PDI	个人统计信息	Person demographic information
+PER	期限相关细目	Period related details
* |PGI	产品组信息	Product group information
|PIA	附加产品标识	Additional product id
* |PNA	参与方标识	Party identification
|POC	运输工具停靠目的	Purpose of conveyance call
|PRC	处理标识	Process identification
|PRI	价格细目	Price details
+PRV	附加条款细目	Proviso details
|PSD	实物样品描述	Physical sample description
|PTY	优先级	Priority
+PYT	付款条款	Payment terms
	[Q]	
+QRS	问题与应答	Query and response
|QTY	数量	Quantity
|QUA	资格	Qualification
|QVR	数量变更	Quantity variances
	[R]	
* |RCS	需求和条件	Requirements and conditions
|REL	关系	Relationship
|RFF	参考	Reference
+RJL	会计分类账标识	Accounting journal identification
|RNG	范围细目	Range details
+ROD	风险对象类型	Risk object type
* |RSL	结果	Result
* |RTE	费率细目	Rate details
	[S]	
|SAL	酬金类型标识	Remuneration type identification

|SCC	计划状况	Scheduling conditions
|SCD	结构成分定义	Structure component definition
|SEG	段标识	Segment identification
|SEL	封志号	Seal number
|SEQ	顺序细目	Sequence details
|SFI	安全信息	Safety information
|SGP	分装货物的放置	Split goods placement
|SGU	段用法细目	Segment usage details
|SPR	组织分类细目	Organisation classification details
|SPS	用于汇总统计的取样参数	Sampling parameters for summary statistics
|STA	统计	Statistics
|STC	统计概念	Statistical concept
|STG	阶段	Stages
|STS	状态	Status
	[T]	
*|TAX	关税/税/费细目	Duty/tax/fee details
|TCC	运费/费率计算	Transport charge/rate calculations
|TDT	运输细目	Transport information
|TEM	测试方式	Test method
|TMD	运输搬移细目	Transport movement details
|TMP	温度	Temperature
|TOD	交货或运输条款	Terms of delivery or transport
|TPL	运输位置	Transport placement
|TRU	技术规则	Technical rules
|TSR	运输服务需求	Transport service requirements
	[V]	
|VLI	值表标识	Value list identification

5.2 交互式电子数据交换段目录的索引

标记	中文名称	英文名称
	[A]	
|AAI	食宿安排信息	Accommodation allocation information
+ADI	健康声明公告信息	Health care claim adjudication information
|ADS	地址	Address
+ALS	附加地点信息	Additional location information
*|APD	附加运输细目	Additional transport details
*|ASD	服务细目	Service details
*|ATI	旅游信息	Tour information
+ATR	属性	Attribute
	[B]	
+BCD	保险费和保险项目	Benefit and coverage detail
+BLI	账单信息	Billable information
	[C]	
|CLT	撤销已发信息	Clear terminate information

* |CMN	佣金信息	Commission information
* |CNX	衔接细目	Connection details
+CNY	国家(地区)信息	Country information
* |CON	联系人信息	Contact information
|CRI	消费者参考信息	Consumer reference information
|CUR	货币	Currencies
	[D]	
|DAV	日可获性	Daily availability
|DIS	折扣信息	Discount information
+DNT	牙齿信息	Dental information
+DTI	日期和时间信息	Date and time information
	[E]	
|ERI	应用错误信息	Application error information
	[F]	
+FRM	后续作用	Follow-up action
+FRQ	频率	Frequency
|FTI	常旅客信息	Frequent traveller information
	[H]	
|HDI	硬件设备信息	Hardware device information
+HDR	标题信息	Header information
+HDS	健康诊断服务和移送	Health diagnosis service and delivery
	[I]	
+ICI	保险责任信息	Insurance cover information
|IFT	交互式自由文本	Interactive free text
+ITC	制度声明	Institutional claim
+ITD	信息类型数据	Information type data
|ITM	项号	Item number
	[L]	
|LKP	层指示	Level indication
+LNG	语言	Language
	[M]	
+MAP	报文应用产品信息	Message application product information
+MES	计量	Measurements
|MOV	汽车运送指示	Car delivery instruction
* |MSD	报文行为细目	Message action details
	[N]	
+NAA	名称和地址	Name and address
+NME	名称	Name
|NUN	单位数	Number of units
	[O]	
* |ODI	始发地和目的地细目	Origin and destination details
+ODS	附加产品细目	Additional product details
* |ORG	请求发起方细目	Originator of request details

+OTI	其他保险	Other insurance

[P]

|PDT	产品信息	Product information
* |PLI	产品地点信息	Product location information
|PMT	付款信息	Payment information
+POP	操作期限	Period of operation
+POR	地点和/或相关时间信息	Location and/or related time information
+POS	销售信息要点	Point of sale information
* |PRD	产品标识	Product identification
+PRE	价格细目	Price details
+PRO	升级	Promotions
+PRT	参与方信息	Party information
+PSI	服务信息	Service information

[Q]

+QTI	数量	Quantity

[R]

* |RCI	预订控制信息	Reservation control information
+RFR	参考	Reference
+RLS	关系	Relationship
|RPI	数量和作用细目	Quantity and action details
|RTC	费率类型	Rate types
* |RTI	费率细目	Rate details
|RUL	规则信息	Rule information

[S]

|SDT	选择细目	Selection details
+SER	设施信息	Facility information
|SSR	特殊需求细目	Special requirement details

[T]

+TCE	时间和确定性	Time and certainty
* |TDI	旅客单证信息	Traveller document information
* |TFF	价目表信息	Tariff information
|TIF	旅客信息	Traveller information
+TIZ	时区信息	Time zone information
|TRF	交通限制细目	Traffic restriction details
* |TVL	旅行产品信息	Travel product information
+TXS	税	Taxes

[V]

|VEH	交通工具	Vehicle

ICS 35.240.60
A 10

中华人民共和国国家标准

GB/T 15635—2008
代替 GB/T 15635.1—1999,GB/T 15635.2—2001

行政、商业和运输业电子数据交换复合数据元目录

Electronic data interchange for administration, commerce and transport(EDIFACT)—Composite data elements directory

2008-06-18 发布 2008-11-01 实施

中华人民共和国国家质量监督检验检疫总局
中国国家标准化管理委员会 发布

前　言

本标准等同采用联合国行政、商业和运输业电子数据交换(UN/EDIFACT)D.06B复合数据元目录。

本标准代替GB/T 15635.1—1999和GB/T 15635.2—2001。

本标准与GB/T 15635.1—1999、GB/T 15635.2—2001相比，主要变化如下：

——根据UN/EDIFACT的发展和变化以及实际应用的需要，对标准名称和结构作了调整，合并GB/T 15635.1—1999和GB/T 15635.2—2001。

——本标准第1、第2、第3章综合、补充和完善了GB/T 15635.1—1999和GB/T 15635.2—2001的第1、第2、第3章的内容，第4章的内容与UN/EDIFACT D.06B一致。

——复合数据元的数量从240个增至294个，其中新增64个复合数据元，删除10个复合数据元，变更227个复合数据元，变更状态用变更指示符指出。变更针对的是GB/T 15635.1—1999、GB/T 15635.2—2001，而不是UN/EDIFACT D.06B。

本标准由中国标准化研究院提出。

本标准由全国电子业务标准化技术委员会归口。

本标准起草单位：中国标准化研究院。

本标准的主要起草人：曹新九、胡涵景、任冠华、刘颖、马胜男。

本标准所替代标准的历次版本发布情况为：

——GB/T 15635.1—1995、GB/T 15635.1—1999；

——GB/T 15635.2—2001。

行政、商业和运输业电子数据交换 复合数据元目录

1 范围

本标准规定了行政、商业、运输业电子数据交换(EDIFACT)中使用的用户复合数据元的名称、标记、功能、结构和索引。

本标准适用于行政、商业、运输业电子数据交换(EDIFACT)中的标准报文的设计。

2 规范性引用文件

下列文件中的条款通过本标准的引用而成为本标准的条款。凡是注日期的引用文件,其随后所有的修改单(不包括勘误的内容)或修订版均不适用于本标准,然而,鼓励根据本标准达成协议的各方研究是否可使用这些文件的最新版本。凡是不注日期的引用文件,其最新版本适用于本标准。

GB/T 14805.1—2007 行政、商业和运输业电子数据交换 应用级语法规则 第1部分:公用的语法规则(ISO 9735-1:2002,IDT)

GB/T 15634—2008 行政、商业和运输业电子数据交换 段目录

GB/T 17699—2008 行政、商业和运输业电子数据交换 数据元目录

3 复合数据元表示的有关说明

3.1 复合数据元标记

复合数据元标记前的符号指出复合数据元的变更情况,其含义是:

+——新增加

*——结构变更

#——名称变更

|——描述、注和功能变更

3.2 复合数据元结构中数据元状态

复合数据元结构中数据元状态用 M 和 C 表示,其含义是:

C——条件型

M——必备型

3.3 复合数据元的字符类型的含义

复合数据元的字符类型的含义见 GB/T 14805.1—2007 的附录 B。

4 复合数据元目录

4.1 概述

数据元是构成 EDIFACT 报文的最小单位也称为简单数据元,它等效于一个语句中的一个字或一个词。它由唯一的四位数字标记、数据元名称、数据元描述及表示方式来标识。EDIFACT 报文中所使用的全部数据元均收入 GB/T 17699—2008 中,并有其相应的维护规程,根据 EDIFACT 报文的需要进行相应的增加、修改和删除。采用 EDIFACT 用户应首先从 GB/T 17699—2008 中选用数据元来设计所需要的 EDIFACT 报文。由简单数据元组成的复合数据元等效于一个词组。复合数据元由唯一的四位字母数字标记来标识,并收入本标准中。段目录中的段是 EDIFACT 报文中的中间信息单位,它等效

于一个句子。它是由预先定义的、功能上相关的数据元集合即复合数据元组成,这些数据元由其在集合中序列位置来定义。每个段都由三个字母段标记标识,并收入 GB/T 15634—2008 中。

4.2 批式电子数据交换复合数据元目录

位置标识符	标记	中文名称	英文名称	状态表示
	+C001	运输工具	TRANSPORT MEANS	

说明:标识运输工具种类的代码和/或名称。

注:本复合数据元代替复合数据元 C228(该复合数据元已在本目录中删除)。

010	8179	运输工具描述代码	Transport means description code	C an..8
020	1131	代码表标识代码	Code list identification code	C an..17
030	3055	代码表负责机构代码	Code list responsible agency code	C an..3
040	8178	运输工具描述	Transport means description	C an..17

	|C002	单证/报文名称	DOCUMENT/MESSAGE NAME	

说明:单证/报文类型的标识,用代码或名称表示。优先选用代码。

010	1001	单证名称代码	Document name code	C an..3
020	1131	代码表标识代码	Code list identification code	C an..17
030	3055	代码表负责机构代码	Code list responsible agency code	C an..3
040	1000	单证名称	Document name	C an..35

	+C004	事件种类	EVENT CATEGORY	

说明:说明事件类别。

010	9637	事件种类描述代码	Event category description code	C an..3
020	1131	代码表标识代码	Code list identification code	C an..17
030	3055	代码表负责机构代码	Code list responsible agency code	C an..3
040	9636	事件种类描述	Event category description	C an..70

	+C008	货币金额功能细目	MONETARY AMOUNT FUNCTION DETAIL	

说明:提供货币金额功能的细目。

010	5105	货币金额功能细目描述代码	Monetary amount function detail description code	C an..17
020	1131	代码表标识代码	Code list identification code	C an..17
030	3055	代码表负责机构代码	Code list responsible agency code	C an..3
040	5104	货币金额功能细目描述	Monetary amount function detail description	C an..70

	+C009	信息种类	INFORMATION CATEGORY	

说明:说明信息的种类。

010	9615	信息种类描述代码	Information category description code	C an..3
020	1131	代码表标识代码	Code list identification code	C an..17
030	3055	代码表负责机构代码	Code list responsible agency code	C an..3
040	9614	信息种类描述	Information category description	C an..70

	+C010	信息类型	INFORMATION TYPE	
	说明：说明信息的类型。			
010	4473	信息类型代码	Information type code	C an..4
020	1131	代码表标识代码	Code list identification code	C an..17
030	3055	代码表负责机构代码	Code list responsible agency code	C an..3
040	4472	信息类型	Information type	C an..35

	+C011	信息细目	INFORMATION DETAIL	
	说明：提供信息的细目。			
010	9617	信息细目描述代码	Information detail description code	C an..17
020	1131	代码表标识代码	Code list identification code	C an..17
030	3055	代码表负责机构代码	Code list responsible agency code	C an..3
040	9616	信息细目描述	Information detail description	C an..256

	+C012	处理指示符	PROCESSING INDICATOR	
	说明：处理指示符的标识。			
注：本复合数据元代替复合数据元 C529(该复合数据元已在本目录中删除)。				
010	7365	处理指示符描述代码	Processing indicator description code	C an..3
020	1131	代码表标识代码	Code list identification code	C an..17
030	3055	代码表负责机构代码	Code list responsible agency code	C an..3
040	7364	处理指示符描述	Processing indicator description	C an..35

	+C019	付款条款	PAYMENT TERMS	
	说明：付款条款的信息。			
注：本复合数据元代替复合数据元 C110(该复合数据元已在本目录中删除)。				
010	4277	付款条款描述标识符	Payment terms description identifier	Can..17
020	1131	代码表标识代码	Code list identification code	C an..17
030	3055	代码表负责机构代码	Code list responsible agency code	C an..3
040	4276	付款条款描述	Payment terms description	C an..35

	+C030	事件类型	EVENT TYPE	
	说明：说明事件的类型。			
010	9171	事件类型描述代码	Event type description code	C an..3
020	1131	代码表标识代码	Code list identification code	C an..17
030	3055	代码表负责机构代码	Code list responsible agency code	C an..3
040	9170	事件类型描述	Event type description	C an..70

	|C040	承运人	CARRIER	
	说明：承运人的标识，用代码和/或名称表示。优先选用代码。			
010	3127	承运人标识符	Carrier identifier	C an..17
020	1131	代码表标识代码	Code list identification code	C an..17
030	3055	代码表负责机构代码	Code list responsible agency code	C an..3

040	3128	承运人名称	Carrier name	C an..35

|C042 国籍细目 NATIONALITY DETAILS

说明:说明国籍。

010	3293	国籍名称代码	Nationality name code	C an..3
020	1131	代码表标识代码	Code list identification code	C an..17
030	3055	代码表负责机构代码	Code list responsible agency code	C an..3
040	3292	国籍名称	Nationality name	C a..35

C045 票据层标识 BILL LEVEL IDENTIFICATION

说明:用于多种索引目的的复式代码序列集。

010	7436	第一层标识	Level one ID	C an..17
020	7438	第二层标识	Level two ID	C an..17
030	7440	第三层标识	Level three ID	C an..17
040	7442	第四层标识	Level four ID	C an..17
050	7444	第五层标识	Level five ID	C an..17
060	7446	第六层标识	Level six ID	C an..17

|C049 酬金类型标识 REMUNERATION TYPE IDENTIFICATION

说明:酬金类型的标识。

010	5315	酬金类型名称代码	Remuneration type name code	C an..3
020	1131	代码表标识代码	Code list identification code	C an..17
030	3055	代码表负责机构代码	Code list responsible agency code	C an..3
040	5314	酬金类型名称	Remuneration type name	C an..35
050	5314	酬金类型名称	Remuneration type name	C an..35

+C056 联系人细目 CONTACT DETAILS

说明:如部门或雇员的联系代码和/或名称,优先选用代码。

010	3413	联系人标识符	Contact identifier	C an..17
020	3412	联系人名称	Contact name	C an..256

C058 名称和地址 NAME AND ADDRESS

说明:非结构化的名称和地址,占1～5行。

010	3124	名称和地址描述	Name and address description	M an..35
020	3124	名称和地址描述	Name and address description	C an..35
030	3124	名称和地址描述	Name and address description	C an..35
040	3124	名称和地址描述	Name and address description	C an..35
050	3124	名称和地址描述	Name and address description	C an..35

C059 街道 STREET

说明:结构化的地址中街道地址和/或邮政信箱号码,占1～4行。

010	3042	街道名称和门牌号码/邮政信箱标识符	Street and number/P. O. Box identifier	M an..35

020　3042　街道名称和门牌号码/邮政信箱标识符 Street and number/P. O. Box identifier　C an. . 35

030　3042　街道名称和门牌号码/邮政信箱标识符 Street and number/P. O. Box identifier　C an. . 35

040　3042　街道名称和门牌号码/邮政信箱标识符 Street and number/P. O. Box identifier　C an. . 35

+C063　事件标识　EVENT IDENTIFICATION

说明:标识一个事件。

010	9173	事件描述代码	Event description code	C an. . 35
020	1131	代码表标识代码	Code list identification code	C an. . 17
030	3055	代码表负责机构代码	Code list responsible agency code	C an. . 3
040	9172	事件	Event	C an. . 256

|C076　通信联系　COMMUNICATION CONTACT

说明:特定通信信道中的部门或人员的通信号码。

010	3148	通信地址标识符	Communication address identifier	M an. . 512
020	3155	通信工具类型代码	Communication means type code	M an. . 3

C077　文件标识　FILE IDENTIFICATION

说明:标识一个文件。

010	1508	文件名称	File name	C an. . 35
020	7008	项目描述	Item description	C an. . 35

|C078　账户持有人标识　ACCOUNT HOLDER IDENTIFICATION

说明:账户持有人的标识,用账户编号和/或占1~2行的账户持有人名称表示。优先选用账户持有人编号。

010	3194	账户持有人标识符	Account holder identifier	C an. . 35
020	3192	账户持有人名称	Account holder name	C an. . 35
030	3192	账户持有人名称	Account holder name	C an. . 35
040	6345	货币标识代码	Currency identification code	C an. . 3

|C079　计算机环境标识　COMPUTER ENVIRONMENT IDENTIFICATION

说明:计算机环境部分的标识。

010	1511	计算机环境名称代码	Computer environment name code	C an. . 3
020	1131	代码表标识代码	Code list identification code	C an. . 17
030	3055	代码表负责机构代码	Code list responsible agency code	C an. . 3
040	1510	计算机环境名称	Computer environment name	C an. . 35
050	1056	版本标识符	Version identifier	C an. . 9
060	1058	发布标识符	Release identifier	C an. . 9
070	7402	对象标识符	Object identifier	C an. . 35

|C080　参与方名称　PARTY NAME

说明:交易参与方的标识,用名称表示,占1～5行。参与方名称可以被格式化。

010	3036	参与方名称	Party name	M an..35
020	3036	参与方名称	Party name	C an..35
030	3036	参与方名称	Party name	C an..35
040	3036	参与方名称	Party name	C an..35
050	3036	参与方名称	Party name	C an..35
060	3045	参与方名称格式代码	Party name format code	C an..3

|C082　参与方标识细目　PARTY IDENTIFICATION DETAILS

说明:交易参与方的标识,用代码表示。

010	3039	参与方标识符	Party identifier	M an..35
020	1131	代码表标识代码	Code list identification code	C an..17
030	3055	代码表负责机构代码	Code list responsible agency code	C an..3

|C085　婚姻状况细目　MARITAL STATUS DETAILS

说明:说明个人的婚姻状况。

010	3479	婚姻状况描述代码	Marital status description code	C an..3
020	1131	代码表标识代码	Code list identification code	C an..17
030	3055	代码表负责机构代码	Code list responsible agency code	C an..3
040	3478	婚姻状况描述	Marital status description	C an..35

|C088　机构标识　INSTITUTION IDENTIFICATION

说明:机构的标识,用代码、分支机构编号或名称和地点名称表示。优先选用代码或分支机构编号。

010	3433	机构名称代码	Institution name code	C an..11
020	1131	代码表标识代码	Code list identification code	C an..17
030	3055	代码表负责机构代码	Code list responsible agency code	C an..3
040	3434	分支机构标识符	Institution branch identifier	C an..17
050	1131	代码表标识代码	Code list identification code	C an..3
060	3055	代码表负责机构代码	Code list responsible agency code	C an..3
070	3432	机构名称	Institution name	C an..70
080	3436	分支机构地点名称	Institution branch location name	C an..70

|C090　地址细目　ADDRESS DETAILS

说明:说明地址的细目。

010	3477	地址格式代码	Address format code	M an..3
020	3286	地址成分描述	Address component description	M an..70
030	3286	地址成分描述	Address component description	C an..70
040	3286	地址成分描述	Address component description	C an..70
050	3286	地址成分描述	Address component description	C an..70
060	3286	地址成分描述	Address component description	C an..70

|C099　文件细目　FILE DETAILS

说明:定义文件的相关细目。

010	1516	文件格式名称	File format name	M an..17
020	1056	版本标识符	Version identifier	C an..9
030	1503	数据格式描述代码	Data format description code	C an..3
040	1502	数据格式描述	Data format description	C an..35

|C100 交货或运输条款 TERMS OF DELIVERY OR TRANSPORT

说明:特定出处的交货或运输条款代码。

010	4053	交货或运输条款描述代码	Delivery or transport terms description code	C an..3
020	1131	代码表标识代码	Code list identification code	C an..17
030	3055	代码表负责机构代码	Code list responsible agency code	C an..3
040	4052	交货或运输条款描述	Delivery or transport terms description	C an..70
050	4052	交货或运输条款描述	Delivery or transport terms description	C an..70

|C101 宗教信仰细目 RELIGION DETAILS

说明:说明个人的宗教信仰。

010	3483	宗教信仰名称代码	Religion name code	C an..3
020	1131	代码表标识代码	Code list identification code	C an..17
030	3055	代码表负责机构代码	Code list responsible agency code	C an..3
040	3482	宗教信仰名称	Religion name	C an..35

|C106 单证/报文标识 DOCUMENT/MESSAGE IDENTIFICATION

说明:单证/报文的标识,用编号和最终的版本或修订号表示。

010	1004	单证标识符	Document identifier	C an..35
020	1056	版本标识符	Version identifier	C an..9
030	1060	修订标识符	Revision identifier	C an..6

|C107 文本参考 TEXT REFERENCE

说明:标准文本及其出处的代码型参考。

010	4441	自由文本描述代码	Free text description code	M an..17
020	1131	代码表标识代码	Code list identification code	C an..17
030	3055	代码表负责机构代码	Code list responsible agency code	C an..3

C108 文字文本 TEXT LITERAL

说明:自由文本,占1～5行。

010	4440	自由文本	Free text	M an..70
020	4440	自由文本	Free text	C an..70
030	4440	自由文本	Free text	C an..70
040	4440	自由文本	Free text	C an..70
050	4440	自由文本	Free text	C an..70

|C128 费率细目 RATE DETAILS

说明:单位费率和费率基准。

010	5419	费率类型代码限定符	Rate type code qualifier	M an..3
020	5420	单价基准费率	Unit price basis rate	M n..15
030	5284	单价基准数量	Unit price basis quantity	C n..9
040	6411	计量单位代码	Measurement unit code	C an..3

|C138 价格乘数信息 PRICE MULTIPLIER INFORMATION

说明:价格乘数及其标识。

010	5394	价格乘数率	Price multiplier rate	M n..12
020	5393	价格乘数类型代码限定符	Price multiplier type code qualifier	C an..3

|C174 值/范围 VALUE/RANGE

说明:计量值和计量范围的最大和最小值。

010	6411	计量单位代码	Measurement unit code	M an..3
020	6314	测量	Measure	C an..18
030	6162	最小数量范围	Range minimum quantity	C n..18
040	6152	最大数量范围	Range maximum quantity	C n..18
050	6432	有效位数	Significant digits quantity	C n..2

|C186 数量细目 QUANTITY DETAILS

说明:交易中的数量信息,用相应的限定符限定。

010	6063	数量类型代码限定符	Quantity type code qualifier	M an..3
020	6060	数量	Quantity	M n..15
030	6411	计量单位代码	Measurement unit code	C an..3

|C200 费用 CHARGE

说明:费用的标识,用代码和/或名称表示。

010	8023	运费和其他费用描述标识符	Freight and other charges description identifier	C an..17
020	1131	代码表标识代码	Code list identification code	C an..17
030	3055	代码表负责机构代码	Code list responsible agency code	C an..3
040	8022	运费和其他费用描述	Freight and other charges description	C an..26
050	4237	付款安排代码	Payment arrangement code	C an..3
060	7140	项标识符	Item identifier	C an..35

|C202 包装类型 PACKAGE TYPE

说明:包装的类型,用名称或特定出处的代码表示。

010	7065	包装类型描述代码	Package type description code	C an..17
020	1131	代码表标识代码	Code list identification code	C an..17
030	3055	代码表负责机构代码	Code list responsible agency code	C an..3
040	7064	包装类型	Type of packages	C an..35

|C203 费率/价目等级 RATE/TARIFF CLASS

说明：适用的费率/价目等级的标识。

010	5243	费率/价目等级描述代码	Rate or tariff class description code	M an..9
020	1131	代码表标识代码	Code list identification code	C an..17
030	3055	代码表负责机构代码	Code list responsible agency code	C an..3
040	5242	费率/价目等级描述	Rate or tariff class description	C an..35
050	5275	附加费率/价目代码	Supplementary rate or tariff code	C an..6
060	1131	代码表标识代码	Code list identification code	C an..17
070	3055	代码表负责机构代码	Code list responsible agency code	C an..3
080	5275	附加费率/价目代码	Supplementary rate or tariff code	C an..6
090	1131	代码表标识代码	Code list identification code	C an..17
100	3055	代码表负责机构代码	Code list responsible agency code	C an..3

|C205　危险品代码　HAZARD CODE

说明：危险品的标识，用代码表示。

010	8351	危险品标识代码	Hazard identification code	M an..7
020	8078	附加危险品分类标识符	Additional hazard classification identifier	C an..7
030	8092	危险品代码版本标识符	Hazard code version identifier	C an..10

|C206　标识号　IDENTIFICATION NUMBER

说明：对象的标识。

010	7402	对象标识符	Object identifier	M an..35
020	7405	对象标识代码限定符	Object identification code qualifier	C an..3
030	4405	状态描述代码	Status description code	C an..3

|C208　标识号范围　IDENTITY NUMBER RANGE

说明：货物项目标识号，连续编号范围的起点和终点。

010	7402	对象标识符	Object identifier	M an..35
020	7402	对象标识符	Object identifier	C an..35

|C210　标志和标签　MARKS & LABELS

说明：包装上的运输标志，用自由文本表示，占1～10行。

010	7102	运输标志描述	Shipping marks description	M an..35
020	7102	运输标志描述	Shipping marks description	C an..35
030	7102	运输标志描述	Shipping marks description	C an..35
040	7102	运输标志描述	Shipping marks description	C an..35
050	7102	运输标志描述	Shipping marks description	C an..35
060	7102	运输标志描述	Shipping marks description	C an..35
070	7102	运输标志描述	Shipping marks description	C an..35
080	7102	运输标志描述	Shipping marks description	C an..35
090	7102	运输标志描述	Shipping marks description	C an..35
100	7102	运输标志描述	Shipping marks description	C an..35

|C211　尺码　DIMENSIONS

说明：装运件尺码的说明。

010	6411	计量单位代码	Measurement unit code	M an..8
020	6168	长度	Length measure	C n..15
030	6140	宽度	Width measure	C n..15
040	6008	高度	Height measure	C n..15

|C212 项号标识 ITEM NUMBER IDENTIFICATION

说明：特定出处的货物标识。

010	7140	项标识符	Item identifier	C an..35
020	7143	项类型标识代码	Item type identification code	C an..3
020	1131	代码表标识代码	Code list identification code	C an..17
030	3055	代码表负责机构代码	Code list responsible agency code	C an..3

|C213 件数和包装类型 NUMBER AND TYPE OF PACKAGES

说明：一次装运的件数和包装类型。

010	7224	包装数量	Package quantity	C n..8
020	7065	包装类型描述代码	Package type description code	C an..17
020	1131	代码表标识代码	Code list identification code	C an..17
030	3055	代码表负责机构代码	Code list responsible agency code	C an..3
050	7064	包装类型	Type of packages	C an..35
060	7233	与包装相关的描述代码	Packaging related description code	C an..3

|C214 特殊服务标识 SPECIAL SERVICES IDENTIFICATION

说明：特殊服务的标识，用描述或特定出处的代码表示。

010	7161	特殊服务描述代码	Special service description code	C an..3
020	1131	代码表标识代码	Code list identification code	C an..17
030	3055	代码表负责机构代码	Code list responsible agency code	C an..3
040	7160	特殊服务描述	Special service description	C an..35
050	7160	特殊服务描述	Special service description	C an..35

|C215 封志方 SEAL ISSUER

说明：设备上封志方的标识，用代码或名称表示。

010	9303	封志方名称代码	Sealing party name code	C an..3
020	1131	代码表标识代码	Code list identification code	C an..17
030	3055	代码表负责机构代码	Code list responsible agency code	C an..3
040	9302	封志方名称	Sealing party name	C an..35

|C218 危险物质 HAZARDOUS MATERIAL

说明：说明一种危险物质。

010	7419	危险物质种类名称代码	Hazardous material category name code	C an..4
020	1131	代码表标识代码	Code list identification code	C an..17
030	3055	代码表负责机构代码	Code list responsible agency code	C an..3
040	7418	危险物质种类名称	Hazardous material category name	C an..35

	|C219	搬移类型	MOVEMENT TYPE	
	说明:货物搬移服务类型的描述。			
010	8335	搬移类型描述代码	Movement type description code	C an..3
020	8334	搬移类型描述	Movement type description	C an..35

	|C220	运输方式	MODE OF TRANSPORT	
	说明:运输方式的代码或名称。优先选用代码。			
010	8067	运输方式名称代码	Transport mode name code	C an..3
020	8066	运输方式名称	Transport mode name	C an..17

	|C222	运输标识	TRANSPORT IDENTIFICATION	
	说明:标识运输工具,用代码和/或名称表示。			
010	8213	运输工具标识名称标识符	Transport means identification name identifier	C an..35
020	1131	代码表标识代码	Code list identification code	C an..17
030	3055	代码表负责机构代码	Code list responsible agency code	C an..3
040	8212	运输工具标识名称	Transport means identification name	C an..70
050	8453	运输工具国籍代码	Transport means nationality code	C an..3

	|C223	危险品装运闪点	DANGEROUS GOODS SHIPMENT FLASHPOINT	
	说明:根据 ISO 1523/73 的规定一种蒸发物可被点燃的温度。			
010	7106	装运闪点	Shipment flashpoint degree	C n3
020	6411	计量单位代码	Measurement unit code	C an..8

	|C224	设备规格和类型	EQUIPMENT SIZE AND TYPE	
	说明:标识用于运输的设备规格和类型的代码和/或名称。优先选用代码。			
010	8155	设备规格和类型描述代码	Equipment size and type description code	C an..10
020	1131	代码表标识代码	Code list identification code	C an..17
030	3055	代码表负责机构代码	Code list responsible agency code	C an..3
040	8154	设备规格和类型描述	Equipment size and type description	C an..35

	|C229	费用种类	CHARGE CATEGORY	
	说明:费用种类或范围的标识。			
010	5237	费用种类代码	Charge category code	M an..3
020	1131	代码表标识代码	Code list identification code	C an..17
030	3055	代码表负责机构代码	Code list responsible agency code	C an..3

	|C231	支付方式	METHOD OF PAYMENT	
	说明:标识支付方式的代码。			
010	4215	运费支付方式代码	Transport charges payment method code	M an..3
020	1131	代码表标识代码	Code list identification code	C an..17
030	3055	代码表负责机构代码	Code list responsible agency code	C an..3

	|C232	政府行为	GOVERNMENT ACTION	
	说明:指出政府行为类型的代码。			
010	9415	政府机构标识代码	Government agency identification code	C an..3
020	9411	政府参与代码	Government involvement code	C an..3
030	9417	政府行为代码	Government action code	C an..3
040	9353	政府手续代码	Government procedure code	C an..3

	|C233	服务	SERVICE	
	说明:标识一项服务(该服务可以构成基础合同的一个附加部分)。			
010	7273	服务需求代码	Service requirement code	M an..3
020	1131	代码表标识代码	Code list identification code	C an..17
030	3055	代码表负责机构代码	Code list responsible agency code	C an..3
040	7273	服务需求代码	Service requirement code	M an..3
050	1131	代码表标识代码	Code list identification code	C an..17
060	3055	代码表负责机构代码	Code list responsible agency code	C an..3

	|C234	联合国危险品(UNDG)信息	UNDG INFORMATION	
	说明:采用联合国危险品分类的危险品信息。			
010	7124	联合国危险品(UNDG)标识符	UNDG identifier	C n4
020	7088	危险品闪点描述	Dangerous goods flashpoint description	C an..8

	|C235	危险品标识	HAZARD IDENTIFICATION DLACARD DETAILS	
	说明:要求在运输工具上显示的危险品标识牌编号。			
010	8158	橙色危险品上位标识符	Orange hazard placard upper part identifier	C an..4
020	8186	橙色危险品下位标识符	Orange hazard placard lower part identifier	C an4

	|C236	危险品标签	DANGEROUS GOODS LABEL	
	说明:标识危险品类型及类似信息的标志。			
010	8246	危险品标记标识符	Dangerous goods marking identifier	C an..4
020	8246	危险品标记标识符	Dangerous goods marking identifier	C an..4
030	8246	危险品标记标识符	Dangerous goods marking identifier	C an..4

	|C237	设备标识	EQUIPMENT IDENTIFICATION	
	说明:标识设备的标志(字母和/或数字)。			
010	8260	设备标识符	Equipment identifier	C an..17
020	1131	代码表标识代码	Code list identification code	C an..17
030	3055	代码表负责机构代码	Code list responsible agency code	C an..3
040	3207	国家(地区)标识符	Country identifier	C an..3

	|C239	温度设定	TEMPERATURE SETTING	
	说明:储存或运输货物的温度。			

010	6246	温度	Temperature degree	C n..15
020	6411	计量单位代码	Measurement unit code	C an..8

|C240 特征描述 CHARACTERISTIC DESCRIPTION

说明:提供产品特征的描述。

010	7037	特征描述代码	Characteristic description code	M an..17
020	1131	代码表标识代码	Code list identification code	C an..17
030	3055	代码表负责机构代码	Code list responsible agency code	C an..3
040	7036	特征描述	Characteristic description	C an..35
050	7036	特征描述	Characteristic description	C an..35

|C241 关税/税/费类型 DUTY/TAX/FEE TYPE

说明:标识关税、税、费用的代码和/或名称。

010	5153	关税/税/费类型名称代码	Duty or tax or fee type name code	C an..3
020	1131	代码表标识代码	Code list identification code	C an..17
030	3055	代码表负责机构代码	Code list responsible agency code	C an..3
040	5152	关税/税/费类型名称	Duty or tax or fee type name	C an..35

|C242 过程类型和描述 PROCESS TYPE AND DESCRIPTION

说明:过程类型的标识和描述。

010	7187	过程类型描述代码	Process type description code	M an..17
020	1131	代码表标识代码	Code list identification code	C an..17
030	3055	代码表负责机构代码	Code list responsible agency code	C an..3
040	7186	过程类型描述	Process type description	C an..35
050	7186	过程类型描述	Process type description	C an..35

|C243 关税/税/费细目 DUTY/TAX/FEE DETAIL

说明:适用于商品的关税/税/费率或适用于服务的税率。

010	5279	关税/税/费率代码	Duty or tax or fee rate code	C an..7
020	1131	代码表标识代码	Code list identification code	C an..17
030	3055	代码表负责机构代码	Code list responsible agency code	C an..3
040	5278	关税/税/费率	Duty or tax or fee rate	C an..17
050	5273	关税/税/费率基准代码	Duty or tax or fee rate basis code	C an..12
060	1131	代码表标识代码	Code list identification code	C an..17
070	3055	代码表负责机构代码	Code list responsible agency code	C an..3

|C244 测试方法 TEST METHOD

说明:所采用测试方法的说明。

010	4415	测试方法标识符	Test method identifier	C an..17
020	1131	代码表标识代码	Code list identification code	C an..17
030	3055	代码表负责机构代码	Code list responsible agency code	C an..3
040	4416	测试描述	Test description	C an..70

	|C246	海关标识代码	CUSTOMS IDENTITY CODES	
	说明:标识海关监管货物。			
010	7361	海关监管货物标识符	Customs goods identifier	M an..18
020	1131	代码表标识代码	Code list identification code	C an..17
030	3055	代码表负责机构代码	Code list responsible agency code	C an..3

	|C270	控制	CONTROL	
	说明:检查报文或报文的某一部分的完整性的控制总计。			
010	6069	控制总数量类型代码限定符	Control total type code qualifier	M an..3
020	6066	控制总数量	Control total quantity	M n..18
030	6411	计量单位代码	Measurement unit code	C an..8

	+ C272	项目特征	ITEM CHARACTERISTIC	
	说明:提供一个详细描述的项目特征。			
010	7081	项目特征代码	Item characteristic code	C an..3
020	1131	代码表标识代码	Code list identification code	C an..17
030	3055	代码表负责机构代码	Code list responsible agency code	C an..3

	|C273	项目描述	ITEM DESCRIPTION	
	说明:一个项目的描述。			
010	7009	项目描述代码	Item description code	C an..7
020	1131	代码表标识代码	Code list identification code	C an..17
030	3055	代码表负责机构代码	Code list responsible agency code	C an..3
040	7008	项目描述	Item description	C an..256
050	7008	项目描述	Item description	C an..256
060	3453	语言名称代码	Language name code	C an..3

	|C279	数量差异信息	QUANTITY DIFFERENCE INFORMATION	
	说明:关于数量差异的信息。			
010	6064	数量差异	Variance quantity	M n..15
020	6063	数量类型代码限定符	Quantity type code qualifier	C an..3

	|C280	范围	RANGE	
	说明:范围的最小和最大限制。			
010	6411	计量单位代码	Measurement unit code	M an..8
020	6162	最小数量范围	Range minimum quantity	C n..18
030	6152	最大数量范围	Range maximum quantity	C n..18

	|C286	顺序信息	SEQUENCE INFORMATION	
	说明:排序的顺序和来源的标识。			
010	1050	顺序位置标识符	Sequence position identifier	M an..10
020	1159	顺序标识符来源代码	Sequence identifier source code	C an..3
030	1131	代码表标识代码	Code list identification code	C an..17

040	3055	代码表负责机构代码	Code list responsible agency code	C an..3

|C288 产品组 Product group

说明：提供产品组信息。

010	5389	产品组名称代码	Product group name code	C an..25
020	1131	代码表标识代码	Code list identification code	C an..17
030	3055	代码表负责机构代码	Code list responsible agency code	C an..3
040	5388	产品组名称	Product group name	C an..35

|C292 价格变更信息 PRICE CHANGE INFORMATION

说明：由卖方指定的值，用于指出以前的价格目录中价格的变化情况。

注：本复合数据元将在 D.08A 目录中删除。

010	5377	价格变更类型代码	Price change type code	M an..3
020	1131	代码表标识代码	Code list identification code	C an..17
030	3055	代码表负责机构代码	Code list responsible agency code	C an..3

C329 方式描述 PATTERN DESCRIPTION

说明：装运、交货或生产的间隔模式及时间安排。

010	2013	频度代码	Frequency code	C an..3
020	2015	发送方式代码	Despatch pattern code	C an..3
030	2017	发送方式时间代码	Despatch pattern timing code	C an..3

|C330 保险责任类型 INSURANCE COVER TYPE

说明：提供保险责任的类型。

010	4497	保险责任类型代码	Insurance cover type code	M an..3
020	1131	代码表标识代码	Code list identification code	C an..17
030	3055	代码表负责机构代码	Code list responsible agency code	C an..3

+ C331 保险责任细目 INSURANCE COVER DETAILS

说明：提供保险范围细目。

010	4495	保险责任描述代码	Insurance cover description code	C an..17
020	1131	代码表标识代码	Code list identification code	C an..17
030	3055	代码表负责机构代码	Code list responsible agency code	C an..3
040	4494	保险责任描述	Insurance cover description	C an..35
050	4494	保险责任描述	Insurance cover description	C an..35

|C332 销售渠道标识 SALES CHANNEL IDENTIFICATION

说明：市场数据、销售、预测、计划等销售渠道的标识。

010	3496	销售渠道标识符	Sales channel identifier	M an..17
020	1131	代码表标识代码	Code list identification code	C an..17
030	3055	代码表负责机构代码	Code list responsible agency code	C an..3

|C333 请求信息 INFORMATION REQUEST

说明:规定应答报文中应有的信息。

010	4511	请求信息描述代码	Requested information description code	C an..3
020	1131	代码表标识代码	Code list identification code	C an..17
030	3055	代码表负责机构代码	Code list responsible agency code	C an..3
040	4510	请求信息描述	Requested information description	C an..35

\|C401　额外运输信息　EXCESS TRANSPORTATION INFORMATION

说明:提供非常规运输的原因和责任的详细说明。

010	8457	额外运输原因代码	Excess transportation reason code	M an..3
020	8459	额外运输责任代码	Excess transportation responsibility code	M an..3
030	7130	客户装运授权标识符	Customer shipment authorisation identifier	C an..17

\|C402　包装类型标识　PACKAGE TYPE IDENTIFICATION

说明:描述货物外形的标识。

010	7077	描述格式代码	Description format code	M an..3
020	7064	包装类型	Type of packages	M an..35
030	7143	项号类型标识代码	Item type identification code	C an..3
040	7064	包装类型	Type of packages	C an..35
050	7143	项号类型标识代码	Item type identification code	C an..3

\|C501　百分比细目　PERCENTAGE DETAILS

说明:与特定基准有关的百分比。

010	5245	百分比类型代码限定符	Percentage type code qualifier	M an..3
020	5482	百分比	Percentage	C n..8
030	5249	百分比基准标识代码	Percentage basis identification code	C an..3
040	1131	代码表标识代码	Code list identification code	C an..17
050	3055	代码表负责机构代码	Code list responsible agency code	C an..3

\|C502　计量细目　MEASUREMENT DETAILS

说明:计量类型的标识。

010	6313	计量属性代码	Measured attribute code	C an..3
020	6321	计量意义代码	Measurement significance code	C an..3
030	6155	非离散计量名称代码	Non-discrete measurement name code	C an..17
040	6154	非离散计量名称	Non-discrete measurement name	C an..70

\|C503　单证/报文细目　DOCUMENT/MESSAGE DETAILS

说明:单证/报文的标识,用编号、状态、出处和/或语言表示。

010	1004	单证标识符	Document identifier	C an..35
020	1373	单证状态代码	Document status code	C an..3
030	1366	单证出处描述	Document source description	C an..70
040	3453	语言名称代码	Language name code	C an..3
050	1056	版本标识符	Version identifier	C an..9
060	1060	修订标识符	Revision identifier	C an..6

|C504 货币细目 CURRENCY DETAILS

说明：有关货币的用法。

010	6347	货币使用代码限定符	Currency usage code qualifier	M an..3
020	6345	货币标识代码	Currency identification code	C an..3
030	6343	货币类型代码限定符	Currency type code qualifier	C an..3
040	6348	通货汇率	Currency rate	C n..4

|C506 参考 REFERENCE

说明：参考的标识。

010	1153	参考代码限定符	Reference code qualifier	M an..3
020	1154	参考标识符	Reference identifier	C an..35
030	1156	单证行标识符	Document line identifier	C an..6
040	1056	版本标识符	Version identifier	C an..9
050	1060	修订标识符	Revision identifier	C an..6

|C507 日期/时间/期限 DATE/TIME/PERIOD

说明：与特定日期/时间/期限类型有关的日期和/或时间或期限。

010	2005	日期/时间/期限功能代码限定符	Date or time or period function code qualifier	M an..3
020	2380	日期/时间/期限文本	Date or time or period text	C an..35
030	2379	日期/时间/期限格式代码	Date or time or period format code	C an..3

|C508 语言细目 LANGUAGE DETAILS

说明：标识一种语言。

010	3453	语言名称代码	Language name code	C an..3
020	3452	语言名称	Language name	C an..35

|C509 价格信息 PRICE INFORMATION

说明：价格类型、价格和有关细目的标识。

010	5125	价格代码限定符	Price code qualifier	M an..3
020	5118	价格	Price amount	C n..15
030	5375	价格类型代码	Price type code	C an..3
040	5387	价格类型限定符	Price type qualifier	C an..3
050	5284	单价基准量	Unit price basis quantity	C n..9
060	6411	计量单位代码	Measurement unit code	C an..3

|C512 尺寸细目 SIZE DETAILS

说明：有关观测次数的信息。

010	6173	尺寸类型代码限定符	Size type code qualifier	C an..3
020	6174	尺寸测量	Size measure	C n..15

|C514 取样位置细目 SAMPLE LOCATION DETAILS

说明：取样位置的标识。

010	3237	取样位置描述代码	Sample location description code	C an..3
020	3236	取样位置描述	Sample location description	C an..35

|C515 测试原因 TEST REASON

说明：标识所指的测试的原因。

010	4425	测试原因名称代码	Test reason name code	C an..17
020	1131	代码表标识代码	Code list identification code	C an..17
030	3055	代码表负责机构代码	Code list responsible agency code	C an..3
040	4424	测试原因名称	Test reason name	C an..35

|C516 货币金额 MONETARY AMOUNT

说明：按指定货币金额表述的商品或服务的量。

010	5025	货币金额类型代码限定符	Monetary amount type code qualifier	M an..3
020	5004	货币金额	Monetary amount	C n..35
030	6345	货币标识代码	Currency identification code	C an..3
040	6343	货币类型代码限定符	Currency type code qualifier	C an..3
050	4405	状态描述代码	Status description code	C an..3

|C517 地点标识 LOCATION IDENTIFICATION

说明：地点的标识，用代码或名称表示。

010	3225	地点标识符	Location identifier	C an..25
020	1131	代码表标识代码	Code list identification code	C an..17
030	3055	代码表负责机构代码	Code list responsible agency code	C an..3
040	3224	地点名称	Location name	C an..17

|C519 第一相关地点标识 RELATED LOCATION ONE IDENTIFICATION

说明：第一相关地点的标识，用代码或名称表示。

010	3223	第一相关地点标识符	First related location identifier	C an..35
020	1131	代码表标识代码	Code list identification code	C an..17
030	3055	代码表负责机构代码	Code list responsible agency code	C an..3
040	3222	第一相关地点名称	First related location name	C an..70

|C521 业务功能 BUSINESS FUNCTION

说明：说明一项业务原因。

010	4027	业务功能类型代码限定符	Business function type code qualifier	M an..3
020	4025	业务功能代码	Business function code	M an..3
030	1131	代码表标识代码	Code list identification code	C an..17
040	3055	代码表负责机构代码	Code list responsible agency code	C an..3
050	4022	业务描述	Business description	C an..70

|C522 指示 INSTRUCTION

说明：说明一个指示。

010	4403	指示类型代码限定符	Instruction type code qualifier	M an..3
020	4401	指示描述代码	Instruction description code	C an..3
030	1131	代码表标识代码	Code list identification code	C an..17
040	3055	代码表负责机构代码	Code list responsible agency code	C an..3
050	4400	指示描述	Instruction description	C an..35

|C523　单位数细目　NUMBER OF UNIT DETAILS

说明：单位数及用途的标识。

010	6350	单位数量	Units quantity	C n..15
020	6353	单位类型代码限定符	Unit type code qualifier	C an..3

|C524　装卸说明　HANDLING INSTRUCTIONS

说明：货物、产品或物品在装运、存储等作业中的处理规则。

010	4079	装卸说明描述代码	Handling instruction description code	C an..3
020	1131	代码表标识代码	Code list identification code	C an..17
030	3055	代码表负责机构代码	Code list responsible agency code	C an..3
040	4078	装卸说明描述	Handling instruction description	C an..70

|C525　运输工具停靠目的　PURPOSE OF CONVEYANCE CALL

说明：运输工具停靠目的的描述。

010	8025	运输工具停靠目的描述代码	Conveyance call purpose description code	C an..3
020	1131	代码表标识代码	Code list identification code	C an..17
030	3055	代码表负责机构代码	Code list responsible agency code	C an..3
040	8024	运输工具停靠目的描述	Conveyance call purpose description	C an..35

|C526　频度细目　FREQUENCY DETAILS

说明：对每个指定的计量单位的采样数。

010	6071	频度代码限定符	Frequency code qualifier	M an..3
020	6072	频率	Frequency rate	C n..9
030	6411	计量单位代码	Measurement unit code	C an..3

|C527　统计细目　STATISTICAL DETAILS

说明：与统计计量有关的说明。

010	6314	测量	Measure	C n..18
020	6411	计量单位代码	Measurement unit code	C an..8
030	6313	计量属性代码	Measured attribute code	C an..3
040	6321	计量意义代码	Measurement significance code	C an..3

|C528　商品/费率细目　COMMODITY/RATE DETAIL

说明：商品/费率的标识。

010	7357	商品标识代码	Commodity identification code	C an..18
020	1131	代码表标识代码	Code list identification code	C an..17
030	3055	代码表负责机构代码	Code list responsible agency code	C an..3

	|C531	包装细目	PACKAGING DETAILS	

说明：包装层及细节、条款和条件。

010	7075	包装等级代码	Packaging level code	C an..3
020	7233	与包装相关的描述代码	Packaging related description code	C an..3
030	7073	包装条款和条件代码	Packaging terms and conditions code	C an..3

	|C532	可退换包装细目	RETURNABLE PACKAGE DETAILS	

说明：对可退换包装的付款责任和内装物的指示。

010	8395	可退换包装运送付款责任代码	Returnable package freight payment responsibility code	C an..3
020	8393	可退换包装内装物代码	Returnable package load contents code	C an..3

	|C533	关税/税/费账户细目	DUTY/TAX/FEE ACCOUNT DETAIL	

说明：关税/税和/或费的账户参考的指示。

010	5289	关税/税/费账户代码	Duty or tax or fee account code	M an..6
020	1131	代码表标识代码	Code list identification code	C an..17
030	3055	代码表负责机构代码	Code list responsible agency code	C an..3

	|C534	付款指示细目	PAYMENT INSTRUCTION DETAILS	

说明：指出所采用或应当采用的支付方式。

010	4439	付款条件代码	Payment conditions code	C an..3
020	4431	付款担保工具代码	Payment guarantee code	C an..3
030	4461	支付工具代码	Payment means code	C an..3
040	1131	代码表标识代码	Code list identification code	C an..17
050	3055	代码表负责机构代码	Code list responsible agency code	C an..3
060	4435	付款途径代码	Payment channel code	C an..3

	|C536	合同和运输条件	CONTRACT AND CARRIAGE CONDITION	

说明：标识合同和运输条件。

010	4065	合同和运输条件代码	Contract and carriage condition code	M an..3
020	1131	代码表标识代码	Code list identification code	C an..17
030	3055	代码表负责机构代码	Code list responsible agency code	C an..3

	|C537	运输优先级	TRANSPORT PRIORITY	

说明：指出所要求的运输服务的优先级。

010	4219	运输服务优先级代码	Transport service priority code	M an..3
020	1131	代码表标识代码	Code list identification code	C an..17
030	3055	代码表负责机构代码	Code list responsible agency code	C an..3

	|C543	协议类型标识	AGREEMENT TYPE IDENTIFICATION	

说明：特定的协议类型的标识，用代码和/或名称表示。

010	7431	协议类型代码限定符	Agreement type code qualifier	M an..3
020	7433	协议类型描述代码	Agreement type description code	C an..3
030	1131	代码表标识代码	Code list identification code	C an..17
040	3055	代码表负责机构代码	Code list responsible agency code	C an..3
050	7434	协议类型描述	Agreement type description	C an..70

|C545　指标标识　INDEX IDENTIFICATION

说明：标识一个指标。

010	5013	指标代码限定符	Index code qualifier	M an..3
020	5027	指标类型标识符	Index type identifier	C an..17
030	1131	代码表标识代码	Code list identification code	C an..17
040	3055	代码表负责机构代码	Code list responsible agency code	C an..3

|C546　指标值　INDEX VALUE

说明：标识一个指标的值。

010	5030	指标文本	Index text	M an..35
020	5039	指标表示代码	Index representation code	C an..3

* |C549　货币功能　MONETARY FUNCTION

说明：标识有关货币金额的功能。

010	5007	货币金额功能描述代码	Monetary amount function description code	M an..3
020	1131	代码表标识代码	Code list identification code	C an..17
030	3055	代码表负责机构代码	Code list responsible agency code	C an..3
040	5006	货币金额功能描述	Monetary amount function description	C an..70

|C550　需求/条件标识　REQUIREMENT/CONDITION IDENTIFICATION

说明：标识特定的规则/条件需求。

010	7295	需求/条件描述标识符	Requirement or condition description identifier	M an..17
020	1131	代码表标识代码	Code list identification code	C an..17
030	3055	代码表负责机构代码	Code list responsible agency code	C an..3
040	7294	需求/条件描述	Requirement or condition description	C an..35

|C551　银行业务　BANK OPERATION

说明：银行业务的标识，用代码表示。

010	4383	银行业务代码	Bank operation code	M an..3
020	1131	代码表标识代码	Code list identification code	C an..17
030	3055	代码表负责机构代码	Code list responsible agency code	C an..3

|C552　折让/费用信息　ALLOWANCE/CHARGE INFORMATION

说明：折让/费用信息的标识，用编号和/或代码表示。

010	1230	折让或费用标识符	Allowance or charge identifier	C an..35

020	5189	费用/折让标识代码	Allowance or charge identification code	C an..3

	|C553	第二相关地点标识	RELATED LOCATION TWO IDENTIFICATION	
	说明:第二相关地点的标识,用代码或名称表示。			
010	3233	第二相关地点标识符	Second related location identifier	C an..35
020	1131	代码表标识代码	Code list identification code	C an..17
030	3055	代码表负责机构代码	Code list responsible agency code	C an..3
040	3232	第二相关地点名称	Second related location name	C an..70

	|C554	费率/价目等级细目	RATE/TARIFF CLASS DETAIL	
	说明:标识适用的费率/价目等级。			
010	5243	费率/价目等级描述代码	Rate or tariff class description code	C an..9
020	1131	代码表标识代码	Code list identification code	C an..17
030	3055	代码表负责机构代码	Code list responsible agency code	C an..3

	|C555	状态	STATUS	
	说明:规定某一状态。			
010	4405	状态描述代码	Status description code	M an..3
020	1131	代码表标识代码	Code list identification code	C an..17
030	3055	代码表负责机构代码	Code list responsible agency code	C an..3
040	4404	状态描述	Status description	C an..35

	|C556	状态原因	STATUS REASON	
	说明:说明状态事件的原因。			
010	9013	状态原因描述代码	Status reason description code	M an..3
020	1131	代码表标识代码	Code list identification code	C an..17
030	3055	代码表负责机构代码	Code list responsible agency code	C an..3
040	9012	状态原因描述	Status reason description	C an..256

	|C564	物理或逻辑状态信息	PHYSICAL OR LOGICAL STATE INFORMATION	
	说明:用代码或文本格式给出物理或逻辑状态的信息。			
010	7007	物理或逻辑状态描述代码	Physical or logical state description code	C an..3
020	1131	代码表标识代码	Code list identification code	C an..17
030	3055	代码表负责机构代码	Code list responsible agency code	C an..3
040	7006	物理或逻辑状态描述	Physical or logical state description	C an..70

	|C585	优先级细目	PRIORITY DETAILS	
	说明:指出优先级。			
010	4037	优先级描述代码	Priority description code	C an..3
020	1131	代码表标识代码	Code list identification code	C an..17
030	3055	代码表负责机构代码	Code list responsible agency code	C an..3
040	4036	优先级描述	Priority description	C an..35

	|C593	账户标识	ACCOUNT IDENTIFICATION	

说明:账户的标识。

010	1147	账户标识符	Account identifier	M an..35
020	1131	代码表标识代码	Code list identification code	C an..17
030	3055	代码表负责机构代码	Code list responsible agency code	C an..3
040	1148	账户缩略名称	Account abbreviated name	C an..17
050	1146	账户名称	Account name	C an..35
060	1146	账户名称	Account name	C an..35
070	6345	货币标识代码	Currency identification code	C an..3

+C595　会计分类账标识　　ACCOUNTING JOURNAL IDENTIFICATION

说明:标识一个会计分类账。

010	1171	会计分类账标识符	Accounting journal identifier	M an..17
020	1131	代码表标识代码	Code list identification code	C an..17
030	3055	代码表负责机构代码	Code list responsible agency code	C an..3
040	1170	会计分类账名称	Accounting journal name	C an..35

+C596　会计分录类型细目　　ACCOUNTING ENTRY TYPE DETAILS

说明:标识会计分类账中的分录类型。

010	4475	会计分录类型名称代码	Accounting entry type name code	M an..17
020	1131	代码表标识代码	Code list identification code	C an..17
030	3055	代码表负责机构代码	Code list responsible agency code	C an..3
040	4474	会计分录类型名称	Accounting entry type name	C an..35

#|C601 状态种类　　STATUS CATEGORY

说明:说明状态的种类。

010	9015	状态种类代码	Status category code	M an..3
020	1131	代码表标识代码	Code list identification code	C an..17
030	3055	代码表负责机构代码	Code list responsible agency code	C an..3

|C701　出错位置细目　　ERROR POINT DETAILS

说明:报文中出错位置的指示。

010	1049	报文节代码	Message section code	M an..3
020	1052	报文项标识符	Message item identifier	C an..35
030	1054	报文分项标识符	Message sub-item identifier	C n..6

|C702　代码集标识　　CODE SET IDENTIFICATION

说明:标识一个代码集。

010	9150	简单数据元标记标识符	Simple data element tag identifier	C an..4
020	1131	代码表标识代码	Code list identification code	C an..17
030	3055	代码表负责机构代码	Code list responsible agency code	C an..3

|C703　货物性质　　NATURE OF CARGO

说明:货物类型的简易分类。

010	7085	货物类型分类代码	Cargo type classification code	M an..3
020	1131	代码表标识代码	Code list identification code	C an..17
030	3055	代码表负责机构代码	Code list responsible agency code	C an..3

|C709 报文标识符 MESSAGE IDENTIFIER

说明:报文的标识。

010	1475	报文类型代码	Message type code	M an..6
020	1056	版本标识符	Version identifier	M an..9
030	1058	发布标识符	Release identifier	M an..9
040	1476	管理机构标识符	Controlling agency identifier	M an..2
050	1523	报文实施标识代码	Message implementation identification code	C an..6
060	1060	修订标识符	Revision identifier	C an..6
070	1373	单证状态代码	Document status code	C an..3

|C770 数组单元细目 ARRAY CELL DETAILS

说明:对数组中连续单元的数据进行限制。

注:复合数据元 C770-数组单元细目-在 ARR 段中可出现 9999 次。ARR 段仅限制在 ISO 9735 版本 3 中使用。成分数据元 9424-数组单元数据描述-在复合数据元 C770 中可出现 100 次。C770 仅在 ISO 9735 版本 3 的 ARR 段中使用。

010	9424	数组单元数据描述	Array cell data description	C an..512

|C778 位置标识 POSITION IDENTIFICATION

说明:标识对象在其所在结构中的位置。

010	7164	层次结构层标识符	Hierarchical structure level identifier	C an..35
020	1050	顺序位置标识符	Sequence position identifier	C an..10

|C779 数组结构标识 ARRAY STRUCTURE IDENTIFICATION

说明:数组结构的标识。

010	9428	数组单元结构标识符	Array cell structure identifier	M an..35
020	7405	对象标识代码限定符	Object identification code qualifier	C an..3

|C780 值表标识 VALUE LIST IDENTIFICATION

说明:代码型或非代码型的量值表的标识。

010	1518	值表标识符	Value list identifier	M an..35
020	7405	对象标识代码限定符	Object identification code qualifier	C an..3

|C782 数据集标识 DATA SET IDENTIFICATION

说明:数据集的标识。

010	1520	数据集标识符	Data set identifier	M an..35
020	7405	对象标识代码限定符	Object identification code qualifier	C an..3

|C783 注释集标识 FOOTNOTE SET IDENTIFICATION

说明:注释集的标识。

010	9430	注释集标识符	Footnote set identifier	M an..35
020	7405	对象标识代码限定符	Object identification code qualifier	C an..3

|C784 注释标识 FOOTNOTE IDENTIFICATION

说明：注释的标识。

010	9432	注释标识符	Footnote identifier	M an..35
020	7405	对象标识代码限定符	Object identification code qualifier	C an..3

|C785 统计概念标识 STATISTICAL CONCEPT IDENTIFICATION

说明：统计概念的标识。

010	6434	统计概念标识符	Statistical concept identifier	M an..35
020	7405	对象标识代码限定符	Object identification code qualifier	C an..3

|C786 结构成分标识 STRUCTURE COMPONENT IDENTIFICATION

说明：结构成分的标识。

010	7512	结构成分标识符	Structure component identifier	M an..35
020	7405	对象标识代码限定符	Object identification code qualifier	C an..3

+C811 问题细目 QUESTION DETAILS

说明：说明一个问题。

010	4057	问题描述代码	Question description code	C an..3
020	1131	代码表标识代码	Code list identification code	C an..17
030	3055	代码表负责机构代码	Code list responsible agency code	C an..3
040	4056	问题描述	Question description	C an..256

+C812 应答细目 RESPONSE DETAILS

说明：说明对问题的应答，用代码型或文本型。

010	4345	应答描述代码	Response description code	C an..3
020	1131	代码表标识代码	Code list identification code	C an..17
030	3055	代码表负责机构代码	Code list responsible agency code	C an..3
040	4344	应答描述	Response description	C an..256

|C814 安全节 SAFETY SECTION

说明：标识与信息有关的安全节。

010	4046	安全节编号	Safety section number	M n..2
020	4044	安全节名称	Safety section name	C an..70

|C815 附加安全信息 ADDITIONAL SAFETY INFORMATION

说明：标识附加的安全信息。

010	4039	附加安全信息描述代码	Additional safety information description code	M an..3
020	1131	代码表标识代码	Code list identification code	C an..17
030	3055	代码表负责机构代码	Code list responsible agency code	C an..3

040	4038	附加安全信息描述	Additional safety information description	C an..35

	|C816	姓名成分细目	NAME COMPONENT DETAILS	
	说明:说明一个姓名成分。			
010	3405	姓名成分类型代码限定符	Name component type code qualifier	M an..3
020	3398	姓名成分描述	Name component description	C an..256
030	3401	姓名成分用法代码	Name component usage code	C an..3
040	3295	姓名原字母代码	Name original alphabet code	C an..3

	|C817	地址用法	ADDRESS USAGE	
	说明:描述地址的用法。			
010	3299	地址用途代码	Address purpose code	C an..3
020	3131	地址类型代码	Address type code	C an..3
030	3475	地址状态代码	Address status code	C an..3

	|C818	继承人特征细目	PERSON INHERITED CHARACTERISTIC DETAILS	
	说明:说明继承人的特征。			
010	3311	继承特征描述代码	Inherited characteristic description code	C an..8
020	1131	代码表标识代码	Code list identification code	C an..17
030	3055	代码表负责机构代码	Code list responsible agency code	C an..3
040	3310	继承特征描述	Inherited characteristic description	C an..70

	|C819	国家行政区划细目	COUNTRY SUBDIVISION DETAILS	
	说明:说明国家的一部分(如直辖市、行政区、县、管辖区)。			
010	3229	国家行政区划标识符	Country subdivision identifier	C an..9
020	1131	代码表标识代码	Code list identification code	C an..17
030	3055	代码表负责机构代码	Code list responsible agency code	C an..3
040	3228	国家行政区划名称	Country subdivision name	C an..70

	+C820	保费计算成分	PREMIUM CALCULATION COMPONENT	
	说明:标识影响费用计算的成分。			
010	4521	保费计算成分标识符	Premium calculation component identifier	C an..17
020	1131	代码表标识代码	Code list identification code	C an..17
030	3055	代码表负责机构代码	Code list responsible agency code	C an..3

	|C821	残损类型	TYPE OF DAMAGE	
	说明:说明物体的残损类型。			
010	7501	残损类型描述代码	Damage type description code	C an..3
020	1131	代码表标识代码	Code list identification code	C an..17
030	3055	代码表负责机构代码	Code list responsible agency code	C an..3
040	7500	残损类型描述	Damage type description	C an..35

	|C822	残损部位	DAMAGE AREA	

说明:说明物体残损的位置。

010	7503	残损部位描述代码	Damage area description code	C an..4
020	1131	代码表标识代码	Code list identification code	C an..17
030	3055	代码表负责机构代码	Code list responsible agency code	C an..3
040	7502	残损部位描述	Damage area description	C an..35

|C823 单元/部件类型 TYPE OF UNIT/COMPONENT

说明:标识物体的单元/部件类型(如锁、门、轮胎)。

010	7505	单元/部件类型描述代码	Unit or component type description code	C an..3
020	1131	代码表标识代码	Code list identification code	C an..17
030	3055	代码表负责机构代码	Code list responsible agency code	C an..3
040	7504	单元/部件类型描述	Unit or component type description	C an..35

|C824 部件材料 COMPONENT MATERIAL

说明:标识部件的构成材料(如金属、塑料)。

010	7507	部件材料描述代码	Component material description code	C an..3
020	1131	代码表标识代码	Code list identification code	C an..17
030	3055	代码表负责机构代码	Code list responsible agency code	C an..3
040	7506	部件材料描述	Component material description	C an..35

|C825 残损程度 DAMAGE SEVERITY

说明:说明物体的残损程度。

010	7509	残损程度描述代码	Damage severity description code	C an..3
020	1131	代码表标识代码	Code list identification code	C an..17
030	3055	代码表负责机构代码	Code list responsible agency code	C an..3
040	7508	残损程度描述	Damage severity description	C an..35

|C826 行为 ACTION

说明:已经或将要采取的作用(如与某一对象有关的作用)。

010	1229	行为代码	Action code	C an..3
020	1131	代码表标识代码	Code list identification code	C an..17
030	3055	代码表负责机构代码	Code list responsible agency code	C an..3
040	1228	行为描述	Action description	C an..35

|C827 标志类型 TYPE OF MARKING

说明:说明施加标志的类型,反映所用方法以及所遵循的公约(例如对于包装)。

010	7511	标志类型代码	Marking type code	M an..3
020	1131	代码表标识代码	Code list identification code	C an..17
030	3055	代码表负责机构代码	Code list responsible agency code	C an..3

|C828 临床干预细目 CLINICAL INTERVENTION DETAILS

说明:说明一个临床干预。

010	9437	临床干预描述代码	Clinical intervention description code	C an..17

020	1131	代码表标识代码	Code list identification code	C an..17
030	3055	代码表负责机构代码	Code list responsible agency code	C an..3
040	9436	临床干预描述	Clinical intervention description	C an..70

|C829 分行信息 SUB-LINE INFORMATION

说明:用于指示一个段或段组通常存放分行或分行信息,并能标识该分行。

010	5495	分行指示符代码	Sub-line indicator code	C an..3
020	1082	行项标识符	Line item identifier	C an..6

|C830 过程标识细目 PROCESS IDENTIFICATION DETAILS

说明:标识特殊处理的细目。

010	7191	过程描述代码	Process description code	C an..17
020	1131	代码表标识代码	Code list identification code	C an..17
030	3055	代码表负责机构代码	Code list responsible agency code	C an..3
040	7190	过程描述	Process description	C an..70

|C831 结果细目 RESULT DETAILS

说明:说明一个值。

010	6314	测量	Measure	C an..18
020	6321	计量意义代码	Measurement significance code	C an..3
030	6155	非离散计量名称代码	Non-discrete measurement name code	C an..17
040	1131	代码表标识代码	Code list identification code	C an..17
050	3055	代码表负责机构代码	Code list responsible agency code	C an..3
060	6154	非离散计量名称	Non-discrete measurement name	C an..70

|C836 临床信息细目 CLINICAL INFORMATION DETAILS

说明:说明一项临床信息。

010	6413	临床信息描述标识符	Clinical information description identifier	C an..17
020	1131	代码表标识代码	Code list identification code	C an..17
030	3055	代码表负责机构代码	Code list responsible agency code	C an..3
040	6412	临床信息描述	Clinical information description	C an..70

|C837 确定性细目 CERTAINTY DETAILS

说明:说明确定性。

010	4049	确定性描述代码	Certainty description code	C an..3
020	1131	代码表标识代码	Code list identification code	C an..17
030	3055	代码表负责机构代码	Code list responsible agency code	C an..3
040	4048	确定性描述	Certainty description	C an..35

|C838 剂量细目 DOSAGE DETAILS

说明:说明一个剂量。

010	6083	剂量描述标识符	Dosage description identifier	C an..8
020	1131	代码表标识代码	Code list identification code	C an..17

030	3055	代码表负责机构代码	Code list responsible agency code	C an..3
040	6082	剂量描述	Dosage description	C an..70

|C839　护理员种类　　ATTENDEE CATEGORY

说明:说明护理员种类。

010	7459	护理员种类描述代码	Attendee category description code	C an..3
020	1131	代码表标识代码	Code list identification code	C an..17
030	3055	代码表负责机构代码	Code list responsible agency code	C an..3
040	7458	护理员种类描述	Attendee category description	C an..35

|C840　护理允许细目　　ATTENDANCE ADMISSION DETAILS

说明:说明允许类型。

010	9445	允许类型描述代码	Admission type description code	C an..3
020	1131	代码表标识代码	Code list identification code	C an..17
030	3055	代码表负责机构代码	Code list responsible agency code	C an..3
040	9444	允许类型描述	Admission type description	C an..35

|C841　护理解除细目　　ATTENDANCE DISCHARGE DETAILS

说明:说明解除类型。

010	9447	解除类型描述代码	Discharge type description code	C an..3
020	1131	代码表标识代码	Code list identification code	C an..17
030	3055	代码表负责机构代码	Code list responsible agency code	C an..3
040	9446	解除类型描述	Discharge type description	C an..35

|C844　组织类别细目　　ORGANISATION CLASSIFICATION DETAIL

说明:说明组织分类细目。

010	3083	组织类别名称代码	Organisational class name code	C an..17
020	1131	代码表标识代码	Code list identification code	C an..17
030	3055	代码表负责机构代码	Code list responsible agency code	C an..3
040	3082	组织类别名称	Organisational class name	C an..70

|C848　计量单位细目　　MEASUREMENT UNIT DETAILS

说明:说明一个计量单位。

010	6417	计量单位代码	Measurement unit code	C an..8
020	1131	代码表标识代码	Code list identification code	C an..17
030	3055	代码表负责机构代码	Code list responsible agency code	C an..3
040	6416	计量单位名称	Measurement unit name	C an..35

|C849　指示参与方　　PARTIES TO INSTRUCTION

说明:指示发送方和接收方的标识。

010	3301	指示制定方标识符	Enacting party identifier	M an..35
020	3285	指示接收方标识符	Instruction receiving party identifier	C an..35

	|C850	指示状态	STATUS OF INSTRUCTION	
	说明:提供指示状态的信息。			
010	4405	状态描述代码	Status description code	M an..3
020	3036	参与方名称	Party name	C an..35

	+C851	风险对象类型	RISK OBJECT TYPE	
	说明:说明一个风险对象的类型。			
010	7179	风险对象类型标识符	Risk object type identifier	C an..17
020	1131	代码表标识代码	Code list identification code	C an..17
030	3055	代码表负责机构代码	Code list responsible agency code	C an..3

	+C852	风险对象子类型	RISK OBJECT SUB-TYPE	
	说明:提供一个风险对象子类型的标识细目。			
010	7177	风险对象子类描述标识符	Risk object sub-type description identifier	C an..17
020	1131	代码表标识代码	Code list identification code	C an..17
030	3055	代码表负责机构代码	Code list responsible agency code	C an..3
040	7176	风险对象子类描述	Risk object sub-type description	C an..70

	|C853	出错段位置细目	ERROR SEGMENT POINT DETAILS	
	说明:指示报文中应用错误的准确段位置。			
010	9166	段标记标识符	Segment tag identifier	C an..3
020	1050	顺序位置标识符	Sequence position identifier	C an..10
030	1159	顺序标识符来源代码	Sequence identifier source code	C an..3

	|C878	费用/折让账户	CHARGE/ALLOWANCE ACCOUNT	
	说明:费用或折让账户的标识。			
010	3434	分支机构标识符	Institution branch identifier	M an..17
020	1131	代码表标识代码	Code list identification code	C an..17
030	3055	代码表负责机构代码	Code list responsible agency code	C an..3
040	3194	账户持有人标识符	Account holder identifier	C an..35
050	6345	货币标识代码	Currency identification code	C an..3

	|C889	特征值	CHARACTERISTIC VALUE	
	说明:提供特征值。			
010	7111	特征值描述代码	Characteristic value description code	C an..3
020	1131	代码表标识代码	Code list identification code	C an..17
030	3055	代码表负责机构代码	Code list responsible agency code	C an..3
040	7110	特征值描述	Characteristic value description	C an..35
050	7110	特征值描述	Characteristic value description	C an..35

	|C901	应用错误细目	APPLICATION ERROR DETAIL	
	说明:报文接收方为指示数据验证出错条件的代码。			
010	9321	应用错误代码	Application error code	M an..8

020	1131	代码表标识代码	Code list identification code	C an..17
030	3055	代码表负责机构代码	Code list responsible agency code	C an..3

	|C941	关系	RELATIONSHIP	
	说明:关系的标识和/或描述。			
010	9143	关系描述代码	Relationship description code	C an..3
020	1131	代码表标识代码	Code list identification code	C an..17
030	3055	代码表负责机构代码	Code list responsible agency code	C an..3
040	9142	关系描述	Relationship description	C an..35

	|C942	成员种类	MEMBERSHIP CATEGORY	
	说明:一项或一组成员的成员种类标识和/或描述。			
010	7451	成员种类描述代码	Membership category description code	M an..4
020	1131	代码表标识代码	Code list identification code	C an..17
030	3055	代码表负责机构代码	Code list responsible agency code	C an..3
040	7450	成员种类描述	Membership category description	C an..35

	|C944	成员状况	MEMBERSHIP STATUS	
	说明:成员状况的代码和/或描述。			
010	7453	成员状况描述代码	Membership status description code	C an..3
020	1131	代码表标识代码	Code list identification code	C an..17
030	3055	代码表负责机构代码	Code list responsible agency code	C an..3
040	7452	成员状况描述	Membership status description	C an..35

	|C945	成员等级	MEMBERSHIP LEVEL	
	说明:成员等级的标识。			
010	7455	成员等级代码限定符	Membership level code qualifier	M an..3
020	7457	成员等级描述代码	Membership level description code	C an..9
030	1131	代码表标识代码	Code list identification code	C an..17
040	3055	代码表负责机构代码	Code list responsible agency code	C an..3
050	7456	成员等级描述	Membership level description	C an..35

	|C948	雇员种类	EMPLOYMENT CATEGORY	
	说明:职位种类的代码和/或描述。			
010	9005	雇员种类描述代码	Employment category description code	C an..3
020	1131	代码表标识代码	Code list identification code	C an..17
030	3055	代码表负责机构代码	Code list responsible agency code	C an..3
040	9004	雇员种类描述	Employment category description	C an..35

	|C950	资格分类	QUALIFICATION CLASSIFICATION	
	说明:资格分类说明和/或代码，它规定了贸易、技能、专业或类似资格的类别。			
010	9007	资格分类描述代码	Qualification classification description code	C an..3
020	1131	代码表标识代码	Code list identification code	C an..17

030	3055	代码表负责机构代码	Code list responsible agency code	C an..3
040	9006	资格分类描述	Qualification classification description	C an..35
050	9006	资格分类描述	Qualification classification description	C an..35

|C951 职业 OCCUPATION

说明:职业的描述。

010	9009	职业描述代码	Occupation description code	C an..3
020	1131	代码表标识代码	Code list identification code	C an..17
030	3055	代码表负责机构代码	Code list responsible agency code	C an..3
040	9008	职业描述	Occupation description	C an..35
050	9008	职业描述	Occupation description	C an..35

|C953 分配额类型 CONTRIBUTION TYPE

说明:为一个计划或组织捐赠的类型标识。

010	5049	分配额类型描述代码	Contribution type description code	M an..3
020	1131	代码表标识代码	Code list identification code	C an..17
030	3055	代码表负责机构代码	Code list responsible agency code	C an..3
040	5048	分配额类型描述	Contribution type description	C an..35

*|C955 属性类型 ATTRIBUTE TYPE

说明:属性类型的标识。

010	9021	属性类型描述代码	Attribute type description code	M an..17
020	1131	代码表标识代码	Code list identification code	C an..17
030	3055	代码表负责机构代码	Code list responsible agency code	C an..3
040	9020	属性类型描述	Attribute type description	C an..70

|C956 属性细目 ATTRIBUTE DETAILS

说明:与实体有关的属性的标识。

010	9019	属性描述代码	Attribute description code	C an..17
020	1131	代码表标识代码	Code list identification code	C an..17
030	3055	代码表负责机构代码	Code list responsible agency code	C an..3
040	9018	属性描述	Attribute description	C an..256

|C960 变更原因 REASON FOR CHANGE

说明:变更原因的代码和/或描述。

注:本复合数据元代替复合数据元 C262(该复合数据元已在本目录中删除)。

010	4295	变更原因描述代码	Change reason description code	C an..3
020	1131	代码表标识代码	Code list identification code	C an..17
030	3055	代码表负责机构代码	Code list responsible agency code	C an..3
040	4294	变更原因描述	Change reason description	C an..35

+C961 公式复杂性 FORMULA COMPLEXITY

说明:公式复杂性的标识。

010	9505	公式复杂性代码	Formula complexity code	C an..3
020	1131	代码表标识代码	Code list identification code	C an..17
030	3055	代码表负责机构代码	Code list responsible agency code	C an..3

+C970 条款名称 CLAUSE NAME

说明:用代码型或文本格式给出条款的标识。

010	4069	条款名称代码	Clause name code	C an..17
020	1131	代码表标识代码	Code list identification code	C an..17
030	3055	代码表负责机构代码	Code list responsible agency code	C an..3
040	4068	条款名称	Clause name	C an..70

+C971 附加条款类型 PROVISO TYPE

说明:用代码型或文本格式给出附加条款类型的标识。

010	4073	附加条款类型描述代码	Proviso type description code	C an..3
020	1131	代码表标识代码	Code list identification code	C an..17
030	3055	代码表负责机构代码	Code list responsible agency code	C an..3
040	4072	附加条款类型描述	Proviso type description	C an..35

+C972 附加条款计算 PROVISO CALCULATION

说明:用代码型或文本格式给出附加条款计算的说明。

010	4075	附加条款计算描述代码	Proviso calculation description code	C an..3
020	1131	代码表标识代码	Code list identification code	C an..17
030	3055	代码表负责机构代码	Code list responsible agency code	C an..3
040	4074	附加条款计算描述	Proviso calculation description	C an..35

+C973 适应性类型 APPLICABILITY TYPE

说明:用代码型或文本格式给出适应性类型的说明。

010	9049	适应性类型描述代码	Applicability type description code	C an..3
020	1131	代码表标识代码	Code list identification code	C an..17
030	3055	代码表负责机构代码	Code list responsible agency code	C an..3
040	9048	适应性类型描述	Applicability type description	C an..35

+C974 基础类型 BASIS TYPE

说明:用代码型或文本格式给出基本类型的说明。

010	9047	基础类型描述代码	Basis type description code	C an..3
020	1131	代码表标识代码	Code list identification code	C an..17
030	3055	代码表负责机构代码	Code list responsible agency code	C an..3
040	9046	基础类型描述	Basis type description	C an..35

+C977 期限细目 PERIOD DETAIL

说明:用代码型或文本格式给出期限细目的说明。

010	2119	期限细目描述代码	Period detail description code	C an..3
020	1131	代码表标识代码	Code list identification code	C an..17

030	3055	代码表负责机构代码	Code list responsible agency code	C an..3
040	2118	期限细目描述	Period detail description	C an..35

4.3 交互式电子数据交换复合数据元目录

位置标识符	标记	中文名称	英文名称	状态表示
	|E001	地址细目	ADDRESS DETAILS	
	说明:说明地址的细目。			
010	3477	地址格式代码	Address format code	M an..3
020	3286	地址成分描述	Address component description	M an..70
030	3286	地址成分描述	Address component description	C an..70
040	3286	地址成分描述	Address component description	C an..70
050	3286	地址成分描述	Address component description	C an..70
060	3286	地址成分描述	Address component description	C an..70
070	3286	地址成分描述	Address component description	C an..70
	* |E002	佣金细目	COMMISSION DETAILS	
	说明:说明佣金条件、金额、货币、付款方及有关自由文本。			
010	4439	付款条件代码	Payment conditions code	M an..3
020	5004	货币金额	Monetary amount	C n..35
030	6345	货币标识代码	Currency identification code	C an..3
040	3036	参与方名称	Party name	C an..35
050	4440	自由文本	Free text	C an..512
060	1229	行为代码	Action code	C an..3
	|E003	属性信息	ATTRIBUTE INFORMATION	
	说明:标识属性和属性类型。			
010	9021	属性类型描述代码	Attribute type description code	M an..17
020	9018	属性描述	Attribute description	C an..256
	|E004	规则细目	RULE DETAILS	
	说明:指出编码规则、数值及其与规则的关系、服务开始日期、与规则相关的货币金额和与规则相关的附加信息。			
010	4183	特定条件代码	Special condition code	M an..3
020	6350	单位数量	Units quantity	C n..15
030	6353	单位类型代码限定符	Unit type code qualifier	C an..3
040	5479	关系代码	Relation code	C an..3
050	2160	一周中每天的标识符	Days of week set identifier	C an..7
060	5004	货币金额	Monetary amount	C n..35
070	5025	货币金额类型代码限定符	Monetary amount type code qualifier	C an..3
080	6345	货币标识代码	Currency identification code	C an..3
090	4440	自由文本	Free text	C an..70
100	4440	自由文本	Free text	C an..512

110	4440	自由文本	Free text	C an..512
120	4440	自由文本	Free text	C an..512
130	4440	自由文本	Free text	C an..512
140	4440	自由文本	Free text	C an..512
150	4440	自由文本	Free text	C an..512
160	4440	自由文本	Free text	C an..512
170	4440	自由文本	Free text	C an..512

|E005　规则文本　RULE TEXT

说明：说明文本规则。

注：成分数据元 4440（自由文本）在该复合数据元中出现 20 次。

010	4183	特定条件代码	Special condition code	M an..3
020	4473	信息类型代码	Information type code	C an..4
030	4440	自由文本	Free text	C an..70

|E006　规则状态　RULE STATUS

说明：规定规则的状态。

010	4183	特定条件代码	Special condition code	M an..3
020	1245	处理指示符描述代码	Processing indicator description code	M an..3

|E007　交通限制细目　TRAFFIC RESTRICTION DETAILS

说明：提供限制交通的细目。

010	8015	交通限制代码	Traffic restriction code	C an..3
020	8017	交通限制应用代码	Traffic restriction application code	C an..3
030	8035	交通限制类型代码限定符	Traffic restriction type code qualifier	C an..3
040	4440	自由文本	Free text	C an..70

|E008　地理细目　GEOGRAPHIC DETAILS

说明：说明位置的类型、实际地点、方向、距离、旅行时间和去往该地的运输工具。

010	3227	地点功能代码限定符	Location function code qualifier	M an..3
020	3224	地点名称	Location name	M an..256
030	5479	关系代码	Relation code	C an..3
040	6060	数量	Quantity	C n..35
050	6063	数量类型代码限定符	Quantity type code qualifier	C an..3
060	2002	时间	Time	C n4
070	8179	运输工具描述代码	Transport means description code	C an..8
080	8179	运输工具描述代码	Transport means description code	C an..8
090	8179	运输工具描述代码	Transport means description code	C an..8
100	8179	运输工具描述代码	Transport means description code	C an..8
110	8179	运输工具描述代码	Transport means description code	C an..8

|E009　日可获性信息　DAILY AVAILABILITY INFORMATION

说明：说明以日为基准的可获性。

010	2000	日期	Date	M an..14
020	4510	请求信息描述	Requested information description	C an..35

|E010 选择细目信息 SELECTION DETAILS INFORMATION

说明：说明选择的选项及相关信息。

010	4009	选项代码	Option code	M an..3
020	4018	相关信息描述	Related information description	C an..35

|E011 费率等级细目 RATE CLASS DETAILS

说明：标识费率等级及其处理方法。

010	5243	费率/价目等级描述代码	Rate or tariff class description code	M an..9
020	7365	处理指示符描述代码	Processing indicator description code	C an..3

+E012 姓名信息 NAME INFORMATION

说明：标识姓名的类型、实际姓名或标识姓名的代码，以及状态。

010	3035	参与方功能代码限定符	Party function code qualifier	M an..3
020	3036	参与方名称	Party name	C an..35
030	3039	参与方标识符	Party identifier	C an..35
040	3397	姓名状态代码	Name status code	C an..3

+E013 日期和时间信息 DATE AND TIME INFORMATION

说明：说明一个日期和时间及相关文本。

010	2005	日期/时间/期限功能代码限定符	Date or time or period function code qualifier	M an..3
020	2380	日期/时间/期限文本	Date or time or period text	M an..35
030	2379	日期/时间/期限格式代码	Date or time or period format code	C an..3
040	4440	自由文本	Free text	C an..512

+E014 时间参考细目 TIME REFERENCE DETAILS

说明：说明一个对通信时间指示的参考。

010	1154	参考标识符	Reference identifier	C an..70
020	1153	参考代码限定符	Reference code qualifier	C an..3

+E015 产品数据信息 PRODUCT DATA INFORMATION

说明：用代码或文本格式说明产品数据、可供数量、以及费用。

010	7009	项目描述代码	Item description code	C an..17
020	7008	项目描述	Item description	C an..256
030	6060	数量	Quantity	C an..35
040	5004	货币金额	Monetary amount	C n..35
050	2155	费用期限类型代码	Charge period type code	C an..3
060	5261	费用单位代码	Charge unit code	C an..3
070	6345	货币标识代码	Currency identification code	C an..3

080	4473	信息类型代码	Information type code	C an..4
090	4440	自由文本	Free text	C an..512

+E016 保险责任需求 INSURANCE COVER REQUIREMENT

说明:说明保险责任的类型和需求。

010	4497	保险责任类型代码	Insurance cover type code	M an..3
020	7299	需求制定方代码	Requirement designator code	C an..3

+E017 货币金额 MONETARY AMOUNT

说明:按指定货币金额表述的商品或服务的量。

010	5025	货币金额类型代码限定符	Monetary amount type code qualifier	C an..3
020	5004	货币金额	Monetary amount	C n..35
030	6345	货币标识代码	Currency identification code	C an..3
040	6343	货币类型代码限定符	Currency type code qualifier	C an..3
050	4405	状态描述代码	Status description code	C an..3

+E018 价格信息 PRICE INFORMATION

说明:价格类型,价格和相关细目的标识。

010	5125	价格代码限定符	Price code qualifier	M an..3
020	5118	价格	Price amount	C n..15
030	5375	价格类型代码	Price type code	C an..3

+E019 促销细目 PROMOTION DETAILS

说明:说明促销的供应商、促销编号和相关文本。

010	3036	参与方名称	Party name	M an..35
020	9607	是或否指示符代码	Yes or no indicator code	C an..3
030	1154	参考标识符	Reference identifier	C an..70
040	4440	自由文本	Free text	C an..512
050	4440	自由文本	Free text	C an..512
060	4440	自由文本	Free text	C an..512
070	4440	自由文本	Free text	C an..512
080	4440	自由文本	Free text	C an..512

+E020 税细目 TAX DETAILS

说明:说明税种、税额和税率。

010	5153	关税/税/费率类型名称代码	Duty or tax or fee type name code	M an..3
020	5004	货币金额	Monetary amount	C n..35
030	5278	关税/税/费率	Duty or tax or fee rate	C an..17

+E021 服务 SERVICE

说明:标识一项服务及任何修改。

010	7135	产品标识符	Product identifier	M an..35

020	1131	代码表标识代码	Code list identification code	C an..17
030	9629	程序修改代码	Procedure modification code	C an..3
040	9629	程序修改代码	Procedure modification code	C an..3
050	9629	程序修改代码	Procedure modification code	C an..3
060	9629	程序修改代码	Procedure modification code	C an..3

+E022 指示信息 INSTRUCTION INFORMATION

说明:说明一个指示。

010	4401	指示描述代码	Instruction description code	M an..3
020	4403	指示类型代码限定符	Instruction type code qualifier	C an..3

+E023 参与方统计信息 PARTY DEMOGRAPHIC INFORMATION

说明:提供关于参与方的统计信息。

010	9143	关系描述代码	Relationship description code	C an..3
020	3499	性别代码	Gender code	C an..3
030	9005	雇员类别描述代码	Employment category description code	C an..3
040	3479	婚姻状况描述代码	Marital status description code	C an..3
050	4405	状态描述代码	Status description code	C an..3
060	9607	是或否指示符代码	Yes or no indicator code	C an..3

+E024 支持证据 SUPPORTING EVIDENCE

说明:证据类型、唯一参考号和通讯方式的标识。

010	9643	支持证据类型代码限定符	Supporting evidence type code qualifier	M an..3
020	1154	参考标识符	Reference identifier	M an..70
030	3153	通信媒体类型代码	Communication medium type code	C an..3

+E025 服务信息的基础 BASIS OF SERVICE INFORMATION

说明:包括类型、日期和费用的服务基础的标识。

010	9641	服务基础代码限定符	Service basis code qualifier	M an..3
020	7135	产品标识符	Product identifier	M an..35
030	1131	代码表标识代码	Code list identification code	C an..17
040	2380	日期/时间/期限文本	Date or time or period text	C an..35
050	2379	日期/时间/期限格式代码	Date or time or period format code	C an..3
060	5004	货币金额	Monetary amount	C n..35

+E026 允许 ADMISSION

说明:标识允许信息。

010	9445	允许类型描述代码	Admission type description code	C an..3
020	9627	允许来源代码	Admission source code	C an..3

+E027 发票类型 INVOICE TYPE

说明:标识发票类型及其使用频率。

010	9631	发票类型代码	Invoice type code	M an..3

020	2013	频率代码	Frequency code	C an..3

	+E028	相关原因	RELATED CAUSE	
	说明:相关原因、日期和位置的标识。			
010	9625	相关原因代码	Related cause code	C an..3
020	2000	日期	Date	C an..14
030	3229	国家行政区划标识符	Country subdivision identifier	C an..9

	+E029	诊断	DIAGNOSIS	
	说明:诊断及其类型的标识。			
010	7135	产品标识符	Product identifier	M an..35
020	9623	诊断类型代码	Diagnosis type code	C an..3
030	1131	代码表标识代码	Code list identification code	C an..17

	+E030	调整信息	ADJUSTMENT INFORMATION	
	说明:标识调整类别、原因和相关货币金额。			
010	9619	调整种类代码	Adjustment category code	M an..3
020	4465	调整原因描述代码	Adjustment reason description code	M an..3
030	5004	货币金额	Monetary amount	C n..35

	+E031	报文应用产品规范	MESSAGE APPLICATION PRODUCT SPECIFICATION	
	说明:说明一个报文功能、对话,或概要。			
010	1225	报文功能代码	Message function code	C an..3
020	7191	过程描述代码	Process description code	C an..17
030	7191	过程描述代码	Process description code	C an..17

	+E032	参与方标识	PARTY IDENTIFICATION	
	说明:说明参与方的标识。			
010	3039	参与方标识符	Party identifier	C an..35
020	3035	参与方功能代码限定符	Party function code qualifier	C an..3

	+E033	语言细目	LANGUAGE DETAILS	
	说明:标识一种语言。			
010	3453	语言名称代码	Language name code	C an..3
020	3452	语言名称	Language name	C an..35

	+E034	时区	TIME ZONE	
	说明:说明一个时区。			
010	2029	时区标识符	Time zone identifier	M an..3
020	2116	时差	Time zone difference quantity	C n..4

	+E035	数量细目	QUANTITY DETAILS	
	说明:传送数量的信息。			
010	6063	数量类型代码限定符	Quantity type code qualifier	M an..3

020	6060	数量	Quantity	M an..35
030	6411	计量单位代码	Measurement unit code	C an..8

+E080 参与方名称 PARTY NAME

说明:交易参与方的名称标识。

010	3036	参与方名称	Party name	M an..35
020	3036	参与方名称	Party name	M an..35
030	3036	参与方名称	Party name	M an..35
040	3036	参与方名称	Party name	M an..35
050	3036	参与方名称	Party name	M an..35
060	3045	参与方名称格式代码	Party name format code	C an..3

|E082 参与方标识细目 PARTY IDENTIFICATION DETAILS

说明:交易参与方的标识,用代码表示。

010	3039	参与方标识符	Party identifier	M an..35
020	1131	代码表标识代码	Code list identification code	C an..17
030	3055	代码表负责机构代码	Code list responsible agency code	C an..3

+E083 交货方式 DELIVERY PATTERN

说明:说明一种交货方式,定义一定期限内,以规定交货频次的交货量。

010	6063	数量类型代码限定符	Quantity type code qualifier	M an..3
020	6060	数量	Quantity	C an..35
030	6411	计量单位代码	Measurement unit code	C an..8
040	6060	数量	Quantity	C an..35
050	2151	期限类型代码	Period type code	C an..3
060	2152	期限数量	Period count quantity	C n..3
070	2015	发送方式代码	Despatch pattern code	C an..3
080	2017	发送方式时间代码	Despatch pattern timing code	C an..3

+E175 计量值和细目 MEASUREMENT VALUE AND DETAILS

说明:说明计量值及其分类标识。

010	6314	测量	Measure	M an..18
020	6411	计量单位代码	Measurement unit code	C an..8
030	6313	计量属性代码	Measured attribute code	C an..3
040	6321	计量意义代码	Measurement significance code	C an..3

+E206 对象标识 OBJECT IDENTIFICATION

说明:一个对象的标识。

010	7402	对象标识符	Object identifier	M an..35
020	7405	对象标识代码限定符	Object identification code qualifier	C an..3
030	4405	状态描述代码	Status description code	C an..3

E211 尺码 DIMENSIONS

说明:单件运输货物的尺码。

010	6411	计量单位代码	Measurement unit code	M an..8
020	6168	长度	Length measure	C n..15
030	6140	宽度	Width measure	C n..15
040	6008	高度	Height measure	C n..15

\|E212 项号标识 ITEM NUMBER IDENTIFICATION

说明：特定出处的货物标识。

010	7140	项标识符	Item identifier	C an..35
020	7143	项类型标识代码	Item type identification code	C an..3
030	1131	代码表标识代码	Code list identification code	C an..17
040	3055	代码表负责机构代码	Code list responsible agency code	C an..3

+E362 相关时间信息 RELATED TIME INFORMATION

说明：说明相关时间和其变化量的信息。

010	2002	时间	Time	C n4
020	2002	时间	Time	C n4
030	2116	时差	Time zone difference quantity	C n..4
040	2148	日期变化数	Date variation number	C n..5

\|E504 货币细目 CURRENCY DETAILS

说明：与货币有关的用法。

010	6347	货币使用代码限定符	Currency usage code qualifier	M an..3
020	6345	货币标识代码	Currency identification code	C an..3
030	6343	货币类型代码限定符	Currency type code qualifier	C an..3
040	6348	通货汇率	Currency rate	C n..4

+E506 参考 REFERENCE

说明：参考的标识。

010	1153	参考代码限定符	Reference code qualifier	M an..3
020	1154	参考标识符	Reference identifier	C an..70
030	1156	单证行标识符	Document line identifier	C an..6
040	4000	参考版本标识符	Reference version identifier	C an..35
050	3036	参与方名称	Party name	C an..35

+E507 日期/时间/期限 DATE/TIME/PERIOD

说明：与特定日期/时间/期限类型有关的日期和/或时间或期限。

010	2005	日期/时间/期限功能代码限定符	Date or time or period function code qualifier	M an..3
020	2380	日期/时间/期限文本	Date or time or period text	C an..35
030	2379	日期/时间/期限格式代码	Date or time or period format code	C an..3

\|E517 地点标识 LOCATION IDENTIFICATION

说明:地点的标识,用代码或名称表示。

010	3225	地点标识符	Location identifier	C an..25
020	1131	代码表标识代码	Code list identification code	C an..17
030	3055	代码表负责机构代码	Code list responsible agency code	C an..3
040	3224	地点名称	Location name	C an..256

+E520 频度 FREQUENCY

说明:说明频度和其所采用的时间窗口。

010	6072	频率	Frequency rate	M n..9
020	6411	计量单位代码	Measurement unit code	C an..8
020	2380	日期/时间/期限文本	Date or time or period text	C an..35
030	2379	日期/时间/期限格式代码	Date or time or period format code	C an..3

|E523 单位数细目 NUMBER OF UNIT DETAILS

说明:单位数及其目的的标识。

010	6350	单位数量	Units quantity	C n..15
020	6353	单位类型代码限定符	Unit type code qualifier	C an..3

|E778 位置标识 POSITION IDENTIFICATION

说明:标识对象在其所处结构中的位置。

010	7164	层级结构层标识符	Hierarchical structure level identifier	C an..35
020	1050	顺序位置标识符	Sequence position identifier	C an..10

|E817 地址用法 ADDRESS USAGE

说明:描述地址用法。

010	3299	地址用途代码	Address purpose code	C an..3
020	3131	地址类型代码	Address type code	C an..3
030	3475	地址状态代码	Address status code	C an..3

|E819 国家行政区划细目 COUNTRY SUBENTITY DETAILS

说明:说明一个国家的一部分(例如县、城市的一部分)。

010	3229	国家行政区划标识符	Country subdivision identifier	C an..9
020	1131	代码表标识代码	Code list identification code	C an..17
030	3055	代码表负责机构代码	Code list responsible agency code	C an..3
040	3228	国家行政区划名称	Country subdivision name	C an..70

|E901 应用错误细目 APPLICATION ERROR DETAILS

说明:由报文的接收方分配的代码,用于指出数据有效性出错情况。

010	9321	应用错误代码	Application error code	M an..8
020	1131	代码表标识代码	Code list identification code	C an..17
030	3055	代码表负责机构代码	Code list responsible agency code	C an..3

+E941 关系 RELATIONSHIP

说明：以代码或自由文本说明的关系。

010	9143	关系描述代码	Relationship description code	C an..3
020	1131	代码表标识代码	Code list identification code	C an..17
030	3055	代码表负责机构代码	Code list responsible agency code	C an..3
040	9142	关系描述	Relationship description	C an..35

+E946 确定性 CERTAINTY

说明：以代码型或自由文本说明的确定性。

010	4049	确定性描述代码	Certainty description code	C an..3
020	4048	确定性描述	Certainty description	C an..35
030	3453	语言名称代码	Language name code	C an..3
040	3055	代码表负责机构代码	Code list responsible agency code	C an..3

|E958 数量和作用细目 QUANTITY AND ACTION DETAILS

说明：说明产品或服务所要求的数量和作用。

010	6060	数量	Quantity	C n..15
020	4405	状态描述代码	Status description code	C an..3

+E959 附加服务细目 ADDITIONAL SERVICE DETAILS

说明：说明附加服务细目，比如有关的预订日期、开始和结束时间以及位置信息。

010	7161	特殊服务描述代码	Special service description code	M an..3
020	2002	时间	Time	C n4
030	2002	时间	Time	C n4
040	2000	日期	Date	C an..14
050	3224	地点名称	Location name	C an..256
060	3225	地点标识符	Location identifier	C an..35
070	3227	地点功能代码限定符	Location function code qualifier	C an..3
080	7037	特征描述代码	Characteristic description code	C an..17
090	3223	第一相关地点标识符	First related location identifier	C an..35
100	3207	国家(地区)标识符	Country identifier	C an..3
110	7160	特殊服务描述	Special service description	C an..35
120	7036	特征描述	Characteristic description	C an..35
130	1229	行为代码	Action code	C an..3
140	3233	第二相关地点标识符	Second related location identifier	C an..35
150	3453	语言名称代码	Language name code	C an..3
160	6072	频率	Frequency rate	C n..9
170	6411	计量单位代码	Measurement unit code	C an..8
180	6060	数量	Quantity	C an..35
190	3036	参与方名称	Party name	C an..35

+E961 运输细目 TRANSPORT DETAILS

说明：具体运输方法的细节描述。

010	8179	运输工具描述代码	Transport means description code	C an..8

020	8216	行程站数	Journey stops quantity	C n..3
030	2162	行程期间	Journey leg duration quantity	C an..6
040	5482	百分比	Percentage	C n..10
050	2160	一周中每天的标识符	Days of week set identifier	C an..7
060	2380	日期/时间/期限文本	Date or time or period text	C an..35
070	8215	运输工具变更指示符代码	Transport means change indicator code	C an1
080	3225	地点标识符	Location identifier	C an..25
090	3225	地点标识符	Location identifier	C an..25
100	3225	地点标识符	Location identifier	C an..25

|E962 两端港站信息 TERMINAL INFORMATION

说明:说明离开或抵达两端港站的信息。

010	3463	通道标识符	Gate identifier	C an..6
020	3223	第一相关地点标识符	First related location identifier	C an..25
030	3223	第一相关地点标识符	First related location identifier	C an..25

|E963 距离或时间细目 DISTANCE OR TIME DETAILS

说明:说明有关距离或时间段的信息。

010	6314	测量	Measure	C an..18
020	6411	计量单位代码	Measurement unit code	C an..3
030	2002	时间	Time	C n4

|E964 旅客时间细目 TRAVELLER TIME DETAILS

说明:按顺序说明与旅客有关的离开通道时间、到达通道时间、登记日期和时间。

010	2002	时间	Time	C n4
020	2002	时间	Time	C n4
030	2156	登记时间	Check-in time	C an..10

* |E965 特殊旅行设施 SPECIAL TRAVEL FACILITIES

说明:告知关于服务设施的信息。

010	9039	设施类型描述代码	Facility type description code	C an..3
020	9038	设施类型描述	Facility type description	C an..70
030	7133	产品细目类型代码限定符	Product details type code qualifier	C an..3
040	7037	特征描述代码	Characteristic description code	C an..17

* |E966 联系信息 CONTACT INFORMATION

说明:说明通信号码、号码的类型及号码的所有方。

010	3035	参与方功能代码限定符	Party function code qualifier	M an..3
020	3148	通信地址标识符	Communication address identifier	M an..512
030	3155	通信工具类型代码	Communication means type code	C an..3
040	3036	参与方名称	Party name	C an..35
050	1154	参考标识符	Reference identifier	C an..70

|E967 消费者参考标识 CONSUMER REFERENCE IDENTIFICATION

说明：用类型、公司、旅客的号码和参考标识消费者。

010	1153	参考代码限定符	Reference code qualifier	M an..3
020	1154	参考标识符	Reference identifier	C an..70
030	3036	参与方名称	Party name	C an..35
040	1145	旅客参考标识符	Traveller reference identifier	C an..35

* |E968 单证信息 DOCUMENT INFORMATION

说明：用代码型名称、号码、分类和签发地点标识单证。

010	1001	单证名称代码	Document name code	M an..3
020	1004	单证标识符	Document identifier	M an..35
030	7111	特征值描述代码	Characteristic value description code	C an..3
040	3225	地点标识符	Location identifier	C an..35
050	3207	国家(地区)标识符	Country identifier	C an..3
060	3207	国家(地区)标识符	Country identifier	C an..3
070	3164	城市名称	City name	C an..35

E969 有效日期 VALIDITY DATES

说明：生效日期和截止日期的标识，生效日期在前。

010	2000	日期	Date	M an..14
020	2000	日期	Date	C an..14

|E970 常旅客标识 FREQUENT TRAVELLER IDENTIFICATION

说明：由公司对特定旅客核定的常旅客标识号。

010	3036	参与方名称	Party name	M an..35
020	3459	常旅客标识符	Frequent traveller identifier	M an..25
030	1145	旅客参考标识符	Traveller reference identifier	C an..35

|E971 自由文本限定 FREE TEXT QUALIFICATION

说明：指定自由文本的类型、用途、状态及语言。

010	4451	文本主题代码限定符	Text subject code qualifier	M an..3
020	4473	信息类型代码	Information type code	C an..4
030	4405	状态描述代码	Status description code	C an..3
040	3036	参与方名称	Party name	C an..35
050	3453	语言名称代码	Language name code	C an..3

|E972 报文处理细目 MESSAGE PROCESSING DETAILS

说明：指出报文处理信息。

010	4025	业务功能代码	Business function code	C an..3
020	1225	报文功能代码	Message function code	C an..3
030	3055	代码表负责机构代码	Code list responsible agency code	C an..3
040	1225	报文功能代码	Message function code	C an..3

050	1225	报文功能代码	Message function code	C an..3
060	1225	报文功能代码	Message function code	C an..3
070	1225	报文功能代码	Message function code	C an..3
080	1225	报文功能代码	Message function code	C an..3
090	1225	报文功能代码	Message function code	C an..3
100	1225	报文功能代码	Message function code	C an..3
110	1225	报文功能代码	Message function code	C an..3
120	1225	报文功能代码	Message function code	C an..3

|E973　交付系统细目　DELIVERING SYSTEM DETAILS

说明：说明为第三方生成或交付报文的系统及其位置。

010	3036	参与方名称	Party name	C an..35
020	3225	地点标识符	Location identifier	C an..35
030	3224	地点名称	Location name	C an..256

|E974　源发方标识细目　ORIGINATOR IDENTIFICATION DETAILS

说明：按顺序标识分配的代理标识代码、源发系统标识、预订地点和代理名称。

010	3197	代理人标识符	Agent identifier	C an..9
020	3465	内部标识符	In-house identifier	C an..9
030	3197	代理人标识符	Agent identifier	C an..9
040	3036	参与方名称	Party name	C an..35

*|E975　地点　LOCATION

说明：标识一个地点。

010	3225	地点标识符	Location identifier	C an..25
020	3224	地点名称	Location name	C an..256
030	3207	国家(地区)标识符	Country identifier	C an..3
040	3227	地点功能代码限定符	Location function code qualifier	C an..3

|E976　源发方细目　ORIGINATOR DETAILS

说明：说明源发方的细目。

010	3207	国家(地区)标识符	Country identifier	C an..3
020	6345	货币标识代码	Currency identification code	C an..3
030	3453	语言名称代码	Language name code	C an..3

|E977　付款细目　PAYMENT DETAILS

说明：标识付款的方式、类型、金额、货币和到期日。

010	4467	支付方式代码	Payment method code	C an..4
020	4469	付款用途代码	Payment purpose code	C an..4
030	5267	服务类型代码	Service type code	C an..3
040	5004	货币金额	Monetary amount	C n..35
050	6345	货币标识代码	Currency identification code	C an..3
060	1154	参考标识符	Reference identifier	C an..70

070	2000	日期	Date	C an..14
080	3225	位置标识符	Location identifier	C an..35

	|E978	信用卡信息	CREDIT CARD INFORMATION	
	说明:标识信用卡的有关信息及持卡旅客。			
010	3036	参与方名称	Party name	M an..35
020	1154	参考标识符	Reference identifier	C an..70
030	2000	日期	Date	C an..14
040	3449	银行标识符	Bank identifier	C an..17
050	1145	旅客参考标识符	Traveller reference identifier	C an..35

	* |E979	预订控制标识	RESERVATION CONTROL IDENTIFICATION	
	说明:有关预订的信息,例如标识、日期和时间、以及变更原因。			
010	3036	参与方名称	Party name	C an..35
020	9040	预订标识符	Reservation identifier	C an..20
030	9043	预订标识符代码限定符	Reservation identifier code qualifier	C an..3
040	2000	日期	Date	C an..14
050	2164	毫秒时间	Millisecond time	C n9
060	1154	参考标识符	Reference identifier	C an..35
070	4465	调整原因描述代码	Adjustment reason description code	C an..3

	* |E980	特殊需求类型细目	SPECIAL REQUIREMENT TYPE DETAILS	
	说明:说明对服务的特别要求、所需数量、措施及实施地点。			
010	4187	特殊需求类型标识	Special requirement type code	M an..4
020	4405	状态描述代码	Status description code	C an..3
030	6060	数量	Quantity	C n..15
040	3036	参与方名称	Party name	C an..35
050	7365	处理指示符描述代码	Processing indicator description code	C an..3
060	3225	地点标识	Location identifier	C an..35
070	3225	地点标识	Location identifier	C an..35
080	7037	特征描述代码	Characteristic description code	C an..17

	|E981	特殊需求细目	SPECIAL REQUIREMENT DETAILS	
	说明:说明一项有关特别申请或要求的需求并指明旅客。			
010	4184	特殊需求描述	Special requirement description	C an..17
020	6411	计量单位代码	Measurement unit code	C an..8
030	6060	数量	Quantity	C n..15
040	1145	旅客参考标识符	Traveller reference identifier	C an..35
050	7111	特征值描述代码	Characteristic value description code	C an..3
060	7111	特征值描述代码	Characteristic value description code	C an..3
070	7111	特征值描述代码	Characteristic value description code	C an..3
080	7111	特征值描述代码	Characteristic value description code	C an..3
090	7111	特征值描述代码	Characteristic value description code	C an..3

* |E982 价目表信息 TARIFF INFORMATION

说明:标识费率或价目表的细目。

010	5263	费率类型标识符	Rate type identifier	C an..20
020	5004	货币金额	Monetary amount	C n..18
030	6345	货币标识代码	Currency identification code	C an..3
040	5501	费率计划代码	Rate plan code	C an..3
050	5025	货币金额类型代码限定符	Monetary amount type code qualifier	C an..3
060	2152	期限数量	Period count quantity	C n..3
070	5377	价格变更类型代码	Price change type code	C an..3
080	5160	货币总金额	Total monetary amount	C n..20
090	2000	日期	Date	C an..14
100	2000	日期	Date	C an..14
110	4183	特定条件代码	Special condition code	C an..3
120	6060	数量	Quantity	C an..35
130	4405	状态描述代码	Status description code	C an..3

* |E983 费率信息 RATE INFORMATION

说明:标识费率或价目表的种类、范围和处理信息。

010	5243	费率/价目等级描述代码	Rate or tariff class description code	C an..9
020	6162	最小数量范围	Range minimum quantity	C n..18
030	6152	最大数量范围	Range maximum quantity	C n..18
040	7365	处理指示符描述代码	Processing indicator description code	C an..3
050	6345	货币标识代码	Currency identification code	C an..3

* |E984 相关费用信息 ASSOCIATED CHARGES INFORMATION

说明:标识一项产品或服务的附加费用。

010	5261	费用单位代码	Charge unit code	C an..3
020	5004	货币金额	Monetary amount	C n..35
030	7008	项目描述	Item description	C an..256
040	6060	数量	Quantity	C n..35
050	2155	费用期限类型代码	Charge period type code	C an..3
060	6345	货币标识代码	Currency identification code	C an..3
070	3225	位置标识符	Location identifier	C an..35
080	4440	自由文本	Free text	C an..512
090	4513	维护操作代码	Maintenance operation code	C an..3
100	7299	需求制定方代码	Requirement designator code	C an..3
110	2018	年龄	Age	C n..3
120	5482	百分比	Percentage	C n..10

|E985 旅客姓氏和相关信息 TRAVELLER SURNAME AND RELATED INFORMATION

说明:标识旅客的姓氏、旅客的类型、同姓旅客的数目、姓氏的状态和语言。

010	3500	姓	Family name	M an..70

020	3035	参与方功能代码限定符	Party function code qualifier	C an..3
030	6060	数量	Quantity	C n..35
040	4405	状态描述代码	Status description code	C an..3
050	3453	语言名称代码	Language name code	C an..3

|E986　旅客细目　TRAVELLER DETAILS

说明：标识旅客的名字和职务、类型、语言、性别和年龄。

010	3460	名字	Given name	C an..70
020	3035	参与方功能代码限定符	Party function code qualifier	C an..3
030	1145	旅客参考标识符	Traveller reference identifier	C an..35
040	3504	职务描述	Given name title description	C an..9
050	8219	旅客携带婴儿指示符代码	Traveller accompanied by infant indicator code	C an1
060	3453	语言名称代码	Language name code	C an..3
070	3499	性别代码	Gender code	C an..3
080	2018	年龄	Age	C n..3

|E987　产品日期和时间　PRODUCT DATE AND TIME

说明：说明一项产品或服务的起始日期和时间以及结束日期和时间，起始日期在前。

010	2000	日期	Date	M an..14
020	2002	时间	Time	C n4
030	2000	日期	Date	C an..14
040	2002	时间	Time	C n4
050	2148	日期变化数	Date variation number	C n..5

E988　公司标识　COMPANY IDENTIFICATION

说明：标识公司和相关的公司。

010	3036	参与方名称	Party name	M an..35
020	3036	参与方名称	Party name	M an..35
030	3036	参与方名称	Party name	M an..35

* |E989　产品标识细目　PRODUCT IDENTIFICATION DETAILS

说明：标识某一产品或服务的代码、号码或名称以及标识产品或服务等级或类型的代码。

010	7135	产品标识符	Product identifier	C an..35
020	7037	特征描述代码	Characteristic description code	C an..17
030	7139	产品特征标识代码	Product characteristic identification code	C an..3
040	7009	项目描述代码	Item description code	C an..17
050	7009	项目描述代码	Item description code	C an..17
060	7009	项目描述代码	Item description code	C an..17
070	9608	产品名称	Product name	C an..35

|E990　顺序号细目　SEQUENCE NUMBER DETAILS

说明：说明一项产品或服务的顺序号信息。

010	1050	顺序位置标识符	Sequence position identifier	M an..10
020	1050	顺序位置标识符	Sequence position identifier	M an..10
030	1050	顺序位置标识符	Sequence position identifier	M an..10
040	1050	顺序位置标识符	Sequence position identifier	M an..10
050	1050	顺序位置标识符	Sequence position identifier	M an..10
060	1050	顺序位置标识符	Sequence position identifier	M an..10
070	1050	顺序位置标识符	Sequence position identifier	M an..10
080	1050	顺序位置标识符	Sequence position identifier	M an..10
090	1050	顺序位置标识符	Sequence position identifier	M an..10

|E991 交通工具信息 VEHICLE INFORMATION

说明：用构造或型号和标识号来标识一个交通工具。

010	8154	设备规格和类型描述	Equipment size and type description	C an..35
020	7402	对象标识符	Object identifier	C an..35

|E992 位置 POSITION

说明：标识项的位置。

010	3223	第一相关地点标识符	First related location identifier	C an..35
020	3233	第二相关地点标识符	Second related location identifier	C an..35

|E993 旅行细目 TOUR DETAILS

说明：用代码、供应商名称、时长、停留次数、住房及房间数量来提供旅行细目。

010	7135	产品标识符	Product identifier	C an..35
020	3036	参与方名称	Party name	C an..35
030	6168	长度	Length measure	C n..15
040	8216	行程站数	Journey stops quantity	C n..3
050	2160	一周中每天的标识符	Days of week set identifier	C an..7
060	6350	单位数量	Units quantity	C n..15
070	6060	数量	Quantity	C n..35

|E994 中途停留信息 STOPOVER INFORMATION

说明：说明中途停留的地点和过夜天数。

010	3225	地点标识符	Location identifier	C an..35
020	6350	单位数量	Units quantity	C n..15

|E995 搬移细目 MOVEMENT DETAILS

说明：说明交付的信息。

010	7273	服务需求代码	Service requirement code	C an..3
020	2000	日期	Date	C an..14
030	2002	时间	Time	C n4

*|E996 产品分类细目 PRODUCT CLASS DETAILS

说明：说明一个产品分类的细目。

010	7037	特征描述代码	Characteristic description code	C an..17
020	4510	请求信息描述	Requested information description	C an..35
030	7161	特殊服务描述代码	Special service description code	C an..3
040	7009	项目描述代码	Item description code	C an..17
050	7009	项目描述代码	Item description code	C an..17
060	7009	项目描述代码	Item description code	C an..17
070	7139	产品特征标识代码	Product characteristic identification code	C an..3

|E997　食宿安排信息　ACCOMMODATION ALLOCATION INFORMATION

说明:说明所安排食宿的参考、类型和特征。

注:成分数据元特殊需求细目在此复合数据元中重复 99 次。

010	1154	参考标识符	Reference identifier	M an..70
020	9143	关系描述代码	Relationship description code	C an..3
030	4187	特殊需求类型代码	Special requirement type code	C an..4
040	7111	特征值描述代码	Characteristic value description code	C an..3
050	4184	特殊需求描述	Special requirement description	C an..17

|E998　折扣信息　DISCOUNT INFORMATION

说明:说明折扣原因、金额、公司和与折扣原因有关的一个数字。

010	4465	调整原因描述代码	Adjustment reason description code	M an..3
020	5482	百分比	Percentage	C n..10
030	3036	参与方名称	Party name	C an..35
040	6350	单位数量	Units quantity	C n..15

* |E999　衔接细目　CONNECTION DETAILS

说明:说明衔接和经停的地点、指定的供应商、相关的时间、以及旅行顺序。

010	3225	地点标识符	Location identifier	C an..25
020	3036	参与方名称	Party name	C an..35
030	2002	时间	Time	C n4
040	2002	时间	Time	C n4
050	3224	地点名称	Location name	C an..256
060	3227	地点功能代码限定符	Location function code qualifier	C an..3
070	3207	国家(地区)标识符	Country identifier	C an..3
080	1050	顺序位置标识符	Sequence position identifier	C an..10

5 索引

5.1 批式电子数据交换复合数据元目录的索引

[D]

Damage area	残损部位	C822
Damage severity	残损程度	C825
Dangerous goods label	危险品标签	C236
Dangerous goods shipment flashpoint	危险品装运闪点	C223
Data set identification	数据集标识	C782
Date/time/period	日期/时间/期限	C507
Dimensions	尺码	C211
Document/message details	单证/报文细目	C503
Document/message identification	单证/报文标识	C106
Document/message name	单证/报文名称	C002
Dosage details	剂量细目	C838
Duty/tax/fee account detail	关税/税/费账户细目	C533
Duty/tax/fee detail	关税/税/费细目	C243
Duty/tax/fee type	关税/税/费类型	C241

[E]

Employment category	雇员种类	C948
Equipment identification	设备标识	C237
Equipment size and type	设备规格和类型	C224
Error point details	出错位置细目	C701
Error segment point details	出错段位置细目	C853
Event category	事件种类	C004
Event identification	事件标识	C063
Event type	事件类型	C030
Excess transportation information	额外运输信息	C401

[F]

File details	文件细目	C099
File identification	文件标识	C077
Footnote identification	注释标识	C784
Footnote set identification	注释集标识	C783
Formula complexity	公式复杂性	C961
Frequency details	频度细目	C526

[G]

Government action	政府行为	C232

[H]

Handling instructions	装卸说明	C524
Hazard code	危险品代码	C205
Hazard identification	危险品标识	C235
Hazardous material	危险物质	C218

[I]

Identification number	标识号	C206
Identity number range	标识号范围	C208
Index identification	指标标识	C545

Requirement/condition identification	需求/条件标识	C550
Response details	应答细目	C812
Result detail	结果细目	C831
Returnable package details	可退换包装细目	C532
Risk object sub-type	风险对象子类型	C852
Risk object type	风险对象类型	C851
[S]		
Safety section	安全节	C814
Sales channel identification	销售渠道标识	C332
Sample location details	取样位置细目	C514
Seal issuer	封志方	C215
Sequence information	顺序信息	C286
Service	服务	C233
Size details	尺寸细目	C512
Special services identification	特殊服务标识	C214
Statistical concept identification	统计概念标识	C785
Statistical details	统计细目	C527
Status	状态	C555
Status category	状态种类	C601
Status of instruction	指示状态	C850
Status reason	状态原因	C556
Street	街道	C059
Structure component identification	结构成分标识	C786
Sub-line information	分行信息	C829
[T]		
Temperature setting	温度设定	C239
Terms of delivery or transport	交货或运输条款	C100
Test method	测试方法	C244
Test reason	测试原因	C515
Text literal	文字文本	C108
Text reference	文本参考	C107
Transport means	运输工具	C001
Transport identification	运输标识	C222
Transport priority	运输优先级	C537
Type of damage	残损类型	C821
Type of marking	标志类型	C827
Type of unit/component	单元/部件类型	C823
[U]		
Undg information	联合国危险品(UNDG)信息	C234
[V]		
Value list identification	值表标识	C780
Value/range	值/范围	C174

5.2 交互式电子数据交换复合数据元目录的索引

英文名称	中文名称	复合数据元标记
[A]		
Accommodation allocation information	食宿安排信息	E997
Additional service details	附加服务细目	E959
Address details	地址细目	E001
Address usage	地址用法	E817
Application error details	应用错误细目	E901
Associated charges information	相关费用信息	E984
Attribute information	属性信息	E003
[C]		
Certainty	确定性	E946
Commission details	佣金细目	E002
Company identification	公司标识	E988
Connection details	衔接细目	E999
Consumer reference identification	消费者参考标识	E967
Contact information	联系信息	E966
Country subentity details	国家行政区划细目	E819
Credit card information	信用卡信息	E978
Currency details	货币细目	E504
[D]		
Date/time/period	日期/时间/期限	E507
Delivering system details	交付系统细目	E973
Discount information	折扣信息	E998
Distance or time details	距离或时间细目	E963
Document information	单证信息	E968
[F]		
Facilities	设施	E965
Free text qualification	自由文本限定	E971
Frequency	频度	E520
Frequent traveller identification	常旅客标识	E970
[L]		
Location	地点	E975
Location identification	地点标识	E517
[M]		
Message processing details	报文处理细目	E972
Movement details	搬移细目	E995
[N]		
Number of unit details	单位数细目	E523
[O]		
Originator details	源发方细目	E976
Originator identification details	源发方标识细目	E974

[P]

Payment details	付款细目	E977
Position	位置	E992
Position identification	位置标识	E778
Product class details	产品分类细目	E996
Product date and time	产品日期和时间	E987
Product identification details	产品标识细目	E989

[Q]

Quantity and action details	数量和作用细目	E958

[R]

Rate information	费率信息	E983
Reference	参考	E506
Relationship	关系	E941
Reservation control identification	预订控制标识	E979

[S]

Sequence number details	顺序号细目	E990
Special requirement details	特殊需求细目	E981
Special requirement type details	特殊需求类型细目	E980
Special travel facilities	特殊旅行设施	E965
Stopover information	中途停留信息	E994

[T]

Tariff information	价目表信息	E982
Terminal information	端点站信息	E962
Tour details	旅行细目	E993
Transport details	运输细目	E961
Traveller details	旅客细目	E986
Traveller surname and related information	旅客姓氏和相关信息	E985
Traveller time details	旅客时间细目	E964

[V]

Validity dates	有效日期	E969
Vehicle information	交通工具信息	E991

ICS 17.040.30
F 86

中华人民共和国国家标准

GB/T 15636—2008
代替 GB/T 15636—1995

电离辐射厚度计

Thickness gauges utilizing ionizing radiation

(IEC 61336:1996,Nuclear instrumentation—
Thickness measurement systems utilizing ionizing radiation—
Definitions and test methods,NEQ)

2008-07-02 发布　　2009-04-01 实施

中华人民共和国国家质量监督检验检疫总局
中国国家标准化管理委员会　发布

前　言

本标准对应于IEC 61336:1996《核仪器　利用电离辐射的厚度测量系统　定义和试验方法》,与IEC 61336:1996一致性程度为非等效。

本标准代替GB/T 15636—1995《电离辐射厚度计》。

本标准与GB/T 15636—1995相比主要差异如下:

——规范性引用文件,引用合适标准的最新版本;

——术语和定义,按IEC 61336:1996的"定义"编写,并与GB/T 7352保持一致;

——技术要求:

- 调整技术要求项目的顺序,按外观、基本性能等要求顺序排列,并将正常工作的大气环境条件和供电电源条件与它们对厚度计性能的影响分开表述(见第5章);
- 调整和补充部分技术要求的指标(见第5章);
- 正常工作的大气环境条件和供电电源条件按IEC 60692:1999的附录A分别划分为Ⅰ、Ⅱ、Ⅲ三个组别和1,2,3三个级别(见5.1.1);
- 增加交流供电电源频率变化、电磁环境条件、抗振动、冲击和包装运输等环境适应性要求;
- 在安全要求中,电气安全和辐射安全(包括试验方法)按GB/T 19661—2005编写,并给出具体参数,另外还增加防爆要求(包括试验方法)(见5.7);

——试验方法:

- 补充部分试验方法,例如电磁环境试验、放射源试验等,使之与技术要求一一对应(见第6章);
- 改写部分试验方法,大多按IEC 61336:1996的"试验方法"编写,但气候环境试验和机械环境按GB/T 8993—1998编写,而电磁环境按GB/T 11684—2003或GB/T 17626.1—2006编写(见第6章);

——检验规则中补充检验分类、细化检验项目一览表(见第7章);

——增加随行文件的内容(见第8章);

——增加附录A(资料性附录),包括IEC 61336的"引言"和"目的和范围",IEC 61336的附录B"通用电离辐射厚度测量系统的描述",以及该通用测量系统的特定试验方法。

本标准的附录A是资料性附录。

本标准由中国核工业集团公司提出。

本标准由全国核仪器仪表标准化技术委员会(SAC/TC 30)归口。

本标准起草单位:深圳市计量质量检测研究院、核工业标准化研究所、上海工业自动化仪表研究所。

本标准主要起草人:朱崇全、熊正隆、李佳嘉、周迎春、许晓蔚、蔡闻智。

本标准所代替标准的历次版本发布情况为:

——GB/T 15636—1995。

电离辐射厚度计

1 范围

本标准规定了电离辐射厚度计的产品分类、技术要求、试验方法、检验规则以及标志、包装、运输、贮存和随行文件。

本标准适用于利用电离辐射对被测材料的厚度或单位面积质量进行非破坏性静态测量的电离辐射厚度计(以下简称厚度计)。

2 规范性引用文件

下列文件中的条款通过本标准的引用而成为本标准的条款。凡是注日期的引用文件,其随后所有的修改单(不包括勘误的内容)或修订版均不适用于本标准,然而,鼓励根据本标准达成协议的各方研究是否可使用这些文件的最新版本。凡是不注日期的引用文件,其最新版本适用于本标准。

GB 3836.1—2000 爆炸性气体环境用电气设备 第1部分:通用要求(eqv IEC 60079-0:1998)

GB 3836.2—2000 爆炸性气体环境用电气设备 第2部分:隔爆型“d”(eqv IEC 60079-1:1990)

GB 3836.4—2000 爆炸性气体环境用电气设备 第4部分:本质安全型“i”(eqv IEC 60079-11:1999)

GB 4075—2003 密封放射源 一般要求和分级(ISO 2919:1999,MOD)

GB/T 7352 利用电离辐射源的电测量系统和仪表

GB/T 8993—1998 核仪器环境条件与试验方法

GB/T 10257—2001 核仪器和核辐射探测器质量检验规则

GB/T 11684—2003 核仪器电磁环境条件与试验方法(IEC 61000:1995,NEQ)

GB/T 11806 放射性物质安全运输规程(GB/T 11806—2004,IAEA No. TS-R-1:1996/2003,IDT)

GB 15849—1995 密封放射源的泄露检验方法(eqv ISO 9978:1992)

GB/T 17625(所有部分) 电磁兼容 限值

GB/T 17626(所有部分) 电磁兼容 试验和测量技术(idt IEC 61000-4)

GB/T 18039(所有部分) 电磁兼容 限值(idt IEC 61000-2)

GB/T 18271.3—2000 过程测量和控制装置 通用性能评定方法和程序 第3部分:影响量影响的试验(idt IEC 61298-3:1998)

GB 18871—2002 电离辐射防护与辐射源安全基本标准

GB/T 19661.1—2005 核仪器及系统安全要求 第1部分:通用要求

GB/T 19661.2—2005 核仪器及系统安全要求 第2部分:放射性防护要求(IEC 60405:2003,Nuclear instrumentation—Constructional requirments and classification of radiometric gauges,MOD)

EJ/T 1059 核仪器产品包装通用技术要求

3 术语和定义

GB/T 7352中确立的以及下列术语和定义适用于本标准。

3.1 与设备有关的术语和定义

3.1.1

厚度计(电离辐射) thickness gauge (ionizing radiation)

带有电离辐射源,并设计成可以利用电离辐射非破坏性测量材料的厚度或单位面积质量的测量装置。

注:厚度计可能包括测量并校正不良影响量的补偿传感器。通用厚度测量系统的描述参见附录A。

3.1.2

透射式厚度计 transmission thickness gauge

利用穿透被测材料的电离辐射进行测量的厚度计。

注：放射源和探测器分别置于被测材料相对的两侧。

3.1.3

反散射式厚度计 backscatter thickness gauge

利用被测材料和任何与被测材料紧挨着的基体(衬底)材料的反散射电离辐射进行测量的厚度计。

注：放射源和探测器置于被测材料的同一侧。

3.1.4

X射线荧光厚度计 X-ray fluorescence thickness gauge

利用在被测材料和与被测材料紧挨着的基体材料(或支撑材料)中X射线所激发的荧光X射线谱进行测量的厚度计。

3.1.5

测量头 measuring head

由一个或多个辐射源和辐射探测器以及能用来测量和校正不良影响量影响的任何补偿传感器或装置一起组成的子部件。

注：辐射源可是密封放射源，或是能发出固定或可变能量X射线的辐射发生器。测量头可以由分立的源组件和探测器组件等组件组成，还可包括信号处理的电子设备。

3.1.6

电测量部件 electronic measuring sub-assembly

处理单元 processing unit

通过组合的电气和电子器件，用于处理测量头产生的电气量并为测量目的提供具有适宜值的电气量的部件。

注：电测量子部件通常称为主机。

3.1.7

测试点 test point

在厚度计中可监测电信号的点。

3.1.8

测试点A test point A

在厚度计中可按原始基本形态监测探测器输出信号的点。

注：对于积分电离室，这点通常在前置放大器之后并在任何变换为数字形式之前。

3.1.9

测试点C test point C

在厚度计中产生正常测量显示读数的点。

3.1.10

其他测试点 test points-other

在厚度计中信号能被监测和估算的其他点。

3.1.11

测量头安装架 measuring head supporting mechanism

安装测量头的机械部件。

3.1.12

固定式安装架 fixed mechanism

固定不动的测量头安装架。

3.1.13

回收式安装架 retractable mechanism

能从测量位置缩回的测量头安装架。

3.1.14

移动式机构　traversing mechanism

测量头可沿着被测材料进行横向或纵向一定范围移动的测量头安装架。

3.1.15

透射式厚度计的测量间距　measuring gap for transmission thickness gauge

置于被测材料两侧的源部件与探测部件相对面之间的最短距离。

3.1.16

反散射式厚度计的测量间距　measuring gap for backscattering thickness gauge

从探测部件(或源部件)最靠近被测材料的面到被测材料最远表面(或基体材料表面)的最短距离。

注：术语"测量间距"有时用来描述其内完成测量的空间和自由体积。这个空间可能比上面描述的距离小。

3.1.17

通行线　pass line

被测材料在测量间距中的位置线。

3.1.18

参考通行线　reference pass line

在测量间距中对应于正常完成校准时的通行线。它通常以一个离源室表面或探测室表面的规定距离来定义。

3.1.19

测量面积　measurement area

被测材料置于参考通行线上，被来自源部件的有用电离辐射束照射的横截面积。

3.1.20

总测量面积　total measurement area

参比通行线上能提供100%的输出信号的、给定被测材料的最小面积。

3.1.21

有效测量面积　effective measurement area

为了提供输出信号和被测变量表之间的最佳校正，参考通行线上给定被测材料的面积。通常这个面积为总测量面积的65%到95%。

注：当测量区内被测材料的质量(例如裂纹、粒度等)不均匀时，这个概念特别重要。

3.1.22

裂纹分辨力　streak resolution

在过程机械方向上能提供与其具有相同单位面积质量的无限宽裂纹70%信号的裂纹宽度。

3.1.23

单位面积质量　mass per unit area

面密度　surface density

等于物质的密度(单位体积质量)及其厚度乘积的量。单位面积质量通常采用物质样品称重，并用该质量除以它的面积来计算。

3.2　与测量和控制有关的术语和定义

3.2.1

准确度　accuracy

在参考条件下进行静态测量时，指示值与约定真值相符合的程度。

注：通常测量的是不准确度，并用它来表示准确度。

3.2.2

基本误差　intrinsic error

固有误差　intrinsic error

在参考条件下测定的误差。

3.2.3

重复性　repeatability

在相同的工作条件下，由同一操作员在短时间内连续多次对同一样品值的输入进行测量，其结果的一致性程度。

注：通常测量的是非重复性，并用它来表示重复性。

3.2.4

再现性　reproducibility

复现性　reproducibility

在相同的工作条件下，可由不同的操作员在长时间内多次对相同值的输入进行测量，其结果的一致性程度。再现性也适用于在相同工作条件下，对相同的输入值进行校准时，用不同测量仪器测量，其结果的一致性程度。

注：通常测量的是非再现性，并用它来表示再现性。

3.2.5

额定范围　rated range

制造商对设备指定的测量、观察、提供或设置的量的范围(见 IEC 60359)。

3.2.6

有效范围　effective range

额定范围中能在指定误差限内完成测量的那部分。

注：有效范围可细分，以便更全面表征仪器。

3.2.7

校准传递　calibration transfer

两台或多台厚度计读取一组公用标准样品并在规定误差带内获取相同结果的能力。

3.2.8

分辨力　resolution

能够观察或者检测的被测量的最小变化。应考虑信号的统计特性和采样技术的影响。宜校正信号过滤和数据测量时间对采样数据的影响。

3.2.9

几何分辨长度　geometrical resolution length

在具有确定"质量/单位面积"的标准样品的指定方向上，在给定误差因素条件下能测量的最小长度。例如，在用扫描测量系统测量厚度时，几何分辨长度是有效测量面积、仪表建立时间、测量头扫描速度和累积数据采样时间等的函数。

3.2.10

不稳定性　instabilities

在参考条件下且所有影响量保持恒定，被测量在有效测量范围内保持不变，仪器在规定时段输出信号的变化。

3.2.11

综合辐射测量不稳定性　overall radiometric instability

由所有内在影响引起的输出信号变化，但电离辐射统计涨落和源活度衰变引起的漂移除外。如果没有其他规定，漂移可以用一个相对于初始输出信号的输出信号最大变化的时间函数来表示。综合辐射测量不稳定性包括长期漂移和短期漂移。

3.2.12

辐射噪声　radiometric noise

统计涨落　statistical fluctuation

辐射不稳定性　radiometric instability

源辐射发射及被探测的随机特性单独引起的输出信号变化。当探测器处于辐照状态时，其值规定为输出信号(不包含所有的漂移)平均值的±2σ。

注1：辐射噪声的定义不包含电噪声，但测量它时，却不能析出电噪声。

注2：当探测器处于最强辐照状态时的辐射噪声为全辐射噪声。

3.2.13

电不稳定性　electrical instability

在参考条件下，当所有影响量保持恒定且辐射探测器不受照射时输出信号的变化。

注：电不稳定性包含电噪声和电长期不稳定性，其中电噪声是输出信号变化的相对标准偏差，而电长期不稳定性是输出信号平均值的变化。

3.2.14

短期漂移　short-term drift

在短于一天的时段内发生的漂移。

3.2.15

长期漂移　long-term drift

在一天直至一年的时段内观察到的漂移，它不包括诸如腐蚀、容器和管道的磨损以及在管道和容器壁上物质粘附等外界因素引起的漂移。

3.2.16

放射源衰变引起的漂移　drift due to radioactive decay instability

放射源衰变不稳定性　source decay instability

源活度衰变以及任何相关补偿电路和算法引起的误差。

3.2.17

测量噪声　measurement noise

不稳定性中的快变化，主要由辐射噪声和电噪声组成。

3.2.18

噪声极限分辨力　noise limit resolution

与辐射噪声宽度相应的被测量大小。

3.3　与时间响应有关的术语和定义

3.3.1

平均响应时间(模拟信号)　mean response time (analogue signals)

τ

从被测量发生阶跃变化时起，到输出信号第一次达到其最终平均值的规定百分数时止(适当考虑给出的信号统计特性)的平均时间。通常，阶跃变化的63.2%作为定义一倍时间常数的规定百分数。任何瞬时过冲量的大小宜予以指明。见图1。

3.3.2

平均建立时间(模拟信号)　mean setting time (analogue signals)

从被测量发生规定的阶跃变化时起，到输出信号达到并保持在最终平均值±2σ的统计噪声带内所需的最短时间。见图1。

3.3.3

恢复时间(模拟信号)　recovery time (analogue signals)

当测量状态从测量间距内没有被测材料的状态阶跃到测量范围内一个指定值时起，到输出信号达到并保持在最终平均值±2σ的统计噪声带内所需的时间。

3.3.4

采样时间(数字信号)　sampling time (digital signals)

完成输入量信息收集并转换为单一数值过程的整个时间间隔。

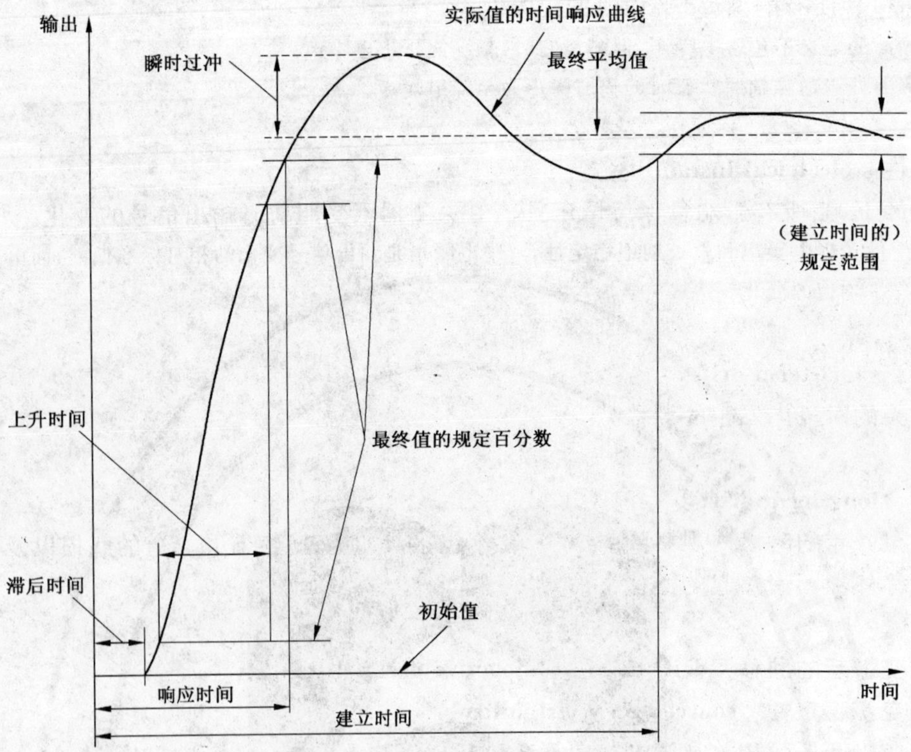

a）理想曲线

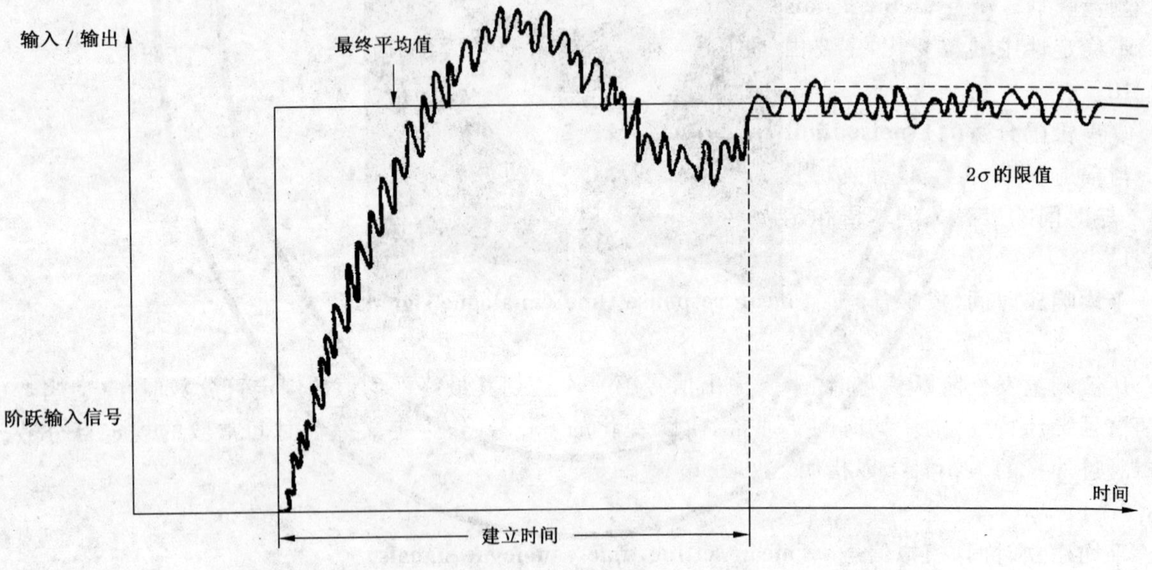

b）实际曲线

图1　模拟系统对阶跃输入的典型时间响应

3.3.5

采样率　sampling rate

被测量在单位时间内被采样的次数。

3.3.6

总积分时间(数字信号)　overall integration time (digital signals)

以指定方式完成被测量数字化并取平均(例如，线性平均或指数平均)所用的时间间隔(通常以采样时间表示)。这些数字值可表示被测量按时间的平均值。

3.3.7

平均建立时间(数字信号)　mean setting time (digital signals)

从被测量发生规定的阶跃变化时起，到输出信号达到并保持在最终平均值±2σ的统计噪声带内所需的最短时间。该数字平均建立时间宜表示为采样时间的倍数。见图2。

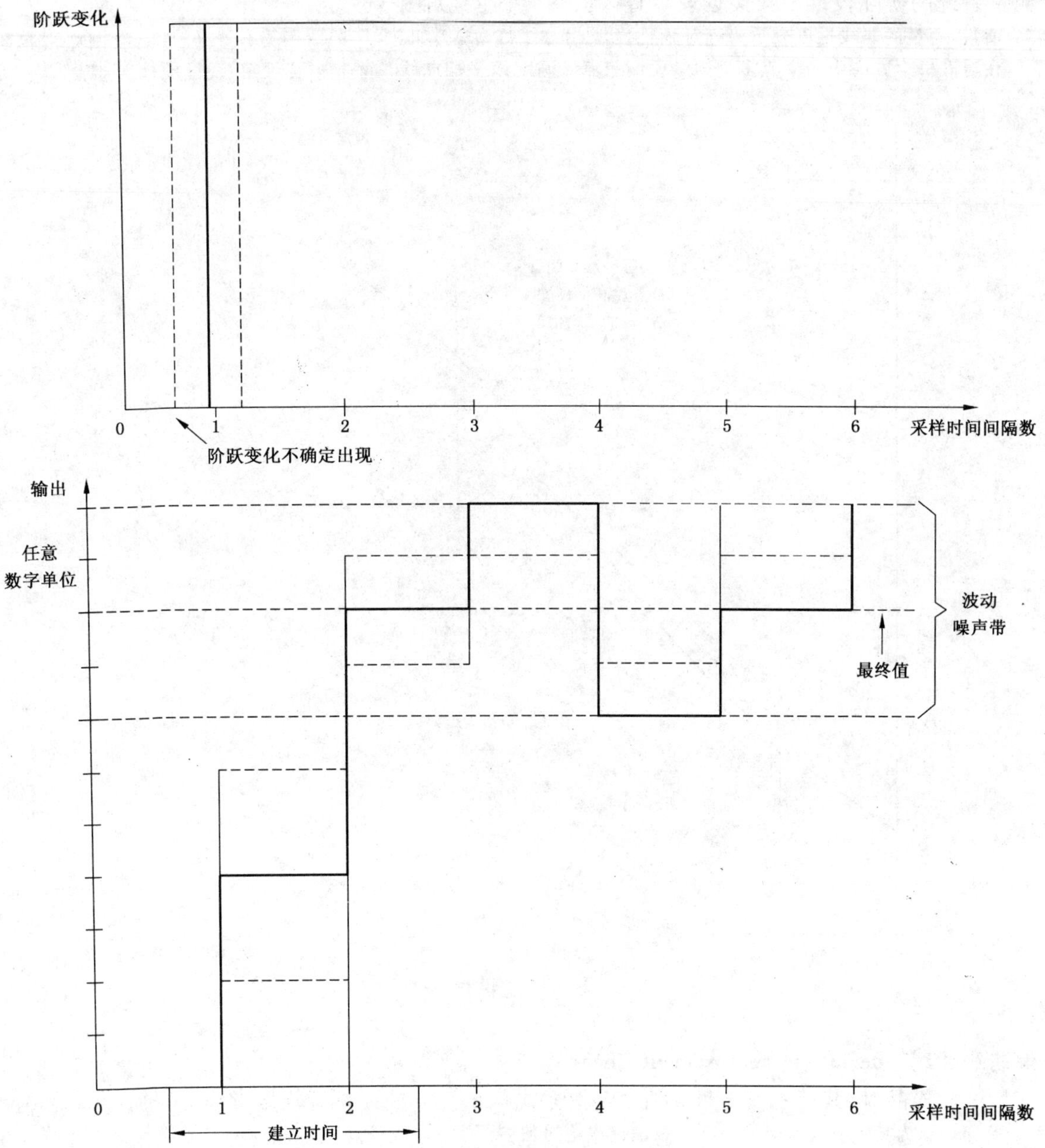

注：输入信号阶跃变化可能出现在采样时间间隔内的任意时刻。

图2　数字系统对阶跃输入的典型时间响应

3.3.8

恢复时间(数字信号)　recovery time (digital signals)

当测量状态从测量间距内没有被测材料的状态阶跃到测量范围内一个指定值时起，到输出信号达到并保持在最终平均值±2σ的统计噪声带内所需的时间。该恢复时间宜表示为采样时间的倍数。

3.4 与特性有关的定义

3.4.1

校准曲线 calibration curve

作为被测变量函数的系统输出信号的解析式、图形或列表的表示。

3.4.2

线性度 linearity

测量系统的实际校准曲线接近规定直线的吻合程度，如图3规定。

注：通常，测量的非线性度表示为绝对线性度或相对线性度；例如，平均曲线与直线之间的标准偏差或最大偏差。在对准每个方向中两个或多个满量程偏差点后确定该平均曲线。除非另行规定，线性度值关系到输出。

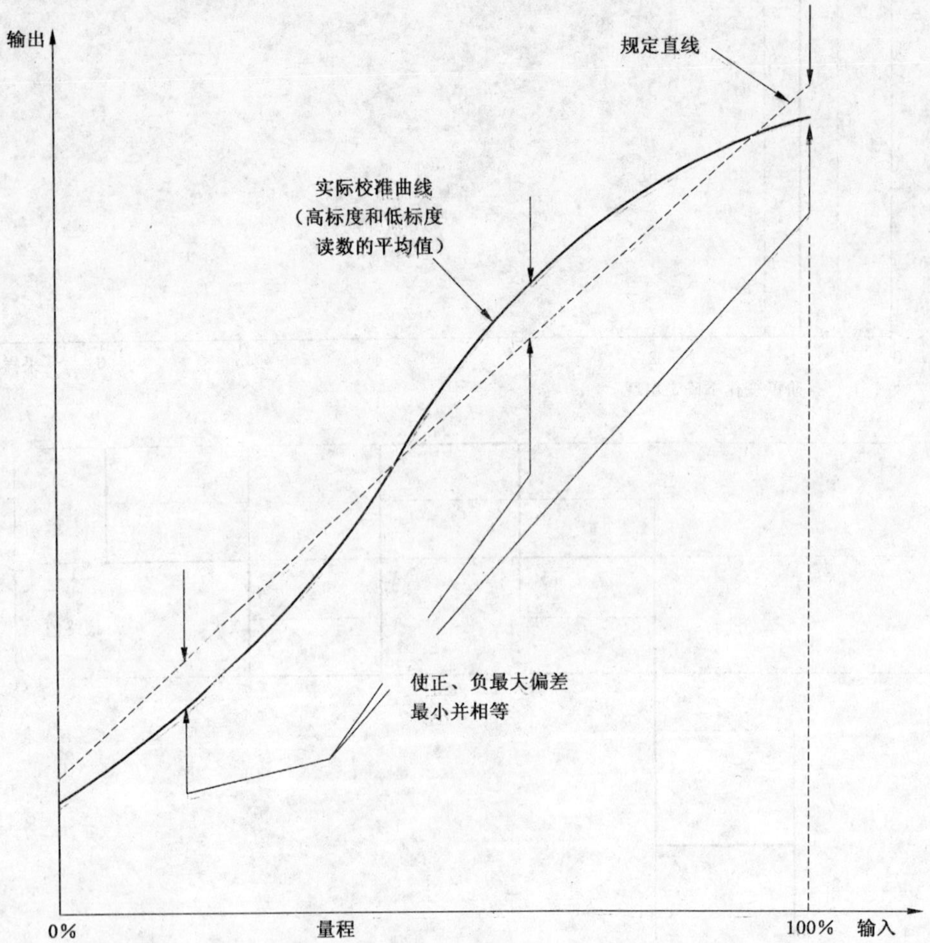

图3 线性度

3.4.3

偏差线性度 deviation measurement linearity

测量试验样品时，其指示值与目标值（实际值）之间的差异曲线接近规定直线（X轴）的吻合程度。

注：差异表示为指示值与目标值的百分数偏差或绝对偏差。

3.4.4

诊断特性 diagnostic features

厚度计能使操作员确定系统以标准方式工作的能力的那些特性。这些特性通常包括对系统内中间输出值和输入值产生影响的适当限值的分析算法，并包括报告工作条件的方式。

3.4.5

扫描误差/采样廓形误差 sample profile error

均匀标准样品位于参比通行线上并在参比条件下进行扫描测量时，由于横向移动机构在不同位置的偏移所引起的测量头的准直性误差。

该误差表示为对每个标准样品的偏差。横向移动机构不同位置的影响可储存在测量系统的存储器中，用于不同位置测量值的修正，以最大限度地减少测量误差。

注：这是一个动态误差，它可以是系统时间响应、测量头扫描速度及环境温度的函数。横向移动机构的偏移可能受到被测物质的工艺温度和环境温度的影响。

3.4.6

影响量　influence quantity

通常是设备外部的可以影响其性能的任何量。

注：当一个性能特性变化影响到另一个性能特性时，将它称为影响特性。

3.4.7

参考条件　reference conditions

为进行比对和校准试验而规定的、带有容差或限定范围的一组影响量和影响特性(必需时)的值。

3.4.8

额定使用范围　rated range of use

仪器满足有关工作误差要求的影响量数值的范围。

3.4.9

通行线误差　pass line error

由于被测材料在测量间距中沿着垂直于通行线的方向移动所引起的测量误差。

3.4.10

测量头准直性误差　head alignment error

透射式厚度计中测量头相对另一个测量头移动所引起的测量误差。直线位移和角位移均包括在内。

3.4.11

X 方向准直性误差　*X*-direction alignment error

测量头在过程机械方向上作垂直于源-探测器轴线的直线相对位移所产生的偏移误差。

3.4.12

Y 方向准直性误差　*Y*-direction alignment error

测量头在过程机械与 X 方向十字交叉方向上作垂直于源-探测器轴线的直线相对位移所产生的偏移误差。

3.4.13

Z 方向准直性误差　*Z*-direction alignment error

空气-间距不准直　air-map misalignment

测量头沿放射源-探测器轴线方向作相对线位移所产生的偏转误差。

3.4.14

成分影响　composition effects

测量过程中被测材料成分变化造成的影响。

注：对指定的成分变化，成分影响通常表示为主测量单位(被测量最常用的单位)的示值误差或实际测量值变化的百分数。

3.4.15

杂质堆积误差　foreign material build-up error

由于杂质(例如污垢或灰尘)堆积在测量头窗口上所造成的测量误差。

注：对指定的堆积水平，杂质堆积误差通常表示为主测量单位或实际测量值变化的百分数。

3.4.16

空气柱影响　air column effects

源与探测器之间的空气柱密度随测量期间大气压力和温度变化而变化所造成的影响。

3.4.17

外部噪声敏感度　external noise susceptibility

由于电磁或高能辐射源的外部噪声源的干扰所引起的示值误差。

3.4.18

标准化　standardization

在某些可能产生误差的条件(例如源衰变、污垢和电子漂移等)下进行测量时,系统可使测量输出规范化的自动、半自动或手动功能。

注1:标准化的例子包括空干管子、给管子充水、内置衰减器或关闭闸门等。

注2:标准化的目标是定期调整测量过程以最大限度降低源衰变、杂质堆积、电漂移等的影响。检查样品的手动插入和随过程参数变化的变化被认为是重新校准,而不是标准化。

3.4.19

静电荷影响　electrostatic charge effect

由静电场造成的测量误差。这些静电场经常由伴随被测材料的电荷产生。

4　产品分类

4.1　按所采用辐射方式分:

——透射式厚度计;

——反散射式厚度计。

4.2　按所用辐射源的种类分:

——α射线厚度计;

——β射线厚度计(其中用于测量纸页单位面积质量的测量装置也可称为纸页定量仪);

——γ射线厚度计(其中用于测量人造板单位面积质量的测量装置也可称为人造板容重计);

——韧致辐射厚度计;

——X射线荧光厚度计。

4.3　按测量头安装方式分:

——固定式厚度计;

——移动式厚度计;

——扫描式厚度计;

——便携式厚度计。

5　技术要求

5.1　通用要求

5.1.1　正常工作的大气环境条件和供电电源条件

厚度计正常工作的大气环境条件分为Ⅰ、Ⅱ和Ⅲ三组,其中:

Ⅰ——室内使用,即在实验室或制造商正常建立的条件下且小心操作设备的地方;

Ⅱ——简易房或工棚使用,即在非极端环境条件或在Ⅰ组与Ⅲ组之间的环境条件下使用;

Ⅲ——室外使用,设备可能遭受其他恶劣环境。

厚度计正常工作的供电电源条件分为1、2和3三个级别,但与大气环境条件的Ⅰ、Ⅱ和Ⅲ三组没有必然的对应关系。

厚度计正常工作大气环境条件具体参数见表1。测量头和电测量部件可以选用不同的组别;对测量头的大气环境条件有特殊要求时，由用户与制造商按 GB/T 8993—1998 商定。

表 1 正常工作的大气环境条件

使用组别	大气环境条件			适用场所举例
	环境温度/℃	相对湿度/%	大气压力/kPa	
Ⅰ	+5～+40	20～80(30 ℃)，无凝露	86～106	室内
Ⅱ	−10～+55	10～90(35 ℃)，含凝露		简易房或工棚
Ⅲ	−25～+60	5～95(40 ℃)，含凝露		室外

厚度计供电电源条件的具体参数见表 2。对供电电源有特殊要求时，由用户与制造商商定。

表 2 正常工作的供电电源及其变化范围

供电条件级别	直流电源电压		交流电源电压		交流电源频率	
	标称值/V	额定变化范围/%	标称值/V	额定变化范围/%	标称值/Hz	额定变化范围/%
1	由制造商规定	±10	220 380	±10	50	±2(1 Hz)
2				−12～+10		±5(2.5 Hz)
3				−20～+15		±10(5 Hz)

5.1.2 其他正常工作条件

被测材料通行线变化的允许范围、测量头窗上堆积物的允许范围、测量间距内温度的变化范围、被测材料温度的变化范围、被测材料化学成分的变化范围等应由具体产品的企业标准规定。

5.1.3 准确度等级

厚度计的准确度分为 0.1，0.2，0.5，1.0，1.5，2.5，5.0，10.0 共 8 个等级。

5.1.4 标度

厚度计的标度用长度的法定计量单位(如 mm、μm 等)表示，也可用单位面积质量的法定计量单位(如 g/m^2，kg/m^2 等)表示。偏差显示的标度也可用百分比数表示。

5.1.5 输出信号

厚度计的输出信号随其输出类型如下：

a) 对模拟气动信号，为 20 kPa～100 kPa(表压)；

b) 对模拟直流电流信号，为 0 mA～10 mA 或 4 mA～20 mA，并说明最大负载电阻；

c) 对模拟直流电压信号，为 0 V～5 V、0 V～10 V 或 1 V～5 V，并说明最大负载电流。

另外，对接点信号的越限报警信号，应给出接点容量；对带计算机的厚度计的输出终端，应采用优选的计算机接口电路。

5.1.6 最佳测量间距

制造商应给出反散射式厚度计的最佳测量间距。

5.1.7 测量头安装架

5.1.7.1 一般要求

对测量头安装架，制造商通常需确定：

a) 测量头安装架的功能及控制方式；

b) 厚度计在静态、动态工作时允许测量头机构错位的范围、补偿方式和试验方法；

c) 各部件的外形尺寸、质量(称重)及安装尺寸；

d) 电缆的连接方式和最大长度；

e) 测量间距及其可调范围。

5.1.7.2 扫描架的尺寸

扫描架的最大扫描宽度应在表 3 的规定中选取：

表 3　最大扫描宽度

扫描架类型		最大扫描宽度/m								
反散射式厚度计的扫描架		0.3	0.5	1.0	1.5	2.0				
透射式厚度计	O型扫描架		0.5	1.0	1.5	2.0	3.0	4.0	5.0	6.0	8.0
	C型扫描架		0.5	1.0	1.5	2.0	2.5				
注：对扫描架的最大扫描宽度有特殊要求时，由用户与制造商商定。											

5.2　外观

厚度计的外壳和零部件表面的涂覆层、面板、铭牌及标志均应光洁完好，不应有剥落和伤痕，标志的文字和符号应清晰，测量头安装架的表面处理应良好。

5.3　性能要求

5.3.1　基本性能

厚度计的基本性能包括：

——基本误差；

——有效范围；

——电噪声和电长期不稳定性；

——辐射噪声和综合辐射测量不稳定性；

——线性度(校准线性度)；

——偏差线性度；

——重复性；

——测量噪声；

——噪声极限分辨力。

基本性能的技术指标不应超出表 4 的规定。

表 4　与准确度有关的基本性能项目及其技术指标

准确度等级[a]	0.1	0.2	0.5	1.0	1.5	2.5	5.0	10.0	备注
基本误差	±0.1	±0.2	±0.5	±1.0	±1.5	±2.5	±5.0	±10.0	以标称值的百分比数表示
有效范围	由制造商在具体产品的企业标准中规定								
电噪声	±0.02[b]	±0.04[b]	±0.1	±0.2	±0.3	±0.5	±1.0	±2.0	以相对标准偏差表示
长期电不稳定性	±0.02[b]	±0.04[b]	±0.1	±0.2	±0.3	±0.5	±1.0	±2.0	以初始值的百分比数表示
辐射噪声	±0.07	±0.14	±0.35	±0.6	±1.0	±1.5	±3.5	±7.0	以相对标准偏差表示
综合辐射测量不稳定性	±0.1	±0.2	±0.5	±1.0	±1.5	±2.5	±5.0	±10.0	以初始值的百分比数表示
线性度	0.1	0.2	0.5	1.0	1.5	2.5	5.0	10.0	以最大相对偏差或相对标准偏差表示
偏差线性度	0.3	0.6	1.5	3.0	4.5	7.5	10.0	15.0	以目标值的百分比数表示
重复性	0.1	0.2	0.5	1.0	1.5	2.5	2.5	10.0	以相对标准偏差表示

表 4（续）

测量噪声	0.06	0.12	0.35	0.6	1.0	1.5	3.5	7.0	以相对标准偏差表示
噪声极限分辨力	0.06	0.12	0.35	0.6	1.0	1.5	3.5	7.0	以标称值的百分比数表示

a 多量程的厚度计，各量程可以有不同的准确度等级（或准确度）；单量程的厚度计亦可以划分为不同的准确度等级（或准确度）的几个范围，以其常用的一个范围的准确度等级作为该厚度计的准确度等级。

b 若其指标小于计算机的分辨力，允许该指标扩大到计算机的分辨力。

5.3.2 时间响应

厚度计的平均响应时间、平均建立时间和恢复时间均由具体产品的企业标准规定。数字显示的厚度计不考核测试点 C 的平均响应时间。对于不连续测量的厚度计只规定读取一次数据所需的测量时间。

5.3.3 测量面积

厚度计的总测量面积和有效测量面积由具体产品的企业标准规定。

5.3.4 扫描误差

扫描式厚度计的扫描误差由具体产品的企业标准规定。

5.3.5 源衰减引起的不稳定性

厚度计由放射源衰减引起的不稳定性不应超过基本误差。校准或修正放射源衰减影响的方法、周期和效果由产品的企业标准规定。

5.4 与影响量有关的技术要求

与影响量有关的技术要求（其中环境温度、湿热环境、供电电源电压变化和交流供电电源频率变化的影响列入环境条件）包括：

——测量头准直性误差；

——通行线误差；

——杂质堆积误差；

——空气柱温度影响；

——被测材料温度影响；

——成分影响。

当上述影响量在正常工作条件所规定的范围内变化时，厚度计的示值变化由表 5 规定。

表 5　与影响量有关的性能项目及其技术指标

准确度等级		0.1	0.2	0.5	1.0	1.5	2.5	5.0	10.0
测量头准直性误差	*X* 方向不对中的幅度为最大允许值的 1/4 时	其指标由具体产品的企业标准规定							
	X 方向不对中的幅度为最大允许值的 1/2								
	X 方向不对中的幅度为最大允许值时								
	Y 向不对中的幅度为最大允许值的 1/4 时								
	Y 向不对中的幅度为最大允许值的 1/2								
	Y 向不对中的幅度为最大允许值时								
	Z 向不对中的幅度为最大允许值的 1/4 时								
	Z 向不对中的幅度为最大允许值的 1/2								
	Z 向不对中的幅度为最大允许值时								

表 5（续）

<table>
<tr><td colspan="2">准确度等级</td><td>0.1</td><td>0.2</td><td>0.5</td><td>1.0</td><td>1.5</td><td>2.5</td><td>5.0</td><td>10.0</td></tr>
<tr><td rowspan="3">通行线误差</td><td>偏离参考通行线的幅度为最大允许值的 1/4 时</td><td colspan="8" rowspan="3">其指标由具体产品的企业标准规定</td></tr>
<tr><td>偏离参考通行线的幅度为最大允许值的 1/2</td></tr>
<tr><td>偏离参考通行线的幅度为最大允许值时</td></tr>
<tr><td rowspan="3">杂质堆积误差</td><td>窗上杂质为最大允许值的 1/5 时</td><td colspan="8" rowspan="3">其指标由具体产品的企业标准规定。当模拟杂物的厚度薄到实践中无法解决时，可不进行该项考核，但制造商应给出消除或减小窗上杂物影响的方法</td></tr>
<tr><td>窗上杂质为最大允许值的 2/5 时</td></tr>
<tr><td>窗上杂质为最大允许值时</td></tr>
<tr><td colspan="2">空气柱温度影响</td><td colspan="8">薄膜厚度计和纸页定量仪的企业标准应规定测量间距内温度变化对示值的影响</td></tr>
<tr><td colspan="2">被测材料温度影响</td><td colspan="8">热轧钢板厚度计、橡胶厚度计的企业标准应规定被测材料温度对示值的影响及其试验方法，并说明补偿的方法和效果</td></tr>
<tr><td colspan="2">成分影响</td><td colspan="8">其指标由具体产品的企业标准规定，具有材质补偿的厚度计还应给出材质补偿的允许范围、补偿的方法和效果</td></tr>
<tr><td colspan="10">注：表内的示值变化均以参考条件下的示值的百分数表示。</td></tr>
</table>

5.5 辐射源

厚度计所用密封放射源应符合 GB 4075—2003 第 4 章的分级规定、第 5 章的活度规定和第 6 章的性能要求。产品的企业标准应明确规定所用放射源的核素、活度和有效时间，或规定辐射发生器所产生辐射的类型、能量和强度。厚度计的技术性能指标应在说明辐射源的条件下给出。

5.6 环境条件

5.6.1 概述

影响厚度计性能的环境条件包括大气环境条件（环境温度和湿热环境）、电源环境条件（供电电源电压变化以及交流供电电源频率的变化）、电磁环境条件和机械环境条件。

5.6.2 环境温度

厚度计在规定使用组别的环境温度下工作时，温度每变化 10 ℃所引起测量示值的相对变化（附加误差）不应大于表 6 的规定。

5.6.3 湿热环境

厚度计在规定使用组别的湿热环境下工作时，其测量示值相对参考条件的变化（附加误差）不应大于表 6 的规定。

5.6.4 供电电源电压变化

当厚度计的直流或交流（有效值）供电电源电压分别在规定级别的范围内作最大变化时，其测量示值相对额定电压的变化（附加误差）不应大于表 6 的规定。

5.6.5 交流供电电源频率的变化

当厚度计的交流供电电源频率在规定级别的范围内作最大变化时，其测量示值相对额定频率的变化（附加误差）不应大于表 6 的规定。

表 6 影响量引起的示值变化

准确度等级	0.1	0.2	0.5	1.0	1.5	2.5	5.0	10.0
环境温度每变化 10 ℃所引起示值的相对变化/%	0.1	0.2	0.5	0.8	1.0	1.2	2.5	5.0
湿热环境的示值相对参考条件的变化/%	0.3	0.6	1.2	2.4	3.5	5.0	7.5	15

表 6（续）

准确度等级	0.1	0.2	0.5	1.0	1.5	2.5	5.0	10.0
供电电源电压最大变化所引起示值的相对变化/%	0.1	0.2	0.3	0.5	0.8	1.2	2.5	5.0
交流电源频率最大变化所引起示值的相对变化/%	0.1	0.2	0.3	0.5	0.8	1.2	2.5	5.0
外界磁场(5.6.6.2)所引起示值的相对变化/%	0.1	0.2	0.3	0.5	0.8	1.2	2.5	5.0
机械振动(5.6.7.1)所引起示值的相对变化/%	0.1	0.2	0.3	0.5	0.8	1.2	2.5	5.0

5.6.6 电磁环境条件

5.6.6.1 一般要求

应按 GB/T 11684—2003 的 4.5 和表 8 确定厚度计的工作场所类别，其电磁环境条件应按 GB/T 11684—2003 的 4.6，由制造商与用户商定或由企业产品标准规定。电磁兼容环境条件也可按 GB/T 18039 的电磁环境分类和 GB/T 17625 的限值，由制造商与用户商定或由企业产品标准规定。

厚度计在经过规定的电磁环境条件试验后，其结果不宜低于表 7 中的 B 级。

表 7 电磁环境条件试验结果等级

评估等级	试验结果
A	在抗扰度试验中和试验后能按性能要求连续正常工作
B	在抗扰度试验后能按性能要求连续正常工作，但在抗扰度试验中容许有按制造商指定和说明的性能降低，并能自行恢复
C	在抗扰度试验中和试验后容许有暂时的功能丧失，但试验后能自动或手动调整恢复功能和性能
D	因硬件或软件损坏，或数据丢失而造成不能自行恢复至正常状态的功能丧失或性能降低

5.6.6.2 外界磁场

厚度计在磁场强度为 400 A/m 的外界磁场作用下，其示值的变化不应超过表 6 的规定值。

5.6.7 机械环境条件

5.6.7.1 振动和冲击

厚度计对振动和冲击耐受的级别和参数应按 GB/T 8993—1998 的有关条款，由制造商与用户商定或由企业产品标准规定。例如，在振幅峰值为 3.5 mm（振动频率 2 Hz～9 Hz）以及加速度幅值为 10 m/s^2（振动频率 9 Hz～200 Hz）的机械振动环境中，其示值的相对变化不应超过表 6 的规定值。

5.6.7.2 运输

厚度计应能承受 GB/T 8993—1998 附录 H 规定的运输环境条件。

5.7 安全要求

5.7.1 电气安全

5.7.1.1 一般要求

厚度计应按 GB/T 19661.1—2005 的 5.3 进行防电击分类。对Ⅲ类防电击的厚度计不考虑电气安全要求。对Ⅰ类防电击厚度计的接地要求如下：

a) 所有的金属框架应使用低阻抗的导体接地；

b) 同一机箱或同一台仪表内，各功能单元的电路之间只能形成一个公共接地点；

c) 同一机箱或同一台仪表内，测量微弱信号的各功能单元应按要求进行电气绝缘和屏蔽，其屏蔽电路在接到公共地电路和单元本身接地电路前，应维持自身的绝缘和屏蔽的连续性。

5.7.1.2 电气安全参数

对Ⅰ类或Ⅱ类防电击厚度计，若交流供电电源为交流 220 V 或 380 V，则典型电气安全参数见表 8；若需要其他条件的电气安全参数，可按 GB/T 19661.1—2005 的相应条款予以选择。

表 8　电气安全要求参数

项　目		典型参数			依据 GB/T 19661.1—2005 的有关条款
		Ⅰ类	Ⅱ类	参数条件	
绝缘强度/V	220 V 供电，工作电压不超过 300 V	1 060	1 700	50 Hz 交流有效值	5.3.3.1、表 6 和表 10
	380 V 供电，工作电压不超过 600 V	1 960	3 136		
电源插头接地的保护连接阻抗/Ω		0.1	—	外壳任意可触及点与仪器地之间	5.4.3.4
可触及电流(漏电流)/mA		0.5		正常工作、100 Hz 以下交流有效值	5.7.1
绝缘电阻(需要时)/MΩ		10	20	正常大气条件	5.8.1

5.7.1.3　**报警和安全装置**

厚度计宜有显示工作状态的报警和安全装置。

5.7.2　**辐射安全**

5.7.2.1　**一般要求**

厚度计的辐射防护应按 GB/T 19661.2—2005 的 4.3 的辐射防护分级(见表 9)要求，由制造商与用户商定或由企业产品标准规定，并满足 GB/T 19661.2—2005 的 6.1、6.2 和 6.3 的规定，其中没有辐射限束器的厚度计应满足表 9 中第 6 级的要求。

制造商应为厚度计辐射源的安全操作、申购、贮存、倒装和处理以及辐射事故应急处理等制定安全规则。

表 9　辐射防护分级

不同距离处的最大剂量当量率	辐　射　防　护　分　级						
	1	2	3	4	5	6	7
在 5 cm 距离处的最大剂量当量率	不试验	>1 mSv/h	>0.5 mSv/h $\leqslant 1$ mSv/h	>0.05 mSv/h $\leqslant 0.5$ mSv/h	>7.5 μSv/h $\leqslant 50$ μSv/h	$\leqslant 7.5$ μSv/h	特殊
在 1 m 距离处的最大剂量当量率	不试验	>0.1 mSv/h	>25 μSv/h $\leqslant 100$ μSv/h	>7.5 μSv/h $\leqslant 25$ μSv/h	>2.5 μSv/h $\leqslant 7.5$ μSv/h	$\leqslant 2.5$ μSv/h	特殊

5.7.2.2　**源部件**

源闸应有锁紧装置，源闸的开关位置标记应清晰醒目，源部件外壳上应有明显的放射性标志和屏蔽性能的级别标记。电离辐射标志应使用 GB 18871—2002 图 F.1 的符号；必要时，还应使用该标准图 F.2 的符号做出警告标志。对源部件的其他要求，可见 GB/T 19661.2—2005 的 4.4 和第 7 章。

5.7.3　**防爆**

在爆炸性气体环境中使用的厚度计应按照国家授权的防爆检验机构批准的图样制造，并符合 GB 3836.1—2000以及与其防爆类型相对应的 GB 3836.2—2000(隔爆型)或 GB 3836.4—2000(本质安全型)规定的要求。防爆厚度计应经国家指定的防爆机构检验合格，并取得“防爆合格证”。

5.8　**诊断特性**

制造商应在企业标准中说明厚度计的诊断特性。

5.9　**可靠性**

厚度计的可靠性指标由产品的企业标准规定。

6　试验方法

6.1　总则

6.1.1　**概述**

本章涉及厚度计的试验，以确定其性能特性和影响量效应。通常应在通用模型上进行。如果需要进行有关过程控制的测量试验以及现场试验，其试验方法可参见附录 A。

6.1.2 参考条件和标准试验条件

厚度计应在参考条件或标准试验条件(见表 10)下进行试验。

在不产生异议时，可在正常大气条件下进行试验，但在试验过程中，除按需要改变某个环境参数外，其他环境参数应保持在规定的偏差范围内(见表 10)。

表 10 试验的参考条件和标准试验条件

影响量	参考条件	标准试验条件	试验期间变化范围	正常大气条件
环境温度/℃	20	20±2 或(23,25,27)±2	±3	15～35
相对湿度/%	65	50～75	±10	45～75
大气压强/kPa	101.3	86～106	±0.3	86～106
交流供电电压	U_N[a]	(1±1%)U_N	±2%	
交流供电频率/Hz	50[b]	(1±1%)50		
交流供电波形	正弦波	波形总畸变<5%		
压缩空气供应	额定压力	(1±2%)额定压力	±2%	
环境 γ 辐射(空气吸收剂量率)/(μGy/h)	0.1	<0.25		
外磁场干扰	可忽略	小于引起干扰的最低值		
外界磁感应	可忽略	小于地磁场引起干扰的 2 倍		
放射性污染	可忽略	可忽略		
太阳辐照	无直接照射	无直接照射		

a 单相电源 220 V 或三相电源 380 V。当用电池供电时，其电压的变化为额定值的±1%，不考虑纹波。

b 交流供电频率，特殊情况按产品标准规定处理。

6.1.3 试验设备

厚度计试验设备的功能和性能，包括设备的容积和尺寸、内部环境条件的均匀性、参数的可调节范围、偏差或准确度等性能特性应满足试验和有关标准的要求，并通过法定计量部门按有关检定规程或标准进行的检定或校准。

6.1.4 试验样品

6.1.4.1 样品材料

样品材料由每项试验规定。样品成分变化应符合制造商的样品容差。试验样品的单位面积质量或厚度在试验样品的整个面积内应是均匀的。

静态性能试验应使用稳定的试验样品。宜选择这些样品以合理模拟厚度计所测量的工艺材料。标准的参考样品应符合下列条件之一：

——单层或多层的、不同单位面积质量或厚度的聚酯片或其他稳定塑料片，这些试验样品宜直接应用于模拟由纸张、各种塑料、橡胶和制板材料组成的工艺薄片；

——单层或多层的高纯铝片或等价合金片，必要时可用其他铝合金；

——单层或多层的通用合金不锈钢片，必要时可用其他类型的金属；

——与用户同意的其他样品。

6.1.4.2 样品数量及标称值

通常，要求选择一组 12 个试验样品。最轻的样品宜有一个大约对应系统有效测量范围的最低限值的单位面积质量(或厚度)。最重的样品宜比系统上限大约重 10%。其他 10 个样品的厚度宜近似相等地分布在这些极值之间。以大约量程上限 10%的增幅覆盖有效测量范围的这些样品，按厚度递增顺序命名为样品 Nos. 0 至样品 Nos. 11。秤重并测量每个样品的面积，以确定单位面积质量 W_0，W_1，…，

W_{11}，单位为克每平方米(如果不适用,可用长度单位表示厚度),其测量误差不应超出厚度计基本误差的1/3。

注：如果试验样品没有均匀质量(称重)和(或)面积,则对每个样品标记有效测量面积的位置可能是必要的,并在完成所有测量试验后,取出并称重这些样品以确定有效的单位面积质量。也可使用将样品在测量束中移动以获得相对大样品的平均测量读数的替代方法。注意,尽管如此,宜在固定位置对每个样品取得信号噪声数据。

某些应用可能需要多个传感器,或多个测量几何条件[多个放射源和(或)探测器],以实现被测量所需要的测量范围。在这种情况下,将对每个测量几何条件进行单独试验,为覆盖整个范围的那一段,每个试验均要求一组12个试验样品。

将具有数据获取能力的实验室计算机连接到厚度计内的每个测试点。将厚度计设置为全功能的,使全部有用部件、温度控制器和其他环境条件要素处于完全工作状态。按制造商对厚度计的校准报告安装所有软件和校准常数。需要时,在实验室计算机内使用相同的校准模型,以便在处理单元获取所有数据(单位面积质量、厚度等)。按6.1.6完成试验准备。

在经历要求的预热和稳定时间后,按制造商的程序对厚度计标准化。在参考通行线上为12个样品中的每个获取数据。应按供应商的技术说明书设置数据获取率和平均周期,但周期宜在5 s～60 s的范围内。每个样品宜取3次读数,其的平均值表示每个样品的测量示值。为保证试验中没有厚度计漂移,每4～5个样品读数宜对空的空气间隙(没有样品)取一个参考读数。宜指明“0±制造商规定公差”的单位面积质量或厚度。如果超过规定公差,厚度计应重新标准化,并重新测量所有读数。

6.1.5 测量头状态

6.1.5.1 源和探测器头的对中

制造商对固定状态和扫描状态应给出技术要求。试验期间最大对中变化应满足厚度计的测量要求(例如±0.2 mm)。如果这项要求不能实现,则实际的对中变化应记录并在试验结果文件中解释。

6.1.5.2 样品通行线

制造商的技术规格书应按厚度计的测量要求规定样品重新定位的容差(例如±1 mm)。

6.1.5.3 杂质(灰尘/污垢)

按制造商的清洗规程清洗测量头窗。

6.1.6 试验准备

按6.1.5设置测量头后,应按制造商的技术说明书设置并标准化被试厚度计的其余部分。这包括补偿传感器,以及完成信号处理所要求的全部硬件和软件。

厚度计应通电并稳定由制造商规定的一段时间。应监测6.1.2所描述的试验条件,以保证整个试验期间的符合性(或记录对参考条件的偏离)。系统响应时间应特别记录在试验数据表上。在考虑探测器的情况下,例如闪烁探测器,宜给出脉冲率代替时间常数。

6.1.7 测试点

受试厚度计可由许多功能模块组成,如附录A图A.1所示。本章规定的试验至少应监测测试点A和C的信号。另外的测试点也可适用。这些点在3.1.7～3.1.10中有定义。性能特性,特别是响应时间、噪声水平以及对应不同厚度的信号线性度,将随这些测试点的不同而不同。如果这些测试点的一个或多个都无法得到,则宜在试验结果文件有指明“难以接近”或“不适用”的陈述以及简要的解释。

6.1.8 读数方法

每次测量时,在每项试验方法中所规定的测试点,最多记录或打印(采样时间$\leqslant 0.1\tau$,采样周期$\geqslant 3\tau$,τ为厚度计的平均响应时间)44个数据,测试点A和C的信号分别计为A_{ij}和C_{ij}(i为a时代表无样品(全辐射),i为0…11时代表样品号、j为44个数据的序号)。对第i枚样品,其平均值记为A_i和C_i,其标准偏差记为DA_i和DC_i。对于模拟量信号,也可以直接读数。测量单位可以用对各测试点合适的法定计量单位。

6.1.9 通用要求的验证

通用要求通过审查制造商的产品说明书等技术文件进行验证。

6.2 外观检查

用目视法检查厚度计的外观。

6.3 性能试验

注：在本项试验中，除非另有规定，应使测量头固定不动。

6.3.1 基本性能试验

6.3.1.1 基本误差

将样品 Nos. 0 至样品 Nos. 11 依次(按厚度值递增和递减)置于参考通行线上，在测试点 C 读取数据。在有效测量范围内，计算基本误差。

6.3.1.2 有效范围

一个厚度计的有效测量范围是多个因素的函数并由制造商规定。这些因素包括测量噪声、噪声极限分辨力和校准线性度。制造商也应考虑未通过标准化完全补偿的、电的和辐射测量的不稳定性的较长期影响。在许多应用中，主要限制因素可能与厚度计对影响量(例如，电压变化、环境温度变化、测量头准直性偏差、通行线变化和杂质堆积)的灵敏度相关联。

6.3.1.3 电噪声和电长期不稳定性

6.3.1.3.1 概述

应在没有电离辐射源的任何影响下进行电噪声和电长期不稳定性试验。这可通过关闭源闸门或将辐射源从测量子系统移开的方法实现。前置放大器的噪声和稳定性可通过带数据采集的实验室计算机、或通过厚度计的自动记录功能，或通过任何适合信号(该信号出现在被考虑和允许测量噪声的测试点)的其他装置来监测。一些非常复杂、精密的设备在特殊时段具有自动计算电噪声的特性。

6.3.1.3.2 电噪声

为适合采样随机噪声，实验室计算机应具有不大于测量点响应时间 1/10 的积分时间或时间常数。采样率宜使得采样的时间间隔大于厚度计在测量点的响应时间的 3 倍($>3\tau$)。

对扫描系统，电噪声试验进行两次——首先固定测量头，然后以其正常方式运转扫描驱动机构并横向移动测量头。对每项试验，在前置放大器输出最少收集 100 个数据，应计算它们的平均值和标准偏差，并表示为全刻度的百分数。

6.3.1.3.3 电长期不稳定性

应在前置放大器用实验室计算机和数据采集系统或通过厚度计的自动记录功能来监测电长期不稳定性。设置最大采样时间 15 s，并在最少 10 h 的时段内约每 6 min 进行一次数据采集(最少 100 个数据点)。计算它们的平均值和标准偏差，并表示为全标度的百分数。

6.3.1.4 辐射噪声和综合辐射测量不稳定性

试验通过开放闸门而厚度计处于完全工作状态进行。试验程序与 6.3.1.3 中的程序相同。应对线性化的和补偿的最终单位面积质量或厚度的输出值采集数据，表示为名义上零工艺单位的值，且在这个值附近有小的波动。估算辐射噪声和综合辐射测量不稳定性。厚度计设置为无定期标准化或重新校准的连续测量模式。

6.3.1.5 线性度(校准线性度)

辐射衰减是测量材料厚度的非线性函数。厚度计中已使用多种技术使输出信号线性化。通过分析覆盖整个测量范围或部分测量范围的拟合曲线可实现线性化。分析模型可以是线性表达(直线段)或非线性表达(例如多项式、幂级数等等)。最终结果是，厚度计在测试点 C 的输出 $C(W_i)$ 宜对试验样品输入值 W_i 是近似线性的。在线性化后，单位面积质量或厚度的表达式将是图 3 和式(1)的形式：

$$C(W_i) = a + bW_i \qquad \cdots\cdots(1)$$

为确定相对线性误差，用最小二乘法将 W_i 对 $C_i(i=0,\ 1,\cdots,10)$ 拟合为带 $(1/C_i)^2$ 加权函数的直线。加权函数允许误差以百分数形式表示。并用式(2)确定该标准偏差。

$$SD = \sqrt{\frac{\sum_{i=0}^{10}\{[C(W_i) - C_i]/C_i\}^2}{10}} \qquad \cdots\cdots(2)$$

百分数标准偏差 $SD\times100\%$，是厚度计校准非线性度百分数的测量。$C(W_i)$和 C_i 对 W_i 的关系曲线图应与非线性数据一起加入报告。如果线性误差没有在该图上清楚表示，则应增加额外的图表来表示 $C(W_i)-C_i$ 对 W_i 的关系曲线。

C_i 和 W_i 的关系应参考由制造商规定的下述一个或多个条件予以确定。

条件 1：没有操作员输入

在厚度计规定的整个量程内，在没有操作员输入或整定值不变的条件下，应进行这个试验以规定 C_i 与 W_i 的关系。

应插入已知单位面积质量的样品，并记录测在试点 C 指示的单位面积质量。

条件 2：标称厚度输入

在厚度计的整个量程内，在没有操作员输入但有 T_i 的条件下进行线性度试验，这里 T_i 代表试验样品标称的单位面积质量或厚度（表示为与 C_i 单位相同的常用单位）。制造商应对其厚度计指定 T_i 能落入的量程，并报告在该量程内最坏情况的线性度偏差。

条件 3：其他设置

如果厚度计要求其他的操作员输入以便在整个指定工作范围内进行线性度测量，则制造商应指定那些输入，从而进行试验。

6.3.1.6 偏差线性度

偏差线性度试验包括厚度计设置，以便对所选择单位面积质量或厚度的目标值给出零偏差。然后，在不重新设置目标值的情况下，测量不同值的试验样品，并记录最终的厚度计输出。每个试验样品的实际值与指示值之间的差异即是偏差线性度。

应对整个有效测量范围内的目标值进行这项试验。使用试验样品 $W_1\sim W_9$ 作为目标值。要求足够的附加样品以确定与每个目标值偏差 10%和 20%的偏差线性度。对每个偏差，宜作为目标值的百分数报告偏差线性度。

6.3.1.7 重复性

本试验采用模拟试验方法进行。将厚度计安装在模拟试验装置上，用试验样品 Nos. 1,5 和 9 使厚度计工作在有效范围内，对同一被测厚度连续测量 10 次，重复性用均方根误差（标准偏差）表示。

允许在每次测量前对仪器重新校准，即在厚度计经受正常标准化周期的每个时刻测量试验样品。平均的标准化周期宜符合制造商的技术规格书，通常为 5 s～60 s。

注：上面是厚度计重复性测量的简化方法，其标准方法参见附录 A 的 A.3.1。

6.3.1.8 测量噪声

噪声测量的步骤如下：

——设置厚度计以测量和记录或呈现以最高速率的单位面积质量或厚度的数据点，每个数据点可是几个原始数据变换值的平均，但未进一步处理，数据的平滑或滤波是允许的；

——记录数据点之间的时间间隔和厚度计时间常数；

——对厚度计标准化；

——使用至少 3 个不同的检查样品，典型样品是 Nos. 1,5 和 9；

——对每个检查样品，收集至少 10 s 的数据但最少 100 个数据点（但不超过 30 s 以避免任何漂移影响）；

——对每个样品组计算平均值和标准偏差，以主测量单位表示；

——将每个样品的标准偏差除以平均值并乘以 100 计算出百分数噪声。

注：对于质量（称重）非常轻的样品，这个百分数趋于变得很大；因此，对于轻质样品和无样品的空气间距，噪声可用单位面积质量或厚度的单位表示。

6.3.1.9 噪声极限分辨力

由制造商在具体产品的企业标准中规定噪声极限分辨力的试验方法。

6.3.2 时间响应

6.3.2.1 概述

进行时间响应试验时，采用试验样品使被测厚度产生阶跃变化，用示波器或记录仪对厚度计的2个测试点输出信号测取一系列的数据或照片，并通过数据处理来获得被测的时间参量。

被测厚度产生阶跃变化所需的时间不应大于相应被测时间参量数值的1/10。为此，可使用专门设计的试验装置。

被测时间参量应取3次测量结果的平均值。

6.3.2.2 平均响应时间和平均建立时间

平均响应时间和平均建立时间通过引入被测材料在有效测量范围内产生正的和负的阶跃变化，并利用适当的试验设备观察厚度计在测试点A和C的响应或其等效量来测定。这些试验通过在测量间距内迅速插入和移出试验样品进行。为产生阶跃变化，放置样品的旋转盘上或其他安装架的动作时间应小于被试厚度计平均时间响应的1/10。如必要，试验固定设备应包括光棱镜或缝隙探测器，以标记被测量发生阶跃变化的时间。如要求，将一个开缝光圈放置在辐射束中以减少被测面积，并便于在要求的时刻实现阶跃变化。

用于这些试验的合适试验设备包括A/D变换器、高速记录仪、示波器以及在随后可打印输出的实时数字读出存储装置。这些试验设备的响应时间至少应小于厚度计在测试点的平均响应时间的1/10。

应平均3个记录的最小值、示波器痕迹照相或打印输出以确定：

- 初始稳态值：
  插入或移出吸收体之前的平均信号水平；
- 最终稳态值：
  插入或移出吸收体之后至少5个响应时间的平均信号水平；
- 阶跃变化：
  最终稳态值减去初始稳态值；
- 平均响应时间：
  典型的记录或图表应与平均响应时间的数据一起附上；
- 平均建立时间：
  典型的记录或图表应与建立时间的数据一起附上。

6.3.2.3 恢复时间

恢复时间应通过将被测材料引入测量间距，并观察厚度计在测试点A和C的响应来测定。将进行两个试验：一个从零厚度（没有被测材料）到大约10%有效测量范围的厚度；另一个从零厚度到大约90%有效测量范围的厚度。每个试验应进行最少3次。测量信号达到并保持在统计噪声带$\pm 2\sigma$以内所要求的时间作为每个试验案例的恢复时间予以平均和记录。

如果能实现，引起被测材料阶跃变化所要求的时间至少应小于厚度计恢复时间的1/10。

6.3.3 测量面积

6.3.3.1 概述

总测量面积和有效测量面积可能是被测材料厚度和测量通行线的函数。对本标准，应按位于参考通行线上的试验样品Nos. 0(W_0)和Nos. 10(W_{10})进行测量面积试验。

6.3.3.2 总测量面积

两种方法可用来测定总测量面积。第一种方法可使用任何样品。试验样品牢牢固定在参考通行线上。至少半厚度的第二吸收体放置在测量间距内，在探测器一侧与试验样品滑动接触。第二个吸收体撤离测量束，然后缓慢地滑回测量束，直到测量信号首次发生可探测的变化（例如，辐射强度变化为满刻度强度的0.1%，或厚度计极限噪声分辨力的一个小倍数）。给吸收体边缘位置作出标记。从不同方向重复插入该吸收体，直到测定足够的点以建立总测量面积的形状和尺寸。

第二个方法限于均匀材料的统一样品。试验样品放置在参考通行线上，然后缓慢地撤离测量束，直到信号首次发生可探测的变化。于是样品边缘确定为测量面积的外部边界。从不同方向重复这个程序，直到测定足够的点来确立总测量面积的形状和尺寸。

6.3.3.3 **有效测量面积**

有效测量面积方法上类似于上述第一种方法。对本试验，滑动吸收体对辐射束应是不透明的（透射率＜0.01）。试验样品牢牢固定在参考通行线上，将不透明的吸收体沿着试验样品的探测器一侧滑动至测量束内，直到测试点 A 的测量信号减少 5％。给吸收体边缘位置作出标记。从不同位置重复这个测量，直到测定足够的点以确立作为结果的测量面积的形状和尺寸。这个面积将包含大约测量束的75％，且是有效测量面积的合理近似。

6.3.4 **扫描误差**

当测量头对固定在通行线上（相对于测量头）的参考样品扫描期间，对所显示过程分布测量误差有贡献的两个主要分量是：(1)测量扫描器对中缺陷和（或）由横跨扫描路径的温度梯度引起的系统性测量变化；(2)测量噪声（核的、电子的和其他随机噪声）。扫描测量数据通常累计到代表横跨被测工艺材料宽度的连续片段的小增量盒或小数据盒。为将系统误差从这些数据盒内的随机噪声中分离出来，宜在下列两个条件下进行并记录厚度计廓形分布试验：(1)复合廓形分布试验，从几个连续前进和后退方向上扫描获取相应扫描位置数据盒的数据并取平均，以便将随机误差减到最小；(2)简单廓形分布试验，打印输出并分析每个单一扫描试验，而不作任何数据盒平均或滤波。

试验程序如下（参见附录 A 的 A.3.2.2）：

a) 以制造商推荐的扫描时间和数据盒分辨力设置厚度计；

b) 测量头以制造商推荐的扫描次数和分辨力对每个试验样品（Nos. 1,5 和 9）进行复合扫描，打印出复合（平均）廓形分布，并记录所使用取平均的类型（算术、指数等等）以及复合因素（扫描次数、从每次扫描所增加信号的百分数，等等）；

c) 对不带数据盒平均或过滤的简单廓形分布显示，按厚度计设置重复步骤 b)，对 4 次连续扫描打印廓形分布图。（借助在初步扫描期间将附加样品通过测量间距，验证它处于真实的简单扫描廓形分布模式，以了解在扫描轨迹上是否观测到全幅度阶跃函数。）

廓形分布图打印输出的分析将呈现测量廓形分布误差。复合廓形分布宜消除许多随机噪声并显示厚度计测量误差。简单扫描廓形分布包括较多随机噪声，并说明噪声极限分辨力。通过假设廓形分布图上峰值到峰值的幅度等于 6σ（标准偏差），或通过基于分析数据组的常规计算方法，可统计地近似“廓形分布噪声”。随机噪声与每个数据盒中单独测量数量的平方根成反比，并用式(3)可外推其他设置条件：

$$\sigma = k\sqrt{NB \times \frac{1}{T} \times \frac{1}{NS}} \qquad \cdots\cdots (3)$$

式中：

NB——横跨被测廓形分布数据盒的数量；

T——以秒为单位的扫描时间；

NS——复合廓形分布的平均扫描次数；

k——对所评价的厚度计是常数。

注：当使用指数扫描平均时，所确定的等价扫描次数 NS 是过滤因素的函数，而不是直接计算结果。

6.3.5 **放射源衰减引起的不稳定性**

厚度计因放射源衰减所引起不稳定性的测量由具体产品的企业标准规定。

6.4 **影响量试验**

6.4.1 **概述**

全部影响量试验均采用模拟试验方法进行，把厚度计的测量头安装在模拟试验装置上，用固体模拟样品使厚度计工作在有效范围内任意一点。除被涉及的影响量可改变外，其他影响量均保持在规定的参考条件下。有关环境温度、湿热环境、供电电源电压变化和交流供电电源频率变化的试验见6.6。

6.4.2 测量头准直性误差

测量头准直性误差试验对测量头安装在移动机构上的透射式厚度计特别重要，通常，该机构不能保持测量头完全对中。

应按制造商的技术说明书设置测量头进行试验。

对厚度计标准化。对测量间距内没有样品，以及具有相应10%、50%和90%有效测量范围的试验样品(试验样品 Nos.1,5和9)，至少在测试点C读出并记录信号水平。厚度测量误差(测试点C)应表示为被测材料厚度的百分数。

然后在3个垂直方向上移动测量头1 mm,2 mm和4 mm。如果在任何测量条件下最大预计不对中大于4 mm,也应试验最大不对中。在每个测量头位置上读出并记录厚度计有和没有重新标准化时的准直性误差。3个垂直方向应按如下指定：

——*X*方向不对中：被测材料工艺流的方向；

——*Y*方向不对中：移动式安装架的扫描方向(垂直工艺流方向)；

——*Z*方向不对中：辐射束方向。

注：对这些试验，在每3个垂直方向上，1 mm,2 mm和4 mm的不对中偏移是首选值。如果在任何测量条件下和任何方向上预计最大测量头不对中未符合这个范围，则与最大预计值保持相同比例(即1：2：4)的3个新的偏移值可代替首选值。

6.4.3 通行线误差

对位于不同通行线上的试验样品 Nos.1,5和9，在测试点A和C测量并记录信号水平。应在足够数量的通行线(例如，参考通行线，以及相对于参考通行线上方、下方的最大允许距离、最大允许距离的1/2和1/4处的7个通行线)上采集数据，以表征整个测量间距或制造商指定的部分测量间距内的测量响应。通行线和测量间距的尺寸应以毫米表示。

通行线变化导致的试验误差(测试点C)表示为试验样品单位面积质量或厚度的百分数的同时，辐射测量通行线效应(测试点A)表示为全辐射强度(无样品)信号的百分数。如果误差是非线性度的，可用图形表示。

6.4.4 杂质堆积误差

6.4.4.1 杂质影响试验

通过在源组件和探测器组件窗口上放置聚酯薄膜来模拟杂质堆积。当测量头窗口没有模拟杂质时，在参考通行线上对试验样品 Nos.1,5和9测量并记录测试点C的信号水平。在厚度计没有标准化或补偿的情况下，在两个窗口依次覆盖10 g/m²、20 g/m²和50 g/m²的聚酯薄膜各重复测量3次。在每组试验条件之间允许重新标准化和任何其他加入的补偿。记录所有测量和指示误差。

注：如果聚酯薄膜没有充分代表被模拟的杂质，宜选择更合适的材料。

6.4.4.2 杂质抑制效果试验

测量非常轻的材料时，标准化周期之间测量头窗口上聚积极少数量的杂质能导致显著误差。为试验吹气或其他污物控制机制的效果，测量头首先在空测量间距时工作，并记录单位面积质量或厚度的输出测量值(近似为零)。在距离30 cm处将黏性胶状物质(例如商用发胶)喷入测量间距，持续5 s。此后立即在同一距离至少5次将轻颗粒物质(例如纸屑或婴儿粉)喷射入测量间距。在厚度计没有标准化的情况下评价对单位面积质量或厚度读数的影响。尽管这个试验不可定量再现，但它提供设备抑制杂质能力的良好指示。

6.4.5 空气柱温度影响

厚度计在室温下稳定后，应在整个测量间距内引入均匀、稳定、足量的热空气流(60 ℃～70 ℃)。在前5 min,应每分钟监测测试点A和C的信号，然后每隔5 min监测一次信号，直到厚度计达到稳态。

最终信号应与实际热空气温度一起记录。应在有和没有空气温度补偿的两种情况下获取数据。

6.4.6 被测材料温度影响

被测材料温度影响试验由具体产品的企业标准规定。

6.4.7 成分影响

制造商应确定[通过测量和(或)计算]由于典型添加剂变化而改变被测材料量的1%可能产生的误差。为应用目的,宜对相应10%,50%和90%有效测量范围的样品确定误差。这些误差应表示为在测试点C被测样品厚度的百分数,并给出化学成分补偿前和补偿后的误差。部分适用的典型添加剂如下:

纸张适用:TiO_2,黏(泥)土,$CaCO_3$,Fe_2O_3;

铝片适用:Fe,Mn,Si,Cu,Ni,Zn,Cr,Ti,Mg;

钢铁适用:C,Cr,Si,Mn,Mo,Ni,P,S;

橡胶适用:锌氧化物,硫磺;

塑料适用:TiO_2,Fe_2O_3,石墨。

产品由两层或多层不同材料组成的制造过程构成了成分灵敏度考虑的一个特殊情况。在一些情况中,不同材料的薄片夹在一起并紧密结合。在其他情况中,基体或衬底可能盖上不同材料的附加层。在这两种情况下,由于结合不同材料,多层产品的成分将在加工的每个步骤不断变化,而监测和控制每层的测量头/传感器的校准可受到相反的影响。厚度计制造商应确定在加工过程的不同测量点产生的误差,并提供合适的方法以最大限度减少这些误差。

6.5 辐射源试验

密封放射源的检查和试验按GB 4075—2003的第7章和GB 15849—1995的有关规定进行。对辐射发生器的检查和试验由制造商与用户商定或由产品的企业标准规定。

6.6 环境试验

6.6.1 概述

环境试验包括环境温度、湿热环境、供电电源电压变化、交流供电电源频率变化、电磁环境和机械环境等的试验。

6.6.2 环境温度

温度试验依据其组别按表1选择不同的低温和高温,分别按GB/T 8993—1998的附录A和附录B规定的方法进行,并计算环境温度每变化10℃引起的示值变化。

试验结束后,厚度计在温度试验前、后两次在参考条件下的示值之差应在重复性误差范围之内,外观符合5.2的要求。

当测量头和电测量部件对正常工作的大气条件所选的组别不同时,环境温度试验可对测量头和电测量部件分别进行。

试验可使用基于计算机的数据获取厚度计或完整测量厚度计监测辐射信号水平。制造商应逐个规定设备的其他部件是否经受该温度试验。连续监测信号水平,即使在温度变化期间也不例外,以评价热梯度的影响。信号以及任何补偿前和补偿后由温度变化引起的误差均应记录。如果任何其他的温度适合于被试设备,则制造商宜在报告中阐明实验室试验结果。

6.6.3 湿热环境

环境湿热试验依据其组别按表1选择不同的湿热环境,按GB/T 8993—1998的附录D规定的方法进行,并计算湿热环境引起的示值变化。

当测量头和电测量部件对正常工作的大气条件所选的组别不同时,环境湿热试验可以分别进行。制造商应逐个规定设备的哪些部件将经受湿热试验。

试验结束后,厚度计在湿热试验前、后两次在参考条件下的示值之差应在重复性误差范围之内,外观符合5.2的要求。

6.6.4 供电电源电压变化

为评定直流或交流供电电源电压变化对厚度计测量的影响,需要完成两个试验:一个是按5.1.1和表2的级别从供电电源电压的标称值增加到额定变化范围的上限值;而另一个则是降低到其下限值。

应在每种情况记录下述测量结果:

a) 在第一分钟内:指示值或提供值的最大改变(立即与电源电压变化前的对应值相比较);

b) 在15 min后:指示值或提供值的改变(立即与电源电压变化前的对应值相比较)。

6.6.5 交流供电电源频率变化

为评定交流供电电源频率变化对厚度计测量的影响,需要完成两个试验:一个是按5.1.1和表2的级别从交流供电电源频率的标称值增加到额定变化范围的上限值;而另一个则是降低到其下限值。

其测量程序与6.6.4相同。

6.6.6 电磁环境试验

6.6.6.1 基本试验

电磁环境抗扰度的试验方法按GB/T 17626或GB/T 11684—2003第5章和附录B,由制造商与用户商定或由企业产品标准规定。

6.6.6.2 外界磁场

按GB/T 18271.3—2000第15章和6.3.1.1的方法进行测量,并计算外界磁场引起的附加误差。

6.6.7 机械环境试验

6.6.7.1 振动和冲击

振动和冲击分别按GB/T 8993—1998附录E和附录F规定的方法进行。5.6.7.1的例子中的振动可按GB/T 18271.3—2000第7章和6.3.1.1的方法进行测量,并计算机械振动引起的附加误差。

6.6.7.2 运输

包装运输试验按GB/T 8993—1998附录H规定的方法进行。

6.7 安全要求试验

6.7.1 电气安全

6.7.1.1 一般检查

应依据产品说明书等技术文件确定厚度计的防电击分类。对Ⅰ类防电击厚度计,用目测法和演示法检查接地要求。

6.7.1.2 电气安全参数试验

对Ⅰ类和Ⅱ类防电击厚度计,电气安全参数的试验和测量方法如下:

a) 绝缘强度(介电强度)按GB/T 19661.1—2005的5.6规定的方法进行试验;

b) 保护连接阻抗按GB/T 19661.1—2005的5.4.3.4规定的方法进行测量;

c) 可触及电流(漏电流)按GB/T 19661.1—2005的5.7.4规定的方法进行测量;

d) 绝缘电阻按GB/T 19661.1—2005的5.8.2规定的方法进行测量。

6.7.1.3 报警和安全装置的检查

厚度计的报警和安全装置用目测法和演示法进行检查。

6.7.2 辐射防护

辐射防护分级的剂量当量率,采用合适的剂量仪器按GB/T 19661.2—2005第8章规定的方法在源组件的周围进行测量。

对源闸门锁紧装置、闸门开关和放射源外壳标志等要求采用目测法和演示法进行检查。对源闸的其他要求按GB/T 19661.2—2005第9章提供的方法进行试验。

6.7.3 防爆试验

防爆试验由国家授权的防爆监测检验机构按照GB 3836.1—2000以及与其防爆类型相对应的GB 3836.2—2000(隔爆型)或GB 3836.4—2000(本质安全型)规定进行。

6.8 诊断特性

诊断特性的试验方法由具体产品的企业标准规定。

6.9 可靠性

可靠性试验可以采用实验室试验，也可以采用现场试验，其试验方法由具体产品的企业标准规定。

7 检验规则

厚度计的质量检验按 GB/T 10257—2001 的规定进行。检验分为型式检验和出厂检验。对出厂检验，当产品批量较小时推荐全检，批量较大时可抽检。

应按 GB/T 10257—2001 第 5 章规定检验项目及其分组，确定全检或抽检，选择抽样方案、检查水平和合格质量水平（AQL）（见表 11），实施检验以及判定和处置检验结果。

表 11 厚度计检验项目及其分组

组别	序号	检验项目		技术要求章条号	试验方法章条号	型式检验	出厂检验	抽样方案	检查水平	AQL
A1	1	通用要求		5.1	6.1.9	●	●	全检		
	2	外观		5.2	6.2	●	●			
	3	基本性能	基本误差	5.3.1	6.3.1.1	●	●			
	4		有效测量范围	5.3.1	6.3.1.2	●	●			
	5		电噪声	5.3.1	6.3.1.3.2	●	○			
	6		电长期不稳定性	5.3.1	6.3.1.3.3	●	○			
	7		全辐射噪声	5.3.1	6.3.1.4	●	○			
	8		综合辐射测量不稳定性	5.3.1	6.3.1.4	●	○			
	9		线性度	5.3.1	6.3.1.5	●	●			
	10		偏差线性度	5.3.1	6.3.1.6	●	○			
	11		重复性	5.3.1	6.3.1.7	●	●			
	12		测量噪声	5.3.1	6.3.1.8	●	○			
	13		噪声极限分辨力	5.3.1	6.3.1.9	●	○			
	14	辐射安全		5.7.2	6.7.2	●	●			
A2	15	时间响应	平均响应时间和建立时间	5.3.2	6.3.2.2	●	○	一次正常检查抽样方案	一般检查水平Ⅱ	4
	16		恢复时间	5.3.2	6.3.2.3	●	○			
	17	测量面积	总测量面积	5.3.3	6.3.3.2	●	○			
	18		有效测量面积	5.3.3	6.3.3.3	●	○			
	19	扫描误差		5.3.4	6.3.4	●	○			
	20	放射源衰减引起的不稳定性		5.3.5	6.3.5	●	○			
	21	与影响量有关的技术要求	测量头准直性误差	5.4	6.4.2	●	○			6.5
	22		通行线误差	5.4	6.4.3	●	○			
	23		杂质堆积误差	5.4	6.4.4	●	○			
	24		空气柱温度影响	5.4	6.4.5	●	○			
	25		被测材料温度影响	5.4	6.4.6	●	○			
	26		成分影响	5.4	6.4.7	●	○			

表 11（续）

组别	序号	检验项目		技术要求章条号	试验方法章条号	型式检验	出厂检验	抽样方案	检查水平	AQL
A3	27	辐射源		5.5	6.5	●	○	一次正常检查抽样方案	一般检查水平Ⅱ	10
	28	电气安全	一般检查	5.7.1.1	6.7.1.1	●	●			
	29		电气安全参数测量	5.7.1.2	6.7.1.2	●	●[a]			
	30		报警和安全装置的检查	5.7.1.3	6.7.1.3	●	●			
B	31	大气环境	环境温度	5.6.2	6.6.2	●	●		特殊检查水平 S-2	6.5
	32		湿热环境	5.6.3	6.6.3	●	○			
C	33	机械环境	振动、冲击	5.6.7.1	6.6.7.1	●	○			10
	34		包装运输	5.6.7.2	6.6.7.2	●	○			
D	35	电源环境	供电电源电压变化	5.6.4	6.6.4	●	○			
	36		交流供电电源频率变化	5.6.5	6.6.5	●	○			
	37	电磁环境	一般要求	5.6.6.1	6.6.6.1	●	○			
	38		外界磁场	5.6.6.2	6.6.6.2	●	○			
E	39	现场试验			A.3.2	○	○			15
	40	诊断特性		5.8	6.8	○	○			
F	41	防爆		5.7.3	6.7.3	●	○			
	42	可靠性		5.9	6.9	○	○			

●——必做项目；○——选做项目。

[a] 在型式检验时可不测绝缘电阻，在现场维修后，可用绝缘电阻测量代替绝缘强度试验。

8 标志、包装、运输、贮存和随行文件

8.1 标志

8.1.1 厚度计或其电测量部件上应有铭牌，铭牌上应标出：

——制造商名和商标；

——产品名称和型号；

——产品制造日期、编号或生产批号。

8.1.2 源组件上应有符合 5.7.2.2 规定的辐射标志和铭牌，铭牌上至少应有：

——放射性核素或辐射发生器名称；

——源活度及其测量时间；

——源的辐射安全级别；

——源组件编号。

铭牌内容可根据使用现场的情况进行增补。

8.1.3 防爆部件的标志和铭牌应符合 GB 3836.1—2000 的有关规定。

8.2 包装

厚度计的包装应符合 EJ/T 1059 的规定。

8.3 运输

厚度计在有外包装的条件下，应允许用汽车、飞机、轮船等任意方式运输，对带放射源的部件应按 GB/T 11806 的规定进行运输，托运前应经辐射安全主管部门检查并获得认可证书。

8.4 贮存

厚度计在内外包装完好、贮存环境温度－40 ℃～＋60 ℃，相对湿度≤95％的条件下，其贮存期不应少于 1 年。

当放射源不使用时应交有关部门处理或贮存在专用的放射源存放处，并有专人负责保管。

8.5 随行文件

厚度计出厂的随行文件应有产品合格证、使用说明书等有关文件。

产品合格证的内容包括：

——制造商名称；

——产品名称和型号规格、产品系列号；

——优质产品标志、质量等级；

——检验合格章、检验日期和检验员号。

使用说明书的内容包括：

- 制造商的名称、地址和联络方式；
- 放射源活度及其测量时间、检定要求和修正方法；
- 性能特性的参数或范围；
- 使用、维护和贮存的方法和注意事项。

附 录 A
（资料性附录）
通用电离辐射厚度测量系统

A.1 现代技术与通用电离辐射厚度测量系统

自20世纪80年代以来，现代化技术已飞速进步和发展，它影响通用电离辐射厚度测量系统（以下简称通用测量系统或系统）的试验程序。这包括下述内容。

- 为所有主要性能测量目标而带数据获取模块的实验室PC计算机的普及应用，这意味着自动数据采集；统计数据处理；更广泛使用计算的变量（例如厚度）代替原始辐射信号（例如电压和计数）；电子制表软件的表示以及数据和结果的处理；许多更大的数据集。
- 与访问测量信息的新系统有关的特性，例如：很高速的采样；集成工作站的数据记录、统计数据处理、视频和（或）打印的表格和图形数据表达式；高分辨的扫描测量廓形分布图；带记录和报告趋向的长期性能特性的大型数据库；预故障分析等。
- 最大限度提高不利环境中绝对准确度的新设计特性，例如：消除由于测量路径上的杂质（灰尘/污垢）、温度效应、静电电荷影响、振动和（或）噪声等所造成的误差；测量空气柱补偿；内部的测量参考样品；微计算机和微控制器直接嵌入传感器。

本附录适用于为显示或控制目的有一个或多个输出的系统。信号可能是模拟量或数字量。系统也可包括在输出信号前以不同方式进行补偿和信号处理的多输入信号。

当今使用的许多厚度测量系统具有多个测量头/传感器，并使用不同方法来补偿测量头信号，以便将引入测量误差的外来影响量的效应减到最小。专用微处理器和小型机具有更强的多输入信号处理和误差补偿的技术。在更复杂的系统中，通过静态试验全面评价相互作用的信号处理和补偿算法的有效性是很困难的。例如，测量头/传感器的信号要在某些分析功能中组合，其响应时间和数据采集时间在本标准的静态试验条件下无关紧要，但如果它们不正确匹配，在动态试验条件下能导致很大的误差。被补偿的影响量误差的相对大小同样也很重要。

为得到同样的总体结果，与呈现较小误差的传感器相比，对影响量高度灵敏的传感器的补偿方式宜更准确。因此，进行性能试验是必要的，它可能包括所有相互作用信号的处理和补偿。

本标准中，术语“厚度”用来表示单位面积质量、单位长度质量或厚度。通常，辐射探测器测量单位面积质量，而输出信号能以真实厚度单位的形式表示，唯一条件是被测材料的有效原子序数和密度已知，或系统按实际制造的样品校准，而被测材料的有效原子序数和密度相对这些样品并不改变。对棒形样品，其横截面积已知或不变时，系统输出信号可用单位长度质量表示。

A.2 通用测量系统的描述

工业应用的电离辐射厚度测量系统有许多形式，其复杂程度各异。为有效比较它们的基本能力和限制，宜确定通用功能和合适的测试点。图A.1为本附录使用的通用测量系统的方框图。一个系统的实际特性和功能与本通用化测量系统的关联将方便该系统的试验和评价。

图A.1特别指明，何处适用不同的技术规范和本标准的试验，并能使用户以任何给定的陈述判断它们的相关性。对图A.1中编号方框列出的描述可有助于获得相应理解。通用化系统中有效测量的响应时间和噪声由τ和n表征。图中与测量信号相关联的每个框均对整个系统的时间响应和噪声特性有自己的贡献。

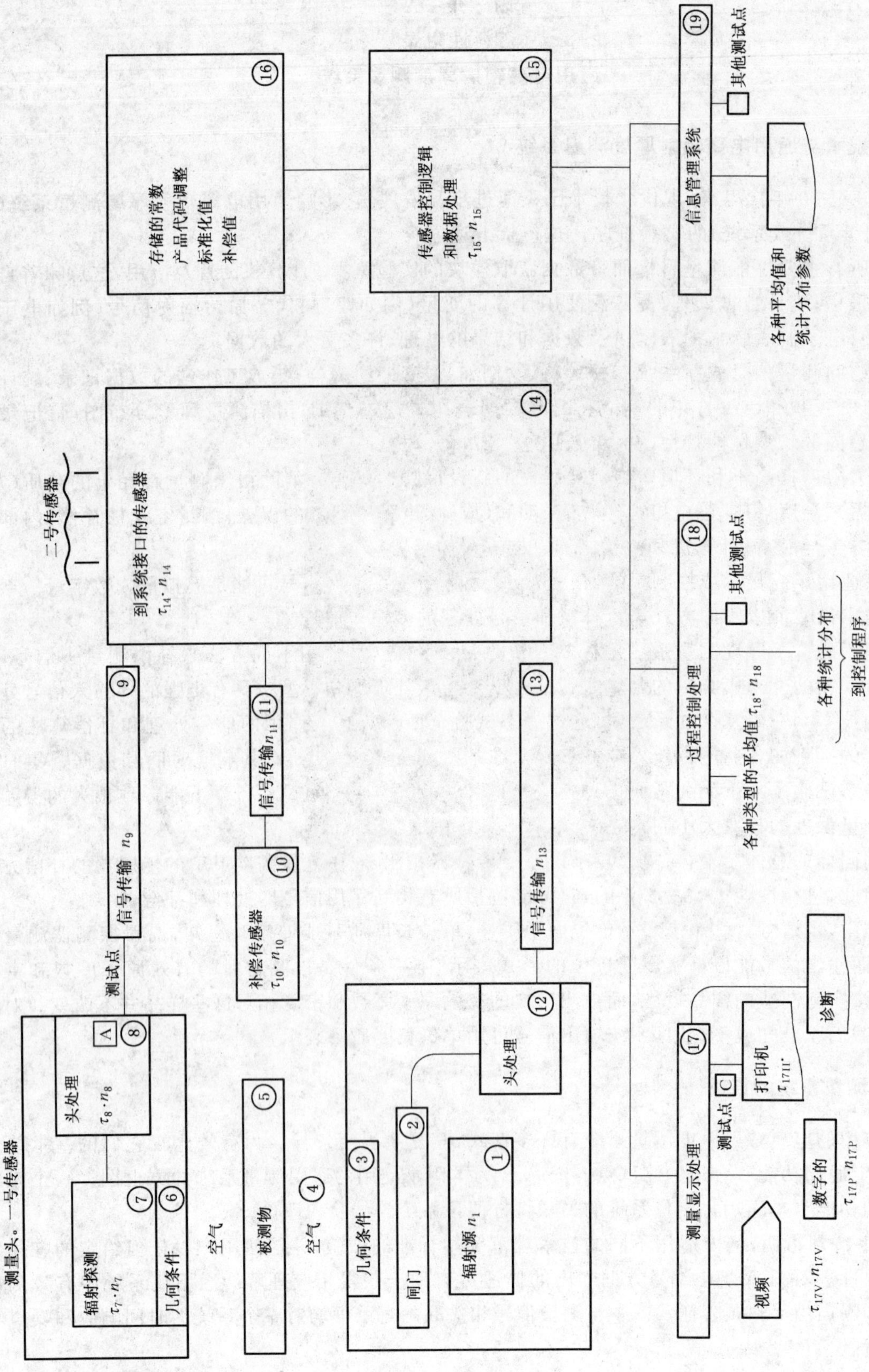

图 A.1 通用厚度测量系统的功能框图

对图 A.1 的说明：

① 测量以辐射源的能量发射开始。通常使用 X 射线机和密封放射源。特定辐射源的选择基于辐射类型(例如 α,β,γ, X 射线)、辐射能量、半衰期、源强和安全考虑。

② 当系统不测量时,通常提供闸门以衰减辐射束。合理的测量头设计应保证闸门开启时不以非重复方式而改变辐射束。闸门动作也可将源移动到屏蔽位置来实现。

③,⑥ 不同的几何部件限定辐射束的形状。它们不仅提供辐射屏蔽,而且对固有测量误差提供补偿。对测量头准直性误差的不灵敏、被测材料通行线变化和样品的成分影响能通过几何部件的合理设计予以改善。

④ 源和探测器之间的空气柱构成测量头所测单位面积质量的一部分。说明 1 cm 的空气柱相当于标准温度和压力(STP)下大约 12.5 g/m^2 的面积密度是必要的。

⑤ 被测材料成分、均匀性和通行线中非控制的变化可构成系统误差来源。

⑦ 辐射探测器接收来自辐射源并穿透被测材料的辐射。探测器输出信号一般是由辐射产生的电流。可使用两种通用类型的探测器。一种探测器记录每个串行穿透的辐射粒子(或光子),而另一种记录许多并行到达的粒子。第一种类型使用盖格-弥勒计数管、闪烁探测器(闪烁体/光电倍增管)、固态探测器、正比计数器和计数电路,而后一种可用闪烁探测器、固态探测器、或电离室和积分电路实现。

辐射探测器的响应时间通常由制造商提供。当这个时间相对系统很快时,将难以观测到以这种重复速率所取得数据的任何显示。探测器响应时间可在如扫描速度、裂纹探测和短期过程变化等这样一些方面影响系统的动态性能。

来自辐射探测器的信号噪声取决于每次响应时间所探测辐射粒子的数量、辐射探测器特性、电源噪声、被测材料特性、几何设计和测量的响应时间。

⑧,⑫测量头处理(最前部分的处理)包括放大来自辐射探测器的电流以及为进一步处理而进行的变换。放大通常用静电计放大器来完成。

信号缓冲和传输采取不同的形式,包括放大、电压-频率变换、模-数变换,等等。

头处理也包括传感器控制单元,例如,源定位和闸门控制、自动增益控制等。这里还可包括专用信号处理和诊断的软件。

放大器速度(慢)和数据变换次数(少)将导致增大 τ 和减小 n 的平均值。

⑨,⑪,⑬ 信号传输在远方传感器与高水平处理的系统之间提供链路。可靠性和虚假信号的产生是与电缆敷设相关联的问题。

⑩ 许多制造商提供附加传感器以测量和(或)控制影响量,例如,测量头相对偏移、薄片温度、空气温度,等等。重要的是,为获得最佳效果,这些传感器响应时间与测量头响应时间相匹配,或与它测量变量的变化速率相匹配。另外,测量的准确度宜与这些变量对主要测量的影响大小相匹配。不宜忽略与多传感器系统相关联的平衡,在多传感器系统中可获得部分改善但将增加系统噪声。

⑭ 在传输电缆的接收端,可存在取决于所使用传输型式的模拟放大器、数字计数器或数字通信设备。传感器数据在放大器速度或计数器周期(频率)所确定的时间内由放大器和计数器予以平均。好的系统设计将保证这些响应时间对变量变化和扫描速度的正确匹配,以避免虚假干扰和误报信号,例如,移动式系统前进和后退的虚假测量曲线。

在测量相同材料的不同变量的系统中,可使用两个或多个不同的测量头/传感器。这些信号可组合以抑制相互干扰的变量或推导另外产生的变量[例如,成分影响、涂层厚度、水分含量、骨架干燥质量(称重),等等]。这就是,好的系统设计要求正确匹配响应时间以避免虚假干扰和变量的不正确区分(识别)。另外,噪声可能是重要的考虑,例如,可由两个大变量的差分推导出一个新变量(如涂层厚度);而这些信号的随机分布噪声按式(A.1)添加:

$$N_0 = \sqrt{N_1^2 + N_2^2} \qquad \cdots\cdots\cdots\cdots(\text{A.1})$$

因此,导出变量的信噪比比较低。

⑮,⑯ 模拟电路、硬件逻辑和软件逻辑的组合可用于进一步将测量头信号数据处理为工程单位,例如克每平方米。通常,进一步的信号平均发生在这个阶段。另外,可采用不同的补偿以应对源活度的衰减、窗上灰尘/污垢、电漂移、测量头偏移、温度变化、已知产品或样品到产品的变化,等等。该信号处理的结果是表示材料单位面积质量或厚度的电压、电流或数字值。对信号实施进一步处理可产生显示信息、控制信息或管理信息的值。

⑰ 测量结果将在视频终端、记录仪、打字机、穿孔机、打印机-绘图仪、刻度盘或数字屏显示器等上面显示。重要的是,当分析被发现是平均值的数据时,它已进入一个显示状态。例如,扫描平均值是扫描期间所获取全部读数的平均。复合廓形分布曲线平均值是体现几次扫描的机械方向的平均,而几次扫描中的每个数据盒(片或段)以规定方式对指定扫描次数予以平滑或平均。

⑱ 简单过程控制通常基于不同被测材料的测量平均(例如,扫描平均、区域平均和单点时间平均)。较先进的控制可基于对测量头/传感器所观测的被测量的统计分布。

期望的是,区分控制动作的响应时间与不同级别的信号处理和显示的其他响应时间之间的差别。

⑲ 管理信息系统(MIS)的报告可为用户定做,通常包含有关被测产品的高度平均数据和统计概要信息。

注:现代电子硬件和软件技术的实践已使方框①～⑮中的许多功能组合到测量头中,因此产生“智能测量头”。

A.3 通用电离辐射厚度测量系统的特定试验方法

A.3.1 实验室试验

A.3.1.1 重复性测量

重复性试验通过一系列测量来完成,而每次测量将使厚度计完成其测量试验样品的正常标准化循环。测量将采取如6.3.1.5校准线性度试验中的方法进行。平均周期应符合供应商的技术说明书,典型地是5 s～60 s。试验应以6.1.4.2中规定的样品 Nos.1,5和9或以代表10%,50%和90%有效测量范围的其他合适样品来进行。测量值命名为 SA_{ij} 和 SC_{ij},其中 i 是样品标识,j 是读数序号。

按6.1.6中的规定准备试验。将厚度计标准化,然后测量并记录对应在测量间距内没有试验样品(仅有空气)的信号 SA_{aj} 和 SC_{aj}。接着,将试验样品 Nos.1 放置在位于参考通行线的样品安装架上,并细心标记它在安装架上的准确位置。测量并记录信号 SA_{11} 和 SC_{11}。用样品 Nos.5(然后 Nos.9)替换样品 Nos.1 并重复标记、测量和记录过程。重复这个试验测量的顺序10次,包括每个空气样品读数之前的厚度计标准化。样品应准确重新放置在每次它们插入的标记位置上,以保证测量同样的点。完整的测量顺序将产生10次厚度计标准化的结果,并在每个测试点记录40个数据值,因此积聚数据:

$$SA_{ij}$$

$$SC_{ij}$$

其中:

i=a,1,5,9;

j=1,2,…,10。

测试点A和C的信号应是0基准。也就是,SA_{ij} 应是最大值,而对应 $W_i=\infty$ 的信号 SC_{ij} 应是最大值。在某些厚度计内可能不是这种情况。如果不是,则数学上修正该数据以符合这个准则。

平均信号值和标准偏差用式(A.2)～式(A.5)计算如下:

$$\overline{SA}_i = \frac{\sum_{j=1}^{10} SA_{ij}}{10} \quad \cdots\cdots (A.2)$$

$$\overline{SC}_i = \frac{\sum_{j=1}^{10} SC_{ij}}{10} \quad \cdots\cdots (A.3)$$

$$SDA_i = \sqrt{\frac{\sum_{j=1}^{10}(SA_{ij} - \overline{SA}_i)^2}{9}} \quad \cdots\cdots(A.4)$$

$$SDC_i = \sqrt{\frac{\sum_{j=1}^{10}(SC_{ij} - \overline{SC}_i)^2}{9}} \quad \cdots\cdots(A.5)$$

厚度的重复性以平均样品质量(称重)读数的百分数表示。

A.3.1.2 静态裂纹分辨力

在多数工业测量应用中,能探测新开发工艺材料中的裂纹很重要。而通常更重要的是知道一个裂纹的存在,而不是能准确量化它的大小。这个试验是测定分辨工艺裂纹的极限能力,而这些裂纹比相关测量头所测量的"面积"的宽度更窄。

使用6.1.4.2中指定的试验样品Nos.1,5和9,或利用均匀的基体材料制成代表10%,50%和90%有效测量范围的3个试验样品。如可能,将同样的材料制成大约是基体材料单位面积质量或厚度10%的带以表现产品不规则性。带的宽度应是总测量面积宽度的小数和整数倍。例如,如果x是总测量面积的宽度,则带的宽度做成$0.1x$,$0.2x$,…,$0.9x$,x和$2x$。测量期间,这些带可放在试验样品上,一次一个,或将它们互相邻近放置并在带之间保留足够的空间,以使邻近带之间没有测量干扰。

将试验样品悬挂在参考通行线上,并将它们移动至合适位置,以得到基体材料的准确读数,以及每个样品加上带的最大读数。重复每个读数几次,将结果平均以最大限度降低辐射噪声的影响。模拟宽度x和$2x$的裂纹宜读出相同结果,且准确表示每3个基体材料样品所有试验裂纹的真实厚度。将宽度小于x的每个裂纹的指示厚度表示为它们实际质量(称重)值的百分数。以每3个试验样品的百分数响应为纵坐标,以裂纹宽度为横坐标作图。这清晰量化了在静态条件下采用系统的测量头探测不同厚度基体材料上不同宽度裂纹的能力。

A.3.1.3 校准传递试验

测量系统的校准(经过良好调整并验证是准确的)应能从一个测量头/传感器传递到另一个同类型测量头/传感器而不损失准确度。若更换的测量头/传感器含有缺陷的部件,或用另一个测量头/传感器更换原测量头/传感器时,校准传递对维修目的极其重要。对一个工艺过程中具有多个测量头/传感器,或多个过程具有类似测量头/传感器的装置这也很重要,以致校准仅需要对一个测量头/传感器优化和验证,然后传递到所有其他测量头/传感器。所有传感器宜能修改或更换,且不需要代价昂贵的及耗时的采样、新的关系研究和重新校准。

确定两个测量头/传感器间校准传递的试验程序是:

a) 用测量头A测量全系列标准样品的单位面积质量或厚度;

b) 用测量头B重复测量上述标准样品的单位面积质量或厚度;

c) 对每个样品计算测量头A与测量头B之间单位面积质量或厚度的误差。

每个样品的误差值不宜超过制造商的规定限值或其他公认限值。

A.3.1.4 动态空气间距温度试验

许多加工过程中引入跨越所生产被测材料宽度的动态空气温度变化。这些短期温度分布引入了如同测量头跨越被测薄片来回扫描的测量误差。为评价这个影响,测量间距内放置一个被测材料样品,以便穿越间距的空气流在加工机械方向上不受阻碍。测量头以正常扫描速度扫描样品。将一个热枪靠近安装在扫描中间部位。受约束的大量热空气流被导入加工机械方向,并近似居中且与通行线相互垂直、与扫描宽度保持水平。给空气流限定方位和断面尺寸,以便测量头对样品的扫描从一个没有影响的区域穿越到最大影响的区域,然后再返回到没有影响的区域。调整空气流的温度,使样品通行线上的最高温度比环境温度高15℃。如果系统使用校正电路、空气密封或其他稳定装置,它们将充分发挥作用。当测量系统稳定在环境温度时,关闭热源,并从30次连续扫描获取扫描平均廓形分布图,然后开启热源重复获取廓形分布图。将两个廓形分布图相减；差分廓形分布图形定义为动态空气温度变化对测量的影响。最大差分除以通行线上最高空气温度上升增量定义为动态温度灵敏度。

A.3.1.5　标准化特性

制造商应描述测量系统中使用的标准化周期。该描述包括以下对象：

——自动化程度(手动、半自动化、自动化)；

——被补偿的影响量和变量；

——所使用的方法(标准化点的数量、衰减器的数量和类型、算法等)；

——完成标准化循环所要求的时间；

——标准化频度；

——标准化效果(补偿程度和标准化准确度)。

A.3.1.6　静电电荷试验

由带电微粒组成的辐射随其通过电场而偏移。这种电场的公共源是堆积在被制造和测量的非导电性工艺材料上的高静电电荷。这种电荷对测量的影响是辐射动能、被测材料上电势的大小和极性、测量头/传感器的几何形状以及被测材料单位面积质量或厚度的函数。通过将高直流电势施加在悬挂于测量间距内通行线上的导电静态样品上可评价这个影响。对这个试验，选择一组覆盖测量头测量范围的导电样品。为此通常使用双面都有铝膜的聚酯薄膜样品。使用合适的绝缘体支撑测量通行线上的试验样品，并利用测量系统读出它的单位面积质量或厚度。然后测量头/传感器接地，并在样品导电表面的顶部和底部施加 1kV 或更高的电压(不超过空气路径的击穿电压)，再次读出单位面积质量。颠倒极性并重复读数。对其他试验样品重复这个试验。对每个样品和极性计算“百分数过程每千伏特”。将结果作为单位面积质量的函数绘图或制表。如果补偿静电灵敏度的方法与传感器一起使用进行补偿，则在带和不带补偿情况下进行试验，以定量确定补偿失效时的预期误差。

A.3.1.7　过程和机械分析以及测量系统试验

通过测量和分析产品的变化，使用电离辐射测量系统监测和表征制作的机械操作及过程性能。这是作为“机械分析”一个已知的应用。测量系统用于探测被测材料内系统性的变化，这些变化由下列因素引起，例如，过程和机械部件共振、部件不对中和磨损、振动、冲击、干扰以及过程相互影响。这些可能随工艺线速度、生成的产品和环境条件而变化。

机械分析应用要求测量系统具有快速响应和宽带频率响应。在常规工艺测量和控制应用的频率范围要求内，这将其提高几个数量级。已经表明，关键变化发生在 0.001 Hz 至 1 000 Hz 的频率范围内，而大多数关键变化通常低于 200 Hz。因此规定 1 ms 或更短的测量响应时间。在感兴趣的频率范围内，测量系统应没有电干扰和共振峰。如果不是这样，需要稳定这种干扰，以便能减少它们。傅立叶分析是评价测量系统的一种有用工具，用标准实验室计算机(PCs)和软件能完成这个分析。

A.3.1.8　对机械和过程分析应用的系统试验

A.3.1.8.1　静态试验

当传感器与检查样品 Nos.1,5,9 和一个无限吸收体固定在测量间距内时，从测量信号开发功率密度谱(偏差对频率)和积分曲线(累积偏差对频率)。(无限吸收体使得从电子干扰中析出核噪声。)对机械和过程进行分析，以评估测量系统在固定测量位置使用时的能力。

A.3.1.8.2　扫描试验

重复 A.3.1.8.1 的试验，但测量头在整个移动长度扫描的同时采集数据。对机械和过程进行分析，以评估测量系统在扫描模式使用时的能力。

A.3.1.8.3　机械环境试验

系统在模拟最终使用环境的环境下重复 A.3.1.8.1 和 A.3.1.8.2 的试验，这个环境中可能有巨大振动、机械震动、高温、磁场以及其他潜在的不利工业条件。为评估可能的颤振和机械共振影响，在为谱响应采集数据的同时，测量头宜经受机械冲击。可通过实际现场试验完成这个试验的数据和分析，见

A.3.2。

A.3.2 现场试验

A.3.2.1 总则

通常在制造商的实验室内进行第6章和A.3.1的试验，以便开发普遍适用于各类应用的标准化性能的信息。现场试验可在典型的测量系统上进行，而不是在向用户发货的特定测量系统上进行。在测试点A和C使用的有效测量响应时间也可不同于用户系统中的那些响应时间。

用户特定测量系统在现场安装后，希望对其进行验证试验。这些试验能由用户进行，可能需要制造商的协助。许多原来的实验室试验能现场重复，且宜遵从实验室的程序。测量应用以及所涉及的测量系统特性将表明重复哪些试验是合理的或合适的。如果实际使用条件明显与实验室试验条件不同，宜在试验中进行适当改变。

测量系统的制造商通常将为使用的每个系统按测量标准提供(某些情况下与用户合作)一组稳定参考样品。这些样品都经过准确测量，而测量值已随系统记录在校准报告中。

设备安装后，用户宜在参考条件下验证这些样品的读数，并认可校准报告的初始值。

宜建立一个验证程序，用于周期性监测并记录测量系统在其有效寿期内的关键性能特性，以确认测量稳定性和长期准确性的程度。这个程序宜包括稳定的参考样品读数。这种验证试验的频度可能是每天、每周或每月，这取决于测量准确度的要求以及有关系统稳定性所获得的经验。

某些测量系统具有自动测量验证程序，该程序使用系统控制下的被测内部检查样品。尽管如此，用户应保证这些内部样品没有被用作系统标准化或再校准过程的一部分。如果不是这样，则内部样品不代表真实能力的试验。

特别重要的是，现场重复进行6.3.1.5的校准线性度试验，以便重新肯定系统安装后的校准误差极限。每当测量头故障后修理或更换时，这将为进一步的性能比对提供参考基准。如果能表明，原始测量头和修理或替换的测量头在测量范围内都能提供保持在期望测量准确度内的线性度响应特性，则将不要求重新校准工作。

现场试验的部分补充程序如下。

A.3.2.2 系统扫描误差试验

移动式(扫描式)安装架正确对中后，将相对测量头固定的参考样品布置在参考通行线上，测量头沿着它的整个移动路径以正常扫描速度在前进和后退方向上来回扫描。从正常的系统读出(记录器轨迹、视频显示、打印机-绘图仪输出、单位面积质量和沿移动式安装架行进距离的表格，等等)清晰记录样品单位面积质量的廓形分布。对每个显示的廓形分布间隔以及任何信号的滤波或处理，宜考虑样品的测量时间。

对表示较低和较高过程测量极限的参考样品，以及单位面积质量在它们之间的一个或多个样品，宜进行这项试验。扫描误差表示为每个数据盒(廓形分布间隔)测量值与每个参考样品实际值的偏差。一次完整扫描的廓形分布误差可能按峰到峰的最大偏差表示。宜在有和没有廓形分布修正补偿两种情况下测定扫描误差。

由于扫描式安装架的机械偏转特性可随着温度而变化，用户可发现在不同环境和工艺温度条件下重复这个试验是有益的(例如，如果加工材料通常是热的，则在薄片破裂后立即进行扫描试验)。

A.3.3 系统廓形分布和扫描平均再现性试验

A.3.3.1 概述

A.3.2.2的试验使用已知单位面积质量、固定在测量间距内并随测量头来回移动的参考样品，以确定系统在扫描范围内所有位置上的基本测量准确度。也很重要的是，认识在整个扫描范围内系统测量的再现性。本条包含的试验方法是，将扫描再现性确定为测量头扫描位置的函数，并将扫描平均次数作为一个整体处理。廓形分布再现性和其他可能的系统误差一起，与测量再现性有关，但已超出本附录的范围。

A.3.3.2　扫描数据盒(扫描位置)再现性

试验要求被测材料的样品带与测量系统的扫描或移动宽度一样长,且比被评价测量头的总测量面积更大。试验期间,每个样品都悬挂在正常过程测量通行线上,以便测量系统的测量头能扫描它的整个宽度。试验带可由正常工艺材料制成,或可由选择具有良好强度和耐久性的其他材料制成。宜至少制备3个试验样品带,其单位面积质量分别对应预期产品单位面积质量范围的10%,50%和90%。

测量系统具有进行这些试验的完全功能。所有补偿部件、环境控制器以及其他稳定装置都将工作。系统处理器能以正常方式收集扫描廓形分布图数据,并且传送至计算机的数据文件以便分析。对数字系统,数据通常以表示系统横向机械分辨力的"n"数据盒或片段来处理。来自模拟系统的数据能以类似廓形分布图增量的方式数字化并取平均值。也可能期望的是,将单位面积质量廓形分布图数据合并为对应横向机械控制区或对过程机械调节的较大增量。如果数据采集不能直接由测量系统完成,则能使用具有高速数据采集能力的实验室计算机。每个增量的数据采集方法和单位面积质量或厚度值的计算留给系统的用户和(或)供应商。

每个悬挂的样品应在前进和后退方向上连续扫描30次,对于每个设置产生30组"n"增加的单位面积质量或厚度值。宜在系统预期使用的速度下扫描每个样品。作为选择,可能在10%,50%和90%的系统扫描速度范围下扫描样品。宜将廓形分布数据下载以产生分析用的n数据阵列,每阵列包括30个数据点。从每数据阵列,为"n"廓形分布增量的每个计算30个数据点的2σ值。所有n廓形分布增量的平均2σ值是廓形分布再现性的度量。同样宜检查n增量2σ值的分布状态图。

A.3.3.3　扫描平均再现性

这个试验确定连续扫描平均单位面积质量或厚度值的再现能力。如果测量系统用于调整制造工艺速度或速率,以保持稳定的平均产品单位面积质量或厚度,则该试验是一个重要的性能准则。

试验和数据采集程序与A.3.3.2中的描述的完全相同。以下列方法分析30次扫描×n增量数据阵列。通过每次扫描的n个数据点的简单平均用式(A.6)来确定扫描平均单位面积质量或厚度:

$$SA_m = \sum_{n=1}^{n} \frac{t_n}{n} \qquad \cdots\cdots\cdots\cdots(\text{A.6})$$

式中:

m——扫描次数,为1,2,3,…,30;

n——廓形分布增量、盒或片段,为1,2,3,…,n;

SA——扫描平均质量(称重)和(或)厚度值;

t——廓形分布增量的质量(称重)和(或)厚度值。

确定30次连续扫描平均的单位面积质量的2σ值,它称为扫描平均再现性。

A.3.4　几何分辨长度

利用模拟预期的被测材料的均匀基体材料制作试验样品,并贴上有期望宽度和单位面积质量的同一材料的带,以表现产品的不规则性。在多数情况下,如可能,带的单位面积质量宜为基体材料的5%~10%。带的宽度宜为传感器有效测量面积宽度的小数和整数倍。例如,如果x是有效测量面积的宽度,将带制成$(1/2)x$,x,$2x$,$3x$,…。临近的附加带之间允许足够的空间,以便测量头扫描时测量信号将充分覆盖带与带之间的空间。(空间最小宜为有效测量面积的宽度加上最快扫描速度乘以5倍响应时间。)对每个期望的基体材料单位面积质量和裂纹质量(称重),制作一个单独样品。

将试验样品悬挂在参考通行线上,对每个系统规定的扫描速度,在前进和后退两个扫描方向上进行扫描测量。重复进行扫描(最少3次)的测量并将结果取平均。然后通过分析最终得到的系统读数(记录器轨迹、视频显示、打印输出等)确定几何分辨长度。任何给定条件设置的几何分辨长度是在真实单位面积质量的期望准确度范围内的裂纹最小宽度。准确度要求可能基于应用而显著变化,当规定分辨力长度时应予以指明;例如,在辐射噪声带内;或在真实值的70.7%内;或在真实值的63.2%内。

参 考 文 献

[1] GB/T 6592—1996 电工和电子测量设备性能表示(eqv IEC 60359:1987/2001 第3版)
[2] IEC 60476:1993 利用辐射源的电测量系统和仪器 一般要求
[3] IEC 60692:1999(第2版) 核仪器 利用电离辐射的密度计 定义和试验方法
[4] IEC 61336:1996 核仪器 利用电离辐射的厚度测量系统 定义和试验方法

ICS 07.040
A 77

中华人民共和国国家标准

GB/T 15661—2008
代替 GB/T 15661—1995

1：5 000 1：10 000 1：25 000 1：50 000 1：100 000 地形图航空摄影规范

Specifications for aerial photography of 1：5 000 1：10 000 1：25 000 1：50 000 1：100 000 topographic maps

2008-06-20 发布 2008-12-01 实施

中华人民共和国国家质量监督检验检疫总局
中国国家标准化管理委员会 发布

前　言

本标准代替 GB/T 15661—1995《1∶5 000,1∶10 000,1∶25 000,1∶50 000,1∶100 000 地形图航空摄影规范》。

本标准与 GB/T 15661—1995 相比主要变化如下：

——按照 GB/T 1.1—2000《标准化工作导则　第1部分:标准的结构和编写规则》的要求对标准进行了修改。

——修改了标准的英文名称。

——原引用标准有六项,其中三项有版本的变化,它们是：

HG/T 3009《胶片及片基机械扫描法　厚度的测定》(ISO 4593:1993,MOD)代替 GB 6845《片基厚度测定方法》;

GB/T 12938《已加工的摄影材料中硫代硫酸盐及其他相关化学残留物的测定方法　碘-直链淀粉法、亚甲蓝法和硫化银密度法》(neq ISO 417:1977)代替 GB/T 7519《冲洗后的缩微胶片中硫代硫酸盐残留量的测定》;

GB/T 9045《摄影　照相材料　ISO 分辨力的测定》(ISO 6328:2000,IDT)代替 GB/T 9045《感光材料分辨率的测定》。

——删去原引用标准 ZB N35 003《分辨力板》。

——增加了五项引用标准,它们是：

GB/T 16176《航空摄影产品的注记与包装》;

GB/T 19294《航空摄影技术设计规范》;

MH/T 1004《彩色红外航空摄影影像质量控制》;

MH/T 1005《摄影测量航空摄影仪技术要求》;

MH/T 1006《航空摄影仪检测规范》。

——3.2.2 的表 2 中 1∶10 000、1∶50 000 的航摄比例尺范围缩小了。

——3.2.4 的 b)中 M 像/M 图由原来的 3.3 倍改为 3.2 倍。

——3.2.7.1 增加了对航摄仪主距的要求。

——3.2.7.2 航摄仪检定精度要求提高了。

——4.1.3 放宽了个别情况下对旋偏角的要求。

——增加了 4.1.9 中漏洞补摄条件。

——增加了 4.2.8 采用彩色、彩色红外航空胶片进行摄影时飞行质量及摄影质量的要求。

——第 6 章中删去原 6.1.2.1 和 6.1.2.2,原 6.1.2 底片编号和注记调整为现 6.1.1,底片编号和注记按 GB/T 16176—1996 的有关规定执行。

——删去原 6.1.1.4,原 6.1.1.3 内容改为现 6.1.2.1.3 索引图幅面规格、注记内容和要求,按 GB/T 16176—1996 的有关规定执行。原 6.1.1 调整为现 6.1.2。

——增加了 6.1.2.2 制作像片中心点结合图。

——增加了 6.1.3 填写资料移交清单。

——删去原 6.3.1 和 6.3.2 的内容,改为现 6.3 航摄成果包装按 GB/T 16176—1996 的有关规定执行。

——删去原资料性附录 A 航空摄影仪部分参数的测定方法。

——资料性附录 F 航摄资料移交书中表 F.2 航摄资料统计表增加了一些航摄资料内容统计。

本标准的附录C为规范性附录。

本标准的附录A、附录B、附录D、附录E、附录F为资料性附录。

本标准由国家测绘局提出。

本标准由全国地理信息标准化技术委员会归口。

本标准起草单位:国家测绘局测绘标准化研究所。

本标准主要起草人:段怡红、宋耀东、成燕辉、史连华、陈继良、薛恒福、吴顺鱼、惠安邦。

本标准所代替标准的历次版本发布情况为:

——GB/T 15661—1995。

1∶5 000　1∶10 000
1∶25 000　1∶50 000　1∶100 000
地形图航空摄影规范

1　范围

本标准规定了 1∶5 000、1∶10 000、1∶25 000、1∶50 000、1∶100 000 地形图胶片航空摄影的技术要求、成果质量的检查方法及航摄器材和航摄成果的保管要求。

本标准适用于测制 1∶5 000、1∶10 000、1∶25 000、1∶50 000、1∶100 000 地形图和影像图的航空摄影工作。

2　规范性引用文件

下列文件中的条款通过本标准的引用而成为本标准的条款。凡是注日期的引用文件，其随后所有的修改单(不包括勘误的内容)或修订版均不适用于本标准，然而，鼓励根据本标准达成协议的各方研究是否可使用这些文件的最新版本。凡是不注日期的引用文件，其最新版本适用于本标准。

GB/T 9045　摄影　照相材料 ISO 分辨力的测定

GB/T 9862　黑白航空照相胶片感光度和平均斜率测定方法

GB/T 12938　已加工的摄影材料中硫代硫酸盐及其他相关化学残留物的测定方法　碘-直链淀粉法、亚甲蓝法和硫化银密度法

GB/T 16176　航空摄影产品的注记与包装

GB/T 19294　航空摄影技术设计规范

GJB 647　航空摄影胶片变形率的测定方法

HG/T 3009　胶片及片基机械扫描法　厚度的测定

MH/T 1004　彩色红外航空摄影影像质量控制

MH/T 1005　摄影测量航空摄影仪技术要求

MH/T 1006　航空摄影仪检测规范

3　航摄计划与航摄设计

3.1　航摄计划的程序及要求

3.1.1　航摄合同的签定

根据测图需要，拟定航摄任务，由航摄委托单位和航摄执行单位共同商定有关具体事项，制定航摄计划，签订航摄合同。

3.1.2　航摄合同的主要技术内容

航摄合同的主要技术内容应包括：

a)　航摄地区和摄影面积(摄区范围应以经纬度和图幅号用略图标明，摄区略图的编绘格式及要求按 GB/T 16176 执行)；

b)　测图方法、测图比例尺和摄影比例尺；

c)　航线敷设方法、像片航向和旁向重叠度；

d)　航摄仪类型、技术参数和航摄附属仪器参数；

e)　航摄胶片型号及对其他感光材料性能的要求；

f) 需提供的航摄成果的名称和数量；

g) 执行航摄任务的季节和期限；

h) 特殊的技术要求等。

3.2 航摄设计

3.2.1 设计用图的选择

应选择摄区新近出版的基本比例尺地形图。设计用图比例尺一般应根据测图比例尺按表1规定选用。

表1

测图比例尺	设计用图比例尺
1∶5 000	1∶25 000 1∶50 000
1∶10 000	
1∶25 000	1∶100 000 1∶250 000
1∶50 000	
1∶100 000	

3.2.2 航摄比例尺的选择

航摄比例尺应根据不同摄区的地形特点，在确保测图精度的前提下，本着有利于缩短成图周期、降低成本、提高测绘综合效益的原则在表2的范围内选择。

表2

测图比例尺	航摄比例尺
1∶5 000	1∶10 000～1∶20 000
1∶10 000	1∶20 000、1∶25 000、1∶32 000
1∶25 000	1∶25 000～1∶60 000
1∶50 000	1∶50 000
1∶100 000	1∶60 000～1∶100 000

3.2.3 航摄分区的划分

划分航摄分区应遵循以下原则：

a) 分区界线应与图廓线相一致。

b) 分区内的地形高差不得大于四分之一相对航高（以分区的平均高度平面为基准面的航高）。

c) 在地形高差符合b)条规定，且能够确保航线的直线性的前提下，分区应尽量划大。分区的最小范围除1∶5 000测图不得小于二个图幅外，其余不得小于一个图幅。

d) 当地面高差突变，地形特征差别显著或有特殊要求时，可以破图廓划分航摄分区。

3.2.4 航线方向和航线敷设方法

航线敷设应遵循以下原则：

a) 航线按东西向直线飞行。特定条件下亦可按照地形走向作南北向飞行或沿线路、河流、海岸、境界等任意方向飞行。

b) 常规摄影航线应与图廓线平行敷设。对于1∶5 000、1∶10 000测图，当$M_{像}/M_{图}$大于3.2倍时，航线应沿图幅中心线敷设。

c) 水域、海区航摄时，航线敷设要尽可能避免像主点落水；要确保所有岛屿达到完整覆盖，并能构成立体像对。

d) 荒漠、高山区荫蔽地区等和测图控制作业特别困难的地区，可以敷设构架航线。构架航线根据测图控制布点设计的要求设置。

3.2.5 航摄因子、航摄时间计算、航摄材料消耗规定

航摄因子、航摄时间计算和航摄材料消耗等，按照 GB/T 19294 执行。

3.2.6 航摄季节和航摄时间选择

航摄季节和航摄时间选择应遵循以下原则：

a) 航摄季节应选择摄区最有利的气象条件；应尽量避免或减少地表植被和其他覆盖物(如积雪、洪水、扬沙等)对摄影和测图的不利影响，确保航摄像片能够真实地显现地面细部；

b) 选择航摄时间，既要确保具有足够的光照度，又要避免过大的阴影。一般根据摄区的太阳高度角和阴影倍数按表 3 确定。

表 3

地形类别	太阳高度角(°)或阴影倍数(倍)	
平地	>20	≤3
丘陵地	>30	≤2
山地	>45	≤1
大、中城市(摄影比例尺≥1/20 000)	>45	≤1
一般城镇(摄影比例尺≥1/20 000)	>30	≤2
陡峭山区	当地正午前后 1h 内	

3.2.7 航摄仪的选择和检定

3.2.7.1 航摄仪的选择

航摄仪的选择主要根据测图精度要求、测图的仪器设备、测图比例尺、测图方法以及现有航摄设备等综合考虑确定，但所选航摄仪的基本性能不应低于表 4 的要求。

表 4

项　目	要　求
像幅	230 mm×230 mm
焦距	85 mm～310 mm
有效使用面积内镜头分辨率	每毫米内不少于 25 线对
径向畸变差	焦距大于 90 mm 时，不大于 0.015 mm，焦距小于或等于 90 mm 时，不大于 0.02 mm
曝光时间	1/100 s～1/1 000 s
色差校正范围(波长)	400 nm～900 nm

除表 4 列出的 6 项基本性能要求外，对航摄仪其他性能的要求，参照 MH/T 1005 的相关规定执行。

同一摄区内各航摄分区应尽量选择同一主距的航摄仪。对于面积较大的摄区，最多可采用三个不同主距的航摄仪，但在同条航线上只能采用同一主距的航摄仪。

3.2.7.2 航摄仪的检定

根据每台航摄仪的稳定状况进行检定。在下列之一情况下须进行检定。

a) 距前次检定的时间超过 2 年；

b) 快门曝光次数超过 20 000 次时；

c) 航摄仪经过大修或主要部件更换以后；

d) 航摄仪产生剧烈震动以后。

检定的项目和检定精度要求按表5规定执行。

表5 单位为毫米

项目	检定精度
检定主距	±0.005
框标坐标	±0.005
框标距离	±0.003
径向畸变差	±0.005
最佳对称主点坐标	±0.005
自准直主点坐标	±0.005
镜头分辨率	每毫米内不少于25线对
快门速度	1/100 s～1/1 000 s

检定方法按MH/T 1006执行。

检定时，航摄仪物镜应戴上黑白摄影时常用的滤光镜。

各项检定数据应准确地记入航摄仪履历簿和附录A规定的航摄鉴定表中。

3.2.8 航空胶片的选择和测定

3.2.8.1 航空胶片的选择应根据摄区的地理位置、摄影季节、地面照度、地物反差和光谱特性等因素确定。所选胶片的几何性能不应低于表6的要求。

表6

项目	几何性能要求
胶片分辨率	每毫米内不少于85线对
不规则变形率(处理后)	不大于0.03%
片基厚度	不小于0.07 mm

3.2.8.2 胶片边缘应平整、光滑、无毛刺和裂口。

3.2.8.3 每年航摄任务开始前，应测定胶片感光特性。

3.2.8.4 测定项目应包括：

a) 胶片分辨率、不规则变形率、片基厚度；

b) 感光度、反差系数、曝光宽容度、灰雾密度、最大密度、最小密度，并绘出其感光特性曲线。

3.2.8.5 测定方法：

a) 胶片分辨率的测定，按GB/T 9045执行；

b) 不规则变形率的测定，按GJB 647执行；

c) 胶片片基厚度的测定，按HG/T 3009规定的方法进行；

d) 本标准3.2.8.4b)中列出的几项感光特性的测定，按GB/T 9862规定的方法进行。

3.2.9 航摄附属仪器

3.2.9.1 如果测图单位需要，可使用必要的航摄附属仪器。其性能应满足测图单位提出的技术要求。

3.2.9.2 所用附属仪器的检定项目和检定方法，除另有专项规定外，可按生产厂方提供的使用规定执行。

3.2.10 试飞、试摄

在正式作业前，以下情况应进行试飞或试摄：

a) 新改装的航摄飞机，应进行试飞；

b) 新购进、检修后和油封后重新启用的航摄仪，应进行试摄；

c) 新编成的航摄机组，应组织试飞和试摄；

d) 地形或气象条件复杂的摄区，应组织视察飞行。

4 飞行质量和摄影质量要求

4.1 飞行质量

4.1.1 像片重叠

4.1.1.1 航向重叠度一般应为60%～65%；个别最大不得大于75%，最小不得小于56%。当个别像对的航向重叠度虽小于56%，但大于53%，且其相邻像对的航向重叠度不小于58%，能确保测图定向点和测绘工作边距像片边缘不小于1.5 cm时，可视为合格。

沿图幅中心线敷设航线，实现一张像片覆盖一幅图时，航向重叠度可加大到80%～90%。

4.1.1.2 相邻航线的像片旁向重叠度一般应为30%～35%，个别最小不得小于13%。按图幅中心线敷设航线时，至少要保证图廓线距像片边缘大于1.5 cm。

4.1.2 像片倾斜角

像片倾斜角一般不大于2°，最大不超过3°。

4.1.3 像片旋偏角

像片旋偏角一般不大于6°，最大不超过8°(且不得连续3片)。

个别情况下，当像片旋偏角大于9°但不超过12°，且航向、旁向重叠仍能保持正常时，可视为合格。

4.1.4 航线弯曲度

航线弯曲度不大于3%。

4.1.5 航高差

4.1.5.1 同一航线上相邻像片的航高差不得大于30 m；最大航高与最小航高之差不得大于50 m。

4.1.5.2 摄影分区内实际航高与设计航高之差不得大于设计航高的5%。

4.1.6 测区、分区、图廓覆盖保证

4.1.6.1 测区边界覆盖保证：航向覆盖超出测区边界线不少于一条基线。旁向覆盖超出测区边界线一般不少于像幅的50%，最少不少于像幅的30%；按图幅中心线敷设航线时，旁向覆盖超出测区边界线(图廓线)最少不少于像幅的12%。

4.1.6.2 分区边界线覆盖保证：分区之间如果航线方向相同，旁向正常接飞，航向各自超出分区界线一条基线。分区之间航向方向不同时，航向各自超出分区界线一条基线，旁向超出分区界线一般不少于像幅的30%，最少不少于像幅的15%。按成图图幅中心线敷设航线时，旁向最少不少于像幅的12%。

4.1.6.3 测区、分区的边界线一般为图廓线，对图廓覆盖的要求与4.1.6.1和4.1.6.2相同。

4.1.7 按图幅中心线敷设航线时的飞行质量

4.1.7.1 实际航迹偏离图幅中心线不得大于图廓边长的1/5(东—西向飞行为图廓南北向长度的1/5)。当实际航迹偏离超过上述规定，但其旁向覆盖仍能保证图廓线距像片边缘大于1.5 cm时，可视为合格。

4.1.7.2 要求一张像片覆盖一幅图时，中心片的选择要保证图廓线距像片边缘一般不小于2.5 cm，最小不小于1.5 cm。航线两端过渡片的像主点应落在图廓线或测区边界线之外，过渡片与中心片应能构成正常重叠的立体像对。

4.1.7.3 加大航向重叠摄影(指80%～90%)，其像片倾斜角和旋偏角的测定，以抽片后配成立体像对的中心片和过渡片为准，要求同4.1.2和4.1.3。

4.1.8 构架航线

4.1.8.1 构架航线的摄影比例尺应比测图航线的摄影比例尺大25%左右；航向重叠度应不小于80%，应保证隔号像片能构成正常重叠的立体像对。

4.1.8.2 位于测区周边的构架航线，要保证其像主点落在测区边界线之外，两端要超出测区边界线四条基线。

4.1.8.3 位于测区内部的构架航线，应保证其像主点落在所跨乘的图廓线两侧测图航线的半条基线范围内。

4.1.8.4 构架航线间交叉和衔接之处，要保证有不少于四条基线的相互重叠。

4.1.9 漏洞补摄

4.1.9.1 航摄中出现的相对漏洞和绝对漏洞均应及时补摄。

4.1.9.2 漏洞的补摄应按原设计要求进行。1∶5 000、1∶10 000 成图时，补摄航线的两端一般需超出 1∶50 000 地形图图廓线外一条基线；1∶25 000、1∶50 000 成图时，补摄航线的两端一般需超出 1∶100 000 地形图图廓线外一条基线。

4.1.9.3 对不影响内业加密模型连接的相对漏洞，只在漏洞处补摄，补摄航线的长度应超出漏洞长度外一条基线，否则按整条航线补摄。

4.1.9.4 在敷设构架航线的测区，补摄航线两端必须超出构架航线外一条基线。

4.1.9.5 不用于测图的构架航线，如果本身出现局部相对漏洞或有云影、脱胶等其他情形，在不影响外业布点及内业加密模型连接的情况下，可不补摄；否则按整条航线补摄。

4.1.10 记录资料填写

每次飞行结束，应认真填写航摄飞行报告表并随所摄胶片送交摄影处理工序存查。

4.2 摄影质量

4.2.1 航摄底片的构像质量应满足下列要求：

a) 灰雾密度(D_0)不大于 0.2；摄影比例尺小于 1∶50 000 时不大于 0.3；

b) 最小密度(D_{min})不小于 $D_0+0.2$；

c) 最大密度(D_{max})为 1.2～1.6；对于极少数特别亮的地物，最大密度可超过 1.6 但不得大于 2.0；而在地物亮度特小的地区(如草原、森林)，最大密度可小于 1.2 但不得小于 1.0；

d) 反差(ΔD)为 0.6～1.4(对于沙漠、森林等地密度反差最小为 0.5)，其最佳值为1.0；1∶50 000、1∶100 000 摄影时为 0.7～1.5。

4.2.2 最大曝光时间的限定，除保证航摄胶片正常感光外，还应确保因飞机地速的影响，在曝光瞬间造成的像点最大位移不得超过 0.04 mm。

4.2.3 航摄胶片在曝光瞬间由于未能严格压平而在像平面上引起的像点位移误差应满足以下要求：

a) 采用数字摄影测量方式进行自动相对定向，同名点的剩余上下视差应不大于 0.02 mm，个别点最大不大于 0.03 mm。

b) 采用解析摄影测量方式测定标准配置点和若干检查点的坐标，按模型相对定向，同名点的剩余上下视差应不大于 0.02 mm，个别点最大不大于 0.03 mm。

4.2.4 用目视直接观察底片时，应影像清晰、层次丰富、反差适中、色调柔和；能辨认出与摄影比例尺相适应的细小地物影像；应能建立清晰的立体模型。

4.2.5 底片上不应有云、云影、划痕、静电斑、折伤、脱胶等缺陷。除用于编制影像平面图、影像图和数字摄影测量以外，虽然存在少量缺陷，但不影响立体模型的连接和测绘时，则认为可以用于测制线划图。

4.2.6 底片定影和水洗必须充分。水洗后底片的硫代硫酸盐残留量必须小于 2 $\mu g/cm^2$。

4.2.7 框标影像和其他记录影像必须清晰、齐全、各类附属仪器仪表记录资料应满足测图单位提出的具体要求。

4.2.8 彩色、彩色红外摄影应正确选择滤光镜，确保曝光量正常，底片密度和反差适中、影像清晰、色彩丰富、颜色饱和、色彩平衡良好。彩色红外摄影红外特征明显，相邻底片上相同地物的彩色基调基本一致。有关彩色红外摄影影像质量控制的方法和标准按照 MH/T 1004 执行。

5 成果质量检查

5.1 检查范围

航摄执行单位应按本标准对飞行质量和摄影质量进行检查。

5.2 检查项目和方法

5.2.1 像片重叠度

将相邻两张像片按中心附近不超过 2 cm 远的地物点重叠后，将重叠百分尺的末端置于第二张像片边缘，读取第一张像片边缘在重叠百分尺上的分划值，此值即为重叠度。如果航摄区为山区，则按相邻像片主点连线附近不超过 1 cm 远的地物重叠，再将一张像片边缘的直线影像转绘到相邻片上，所成曲线至像片边缘的最小分划值为最小重叠度。

5.2.2 像片倾斜角

一般应根据像片边角上圆水准气泡影像偏离中心的程度检查；无水准气泡记录的像片，可在旧图上选择若干明显地物点作为控制点，用摄影测量方法进行检查。

5.2.3 像片旋偏角

首先在两相邻像片上标出两主点位置，然后按主点附近地物将两张像片重合，并将两主点分别标刺在相邻片上，再用量角器分别量测出两张像片上的二主点连线与沿航线方向框标连线的二个夹角，以其中较大一个夹角为旋偏角。

5.2.4 航线弯曲度

在平坦地区按像片索引图检查，起伏地区按每条航线分别镶辑检查。用直尺量测出航线两端像主点间直线的长度和偏离直线最远的像主点与该直线间的距离，按附录 B 中(B.10)公式计算。

5.2.5 航高差

5.2.5.1 在已有图及其相应于立体像对的相邻像片重叠中线附近，分别量取相应地物点之间长度，求得相邻像片之间的比例尺差，再算得相邻像片的航高差。

5.2.5.2 将像片按航线和分区镶辑，在旧图上和像片上分别量取相应地物点之间长度。按地面最高和最低处求得各像片的最大和最小比例尺，然后取中数得到相对于平均基准面的实际摄影比例尺。根据比例尺按航线和分区分别算出同航线最大航高与最小航高之差和分区实际航高与设计航高之差。

5.2.6 测区、分区和图廓覆盖

将像片按重叠镶辑，对照收集到的地形图上所标出的图幅、分区和摄区的边界及其附近的同名地物，确定所摄像片的覆盖情况。

5.2.7 按图幅中心线敷设航线

将像片分航线按重叠镶辑，对照航线设计图上标出的图幅中心线，再把每张像片的主点转绘到图上相应的位置，量测出实际航线相对中心线的偏离值。

5.2.8 构架航线

5.2.8.1 位置移动，按本标准 5.2.5 规定的方法检查构架航线上所摄像片的比例尺。

5.2.8.2 按本标准 5.2.1 规定的方法检查构架航线的像片重叠度。

5.2.8.3 将构架航线像片按重叠镶辑后，按照本标准 5.2.6 规定的方法检查构架航线的覆盖情况。

5.2.9 漏洞

5.2.9.1 按本标准 5.2.1、5.2.6 规定的方法检查绝对漏洞。

5.2.9.2 按本标准 5.2.1 规定的方法检查相对漏洞。

5.2.10 影像质量

一般在每条航线上抽取 3～4 张底片，用密度计直接量测底片的密度值，获取一系列灰雾、最小和最大密度值，然后取平均值得到 D_0、$D_{\min}$、$D_{\max}$、ΔD。密度计的量测孔径为 1.0 mm，且注意不要选择个别的或特殊的反光点进行量测。

5.2.11 像点位移

根据航摄比例尺以及飞行作业的原始记录所载的飞机地速、曝光时间按附录 B 中公式(B.7)进行计算。

5.2.12 压平误差

按附录C规定的方法检查。

5.2.13 底片框标、其他记录影像及表观质量检查

目视检查底片的框标和其他记录影像以及表观质量。

5.2.14 底片水洗质量检查

按GB/T 12938规定的方法检查底片水洗情况。

6 成果整理和验收

6.1 整理

6.1.1 底片编号和注记

底片编号和注记按GB/T 16176执行。

6.1.2 制作像片索引图或像片中心点结合图

6.1.2.1 制作像片索引图

6.1.2.1.1 索引图应能反映摄区内全部有用的摄片资料情况。索引图可以按分区或加密区域网的范围分幅制作,同一摄区内相邻索引图之间应保持一定的重叠。

6.1.2.1.2 索引图上,要确保能够辨认出每条航线的像片号码。

6.1.2.1.3 索引图幅面规格、注记内容和要求,按GB/T 16176执行。

6.1.2.2 制作像片中心点结合图

6.1.2.2.1 按照摄区、分区和图幅划分,与像片盒注记、航摄鉴定表和航线像片结合图相对应一致。

6.1.2.2.2 对于中小比例尺航摄,将像片中心点标在1:100万数字全要素地形图或者1:25万数字栅格图(DRG)上;对于大比例尺航摄,将像片中心点标在1:10万(或1:5万)数字栅格图(DRG)上。

6.1.2.2.3 像片中心点的实际点位由像片中心点坐标确定。

6.1.2.2.4 标注像片号,对于补飞像片用不同的颜色加以区分。

6.1.2.2.5 对不同航摄仪或不同镜头的像片号用不同的点样式加以区分。

6.1.3 填写资料移交清单

航摄底片移交清单格式见附录D。航摄像片、像片索引图或像片中心点结合图移交清单格式见附录E。航摄资料移交书格式见附录F。

6.2 验收

6.2.1 程序

6.2.1.1 航摄执行单位按本规范和摄区合同的规定对全部航摄成果资料逐项进行认真的检查,并详细填写检查记录手薄。

6.2.1.2 航摄执行单位根据航摄资料移交书和摄区合同规定,将全部成果资料整理齐全后,移交给航摄委托单位代表验收。

6.2.1.3 航摄委托单位代表依据本规范和摄区合同规定对全部成果资料验收合格后,双方在移交书上签字,并办理移交手续。

6.2.1.4 双方代表协商处理检查验收工作中发现的问题,共同评价成果资料的质量。

6.2.2 移交的资料

主要应包括:

a) 航摄底片、晒印的像片、像片索引图或像片中心点结合图、底片和像片(份数按合同规定提供);

b) 航摄仪检定记录和数据;

c) 附属仪器记录数据和资料;

d) 成果质量检查记录、航摄鉴定表;

e) 各种登记表和移交清单;

f) 其他有关资料。

6.2.3 验收报告

报告的主要内容应包括：

a) 航摄的依据——航摄合同和技术设计；

b) 航摄仪检定数据；

c) 完成的航摄图幅数和面积；

d) 对成果资料质量的基本评价；

e) 存在的问题及处理意见等。

6.3 航摄成果的包装

航摄成果包装按 GB/T 16176 执行。

7 航摄器材和航摄成果的保管

7.1 航摄仪器

7.1.1 航摄仪应存放在专用库房内。室内要清洁、干燥，常年温度保持在 10℃～20℃之间，相对湿度不大于 65%。室内不能有酸性化学药品及易挥发物质。

7.1.2 航摄仪平时应置于专用箱内搬运和保存。较长期不用时应按规定进行油封后入库。

7.1.3 快门速度应安置在最低档位，并将操纵的各类仪表安置在最小位置。

7.1.4 应定期进行检查，发现问题应及时处理并记入仪器的履历簿。

7.2 感光材料

7.2.1 各种感光材料(包括航摄软片、像纸、复制软片等)应存放在专用的仓库内。库内应清洁、干燥、通风，常年温度保持在 5℃～20℃之间，相对湿度 60%±5%，不能有酸性化学药品及易挥发物质，不能受到硫化氢、二氧化硫、一氧化碳、氨等有害气体以及放射性物质的侵蚀。感光材料在使用前，应先出库在常温下放置 8 h 左右进行热平衡。

7.2.2 应尽量保持原封，装在筒内箱内保存。拆箱后的筒装软片和盒装像纸应垂直安放在距离地面 30 cm 以上的架子上，离开热源 1 m 以外，并且要避开阳光的直接照射。

7.2.3 已经航摄曝光待冲洗处理的软片，包括转运期在内的保存期，不应超过 15 天。

7.2.4 库房内外应严禁烟火，并且必须具有良好的消防设施。

7.3 航摄底片

7.3.1 底片保存过程中应采取措施以防底片发黄、发霉、影像褪色和消失、药膜面损失、撕裂及片基不均匀变形等弊病的产生。

7.3.2 保存底片的库房应具备 7.2 规定的条件。在使用底片时应特别注意保护好药膜面，汗渍、油污不应污染底片。

7.3.3 暂时不用的底片，要经过清洁后，包装好密封于专用底片筒内保存。

7.3.4 底片宜整卷装筒直立存放，不应随意截断或裁成单片保存。

7.3.5 不同片基的底片应分库或分仓保管。

附 录 A
（资料性附录）
航摄鉴定表

摄区＿＿＿＿＿＿＿＿＿　　　　　　　　　　　　　　　　摄影比例尺＿＿＿＿＿＿＿＿＿

分区＿＿＿＿＿＿＿＿＿　图幅名称(编号)＿＿＿＿＿＿＿＿＿　绝对航高＿＿＿＿＿＿＿＿＿m

航线序号	航摄日期	航摄仪镜筒号	航线两端号码	片数	图幅在测区(分区)的位置示意图
总片数					

1	航摄仪类型		航摄仪编号		镜筒号码	航摄仪类型
2	航摄仪类型		航摄仪编号		镜筒号码	航摄仪类型
3	航摄仪类型		航摄仪编号		镜筒号码	航摄仪类型

说明：具体参数见航摄仪技术参数检定报告

检查说明：

检察意见：

检查者：　　　　　　　　日期：

验收意见：

验收代表：　　　　　　　验收日期：

附 录 B
(资料性附录)
航空摄影常用计算公式

B.1 摄影基线和航线间隔

$$\left.\begin{aligned} b_x &= L_x(1-p_x) \\ B_x &= b_x \cdot m \\ d_y &= L_y(1-q_y) \\ D_y &= d_y \cdot m \end{aligned}\right\} \qquad \text{(B.1)}$$

式中:

b_x、d_y——像片上的摄影基线长度、航线间隔宽度,单位为毫米(mm);

B_x、D_y——实地上的摄影基线长度、航线间隔宽度,单位为米(m);

L_x、L_y——像幅长度和宽度,单位为毫米(mm);

p_x、q_y——像片航向和旁向重叠度,%;

m——航摄比例尺分母。

B.2 航摄分区平均高度平面(基准面)的高度

$$h_{基} = \frac{h_{高} + h_{低}}{2} \qquad \text{(B.2)}$$

式中:

$h_{基}$——平均高度平面的高度,单位为米(m);

$h_{高}$——分区内高点平均高程,单位为米(m);

$h_{低}$——分区内低点平均高程,单位为米(m)。

B.3 航高

$$\left.\begin{aligned} H &= m \cdot f_k \\ H_0 &= H + h_{基} \end{aligned}\right\} \qquad \text{(B.3)}$$

式中:

H——摄影时飞机相对于基准面的航高,单位为米(m);

H_0——摄影时飞机的海拔高度,单位为米(m);

f_k——航摄仪焦距,单位为毫米(mm)。

B.4 航向基线角和旁向照准角

$$\left.\begin{aligned} \mathrm{tg}\phi_b &= \frac{B_x}{H} = \frac{b_x}{f_k} \\ \mathrm{tg}\phi_d &= \frac{D_y}{H} = \frac{d_y}{f_k} \end{aligned}\right\} \qquad \text{(B.4)}$$

式中:

ϕ_b——航向基线角,单位为度(°);

ϕ_d——旁向照准角,单位为度(°)。

B.5 基准面上像片重叠率

$$\left.\begin{aligned} p_x &= p'_x + (1 - p'_x)\Delta h/H \\ q_y &= q'_y + (1 - p'_y)\Delta h/H \end{aligned}\right\} \quad \cdots\cdots\cdots\cdots(B.5)$$

式中：

p'_x、q'_y——航摄像片的航向、旁向标准重叠度，%；

Δh——相对于摄影基准面的高差，单位为米(m)。

B.6 相邻像片曝光时间间隔

$$\Delta t = \frac{B_x}{W} \quad \cdots\cdots\cdots\cdots(B.6)$$

式中：

Δt——相邻像片曝光时间间隔，单位为秒(s)；

W——飞机飞行时的地速，单位为米每秒(m/s)。

B.7 最大曝光时间

$$t_{\max} = \frac{\delta_{\max} \cdot m_{最高点}}{W} \quad \cdots\cdots\cdots\cdots(B.7)$$

式中：

$\delta_{\max}$——飞行运动产生的影像最大位移值，单位为毫米(mm)；

$t_{\max}$——最长曝光时间，单位为秒(s)；

$m_{最高点}$——分区内最高点上的像片比例尺分母。

B.8 飞机空中转弯半径

$$R = \frac{v^2}{9.81 \times \mathrm{tg}\beta} \quad \cdots\cdots\cdots\cdots(B.8)$$

式中：

R——转弯半径，单位为米(m)；

v——飞机的真空速率，单位为米每秒(m/s)；

β——飞机转弯坡度角，单位为度(°)。

B.9 按照太阳高度角推算的测区摄影时间(参考公式)

$$\left.\begin{aligned} \cos t_\theta &= \frac{h_\theta - \delta_\theta}{90^\circ - \varphi} \\ T_\phi &= 12h_\theta - \frac{1 - \cos t_\theta}{0.03} \end{aligned}\right\} \quad \cdots\cdots\cdots\cdots(B.9)$$

式中：

t_θ——太阳时角，单位为度(°)；

h_θ——太阳高度角，单位为度(°)；

δ_θ——摄影日期的太阳赤纬，单位为度(°)；

ϕ——测区的平均地理纬度，单位为度(°)；

T_ϕ——摄影地方时，单位为时(h)。

B.10 航线弯曲度

$$\varepsilon = \frac{\delta}{L} \times 100\% \quad \cdots\cdots\cdots\cdots (B.10)$$

式中：

ε——航线弯曲度；

δ——像主点偏离航线首末主点连线的最大距离，单位为毫米(mm)；

L——航线两端像主点连线的长度，单位为毫米(mm)。

附　录　C
（规范性附录）
航摄底片压平质量检查方法

C.1　检查时应满足的条件

检查时应满足以下条件：

a)　每个暗匣应检查两个或四个连续立体像对；

b)　定向点(标准配置点)至方位线的距离应不小于于 9.5 cm，检查点应分布均匀，如图 C.1 所示，每个像对不少于 10 个点；

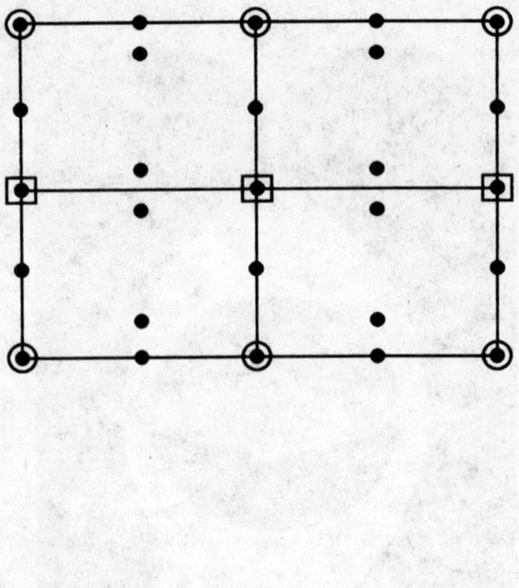

图 C.1

c)　用于检查的底片应影像质量优良、重叠正常、倾角和旋偏角小、框标影像清晰齐全；

d)　尽可能选择平坦或起伏不大的丘陵地区的底片。

C.2　检查方法

采用解析法对压平质量进行检查。

C.2.1　按照摄影测量原理，将欲检查的两个或四个连续立体像对，在精密立体坐标量测仪上进行方位线定向后，测定每个像对中定向点和检查点的坐标与视差，然后用计算机进行连续像对相对定向解算。在解算相对定向元素的同时，检查模型定向点和检查点的剩余上下视差(Δq)的大小，以确定压平情况。

C.2.2　量测时，定向点的点位应位于像片最大有效面积的边缘。计算时，程序中应包括对物镜径向畸变差、大气折光差、地球曲率差及片基变形引起的误差进行改正。

附　录　D
（资料性附录）
航摄底片移交清单

序号	卷号	图幅号码	底片卷两端号码	片数	附注

附 录 E
（资料性附录）
航摄像片、像片索引图或像片中心点结合图移交清单

表 E.1 航摄像片、像片索引图移交清单

序号	分区	图幅号码	航摄像片				像片索引图				附注
			镶辑片		加晒片		图板		底片		
			份数	张数	份数	张数	份数	编号	张数	编号	

表 E.2 航摄像片、像片中心点结合图移交清单

序号	分区	图幅号码	航摄像片				像片中心点结合图		附 注
			检查片		加晒片		份数	张数	
			份数	张数	份数	张数			

附 录 F
（资料性附录）
航摄资料移交书

根据20　　年　　月　　日

合同执行　　　　　　摄区航空摄影任务，计完成航摄面积及移交资料如下表：

表 F.1　航摄面积统计

地区类别	完成航摄面积 km²	航摄比例尺	摄影种类	像幅	航向重叠	较常规增加曝光次数	备注

表 F.2　航摄资料

项　目	规格/mm×mm	单位	份数	数量	备　注
黑白航摄底片	230×230	卷			
彩红外航摄底片		卷			
多光谱航摄底片		卷/套			
彩色航摄底片		卷			
接触晒印黑白航摄像片		张			
接触晒印彩红外航摄像片		张			
合成航摄像片		张			
接触晒印黑白多光谱像片		张			
接触晒印彩色航摄像片		张			
放大像片		张			
拷贝正/负片(航摄底片扫描数据)		张			
航摄鉴定表		张			附电子文档
航摄底片登记表		张			附电子文档
航摄仪技术参数检定报告原件		张			附电子文档
航摄底片密度检测报告原件		张			附电子文档
航摄底片压平质检报告原件		张			附电子文档

表 F.2（续）

项　　目	规格/mm×mm	单位	份数	数量	备　注
航摄底片感光测定报告		张			附电子文档
底片摄影处理冲洗报告		张			附电子文档
摄区范围完成情况图		张			附电子文档
摄区分区图		张			附电子文档
航空摄影航线、像片结合图		张			附电子文档
航空摄影像片中心点结合图		张			附电子文档
航空摄影技术设计书		本			附电子文档
航空摄影资料移交书		本			附电子文档
航空摄影飞行记录		本			附电子文档
航摄像片中心点坐标数据					电子文档
附属仪器记录数据					
甲方提供的执行任务用地形图		张			
其他资料 1:航摄资料 CD 光盘 2 套		张			
其他资料 2:					

以上经甲、乙双方代表确认，并核实清点无误。

接收单位(章)　　　　交出单位(章)

验收代表　　　　交出代表

接收代表　　　　负责人

年　月　日　　　　年　月　日

ICS 01.040.73
D 04

中华人民共和国国家标准

GB/T 15663.1—2008
代替 GB/T 15663.1—1995

煤矿科技术语 第1部分:煤炭地质与勘查

Terms relating to coal mining—Part 1:Coal geology and prospecting

2008-08-07 发布　　2009-03-01 实施

中华人民共和国国家质量监督检验检疫总局
中国国家标准化管理委员会　发布

前言

GB/T 15663《煤矿科技术语》分为如下几部分：

——第1部分：煤炭地质与勘查

——第2部分：井巷工程

——第3部分：地下开采

——第4部分：露天开采

——第5部分：提升运输

——第6部分：矿山测量

——第7部分：开采沉陷与特殊采煤

——第8部分：煤矿安全

——第10部分：采掘机械

——第11部分：煤矿电气

本部分为GB/T 15663的第1部分。

本部分代替GB/T 15663.1—1995《煤矿科技术语　煤田地质与勘探》。

与GB/T 15663.1—1995相比，本部分主要作了如下补充和修改：

——名称《煤矿科技术语　煤田地质与勘探》改为《煤矿科技术语　第1部分：煤炭地质与勘查》。

——对煤炭资源/储量按相关定义进行了修改。

——增加了“7　煤层气地质学”和“12　煤炭遥感”。

——对部分术语的定义进行了修改和增补。

本部分由中国煤炭工业协会提出。

本部分由全国煤炭标准化技术委员会归口。

本部分起草单位：中国煤炭地质总局、中国矿业大学(北京)。

本部分主要起草人：孙升林、曹代勇、吴国强、程爱国、王佟、孙玉臣、袁同兴、李生红、赵镨、宁树正、孙顺新、李壮福、唐跃刚。

本部分所代替标准的历次版本发布情况为：

——GB/T 15663.1—1995

煤矿科技术语
第1部分:煤炭地质与勘查

1 范围

GB/T 15663 的本部分规定了煤炭地质与勘查有关的术语及其英文译名、定义和符号。

本部分适用于与煤炭地质勘查有关标准、规程、规范、文件、教材、书刊和手册等。

2 煤的成因与成因类型

2.1

煤 coal

煤炭

植物残骸在覆盖地层下,经复杂的生物化学和物理化学作用,转化而成的固体可燃有机沉积岩,其灰分一般小于40%。

2.2

泥炭 peat

泥煤

高等植物残骸,在沼泽中经泥炭化作用形成的一种松散富含水分的有机质堆积物,是煤的前身物。

2.3

腐泥 sapropel

水生低等植物和浮游生物残骸,在湖沼、泻湖、海湾等环境中沉积,经腐泥化作用形成的富含水分和沥青质的有机软泥。

2.4

成煤物质 coal forming material

形成煤的原始物质,包括高等植物、低等植物和浮游生物。

2.5

成煤作用 coal-forming process

植物残骸从堆积到转变成煤的作用。包括泥炭化(或腐泥化)作用和煤化作用。

2.6

泥炭化作用 peatification

高等植物残骸在泥炭沼泽中,经复杂的生物化学和物理化学变化,逐渐转变成泥炭的作用。

2.7

泥炭沼泽 peats wamp

有大量植物繁殖、残骸聚积并形成泥炭层的沼泽。

2.8

原地生成煤 autochthonous coal

植物残骸未经流水搬运,就地堆积,经成煤作用转变成的煤。

2.9

微异地生成煤 hypautochthonous coal

植物残骸经流水短距离搬运,仍堆积在原生长的沼泽范围内,经成煤作用转变成的煤。

2.10

异地生成煤　allochthonous coal

植物残骸经流水或其他因素搬运，离开原生长的沼泽而在它处堆积，经成煤作用转变成的煤。

2.11

凝胶化作用　gelification

高等植物的木质-纤维组织等，在覆水缺氧的滞水泥炭沼泽环境中，经生物化学和物理化学变化，形成以腐植酸和沥青质为主要成分的胶体物质-凝胶和溶胶的作用。

2.12

丝炭化作用　fusainisation；fusinitization

在泥炭化阶段，高等植物的木质-纤维组织等，在比较干燥的氧化条件下腐朽，或因森林起火转变为丝炭化物质的作用。

2.13

残植化作用　liptofication

在活水、多氧的泥炭沼泽环境中，植物的木质-纤维组织被氧化分解殆尽，稳定的壳质组组分相对富集的作用。

2.14

腐泥化作用　saprofication

低等植物和浮游生物残骸，在湖沼、泻湖、海湾等还原环境中，转变为腐泥的生物化学作用。

2.15

煤化作用　coalification

泥炭或腐泥转变为褐煤、烟煤、无烟煤的物理化学作用。包括煤成岩作用和煤变质作用。

2.16

煤成岩作用　coal diagenesis

泥炭或腐泥被掩埋后，在压力为主并包括温度、微生物等因素在内的多种因素的影响下，经压实、脱水、增碳、游离纤维素消失、凝胶化组分开始形成并具有微弱反射能力等物理化学作用转变为年轻褐煤的作用。

2.17

煤变质作用　coal metamorphism

年轻褐煤在地下受到温度、压力、时间等因素的影响，转变为烟煤或无烟煤、天然焦、石墨等的地球化学作用。

2.18

煤变质作用类型　type of coal metamorphism

根据影响煤变质的主要因素及其作用方式和变质特征而划分的类型。

2.19

煤深成变质作用　deep burial metamorphism of coal

煤区域变质作用　regional metamorphism of coal

煤层形成后，在沉降过程中，在地热和上覆岩层静压力的影响下，使煤发生变质的作用。

2.20

煤接触变质作用　contact metamorphism of coal

浅成岩浆岩体侵入或接近煤层时，在岩浆热和岩浆中的热液与挥发性气体等的影响下，使煤发生变质的作用。

2.21

煤区域岩浆热变质作用　telemagmatic metamorphism of coal；regional magmatic thermal metamorphism of coal

煤区域热力变质

大规模岩浆侵入含煤岩系或其外围，在大量岩浆热和岩浆中的热液与挥发性气体等的影响下，导致区域内地温增高，使煤发生变质的作用。

2.22

煤动力变质作用　dynamic metamorphism of coal

煤动力变质

地壳构造运动所产生的构造应力和伴随的热效应，使煤发生变质的作用。

2.23

煤级　coal rank

煤阶

煤化作用深浅程度的等级，也用以表示煤变质程度。

2.24

煤变质程度　degree of coal metamorphism；metamorphic grade of coal

煤在变质作用的影响下，其物理、化学性质变化的程度。

2.25

煤变质梯度　gradient of coal metamorphism；metamorphic gradient of coal

煤层埋深每增加 100 m，煤变质加深的程度。常以挥发分减少或镜质组反射率增高数值来表示。

2.26

煤变质带　metamorphic zone of coal；metamorphic belt of coal

变质程度不同的煤，在空间上呈现的规律性分布。

2.27

希尔特规律　Hilt's rule；Hilt's law

希尔特定律

煤的变质程度随埋藏深度增加而增高的规律。由德国学者希尔特首先发现而得名。

2.28

煤成因类型　genetic type of coal；genetic coal type

根据成煤的原始植物和聚积环境而划分的类型。

2.29

腐植煤　humic coal

腐殖煤

高等植物残骸，在泥炭沼泽中经泥炭化作用和煤化作用转变成的煤。

2.30

腐泥煤　sapropelic coal；sapropelite

低等植物和浮游生物残骸，在湖泊、潟湖、海湾等环境中，经腐泥化作用和煤化作用转变成的煤。

2.31

腐植腐泥煤　humic-sapropelic coal

腐殖腐泥煤

低等植物和高等植物残骸经成煤作用转变成的、以腐泥为主的煤。

2.32

腐泥腐植煤　sapropelic-humic coal

腐泥腐殖煤

高等植物和低等植物残骸经成煤作用转变成的、以腐植质为主的煤。

2.33

残植煤　liptobiolite;liptobiolith

高等植物残骸经残植化作用,孢子、花粉、树脂、树皮等稳定组分富集,经成煤作用转变成的煤。

2.34

藻煤　boghead coal;boghead;algalcoal

主要由藻类残骸转变成的一种腐泥煤。

2.35

烛煤　cannel coal

燃点低,因其火焰与蜡烛火焰相似而得名的一种腐植腐泥煤。主要由小孢子和腐泥基质组成。

2.36

煤精　jet

煤玉

黑色、致密、韧性大,可雕刻抛光成工艺品的一种腐植腐泥煤。

2.37

褐煤　brown coal

泥炭或腐泥经成岩作用转变成的煤化程度低的煤。其外观多呈褐色,光泽暗淡,含有较高的内在水分和不同数量的腐植酸。代码 HM。

2.38

烟煤　bituminous coal

褐煤经变质作用转变成的煤化程度低于无烟煤而高于褐煤的煤。其挥发分产率范围宽,单独炼焦时,从不结焦到强结焦均有,燃烧时有烟。代码 YM。

2.39

无烟煤　anthracite

烟煤经变质作用转变成的煤化程度高的煤。其挥发分低、密度大、着火温度高、无粘结性,燃烧时多不冒烟。代码 WYM。

2.40

硬煤　hard coal

为烟煤、无烟煤的统称。

2.41

石煤　stone-like coal

主要由菌藻类植物残骸在早古生代的浅海、泻湖、海湾等环境中,经腐泥化作用和煤化作用转变成的低热值、煤化程度高的固体可燃矿产。一般含大量矿物质,以外观似黑色岩石而得名。

2.42

天然焦　natural coke

自然焦

岩浆侵入煤层,煤在岩浆热和岩浆中的热液与挥发性气体等的影响下,受热干馏而成的焦炭。

3　煤层

3.1

煤层　coal seam;coal bed

含煤岩系中赋存的层状煤体。

3.2

煤层形态　form of coal seam

煤层在空间的展布特征。根据煤层在剖面上的连续程度,可分为层状、似层状、鸡窝状和马尾状等多种形态。

3.3

煤层厚度　thickness of coal seam

煤层顶、底板之间的垂直距离。

3.4

煤层有益厚度　profitable thickness of coal seam

煤层顶、底板之间所有煤分层厚度的总和。

3.5

最低可采厚度　minimum workable thickness;minimum minable thickness

在当前技术经济条件下,可开采的最小煤层厚度。

3.6

可采煤层　workable coal seam;minable coal seam

达到煤炭工业指标规定的最低可采厚度的煤层。

3.7

煤层结构　texture of coal seam

煤层中煤与夹矸的组成状态和分布特征。

3.8

煤分层　sublayer of coal seam

煤层被夹矸所分开的稳定层状煤体。

3.9

夹矸　parting;dirt;band

夹石层

煤层中所夹的岩层,厚度一般小于最低可采厚度。

3.10

煤核　coal ball

煤层中保存有植物化石的结核。

3.11

复煤层　composite coal seam

全层厚度较大,夹矸层数多,厚度和岩性变化大,夹矸的分层厚度在一定范围内可能大于所规定的煤层最低可采厚度的煤层。

3.12

煤层形变　deformation of coal seam

煤层构造变形

地壳构造变动引起煤层形态和厚度的变化。

3.13

煤层分叉　bifurcation of coal seam;splitting of coal seam

单一煤层在空间分开成为若干煤层的现象。

3.14

煤层尖灭　thinning out of coal seam;thin-out of coal seam

煤层在空间变薄以致消失的现象。

3.15

煤层冲刷　washout of coal seam

煤层形成过程中或形成后,因河流、海浪或冰川等的剥蚀,局部或全部被破坏的现象。

3.16

同生冲刷 syngenetic washout

泥炭堆积过程中，河流或海浪等对泥炭层的冲刷。

3.17

后生冲刷 epigenetic washout

泥炭被沉积物覆盖后，河流、海水或冰川等对泥炭层的冲刷。

3.18

煤层顶板 roof of coal seam

在正常顺序的含煤岩系剖面中，直接覆于煤层上面的岩层。

3.19

煤层底板 floor of coal seam

在正常顺序的含煤岩系剖面中，直接伏于煤层下面的岩层。

3.20

根土岩 root clayunder clay

底黏土

富含植物根部化石的煤层底板岩石。

3.21

煤相 coal facies

指煤的原始成因类型。它取决于成煤植物群落和泥炭聚积环境，即堆积方式、覆水条件、水介质特征等。

3.22

煤组 group of coal seam

集中发育于含煤岩系中某一或某些层段，并在成因上有联系的一组煤层。

3.23

煤层沉积环境 coal depositional environment

古代泥炭沼泽及成煤沼泽的沉积环境，可通过煤相分析来恢复。

3.24

煤沉积模式 depositional model of coal

用沉积模式的理论和方法，研究含煤岩系、煤层的组合、变化特征，以重塑聚煤古地理。

4 含煤岩系与煤田

4.1

含煤岩系 coal-bearing series; coal measures; coal-bearing formation

煤系

含煤地层

含煤建造

一套含有煤层并有成因联系的沉积岩系。

4.2

近海型含煤岩系 paralic coal-bearing formation; paralic coal-bearing series

海陆交替相煤系

煤盆地长期处于海岸线附近的环境中形成的含煤岩系。由陆相、过渡相和浅海相沉积物组成。

4.3

内陆型含煤岩系 inland coal-bearing series; limnic coal-bearing series

陆相煤系

煤盆地在内陆环境中形成的含煤岩系。全部由陆相沉积物组成。

4.4

浅海型含煤岩系　neritic coal-bearing series; neritic coal-bearing formation

煤盆地经常处于浅海环境中形成的含煤岩系。主要由浅海相沉积物组成。

4.5

含煤岩系成因标志　genetic marking of coal-bearing series;

反映含煤岩系沉积环境、形成条件的标志。包括岩石的物质成分、结构、层面与层理构造、岩层间接触关系、化石、结核以及地球化学标志等。

4.6

含煤岩系沉积相　sedimentary facies of coal-bearing series

反映含煤岩系形成时的古地理环境的沉积物，是含煤岩系岩石相、沉积构造、生物相、地球化学相、地震地层相和测井相的总称。

4.7

含煤岩系旋回结构　coal-bearing cycle; depositional cycle in coal-bearing series

含煤岩系垂直剖面中，一套有共生关系的岩性或岩相的组合有规律地多次交替出现的现象。

4.8

含煤岩系古地理　palaeogeography of coal-bearing series

指含煤岩系形成过程中起主要支配作用的地貌景观和沉积环境。

4.9

含煤岩系沉积体系　sedimentary system of coal-bearing series

一套与含煤沉积环境有关的，同一物源、同一水动力系统控制的，有成因联系的沉积体和沉积相的规律组合。

4.10

含煤岩系层序地层分析　sequence stratigraphy analysis of coal-bearing series

含煤岩系层序地层学

用层序地层学的理论和方法分析研究含煤岩系，解决等时地层格架内煤系、煤层对比和相对海（湖）平面变化对含煤岩系沉积相和煤层形成、分布的控制关系。

4.11

含煤岩系供伴生矿产　associated mineral resources of coal-bearing series

其他有益矿产

含煤岩系中除煤层以外，可开发利用的矿产和煤中达到相关工业指标的有用元素。

4.12

含煤岩系盖层　overlying of coal-bearing series

覆盖在含煤岩系之上的岩系。

4.13

含煤岩系基底　basement of coal-bearing series

下伏在含煤岩系之下的岩系。

4.14

聚煤作用　coal accumulation processes

古代植物残骸在古气候、古地理和古构造等有利条件下，聚集形成泥炭层、进而被埋藏发生煤化作用而成煤炭资源的过程。

4.15

成煤期　coal-forming period

聚煤期

成煤时代

地质历史中形成煤炭资源的时期。

4.16

聚煤区　coal accumulating area

地质历史中发生聚煤作用的广大地区。

4.17

含煤性　coal-bearing property

含煤岩系中的含煤程度。主要指煤层层数、煤层厚度及其稳定性。

4.18

含煤系数　coal-bearing coefficient

煤层总厚度与含煤岩系总厚度之比,用百分数表示。

4.19

可采含煤系数　workable coal-bearing coefficient；minable coal-bearing coefficient

可采煤层总厚度与含煤岩系总厚度之比,用百分数表示。

4.20

可采含煤率　workable coal-bearing ratio;minable coal-bearing ratio

煤层中可采部分的延伸长度、面积或体积与煤层总延伸长度、总面积或总体积之比,用百分数表示。

4.21

含煤密度　coal-bearing density

煤炭资源量丰度

单位面积内的煤炭资源量。

4.22

富煤带　enrichment zone of coal;coal-rich zone

煤田或煤产地内煤层相对富集的地带。

4.23

富煤中心　enrichment center of coal;coal-richcenter

富煤带内煤层总厚度最大的地区。

4.24

煤盆地　coal basin

同一成煤期内形成含煤岩系的沉积盆地。

4.25

侵蚀煤盆地　erosional coal basin

由于河流或冰川在地表进行的侵蚀作用而成的煤盆地。

4.26

塌陷煤盆地　collapsed coal basin;karst coal basin

地下深处或含煤岩系基底的可溶性碳酸盐岩受地下水长期的溶蚀作用引起地表塌陷而成的煤盆地。

4.27

坳陷煤盆地　depressed coal basin

由于地壳坳陷而成的煤盆地。含煤岩系基底呈波状起伏,断裂不发育的煤盆地。

4.28

断陷煤盆地　fault coal basin

盆地边缘由规模较大的、与沉积作用同期的断裂控制,含煤岩系基底被断裂切成块状的煤盆地。

4.29

同沉积构造　syndepositional structure

沉积岩系沉积过程中形成的构造。

4.30

同沉积褶皱　syndepositionat fold

同生褶皱

沉积岩系沉积过程中形成的褶皱。

4.31

同沉积断层　synsedimentary fault; growth fault

同生断层

沉积岩系沉积过程中形成的断层。

4.32

构造控煤　tectonic control coal

泛指构造作用对煤的聚集和赋存的控制关系，具有构造作用过程控煤和构造作用结果控煤的双重涵义。

4.33

煤田地质构造　geological structure of coalfield

控煤构造

控制煤的聚积或赋存状态的地质构造，如向斜、地堑、断层等。

4.34

控煤构造样式　structural styles controlled coal

构造样式指一群构造或某种构造特征的总特征和风格，即同一期构造变形或同一应力作用下所产生的构造的总和，控煤构造样式用以描述对煤系和煤层的形成、构造演化和现今赋存状况具有控制作用的构造样式，它们是区域构造样式中的重要组成部分但不是全部。控煤构造样式通常包括伸展构造样式、压缩构造样式、剪切和旋转构造样式、反转构造样式、滑动构造样式等大类。

4.35

赋煤单元　coal distribution units

根据聚煤作用等原生成煤条件和构造—热演化等后期保存条件综合作用结果，对含煤岩系现今赋存状态的划分，采用赋煤区、含煤区（赋煤带）、煤田（煤产地）、矿区等四级单元。

4.36

赋煤区　coal distribution area

根据主要含煤地质时代和控煤大地构造格局划分的Ⅰ级赋煤单元，习惯上将中国划分为东北、华北、西北、华南、滇藏等五大赋煤区。

4.37

含煤区　coal distribution zone

赋煤带

按主要煤系聚煤特征、构造特征和煤系赋存特征划分的Ⅱ级赋煤单元，是聚煤盆地或盆地群经历后期改造后形成的赋煤单元。含煤区划分的主要依据包括：具有一致的聚煤规律、经历了大致相同的构造—热演化进程、具有相似的构造格局。面积在几百平方公里以上，可包括若干个煤田。

4.38

煤田　coal field

按后期改造和含煤性进行的Ⅲ级赋煤单元进行划分的同一地质时期形成，并大致连续发育的含煤岩系分布区。

4.39

暴露煤田 exposed coalfield

含煤岩系出露良好，或根据其基底的露头，可以圈出边界的煤田。

4.40

半隐伏煤田 semiconcealed coalfield

半暴露煤田

含煤岩系出露尚好，能大致了解其分布范围，或根据其基底的露头，可以圈出部分边界的煤田。

4.41

隐伏煤田 concealed coalfield

掩盖煤田

含煤岩系出露极差，大部或全部被掩盖，地面地质填图难以确定其边界的煤田。

4.42

煤产地 coal district

煤田受后期构造变动的影响而分隔开的一些单独的含煤岩系分布区，或面积和资源量都较小的煤田(面积由几平方公里到几十平方公里)。

5 煤炭地质勘查

5.1

煤炭地质勘查 coal exploration; coal prospecting

煤田普查与勘探

煤炭资源地质勘查

寻找和查明煤炭资源的地质工作。即预查(找煤)、普查、详查、勘探(精查)等地质勘查工作。

5.2

煤田预测 coalfield prediction

通过对聚煤规律和赋煤条件的研究，预测可能存在的含煤地区，并估算区内煤炭资源的数量和质量，为预查指出远景的工作。

5.3

预查 search for coal; look for coal

找煤

初步普查

寻找出潜在的煤炭资源，估算预测的煤炭资源量，并对工作地区有无进一步工作价值作出评价所进行的地质调查工作。

5.4

普查 reconnaissance of coalfield

煤田普查

详细普查

估算推断的资源量，为煤炭工业的远景规划和下阶段的勘查工作，提供必要的资料所进行的地质工作。

5.5

详查 preliminary exploration; initial exploration

初步勘查

估算控制的的资源量，为矿区建设开发总体设计提供地质资料所进行的勘查工作。

5.6

勘探 **detailed exploration;detailed prospecting**

精查

详细勘查

估算探明的资源量,为初步设计提供地质资料所进行的详细勘查工作。

5.7

找煤标志 **criteria for coal prospecting;cule for coal prospecting**

显示有煤层存在或可能有煤层存在的现象和线索。

5.8

煤层露头 **cutcrop of coal seam;coal outbreak**

煤层出露地表的部分。

5.9

煤层风化带 **weathered zone of coal;weathed coal zone**

煤层受风化作用后,煤的物理、化学性质发生明显变化的地带。

5.10

煤层氧化带 **oxidized zone of coal;oxidized coal zone**

煤层受风化作用后,煤的化学工艺性质发生变化,而物理性质变化不大的地带。

5.11

勘查方法 **method of expioration; exploratory method**

煤炭地质勘查所采用的各种技术手段、工程布置和技术措施的总称。

5.12

勘查手段 **exploration means**

煤炭地质勘查所采用的技术手段。包括地质填图、钻探、坑探、物探、化探、遥感等。

5.13

勘查阶段 **exploration stage**

勘查程序 **procedure of exploration**

根据地质工作特点和煤炭地质勘查与煤炭工业基本建设相适应的原则,煤炭地质勘查划分为预查(找煤)、普查、详查和勘探(精查)四个阶段。

5.14

勘查区 **exploration area**

煤炭地质勘查的工作区域。

5.15

勘查工程 **exploration engineering**

地质勘查所采用的钻探、物探、坑探、填图、遥感等各种工程的总称。

5.16

勘查线 **exploratory line;prospecting line**

勘查工程一般按与煤层走向或主要构造线方向基本垂直的方向布置成的直线。

5.17

主导勘查线 **leading exploratory line;leading prospecting line**

在勘查区具有代表性的地段或重点地段,加密勘查工程,达到控制基本地质情况的勘查线。

5.18

基本勘查线 **basic exploratory line;basic prospecting line**

根据勘查区地质特征,为全面揭露地质情况,按勘查规范对勘查线间距的要求所布置的勘查线。

5.19

勘查网　exploratory grid; prospecting network

勘查工程布置在两组不同方向勘查线的交点上，构成的网状布置形式。

5.20

基本线距　spacing of basic exporatory line

按勘查区内构造复杂程度和煤层稳定性所确定的基本勘查线之间的距离。

5.21

孔距　spacing of hole; hole spacing; borehole spacing; drillhole spacing

勘查线上相邻钻孔的距离，孔距一般小于相同控制程度的线距。

5.22

勘查深度　depth of exploration

煤炭地质勘查所提供煤炭资源/储量的最大估算深度。

5.23

勘查程度　degree of exploration; explorationin tensity

通过煤炭地质勘查，对勘查区的地质条件进行研究和查明的程度。

5.24

煤炭勘查类型　type of coal exploration; type of coal prospecting

勘探类型

主要按地质构造复杂程度和煤层稳定性，对勘查区划分的类型。

5.25

简单构造　simple structure

含煤岩系产状变化不大，断层稀少，没有或很少受岩浆侵入影响的构造。

5.26

中等构造　medium structure

含煤岩系产状有一定变化，断层较发育，有时局部受岩浆侵入影响的构造。

5.27

复杂构造　complex structure

含煤岩系产状变化很大，断层发育，有时受岩浆侵入影响严重的构造。

5.28

极复杂构造　extremely complex structure

含煤岩系产状变化极大，断层极发育，有时受岩浆侵入严重破坏的构造。

5.29

煤层稳定性　stability of coal seam; regularity of coal seam

主要指煤层形态、厚度和结构等的变化程度。

5.30

稳定煤层　regular coal seam

厚度变化很小，变化规律明显。结构简单至较简单，全区可采或基本全区可采的煤层。

5.31

较稳定煤层　comparatively regular coal seam

厚度有一定变化，但规律性较明显，结构简单至复杂，全区可采或大部分可采，可采范围内厚度变化不大的煤层。

5.32

不稳定煤层　irregular coal seam

厚度变化较大，无明显规律，结构复杂至极复杂的煤层。

5.33

极不稳定煤层　extremely irregular coal seam

厚度变化极大，呈透镜状、鸡窝状，一般不连续，很难找出规律，可采块段分布零星的煤层。

5.34

煤层对比　correlation of coal seam

根据煤层本身特征和含煤岩系中各种对比标志，找出见煤点间煤层的层位对应关系的工作。

6 地质编录与煤炭资源/储量

6.1

地质编录　geological logging; geological record

把地质勘查和煤矿开采过程所观察到的地质现象，以及综合研究的结果，用文字、图表等形式，系统、客观地反映出来的工作。

6.2

原始地质编录　initial geological logging; initial geological record

通过各种地质工作，直接取得有关图件、数据和文字记录等原始资料的工作。

6.3

综合地质编录　generalized geological logging; generalized geological record; comprehensive geological logging; comprehensive geological log

对各种原始地质资料进行系统整理、研究和综合，然后用文字、图件、表格等形式表示出来的地质编录工作。

6.4

区域地质图　regional geological map

反映区域地质特征的图件。

6.5

煤田地形地质图　coal topographic-geological map

以地形图为底图，反映地层、构造、岩浆岩、煤层、标志层以及其他矿产等煤田基本地质特征及相互关系的图件。

6.6

勘查工程分布图　layout sheet of exploratory engineering

表示勘查区各类勘查工程分布位置的图件。

6.7

钻孔柱状图　borehole column

根据钻孔所获资料编制的，表示钻孔通过的地层、煤层、标志层等的岩性特点和层位关系的地质柱状图。

6.8

煤层对比图　coal-seam correlation section

反映各钻孔中煤层，标志层及其他煤层或岩层对比资料，用以确定煤层层位和相互关系的图件。

6.9

勘查线地质剖面图　geological profile of exploratory line; exploratory profile

根据同一勘查线上各类勘查工程所获资料编制的，用以反映矿区地质构造特征和煤层赋存情况的图件。

6.10

煤层底板等高线图　coal-seam floor contourmap

根据各类探采工程揭穿同一煤层所获煤层底板标高资料，用正投影法投影在水平投影面上连接而成的等值线图，用以表示倾斜、缓倾斜煤层赋存状态、底板起伏情况以及地质构造特征的投影图。

6.11

煤层立面投影图 vertical-plane projection diagram of coal seam

根据由探采工程控制的煤层形态和其他地质界线等，用正投影法投影在和煤层平均走向平行的垂直投影面上编制的，用以表示急倾斜煤层的整体分布轮廓和各部分研究程度的投影图。

6.12

水平切面图 horizontal crosssection

按矿井开采设计或其他方面的需要，沿一定的标高切制或编绘出的一种水平断面图，用以表示该标高水平上煤层赋存情况和地质构造特征的图件。

6.13

矿区水文地质图 minearea hydrogeological map

反映矿区地下含水层分布和水文地质特征的图件。

6.14

资源/储量估算图 reserves calculation map

反映资源/储量估算依据、各级资源/储量分布范围和估算结果的图件。

6.15

煤炭地质报告 geological report

煤炭勘查工作全部完成或告一阶段之后，根据各种资料的系统整理和综合研究编写而成的一种全面反映煤炭地质勘查工作成果的重要技术文件。它一般由报告正文、图件、表格和附件组成。

6.16

固体矿产资源 solid mineral resources

指在地壳内或地表由地质作用形成具有经济意义的自然固体富集物，根据产出形式、数量，可以预期最终开采是技术上可行、经济上合理的。其位置、数量、品位/质量、地质特征是根据特定的地质依据和地质知识计算和估算的。按照地质可靠程度，可分为查明矿产资源和潜在矿产资源。

6.17

查明矿产资源 indentifield mineral resources

经勘查工作已发现的固体矿产资源的总和。依据地质可靠程度和可行性评价所获得的不同结果可分为储量、基础储量、资源量三类。

6.18

潜在矿产资源 undiscovered resources

根据地质依据和物探化探异常预测而未经查证的那部分矿产资源。

6.19

煤炭储量 coal reserves

经过详查或勘探，达到了控制和探明的程度，在进行了预可行和可行性研究，扣除了设计和采矿损失，能实际采出的数量，经济上表现为在生产期内，每年的平均内部收益率高于行业基准内部收益率。储量是基础储量中的经济可采部分，又可分为可采储量(111)、探明的预可采储量(121)及控制的预可采储量(122)3个类型。

6.20

基础储量 basic reserves

能够满足现行采矿和生产所需的指标要求(包括煤质、厚度、开采技术条件等)，是经详查和勘探所获控制的、探明的并通过可行性研究、预可行性研究认为属于经济的，边际经济的部分，用未扣除设计和采矿损失的数量表述。

6.21

煤炭资源量 coal resources

指查明煤炭资源的一部分和潜在煤炭资源的综合，包括经可行性研究、预可行性研究证实为次边际经济的煤炭资源以及经过勘查而未可行性研究、预可行性研究的内蕴经济的煤炭资源以及经过预查后的煤炭资源，共计7种类型。

6.22

探明(可研)次边际经济资源量(2S11) measured(feasibility study) submarginal economic resources(2S11)

在勘查工作程度已达到勘探阶段要求的地段，地质可靠程度为探明的，可行性研究研究结果表明，确定当时开采是不经济的，需要大幅度提高煤炭产品价格或大幅度降低成本后，才能变成经济的那部分资源。计算的资源量和可行性评价结果的可信度高。

6.23

探明(预可研)次边际经济资源量(2S21) measured(prefeasibility study) submarginal economic resources(2S21)

在勘查工作程度已达到勘探阶段的要求的地段。地质可靠程度为探明的，预可行性研究研究结果表明，在确定当时，开采是不经济的，需要大幅度提高煤炭产品价格或大幅度降低成本后，才能变成经济的那部分资源。计算的资源量可信度高，可行性评价结果的可信度一般。

6.24

控制的次边际经济资源量(2S22) indicated submarginal economic resources(2S22)

在勘查工作程度已达到详查阶段的要求的地段。地质可靠程度为控制的，预可行性研究研究结果表明，在确定当时，开采是不经济的，需要大幅度提高煤炭产品价格或大幅度降低成本后，才能变成经济的那部分资源。计算的资源量可信度较高，可行性评价结果的可信度一般。

6.25

探明的内蕴经济资源量(331) measured intrinsically-economic resources(331)

在勘查工作程度已达到勘探阶段要求的地段，地质可靠程度为探明的，但未做可行性研究或预可行性研究，仅作了概略研究，经济意义介于经济的一次边际经济的范围内，计算的资源量可信度高，可行性评价可信度低。

6.26

控制的经济内蕴资源量(332) indicated intrinsically-economic resources(332)

在勘查工作程度已达到详查阶段要求的地段，地质可靠程度为控制的，可行性评价又作了概略研究，经济意义介于经济的一次边际经济的范围内，计算的资源量可信度较高，可行性评价可信度低。

6.27

推断的经济内蕴资源量(333) inferred intrinsically-economic resources(333)

在勘查工作程度只达到普查阶段要求的地段，地质可靠程度为推断的，资源量只根据有限的数据计算的，其可信度低。可行性评价仅做了概略研究，经济意义介于经济的一次边际经济的范围内，可行性评价可信度低。

6.28

预测资源量(334?) reconaissance resources(334?)

依据区域地质研究成果，航空、遥感、地球物理等异常或极少量工程资料，确定具有煤炭资源潜力的地区，并和已知矿区类比而估计的资源量，属于潜在矿产资源，有无经济意义尚不确定。

6.29

可采储量(111) proved extractable reserves(111)

探明的经济基础储量的可采部分。是指在已按勘探阶段要求加密工程的地段，在三维空间上详细圈定了煤层，肯定了煤层的连续性，详细查明了煤矿床地质特征、煤质和开采技术条件，并有相应的煤炭加工分选试验成果，已进行了可行性研究，包括对开采、洗选、经济、市场、法律、环境、社会和政府因素的研究及相应的修改，证实其在计算的当时开采是经济的。计算的可采储量及可行性评价结果，可信度高。

6.30

探明预可采储量(121)　measured predicted reserves(121)

探明的经济基础储量的可采部分。是指在已达到勘探阶段加密工程的地段，在三维空间上详细圈定了煤层，肯定了煤层连续性，详细查明了煤矿床地质特征、煤质和开采技术条件，并有相应的煤炭加工筛选试验成果，但只进行了预可行性研究，表明当时开采是经济的。计算的可采储量可信度高，可行性评价结果的可信度一般。

6.31

控制预可采储量(122)　indicated predicted reserves(122)

控制的经济基础储量的可采部分。是指在已达到详查阶段工作程度要求的地段，基本上圈定了煤层三维形态，能够较有把握地确定煤层连续性的地段，基本查明了煤矿床地质特征、煤质、开采技术条件，提供了煤炭加工筛选性能条件试验的成果。预可行性研究结果表明开采是经济的，计算的可采储量可信度较高，可行性评价结果的可信度一般。

6.32

探明(可研)经济储量(111b)　measured(feasibility study) economic basic reserves(111b)

它所达到的勘查阶段、地质可靠程度、可行性评价阶段及经济意义的分类同6.29所述，与其唯一的差别在于本类型是用未扣除设计、采矿损失的数量表述。

6.33

探明(预可研)经济储量(121b)　measured(prefeasibility study) economic basic reserves(121b)

它所达到的勘查阶段、地质可靠程度、可行性评价阶段及经济意义的分类同6.30所述，与其唯一的差别在于本类型是用未扣除设计、采矿损失的数量表述。

6.34

控制经济基础储量(122b)　indicited economic basic reserves(122b)

它所达到的勘查阶段、地质可靠程度、可行性评价阶段及经济意义的分类同6.31所述，与其唯一的差别在于本类型是用未扣除设计、采矿损失的数量表述。

6.35

探明(可研)边际经济基础储量(2M11)　measured(feasibility study) marginally-measured(prefeasibility study) economic basic reserves(2M11)

在达到勘探阶段工作程度要求的地段，详细查明了煤矿床地质特征、煤质、开采技术条件、圈定了煤层的三维形态，肯定了煤层连续性，有相应的加工筛选试验成果。可行性研究结果表明，在确定当时，开采是不经济的，但接近盈亏边界，只有当技术、经济等条件改善后才可变成经济的。这部分基础储量可以是覆盖全勘探区的，也可以是勘探区中的一部分，在可采储量周围或在其间分布。计算的基础储量和可行性评价结果的可信度高。

6.36

探明(预可研)边际经济基础储量(2M21)　measured(prefeasibility study) marginally-measured (prefeasibility study) ecnomic basic reserves(2M21)

在达到勘探阶段工作程度要求的地段，详细查明了煤矿床地质特征、煤质、开采技术条件，圈定了煤层的三维形态，肯定了煤层连续性，有相应的煤炭加工洗选性能试验成果，预可行性研究结果表明，在确定当时，开采是不经济的，但接近盈亏边界，待将来技术经济条件改善后变成经济的。其分布特征同2M11，计算的基础储量的可信度高，可行性评价结果的可信度一般。

6.37

控制的边际经济基础储量(2M22)　indicated marginally ecnomic basic reserves(2M22)

在达到详查阶段工作程度的地段,基本查明了煤矿床地质特征、煤质、开采技术条件,基本圈定了煤层的三维形态,预可行性研究结果表明,在确定当时,开采是不经济的,但接近盈亏边界,待将来技术经济条件改善后可变成经济的。其分布特征类似于2M11,计算的基础储量可信度较高,可行性评价结果的可信度一般。

6.38

地质可靠程度　geological assurance

地质可靠程度反映了煤炭勘查阶段工作成果的不同精度。分为探明的、控制的、推断的、预测的四种。

6.38.1

预测的　reconnaissance

煤炭资源潜力较大地区经过预查得出的结果。在有足够的数据并能与地质特征相似的已知矿区类比时,才能估算出预测的资源量。

6.38.2

推断的　inferred

指对普查区按照普查的精度大致查明煤炭资源的地质特征及煤层的展布特征、质量,也包括由地质可靠程度较高的基础储量或资源量外推的部分。由于信息有限,不确定因素多,煤层的连续性是推断的煤炭资源数量的估算所依据的数据有限,可信度较低。

6.38.3

控制的　indicated

对勘查区的范围依照详查的精度基本查明了煤炭资源的主要地质特征,煤层的层位、厚度、产状、规模、煤质及开采技术条件,煤层的连续性基本确定。煤炭资源数量的估算所依据的数据较多,可信度较高。

6.38.4

探明的　measured

在区的范围依照详查勘探的精度详细查明了煤炭资源的主要地质特征,煤层的层位、厚度、产状、规模、煤质及开采技术条件,煤层的连续性已经确定。煤炭资源数量的估算所依据的数据详尽,可信度高。

6.39

可行性评价　feasibility assessment

分为概略研究、预可行性研究、可行性研究。

6.40

概略研究　geological study

对煤矿床开发经济意义的概略评价。所采用的煤层质量、厚度、埋藏深度等指标通常是我国矿山的几十年来的经验数据,采矿成本是根据同类矿山生产估计的。其目的是为了由此确定投资机会。由于概略研究一般缺乏准确参数和评价所需的详细资料,所估算的资源量只具内蕴经济意义。

6.41

预可行性研究　prefeasibility study

对煤矿床开发经济意义的初步评价。其结果可以为该勘查区是否进行勘探或可行性研究提供决策依据。进行这类研究,通常应有详查或勘探后采用参考工业指标求得的煤炭资源/储量数,实验室规模的加工洗选试验资料,以及通过价目表或类似矿山开采对比所获数据的估算的成本。预可行性研究内容与可行性研究相同,但详细程度次之。当投资者为选择拟建项目而进行预可行性研究时,应选择适当市场价格的指标和各项参数。且论证项目尽可能齐全。

6.42

可行性研究　feasibility study

对煤矿床开发经济意义的详细评价，其结果可以详细评价拟建项目的技术经济可靠性，可作为投资决策的依据。所采用的成本数据精度高，通常依据勘探所获得储量数及相应的加工洗选性能试验结果，其成本和设备报价所需各项参数是当时的市场价格，并充分考虑了地质、工程、环境、法律和政府的经济政策等各种因素的影响，具有很强的时效性。

6.43

经济意义　degree of economic viability

对地质可靠程度不同的查明煤炭资源，经过不同阶段的可行性评价，按照评价当时经济上的合理性可以划分为经济的、边际经济的、次边际经济的、内蕴经济的。

6.43.1

经济的　economic

其数量和质量是依据符合市场价格确定的生产指标计算的，在可行性研究和预可行性研究当时的市场条件下开采，技术上可行，经济上合理，环境等其他条件下允许，即每年开采煤炭的平均价值能足以满足投资回报的要求。或政府补贴和其他扶持措施条件下，开发是可能的。

6.43.2

边际经济的　marginal economic

在可行性研究和预可行性研究当时，其开采是不经济的，但接近于盈亏边界，只有在将来由于技术、经济、环境等条件的改善或政府给予其他扶持的条件下可变成经济的。

6.43.3

次边际经济的　submarginal economic

在可行性研究和预可行性研究当时，开采是不经济的或技术上不可行。需大幅度提高煤炭价格或技术进步，是成本降低后方能变为经济的。

6.43.4

内蕴经济的　intrinsic economic

仅通过概略研究作了相应的投资机会评价，未做预可行性研究或可行性研究。由于不确定因素多，无法区分是经济的、边际经济的、还是次边际经济的。

7　煤层气地质学

7.1

煤层气　coalbed gas; coalbed methane

赋存于煤层中、以甲烷为主要成分、以吸附在煤基质颗粒表面为主并部分游离于煤孔隙中或溶解于煤层水中的烃类气体。

7.2

煤层气地质学　coalbed gas geology; coalbed methane geology

以研究煤层气成分与形成，气体在煤层内赋存与运移，煤层气分布与富集，以及煤层气资源勘查开发地质评价为主要内容，界于煤地质学与天然气地质学之间的边缘学科。

7.3

煤层气成分　coalbed methane component

煤层气成分主要是指甲烷、二氧化碳和氮。从煤层气中还可能检测到微量乙烷、丙烷、丁烷、戊烷、氢、一氧化碳、二氧化硫、硫化氢以及氦、氖、氩、氪等成分。

7.4

生物成因煤层气　biogenic coalbed gas

煤层中赋存的、由有机质经厌氧细菌生物化学降解的气态产物。

7.5

热解成因煤层气　themogenic coalbed gas

煤层中赋存的、煤中有机质在煤化作用过程中温度增高的影响下，经热催化作用降解生成热解成因气。

7.6

游离气　free gas

处于游离状态的煤层气，它服从一般气体状态方程，可自由运移。

7.7

吸附气　absorbed gas

以吸附状态存在于煤层及围岩中的煤层气。

7.8

煤层气含量　coalbed methane content

单位质量煤中所含甲烷和重烃的量。以标准温度和标准压力的气体体积表示。

7.9

煤储层　coal reservoirs

储存煤层气的煤层。与常规天然气储层相比，煤储层具有孔隙度低、渗透率小、比表面积大、储气能力强等特点。

7.10

煤储层物性　physical property of coal reservoirs

煤层具有的物理性质。主要包括煤储层孔隙性、渗透性、吸附-解吸性、储层压力等特性。

7.11

煤储层压力　coal reservoirs pressure

煤储层中的孔隙—裂隙内流体所承受的压力。一般都是指原始储层压力，即储层被开采前处于压力平衡状态时测得的储层压力。

7.12

煤储层压力梯度　coal reservoirs pressure gradient

在单位垂直深度内，煤储层压力的增量。常用井底压力除以从地表到测试井段中点深度而得出，用kPa/m或MPa/100 m表示。

7.13

废弃压力　abandonment pressure

在现有经济技术条件下，煤层气井疏水降压所能达到的最低井底压力。

7.14

吸附等温曲线　absorption isotherm curve

在吸附平衡温度恒定的情况下，煤吸附甲烷的量与甲烷平衡压力的函数曲线。煤对甲烷的等温吸附线通常可用兰格缪尔方程表示。

7.15

煤层甲烷兰格缪尔体积　coalbed methane Langmuir volume

描述煤对甲烷吸附等温线的兰格缪尔方程中的吸附常数（VL）。此常数的物理意义是在给定的温度条件下单位质量煤饱和吸附气体时，吸附的气体体积。

7.16

煤层甲烷兰格缪尔压力　coalbed methane Langmuir pressure

描述煤对甲烷吸附等温线的兰格缪尔方程中的吸附常数（PL）。此常数的物理意义是煤对吸附气体量达到兰格缪尔体积一般时，所对应的压力。

7.17

甲烷吸附容量　methane absorbing capacity

吸附于煤孔隙内表面上最大的甲烷量。

7.18

煤层含气饱和度　gas saturation in coalbed

煤层孔隙被气体充满的程度。

7.19

临界解吸压力　critical desorption pressure

在煤层降压过程中,气体开始从煤基质表面解吸所对应的压力值。

7.20

吸附时间　sorption time

累计解吸出的气量占总吸附气量(包括残余气)的62.3%所需的时间,单位是时或日。

7.21

煤孔隙　coal pore

煤中可被流体充塞的空间。

7.22

煤孔隙度　coal porosity

煤中孔隙体积与其外表体积之比。

7.23

双孔隙系统　dual pore system

在煤层内存在的孔隙和裂隙两个系统。

7.24

煤孔隙结构　coal pores tructure

煤储层所含孔隙的大小、形态、发育程度及相互组合关系。

7.25

煤比孔容　specific pore volume of coal

单位质量煤中孔的容积。

7.26

煤比表面积　specific surface area of coal

单位质量煤中孔隙的表面积。

7.27

煤内生裂隙　endogenetic fracture in coal

在煤化作用过程中,煤中凝胶化物质受温度和压力的影响,体积均匀收缩产生内张力,从而形成的裂隙。

7.28

煤外生裂隙　exogenetic fracture in coal

煤受构造应力作用产生的裂隙。

7.29

割理　cleat

煤中的自然裂隙。

7.30

面割理　face cleat

煤中一组延伸较长的主要割理。

7.31

端割理　butt cleat

煤中一组次要割理，发育在两条面割理之间，其延伸受面割理的制约。

7.32

煤岩基块　coal matrix

是被割理分割成的煤块体。煤层气主要以吸附方式赋存在煤岩基块内。

7.33

气体扩散　gas diffusion

煤层气在煤岩基块内的微孔隙内因浓度产生的位移。其过程可用菲克扩散定律描述。

7.34

气体渗透　gas permeability

煤层气在煤层裂隙系统内因压力产生的运移，其过程可用达西定律描述。

7.35

煤层渗透性　permeability of coal seam

流体在压力差作用下，通过煤层的难易程度。

7.36

煤层透气性　gas permeability of coal seam

在压力差作用下，煤层气在煤层中流动的难易程度。

7.37

气体渗透流动　permeable flow and migration of gas

在储层与井筒压差作用下，产生的煤层气的流动。

7.38

煤层气试井　coalbed gas well test

利用常规油气井的试井理论和工艺技术，针对煤储层特点进行的专门测试工作，目的是获取煤储层渗透率、表皮系数、储层压力及压力梯度等主要储层参数。

7.39

煤层气井完井　coalbed gas well completion

实现已完成钻井施工的煤层气井筒与开发目标层联系的工艺。

7.40

煤层气气井井网　coalbed gas well network

煤层气井群在地面布置的形状。

7.41

煤层甲烷储层模拟　coalbed methane reservoirs simulation

综合勘查区地质、储层物性、储层工程、生产施工等方面的综合信息应用模型表现煤储层生产特性的技术。

8　煤矿地质与资源/储量

8.1

煤矿区　coal mine district

矿区

在煤田范围内根据地质、地形、交通和生产管理等因素，划分出若干个采矿区域。

8.2

井田　mining field

在煤田或煤矿区内划归一对井筒开采的部分。

8.3

井田边界　mining field boundary

划分井田范围的边界。

8.4

矿井地质　mining geology

在煤矿建井和生产过程中进行的、直接为煤矿生产服务的地质工作，是煤炭资源地质勘查工作的继续。

8.5

矿井地质条件　geological condition of coal mine

影响井巷开拓、煤层开采和安全生产的各种地质条件。

8.6

矿井地质条件类型　geological condition type of coal mine

根据地质构造复杂程度、煤层稳定性和开采技术条件划分的类型。

8.7

煤矿地质勘查　geological exploration in coal mine

煤矿建设和生产过程中所进行的地质勘查工作。

8.8

煤矿补充勘查　supplementary exploration in coal mine

煤矿新水平或新开拓区设计之前，按设计要求所进行的补充性的勘查工作。

8.9

煤矿生产勘查　productive exploration in coal mine

煤矿生产过程中，在采区范围内，为查明影响生产的地质条件所进行的勘查工作。

8.10

煤矿工程勘查　coal mine engineering exploration

根据煤矿生产建设中专项工程的要求所进行的勘查工作。

8.11

井筒检查孔　pilot hole of shaft；testhole of shaft

新井开凿前，为核实井筒剖面资料，编制施工设计方案，在井筒附近追加施工的钻孔。

8.12

井巷工程地质　engineering geology in shafting and drifting

研究井巷、硐室、采场等的岩体工程地质条件，为设计和施工提供地质资料所进行的地质工作。

8.13

断层落差　throw of fault

在垂直断层走向的剖面上，倾斜地层断距的垂直分量。

8.14

断层平错　heave of fault

在垂直断层走向的剖面上，倾斜地层断距的水平分量。

8.15

断煤交线　intersecting line of coal seam with fault

断层面与煤层底面的交线。

8.16

构造煤　tectonically deformed coal

煤层受到构造应力作用，产生碎裂、揉皱等构造变动，而失去原来结构的煤。

8.17

岩溶陷落柱　karst collapse column

陷落柱

矸子窝

无煤柱

溶洞上方的煤层及其围岩垮落形成的柱状或锥状塌陷体喀斯特陷落柱。

8.18

探采对比　correlation of exploration and miningin-formation

采动对比

将煤矿开采后所获地质资料与煤田地质勘查所获地质资料进行分析、对比，以研究勘查方法、验证勘查程度的工作。

8.19

煤矿地质图　coal mine geological map

反映煤矿各种地质现象与井巷工程之间相互关系及它们空间分布情况的各种平面、剖断千口投影图的总称。

8.20

资源/储量管理　reserves control; reserves management

测定和统计煤炭资源/储量动态，定期分析研究煤量保有情况，及时了解生产过程中对煤炭资源的利用情况及开采损失率的估算等，以指导、监督合理地开采煤炭资源的工作。

8.21

动用资源/储量　mined-out reserves; worked-out reserves

在煤矿开采过程中已开采部分的采出煤量与损失资源/储量之和。

8.22

设计损失资源/储量　designed loss of reserves; allowable loss reserves

设计损失

开采设计允许损失的资源/储量。

8.23

实际损失资源/储量　actual loss of reserves

开采过程中实际发生的损失资源/储量。

8.24

损失率　loss ratio; percentage loss

损失储量占动用资源/储量的百分数。

8.25

回采率　ratio of recovery; extraction rate

采出率

回收率

实际采出的储量占动用储量的比例。

8.26

含矸率　percentage of shale content; refuserate

单位重量的原煤中，未能拣除的块度大于50 mm矸石重量的比值(%)。

8.27

开拓煤量　developed reserves

在矿井可采资源/储量范围内，按设计已完成准备采区以前所必需的开拓、掘进工程所圈定的资源/

储量。

8.28

准备煤量　prepared reserves

在开拓煤量范围内，按设计已完成采区生产所必需的掘进工程所圈定的煤量。

8.29

开采煤量　mining reserves

回采煤量

获得煤量

在准备煤量范围内，按设计已完成工作面采煤前所必需的掘进工程所圈定的煤量。

8.30

煤自燃　self-combusion of coal；coal spontaneous combusion

煤在自然条件下与空气接触发生氧化而自发燃烧的现象。

9　煤炭水文、工程、环境地质

9.1

水文地质条件　hydrogeological condition

地下水埋藏、分布、补给、径流、排泄、水质、水量及其形成的地质条件的总称。

9.2

水文地质勘查类型　prospecting style of hydrogeology

根据矿井直接充水含水层含水介质、富水程度等水文地质条件及与煤层的空间关系划分为三类、三型。

9.3

矿井水文地质　mine hydrogeology

研究矿井建设和生产过程中，矿井水文地质条件和矿井水处治方法所进行的地质工作。

9.4

矿井水文地质类型　hydro geological type of mine

根据矿井水文地质条件、涌水量、水害情况和防治水难易程度，分为简单、中等、复杂、极复杂四种类型。

9.5

矿井充水　water-filling of mine；flooding to mine

矿井建设和生产过程中，矿区范围内及其附近水源的水，通过不同的方式流入矿井的现象。

9.6

矿井充水因素　water-filling factors of mines

造成和影响矿井充水的水文地质因素。

9.7

矿井充水水源　water-filling source

矿井水的来源。

9.8

充水通道　water-filling channel；flooding passage

水流入矿井的通道(过水通道)。

9.9

直接充水含水层　direct water-filling aquifer

直接向矿井或矿坑充水的含水层。

9.10

间接充水含水层 **indirect water-filling aquifer**

通过补给直接充水含水层，再向矿井或矿坑充水的含水层。

9.11

单位涌水量 **specific water yield**

抽水试验时，井孔内水位每降低 1 m，单位时间内从井孔中抽出的水量。

9.12

富水性 **water yield property; water abundance**

含水层的水量丰富程度。通常以单位涌水量表示。

9.13

导水性 **transmissibility**

含水层的导水能力。通常以含水层的渗透系数 k 与含水层厚度 M 的乘积表示。

9.14

老窑水 **goal water; abandoned mine water**

积存于废弃老窑、采空区或巷道中的地下水。

9.15

孔隙充水矿床 **pore water-filling deposit**

以孔隙含水层为主要充水水源的矿床。

9.16

裂隙充水矿床 **fissure water-filling deposit**

以裂隙含水层为主要充水水源的矿床。

9.17

岩溶充水矿床 **karst water-filling deposit**

以岩溶含水层为主要充水水源的矿床。

9.18

含水系数 **water-yield coefficient**

排水量与同一时期煤炭开采量之比（富水系数）。

9.19

矿井涌水量 **mine inflow**

单位时间内流入矿井的水量。

9.20

矿井最大涌水量 **maximum water yield of mine; maximum mine inflow**

矿井开采期间，正常情况下矿井涌水量的高峰值。

9.21

淹井 **mine flooding; flooded mine**

由于矿井突水或其他原因，涌水量大于排水能力，在较短时间内把坑道或整个矿井淹没的现象。

9.22

矿井突水 **water inrushin mine; water irruptionin mine**

大量地下水突然涌入井巷的现象。

9.23

顶板突水 **bursting water from roof bed**

来自开采煤层顶板以上含水层的突水。

9.24

底板突水　bursting water from bottom bed

来自开采煤层底板以下含水层的突水。

9.25

陷落柱突水　water bursting

由岩溶塌陷所形成的陷落柱作为进水通道所引发的矿井突水。

9.26

断层带突水　water bursting from fault zone

开采过程遇断层所引发的突水。

9.27

突水系数　coefficient of water inrush

开采煤层与含水层之间的隔水层所承受的最大静水压力与其厚度的比值。

9.28

流砂　quick sand

被水饱和后能产生流动的松散砂土。

9.29

矿井涌砂　sand gushing in mine

地下水和泥砂同时涌入井巷的现象。

9.30

临界隔水层厚度　critical thickness of aquifuge

能阻止底板突水的隔水层最小厚度。

9.31

临界水压值　critical head

导致底板隔水层破裂的最小水压值。

9.32

矿井防治水　prevention and control of mine water

为防止和治理地表水和地下水流入矿井、巷道、采区以致危害采矿工作所采取的措施。

9.33

矿井探水　water prospection of mine

采掘前，利用各种手段探明采掘工作面周围的水源和含水情况的作业。

9.34

矿井排水　mine drainage

矿井内，敷设排水沟或排水管，把水汇集流入水仓，再排到地面的作业。

9.35

矿井疏干　draining of mine

用人工排水措施，降低含水层的水位或水压，减少或消除井、巷涌水量，防止井下突水的作业。

9.36

矿井堵水　water blocking in mine; sealing of mine water

用各种方法和材料封堵井下突水点或充水通道，以减少和消除矿井涌水量的作业。

9.37

矿井截流　water interception in mine

在查清地表水和地下水对矿井充水的主要通道的基础上，有计划、有目的地切断水源，以减少或消除矿井涌水量的措施。

9.38

注浆堵水　grouting for water blocking

把浆液压入井下突水点或可能突水的地点拦截水源，以减少或消除矿井涌水量的措施。

9.39

帷幕注浆　curtaing routing

在井下集中进水的地段进行注浆，使之形成截水帷幕，以拦截地下水源的作业。

9.40

防水煤柱　water barrier；barrier；water prevention barrier

在矿井可能受到水害威胁的地段，为防止地下水和地表水突然涌入井巷、采区而保留一定宽度和高度的煤柱。

9.41

防水门　water proof door；water door

在井下可能受到水害威胁的地点，为预防突水而设置的截水闸门(防水闸门)。

9.42

防水墙　water proof dam；mine dam

在井下可能受到水害威胁的地点，为预防突水而设置的截住水源的墙。

9.43

工程地质条件　engineering geological condition

各种对工程建设有影响的地质因素的总称。

9.44

工程地质问题　engineering geological problem

与人类工程活动有关的地质问题。

9.45

岩石的物理性质　rock physical property

由岩石组成矿物、岩石结构等因素所表现出的岩石自然属性。

9.46

岩石的力学性质　mechanical property of rock

岩体在外力作用下所表现出的性质。

9.47

岩石的水力性质　water-property of rock

岩石与水相互作用时所表现出的性质。

9.48

岩石软化性　softening of rock

岩石浸水后力学强度降低的特性。一般用软化系数表示。

9.49

软化系数　softening coefficient

表示岩石吸水前后力学强度变化的物理量。指岩石饱水后的极限抗压强度与干燥时的极限抗压强度之比。

9.50

软弱结构面　plane of weakness

力学强度明显低于围岩的结构面。

9.51

软弱岩石(软岩)　weak rock

力学强度低，遇水容易软化，在外力作用下易产生压缩变形的岩石。

9.52

软弱夹层　weak inter bed, weak intercalated layer

在未经风化或构造破坏的条件下，坚硬岩石中夹有相对较软弱的薄层岩。

9.53

环境地质　environmental geology

运用地球科学规律，研究地球作用过程、地球资源以及地球物质及其对人类和生物生态环境的影响等。

9.54

地质环境　geological environment

自然环境的一种，主要指固体地球表层地质体的组成、结构和各类地质作用于现象给人类所提供的环境。

9.55

地质环境容量　capacity of geological environment

在不影响人类健康和社会经济发展的前提下，一个特定地质空间可能承受人类社会-经济活动发展的最大潜能。

9.56

地质环境质量　quality of geological environment

一个特定地质空间适应人类社会-经济活动发展的程度。

9.57

矿山地质环境问题　geological environment problem in mine

矿业活动作用于地质环境所产生的环境污染和环境破坏。

9.58

矿山水土污染　water-soil pollution of mine

矿山开采过程中，矿区及其附近水土遭受的污染。

9.59

矿山废气污染　off gas pollution of mine, waste gas pollution of mine

矿山开采过程中，由废气造成的污染。

9.60

矿山废液污染　exhausted pollution of mine, liquid waste pollution of mine

由矿山开采过程中产生的废液所造成的污染。

9.61

矿山固体废弃物污染　solid waste pollution of mine

矿山固体废弃物造成的污染。

9.62

矿业废弃地　waste land of mining

采矿活动所破坏和占用、非经整治而无法使用的土地。

9.63

矿山粉尘　mine dust

矿山在采掘过程中所产生的固体物质细微颗粒的总称。

9.64

开采沉陷　mining subsidence

井工矿在开采过程中，因将原生矿体和伴生的废石采出后，形成大小不等的地下空间，在重力作用下而形成地面陷落的现象。

10 煤炭钻探工程

10.1

钻探设备　drilling equipment

钻孔施工所使用的地面设备总称，包括钻机、泥浆泵、动力机、钻塔及其他附属设备。

10.2

钻探工具　drilling tools

钻孔施工所使用的孔内各种机具、以及小型地面机具的总称。

10.3

钻探工艺　drilling technology

钻孔施工所采用的各种技术方法、措施以及施工工艺过程。

10.4

钻进、钻探　drilling

钻头钻入地层或其他介质形成钻孔的过程称钻进，以探明地下资源及地质情况的钻进称钻探。

10.5

取心钻进　core drilling

以采取圆柱状岩矿心为目的的钻进方法与过程。

10.6

不取心钻进　non-core drilling

破碎全部孔底岩石的钻进方法与过程。

10.7

扩孔钻进　reaming

扩大原有钻孔直径或扩大某一孔段直径的钻进方法与过程。

10.8

封孔　sealing of hole

为防止地表水和地下含水层通过钻孔与有用矿体串通，终孔后对钻孔进行的止水封填工作。

10.9

煤田钻探　coal drilling

为探明煤炭资源，研究解决其他地质问题所进行的钻探工作。

10.10

水文钻探　hydro-geological drilling

以水文地质勘察为目的的钻探工作。

10.11

工程地质钻探　engineering geological drilling

以工程地质勘察为目的的钻探工作。

10.12

地热钻探　geothermal drilling

以勘探或开发地热资源为目的的钻探工作。

10.13

岩石可钻性　rock drillability

岩石被碎岩工具钻碎的难易程度。

10.14

岩石破碎方法　method of rock fragmentation

施加不同种类的能破碎岩石的方法。

10.15

钻孔　drill hole

根据地质或工程要求钻成的柱状圆孔。

10.16

垂直孔　vertical hole

轴线呈铅垂直线的钻孔。

10.17

斜孔　inclined hole

轴线呈倾斜直线的钻孔。

10.18

水平孔　horizontal hole

轴线呈水平直线的钻孔。

10.19

定向孔　directional hole

利用钻孔自然弯曲规律或采用人工造斜工具,使其轴线沿设计的空间轨迹延伸的钻孔。

10.20

钻井　well

以开采液、气态矿藏为主要目的,在地壳内钻成的柱状圆孔。

10.21

孔径　hole diameter

钻孔横断面的直径。

10.22

孔深　hole depth

钻孔轴线的长度。

10.23

钻孔结构　hole structure

构成钻孔剖面的技术要素。包括钻孔总深度、各孔段直径和深度、套管或井管的直径、长度、下放深度和灌浆部位等。

10.24

钻机　drill

驱动、控制钻具钻进,并能升降钻具的机械。

10.25

泥浆泵　mud pump

向钻孔内泵送冲洗液的机械。

10.26

钻塔、桅杆　derrick,mast

升降作业和钻进时悬挂钻具、管材用的构架。单腿构架称桅杆,桅杆需用绷绳稳定,往往可以整体起落或升降。

10.27

钻探机组　drilling rig

钻机、泥浆泵、动力机以及钻塔等配套组合的钻探设备。

10.28

钻杆　drillrod,drillpipe

连成管柱后,用来传递破碎底岩石的功率、输送冲洗介质的金属管。

10.29

钻铤 drill collar

位于钻杆柱与岩心管或钻头之间的厚壁钻杆。用作对钻头施加钻压,改善钻杆柱受力工况。

10.30

套管 casing

用螺纹连接或焊接成管柱后下入钻孔中,保护孔壁、隔离与封闭油、气、水层及漏失层的管材。

10.31

岩心管 core barrel

在岩心钻进中,用于容纳及保护岩心的管件或管组。

10.32

取心钻头 core bit

在钻进中以环状端面破碎岩石,可获得圆柱状岩石样品的钻头。

10.33

不取心钻头 non-core bit

在钻进中以全部圆形底面破碎岩石的钻头。

10.34

硬合金钻头 hard-metal bit

镶嵌有硬合金切削具的钻头。

10.35

金刚石钻头 diamond bit

用金刚石及其制品作为碎岩材料制造的钻头。

10.36

牙轮钻头 rock bit

依靠钻头基体上可转动的牙轮进行碎岩的钻头。

10.37

刮刀钻头 drag bit

由若干翼片状刃具组成的碎岩钻头。

10.38

冲击钻头 percussion bit

靠冲击功破碎岩石的钻头。

10.39

扩孔钻头 reaming bit

扩大钻孔直径使用的钻头。

10.40

回转钻进 rotary drilling

靠回转器或孔底动力机具转动钻头破碎孔底岩石的钻进方法。

10.41

冲击钻进 percussion drilling

借助钻具重量,在一定的冲程高度内,周期性地冲击孔底破碎岩石的钻进。

10.42

冲击回转钻进 percussive-rotary drilling

用冲击器产生的冲击功与回转式钻进相结合的钻进。

10.43

振动钻进　vibrato-drilling

用振动器产生振动实现碎岩的钻进。

10.44

振动回转钻进　vibro-rotary drilling

用振动器产生振动与回转相结合实现碎岩的钻进。

10.45

硬合金钻进　tungsten-carbide drilling

用硬合金钻头碎岩的钻进。

10.46

金刚石钻进　diamond drilling

利用金刚石钻头碎岩的钻进。

10.47

牙轮钻进　rochbit drilling

利用外轮钻头旋转时产生的复合运动破碎岩石的钻进。

10.48

刮刀钻头钻进　dragbit drilling

利用刮刀钻头碎岩的钻进(一般为不取心钻进)。

10.49

优化钻进　optimized drilling

合理选择和调节钻进工艺和参数,保持最佳经济技术效益的钻进技术。

10.50

程控钻进　program-controlled drilling

由计算机按程序控制钻进过程的钻进技术。

10.51

反循环钻进　reverse circulation drilling

携带岩屑的冲洗介质由钻杆内孔返回地面的钻进技术。

10.52

绳索取心钻进　wire-line core drilling

利用带绳索的打捞器,以不提钻方式经钻杆内孔取出岩心容纳管的钻进技术。

10.53

反循环连续取心(取样)钻进　center samplere covery(CSR)

利用冲洗介质反循环,连续将岩心(岩样)经钻杆内孔输出地表的钻进技术。

10.54

钻压　weight on bit(WOB)

沿钻孔轴线方向对碎岩工具施加的压力,以“F”表示。

10.55

转速　rotary speed

单位时间内碎岩工具绕轴线回转的转数,以“n”表示,单位为 r/min。

10.56

冲洗液量　flowrate

单位时间内泵入孔内的冲洗液体积。以“Q”表示。

10.57

工作泵压　pump working gpressure

冲洗液在孔内循环时克服各种阻力或孔内钻具所需的压力。以“*P*”表示。

10.58

钻孔冲洗液　drilling fluid

钻探过程中使用的循环冲洗介质，简称“冲洗液”。

10.59

正循环　direct circulation

冲洗介质从地表经钻杆内孔到孔底，然后由钻杆与孔壁的环状空间返回地表的循环。

10.60

反循环　reverse circulation

冲洗介质从地表经钻杆与孔壁的或双壁钻杆间的环状空间流向孔底，然后经钻杆内孔返回地表的循环。

10.61

孔壁稳定性　hole wall stability

钻孔孔壁岩层在钻探过程中保持其原始状态的特性。

10.62

钻孔漏失　loss of circulation

孔内液体在压差下流入孔隙性孔壁岩层的过程。

10.63

堵漏　shot-off of loss

处理冲洗液漏失的作业。

10.64

取样　sampling

从钻孔内采取岩土样品作为地质资料的工作。

10.65

岩心　core

岩心钻头钻出的圆柱形岩矿样品。

10.66

取心钻具　coring tools

钻取岩矿心的工具。

10.67

绳索取心钻具　wire-line coring system

用于绳索取心钻进的钻具。

10.68

煤心采取器　coal coring tool

煤田钻探过程中，专门用于采取煤心的一种特殊器具。同义词“取煤器”、“取煤管”。

10.69

煤心采取率　coal core recovery

指某一段孔深内采取的煤心长度与该段煤层进尺之比；或采取的煤心质量与钻进煤层应有的煤心质量之比，用百分数表示。

10.70

方位角　azimuth

在水平面上，自正北向开始，沿顺时针方向，与钻孔轴线水平投影上某点的切线之间的夹角称为钻孔在该点的方位角，以“α”表示。

10.71

顶角　drift angle

钻孔轴线上某点沿轴线延伸方向的切线与垂线之间的夹角称为该点的顶角，以“θ”表示。

10.72

倾角　inclination angle, dip angle

钻孔轴线上某点沿轴线延伸方向的切线与其水平投影之间的夹角称为钻孔在该点的倾角，以“β”表示。

10.73

钻孔偏斜测量　hole deviation survey

测量钻孔某点顶角、方位角的作业。被代替的同义词：“钻孔弯曲测量”。

10.74

控制钻孔偏斜钻具　drill tool for controlling hole deviation

用于控制钻孔偏斜的钻具。

10.75

初级定向孔　preliminary directional hole

利用地层自然偏斜规律而到达靶点的钻孔。

10.76

多孔底定向孔　multi-bottom directional hole

在主孔中有若干分枝孔的定向孔。

10.77

定向钻进器具　directional drilling tools

用于定向钻进的偏斜工具。

10.78

定向技术　directional technology

采用定向钻进器具及施工工艺使钻孔沿预定方向偏斜的技术。

10.79

孔底动力钻进　down-hole motor drilling

利用置于钻孔底部的动力钻具，直接驱动钻头破碎岩石的钻进方法。

10.80

孔底动力机　down-holemotor

置于钻孔底部直接驱动钻头的特殊结构马达。

10.81

液动冲击器　hydro-percussive tools

以高压液流为动力源的孔底冲击器。

10.82

涡轮钻具　turbo drill

高压液体流经涡轮驱动主轴带动钻头回转破碎岩石的孔底动力钻具。

10.83

气动冲击器　air hammer

以压缩空气作为动力介质的冲击器。

10.84

成井工艺　well completion technology

水文钻孔或供水井钻成后，安装井内装置的施工工艺。包括：换浆、探井、下管、填砾、止水、洗井、抽水试验等工序。

10.85

换浆　displacement slurry

用稀泥浆更换稠浆的工序。

10.86

探井　ascertaining well

探查井深与井径的工序。

10.87

井管　well casing

安装在地下的取水管道。由井壁管、过滤管、沉砂管组成。

10.88

下管　pipe sinking

将井管依次下入井内的工作。

10.89

填砾　gravel packing

将选好的砾料投入过滤管与井壁之间的环状间隙中的工序。

10.90

止水　water shut-off

隔离含水层之间的地下水力联系的工序。

10.91

洗井　well flushing

清除井内过滤周围钻屑和泥砂，疏通含水层，并在过滤管周围形成良好的滤水层的工序。

10.92

抽水试验　development test,pumping test

在水文钻孔或水井中进行抽水，取得含水层各种水文地质参数和各种水力联系等资料并检查止水和洗井质量的工序。

10.93

卡钻　drill rod sticking

因孔壁掉块、键槽或缩径等使孔内钻具提升受阻的孔内事故。

10.94

埋钻　drill rod burying

孔内钻具被岩粉、岩屑沉淀或被孔壁坍塌(或流砂)埋住，不能回转和提升，冲洗液不能流通的孔内事故。

10.95

烧钻　bit burnt

钻进中因冷却不良或无冲洗液流通，使钻具下端与孔底岩石、岩粉、孔壁烧结在一起的孔内事故。

10.96

断管　breaking off

钻具在孔内折断的孔内事故。

10.97

跑钻　rundown of drill string

升降钻具时，钻具掉入孔内的事故。

10.98

套管事故　casing trouble

孔内套管因固定不牢或螺纹磨断造成的下移和脱节的事故。

10.99

开孔　starting a hole

钻场修建后,用短粗径钻具在地面开始钻进以形成钻孔的工作。

10.100

下钻　running in

将钻具依次下入孔内。

10.101

给进　feed-in

用钻机给进机构控制钻具钻进使钻孔向深部延伸。

10.102

倒杆　recheck

在钻进过程中,钻机给进装置下行至最下位置时,松开卡盘,将其上行至最上位置,拧紧卡盘,继续钻进。

10.103

加压钻进　forced feed drilling

钻具质量小于所需钻压时,用钻机给进装置加压,以实现钻进的作业。

10.104

减压钻进　reduced bit load drilling

钻具质量大于所需钻压时,用钻机给进装置减压,以实现钻进的作业。

10.105

采心　core picking

由钻杆内通孔投入卡料,使岩心与钻头、岩心管内壁卡紧;或提动钻具使岩心提断器卡紧岩心,然后提断岩心的作业。

10.106

捞砂　fishing dust

将专用工具下入孔内,大泵量冲洗,以捞取孔底岩粉、金属粉末和其他碎屑的作业。

10.107

冲孔　bring bottom up

下钻后或提钻前,开大泵量,冲洗钻孔,保持孔内清洁的作业。

10.108

扫孔　drill off

用钻具扫除孔壁和孔底的障碍物的作业。

10.109

糊钻　ball-up

粘性岩粉粘附在粗径钻具的外表面的现象。同义词:“泥包”。

10.110

纠斜　deviation correction

使用专用工具纠正已偏斜钻孔的作业。

10.111

造斜　deflecting, side-tracking

用专用工具使钻孔按要求偏斜的作业。

11 煤炭地球物理勘探

11.1

煤炭地球物理勘探 coal geophysical prospecting;coal geophysical exploration

煤田物探

利用煤岩层的物理性质进行寻找和查明煤炭资源和研究解决其他地质问题所进行的勘查工作。

11.2

煤炭地震勘探 coal seismic prospecting;coal seismic exploration

利用人工激发的地震波在不同岩、煤层内的传播规律探测含煤岩系分布范围,查明煤层或其他有关地层分界面深度和起伏形态;研究、查明地质构造,解决水文地质与工程地质等问题的物探方法。

11.3

煤炭电法勘探 coal electrical prospecting; coal electrical exploration

根据岩石、煤等的电性差异,确定含煤岩系分布范围、研究地质构造和解决水文地质与工程地质等问题的物探方法。

11.4

煤炭重力勘探 coal gravity(gravitatonal)prospecting;coalgravity(gravitatonal)exploration

根据岩石、煤等的密度差异所引起的重力场局部变化,圈定含煤岩系分布范围,研究地质构造等问题的物探方法。

11.5

煤炭磁法勘探 coal magnetic prospecting;coal magnetic exploration

根据岩石、矿体等的磁性差异所引起的磁场局部变化,圈定含煤岩系、岩浆岩、煤层燃烧带等的分布范围,研究地质构造及结晶基底起伏等问题的物探方法。

11.6

反射波法地震勘探 seismic reflection survey;seismic reflection prospecting;seismic reflection exploration

运用地震反射法研究地质构造和地层(煤层)特征,并为煤炭资源勘探和开发提供依据。

11.7

折射波法地震勘探 seismic refraction survey;seismic refraction prospecting;seismic refraction exploration

利用地震折射波在岩、煤层内的传播规律,确定地下折射界面的深度及其性质,以解决地质问题的物探方法。

11.8

二维地震勘探 two-dimensional(2-D) seismic method;two-dimensional(2-D) seismic survey

沿测线进行地震资料采集的一种方法。

11.9

三维地震法 three-dimensional(3-D) seismic method;three-dimensional(3-D) seismic survey

在一块面积上进行地震资料采集的一种方法,其目的是确定地下地质结构在三维空间中的关系。

11.10

地震剖面 seismic section,seismic profile

沿一条测线记录的地震资料,由该测线的全部地震记录构成。垂直比例尺通常是到达时间,但有时是深度,数据也有可能是偏移过的。

11.11

水平切片 horizontal section;time-slicemap

对应于某一到达时间(或偏移数据的某一深度)的一个数据点网格的地震成果的显示。

11.12

层位切片图　horizon-slice map

沿层切片图

一种显示三维地震数据体中同一反射界面的数据层切片图。

11.13

直流电法　direct current electric method(D. C. electric method)

研究与地质体有关的直流电场的分布特点和规律,以进行找矿和解决某些地质问题的物探方法。

11.14

交流电法　alternating current electric method(A. C. electric method)

研究与地质体有关的交变电磁场的建立、传播、分布特点和规律,以进行找矿和解决某些地质问题的物探方法。

11.15

电阻率剖面法　resistivity profiling;electrical profiling

电剖面法

供电电极和测量电极的电极距保持不变,沿剖面方向逐点测量岩石的视电阻率值,根据其变化,以研究地下一定深度地质情况的物探方法。

11.16

电阻率测深法　resistivity sounding;electrical sounding

电测深法

在测深点上,逐次加大供电电极的电极距,测量岩石的视电阻率值,根据其变化,以研究地下不同深度地质情况的物探方法。

11.17

瞬变电磁法　transient electromagnetic method(TEM)

一种电磁法勘探,其发射信号的波形特征为脉冲、阶跃函数、斜坡函数或其他可以认为是非周期性的形式,在一次场停止变化后进行测量的方法。

11.18

充电法　misc-a-la-massc method

对探测对象进行充电,观测其电场分布特征和规律,以研究、分析矿体或老窑、采空区、溶洞等在地下的分布及地下水流速、流向等问题的物探方法。

11.19

自然电场法　natural electrical field method;self-potential method

研究和利用地下自然电场,进行找煤和解决水文地质等问题的物探方法。

11.20

激发极化法　induced polarization method

根据岩石、煤等的激发极化效应来找煤和解决水文地质与工程地质等问题的物探方法。

11.21

电磁频率测深法　frequency sounding method

频率测深法

研究不同频率的人工交变电磁场在地下的分布规律,探测岩石、煤等视电阻率随深度的变化,以了解地质构造和进行找煤的物探方法。

11.22

无线电波透视法　radio penetration method

阴影法

根据岩石、煤等对电磁波的吸收能力不同，探测断层、无煤带、煤层变薄带、岩溶陷落柱、老窑、岩溶等的物探方法。

11.23

地质雷达法　geological radar method

利用高频电磁波束的反射规律，探测断层、岩溶陷落柱、溶洞，解决水文地质与工程地质等问题的物探方法。

11.24

槽波地震法　channel wave seismic method；in-seam seismic method

利用槽波的反射或透射规律探测断层，了解煤层厚度变化的矿井物探方法。

11.25

煤田地球物理测井　coal geophysical logging；coal geophysical log

煤田测井

在煤田地质勘探和煤矿生产中，为查明煤炭资源，研究解决其他地质问题，在地质勘探钻孔中所进行的物探工作。

11.26

电测井　electrical logging；electrical log

以研究钻孔中岩、煤层的电性差异为基础的测井方法。

11.27

电阻率测井　resistivity logging；resistivity log

根据钻孔内岩、煤层电阻率的差别，研究钻孔地质剖面的测井方法。

11.28

侧向测井　lateral logging；lateral log

使用聚焦电极系的电阻率测井方法。

11.29

自然电位测井　self-potential logging；self-potential log

沿孔壁测量岩、煤层在自然条件下产生的电场电位变化，以研究钻孔地质剖面的测井方法。

11.30

放射性测井　radioactivity logging；radioactivity log；nuclear logging

核测井

在地质勘探钻孔中，利用岩石的天然放射性、人工伽马源产生的伽马射线与岩层的相互作用以及中子与岩层的相互作用等所产生的一系列效应，研究岩层性质和检查钻孔情况的测井方法。

11.31

自然伽马测井　natural gamma-ray logging；natural gamma-ray log

沿孔壁测量岩层的自然 γ 射线强度，以研究岩层划分和地层对比等的测井方法。

11.32

伽马-伽马测井　gamma-gamma logging；gamma-gamma log

使用人工伽马射线源沿孔壁照射岩层，以探测经岩层散射后的 γ 射线强度为基础的测井方法。

11.33

中子测井　neutron logging；neutron log

使用中子源沿孔壁照射岩层，以研究中子与岩层相互作用产生的各种效应为基础的测井方法。

11.34

声波测井　acoustic logging；acoustic log；sonic logging；sound logging；sound log

研究声波在孔壁滑行波的传播速度和其他声学特性，以确定岩层性质的测井方法。

11.35

水文地质地球物理勘探(简称水文物探)　hydrogeophysical prospecting;hydrogeophysical exploration;geophysical prospecting for hydrogeology

为查明煤矿水文地质条件,研究解决影响矿井建设和生产的水文地质问题所进行的物探工作。包括地面物探、水文测井和遥感技术等。

11.36

矿井地球物理勘探　mine geophysical prospecting;mine geophysical exploration

矿井物探

在矿井开采过程中,为探查小构造、陷落柱、煤层厚度变化等所进行的物探工作。

11.37

航空地球物理勘探(简称航空物探)　aerogeophysical prospecting

通过飞机上装载专用物探仪器,在飞行过程中探测各种地球物理场的变化,研究地质构造和找矿的物探方法。

12 煤炭遥感

12.1

遥感　remote sensing

不接触地物本身,利用遥感器收集目标物的电磁波信息,经处理、分析后,识别目标物、揭示目标物几何形状大小、相互关系及其变化规律的科学技术。

12.2

航空遥感　aerial remote sensing

以空中的飞机、飞艇、气球等航空飞行器为平台的遥感。

12.3

航天遥感　space remote sensing

在地球大气层以外的宇宙空间,以人造卫星、宇宙飞船、航天飞机、火箭等航天飞行器为平台的遥感。

12.4

多波段遥感　multispectral remote sensing

将物体反射或辐射的电磁波信息分成若干波谱段进行接收和记录的遥感。

12.5

可见光遥感　visible spectral remote sensing

遥感器工作波段限于可见光波段范围之内的遥感。

12.6

红外遥感　infrared remote sensing

遥感器工作波段限于红外波段范围之内的遥感。

12.7

微波遥感　microwave remote sensing

遥感器工作波段限于微波波段范围之内的遥感。

12.8

高光谱遥感　hyperspectral remote sensing

具有高光谱分辨率(波段宽度<10 nm)的遥感。

12.9

遥感信息　remote sensing information

利用各种电子和光学遥感器,在高空或远距离处,接收到来自地面或地面以下一定深度的地物辐射或反射的电磁波信息。

12.10

遥感影像　remote sensing image

利用遥感器对地球表面摄影或扫描获得的影像。包括：光学摄影成像的航空像片、紫外和近红外像片；以及用各种类型扫描仪成像的单谱段影像（如紫外、红外、被动微波影像和雷达影像）和多谱段扫描影像（如 TM 和 SPOT 影像等）。

12.11

遥感图像处理　remote sensing image processing

对遥感图像进行图像数字化、复原、几何校正、增强、镶嵌、彩色合成、统计、分类和信息提取等处理的各种技术方法的统称。

12.12

影像结构　image texture

影像纹理

由像元点阵的灰度、色彩等变化频率表征的图像光滑、粗糙现象或均匀、斑状等组合特征。

12.13

影像构造　image structure

由一种或几种图像结构有规律地排列组合构成的图案。

12.14

空间分辨率　spatial resolution

遥感器所能分辨的最小目标的大小。

12.15

光谱分辨率　spectral resolution

指遥感器在接收目标辐射的光谱时，能分辨的最小的波长间隔，或是指对两个不同辐射源的光线波长的分辨能力。

12.16

图像比例尺　image scale

图像上的线段与地面上相应线段长度之比。

12.17

遥感解译　remote sensing interpretation

在遥感图像中识别和圈定某种目标物特征影像、赋予特定属性和内涵以及测量特征参数的过程。

12.18

信息提取　information extraction

利用计算机识别和提取特定信息的过程。

12.19

解译标志　interpretation indicator

图像中可以用来区分相邻物体或确定物体属性的波谱特征和空间特征，如色调、色彩；结构与构造；形状、大小和高低；地形与地貌；特定的空间位置以及与周围地物的相关关系等。

12.20

特征解译标志　special indicator of interpretation

相同的自然地理—地质景观区中，某地质体、地质现象特有的比较稳定的一种或几种解译标志的组合。

12.21

线性构造　lineament

遥感图像上，被认为与地质作用有关的直线、弧线、折线状的线性（状）影像特征。

12.22

环性构造　ring structure

遥感图像上，反映地质构造的环状影像特征。

12.23

遥感地质　remote sensing geology

综合应用遥感技术，进行各类地质调查和地质勘查的手段和方法。

12.24

资源遥感　resources remotesensing

以地球资源作为调查研究对象的遥感方法和实践。概查自然资源和监测再生资源的动态变化。

12.25

煤炭遥感　remote sensing in coal industry

综合应用遥感技术，进行各类煤炭资源调查、煤炭地质勘查、煤田地质及水文地质填图和矿区环境地质、煤层火灾调查与监测的手段和方法。

12.26

煤田遥感地质调查　remote sensing geological survey on coalfield

以遥感资料为信息源，以地质体、地质构造和煤层等地质现象对电磁波响应的特征影像为依据，通过遥感地质解译提取信息、测量地质参数、填绘煤田地质图件和研究煤田地质问题。

12.27

遥感煤田地质填图　coalfield geological mapping by remote sensing

采用航空、航天遥感技术和方法，结合常规地质手段，通过系统地质解译和观测，采集并编辑各种地质信息，研究岩石、地层、构造、煤层赋存特征及地表地质规律，进行相应比例尺煤田地质填图，为不同阶段的煤田地质勘查提供基础地质资料。

12.28

遥感制图　remote sensing cartography

通过对遥感图像目视判读或利用图像处理系统对各种遥感信息进行增强与几何纠正并加以识别、分类和制图的过程。

12.29

影像地质图　photo geological map

在遥感图像上，按地质成图的要求，标绘出有关地形和地质内容，构成一种地质与地形影像叠合在一起的地质图件。

汉 语 拼 音 索 引

G

H

J

W

X

Y

Z

英 文 索 引

A

B

C

D

E

F

I

J

S

V

W

ICS 01.040.73
D 04

中华人民共和国国家标准

GB/T 15663.2—2008
代替 GB/T 15663.2—1995

煤矿科技术语
第2部分：井巷工程

Terms relating to coal mining—
Part 2: Shafting and drifting engineering

2008-09-18 发布　　2009-04-01 实施

中华人民共和国国家质量监督检验检疫总局
中国国家标准化管理委员会　发布

前言

GB/T 15663《煤矿科技术语》分为如下几个部分：

——第1部分：煤炭地质与勘察；

——第2部分：井巷工程；

——第3部分：地下开采；

——第4部分：露天开采；

——第5部分：提升运输；

——第6部分：矿山测量；

——第7部分：开采沉陷与特殊采煤；

——第8部分：煤矿安全；

——第10部分：采掘机械；

——第11部分：煤矿电气。

本部分为GB/T 15663的第2部分。

本部分代替GB/T 15663.2—1995《煤矿科技术语　井巷工程》。

本部分与GB/T 15663.2—1995相比，主要变化如下：

——增加了2.14矸石井、3.2地层冻结、3.6冻结孔、3.10单圈冻结管冻结、3.11多圈冻结管结、3.20地面预注浆、3.24黏土浆、3.25黏土水泥浆、3.26注浆深度、3.27注浆段高、3.28布孔圈径等条款共43条款更符合实际。

——同时修改了2.2井巷、2.3立井、2.4斜井等共62条款，使表述更确切。

——对2.24掘进、3.28井壁筒、3.31洗井、3.32固井等11条款进行了删除。

本部分由中国煤炭工业协会提出。

本部分由全国煤炭标准化技术委员会归口。

本部分起草单位：煤炭科学研究总院建井研究分院、煤炭工业济南设计研究院有限公司、中煤国际工程集团南京设计研究院、北京中煤矿山工程有限公司。

本部分主要起草人：刘志强、周兴旺、龙志阳、李功洲、刘敏、臧桂茂、林鸿苞。

本部分所代替标准的历次版本发布情况为：

——GB/T 15663.2—1995。

煤矿科技术语
第2部分:井巷工程

1 范围

本部分规定了井巷工程一般术语、特殊凿井法、井巷掘进、凿井设施、井筒装备和通道、装岩调车、井巷支护、井筒延深等术语。

本部分适用于与井巷工程有关的所有文件、标准、规程、规范、书刊、教材和手册等。

2 一般术语

2.1

矿井建设　mine construction

井巷施工、矿山地面建筑施工和机电设备安装三类工程的总称。

2.2

井巷　mine workings;workings

为进行煤炭开采、运输、提升作业,在地层内开凿的一系列通道和硐室的总称。

2.3

立井　vertical shaft;shaft

竖井

服务于煤炭、设施、人员提升和通风,在地层中开凿的直通地面的竖直通道。

2.4

斜井　inclined shaft;incline;slope

服务于煤炭、设施、人员提升和通风,在地层中开凿的直通地面的倾斜通道。

2.5

平硐　adit;adit entry;drift

服务于煤炭、设施、人员运输和通风,在地层中开凿的直通地面的水平通道。

2.6

井筒　shaft;slant

泛指立井和斜井,也包括暗井。

2.7

井口　shaft mouth

井筒和平硐的地面出入口。

2.8

井颈　shaft collar

井口以下井壁需加厚、加强的一段井筒。

2.9

井身　shaft body

井筒的主体部分,竖井从井颈到马头门、斜井从井颈到变坡点。

2.10

马头门　ingate;inset

立井井筒与井底车场水平巷道的连接过渡部分硐室。

2.11

井窝 shaft sump

位于马头门下的一段盲井筒，主要用于储存淋水和提升容器检修。

2.12

主井 main shaft

主要用于提升煤炭，也可作为进风的立井或斜井。

注：一般竖井装备有箕斗，也称箕斗井，斜井装备皮带，也称皮带井。

2.13

副井 auxiliary shaft; subsidiary shaft

主要用于提运人员、矸石、材料设备，也可作进风的井筒。

2.14

矸石井 muck shaft

主要用于提升矸石的井筒。

2.15

混合井 skip-cage combination shaft; shaft provided with skip and cage

同时具有主、副井功能的井筒。

2.16

风井 ventilating shaft; air shaft

主要用于通风的井筒。

2.17

井壁 walling; shaft lining; shaft wall

在井筒围岩表面构筑的、具有一定厚度和强度的整体构筑物。

2.18

井壁破裂 shaft wall break

井壁在荷载作用下发生的破坏。

2.19

巷道 roadway; road; drift

服务于煤炭开采，在岩体或煤层中开凿的不直通地面的水平或倾斜通道的总称。

2.20

水平巷道 drift; entry; level drift

平巷

近于水平的巷道。

2.21

倾斜巷道 incline drift

斜巷

有明显坡度的巷道。

2.22

岩石巷道 rock drift

岩巷

在掘进断面内，岩石面积占全部或绝大部分(大于80%)的巷道。

2.23

煤巷 coal roadway; coal road; coal drift; gate

在掘进断面中，煤层面积占全部或绝大部分(大于80%)的巷道。

2.24

煤岩巷道 coal-rock drift

在掘进断面中，岩石或煤所占面积介于岩巷和煤巷之间的巷道。

2.25

井巷工程 shaft and drift engineering

在地下开凿各类井巷的工程。

2.26

[普通]凿井 sinking；shaft sinking

井筒开挖、临时支护和井壁砌筑作业的总称。

2.27

巷道掘进 tunnelling

巷道开挖和支护作业的总称。

3 特殊凿井法

3.1

特殊凿井法 special method of shaft sinking；special shaft sinking method

在含水、不稳定的地层中，采用特殊技术、装备和工艺直接形成井筒或对地层进行处理后，再进行普通凿井的作业方法。

3.2

地层冻结 ground freeze

采用人工制冷技术冻结地层，以提高地层强度或隔绝地下水。

3.3

冻结凿井法 freeze sinking method；freeze sinking

冻结法

通过地层冻结使井筒周围形成帷幕，在帷幕的保护下进行普通凿井作业方法。

3.4

分段冻结 step freezing

分期冻结

将一个井筒所需的冻结深度分为数段，自上而下依次冻结的方法。

3.5

局部冻结 partial freezing

只对井筒的某一含水层或不稳定地段进行冻结的方法。

3.6

冻结孔 freezing hole；freeze hole

用于安设冻结器的钻孔。

3.7

冻结管 freezing tube

安装在冻结孔内，用于冷媒与地层交换热量的钢管。

3.8

长短管冻结 staggered freezing

根据井筒不同深度的地层情况和对冻结壁强度、厚度的不同要求，采用长、短冻结器间隔布置的冻结方法。

3.9

冻结器 freezing apparatus

包括冻结管、供液管、回液管等组成的热量交换装置。

3.10

单圈冻结管冻结 shaft freezing by single row freezing tube

单圈管冻结

在井筒周围布置一圈冻结孔的冻结方法。

3.11

多圈冻结管冻结 shaft freezing by multi-row freezing tube

多圈管冻结

以井筒为中心,布置两圈及以上冻结孔的冻结方法。

3.12

冻结壁 freezing wall;ice wall

在一定深度范围内,采用地层冻结方法,在井筒周围地层中形成具有一定厚度和强度的冻结圆筒。

3.13

冻结期 freezing period

为形成和维护冻结壁,连续向冻结器中输送冷媒剂的时间,包括冻结壁形成期和冻结壁维护期。

3.14

冻结壁形成期 formable period of freezing wall

积极冻结期

从开始冻结至冻结壁达到设计厚度和强度要求的时间。

3.15

冻结壁维护期 maintainable period of freezing wall

维护冻结期

消极冻结期

冻结壁形成后,在凿井阶段,为维护设计要求的冻结壁强度和厚度继续向冻结器输运冷媒剂的时间。

3.16

冻结壁交圈 connection of freezing column;closure of freezing wall;closure of ice wall

各相邻冻结孔的冻结圆柱逐渐扩大,互相连接开始形成封闭的冻结壁的现象。

3.17

冻结压力 freezing pressure;freeze expanding pressure

冻胀力

因地层冻结后体积膨胀而作用于井壁上的压力。

3.18

注浆 grouting

通过钻孔向有含水裂隙、空洞或不稳定地层压注水泥浆或其他浆液,以堵水或加固地层的方法,按注浆地点可分为地面预注浆和工作面预注浆。

3.19

注浆[凿井]法 cementation sinking;grouting sinking method

采用注浆后再进行凿井的作业方法。

3.20

地面预注浆 pre-grouting at surface ground;surface pregrouting

井筒开凿前,由地面通过钻孔对地下岩层进行的注浆作业。

3.21

注浆孔　grouting hole

用于向地层中压送浆液的钻孔。

3.22

止浆塞　packers for grouting

采用地面预注浆时，隔离注浆段与非注浆段，防止浆液流向非注浆段或流出孔口的装置。

3.23

止浆岩帽　rock plug

井巷工作面预注浆时，暂留在含水层上(前)方，能够承受最大注浆压力并防止向掘进工作面漏浆、跑浆的岩柱。

3.24

黏土浆　clay slurry

黏土经粉碎、除砂后与水混合形成一定密度的浆液。

3.25

黏土水泥浆　clay-cement grout

由黏土浆、水泥、硅酸钠等加水组成的悬浊浆液。

3.26

注浆深度　depth of grouting hole

根据含水层埋藏条件和井筒深度确定的注浆孔终孔深度。

3.27

注浆段高　stage height of grouting

将需要注浆岩层划分为若干段依次注浆时，每段的注浆长度。

3.28

布孔圈径　diameter of bore location

用以布置钻孔的以井筒中心点为圆心的圆的直径。

3.29

浆液有效扩散距离　effective diffusion length of grout

以注浆孔为中心，浆液径向向外扩散满足堵水加固目的有效距离。

3.30

浆液充填系数　stowing factor of grout

裂隙被浆液结石体充填密实程度，为结石体积所占裂隙体积的比例。

3.31

浆液结石率　the rate of grout concretion

浆液形成结石体的体积与浆液原体积的比值。

3.32

注浆终量　final pump volume

注浆结束时注浆泵流量。

3.33

下行式注浆　downward grouting

钻孔钻进与注浆自上而下分层或分段交替进行的注浆作业。

3.34

上行式注浆　upward grouting

注浆孔一次钻至设计深度自下而上分层或分段依次进行的注浆作业。

3.35

工作面预注浆　pre-grouting from the site; face pregrouting

在凿井和巷道掘进过程中，对地下岩层从工作面进行的注浆作业。

3.36

止浆垫　grout cover; grouting pad

工作面注浆时，预先在含水层上方构筑的，能够承受最大注浆压力并防止向掘进工作面漏浆、跑浆的混凝土构筑物。

3.37

止浆墙　wall for grouting

在巷道中需要注浆的地段，预先构筑的能够承受最大注浆压力并防止向巷道中漏浆、跑浆的混凝土构筑物。

3.38

壁后注浆　grouting behind shaft and drift lining

后注浆

井巷永久支护后，为减少淋水或加固地层，按设计要求向井壁或巷道壁后进行的注浆作业。

3.39

注浆压力　grouting pressure

注浆时，克服浆液流动阻力并使浆液扩散一定范围所需的压力。

3.40

注浆终压力　final pressure of grouting; final grouting pressure

注浆终压

注浆结束时注浆孔口输入浆液的压力。

3.41

钻井　shaft boring

用钻井机在地层中钻出井筒的作业。

3.42

钻井[凿井]法　shaft drilling method; sinking by shaft boring method

用钻井机钻凿立井井筒的凿井方法。

3.43

[钻井]泥浆　drilling mud

用水、黏土和添加剂按一定比例配制相的悬浊液，用于钻进时洗井、护壁、冷却钻头破岩刀具。

3.44

泥浆护壁　shaft wall protected by mud column; shaft wall protected by drilling mud; mud off

采用钻井法时，利用井内泥浆的静压强平衡地压与水压，并使泥浆渗入围岩形成泥皮，以维护井帮稳定的方法。

3.45

反循环洗井　flushing; mud flush

使用连续流体介质，通过压气反循环方式，将钻头破碎下来的岩土碎屑从井底清除出井的过程。

3.46

泥浆净化　purification of drilling mud

将泥浆中岩土碎屑分离出来的作业。

3.47

减压钻进　pressure reducing drilling

钻进时钻压小于钻头在泥浆中的重力的钻进工艺。

3.48

预制井壁　precast shaft wall;precast shaft lining

在地面预制的、作为井筒支护用的井壁底、钢筋混凝土或钢板-混凝土构成筒状结构物。

3.49

悬浮下沉　floating and dropping method of cylindrical shaft wall

漂浮下沉

钻井结束后,在充满泥浆的井筒中将预制的井壁底和井壁筒连接,在井筒内加水克服泥浆的浮力,使其缓慢地下沉并相应地接长井壁筒,沉入到设计深度的作业。

3.50

钻井壁后充填　backwall filling

井壁下沉到井底找正操平后,通过管路向井壁外侧与井帮之间的环形空间注入相对密度大于泥浆的胶凝状浆液,将泥浆自上而下置换出来并固结井壁的作业。

3.51

沉井[凿井]法　drop shaft sinking;caisson sinking;shaft sinking by caisson method

在不稳定的表土层中,利用井壁自重或加压,并采取各种减阻措施,使井壁下沉,在井壁保护下掘进,边掘进边下沉,并相应接长井壁的凿井方法。

3.52

[沉井]刃脚　cutting shoe of caisson

采用沉井法凿井时,为减少下沉的正面阻力,安设在井壁下端的刃状结构物。

3.53

震动沉井[法]　droping caisson by vibration

在震动力的作用下,井壁震动使其周围地层液态化、减少下沉阻力的沉井凿井法。

3.54

淹水沉井[法]　caisson sinking method in submerged water

在井壁内灌满水,使井壁内外水、土压力(压强)平衡,以防止涌沙、冒泥事故的沉井凿井法。为减少井壁外侧面阻力,有壁后触变泥浆沉井法、壁后压气沉井法。

3.55

[壁后]触变泥浆沉井[法]　drop shaft sinking method with mud filled behind caisson

在井壁外侧灌注触变泥浆以减少下沉侧面阻力的沉井凿井法。

3.56

压气沉井法　pneumatic caisson method;compressed air caisson method

压气沉箱法

在井壁下部构筑无底腔室,并充入压缩空气,以杜绝下沉时涌沙、冒泥的沉井凿井法。

3.57

套井　surface casing shaft guide-wall

护井

采用沉井凿井法时,在井口外围预先做成的直径略大于沉井,并具有一定深度的一段构筑物。

3.58

帷幕凿井法　concrete diaphragm wall method;curtain wall shaft sinking method

在不稳定表土层中,沿井筒周围钻凿槽孔,灌注混凝土形成封闭的圆形保护墙后,在其保护下再进行凿井的方法。

3.59

槽孔　trench hole

采用帷幕凿井法时,将钻凿的相邻钻孔相互连续贯通,形成的环形并具有一定深度的槽沟。

4 井巷掘进

4.1

井巷掘进　shaft and drift excavating; shaft and drift excavation

进行井巷开挖和临时支护的作业。

4.2

井巷施工　sinking and drifting; shaft and drift construction

井巷掘进、支护、安装的作业总称。

4.3

普通凿井法　conventional shaft sinking method

在稳定的或含水较少的地层中，采用钻眼爆破或其他常规手段凿井的作业方法。

4.4

腰泵房　stage pump room

凿井时，在井身侧帮开凿的、用于中间转水的硐室。

4.5

超前小井　pilot shaft

超前于井筒掘进工作面的集水小井。

4.6

一次成井　full completed shaftsinking; simultaneous shaftsinking

掘进、永久支护和井筒装备三种作业平行交叉施工一次到底的井筒施工方法。

4.7

一次成巷　full completed drifting; simultaneous drifting

掘进、永久支护和水沟掘砌，在一定距离内，相互配合、前后衔接、最大限度地同时进行，一次完成的巷道作业方法。

4.8

板桩法　sheet pilling method

在不稳定地层中，先在井巷周边密集打入板桩而后在其保护下再掘进、支护的井巷作业方法。

4.9

混合作业法　mixed working method

在立井凿井中掘进和永久支护交叉作业一次到底的凿井方法。

4.10

撞楔法　wedging method

在不稳定地层或破碎带掘进或修复巷道时，先将带有尖端木板、型钢或钢轨从巷道工作面支架的顶梁和立柱的外侧成排打入，而后在其掩护下进行掘进作业的方法。

4.11

掩护筒法　shielding method; shield method

在不稳定地层中，先顶入金属筒体，而后在其掩护下进行井巷掘进的作业方法。

4.12

钻[眼]爆[破]法　drilling and blasting method

钻凿炮眼后装入炸药，爆破破碎岩石的方法。

4.13

导硐掘进法　pilot heading method; pilot tunnel method; method pilot drift method

对于大断面巷道或硐室，先掘进小断面超前导硐，然后再扩大到设计断面的掘进方法。

4.14

全断面掘进法　full-face excavating method

井巷整个断面一次爆破破碎岩石的掘进方法。

4.15

部分段面掘进机掘进法　boom-type roadheader driving method

采用部分断面掘进机掘进巷道的作业方法。

4.16

全断面掘进机掘进法　tunnelling boring driving method

采用全断面掘进机掘进巷道的作业方法,用于掘进断面为圆形的巷道。

4.17

台阶工作面掘进法　bench face driving method

巷道或硐室掘进工作面呈台阶状推进的方法。

4.18

单工作面掘进　single heading

同一掘进队伍只在一条巷道进行掘进作业。

4.19

多工作面掘进　multiple heading

同一掘进队伍于同一时间在几个邻近工作面分别从事不同工序的掘进作业工序。

4.20

独头掘进　blind heading

单头掘进

从巷道一端掘进完成整条巷道的作业方法。

4.21

贯通掘进　heading through;working through;cutting through

贯通

井巷掘进中,从一条巷道的两端同时施工完成对接的作业。

4.22

交岔点　junction;intersection

交叉点

两条或多条巷道的交叉或分岔处。

4.23

净断面[积]　net section;clear section

井巷有效使用的横断面积。

4.24

掘进断面[积]　excavated section

井巷掘进时实际开挖的、符合设计要求的横断面积。

4.25

掘进工作面　tunnelling working site

掘进迎头

进行巷道掘凿和支护作业的工作场所。

5 凿井设施

5.1

凿井井架 sinking head frame;sinking headgear

凿井时用于承担提升和悬吊荷载、布置卸矸等设施与设备的井口大型立体结构物。

5.2

天轮平台 sheave wheel platform

位于井架上端专为安设各种提升、悬吊天轮用的框架结构平台。

5.3

翻[卸]矸台 strike board;strike tree

开凿立井时专为吊桶卸矸,在井口上方的井架上设置的结构平台。

5.4

封口盘 shaft cover

井盖

为进行凿井工作和保证井内作业安全,在立井井口设置的带有井盖门和可开启孔口的盘状结构物。

5.5

固定盘 shaft collar platform

为保证凿井作业安全和进行井筒测量等作业,在封口盘下方一定距离设置的、固定于锁口的盘状结构物。

5.6

凿井吊盘 sinking stage;sinking platform;scaffold;hanging scaffold

工作盘

服务于立井井筒掘进、永久支护、安装等作业,悬吊于井筒中可以升降的双层或多层结构物。

5.7

稳绳 guide rope

立井施工时,悬吊在井筒中、专门用作吊桶升降导向的钢丝绳。

5.8

滑架 crosshead;sinking crosshead

立井凿井时,为防止吊桶升降时横向摆动而设置在提升钩头上方、沿稳绳滑行并带金属保护伞的框架。

5.9

伞型凿岩钻架 jumbos;vertical shaft drill

伞钻

专门用于立井掘进钻凿炮眼孔的机械,安装有数台凿岩机。

5.10

安全梯 safety ladder;emergency ladder

立井凿井时,悬吊于井筒工作面上方供紧急情况下人员安全升井的梯子。

5.11

整体移动模板 removable monolithil from work

大模板

专门用于立井砌筑混凝土井壁的伸缩后可整体上、下移动的金属结构物。

5.12

滑[升]模[板] entirety travelling shuttering

专门用于立井砌筑混凝土井壁的可滑升的金属结构物。

5.13

井口棚　pit-head shed

与凿井井架联合构成的井口临时建筑物。

5.14

吊桶　bucket

凿井期间用于装运矸石、人员运输和排水的桶状提吊容器。

6　井筒装备和通道

6.1

井筒装备　shaft equipment

在立井井筒中安装的罐道梁、罐道、井梁、梯子间和各种管、线、绳等固定设施总称。

6.2

罐道梁　bunton

罐梁

为固定刚性罐道，沿立井井筒纵向每隔一定距离安设的横梁。

6.3

基准梁　datum beam；datum bunton

立井井筒第一层或每隔一定距离经过专门测量校正的，作为安装其下各层罐道梁基准的横梁。

6.4

井梁　shaft beam

立井井筒内不安装罐道的横梁。

6.5

梁窝　bunton hole；beam nest

为安装各种梁，在井、巷壁中开凿或预留的洞穴。

6.6

吊架　hanger

在立井井筒已安好罐道梁时，专门用作罐道安装和人员升降的框架结构物。

6.7

梯子间　ladderway；ladder compartment；travelling compartment

设有扶梯，用作人员安全通路的隔间。

6.8

管子间　pipe compartment

井筒中专门敷设管、缆的隔间。

6.9

延深间　sinking compartment

立井井筒中专为后期井筒延深预留的隔间。

6.10

人行道　pedestrain way；sideway；travelling road；travelling way；manway；foot path；walkway

矿井中专供行人的巷道或在斜井和巷道一侧专供行人的通道。

6.11

检修道　service way；maintaining roadway

在装有带式输送机的斜井井筒或巷道中，为检修设备铺有钢轨的那部分通道。

6.12

躲避硐　**refuge hole; manhole; refuge pocket**

在斜井或巷道一侧专为人员躲避行车或爆破作业危害而开凿的硐室。

6.13

安全道　**reserve way; escape way**

由井筒上、下口与梯子间相联的人行通道。

6.14

冷暖风道　**preheated-air entry; preheatedair inlet**

在寒冷(高地温地层)地区,专为向井下输送暖(冷)风的、由井口空气加热(降温)室到井颈部的一段通道。

6.15

管子道　**pipe way**

专门用于安装排水管路的通道。通常指从主排水泵硐室至副井井筒敷设排水管的一段通道。

6.16

[斜井]吊桥　**lifting bridged for incline shaft**

为斜井井筒与中间平巷连通而设置的、能灵活升降,实现多水平提升的桥式过车设施。

7　装岩调车

7.1

装岩　**mucking; muck loading**

将矸石装入提升容器或运输设备的作业。

7.2

临时短道　**temporary short rail**

当巷道掘进进尺不足以铺设一节标准钢轨时,为接长轨道临时采用的一组短轨。

7.3

爬道　**climbing tram-rail**

为便于后卸式铲斗装载机紧跟巷道掘进工作面装岩,扣在轨道上可以向前移动的一副槽型轨道。

7.4

浮放道岔　**move switch; superimposed crossing; portable switch**

供巷道掘进时调车用的、安放在原有轨道上、可以移动的调车装置。

7.5

调车器　**car-transfer; car-changer**

用于横向调车的、可移动的设施。

7.6

调车盘　**transfer plate; turn plate**

双轨巷道掘进工作面,紧跟装载机或转载机之后而设置的盘状调车设施。

8　井巷支护

8.1

支护　**supporting; lining**

维护井巷围岩稳定所进行作业的总称。

8.2

井巷支护　**shaft and drift supporting**

泛指对掘进井筒、巷道和硐室进行的支护。

8.3

临时支护 **temporary supporting; flase supporting**

在永久支护前，为暂时维护围岩稳定和保障作业安全而进行的支护。

8.4

永久支护 **permanent supporting**

为维护井巷围岩在服务年限内稳定而进行的支护。

8.5

超前支护 **forepoling; advance timbering**

在松软或破碎带，为了防止掘进后岩石冒落，超前于掘进工作面进行支护。

8.6

联合支护 **combined supporting**

采用两种或两种以上支护形式共同维护围岩稳定的支护。

8.7

锚杆 **bolt; rock bolt; stay bolt; stone bole; anchor bolt**

锚固岩体、维护围岩稳定的杆状结构物。

8.8

锚索 **cable**

安装在钻孔内，锚固岩体、维护围岩稳定的索状结构物。

8.9

锚杆支护 **bolt supporting**

采用锚杆加固井巷围岩的支护。

8.10

锚索支护 **cable supporting; anchor cable**

采用锚索加固井巷围岩的支护。

8.11

喷浆支护 **gunite; gunite lining**

利用压缩空气将水泥砂浆喷射到岩体表面的加固井巷围岩支护。

8.12

喷[射]混凝土支护 **shotcreting**

利用压缩空气将混凝土喷射到岩体表面的加固井巷围岩支护。

8.13

锚喷支护 **bolting and shotcreting**

喷锚支护

联合使用锚杆和喷射混凝土(喷浆)的加固井巷围岩支护。

8.14

挂网支护 **wire mesh support**

在井巷易脱漏岩石表面铺设网状结构物的支护。

8.15

锚网支护 **roof bolting with wire mesh; bolting with wire mesh**

锚杆加挂网的支护。

8.16

锚注支护 **bolt grouting support**

联合使用锚杆并对围岩注浆的联合支护。

8.17

锚喷网支护 shotcreting and bolting with wire mesh

联合使用锚喷、挂网和喷混凝土(喷浆)的支护。

8.18

锚杆拉力计 hydraulic pull tester

检测锚杆锚固力的仪器。

8.19

混凝土喷射机 concrete-spraying machine;shotcrete machine;concrete sprayer

以压缩空气为动力,将混凝土拌合料喷向岩体表面的机械。

8.20

巷道支架 support frame

用于支撑巷道围岩,成型或拼装的结构物总称。

8.21

刚性支架 rigid support

不具有可缩性的材料及结构,在地压作用下变形或位移很小的巷道支架。

8.22

可缩性支架 compressible support;yieldable support;yieldable set;yield timbering;yielding support;pliable support

柔性支架

具有可缩性材料或(和)结构,在地压作用下能够适当收缩而不失去支撑能力的巷道支架。

8.23

顶梁 roof timber;roof bar;roof beam

在巷道支架组成中,位于顶部的主要承载构件。

8.24

井巷立柱 leg;post;piece leg

在巷道支架组成中,立于底板、底梁或底座上用于支撑顶梁的构件或部件。

8.25

撑杆 cross strut;cross brace;brace

增加杆件式支架之间的纵向稳定性和整体性的连接杆件。

8.26

背板 lagging;set lagging;shuttering

安设在支架(井圈)外围,使地压均匀传给支架并防止碎石掉落的构件。

8.27

拱碹 arch

碹

用砖、石、混凝土或钢筋混凝土等建筑材料构筑的整体或弧形支撑的总称。

8.28

三心拱 three-centered arch

斜井或巷道横断面顶部由三段圆弧构成的拱碹。

8.29

半圆拱 semi-circular arch

斜井或巷道横断面顶部呈半圆形的拱碹。

8.30

马蹄拱　horse-shoe arch

斜井或巷道横断面整体呈马蹄形的拱碹。

8.31

圆拱　circular arch

圆碹

斜井或巷道横断面整体呈圆形的拱碹。

8.32

底拱　floor arch;inverted arch;invert

在巷道底板设置的、连接两侧墙(岩)体、拱矢向下的拱碹。

8.33

碹岔　junction arch;intersection arch

巷道交岔处的拱碹。

8.34

穿尖碹岔　pierce through point;junction arch

交叉点迎面成尖状的碹岔。

8.35

牛鼻子碹岔　ox-nose-like junction arch

交叉点迎面成牛鼻子状的碹岔。

8.36

砌碹　arch-lining;arch-setting

构筑砖、料石或混凝土块体等碹体的作业。

8.37

碹胎　arch pattern

砌碹时用以支撑模板的骨架。

8.38

模板　form;mould

砌碹施工时,用以使碹体成型的衬板。

8.39

临时锁口　temporary collar

井筒掘进时为固定井位、吊挂临时支架和安设封口盘等用的临时构筑物。

8.40

井圈　crib ring;shaft ring

立井掘进时,用以支撑背板,维护围岩稳定的组装式环形金属骨架。

8.41

壁座　shaft wall foot;walling foot

为支撑向上砌筑段井壁和悬挂向下掘进段的临时支架,在井筒围岩中开凿并构筑的混凝土或钢筋混凝土基座。

8.42

复合井壁　composite shaft lining

分层施工构筑的,或用两种以上建筑材料构筑的井壁。包括双层井壁、夹层井壁等。

8.43

丘宾筒　tabbing;shaft tubing

用钢、铁或钢筋混凝土预制成的,带有凸缘和加强肋的弧形板块组装的筒形支护结构。

8.44

新奥法　New Austrian Tunneling Method;NATM

采用光面爆破,锚喷作一次支护,实时观测围岩变形,合理进行二次支护,强调封底的巷道施工方法。

9　井筒延深

9.1

井筒延深　shaft deepening

将原生产井筒加深到新生产水平的工程。

9.2

井筒向下延深　downward shaft deepening

由生产水平向下延深原生产井筒的作业。

9.3

井筒向上延深　upward shaft deepening

将暗井由新生产水平向上延深的作业。

9.4

反向凿井法　upword excavation

反井法

由下向上掘进井筒或延深井筒的作业方法。

9.5

保护岩柱　protective rock plug

在井筒延深段顶部,为保护井筒延深作业安全暂预留的一段岩柱。

9.6

护顶盘　protection stage

井筒延深时,为防止上部岩柱的松动、冒落,紧贴其下设置的承重结构物。

9.7

人工保护盘　protective bulkhead;man-made safety staging

为保证井筒延深作业的安全,在原生产井筒的井窝内构筑的、阻挡坠落物的临时结构物。

9.8

溜矸孔　dumping chute;pilot shaft

导井

具有下部生产系统的竖井、斜井先开挖的小段面导井,用于扩大时向下溜矸、排水和通风等。

9.9

刷大　reamer;enlarging

扩井

通过溜矸孔将井筒、斜井扩大到设计断面的作业。

9.10

反井钻机　raise boring machine

用于反向凿井的钻机。

9.11

爬罐　creeping cage;raise climber

反向凿井时,用于掘进作业人员上下、作业制成保护的、可沿安装于立井井筒或斜井上部的导轨上下爬行的、装有驱动装置和安全伞的笼形装备。

9.12

吊罐　hanging cage

吊笼

反向凿井时，在上水平用绞车通过钻孔悬吊于延深井筒中用于掘进作业的罐(笼)形结构物。

9.13

反井钻井法　raise boring upword excavation method

采用反井钻机的反向凿井法。

9.14

爬罐反井法　raise climber upword excavation method

采用爬罐作为辅助手段的反向凿井法。

9.15

吊罐反井法　hanging cage upword excavation method

采用吊罐作为辅助手段的反向凿井法。

9.16

普通反井法　conventional upword excavation method

采用搭井字木垛支撑人工反向凿井法。

汉语拼音索引

N

P

Q

R

S

T

W

X

Y

英语对应词索引

A

B

C

F

G